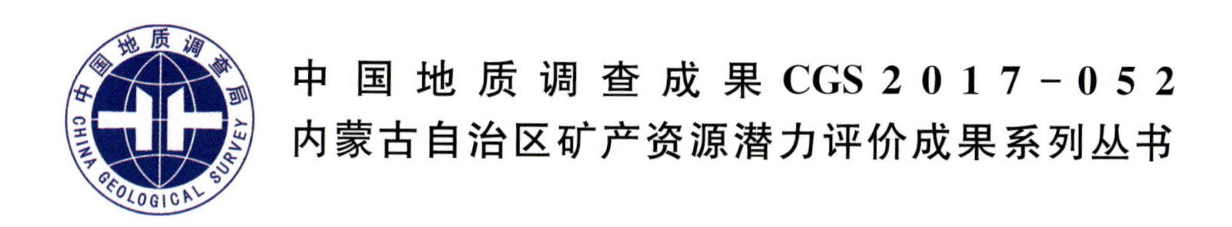


# 内蒙古自治区银矿资源潜力评价

NEIMENGGU ZIZHIQU YINKUANG ZIYUAN QIANLI PINGJIA

张 彤 王 忠 康小龙 等著

**图书在版编目(CIP)数据**

内蒙古自治区银矿资源潜力评价/张彤,王忠,康小龙等著.—武汉:中国地质大学出版社,2018.7
(内蒙古自治区矿产资源潜力评价成果系列丛书)
ISBN 978-7-5625-4291-9

Ⅰ.①内…
Ⅱ.①张… ②王… ③康…
Ⅲ.①银矿床-资源评价-内蒙古
Ⅳ.①P618.520.622.6

中国版本图书馆CIP数据核字(2018)第110769号

| 内蒙古自治区银矿资源潜力评价 | | 张　彤　王　忠　康小龙　等著 |
|---|---|---|
| 责任编辑:龙昭月　谌福兴 | 选题策划:刘桂涛　毕克成 | 责任校对:徐蕾蕾 |
| 出版发行:中国地质大学出版社(武汉市洪山区鲁磨路388号) | | 邮编:430074 |
| 电　话:(027)67883511 | 传　真:(027)67883580 | E-mail:cbb @ cug.edu.cn |
| 经　销:全国新华书店 | | http://cugp.cug.edu.cn |
| 开本:880毫米×1230毫米　1/16 | | 字数:594千字　印张:18.75 |
| 版次:2018年7月第1版 | | 印次:2018年7月第1次印刷 |
| 印刷:武汉中远印务有限公司 | | 印数:1—900册 |
| ISBN 978-7-5625-4291-9 | | 定价:228.00元 |

# 《内蒙古自治区银矿资源潜力评价》


**主　　　编**:张　彤　王　忠

**编 著 人 员**:张　彤　王　忠　康小龙　张永清　张　明　郭仁旺
贺宏云　贾和义　郝先义　柳永正　韩宗庆　许　展
张玉清　贺　峰　郑武军　韩建刚　闫　洁　张婷婷
佟　卉　安艳丽　李雪娇　胡　雯　陈晓宇　李　杨
魏雅玲　左玉山　肖建伟　孙景浩　梁彩飞　刘小女

**技 术 顾 问**:左群超　陈安蜀

**项目负责单位**:中国地质调查局　内蒙古自治区国土资源厅

**编 撰 单 位**:内蒙古自治区国土资源厅

**主 编 单 位**:内蒙古自治区地质调查院　内蒙古自治区国土资源信息院
内蒙古自治区国土资源勘查开发院　内蒙古自治区地质勘查院
内蒙古自治区第十地质矿产勘查开发院
中化地质矿山总局内蒙古自治区地质勘查院

# 《内蒙古自治区矿产资源潜力评价成果》出版编撰委员会

# 序

2006年，国土资源部为贯彻落实《国务院关于加强地质工作决定》中提出的“积极开展矿产远景调查评价和综合研究，科学评估区域矿产资源潜力，为科学部署矿产资源勘查提供依据”的精神要求，在全国统一部署了“全国矿产资源潜力评价”项目，“内蒙古自治区矿产资源潜力评价”项目是其子项目之一。

“内蒙古自治区矿产资源潜力评价”项目2006年启动，2013年结束，历时8年，由中国地质调查局和内蒙古自治区人民政府共同出资完成。为此，内蒙古自治区国土资源厅专门成立了以厅长为组长的项目领导小组和技术委员会，指导监督内蒙古自治区地质调查院、内蒙古自治区地质矿产勘查开发局、内蒙古自治区煤田地质局以及中化地质矿山总局内蒙古自治区地质勘查院等7家地质勘查单位的各项工作。我作为自治区聘请的国土资源顾问，全程参与了该项目的实施，亲历了内蒙古自治区新老地质工作者对内蒙古自治区地质工作的认真与执着。他们对内蒙古自治区地质的那种探索和不懈追求精神，给我留下了深刻的印象。

为了完成“内蒙古自治区矿产资源潜力评价”项目，先后有270多名地质工作者参与了这项工作，这是继20世纪80年代完成的《内蒙古自治区地质志》《内蒙古自治区矿产总结》之后集区域地质背景、区域成矿规律研究，物探、化探、自然重砂、遥感综合信息研究以及全区矿产预测、数据库建设之大成的又一巨型重大成果。这是内蒙古自治区国土资源厅高度重视、完整的组织保障和坚实的资金支撑的结果，更是内蒙古自治区地质工作者8年辛勤汗水的结晶。

“内蒙古自治区矿产资源潜力评价”项目共完成各类图件万余幅，建立成果数据库数千个，提交结题报告百余份。以板块构造和大陆动力学理论为指导，建立了内蒙古自治区大地构造构架。研究和探讨了内蒙古自治区大地构造演化及其特征，为全区成矿规律的总结和矿产预测奠定了坚实的地质基础。其中提出了“阿拉善地块”归属华北陆块，乌拉山岩群、集宁岩群的时代及其对孔兹岩系归属的认识、索伦山-西拉木伦河断裂厘定为华北板块与西伯利亚板块的界线等，体现了内蒙古自治区地质工作者对内蒙古自治区大地构造演化和地质背景的新认识。项目对内蒙古自治区煤、铁、铝土矿、铜、铅锌、金、钨、锑、稀土、钼、银、锰、镍、磷、硫、萤石、重晶石、菱镁矿等矿种，划分了矿产预测类型；结合全区重力、磁测、化探、遥感、自然重砂资料的研究应用，分别对其资源潜力进行了科学的潜力评价，预测的资源潜力可信度高。这些数据有力地说明了内蒙古自治区地质找矿潜力巨大，寻找国家急需矿产资源，内蒙古自治区大有可为，成为国家矿产资源的后备基地已具备了坚实的地质基础。同时，也极大地增强了内蒙古自治区地质找矿的信心。

"内蒙古自治区矿产资源潜力评价"是内蒙古自治区第一次大规模对全区重要矿产资源现状及潜力进行摸底评价，不仅汇总整理了原1∶20万相关地质资料，还系统整理补充了近年来1∶5万区域地质调查资料和最新获得的矿产、物探与化探、遥感等资料。期待着"内蒙古自治区矿产资源潜力评价"项目形成的系统的成果资料在今后的基础地质研究、找矿预测研究、矿产勘查部署、农业土壤污染治理、地质环境治理等诸多方面得到广泛应用。

2017年3月

# 前 言

为了贯彻落实《国务院关于加强地质工作的决定》中提出的"积极开展矿产远景调查和综合研究，科学评估区域矿产资源潜力，为科学部署矿产资源勘查提供依据"的要求和精神，国土资源部部署了全国矿产资源潜力评价工作，并将该项工作纳入国土资源大调查项目。内蒙古自治区矿产资源潜力评价是该计划项目下的一个工作项目，工作起止年限为2007—2013年，项目由内蒙古自治区国土资源厅负责，承担单位为内蒙古自治区地质调查院，参加单位有内蒙古自治区地质矿产勘查开发局、内蒙古自治区地质矿产勘查院、内蒙古自治区第十地质矿产勘查开发院、内蒙古自治区煤田地质局、内蒙古自治区国土资源信息院、中化地质矿山总局内蒙古自治区地质勘查院6家单位。

项目的目标是全面开展内蒙古自治区重要矿产资源潜力预测评价，在现有地质工作程度的基础上，基本摸清自治区重要矿产资源的"家底"，为矿产资源保障能力和勘查部署决策提供依据。

具体任务：①在现有地质工作程度的基础上，全面总结内蒙古自治区基础地质调查和矿产勘查工作成果和资料，充分应用现代矿产资源预测评价的理论方法和GIS评价技术，开展本自治区非油气矿产(煤炭、铁、铜、铝、铅、锌、钨、锡、金、锑、稀土、磷、银、铬、锰、镍、锡、钼、硫、萤石、菱镁矿、重晶石等)的资源潜力预测评价，估算本自治区有关矿产资源潜力及其空间分布，为研究制定我区矿产资源战略与国民经济中长期规划提供科学依据。②以成矿地质理论为指导，深入开展本自治区范围的区域成矿规律研究；充分利用地质、物探、化探、遥感和矿产勘查等综合成矿信息，圈定成矿远景区和找矿靶区，逐个评价成矿远景区资源潜力，并进行分类排序；编制本自治区成矿规律与预测图，为科学合理地规划和部署矿产勘查工作提供依据。③建立并不断完善本自治区重要矿产资源潜力预测相关数据库，特别是成矿远景区的地学空间数据库、典型矿床数据库，为今后开展矿产勘查的规划部署研究奠定扎实的信息基础。

项目分3个阶段实施。第一阶段(2007年—2011年3月)，2008完成了全区1∶50万地质图数据库、工作程度数据库、矿产地数据库及重力、航磁、化探、遥感、重砂等基础数据库的更新与维护；2008—2009年开展典型示范区研究；2010年3月，提交了铁、铝两个单矿种资源潜力评价成果；2010年6月编制完成全区1∶25万标准图幅建造构造图、实际材料图，全区1∶50万、1∶150万物探、化探、遥感及自然重砂基础图件；2010年—2011年3月完成了铜、铅、锌、金、钨、锑、稀土、磷及煤等矿种的资源潜力评价工作。经过验收后的修改、复核，已将各类报告、图件及数据库向全国项目组及天津地质调查中心进行了汇交。第二阶段(2011—2012年)，完成银、铬、锰、镍、锡、钼、硫、萤石、菱镁矿、重晶石10个矿种的资源潜力评价工作及各专题成果报告。第三阶段(2012年6月—2013年10月)，以Ⅲ级成矿区带为单元开展了各专题研究工作，并编写地质背景、成矿规律、矿产预测、重力、磁法、遥感、自然重砂、综合信息专题报告，在各专题报告基础上，编写内蒙古自治区矿产资源潜力评价总体成果报告及工作报告。2013年6月，完成了各专题汇总报告及图件的编制工作；6月底，由内蒙古国土资源厅组织专家对各专题综合研究及汇总报告进行了初审；7月，全国项目办召开了各专题汇总报告验收会议，项目组提交了各专题综合研究成果，均获得优秀。

内蒙古自治区银矿资源潜力评价为第二阶段工作。项目下设成矿地质背景、成矿规律、矿产预测、物化遥（物探、化探、遥感）、自然重砂应用、综合信息集成6个课题。

著　者

2018年1月

# 目　录

**第一章　内蒙古自治区银矿资源概况** ………………………………………………………… (1)

第一节　时空分布规律………………………………………………………………………… (8)
第二节　控矿因素 …………………………………………………………………………… (11)
第三节　内蒙古自治区主要成矿区带银矿成矿谱系 ……………………………………… (17)

**第二章　内蒙古自治区银矿类型** ……………………………………………………………… (26)

第一节　银矿床成因类型及主要成矿特征 ………………………………………………… (26)
第二节　矿产预测类型及预测工作区的划分 ……………………………………………… (28)

**第三章　拜仁达坝式热液型银铅锌矿预测成果** ……………………………………………… (29)

第一节　典型矿床特征 ……………………………………………………………………… (30)
第二节　预测工作区研究 …………………………………………………………………… (36)
第三节　矿产预测 …………………………………………………………………………… (37)

**第四章　孟恩陶勒盖式热液型银铅锌矿预测成果** …………………………………………… (52)

第一节　典型矿床特征 ……………………………………………………………………… (52)
第二节　预测工作区研究 …………………………………………………………………… (58)
第三节　矿产预测 …………………………………………………………………………… (63)

**第五章　花敖包特式热液型银铅锌矿预测成果** ……………………………………………… (78)

第一节　典型矿床特征 ……………………………………………………………………… (78)
第二节　预测工作区研究 …………………………………………………………………… (85)
第三节　矿产预测 …………………………………………………………………………… (89)

**第六章　李清地式热液型银铅锌矿预测成果**………………………………………………… (105)

第一节　典型矿床特征……………………………………………………………………… (106)
第二节　预测工作区研究…………………………………………………………………… (112)
第三节　矿产预测…………………………………………………………………………… (114)

**第七章　吉林宝力格式热液型银矿预测成果**………………………………………………… (130)

第一节　典型矿床特征……………………………………………………………………… (130)
第二节　预测工作区研究…………………………………………………………………… (136)

第三节　矿产预测…………(139)

第八章　额仁陶勒盖式火山-次火山岩型银矿预测成果…………(151)

第一节　典型矿床特征…………(152)
第二节　预测工作区研究…………(159)
第三节　矿产预测…………(163)

第九章　官地式热液型银金矿预测成果…………(177)

第一节　典型矿床特征…………(178)
第二节　预测工作区研究…………(185)
第三节　矿产预测…………(187)

第十章　比利亚谷式火山-次火山岩热液型银铅锌矿预测成果…………(200)

第一节　典型矿床特征…………(200)
第二节　预测工作区研究…………(210)
第三节　矿产预测…………(212)

第十一章　伴生银矿预测资源量估算…………(228)

第一节　霍各乞式沉积型铜矿伴生银矿预测工作区预测资源量…………(228)
第二节　金厂沟梁式复合内生型金矿预测工作区伴生银矿预测资源量…………(230)
第三节　余家窝铺式侵入岩体型铅锌矿伴生银矿预测工作区预测资源量…………(235)
第四节　朝不楞式侵入岩体型铁矿伴生银矿预测工作区预测资源量…………(238)
第五节　扎木钦式火山岩型铅锌矿伴生银矿预测工作区预测资源量…………(241)
第六节　白音诺尔式侵入岩体型铅锌矿伴生银矿预测工作区预测资源量…………(244)

第十二章　内蒙古自治区银单矿种资源总量潜力分析…………(248)

第一节　银单矿种估算资源量与资源现状对比…………(248)
第二节　预测资源量潜力分析…………(248)
第三节　全区已查明资源量统计…………(261)
第四节　内蒙古自治区银矿勘查工作部署建议…………(267)
第五节　勘查部署建议…………(270)
第六节　勘查机制建议…………(275)

第十三章　未来勘查开发工作预测…………(277)

结　论…………(286)

参考文献…………(288)

# 第一章　内蒙古自治区银矿资源概况

内蒙古自治区银矿床分布较广，至2009年，全区已查明资源量的银矿床有242处。其中，原生银矿150处，伴生银矿92处；大型矿床7处，中型矿床26处，小型矿床134处，矿(化)点75处。总计查明银矿床总资源量33 325t，其中，原生银矿金属资源量为23 383t，其他矿种伴生银矿产资源量9942t(表1-1)。

**表1-1　内蒙古自治区主要银矿区特征一览表**

| 银矿类型 | 序号 | 矿产地名 | 地理经度 | 地理纬度 | 主矿种 | 成矿时代 | 成矿类型 | 矿床规模 | 银矿资源量(t) |
|---|---|---|---|---|---|---|---|---|---|
| 原生银矿 | 1 | 拜仁达坝 | E117°33′01″ | N44°07′01″ | 银、铅、锌、铁 | P | 热液型 | 大型矿床 | 4783 |
| | 2 | 花敖包特 | E118°57′15″ | N45°15′30″ | 银、铅、锌 | J | 热液型 | 大型矿床 | 3029 |
| | 3 | 额仁陶勒盖 | E116°35′56″ | N48°23′16″ | 银、金、锰 | J—K | 热液型 | 大型矿床 | 2354 |
| | 4 | 查干布拉根 | E116°19′00″ | N48°45′00″ | 银、铅、锌 | $J_3$ | 热液充填型 | 大型矿床 | 2254 |
| | 5 | 吉林宝力格 | E117°58′11″ | N46°05′12″ | 银、金、铜、铅 | J | 热液型 | 大型矿床 | 1128 |
| | 6 | 甲乌拉 | E116°16′26″ | N48°47′14″ | 银、铅、锌 | J | 基性超基性岩型铜镍矿 | 中型矿床 | 922 |
| | 7 | 大井 | E118°19′01″ | N43°41′22″ | 银、铜、锡 | $J_3$—$K_1$ | 热液型 | 中型矿床 | 742 |
| | 8 | 白音诺尔 | E118°52′55″ | N44°27′01″ | 银、铅、锌 | J | 矽卡岩型(接触交代型) | 中型矿床 | 653 |
| | 9 | 孟恩套力盖 | E121°22′02″ | N45°12′18″ | 银、铅、锌 | J | 热液型 | 中型矿床 | 637 |
| | 10 | 黄岗梁 | E117°46′15″ | N43°44′45″ | 银、铅、锌、铜 | $P_1$ | 热液充填型 | 中型矿床 | 552 |
| | 11 | 比利亚谷 | E120°58′45″ | N51°00′00″ | 银、铅、锌 | J | 热液型 | 中型矿床 | 544 |
| | 12 | 莲花山 | E121°50′34″ | N45°36′36″ | 银、铜 | J | 矽卡岩型(接触交代型) | 中型矿床 | 461 |
| | 13 | 官地 | E118°32′31″ | N42°35′22″ | 银、金 | J—K | 热液型 | 中型矿床 | 424 |
| | 14 | 扎木钦 | E120°04′30″ | N45°59′00″ | 银、铅、锌 | J | 热液型 | 中型矿床 | 355 |
| | 15 | 李清地 | E113°01′31″ | N40°57′31″ | 银、铅、锌 | J—K | 热液充填型 | 中型矿床 | 293 |
| | 16 | 炮手营子 | E118°41′00″ | N42°46′50″ | 银、铅、锌 | $P_1$ | 热液型 | 中型矿床 | 287 |
| | 17 | 毛呼都格 | E121°18′00″ | N45°08′00″ | 银、铅、锌 | P | 热液型 | 中型矿床 | 256 |
| | 18 | 小营子 | E118°54′58″ | N42°46′01″ | 银、铅、锌 | J | 热液型 | 中型矿床 | 249 |
| | 19 | 下地 | E117°47′01″ | N43°45′01″ | 银、铅、锌 | J | 热液充填型 | 中型矿床 | 247 |
| | 20 | 浩布高 | E119°16′31″ | N44°37′31″ | 银、铜、锌 | K | 矽卡岩型(接触交代型) | 中型矿床 | 221 |
| | 21 | 张家沟 | E118°42′30″ | N44°44′30″ | 银 | $P_2$ | 热液充填型 | 中型矿床 | 201 |
| | 22 | 双山 | E117°32′05″ | N44°05′15″ | 银 | $Pt_1$ | 热液充填型 | 小型矿床 | 198 |
| | 23 | 七分地 | E118°42′24″ | N43°01′11″ | 银、铅、锌 | J | 热液型 | 小型矿床 | 195 |
| | 24 | 炭窑口 | E106°47′01″ | N40°58′01″ | 银、铅、锌 | $Pt_2$ | 沉积变质型 | 小型矿床 | 194 |
| | 25 | 永隆 | E117°44′21″ | N43°36′41″ | 银、铅、锌 | J | 热液型 | 小型矿床 | 188 |
| | 26 | 哈达吐 | E117°49′01″ | N43°42′01″ | 银、铅、锌 | J | 热液型 | 小型矿床 | 180 |

**续表 1-1**

| 银矿类型 | 序号 | 矿产地名 | 地理经度 | 地理纬度 | 主矿种 | 成矿时代 | 成矿类型 | 矿床规模 | 银矿资源量(t) |
|---|---|---|---|---|---|---|---|---|---|
| 原生银矿 | 27 | 温德沟 | E118°36′31″ | N42°37′59″ | 银 | $J_3$ | 热液型 | 小型矿床 | 147 |
| | 28 | 长春岭 | E121°56′35″ | N45°34′48″ | 银、铅、锌 | J | 脉型 | 小型矿床 | 140 |
| | 29 | 潘家沟 | E111°15′31″ | N41°01′31″ | 银、铅 | J | 热液型 | 小型矿床 | 134 |
| | 30 | 坤泰 | E118°51′58″ | N44°26′11″ | 银、铅、锌 | $P_1$ | 矽卡岩型(接触交代型) | 小型矿床 | 128 |
| | 31 | 白乃庙 | E110°59′30″ | N42°13′00″ | 银、铅 | O | 热液型 | 小型矿床 | 123 |
| | 32 | 四棱子山 | E119°14′00″ | N42°28′00″ | 银、锰 | J | 热液型 | 小型矿床 | 98 |
| | 33 | 长皋 | E118°55′45″ | N41°57′15″ | 银、金 | J—K | 脉型 | 小型矿床 | 96 |
| | 34 | 龙头山 | E119°43′00″ | N43°40′30″ | 银、铅、锌 | P | 热液充填型 | 小型矿床 | 80 |
| | 35 | 雅马吐 | E119°21′29″ | N43°45′01″ | 银、铅、锌 | J | 热液型 | 小型矿床 | 74 |
| | 36 | 别鲁乌图 | E113°01′04″ | N42°17′14″ | 银、铜 | C—P | 热液充填型 | 小型矿床 | 72 |
| | 37 | 敖林达 | E120°21′31″ | N45°11′47″ | 银、铅、锌 | $J_2$ | 热液充填型 | 小型矿床 | 68 |
| | 38 | 白羊沟 | E118°18′01″ | N42°11′01″ | 银、铅、锌 | Ar | 脉型 | 小型矿床 | 55 |
| | 39 | 九龙湾 | E113°12′24″ | N40°37′03″ | 银 | J | 热液充填型 | 小型矿床 | 44 |
| | 40 | 老硐沟 | E99°57′31″ | N41°04′01″ | 银、金 | P | 热液型 | 小型矿床 | 44 |
| | 41 | 营公山 | E111°16′15″ | N41°01′30″ | 银、铅、锌 | $J_1$ | 热液脉型 | 小型矿床 | 41 |
| | 42 | 敖包山 | E119°11′45″ | N42°27′45″ | 银 | $J_3$ | 热液型 | 小型矿床 | 41 |
| | 43 | 贾营子 | E117°44′00″ | N43°45′15″ | 银、铅、锌 | S | 热液型 | 小型矿床 | 34 |
| | 44 | 欧布拉格 | E106°19′04″ | N41°13′15″ | 银、铜 | $J_3$ | 热液型 | 小型矿床 | 32 |
| | 45 | 巴彦乌拉 | E117°26′00″ | N44°03′30″ | 银、铅、锌 | J | 热液型 | 小型矿床 | 30 |
| | 46 | 下护林 | E120°11′01″ | N50°42′01″ | 银、铅、锌 | J | 热液型 | 小型矿床 | 27 |
| | 47 | 油房西 | E118°20′54″ | N42°56′01″ | 银 | J | 热液型 | 小型矿床 | 23 |
| | 48 | 排楼山 | E112°49′07″ | N41°13′41″ | 银、金 | Ar | 花岗岩型 | 小型矿床 | 21 |
| | 49 | 哈达特陶勒盖 | E114°22′01″ | N45°05′15″ | 银、铅、锌 | D | 热液充填型 | 小型矿床 | 20 |
| | 50 | 东伙房 | E111°09′16″ | N41°01′51″ | 银、金 | J | 构造破碎蚀变岩型 | 小型矿床 | 19 |
| | 51 | 沙木尔吉 | E114°48′54″ | N45°09′32″ | 银、铅、锌 | T | 热液型 | 小型矿床 | 19 |
| | 52 | 石长温都尔 | E120°24′27″ | N45°13′15″ | 银、铜 | $P_1$ | 海相火山岩型 | 小型矿床 | 19 |
| | 53 | 朝不楞 | E118°30′01″ | N46°27′31″ | 银、铁、锡、铋 | J | 矽卡岩型(接触交代型) | 小型矿床 | 17 |
| | 54 | 呼赉浑迪 | E119°36′30″ | N44°31′30″ | 银、铅、锌 | J | 热液脉型 | 小型矿床 | 16 |
| | 55 | 同兴 | E117°26′00″ | N43°42′45″ | 银、铅、锌 | J | 热液充填型 | 小型矿床 | 16 |
| | 56 | 巴林 | E122°13′16″ | N48°17′09″ | 银、铜、锌 | P | 矽卡岩型(接触交代型) | 小型矿床 | 16 |
| | 57 | 闹牛山 | E121°42′31″ | N45°45′21″ | 银、铜 | J | 热液型 | 小型矿床 | 14 |
| | 58 | 敖林达 | E120°20′30″ | N45°11′30″ | 银、铅、锌、铜 | $J_2$ | 海相火山岩型 | 小型矿床 | 13 |
| | 59 | 金厂沟梁 | E120°16′41″ | N41°58′35″ | 银、金 | J | 岩浆热液型 | 小型矿床 | 12 |
| | 60 | 谢家村 | E113°33′31″ | N41°41′15″ | 银、金 | J | 热液型 | 小型矿床 | 11 |
| | 61 | 双井沟 | E120°31′45″ | N44°16′59″ | 银、铅、锌 | P | 热液充填型 | 小型矿床 | 11 |
| | 62 | 哈拉白旗 | E118°56′01″ | N44°22′01″ | 银、铅、锌 | J | 矽卡岩型(接触交代型) | 小型矿床 | 11 |
| | 63 | 敖包山 | E117°00′53″ | N43°49′23″ | 银、铅、锌 | $J_3$ | 热液型 | 小型矿床 | 10 |
| | 64 | 二台营子 | E120°30′49″ | N42°37′44″ | 银 | J | 热液充填型 | 小型矿床 | 10 |
| | 65 | 谷那乌苏 | E112°50′26″ | N42°10′36″ | 银、铜、金 | $Pt_3$ | 热液型 | 小型矿床 | 10 |

**续表 1-1**

| 银矿类型 | 序号 | 矿产地名 | 地理经度 | 地理纬度 | 主矿种 | 成矿时代 | 成矿类型 | 矿床规模 | 银矿资源量(t) |
|---|---|---|---|---|---|---|---|---|---|
| 原生银矿 | 66 | 天桥沟 | E118°44′38″ | N42°47′45″ | 银、铅、锌 | J—K | 热液型 | 小型矿床 | 9 |
| | 67 | 青山 | E119°05′45″ | N42°37′31″ | 银 | O—S | 热液型 | 小型矿床 | 7 |
| | 68 | 下弯子 | E120°17′00″ | N41°57′00″ | 银、金 | J | 热液型 | 小型矿床 | 6 |
| | 69 | 香山 | E120°33′30″ | N44°27′30″ | 银、铅、锌 | P | 热液充填型 | 小型矿床 | 4 |
| | 70 | 毛登 | E116°34′23″ | N44°10′32″ | 银、锡 | J | 热液型 | 小型矿床 | 4 |
| | 71 | 小南山 | E111°22′01″ | N41°45′01″ | 银、铜、镍 | $Pt_2$—$Pt_3$ | 基性超基性岩型铜镍矿 | 小型矿床 | 3 |
| | 72 | 代兰塔拉 | E106°52′01″ | N39°34′01″ | 银、铅、锌 | J | 热液充填型 | 小型矿床 | 2 |
| | 73 | 毕家营子 | E118°53′05″ | N42°47′11″ | 银、铅、锌 | S | 热液型 | 小型矿床 | 2 |
| | 74 | 孔雀山 | E121°25′45″ | N44°54′48″ | 银、铜 | J | 热液型 | 小型矿床 | 2 |
| | 75 | 满洲窑 | E113°32′36″ | N40°29′18″ | 银、锌、铅 | J—K | 热液型 | 小型矿床 | 1 |
| | 76 | 什拉哈达 | E111°14′50″ | N41°26′50″ | 银、铅、锌 | J | 热液型 | 矿点 | 0 |
| | 77 | 郎郡哈拉 | E119°36′37″ | N42°34′40″ | 银、金 | J—K | 热液型 | 矿点 | 0 |
| | 78 | 乌兰哈达山 | E119°36′25″ | N44°36′08″ | 银、铜、金、铅 | D—T | 热液型 | 矿点 | 0 |
| | 79 | 夏落包托 | E119°36′33″ | N44°42′16″ | 银、铜、铅、锌 | J—K | 热液型 | 矿点 | 0 |
| | 80 | 双山子 | E120°12′00″ | N43°51′31″ | 银、铜、铅、金 | J—K | 热液型 | 矿点 | 0 |
| | 81 | 孤山子 | E120°14′00″ | N43°50′14″ | 银、铜、铅、锌 | J—K | 热液型 | 矿点 | 0 |
| | 82 | 小井子 | E119°00′27″ | N44°17′20″ | 银、铜、铅、锌 | J—K | 矽卡岩型(接触交代型) | 矿点 | 0 |
| | 83 | 收发地 | E119°03′57″ | N44°22′23″ | 银、铜、铅、锌 | J—K | 热液型 | 矿点 | 0 |
| | 84 | 骆驼场 | E119°05′20″ | N44°14′09″ | 银、铜、铅、锌 | J—K | 热液型 | 矿点 | 0 |
| | 85 | 福山屯 | E119°06′20″ | N44°30′06″ | 银、铜、铅、锌 | J—K | 热液型 | 矿点 | 0 |
| | 86 | 富山屯 | E119°09′21″ | N44°21′30″ | 银、铜、铅、锌 | J—K | 热液型 | 矿点 | 0 |
| | 87 | 中心地 | E119°13′27″ | N44°18′49″ | 银、铜、铅、锌 | J—K | 热液型 | 矿点 | 0 |
| | 88 | 杨家营子镇炮手营子 | E119°18′20″ | N44°16′41″ | 银、铜、铅、锌 | J—K | 热液型 | 矿点 | 0 |
| | 89 | 德胜屯 | E119°19′58″ | N44°20′46″ | 银、铜、金 | J—K | 热液型 | 矿点 | 0 |
| | 90 | 新浩特 | E119°22′38″ | N44°37′52″ | 银、铜、铅、锌 | J—K | 热液型 | 矿点 | 0 |
| | 91 | 萤里沟 | E119°24′14″ | N44°19′25″ | 银、铜、铅 | J—K | 热液型 | 矿点 | 0 |
| | 92 | 中莫户沟 | E119°30′17″ | N43°48′24″ | 银、铜、铅、锌 | J—K | 热液型 | 矿点 | 0 |
| | 93 | 刘家湾 | E119°18′40″ | N44°22′01″ | 银 | J | 热液充填型 | 矿点 | 0 |
| | 94 | 四方城 | E119°04′56″ | N44°21′26″ | 银、铜、铅 | J—K | 热液型 | 矿点 | 0 |
| | 95 | 后卜河 | E118°40′43″ | N44°05′52″ | 银、铅、锌 | P | 热液型 | 矿点 | 0 |
| | 96 | 新开坝 | E118°33′45″ | N43°58′50″ | 银、铜、铅 | J—K | 热液型 | 矿点 | 0 |
| | 97 | 巴彦琥硕镇 | E118°38′57″ | N43°52′00″ | 银、铜、铅、锌 | J—K | 热液型 | 矿点 | 0 |
| | 98 | 白塔子 | E118°27′12″ | N44°10′48″ | 银 | P | 热液型 | 矿点 | 0 |
| | 99 | 前地 | E118°03′52″ | N43°40′47″ | 银、铜、铅、锌 | J | 热液型 | 矿点 | 0 |
| | 100 | 水泉沟 | E118°13′20″ | N43°22′20″ | 银、铜、铅、锌 | J—K | 热液型 | 矿点 | 0 |
| | 101 | 红山军 | E117°21′40″ | N42°31′41″ | 银、铜、铅、锌 | J—K | 热液型 | 矿点 | 0 |
| | 102 | 北井子 | E118°40′37″ | N42°59′32″ | 银、铜、铅、锌 | J—K | 热液型 | 矿点 | 0 |
| | 103 | 双井 | E119°47′34″ | N42°16′30″ | 银、铜、铅、锌 | J—K | 矽卡岩型(接触交代型) | 矿点 | 0 |

**续表 1-1**

| 银矿类型 | 序号 | 矿产地名 | 地理经度 | 地理纬度 | 主矿种 | 成矿时代 | 成矿类型 | 矿床规模 | 银矿资源量(t) |
|---|---|---|---|---|---|---|---|---|---|
| 原生银矿 | 104 | 砚音堂 | E118°43′51″ | N42°45′40″ | 银 | J—K | 热液型 | 矿点 | 0 |
| | 105 | 西沟沿 | E118°55′08″ | N41°53′26″ | 银、金 | J—K | 热液型 | 矿点 | 0 |
| | 106 | 鸡冠山 | E118°54′52″ | N41°57′33″ | 银、金 | J—K | 热液型 | 矿点 | 0 |
| | 107 | 林家营子 | E118°52′41″ | N41°54′46″ | 银、金 | J—K | 热液型 | 矿点 | 0 |
| | 108 | 十家子 | E118°56′04″ | N41°58′45″ | 银、金 | J—K | 热液型 | 矿点 | 0 |
| | 109 | 棒棰山 | E118°23′42″ | N41°34′14″ | 银 | J—K | 热液型 | 矿点 | 0 |
| | 110 | 旺业店 | E118°21′28″ | N41°39′30″ | 银、铜、铅 | J | 热液型 | 矿点 | 0 |
| | 111 | 胡才沟 | E118°38′13″ | N41°34′08″ | 银、金 | J—K | 热液型 | 矿点 | 0 |
| | 112 | 米家营子 | E118°38′54″ | N41°29′31″ | 银、金 | J—K | 热液型 | 矿点 | 0 |
| | 113 | 小莫力沟 | E120°04′06″ | N42°11′11″ | 银、铜、铅、锌 | J—K | 热液型 | 矿点 | 0 |
| | 114 | 杜力营子 | E120°12′00″ | N42°14′07″ | 银、铅、锌 | J—K | 热液型 | 矿点 | 0 |
| | 115 | 胡头沟 | E120°30′45″ | N42°08′48″ | 银、金 | J—K | 热液型 | 矿点 | 0 |
| | 116 | 巴升河 | E121°13′00″ | N47°48′10″ | 银、铜 | J | 热液型 | 矿点 | 0 |
| | 117 | 敖尼尔河 | E121°06′19″ | N47°43′30″ | 银、铜、铅、锌 | J | 热液型 | 矿点 | 0 |
| | 118 | 乌鲁布铁镇 | E124°08′20″ | N49°57′40″ | 银、铅 | P | 热液型 | 矿点 | 0 |
| | 119 | 煤窑沟 | E120°53′00″ | N48°52′30″ | 银、铜 | J | 热液充填型 | 矿点 | 0 |
| | 120 | 柴河源 | E120°39′43″ | N47°37′00″ | 银、铅、锌 | J | 热液型 | 矿点 | 0 |
| | 121 | 高吉高尔 | E115°52′40″ | N48°03′35″ | 银、金 | J | 热液型 | 矿点 | 0 |
| | 122 | 查干楚鲁 | E116°07′28″ | N48°34′22″ | 银、金 | J | 热液型 | 矿点 | 0 |
| | 123 | 杭乌拉 | E116°34′50″ | N48°24′50″ | 银、金 | J | 热液型 | 矿点 | 0 |
| | 124 | 霍得林呼都格 | E116°36′22″ | N48°21′57″ | 银、金 | J | 热液型 | 矿点 | 0 |
| | 125 | 克尔伦 | E115°45′00″ | N47°59′17″ | 银、金 | J | 热液型 | 矿点 | 0 |
| | 126 | 查干敖包 | E116°33′05″ | N48°41′57″ | 银、金、铅 | J | 热液型 | 矿点 | 0 |
| | 127 | 海力敏呼都格 | E115°54′00″ | N48°21′50″ | 银、铅、锌 | J—K | 热液型 | 矿点 | 0 |
| | 128 | 查干楚鲁 | E116°12′50″ | N48°21′00″ | 银、铜、铅、锌 | K | 热液充填型 | 矿点 | 0 |
| | 129 | 顺宾浩雷 | E116°09′50″ | N48°48′05″ | 银、金、锌 | K | 热液型 | 矿点 | 0 |
| | 130 | 萨音呼都 | E116°30′30″ | N48°39′05″ | 银、铜、铅、锌 | K | 脉型 | 矿点 | 0 |
| | 131 | 察尔森 | E122°01′50″ | N46°22′50″ | 银、铜 | J—K | 热液型 | 矿点 | 0 |
| | 132 | 巴彦花 | E121°03′45″ | N45°22′00″ | 银、铜、铅、锌 | J | 热液型 | 矿点 | 0 |
| | 133 | 代钦塔拉 | E121°18′20″ | N45°08′40″ | 银、铜、铅、锌 | J | 热液型 | 矿点 | 0 |
| | 134 | 白音花村 | E121°03′58″ | N45°21′58″ | 银、铁、铅、锌 | J | 热液型 | 矿点 | 0 |
| | 135 | 乌兰中 | E121°21′23″ | N45°18′00″ | 银、铁、铅、锌 | J | 热液型 | 矿点 | 0 |
| | 136 | 巴雅尔图胡硕镇 | E120°17′18″ | N45°13′33″ | 银、铅、锌 | P | 热液型 | 矿点 | 0 |
| | 137 | 红光 | E120°23′52″ | N44°26′32″ | 银、铜、铅、锌 | J—K | 热液型 | 矿点 | 0 |
| | 138 | 马拉嘎浑楚鲁 | E120°48′30″ | N44°46′25″ | 银、铜、铅、锌 | T | 热液型 | 矿点 | 0 |
| | 139 | 老道沟 | E120°18′25″ | N44°50′00″ | 银、铜、铅 | J—K | 热液型 | 矿点 | 0 |
| | 140 | 陶庭达坂 | E120°00′10″ | N44°57′40″ | 银、金 | T | 热液型 | 矿点 | 0 |
| | 141 | 查干敖包 | E118°18′35″ | N45°57′38″ | 银、铜、铅、锌 | J—K | 矽卡岩型(接触交代型) | 矿点 | 0 |

**续表 1－1**

| 银矿类型 | 序号 | 矿产地名 | 地理经度 | 地理纬度 | 主矿种 | 成矿时代 | 成矿类型 | 矿床规模 | 银矿资源量(t) |
|---|---|---|---|---|---|---|---|---|---|
| 原生银矿 | 142 | 白银乌拉 | E116°33′13″ | N44°32′27″ | 银、铜、铅、锌 | T | 热液型 | 矿点 | 0 |
| | 143 | 钱家营子 | E115°47′22″ | N42°05′13″ | 银、铜、铅 | J—K | 热液型 | 矿点 | 0 |
| | 144 | 姚家营子 | E116°10′40″ | N41°54′42″ | 银、铅、锌、钼 | J—K | 热液型 | 矿点 | 0 |
| | 145 | 于家营子 | E116°06′50″ | N42°06″00″ | 银、铅、锌、铁 | K | 热液型 | 矿点 | 0 |
| | 146 | 头股地 | E113°19′28″ | N41°38′55″ | 银、铅、锌、铜 | P | 热液型 | 矿点 | 0 |
| | 147 | 七一山 | E99°31′44″ | N41°22′08″ | 银、铜、铅、锌 | J—K | 热液型 | 矿点 | 0 |
| | 148 | 沙尔包吐 | E119°34′49″ | N44°41′54″ | 银、铜、铅、锌 | J—K | 热液型 | 矿点 | 0 |
| | **原生银矿已查明资源量总计** | | | | | | | | **23 383** |
| 伴生银矿 | 149 | 东升庙 | E107°04′44″ | N41°07′15″ | 锌、银 | $Pt_2$ | 沉积变质型 | 大型矿床 | 2412 |
| | 150 | 甲乌拉外围 | E116°20′31″ | N48°44′41″ | 锌、铅、银 | J | 热液型 | 大型矿床 | 1102 |
| | 151 | 扎木钦 | E120°05′31″ | N45°59′29″ | 锌、铅、银 | J | 热液型 | 中型矿床 | 644 |
| | 152 | 阿尔哈达 | E118°59′45″ | N46°25′45″ | 锌、铅、银 | $D_3$ | 矽卡岩型(接触交代型) | 中型矿床 | 636 |
| | 153 | 二道沟 | E117°57′37″ | N44°13′46″ | 铜、银 | P | 热液型 | 中型矿床 | 582 |
| | 154 | 二八地 | E117°51′45″ | N43°39′05″ | 铅、锌、银 | $P_1$ | 热液型 | 中型矿床 | 536 |
| | 155 | 鸡冠子山 | E118°54′45″ | N41°57′31″ | 金、银 | $J_2$ | 热液型 | 中型矿床 | 362 |
| | 156 | 甲乌拉 | E116°16′26″ | N48°47′14″ | 锌、铅、银 | J | 热液型 | 中型矿床 | 362 |
| | 157 | 霍各乞 | E106°40′10″ | N41°16′12″ | 银、铜 | $Pt_2$ | 沉积变质型 | 中型矿床 | 331 |
| | 158 | 维拉斯托 | E117°29′30″ | N44°04′53″ | 锌、铜、银 | Ar | 热液型 | 中型矿床 | 297 |
| | 159 | 朝不楞 | E118°37′01″ | N46°32′01″ | 铁、银 | $D_2$ | 矽卡岩型(接触交代型) | 中型矿床 | 272 |
| | 160 | 查干敖包 | E118°18′31″ | N45°59′31″ | 锌、银 | J | 矽卡岩型(接触交代型) | 中型矿床 | 200 |
| | 161 | 五十家子 | E118°14′45″ | N44°11′35″ | 锌、铅、银 | $Q_4$ | 热液型 | 小型矿床 | 185 |
| | 162 | 金鸡岭 | E121°23′00″ | N44°55′00″ | 铜、银 | $P_1$ | 热液型 | 小型矿床 | 154 |
| | 163 | 二道沟 | E117°57′30″ | N43°04′15″ | 铅、锌、银 | $P_2$ | 热液型 | 小型矿床 | 150 |
| | 164 | 大座子山 | E118°23′15″ | N42°55′30″ | 锌、铅、银 | $J_2$ | 热液型 | 小型矿床 | 143 |
| | 165 | 三道桥 | E120°43′45″ | N50°47′31″ | 锌、铅、银 | $J_2$ | 热液型 | 小型矿床 | 120 |
| | 166 | 牧场 | E121°17′00″ | N45°14′30″ | 锌、铅、银 | $P_1$ | 热液型 | 小型矿床 | 101 |
| | 167 | 白音查 | E117°10′45″ | N43°52′29″ | 锌、铅、银 | $P_2$ | 热液型 | 小型矿床 | 92 |
| | 168 | 西水泉 | E118°46′37″ | N42°48′15″ | 锌、铅、银 | P | 热液型 | 小型矿床 | 90 |
| | 169 | 查宾敖包 | E118°56′45″ | N44°48′00″ | 锌、铅、银 | $P_1$ | 热液型 | 小型矿床 | 89 |
| | 170 | 哈达特陶勒盖 | E114°22′01″ | N45°05′15″ | 锌、铅、银 | $D_1$ | 热液型 | 小型矿床 | 86 |
| | 171 | 幸福之路 | E118°54′01″ | N43°47′01″ | 铜、银 | J | 热液型 | 小型矿床 | 51 |
| | 172 | 车户沟 | E118°30′27″ | N42°25′07″ | 铜、银 | J | 斑岩型 | 小型矿床 | 47 |
| | 173 | 曹家屯 | E117°55′30″ | N43°51′26″ | 钼、银 | $P_1$ | 热液型 | 小型矿床 | 43 |
| | 174 | 徐家营子 | E118°15′00″ | N43°43′30″ | 锌、铅、铜、银 | $P_1$ | 热液型 | 小型矿床 | 43 |
| | 175 | 榆树林 | E119°24′01″ | N44°21′01″ | 锌、铅、铜、银 | $J_1$ | 热液型 | 小型矿床 | 40 |
| | 176 | 羊场 | E119°03′45″ | N43°32′29″ | 铜、银 | $P_1$ | 热液型 | 小型矿床 | 35 |
| | 177 | 后卜河 | E118°40′43″ | N44°05′52″ | 锌、铅、银 | J | 热液型 | 小型矿床 | 35 |
| | 178 | 架子山 | E117°55′30″ | N43°51′26″ | 铅、锌、银 | $J_3$ | 热液型 | 小型矿床 | 34 |
| | 179 | 炮手营子 | E118°40′37″ | N42°46′23″ | 铅、锌、银 | $P_1$ | 热液型 | 小型矿床 | 31 |

**续表 1-1**

| 银矿类型 | 序号 | 矿产地名 | 地理经度 | 地理纬度 | 主矿种 | 成矿时代 | 成矿类型 | 矿床规模 | 银矿资源量(t) |
|---|---|---|---|---|---|---|---|---|---|
| 伴生银矿 | 180 | 香房地 | E118°44′30″ | N42°44′26″ | 锌、铅、银 | P | 热液型 | 小型矿床 | 31 |
| | 181 | 兴隆地 | E118°54′56″ | N42°55′12″ | 铅、锌、银 | $P_1$ | 热液型 | 小型矿床 | 30 |
| | 182 | 苏呼和 | E120°20′31″ | N47°28′45″ | 锌、银 | J | 矽卡岩型(接触交代型) | 小型矿床 | 30 |
| | 183 | 九分地 | E118°46′31″ | N42°47′45″ | 锌、铅、银 | J | 热液型 | 小型矿床 | 29 |
| | 184 | 小西沟 | E118°39′26″ | N44°03′58″ | 锌、铅、银 | $P_1$ | 热液型 | 小型矿床 | 27 |
| | 185 | 小孤山北 | E116°31′50″ | N44°12′13″ | 锡、银 | C—P | 热液型 | 小型矿床 | 26 |
| | 186 | 敖包山Ⅷ号 | E117°01′15″ | N43°50′10″ | 锌、铅、银 | J | 热液型 | 小型矿床 | 25 |
| | 187 | 七家 | E120°13′02″ | N42°23′35″ | 金、银 | C | 热液型 | 小型矿床 | 22 |
| | 188 | 大白山 | E109°34′30″ | N41°13′23″ | 锌、铅、银 | $Pt_2$ | 沉积变质型 | 小型矿床 | 22 |
| | 189 | 饮马处 | E118°55′43″ | N41°56′35″ | 金、银 | Ar | 热液型 | 小型矿床 | 21 |
| | 190 | 哈布特盖 | E119°52′15″ | N44°18′00″ | 铅、锌、银 | J | 热液型 | 小型矿床 | 17 |
| | 191 | 阳坡 | E112°06′00″ | N41°35′00″ | 铅、锌、银 | Ar | 热液型 | 小型矿床 | 17 |
| | 192 | 乃林坝 | E118°59′00″ | N44°31′30″ | 铅、锌、铜、银 | $P_1$ | 热液型 | 小型矿床 | 16 |
| | 193 | 马场 | E118°40′45″ | N44°05′19″ | 锌、铅、银 | $P_1$ | 热液型 | 小型矿床 | 16 |
| | 194 | 顺元昌 | E117°56′31″ | N46°03′31″ | 铅、锌、银 | J | 热液型 | 小型矿床 | 15 |
| | 195 | 黄花沟 | E118°53′59″ | N42°52′47″ | 铅、锌、银 | J | 热液型 | 小型矿床 | 15 |
| | 196 | 观音堂 | E118°43′45″ | N42°46′45″ | 铅、锌、银 | J | 热液型 | 小型矿床 | 15 |
| | 197 | 巴彦都兰 | E116°19′20″ | N45°25′30″ | 铜、银 | D | 热液型 | 小型矿床 | 15 |
| | 198 | 那伦布拉格 | E106°56′31″ | N39°32′01″ | 铅、锌、银 | Pt | 沉积变质型 | 小型矿床 | 14 |
| | 199 | 公忽洞 | E112°10′22″ | N41°27′15″ | 金、银 | $Pt_1$ | 沉积岩建造中的变质沉积岩型 | 小型矿床 | 14 |
| | 200 | 大黑山 | E120°27′09″ | N42°02′47″ | 金、银 | Ar | 热液型 | 小型矿床 | 12 |
| | 201 | 余家窝铺 | E118°51′44″ | N42°51′29″ | 银、铅、锌 | J | 矽卡岩型(接触交代型) | 小型矿床 | 11 |
| | 202 | 特尼格尔图 | E119°37′15″ | N44°39′05″ | 铅、锌、银 | $P_1$ | 矽卡岩型(接触交代型) | 小型矿床 | 11 |
| | 203 | 莲花山 | E121°52′01″ | N45°37′41″ | 铜、银 | J | 斑岩型 | 小型矿床 | 11 |
| | 204 | 梨树沟 | E118°21′30″ | N42°06′30″ | 金、银 | $J_3$ | 热液型 | 小型矿床 | 10 |
| | 205 | 官村沟 | E118°22′31″ | N42°04′31″ | 金、银 | J | 热液型 | 小型矿床 | 10 |
| | 206 | 四棱子山 | E118°44′15″ | N42°47′45″ | 锌、铅、银 | J | 热液型 | 小型矿床 | 8 |
| | 207 | 海尔罕 | E102°38′00″ | N41°39′30″ | 铜、银 | $D_2$ | 热液型 | 小型矿床 | 8 |
| | 208 | 龙头山 | E119°43′00″ | N43°40′30″ | 银、铅、锌 | J | 热液型 | 小型矿床 | 8 |
| | 209 | 徐家窑子 | E118°37′31″ | N42°13′29″ | 金、银 | Ar | 热液型 | 小型矿床 | 7 |
| | 210 | 同兴 | E117°27′31″ | N43°43′45″ | 锌、铅、银 | $P_1$ | 热液型 | 小型矿床 | 7 |
| | 211 | 雁池沟—七分二 | E118°55′41″ | N41°54′05″ | 银 | Z | 热液型 | 小型矿床 | 7 |
| | 212 | 中井 | E120°35′15″ | N42°23′23″ | 金、银 | C | 热液型 | 小型矿床 | 7 |
| | 213 | 莲花山 | E118°30′34″ | N42°15′55″ | 金、银 | Ar | 热液型 | 小型矿床 | 6 |
| | 214 | 朱家沟 | E118°36′46″ | N42°12′58″ | 金、银 | J | 热液型 | 小型矿床 | 6 |

**续表 1-1**

| 银矿类型 | 序号 | 矿产地名 | 地理经度 | 地理纬度 | 主矿种 | 成矿时代 | 成矿类型 | 矿床规模 | 银矿资源量(t) |
|---|---|---|---|---|---|---|---|---|---|
| 伴生银矿 | 215 | 长皋 | E118°55′45″ | N41°57′15″ | 金、银 | K | 热液型 | 小型矿床 | 6 |
| | 216 | 红光 | E114°46′45″ | N42°21′31″ | 锌、铅、银 | $P_1$ | 热液型 | 小型矿床 | 6 |
| | 217 | 骆驼场 | E119°05′01″ | N44°15′45″ | 金、银 | $P_1$ | 热液型 | 小型矿床 | 5 |
| | 218 | 硐子 | E118°39′33″ | N42°48′48″ | 锌、铅、银 | J | 热液型 | 小型矿床 | 5 |
| | 219 | 安家营子—曹营子 | E118°56′57″ | N41°55′59″ | 金、银 | $Pt_2$ | 热液型 | 小型矿床 | 5 |
| | 220 | 撰山子 | E119°33′31″ | N42°18′31″ | 金、银 | K | 构造破碎蚀变岩型 | 小型矿床 | 5 |
| | 221 | 东对面沟 | E120°19′00″ | N41°58′00″ | 金、银 | Ar | 热液型 | 小型矿床 | 5 |
| | 222 | 红花沟 | E118°31′31″ | N42°16′01″ | 金、银 | K | 热液型 | 小型矿床 | 4 |
| | 223 | 三楞子山 | E119°44′01″ | N43°39′29″ | 锌、铅、银 | $J_2$ | 热液型 | 小型矿床 | 4 |
| | 224 | 继兴 | E119°16′05″ | N44°37′43″ | 锌、铅、银 | $P_1$ | 矽卡岩型(接触交代型) | 小型矿床 | 4 |
| | 225 | 白音沟 | E119°45′31″ | N42°43′31″ | 银 | S | 热液型 | 小型矿床 | 4 |
| | 226 | 六道沟 | E120°12′30″ | N42°07′23″ | 金、银 | $J_3$ | 热液型 | 小型矿床 | 4 |
| | 227 | 老道沟(普查) | E120°19′15″ | N44°49′00″ | 铅、锌、银 | $J_3$ | 热液型 | 小型矿床 | 4 |
| | 228 | 老道沟(详查) | E120°19′45″ | N44°49′31″ | 铅、锌、银 | $J_3$ | 热液型 | 小型矿床 | 4 |
| | 229 | 神山 | E122°19′36″ | N46°59′32″ | 铁、银 | $J_2$ | 矽卡岩型(接触交代型) | 小型矿床 | 4 |
| | 230 | 鸽子洞 | E118°53′37″ | N41°54′30″ | 金、银 | $J_3$ | 热液型 | 小型矿床 | 3 |
| | 231 | 金兴 | E120°12′15″ | N42°22′01″ | 金、银 | C | 热液型 | 小型矿床 | 3 |
| | 232 | 五马沟 | E120°08′20″ | N41°48′13″ | 铁、银 | Ar | 沉积变质型 | 小型矿床 | 3 |
| | 233 | 梨子山 | E121°08′47″ | N48°22′24″ | 锌、铅、银 | O | 矽卡岩型(接触交代型) | 小型矿床 | 3 |
| | 234 | 南泉子 | E111°35′24″ | N41°02′12″ | 金、银 | Pt | 构造破碎蚀变岩型 | 小型矿床 | 2 |
| | 235 | 西皮 | E110°06′38″ | N41°59′32″ | 金、银 | O | 构造破碎蚀变岩型 | 小型矿床 | 2 |
| | 236 | 白马石沟 | E119°48′21″ | N42°23′15″ | 铜、银 | J | 热液型 | 小型矿床 | 2 |
| | 237 | 后达赖沟 | E111°50′00″ | N41°04′30″ | 金、银 | Pt | 热液型 | 小型矿床 | 1 |
| | 238 | 红花沟 86 号 | E118°35′55″ | N42°13′05″ | 金、银 | Ar | 热液型 | 小型矿床 | 1 |
| | 239 | 樱桃沟 | E118°55′13″ | N41°45′52″ | 金、银、钼 | J | 构造破碎蚀变岩型 | 小型矿床 | 1 |
| | 240 | 查干楚鲁 | E121°17′47″ | N45°14′25″ | 锌、铅、银 | $P_1$ | 热液型 | 小型矿床 | 1 |
| | 241 | 奎素 | E110°58′00″ | N41°09′30″ | 金、银 | $Pt_2$ | 热液型 | 矿点 | 0 |
| | 242 | 罕乌拉 | E117°55′59″ | N41°18′00″ | 金、银 | S | 热液型 | 矿点 | 0 |
| **伴生银矿已查明资源量总计** | | | | | | | | | **9942** |
| **原生银矿+伴生银矿已查明资源量总计** | | | | | | | | | **33 325** |

根据对全区银矿床(点)的综合研究,分为 8 种矿产预测类型,共有 2 种矿产预测方法类型(复合内生型和侵入岩体型)。各类型的找矿前景、预测资源量、已查明资源量及可利用预测资源量如表 1-2 所示。

表 1-2 内蒙古自治区银矿种资源现状及预测统计表

<table>
<tr><th rowspan="2" colspan="2">银矿类型</th><th rowspan="2">矿区参数</th><th colspan="4">找矿前景</th><th colspan="4">资源量精度级别</th><th>已查明</th><th>可利用预测</th></tr>
<tr><th>A级</th><th>B级</th><th>C级</th><th>总计</th><th>334-1</th><th>334-2</th><th>334-3</th><th>总计</th><th>资源量(t)</th><th>资源量(t)</th></tr>
<tr><td rowspan="6">原生银矿</td><td rowspan="3">复合内生型</td><td>个数(个)</td><td>34</td><td>60</td><td>71</td><td>165</td><td>29</td><td>29</td><td>107</td><td>165</td><td rowspan="3">14 870.20</td><td rowspan="3">32 564.69</td></tr>
<tr><td>面积(km²)</td><td>513.75</td><td>794.65</td><td>955</td><td>2 263.4</td><td>475.91</td><td>384.14</td><td>1403.35</td><td>2 263.4</td></tr>
<tr><td>预测资源量(t)</td><td>20 784.85</td><td>11 699.93</td><td>9 824.35</td><td>42 309.13</td><td>19 966.06</td><td>7 790.55</td><td>14 552.52</td><td>42 309.13</td></tr>
<tr><td rowspan="3">侵入岩体型</td><td>个数(个)</td><td>16</td><td>16</td><td>12</td><td>44</td><td>3</td><td>33</td><td>8</td><td>44</td><td rowspan="3">7 653.25</td><td rowspan="3">20 970.43</td></tr>
<tr><td>面积(km²)</td><td>204.77</td><td>184.42</td><td>191.75</td><td>580.94</td><td>136.24</td><td>367.85</td><td>76.85</td><td>580.94</td></tr>
<tr><td>预测资源量(t)</td><td>15 240.07</td><td>3 425.33</td><td>2 305.03</td><td>20 970.43</td><td>12 837.69</td><td>6 588.86</td><td>1 543.87</td><td>20 970.43</td></tr>
<tr><td rowspan="3" colspan="2">伴生银矿</td><td>个数(个)</td><td>40</td><td>67</td><td>134</td><td>241</td><td>20</td><td>16</td><td>195</td><td>241</td><td rowspan="3">6 298.42</td><td rowspan="3">8 268.67</td></tr>
<tr><td>面积(km²)</td><td>899.75</td><td>1 944.48</td><td>3 332.24</td><td>6 176.47</td><td>262.08</td><td>299.51</td><td>5 614.88</td><td>6 176.47</td></tr>
<tr><td>预测资源量(t)</td><td>7 605.05</td><td>2 291.32</td><td>989.36</td><td>10 885.73</td><td>5 538.87</td><td>1 107.43</td><td>4 239.43</td><td>10 885.73</td></tr>
<tr><td colspan="2">总计</td><td colspan="11">全区原生+伴生银矿预测资源总量 74 165.29t,全区原生银矿已查明资源量 23 383t,伴生银矿已查明资源量 9 942.00t,原生银矿可利用预测资源量 53 535.12t,伴生银矿可利用预测资源量 8 268.67t</td></tr>
</table>

# 第一节 时空分布规律

截至 2010 年底,内蒙古自治区已查明资源量的矿产共 103 种(含亚种),列入《内蒙古自治区矿产资源储量表》[①]的矿产为 99 种(石油、天然气、铀矿、地热由国土资源部统计、管理)。这 99 种矿产共有查明矿产地 1696 处,其中能源矿产地 548 处,金属矿产地 827 处,非金属矿产地 321 处。大型矿产地 296 处,占全区总数的 17.45%;中型矿产地 285 处,占全区总数的 17.04%;小型矿产地 1111 处,占全区总数的 65.51%。这 99 种矿产中,已开发利用的有 84 种,对应开发利用矿产地 1227 处。

"九五"计划以来,部署于大兴安岭中南段、得尔布干及华北地台北缘等重要成矿区带的矿产勘查工作中,发现和评价了一批大型、中型、小型银等多金属矿床,包括拜仁达坝、花敖包特、黄花沟铅锌铜银矿。近几年相继发现评价了一批中型、大型含银多金属矿床(根河市比利亚谷银铅锌矿、柴河镇二道河银铅锌矿等),实现了矿产资源勘查的重大突破。

全区目前完成银矿普查、详查项目 42 个,银多金属矿普查项目 154 个,铜(银)多金属矿普查项目 108 个,铅锌(银)多金属矿普查项目 146 个,锡(银)多金属矿普查项目 6 个,钼(银)多金属矿普查项目 2 个,金银多金属矿普查项目 32 个,共计 490 个。分布在 11 个盟市:呼和浩特市 4 个,包头市 3 个,赤峰市 222 个,呼伦贝尔市 61 个,兴安盟 49 个,通辽市 30 个,锡林郭勒盟 94 个,乌兰察布市 13 个,鄂尔多斯市 1 个,巴彦淖尔市 4 个,阿拉善盟 9 个。完成于不同年代:20 世纪 50 年代 1 个,60 年代 6 个,70 年代 29 个,80 年代 39 个,90 年代 39 个,2000 年以后 376 个。

总体上,内蒙古自治区中部地区和大兴安岭中南段的矿产勘查程度略高于其他地区。

## 一、空间分布规律

内蒙古自治区境内已发现的银矿点、矿化点,多沿华北陆块北缘深断裂带两侧及得尔布干断裂带之北西侧分布,其地理分布状况如下。

西部地区:多与金伴生在一起,分布在天山-兴蒙造山系额济纳旗-北山弧盆系中的有额济纳旗七一

① 《内蒙古自治区矿产资源储量表》为内蒙古自治区国土资源厅以季度为时间单位向其上级单位提交的报表。

山银金矿、老硐沟银金矿等；乌拉特后旗地区与铅锌、铜伴生在一起，分布有霍各乞银铜多金属矿、欧布拉格银铜矿、炭窑口银铅锌多金属矿。

中部地区：分布有丰镇市九龙湾银矿、满洲窑银铅锌矿、察哈尔右翼前旗李清地银铅锌矿、武川县东伙房银金矿、营公山银铅锌矿、潘家沟银铅锌矿、四子王旗白乃庙银金矿、商都县谢家村银金矿等。

东部地区：以银铅锌多金属矿床为主，分布在额尔古纳市的有三河、下护林银铅锌矿，根河市比利亚谷银铅锌矿，新巴尔虎右旗甲乌拉、查干布拉根银铅锌矿，额仁陶勒盖金银矿，东乌珠穆沁旗吉林宝力格银铅锌矿，朝不楞银铅锌铁多金属矿，突泉县莲花山、闹牛山银铜矿，长春岭银铅锌矿，科尔沁右翼中旗孟恩陶勒盖、毛呼都格银铅锌矿，西乌珠穆沁旗花敖包特银铅锌矿，克什克腾旗拜仁达坝铅锌银矿，巴林左旗白音诺尔、浩布高银铅锌矿等，此外在该地区还分布有大量的银多金属矿床(点)。

根据已查明的银矿床(点)的分布情况，结合典型矿床、预测工作区研究及圈定的最小预测区，内蒙古自治区的银矿在空间分布上有以下规律：

(1)矿床的分布严格受构造的控制，矿床沿深断裂带两侧呈线型带状分布。得尔布干深断裂带西北侧分布有中生代火山热液型银铅锌矿(三河、下护林、甲乌拉、查干布拉根)、热液型银矿(额仁陶勒盖)等。

(2)中生代矿床由于受基底东西向构造和北东—北北东向构造联合控制而呈东西向成行，北东—北北东向呈带分布。大兴安岭中南段分布于嫩江深断裂与西拉木伦河断裂之间的银多金属矿床[拜仁达坝、黄岗梁、白音诺尔、浩布高、花敖包特、孟恩陶勒盖、莲花山、长春岭及大量的矿床(点)等]，该区由北东—北北东向断裂和东西向断裂相交构成了格子状构造格架，这种构造格架控制了该区域内矿床的空间分布。

(3)银多金属矿床多分布在隆起区与坳陷区过渡带靠隆起区一侧，或坳陷区内的局部隆起上。如白音诺尔、浩布高银铅锌矿床分布在坳陷区的局部隆起上；莲花山、长春岭银多金属矿分布在隆起区与坳陷区的过渡带上。

(4)华北陆块北缘和大兴安岭中生代构造岩浆岩带是银多金属矿床的集中分布区，而且中生代构造岩浆岩带叠加在古生代构造带之上，是矿床最有利分布区，尤其是古海盆边缘与中生代构造岩浆岩带的断隆带重合的构造部位是矿床最集中的分布区，如黄岗梁-甘珠尔庙-乌兰浩特中生代断隆带基本与早二叠世古海盆的边缘重合，所以在中生代断隆带中分布了一批重要的银多金属矿床。

(5)按照内蒙古自治区大地构造分区，银矿床(原生+伴生)集中分布在大兴安岭弧盆系(表1-3)，该区矿床的数量占全区矿床的52%，已查明资源量占全区资源量的78%。

**表1-3 内蒙古自治区银矿所在大地构造分区一览表**

| 大地构造分区 | 矿床(点)个数(处) | | 大型(处) | | 中型(处) | | 小型(处) | | 银矿代表性矿床 | 已查明资源量(t) | |
|---|---|---|---|---|---|---|---|---|---|---|---|
| | 原生 | 伴生 | 原生 | 伴生 | 原生 | 伴生 | 原生 | 伴生 | | 原生 | 伴生 |
| Ⅰ-Ⅰ-2额尔古纳岛弧($Pz_1$) | 5 | 3 | 2 | 1 | 2 | 1 | 1 | 1 | 额仁陶勒盖、比利亚谷 | 6101 | 1584 |
| Ⅰ-Ⅰ-4扎兰屯-多宝山岛弧($Pz_2$) | 7 | 9 | 2 | — | 1 | 4 | 4 | 5 | 吉林宝力格、花敖包特、扎木钦 | 4584 | 1901 |
| Ⅰ-Ⅰ-6锡林浩特岩浆弧($Pz_2$) | 31 | 32 | 1 | — | 9 | 1 | 21 | 31 | 拜仁达坝、孟恩套勒盖、白音诺尔 | 9993 | 1544 |
| Ⅰ-2-1松辽断陷盆地(J—K) | 1 | — | — | — | — | — | 1 | — | 二台营子 | 10 | — |
| Ⅰ-8-2温都尔庙俯冲增生杂岩带 | 17 | 27 | — | — | 3 | 2 | 14 | 25 | 官地、炮手营子 | 1849 | 1292 |
| Ⅰ-9-2红石山裂谷(C) | — | 1 | — | — | — | — | — | 1 | 海尔罕 | — | 8 |
| Ⅰ-9-4公婆泉岛弧(O—S) | 1 | — | — | — | — | — | 1 | — | 老硐沟 | 44 | — |
| Ⅰ-9-7巴音戈壁弧后盆地(C) | 1 | — | — | — | — | — | 1 | — | 欧布拉格 | 32 | — |

续表 1-3

| 大地构造分区 | 矿床(点)个数(处) | | 大型(处) | | 中型(处) | | 小型(处) | | 银矿代表性矿床 | 已查明资源量(t) | |
|---|---|---|---|---|---|---|---|---|---|---|---|
| | 原生 | 伴生 | 原生 | 伴生 | 原生 | 伴生 | 原生 | 伴生 | | 原生 | 伴生 |
| Ⅱ-3-1 恒山-承德-建平古岩浆弧($Pt_1$) | 2 | 11 | — | 1 | — | 1 | 2 | 9 | 金厂沟梁、下弯子 | 18 | — |
| Ⅱ-4-1 固阳-兴和陆核($Ar_3$) | 6 | — | — | — | 1 | — | 5 | — | 李清地、东伙房 | 532 | — |
| Ⅱ-4-2 色尔腾山-太仆寺旗古岩浆弧($Ar_3$) | 1 | 4 | — | — | — | — | 1 | 4 | 排楼山 | 21 | — |
| Ⅱ-4-3 狼山-白云鄂博裂谷($Pt_2$) | 3 | 1 | — | — | 1 | — | 2 | 1 | 霍各乞、小南山 | 345 | 2818 |
| Ⅱ-5-2 贺兰山被动陆缘盆地($Pz_1$) | 1 | 1 | — | — | — | — | 1 | 1 | 代兰塔拉 | 2 | — |
| Ⅱ-7-1 迭布斯格-阿拉善右旗陆缘岩浆弧($Pz_2$) | 1 | 1 | — | — | — | — | 1 | 1 | 炭窑口 | 194 | 39 |

## 二、时间分布规律

根据全区 167 处(表 1-3)银多金属矿床(点)时代的统计结果(表 1-4)可以看出,原生银矿阜平期小型矿床 2 处,已查明资源量 76t;晋宁期小型矿床 3 处,已查明资源量 395t;加里东期小型矿床 5 处,已查明资源量 176t;海西期大型矿床 1 处,中型矿床 4 处,小型矿床 9 处,已查明资源量 6473t;印支期小型矿床 1 处,已查明资源量 19t;燕山期大型矿床 4 处,中型矿床 12 处,小型矿床 34 处,已查明资源量 16 244t。伴生银矿阜平期中型矿床 1 处,小型矿床 8 处;晋宁期大型矿床 1 处,中型矿床 1 处,小型矿床 6 处;加里东期小型矿床 4 处;海西期中型矿床 4 处,小型矿床 28 处;燕山期大型矿床 1 处,中型矿床 4 处,小型矿床 33 处;喜马拉雅期小型矿床 1 处。由此可见,内蒙古自治区大部分已查明的银矿床(点)及资源量集中在中生代,成矿作用由老到新逐渐增强,燕山期为最重要的成矿期。

**表 1-4 内蒙古自治区不同时代原生银矿、伴生银矿分布情况一览表**

| 银矿类型 | 成矿时代 | 矿床(点)个数(处) | | | | 代表性矿床 | 已查明资源量(t) |
|---|---|---|---|---|---|---|---|
| | | 总数 | 大型 | 中型 | 小型 | | |
| 原生银矿 | 燕山期 | 50 | 4 | 12 | 34 | 查干布拉根、吉林宝力格、花敖包特、额仁陶勒盖 | 16 244 |
| | 印支期 | 1 | — | — | 1 | 沙木尔吉 | 19 |
| | 海西期 | 14 | 1 | 4 | 9 | 拜仁达坝、炮手营子、黄岗梁、张家沟 | 6473 |
| | 加里东期 | 5 | — | — | 5 | 贾营子、谷那乌苏、白乃庙 | 176 |
| | 晋宁期 | 3 | — | — | 3 | 炭窑口 | 395 |
| | 阜平期 | 2 | — | — | 2 | 白羊沟、牌楼山 | 76 |
| 伴生银矿 | 喜马拉雅期 | 1 | — | — | 1 | 五十家子 | 185 |
| | 燕山期 | 38 | 1 | 4 | 33 | 甲乌拉、扎木钦、查干敖包 | 3396 |
| | 海西期 | 32 | — | 4 | 28 | 朝不楞、阿尔哈达 | 3175 |
| | 加里东期 | 4 | — | — | 4 | 白银沟、梨子山 | 16 |
| | 晋宁期 | 8 | 1 | 1 | 6 | 东升庙、霍各乞 | 2801 |
| | 阜平期 | 9 | — | 1 | 8 | 维拉斯托、饮马处 | 369 |

# 第二节　控矿因素

## 一、区域地质背景与成矿的关系

### 1. 构造对成矿环境的控制

矿床形成过程中，成矿流体的运移和成矿物质的沉淀、定位空间及其形成的保存条件无不与构造息息相关。

成矿构造环境的控矿作用：太古宙—古元古代、中元古代陆块边缘的裂陷或裂谷带内形成与海相基性、中酸性火山喷发活动相关的海底火山喷流-沉积型铁、银、铅锌多金属矿床，银矿以伴生矿种存在；古生代碰撞造山构造环境下，由于中酸性岩浆侵位，形成接触交代型、热液型银多金属矿床，银矿床规模较小；中生代滨西太平洋活动大陆边缘构造环境，形成了雄伟的大兴安岭火山-岩浆构造带，并形成与陆相中酸性火山-侵入杂岩相关的众多不同类型的银多金属矿床。

区域性深断裂对成矿的控制作用：区域性深断裂（带）均为超壳断裂，有的甚至切穿了岩石圈，所以它们是地幔物质的上涌通道。而与它有成生联系的次级断裂或构造带往往就是成矿物质沉淀定位的空间。这些深断裂构造带具有活动时间长的特点，在其一侧或两旁常分布不同时代或不同成因类型的矿床。如得尔布干深裂构造带控制了北西侧火山-次火山热液型、岩浆热液型银及银多金属矿床的分布；嫩江-八里罕深断裂带和西拉木伦河深断裂带联合控制了大兴安岭构造岩浆岩带中南段与陆相中酸性火山-侵入杂岩有关的接触交代型、热液型银多金属矿床的分布；华北陆块北缘深断裂带的东部两侧分布有不同时代形成的银多金属矿床。

不同的构造环境，产生不同类型的矿产。如拜仁达坝矿区银多金属矿床为岩浆热液矿床，矿体赋存于近东西向压扭性断裂构造中，个别矿体充填于北西向张性断裂中。

### 2. 岩浆岩对成矿的控制作用

岩浆岩的成分对银多金属矿的形成起着控制作用，形成热液型银多金属矿床的侵入岩多为中酸性侵入岩，主要为石英二长岩-石英二长闪长岩-花岗闪长岩-黑云母二长斑岩-花岗闪长斑岩，为超浅成—浅成岩石，呈小岩株、岩枝和岩脉产出。岩石化学成分特征为：$SiO_2$含量为63.45%～67.43%，$Al_2O_3$含量为14.76%～16.20%，($Na_2O+K_2O$)含量为6.10%～9.29%，(FeO＋MgO)含量为4.34%～7.63%，富含挥发组分F[(475～540)×$10^{-6}$]、Cl[(165～384)×$10^{-6}$]，岩石富Sr[(348～643)×$10^{-6}$]，贫Rb富Zn[(69～141)×$10^{-6}$]，其ΣREE丰度低[(115～130)×$10^{-6}$]。$^{87}Sr/^{86}Sr$初始比值为0.706～0.707。岩浆起源于下地壳。

银矿化与花岗质岩浆活动有密切成因关系，大兴安岭地区中生代构造岩浆活动强烈，主要集中在晚侏罗世和早白垩世，在大兴安岭中南段亦有少量海西期的银多金属矿床分布。与燕山期有关的矿床类型有火山热液型（比利亚谷、三河银多金属矿）、次火山热液型（额仁陶勒盖银矿、官地银金矿、花敖包特银多金属矿）、岩浆热液（脉）型（拜仁达坝、孟恩陶勒盖银多金属矿）、矽卡岩型（白音诺尔、浩布高银多金属矿床）。

### 3. 成矿期

内蒙古自治区银、银多金属矿床成矿期主要集中在中生代。印支期统一大陆东部成为滨西太平洋活动大陆边缘，中生代早期，由于中酸性岩浆侵位，形成热液型银多金属矿床，中生代晚期（燕山期），由于大规模的陆相中基性、中酸性、酸性火山侵入活动，形成了接触交代型、火山-次火山热液型银多金属矿床。

## 二、银地球化学特征

### （一）银元素地球化学分区

考虑到全区地质、地球化学景观差异较大，为便于描述元素地球化学空间分布特征，将全区由西向东大致分为8个地球化学分区：①北山-阿拉善地球化学分区；②龙首山-雅布赖山地球化学分区；③狼山-色尔腾山地球化学分区；④乌拉山-大青山地球化学分区；⑤二连-东乌旗地球化学分区；⑥红格尔-锡林浩特-西乌珠穆沁旗-大石寨地球化学分区；⑦宝昌-多伦-赤峰地球化学分区；⑧莫尔道嘎-根河-鄂伦春地球化学分区。

内蒙古自治区是我国重要的银铅锌产地，银矿床主要分布在晚古生代和晚中生代，中新生代、中元古代和中太古代也有分布。主要元素组合为AgPbZn、AgPbZnMn、AgPbZnAu、AgPbZnCuS。矿床成因类型主要有热液型、矽卡岩型、火山岩型、沉积型。

银矿床主要分布在林西-孙吴铅锌铜钼金Ⅲ级成矿带，红格尔-锡林浩特-西乌珠穆沁旗-大石寨地球化学分区，主要成矿期为与岩浆作用有关的海西期和燕山期。其中，海西期主要形成与二叠纪火山-沉积作用有关的海底热液喷流沉积型矿床；燕山期则主要产出与陆相火山-侵入杂岩有关的浅成热液型-矽卡岩型矿床。

从全区来看，Ag高值区主要分布于④、⑥～⑧这4个地球化学分区内，规模很大；低值区分布在①的西北部、②和③，现分述如下。

(1)北山-阿拉善地球化学分区：以甜水井—二十六号为界，区内东北部为Ag高值区及高背景区，西南部为Ag低值区。Ag的高异常呈点状零星分布于北部地区，所对应的地质单元为石炭纪中酸性岩、二叠系和白垩系。区内东南部七一山、老硐沟已发现伴生银矿床。

(2)龙首山-雅布赖山地球化学分区：低值区大面积分布。Ag仅在敦德呼都格—呼德呼都格一带出现规模很小的高值区，高值区与太古宙中酸性岩和中生代晚期地层对应。到目前未发现银矿床(点)。

(3)狼山-色尔腾山地球化学分区：区域上Ag呈背景与低背景分布。乌拉特后旗东升庙—罕乌拉一带Ag形成高背景带，明显受北东向构造控制，规模较小的Ag异常分布于白云鄂博群石英岩、泥质碳质板岩，渣尔泰山群细粒泥质碳质板岩、灰岩和色尔腾山岩群绢英绿泥片岩和含铁石英岩及海西期花岗岩中。西北部较大规模的Ag异常分布于乌兰苏海组内。该区已发现霍各乞、炭窑口、下护林、三贵口、罕乌拉等伴生银矿床。

(4)乌拉山-大青山地球化学分区：Ag高值区大面积连续分布，沿乌拉特前旗—包头—呼和浩特—化德一带分布，高值区受近东西向和近南北向构造控制，对应于新太古界色尔腾山岩群绢英绿泥片岩、含铁石英岩，乌拉山岩群和集宁岩群角闪斜长片麻岩、斜长角闪岩，白云鄂博群砂岩、板岩、砾岩。四子王旗一带高强度的Ag异常与印支期—海西期岩浆活动有关。

(5)二连-东乌旗地球化学分区：Ag呈大面积的低值区及背景分布，高值区主要分布于查干敖包庙—台吉乌苏—阿拉担宝拉格一带，Ag异常多呈北东向或近东西向展布，高值区对应于中下奥陶统乌宾敖包组、中下泥盆统泥鳅河组、石炭系—二叠系宝力高庙组。东乌珠穆沁旗周围异常规模也较大，高值区对应于中下奥陶统乌宾敖包组、中下泥盆统泥鳅河组。东乌旗地区已发现朝不楞、阿尔哈达、查干敖包等多处多金属矿床。

(6)红格尔-锡林浩特-西乌珠穆沁旗-大石寨地球化学分区：高值区规模很大，呈北东-南西向展布，高强度的Ag异常沿锡林浩特—西乌珠穆沁旗—科右中旗、克什克腾旗—林西—五十家子一带分布，该区位于铅、锌、银、铁、锡、稀土Ⅲ级成矿带上，对应地质单元为古元古界宝音图岩群、石炭系、二叠系、侏罗系及海西期、燕山期酸性岩体。低值区小范围地分布于西南部和巴雅尔吐胡硕镇—扎鲁特旗一带。该区是银矿的主产地。

(7)宝昌-多伦-赤峰地球化学分区：区内 Ag 呈高背景分布，高值区主要分布在浩来呼热—土城子—翁牛特旗一带，受北东向和近南北向构造控制，规模较大，大庙—赤峰—敖汉旗一带分布有一定规模的 Ag 异常，对应于白垩纪火山岩和晚侏罗世中酸性岩出露地区。低值区分布于东南部的八里罕—宁城一带。该区中小型银矿床(点)较多，多分布于该区东部和南部。

(8)莫尔道嘎-根河-鄂伦春地球化学分区：Ag 高值区范围较大，呈北东-南西向展布，分布于新巴尔虎右旗、古利库、太平庄周围和牙克石—甘河—劲松镇一带，高值区对应于上侏罗统、下白垩统。低值区小范围地分布于北部和东部部分地区。

## (二)主要地质单元元素分布特征

### 1. 地质单元划分依据

采用的 Ag 地球化学数据主要来源于 1∶20 万区域化探中的水系沉积物测量，岩石样按不同地质单元采集，对不同时代的沉积岩、变质岩和岩浆岩分别进行系统采样。

地层以系为采样单位，岩浆岩以期或主要岩类为采样单位，变质岩以变质建造或分布面积大的主要岩类为采样单位。

根据全区出露地层、岩浆岩和变质岩分布情况，结合全区构造单元特征，将全区划分出 35 个地质单元，统计各子区 Ag 的地球化学特征值，研究不同子区 Ag 的富集贫化特征，同时将 Ag 平均值与地壳平均值和中国干旱荒漠区水系背景值作比较，研究内蒙古自治区 Ag 相对于全球和全中国的富集与贫化特征。表 1-5 用 4 个参数研究不同地质单元的 Ag 特征。

**表 1-5　主要地质单元水系沉积物中 Ag 的地球化学特征值统计**

| 序号 | 地质单元 | 代号 | 样品数(个) | Ag | | | |
|---|---|---|---|---|---|---|---|
| | | | | $X$ | $S$ | $Cv$ | $C_3$ |
| 1 | 第四系 | Q | 13 542 | 68.531 | 126.029 | 1.839 | 0.859 |
| 2 | 第三系 | N+E | 15 933 | 68.890 | 52.596 | 0.763 | 0.864 |
| 3 | 白垩系 | K | 17 361 | 69.091 | 83.466 | 1.208 | 0.866 |
| 4 | 侏罗系 | J | 18 921 | 101.902 | 474.573 | 4.657 | 1.277 |
| 5 | 三叠系 | T | 82 | 53.049 | 22.536 | 0.425 | 0.665 |
| 6 | 二叠系 | P | 7376 | 124.689 | 1 216.416 | 9.756 | 1.563 |
| 7 | 石炭系 | C | 3896 | 77.234 | 84.757 | 1.097 | 0.968 |
| 8 | 泥盆系 | D | 1365 | 75.588 | 62.802 | 0.831 | 0.948 |
| 9 | 志留系 | S | 489 | 78.884 | 66.872 | 0.848 | 0.989 |
| 10 | 奥陶系 | O | 1603 | 106.427 | 1 458.394 | 13.703 | 1.334 |
| 11 | 震旦系 | Z | 187 | 87.064 | 84.373 | 0.969 | 1.091 |
| 12 | 元古宇 | Pt | 4581 | 69.009 | 75.155 | 1.089 | 0.865 |
| 13 | 太古宇 | Ar | 4581 | 72.761 | 0.645 | 0.559 | 0.912 |
| 14 | 第四纪玄武岩 | $Q\beta$ | 455 | 52.756 | 22.201 | 0.421 | 0.661 |

续表 1-5

| 序号 | 地质单元 | 代号 | 样品数(个) | Ag | | | |
|---|---|---|---|---|---|---|---|
| | | | | $X$ | $S$ | $Cv$ | $C_3$ |
| 15 | 白垩纪酸性岩 | Kγ | 779 | 90.303 | 99.627 | 1.103 | 1.132 |
| 16 | 白垩纪碱性岩 | Kξ | 34 | 96.176 | 62.426 | 0.649 | 1.206 |
| 17 | 侏罗纪酸性岩 | Jγ | 7242 | 93.727 | 307.051 | 3.276 | 1.175 |
| 18 | 侏罗纪中性岩 | Jδ | 269 | 93.333 | 337.352 | 3.615 | 1.170 |
| 19 | 侏罗纪碱性岩 | Jξ | 262 | 60.252 | 40.038 | 0.665 | 0.755 |
| 20 | 三叠纪酸性岩 | Tγ | 3040 | 65.165 | 51.369 | 0.788 | 0.817 |
| 21 | 二叠纪酸性岩 | Pγ | 11 153 | 70.658 | 111.305 | 1.575 | 0.886 |
| 22 | 二叠纪中性岩 | Pδ | 664 | 78.603 | 181.574 | 2.310 | 0.985 |
| 23 | 石炭纪酸性岩 | Cγ | 5721 | 63.669 | 59.466 | 0.934 | 0.798 |
| 24 | 石炭纪中性岩 | Cδ | 749 | 61.363 | 61.273 | 0.999 | 0.769 |
| 25 | 石炭纪基性岩 | Cν | 206 | 57.282 | 34.277 | 0.598 | 0.718 |
| 26 | 石炭纪超基性岩 | CΣ | 77 | 46.168 | 21.500 | 0.466 | 0.579 |
| 27 | 泥盆纪酸性岩 | Dγ | 340 | 83.969 | 188.700 | 2.247 | 1.053 |
| 28 | 泥盆纪超基性岩 | DΣ | 59 | 173.527 | 884.424 | 5.097 | 2.175 |
| 29 | 志留纪酸性岩 | Sγ | 267 | 47.912 | 25.263 | 0.527 | 0.601 |
| 30 | 奥陶纪中性岩 | Oδ | 58 | 88.621 | 143.129 | 1.615 | 1.111 |
| 31 | 元古宙酸性岩 | Ptγ | 1874 | 61.442 | 153.178 | 2.493 | 0.770 |
| 32 | 元古宙中性岩 | Ptδ | 367 | 75.060 | 37.694 | 0.502 | 0.941 |
| 33 | 元古宙基性岩 | Ptν | 70 | 47.500 | 28.523 | 0.600 | 0.595 |
| 34 | 元古宙变质深成侵入体 | Ptgn | 121 | 54.157 | 29.730 | 0.549 | 0.679 |
| 35 | 太古宙变质深成侵入体 | Argn | 668 | 82.183 | 162.518 | 1.978 | 1.030 |
| 全测区 | | | 123 418 | 79.769 | 405.453 | 5.083 | — |
| 地壳克拉克值 | | 中国干旱荒漠区水系背景值 | | $C_1$ | | $C_2$ | |
| 0.10 | | 0.06 | | 0.80 | | 1.33 | |

注:地壳克拉克值:据维诺格拉多夫1962资料;中国干旱荒漠区水系沉积物背景值:据任天祥、庞庆恒、杨少平1996年资料,3114图幅1∶20万图幅水系沉积物资料。表中$X$为算术平均值,$S$为标准离差,$Cv$为变异系数,$C_3$为三级浓集系数。

**2. 全区Ag及其主要共伴生元素平均值与地壳克拉克值对比**

将全区Ag及其主要共伴生元素平均值与全球地壳克拉克值相比,所得比值称为一级浓集系数($C_1$),由图1-1(a)可见:Pb、Hg元素的$C_1>1.2$,这些元素在全区的含量相对全球地壳呈富集状态;Ag、Zn、Cd元素的$0.8<C_1<1.2$,这些元素在全区的含量与全球地壳含量相当;Cu、Sn、Mo、Mn元素的$C_1<0.8$,这些元素在全区的含量相对全球地壳呈贫化状态。

**3. 全区Ag及其主要共伴生元素平均值与中国干旱荒漠区水系背景值对比**

将全区Ag及其主要共伴生元素平均值与中国干旱荒漠区水系背景值相比,所得比值称为二级浓集系数($C_2$)。由图 1－1(b)可见：Ag、Pb、Sb、Hg、W、Sn、Mo、Bi 的 $C_2>1.2$，这些元素在全区的含量相对中国水系的呈富集状态；Zn、Cd、Au、Mn 的 $C_2$ 在 0.8～10.2 之间，这些元素在全区的含量与中国水系的平均含量相当；Cu 的 $C_2<0.8$，该元素在全区的含量相对中国水系的呈贫化状态。

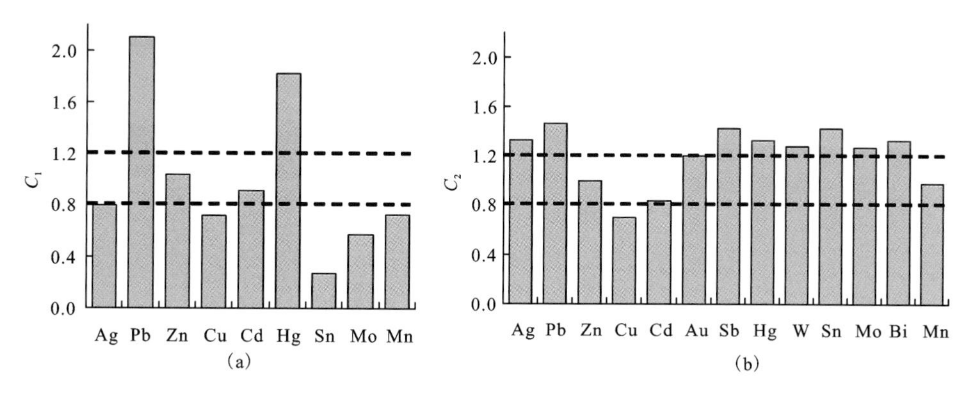


图 1－1　全区 Ag 及其主要共伴生元素的一级浓集系数($C_1$)(a)和二级浓集系数($C_2$)(b)

### 4. 在不同地质单元中 Ag 的地球化学特征

元素具有成矿专属性，不同地质单元对同一元素的富集能力不同。将 Ag 在各地质单元的平均含量与全区背景值相比，所得比值称为三级浓度系数($C_3$)。比较 Ag 在各地质单元中的富集与贫化特征，可以研究 Ag 的成矿规律。从表 1－5 和图 1－2 中可以看出，Ag 在泥盆纪超基性岩中的含量最高，其次为二叠系、奥陶系和侏罗系，以上 4 种地质单元中 Ag 三级浓度系数大于 1.2(>1.0)，表明 Ag 相对于全区呈富集状态，在以上地质单元中相对易于成矿，这与全区已发现银矿床(点)所在地层相吻合。

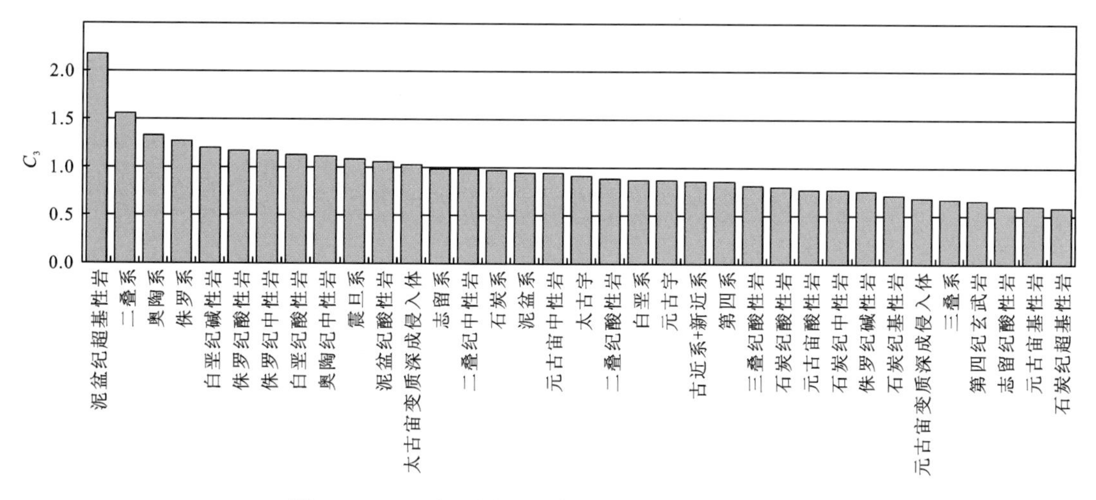


图 1－2　Ag 在不同地质单元的地球化学分布特征

比较 Ag 在不同地质单元中的变异特征，Ag 在侏罗系、奥陶系、二叠系及泥盆纪超基性岩和侏罗纪中性岩中的变异系数都大于 3，可见 Ag 在上述地质单元中不仅含量较全区高，而且分布还特别不均匀，易于富集成矿，是进行矿产预测和潜力评价的重点地段(图 1－3)。

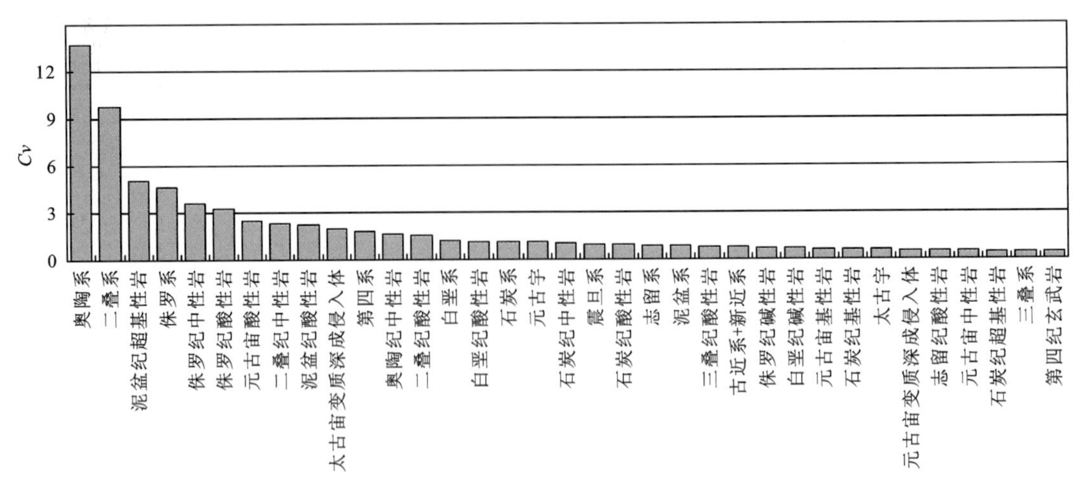


图 1－3　Ag 在不同地质单元的变异特征

（三）Ag 异常研究

对《1∶150 万银地球化学图》进行较为系统的研究，包括空间分布特征、各主要地质单元分布特征与规律，发现 Ag 在全区的分布受地球化学景观的影响较大。根据地球化学景观的差异，将全区划分为 3 个区，即西部戈壁残山区、中部残山丘陵区、东部森林沼泽区。在各区中按照不同的异常下限提取 Ag 异常，圈出银单元素异常 461 个。根据 Ag 异常特征（规模、强度和浓度分带等）、所处地质环境（产出部位、形态特征与控矿地层、岩体、构造的空间关系等），结合已知矿床、矿化点、矿化蚀变带与它的空间关系，对全区 Ag 地球化学异常形成如下初步认识：

（1）内蒙古西部（乌拉特中旗以西）Ag 异常主要与古生界志留系、石炭系、二叠系，中生界白垩系及印支期、海西期和燕山期中酸性岩有关。其中，北山－阿拉善成矿带 Ag 异常规模较小，多呈点状分布，仅在甜水井及其东部和南部个别地区存在强度较高的点状 Ag 异常，均与石炭系、白垩系或石炭纪酸性岩有关；哈日奥日布格东南存在面积较大的 Ag 异常，具有明显的浓度分带和浓集中心，与二叠系和白垩系有关；下淘米—乌拉特中后旗一带 Ag 异常与石炭纪、侏罗纪、三叠纪花岗岩和中元古代闪长岩有关，规模较小，浓度分带和浓集中心不明显，异常强度不高。

（2）乌拉特中旗以东、桑根达来以西、二连浩特以南区域的部分 Ag 异常与太古宙、元古宙地层及其变质深成侵入体以及印支期、海西期的岩浆运动有关；还有大部分 Ag 异常分布在新近系覆盖地段，该处 Ag 异常分布较连续，形成了一定规模，具有明显的浓度分带和浓集中心，多呈珠状近南北向或近东西向分布。

（3）台吉乌苏一带的 Ag 异常规模较小，但强度较高，形成了明显的浓集中心，多与奥陶系、泥盆系和石炭系有关，异常的空间展布方向与出露地层的空间分布特征一致。

（4）赤峰一带的 Ag 异常主要与白垩纪和侏罗纪花岗岩有关，所圈异常规模较小，多为点状异常，但强度较高。

（5）锡林浩特—翁牛特旗一带的 Ag 异常主要与二叠系、侏罗系和侏罗纪中酸性岩有关，呈条带状和面状分布，异常规模大、异常强度高，具有明显的浓度分带和浓集中心，且与已知银矿床（点）分布相对应。

（6）林西—突泉一带的 Ag 异常主要与二叠系、侏罗系和二叠纪、侏罗纪、白垩纪中酸性岩有关，其异常面积较小，强度较高，多呈串珠状分布，且分布较为密集，与已知银矿床（点）分布相对应。

（7）霍林郭勒—扎赉特旗一带的 Ag 异常多与二叠系、侏罗系和侏罗纪中酸性岩有关，异常强度高，但成一定规模的异常较少，多呈近东西向和北东向条带状或点状分布。

（8）罕达盖—五叉沟一带的 Ag 异常多与奥陶系、石炭系、侏罗系和侏罗纪、二叠纪中酸性岩有关，异常强度较高，范围较大，具有明显的浓度分带和浓集中心，异常多呈北东向或近东西向条带状或点状分布。

(9)新巴尔虎右旗—满洲里一带的Ag异常主要与侏罗系、白垩系和二叠纪、侏罗纪中酸性岩有关，异常规模较大，多呈面状分布，具有明显的浓度分带和浓集中心。区内甲乌拉银铅锌矿、额仁陶勒盖锰银矿空间上与异常吻合好，Ag异常浓度高，范围大。

(10)牙克石—满归镇一线以西的Ag异常与震旦系、青白口系、侏罗系和元古宙、二叠纪、侏罗纪中酸性岩有关，所圈异常较少，规模小，部分呈北西向或北东向展布，多呈串珠状分布，但异常强度高，具有明显的浓集中心和浓度分带。

(11)牙克石—鄂伦春一带的Ag异常多与侏罗系、白垩系有关，少部分异常与石炭纪、侏罗纪中酸性岩有关，异常规模大，强度高，具有明显的浓度分带和浓集中心，多呈近南北向和北东向条带状或面状分布。

(12)阿荣旗—加格达奇一带的Ag异常主要与侏罗系、白垩系和泥盆纪、石炭纪、二叠纪中酸性岩有关，其中太平庄一带的Ag异常规模较大，异常强度高，总体呈北东向展布；劲松镇以东Ag异常均具有较高的强度和浓度梯度，多呈北西向或北西西向展布。

总之，西部(戈壁残山区)Ag异常规模小，强度低，中部(残山丘陵区)异常形成一定规模，但无明显浓度分带和浓集中心，东部(森林沼泽区)异常不仅规模大，强度高，还具有较高的浓度梯度，是银矿床的重要产地。

## 第三节 内蒙古自治区主要成矿区带银矿成矿谱系

### 一、成矿远景区(矿集区)的划分

在《中国成矿区带划分方案》(徐志刚，2008)Ⅲ级成矿区带划分的基础上，根据《内蒙古自治区主要成矿区(带)和成矿系列》(邵和明，2002)，按照全国矿产资源潜力评价的技术要求，结合Ⅳ、Ⅴ级大地构造单元的划分，划分了内蒙古自治区Ⅳ级成矿亚带，依据全区银矿床(点)的分布及本次工作预测成果，进行了银单矿种的Ⅴ级远景区(矿集区)的划分。共划分Ⅳ级成矿亚带34个，Ⅴ级14个，详见表1-6和图1-4。

### 二、各远景区的成矿特征

#### 1. Ⅴ-1黑山头-金河银矿远景区

该远景区属额尔古纳市、根河市管辖，位于得尔布干断裂的西北侧，沿北东向展布，长约190km，宽40km，由中生代次级火山断陷盆地和前中生代隆起组成，主要分布有中生代火山岩、次火山岩及钾长花岗岩，次有晋宁期花岗岩类、海西期—印支期花岗岩类和额尔古纳河组、下古生界等。远景区内断裂构造十分发育，主要是北东向、北东东向断裂构造，北东向断裂构造在航磁解译图上反映得十分清楚，主要表现为恩和-莫尔道嘎断裂、秀山-西吉诺断裂、三河-得尔布尔断裂、金河-阿南断裂及它们之间的一系列北东向断裂，属得尔布干断裂系，断裂走向多为50°～60°。北东东向断裂也十分发育，航磁、重力、遥感解译的数条北东东向断裂是得尔布干断裂系的次级断裂构造，常同北西向断裂构造联合控制该成矿带中的火山断陷盆地，如上护林-莫尔道嘎盆地、金河-牛耳河盆地等。这些断陷盆地是火山岩型有色金属、贵金属矿床成矿的有利地段。比利亚谷银铅锌矿、三河银铅锌矿、下护林银铅锌矿床位于该远景区内。

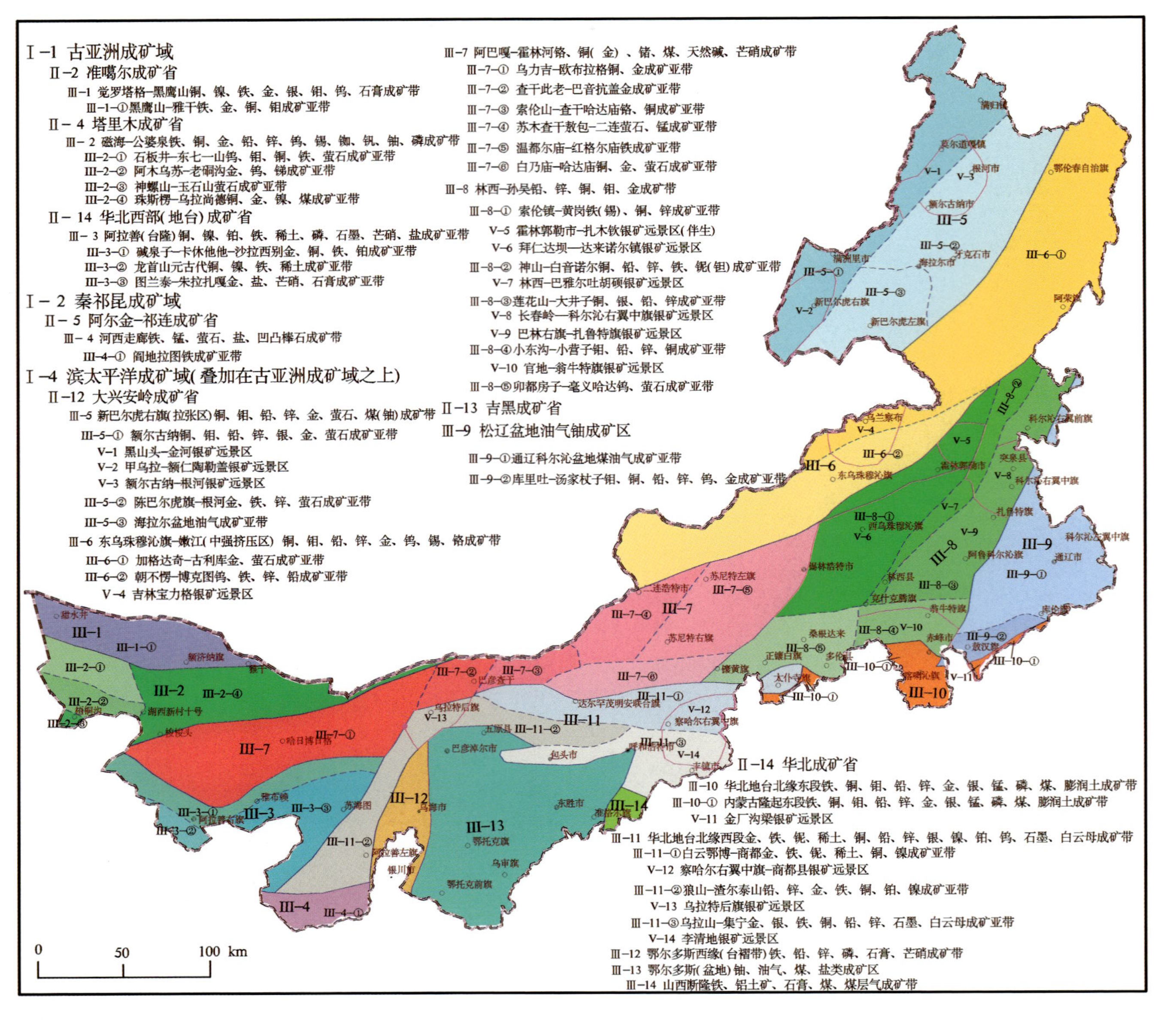


图 1-4 内蒙古自治区银矿成矿区带划分

**表 1-6 内蒙古自治区银矿成矿区带划分表**

| Ⅰ级成矿单元 | Ⅱ级成矿单元 | Ⅲ级成矿单元 | Ⅳ级成矿单元 | Ⅴ级成矿单元 | 代表性矿床(点) | 全国 |
|---|---|---|---|---|---|---|
| Ⅰ-1古亚洲成矿域 | Ⅱ-2准噶尔成矿省 | Ⅲ-1觉罗塔格-黑鹰山铜、镍、铁、金、银、钼、钨、石膏成矿带 | Ⅲ-1-①黑鹰山-雅干铁、金、铜、钼成矿亚带(Ⅲ-8-①) | | | Ⅲ-8 |
| | Ⅱ-4塔里木成矿省 | Ⅲ-2磁海-公婆泉铁、铜、金、铅、锌、钨、锡、铷、钒、铍、磷成矿带(Pt) | Ⅲ-2-①石板井-东七一山钨、钼、铜、铁、萤石成矿亚带 | | | Ⅲ-14 |
| | | | Ⅲ-2-②阿木乌苏-老硐沟金、钨、锑成矿亚带 | | | |
| | | | Ⅲ-2-③神螺山-玉石山萤石成矿亚带 | | | |
| | | | Ⅲ-2-④珠斯楞-乌拉尚德铜、金、镍、煤成矿亚带 | | | |
| | Ⅱ-14华北(陆块)成矿省(最西部) | Ⅲ-3阿拉善(台隆)铜、钼、铂、铁、稀土、磷、石墨、芒硝盐成矿带(Pt、Pz、Kz) | Ⅲ-3-①碱泉子-卡休他他-沙拉西别金、铜、铁、铂成矿亚带(C、Q) | | | |
| | | | Ⅲ-3-②龙首山元古代铜、镍、铁、稀土成矿亚带(Pt、Nh—Z) | | | Ⅲ-17 |
| | | | Ⅲ-3-③图兰泰-朱拉扎嘎金盐、芒硝、石膏成矿亚带(Pt、Q) | | | |
| Ⅰ—2秦祁昆成矿域 | Ⅱ-5阿尔金-祁连成矿省 | Ⅲ-4河西走廊铁、锰、萤石、盐、凹凸棒石成矿带 | Ⅲ-4-①阎地拉图铁成矿亚带 | | | Ⅲ-20 |

续表 1-6

| Ⅰ级成矿单元 | Ⅱ级成矿单元 | Ⅲ级成矿单元 | Ⅳ级成矿单元 | Ⅴ级成矿单元 | 代表性矿床(点) | 全国 |
| --- | --- | --- | --- | --- | --- | --- |
| Ⅰ-4 滨太平洋成矿域(叠加在古亚洲成矿域之上) | Ⅱ-12 大兴安岭成矿省 | Ⅲ-5 新巴尔虎右旗(拉张区)铜、钼、铅、锌、金、萤石、煤(铀)成矿带 | Ⅲ-5-①额尔古纳铜、钼、铅、锌、银、金、萤石成矿亚带(Q) | Ⅴ-1 黑山头-金河银矿远景区 | 比利亚谷银铅锌矿、三河银铅锌矿、下护林银铅锌矿 | Ⅲ-47 |
| | | | | Ⅴ-2 甲乌拉-额仁陶勒盖银矿远景区 | 甲乌拉金银矿、查干布拉根银铅锌矿、额仁陶勒盖金银矿、高吉高尔金银矿、查干敖包金银矿 | |
| | | | Ⅲ-5-②陈巴尔虎旗-根河金、铁、锌、萤石成矿亚带 | Ⅴ-3 额尔古纳-根河银矿远景区 | | |
| | | | Ⅲ-5-③海拉尔盆地油气成矿亚带(Mz) | | | |
| | | Ⅲ-6 东乌珠穆沁旗-嫩江(中强挤压区)铜、钼、铅、锌、金、钨、锡、铬成矿带($Pt_3$) | Ⅲ-6-①加格达奇-古利库金、萤石成矿亚带(Q) | | | Ⅲ-48 |
| | | | Ⅲ-6-②朝不楞-博克图钨、铁、锌、铅成矿亚带 | Ⅴ-4 吉林宝力格银矿远景区 | 吉林宝力格银矿 | |
| | | Ⅲ-7 阿巴嘎-霍林河铬、铜(金)、锗、煤、天然碱、芒硝成矿带 | Ⅲ-7-①乌力吉-欧布拉格铜、金成矿亚带 | | | Ⅲ-49 |
| | | | Ⅲ-7-②查干此老-巴音杭盖金成矿亚带 | | | |
| | | | Ⅲ-7-③索伦山-查干哈达庙铬、铜成矿亚带 | | | |
| | | | Ⅲ-7-④苏木查干敖包-二连萤石、锰成矿亚带 | | | |
| | | | Ⅲ-7-⑤温都尔庙-红格尔庙铁成矿亚带(Pt) | | | |
| | | | Ⅲ-7-⑥白乃庙-哈达庙铜、金、萤石成矿亚带(Pt) | | | |
| | | Ⅲ-8 林西-孙吴铅、锌、铜、钼、金成矿带 | Ⅲ-8-①索伦镇-黄岗铁(锡)、铜、锌成矿亚带 | Ⅴ-5 霍林郭勒市-扎木钦银矿远景区(伴生) | 扎木钦银铅锌矿 | |
| | | | | Ⅴ-6 拜仁达坝-达来诺尔镇银矿远景区 | 花敖包特银铅锌矿、拜仁达坝银铅锌矿、黄岗梁银铅锌矿、哈达吐等银铅锌矿 | |
| | | | Ⅲ-8-②神山-白音诺尔铜、铅、锌、铁、铌(钽)成矿亚带 | Ⅴ-7 林西-巴雅尔吐胡硕银矿远景区 | 白音诺尔银铅锌矿、浩布高银铅锌矿、哈拉白旗银铅锌矿、敖林达银铅锌矿、石长温多尔银铅锌矿 | Ⅲ-50 |

续表 1-6

| Ⅰ级成矿单元 | Ⅱ级成矿单元 | Ⅲ级成矿单元 | Ⅳ级成矿单元 | Ⅴ级成矿单元 | 代表性矿床(点) | 全国 |
|---|---|---|---|---|---|---|
| Ⅰ-4 滨太平洋成矿域(叠加在古亚洲成矿域之上) | Ⅱ-12 大兴安岭成矿省 | Ⅲ-8 林西-孙吴铅、锌、铜、钼、金成矿带 | Ⅲ-8-③莲花山-大井子铜、银、铅、锌成矿亚带 | Ⅴ-8 长春岭-科尔沁右翼中旗银矿远景区 | 孟恩陶勒盖银铅锌矿、长春岭银铅锌矿 | |
| | | | | Ⅴ-9 巴林右旗-扎鲁特旗银矿远景区 | 大井铜银矿、中莫户沟铜银矿、双山子铜银矿、水泉沟银铅锌矿、龙头山银铅锌矿、双井沟银铅锌矿 | |
| | | | Ⅲ-8-④小东沟-小营子钼、铅、锌、铜成矿亚带 | Ⅴ-10 官地-翁牛特旗银矿远景区 | 官地银金矿、温德沟银金矿、敖包山银金矿、四棱子山银金矿、余家窝铺银铅锌矿、小营子银铅锌矿 | |
| | | | Ⅲ-8-⑤卯都房子-毫义哈达钨、萤石成矿亚带 | | | |
| | Ⅱ-13 吉黑成矿省 | Ⅲ-9 松辽盆地油气、铀成矿区 | Ⅲ-9-①通辽科尔沁盆地煤油气成矿亚带 | | | Ⅲ-51 |
| | | | Ⅲ-9-②库里吐-汤家杖子钼、铜、铅、锌、钨、金成矿亚带 | | | |
| | Ⅱ-14 华北成矿省 | Ⅲ-10 华北陆块北缘东段铁、铜、钼、铅、锌、金、银、锰、磷、煤、膨润土成矿带 | Ⅲ-10-①内蒙古隆起东段铁、铜、钼、铅、锌、金、银、锰、磷、煤、膨润土成矿带 | Ⅴ-11 金厂沟梁银矿远景区 | 金厂沟梁银金矿、长皋银金矿、下湾子银金矿 | |
| | | Ⅲ-11 华北陆块北缘西段金、铁、铌、稀土、铜、铅、锌、银、镍、铂、钨、石墨、白云母成矿带 | Ⅲ-11-①白云鄂博-商都金、铁、铌、稀土、铜、镍成矿亚带 | Ⅴ-12 察哈尔右翼中旗-商都县银矿远景区 | 排楼村银金矿、谢家村银金矿 | Ⅲ-58 |
| | | | Ⅲ-11-②狼山-渣尔泰山铅、锌、金、铁、铜、铂、镍成矿亚带 | Ⅴ-13 乌拉特后旗银矿远景区 | 霍各乞银铜铁铅锌多金属矿 | |
| | | | Ⅲ-11-③乌拉山-集宁金、银、铁、铜、铅、锌、石墨、白云母成矿亚带 | Ⅴ-14 李清地银矿远景区 | 李清地银铅锌矿、九龙湾银矿 | |
| | | Ⅲ-12 鄂尔多斯西缘(台褶带)铁、铅、锌、磷、石膏、芒硝成矿带 | | | | Ⅲ-59 |
| | | Ⅲ-13 鄂尔多斯(盆地)铀、油气、煤、盐类成矿区(Mz、Kz) | | | | Ⅲ-60 |
| | | Ⅲ-14 山西断隆铁、铝土、石膏、煤、煤层气成矿带 | | | | |

近年来，1∶20万水系沉积物测量结果表明，远景区内大面积分布有Pb、Zn和Ag组合异常，且套合很好。

该远景区内的火山-次火山岩浆热液型银铅锌矿床赋存于塔木兰沟组基性、中基性火山岩中，矿物组合以方铅矿、车轮矿、铁闪锌矿、闪锌矿、黄铜矿、磁黄铁矿及银金矿为特征，硅化、绢云母化与青磐岩化是该类型矿床的主要蚀变类型，发育黄铁矿、蓝铜矿、孔雀石等矿化现象。塔木兰沟组中基性火山岩中的Pb、Zn、Cu、Ag、Au含量（$\times10^{-6}$）比较高，分别为45～74、97～160、20～30、0.4～1.8、0.012～0.073，均高于维诺格拉多夫(1962)中基性岩的数倍至数十倍，说明塔木兰沟组火山岩很可能是银、铜多金属成矿的有利岩石。塔木兰沟组火山岩分布区叠加晚侏罗世—早白垩世构造岩浆活动，使得上述成矿元素活化富集，更有利于形成火山-次火山岩热液型矿床。

该远景区是由次级断陷火山盆地和半隆起带前中生界组成的中等剥蚀区，其剥蚀程度大体相当于其成矿延深，在该区内中—低温火山热液型银多金属的找矿潜力很大。

**2. Ⅴ-2 甲乌拉-额仁陶勒盖银矿远景区**

该远景区位于新巴尔虎右旗境内，得尔布干深断裂南端北西侧的满洲里-克鲁伦火山盆地内，北东向展布，长200km，宽85km。甲乌拉、查干布拉根银铅锌矿，额仁陶勒盖银矿位于该远景区内。中侏罗统塔木兰沟组广泛分布，北(北)东向和北西向断裂发育，两组断裂交会部位常出现侏罗纪花岗岩岩株和晚侏罗世次火山岩和浅成石英斑岩及流纹斑岩等。二叠系、侏罗系火山-沉积建造的Ag、Pb、Zn、Cu等元素丰度值很高，远景区内所有矿床、矿点都分布在这一类火山-沉积建造中，并在矿床附近存在成矿元素含量降低场，因而推断在这些矿床、矿点的成矿过程中，它可能提供了部分成矿物质。

得尔布干深断裂带控制了矿床和矿点的分布；次级断裂形成的隆起带控制着成矿亚带呈北西向展布的特点；三级构造及其交会复合部位控制着火山机构、侵入杂岩体及矿床的产出。

该远景区内发现的铜、铝、铅、锌、银等矿床(点)成矿物质来源以深部岩浆为主，其次是萃取矿体附近某些围岩的成矿元素。甲乌拉Ag、Pb、Zn、Cu、S等则主要来自燕山晚期与石英斑岩、长石斑岩同源的深源岩浆，部分Pb、Zn、Ag来自围岩(燕山早期火山岩)；额仁陶勒盖矿床成矿物质主要来自燕山晚期石英斑岩同源的深源岩浆，部分来自围岩。

在得尔布干深大断裂带的俯冲作用下，上盘产生破裂构造而使地壳深部基性—超基性岩浆上升并形成岩浆房。岩浆房内的岩浆主要是上地幔和地壳分界面分异出的中性、酸性岩浆，另有一小部分是由附近围岩断裂重熔形成的岩浆经过分异作用，沿贯通构造，脉动式多次喷出和岩浆侵入，形成以钙碱系列为主的浅成斑岩体。成矿流体(岩浆水)带来Ag、Pb、Zn、Cu、Mo、Au等有用金属和矿化必需的矿化剂等组分，沿着深大断裂上侵，早期温度高达800℃左右，压力高达$1000\times10^5$Pa，与围岩等发生交代反应，生成大量石英、钾长石、黑云母，发生石英-钾长石蚀变作用，随着流体继续沿裂隙向上、向外渗滤，随温度、压力进一步降低至180～310℃、$(50\sim180)\times10^5$Pa时，由于物理化学条件的改变，长石类矿物和云母类矿物发生水解生成伊利石、水白云母和高岭石、蒙脱石及黄铁矿，岩石发生伊利石-水白云母化蚀变，出现黄铜矿、方铅矿、闪锌矿、黄铁矿共生，Ag在铅锌铁硫化物中呈显微包体。随着断裂活动多次叠加，环境进一步开放，发生绿泥石化、碳酸盐化、绢云母化、冰长石化、萤石化，同时形成了方铅矿、闪锌矿、黄铁矿等矿物，Ag与Pb、Zn、Au、Bi、Sb共生，从络合物中析出进入金属硫化物中。

**3. Ⅴ-3 额尔古纳市-根河银、铅、锌多金属找矿远景区**

远景区内主要出露塔木兰沟组中基性火山岩和晚侏罗世酸性火山岩、花岗斑岩等次火山岩及超浅成侵入体。1∶20万水系沉积物具Pb、Zn、Ag和Cu组合异常，金林和阿南林场异常均属Pb、Zn、Ag和Cu组合异常，与已知得耳布尔铅锌矿的组合异常特征完全一致。根据遥感解译结果，得耳布尔、牛耳河、金林及阿南林场异常分布区或其附近均有环形构造或发育孤立航磁异常，可推测为火山-侵入中心，对成矿有利。重力、磁力、遥感解译资料显示，上述异常地带均有北北东向和北西向区域性断裂(带)通过，对中生代火山岩带分布和热液矿床的展布起到了一定的控制作用。近年来，金林和阿南林场1：20万水系沉积物异常的浓集中心进行了路线地质调查和剖面性土壤测量工作，结果显示这两个地区Pb、Zn和Ag含量很高，Ag最高为$11\times10^{-6}$，Pb最高为$3890\times10^{-6}$，Zn最高达$1500\times10^{-6}$。经地表槽探揭露在阿南林场发现了铅锌银矿体，表明该区具有较大的找矿潜力。

**4. Ⅴ-4 吉林宝力格银矿远景区**

该远景区位于东乌珠穆沁旗境内，处在东乌旗钨、铜、铅、锌、金、银多金属成矿带上，已发现的与银有关的矿床有吉林宝力格金银矿、朝不楞银铁矿、查干敖包银铅锌矿等。该远景区经历了古生代地块拼合增生和中新生代陆内造山过程，古生代地层大量出露，断裂纵横交错，从基性到酸性岩均有出露，银多金属矿床星罗棋布。

远景区位于东西向天山-内蒙古中部-大兴安岭重力梯度带，即莫霍面陡变带与东西向幔坳带交会部位，是壳幔异常变化地带，航磁异常展布方向与上泥盆统—下二叠统的浅变质沉积-火山岩系的走向均为东西向，构造上该区是成矿有利部位。区内Pb-Ag-Zn-Cu元素分异极强，形成较多的东西向Pb-Ag-Zn-Cu组合异常，构成了以吉林宝力格银矿为中心的Ag-Pb-Zn-Cu叠加组合异常。

该区的银多金属矿床形成于晚古生代东乌-呼玛裂谷带三级盆地内，在盆地下部发育着一系列同生断裂，含矿流体沿同生断裂上升，是形成大型—超大型银矿床的基本条件。

该区的银矿主要赋存在上泥盆统安格尔音乌拉组的流纹质晶屑凝灰岩、泥岩、粉砂质泥岩之中，明显受泥盆系火山岩系控制；矿脉赋存于蚀变构造角砾岩中，富矿体主要分布在石英二长花岗斑状岩脉与地层接触部位，围岩蚀变主要为硅化、黄铁矿化、高岭土化、绢云母化，为中低温矿物共生组合，并伴随出现As、Sb、Bi等元素组合。因此，远景区内的银多金属矿床应属火山沉积-燕山期岩浆热液叠加改造复合成因矿床，部分具斑岩成矿的特点。

远景区内包括银与铁及铅、锌等矿产共生、伴生的多金属接触交代型矿床。矽卡岩的形成与花岗岩体的期后热液活动密切相关，当花岗岩侵入体的边部已经凝固，存在深部富含铁钙的铝硅酸盐残浆汽水热液，在地质构造力的作用下，沿灰岩、钙质砂岩等与辉长岩的脆弱接触带注入，使围岩发生反应形成了矽卡岩。未交代完全者形成了矽卡岩中的残留包体。由于热液成分和被交代物质的不同，以及同化交代作用的专属性与物质成分的相互交换，促使了不同矿物组合的矽卡岩出现。随着汽水热液向两端的不断渗透，使花岗岩不同程度地发生了矽卡岩化和边部出现矽卡岩脉，热力作用亦使灰岩、砂岩等产生了角岩和角岩化砂岩两个热力变质晕圈。随着矽卡岩化作用的进行，$SiO_2$、$Al_2O_3$和MgO的大量消耗，热液中逐渐富含铁质，铁质对已形成的矽卡岩矿物进行交代，形成了铁矿。随着铁质的减少，热液中富含锌、铜、银等残余热液，在挥发组分S、As等的参与活动下，重叠浸染于上述岩矿之中，交代溶蚀了磁铁矿和所有矽卡岩矿物，局部形成了铜、锌、银的富集和铁矿、磁黄铁矿等大量出现。

**5. Ⅴ-5 霍林郭勒市-扎木钦铅锌矿找矿远景区**

该远景区属阿尔山市及科尔沁右翼中旗管辖，位于阿尔山市的西南部。扎木钦银铅锌矿床位于该远景区内，主矿种为铅锌矿，银为伴生矿种。

远景区构造背景属华北板块北缘晚古生代造山带（Ⅲ级）和华北板块华北北部大陆边缘宝音图-锡林浩特火山型被动陆缘（Ⅲ级）。向东以嫩江-八里罕深断裂为界，和松辽地块毗邻。中生代火山岩受基底断裂（北东向、北西向断裂）继承性活动控制，由于基底控制作用和后期构造变动影响，形成一些宽缓的北东向褶皱构造及近等轴状的断陷盆地。

晚侏罗世强烈的火山作用不仅形成了大面积分布的火山岩，而且对区内矿产的形成起着一定的控制作用，特别是铅、锌、银及非金属矿，显示了火山作用与成矿作用的密切关系。矿床主要赋存于白音高老组火山角砾岩及凝灰岩中，其中以火山角砾岩为主，矿体呈层状，均为隐伏矿体，埋藏延深约300m。矿体延深较大，据已查明矿床资料，矿体最大长度525m，沿走向及倾向均显示舒缓波状，致使矿体产状也有变化，但倾角较缓，一般0°～25°。

#### 6. Ⅴ-6 拜仁达坝-达来诺尔镇铅锌矿找矿远景区

该远景区属于西乌珠穆沁旗、达来诺尔镇管辖。位于大兴安岭南段晚古生代增生带上，大兴安岭构造-岩浆岩带的西坡，是东西向古生代古亚洲构造成矿域与北北东向中新生代滨太平洋构造成矿域强烈叠加、复合、转换的部位。分布有拜仁达坝、花敖包特、黄岗梁等大中型银铅矿。

主要出露古元古界宝音图岩群、石炭系、二叠系、侏罗系。宝音图岩群主要为一套沉积变质岩系；石炭系主要为海相碳酸盐岩沉积，上部发育少量的火山岩；二叠系下部发育一套中基性—酸性火山岩，上部发育一套陆相细碎屑岩建造；侏罗系为陆相火山-沉积碎屑岩建造。海西期和燕山期侵入岩受北东向断裂控制，燕山期侵入岩主要有早期花岗岩和晚期花岗斑岩。区域褶皱和断裂发育，主要是轴向北东向的复背斜，由宝音图岩群组成复背斜轴部，石炭系、二叠系组成翼部。远景区内的银铅锌多金属矿床的矿体分布严格受断裂构造控制，赋存在近东西向的构造破碎带中。具有"三位一体"的地质控矿模式，即近东西向压扭性断裂带、极为发育的岩脉和花岗岩体、矿体构成的地质环境。与银、铅、锌矿化关系密切的褐铁矿化、铅矿化及硅化、高岭土化、孔雀石化为地质找矿标志。1∶20万区域化探综合异常密集区，异常元素组合以Ag、Pb、Zn、Cu、Au等为主，伴生元素有W、Mo、Bi、Cd、F、Ni、Cr、Co、Mn等；1∶5万化探异常元素组合为Ag、Pb、Zn、W、Sn、As、Sb，显示热液矿床的元素组合，是土壤地球化学测量找矿评价指标。远景区内地球物理异常区为高极化、低电阻、高磁特点。

#### 7. Ⅴ-7 林西-巴雅尔吐胡硕银矿远景区

该远景区呈北东方向分布于大兴安岭中生代火山岩带中南段，长300km，宽约30km，大兴安岭北东东向深大断裂从区内通过。发育二叠系海相碎屑岩夹中性、中基性火山岩、晚侏罗世中性、中酸性、酸性火山岩和晚侏罗世、早白垩世中酸性复式杂岩体，是找矿的有利地带。

该区为矿床(点)密集区，有白音诺尔大型银铅锌矿床、浩布高大型银铅锌矿床等。矿床类型为斑岩型、矽卡岩型、次山岩型等，矿种为铅锌、银、铜、钨，伴生钼、铋、锡。

#### 8. Ⅴ-8 长春岭-科尔沁右翼中旗银矿远景区

该远景区属科尔沁右翼中旗、突泉县管辖，孟恩陶勒盖、长春岭银铅锌矿分布于该远景区内。

区域性东西向构造带与南北向构造带交会部位，有大兴安岭北东东向深大断裂通过，发育二叠系海相碎屑岩夹中性、中基性火山岩和晚侏罗世中性、中酸性、酸性火山岩及中酸性复式杂岩体。燕山期多阶段岩浆活动，形成中性、中酸性岩浆演化晚期偏碱富钠的浅成侵入杂岩体。海西期花岗岩岩基形成后，燕山早期由深部岩浆作用分异出的含矿流体沿断裂构造上升，当压力减低到使流体无法再上升时，含矿流体即在海西期花岗岩中的东西向断裂构造中降温、减压，最终使金属元素发生沉淀，形成孟恩陶勒盖矿床。

在远景区的东北部，银铅锌矿体产于下二叠统大石寨组的构造裂隙中，以充填为主，呈脉状产出。成矿伴随构造岩浆活动进行，较严格地受断裂构造控制。成矿与岩浆演化晚期富钠的中酸性花岗闪长斑岩脉及斜长花岗斑岩脉关系密切。岩浆侵入活动为成矿提供了汽热和部分成矿物质，并为成矿物质的富集创造了条件。岩体中成矿元素的含量随岩浆的演化逐次增高，晚期斜长花岗斑岩及花岗闪长斑岩中Pb、Zn的丰度值最高，为同类岩石的2.1～9.2倍。近矿围岩蚀变主要为硅化、绢云母化、绿泥石化、碳酸盐化。

#### 9. Ⅴ-9 巴林右旗-扎鲁特旗银矿远景区

该远景区位于扎鲁特旗一带，长240km，宽130km。处于大兴安岭褶皱带南端、黄岗-甘珠尔庙中生代构造成矿带中段、大兴安岭中生代火山岩带中南段。林西中生代断块隆起与大板火山沉积盆地的过渡带中区内岩浆活动频繁，侵入岩主要由海西中晚期和燕山期的岩体组成，燕山期构造岩浆活动强烈，具有多旋回火山喷发和侵入的特点。远景区内分布有大井、中莫户沟、双山子铜银矿、水泉沟、龙头山、双井沟银铅锌矿等矿床(点),但规模不大。

铜银矿的赋矿岩性主要是林西组粉砂岩、碳质粉砂岩(最主要含矿岩性)、细砂岩、中粒杂砂岩及英安斑岩和安山玢岩。远景区内断裂构造发育,多条北西向和北北西向断裂组成平行密集的断裂带,是主要的赋矿构造。广泛分布从基性—中基性—中酸性的浅成—超浅成岩脉,与成矿关系密切。

**10. Ⅴ-10 官地-翁牛特旗银矿远景区**

该远景区内出露的主要成矿地层为二叠系额里图组安山岩、玄武安山岩等,于家北沟组砂岩、杂砂岩和石炭系。断裂构造控制着燕山期花岗岩体和与岩体有关的矿体属控矿构造。最主要的断裂为少朗河大断裂及其北侧的次级断裂和派生的配套断裂。

额里图组安山岩,Ag、Au丰度高,Ag丰度比克拉克值高8.7~57倍,Au丰度比克拉克值高7倍左右,是有利的矿源层。该区域内为火山构造控矿,柴达木火山机构控制了整个矿区;次级的复合火山-侵入穹隆构造控制了官地矿床,火山机构边部的放射断裂控制了矿脉及矿体。主要为燕山早期多期次中酸性次火山活动,将矿源层中的Au、Ag带入浅部,特别是流纹斑岩及其随后的隐爆活动,进一步促使Au、Ag的迁移和富集。

**11. Ⅴ-11 金厂沟梁银矿远景区**

该远景区以金矿为主,银矿以伴生矿种存在。出露地层主要为新太古界乌拉山岩群,为一套角闪岩相-高绿片岩相变质岩,包括黑云斜长片麻岩、黑云角闪变粒岩、黑云钾长片麻岩、斜长角闪岩、大理岩、绿片岩等,普遍遭受过强烈的区域混合岩化作用。岩浆岩极为发育,特别是到了中生代,由于太平洋板块和欧亚板块的共同作用,使华北地台强烈活化,强烈的燕山运动打破了元古宙以来的东西向构造格局,并产生一系列的北东向断裂,伴随岩浆喷发和侵入活动,形成了北东向展布的构造岩浆岩带。

该远景区内与银矿有关的矿床为与白垩纪浅成—超浅成中酸性侵入岩(杂岩体)有关的热液型含有伴生银矿的金矿,中酸性花岗岩类为主要的成矿母岩,新太古界乌拉山岩群也提供了一定的成矿物质。

**12. Ⅴ-12 察哈尔右翼中旗-商都县银矿远景区**

该远景区银以伴生矿种存在,分布有谢家村、排楼山银金矿。出露与含矿有关的建造为新太古界乌拉山岩群及中新元古界白云鄂博群,构造变动强烈,岩浆活动频繁。海西期岩浆侵位于乌拉山岩群、白云鄂博群碎屑岩中,经热液淋滤、迁移至其东西向和北西向次级断裂构造裂隙中富集成矿,矿体呈脉状、扁豆状,长轴近平行,断续展布。

**13. Ⅴ-13 呼和温都尔镇-乌拉特后旗银矿远景区**

该远景区内银矿以伴生矿存在,主矿种以铜、铅、锌、铁为主,渣尔泰山群阿古鲁沟组为主要的含矿地层、矿体严格受渣尔泰山群的控制,已查明的矿床产于裂陷槽边缘活动带。含矿岩系内Cu、Pb、Zn、Ag含量比较高,构成原生晕异常。

**14. Ⅴ-14 李清地银矿远景区**

该远景区位于华北地台北缘大青山金银多金属成矿带东段,基底主要出露太古宇集宁岩群中深变质岩系,中生代叠加强烈的火山-岩浆作用,为多期叠加复合成矿作用地区,成矿条件有利。区内出露的主要地层为集宁岩群榴云斜长片麻岩、黑云斜长片麻岩、大理岩、铁白云石大理岩,大理岩为铅锌银矿的赋存岩石。另外有下白垩统白女羊盘组流纹质岩屑晶屑凝灰岩、凝灰角砾岩;新近纪的汉诺坝组橄榄玄武岩。侵入岩有古元古代片麻状花岗岩,燕山期钾长花岗岩。闪长岩脉、辉绿岩脉、花岗伟晶岩脉、石英斑岩脉也较发育。其中与铅锌银成矿活动关系密切的主要是燕山期花岗岩及其火山-次火山岩,远景区矿床类型为与中生代陆相火山作用有关的浅成低温热液型。

# 第二章　内蒙古自治区银矿类型

## 第一节　银矿床成因类型及主要成矿特征

### 一、银矿床成因类型及主要成矿特征

大兴安岭地区是内蒙古自治区重要的贵金属成矿区，在得尔布干断裂北西侧，大型银、银多金属矿床有比利亚谷、三河、甲乌拉、查干布拉根、额仁陶勒盖等银多金属矿床，大兴安岭中南段分布有拜仁达坝特大型银铅锌矿床及黄岗梁、白音诺尔、花敖包特等大中型银多金属矿床。该区是在古亚洲构造域之上叠加了滨太平洋构造域，银矿化多数与燕山期花岗质岩浆活动有密切成因关系，岩浆活动的高峰主要集中在晚侏罗世和早白垩世；在大兴安岭中南段亦有少量海西期的银多金属矿床分布。银、银多金属矿的成因多为与燕山期有关的火山热液型（比利亚谷、三河银多金属矿）、次火山热液型（额仁陶勒盖银矿、官地银金矿、花敖包特银多金属矿）、岩浆热液（脉）型（拜仁达坝、孟恩陶勒盖银多金属矿）、矽卡岩型（白音诺尔、浩布高银多金属矿床）。

内蒙古自治区中部察右前旗一带的火山-次火山热液型银多金属矿床（李清地、九龙湾等银多金属矿床）多分布在中太古界集宁岩群大理岩组中，与燕山期的岩浆活动关系密切。

#### 1. 火山-次火山热液型银多金属矿床

该类型矿床包括得尔布干断裂西北部与燕山晚期火山-次火山活动有关的热液型银多金属矿、大兴安岭中南段与次火山热液活动有关的热液型银多金属矿、与燕山期火山热液有关的分布于太古宇大理岩中的银多金属矿。

（1）得尔布干断裂西北侧与燕山晚期火山-次火山岩等浅成斑岩有关的铅锌银矿和银矿。主要分布在大兴安岭北部得尔布干成矿带南西段，矿床主要受次一级北西向断裂构造控制。该类型矿床主要有比利亚谷银铅锌矿、三河银铅锌矿、甲乌拉银铅锌矿、查干布拉根银铅锌矿、额仁陶勒盖银矿等，矿床均产于中、晚侏罗世火山岩系中，成矿与火山-次火山岩浅成斑岩体有关，为闪长玢岩、花岗闪长斑岩、石英斑岩和花岗斑岩等，同位素年龄为120～110Ma。化学成分以高硅、富碱贫钙镁铁为特征，（$K_2O+Na_2O$）为7.5%～9%，$K_2O>Na_2O$，$\delta$为1.2～3.5，稀土元素配分曲线呈右倾“V”形曲线，$\delta Eu$平均0.4。矿体呈脉状产出，围岩蚀变为硅化、绿泥石化、绢云母化和高岭土化。矿床中金属矿物主要为方铅矿、闪锌矿、黄铜矿、黄铁矿、磁黄铁矿和硬锰矿，主要银矿物为自然银、辉银矿（螺状硫银矿）、银黝铜矿、深红银矿和辉锑银矿等，脉石矿物为石英、绿泥石、菱锰矿、绢云母和冰长石等。成矿物质来自深源，成矿热液为岩浆水和大气降水混合流体。

（2）大兴安岭中南段与次火山热液活动有关的热液型银多金属矿。该类型矿床主要有花敖包特银铅锌矿、张家沟银铅锌矿等，与铅-锌-银成矿有关岩体为花岗闪长岩、黑云母花岗岩、二长花岗岩和细粒花岗岩等，同位素年龄为155～140Ma。成矿主要与细粒花岗岩有关，二者时间接近，空间上密切伴生。

成矿岩体以富硅富碱贫 Fe、Mg、Ti 为特点，$SiO_2$ 一般为 73%～76%，($Na_2O+K_2O$)为 8%，A/NKC 为 1.0～1.2，DI>88。Pb、Zn、Ag、Sn、W、Mo 富集，铁族元素亏损。矿床的成矿元素为 Ag、Pb、Zn，伴生组分有 Cu、Cd、Sn、As、Sb、Mn 等。金属矿物主要有闪锌矿、方铅矿、黄铁矿、黄铜矿、深红银矿、银黝铜矿、硫锑铜银矿、螺状硫银矿和自然银等。脉石矿物为绢云母、绿泥石、石英、锰菱铁矿。矿床系多阶段形成，早期为锌成矿阶段，晚期为铅银成矿阶段，成矿元素在空间分布上按远离成矿岩体方向，依次为 Sn→Cu→Zn→Pb→Ag。

(3)太古宇大理岩中与燕山期火山热液有关的银多金属矿。主要有太古宇集宁岩群，包括片麻岩、大理岩、混合花岗岩、麻粒岩等，遭受强烈的混合岩化，总体构造线走向 NE50°左右，其上叠加了晚侏罗世陆相酸性火山岩以及同源的石英斑岩、花岗岩等，Pb、Zn、Ag 成矿活动与此关系密切。

矿体大部分产于大理岩中，平均化学成分 $SiO_2$ 10.08%、$Al_2O_3$ 0.945%、CaO 34.56%、MgO 13.05%、($FeO+Fe_2O_3$) 0.965%、MnO 0.019%，为含镁碳酸盐岩。金属矿物主要有黄铁矿、闪锌矿、方铅矿、白铅矿、菱锌矿、褐铁矿，次为菱锰矿、菱铁矿、赤铁矿、白铁矿、针铁矿，脉石矿物主要有白云石、方解石、石英、铁白云石、锰白云石等。

### 2. 岩浆热液(脉)型银多金属矿

该类型矿床主要分布于大兴安岭中南段，包括拜仁达坝、孟恩陶勒盖、长春岭、双山、黄岗梁等银多金属矿床。该类矿床形成于燕山早期构造岩浆活化作用的后期，主要受控于燕山期早期形成的北东向断裂次级配套的东西向压扭性断裂及北西向张性断裂。燕山期早期的岩浆活动为成矿提供部分热源，并在其上侵的过程中萃取了二叠纪地层中 Ag、Pb、Zn 等元素。在岩浆活动晚期又有大量的酸性岩浆上侵，形成了成矿期前的霏细岩脉，为成矿提供了主要的热源，并吸收大量浅部地表水参加热对流循环，从基性围岩中萃取了部分活化的 Ag、Sn、Cu 等金属组分。这些富含成矿元素的热液在较封闭、还原的、中低温条件下，在近东西向的和北西向断裂和构造裂隙中运移沉淀。成矿热液中含有的大量有机质主要是从围岩中萃取而来的，盐度较低(2%～8%)。成矿延深较大，具有多阶段、多期次叠加的特点。因此，本类型矿床是断裂构造控制的与岩浆热液有关的中低温热液脉型矿床。氧化矿中金属矿物主要为褐铁矿、铅华，其次为孔雀石、蓝铜矿，局部见残留的方铅矿、闪锌矿、黄铁矿、磁黄铁矿团块，非金属矿为高岭土、石英、绢云母、长石、碳酸盐等；硫化矿中金属矿物主要为磁黄铁矿、黄铁矿，其次有毒砂、铁闪锌矿、黄铜矿、方铅矿、硫铅矿、黝铜矿等。主要载银矿物为黄铜矿、方铅矿、黄铁矿、铁闪锌矿、磁黄铁矿、毒砂等。

### 3. 矽卡岩型银多金属矿床

该类型矿床主要分布在白音诺尔—浩布高一带，均产于中生代火山坳陷与二叠纪隆起交接处的隆起一侧。在花岗岩类岩体与石灰岩接触处常形成矽卡岩矿床，如白音诺尔银铅锌矿床；产于硅铝质岩石中则形成脉状矿床，如浩布高银锡多金属矿床。白音诺尔银铅锌矿床产于花岗闪长斑岩与大理岩接触带的矽卡岩中，呈透镜状、似层状、脉状。矿石矿物为闪锌矿、方铅矿、黄铁矿、黄铜矿、银黝铜矿和螺状硫银矿等。成矿元素为 Pb、Zn，伴生有益组分为 Ag、Cd 和 Cu 等，特征地球化学指示元素为 As、Sb、Mn。浩布高矿床成矿岩体有石英二长岩、黑云母钾长花岗岩及花岗斑岩，化学成分变化较大，$SiO_2$ 为 68.6%～74.3%，与同类岩石相比，硅、碱含量高，而 MgO 和 CaO 含量偏低，DI=88～99，A/NKC=1.15～1.37，Ti、V、Co、Ni 偏低，Cr、Mn、Sn、Pb、Ag、F、Cl 富集。

该类型矿床的主要特征是 Sn 与 Cu、Pb、Zn、Ag 等成矿元素在同一矿床中共生，但不同矿床有所差别。如白音诺尔矿床以 Pb、Zn 为主，浩布高矿床以 Cu、Zn 为主，但均含银。伴生元素为 Sn、As、Sb、Bi 和 Mn。矿床均系多阶段形成，Sn 主要在早期阶段形成，依次形成 Sn-Cu→Cu-Zn→Zn-Pb→Ag。

## 二、典型矿床类型选择

按照内蒙古自治区重要矿产和区域成矿规律研究技术要求，选取典型矿床的总体要求是代表性、完整性、特殊性、专题性和习惯性，一是按矿床类型择定每类中的一个或一个以上作为典型矿床；二是矿床地质工作和研究工作程度较高的矿床，至少具有成矿作用测试数据者列入选择对象；三是在地质工作程度比较低的地区，可以选择由矿产勘查工程已经控制的、已达一定规模的、具有基础地质资料的矿床；四是如在一个地区或某类矿床缺少典型实例时，参照或借用邻区或国外的典型矿床进行类比研究。

根据内蒙古自治区银矿矿产地分布特征，银矿产预测类型和典型矿床的选取原则，选择拜仁达坝式热液型银矿、孟恩陶勒盖式中低温热液型银矿、花敖包特式热液型银矿、李清地式热液型银矿、吉林宝力格式热液型银矿、额仁陶勒盖式火山-次火山岩热液型银矿、官地式中低温火山热液型银矿、比利亚谷式中低温火山-次火山岩热液型银矿作为典型矿床。

# 第二节　矿产预测类型及预测工作区的划分

内蒙古自治区银矿共划分 8 种矿产预测类型、8 个预测工作区（表 2－1）。

表 2－1　内蒙古银矿矿产预测类型及预测工作区的划分

| 序号 | 矿产预测类型 | 成矿时代 | 典型矿床 | 构造分区名称 | 研究范围 | 矿产预测方法类型 | 预测工作区名称 | 面积（$km^2$） | 全国矿产预测类型 |
|---|---|---|---|---|---|---|---|---|---|
| 1 | 拜仁达坝式热液型银铅锌矿 | 海西期 | 拜仁达坝 | 天山-兴蒙造山系，大兴安岭弧盆系，锡林浩特岩浆弧 | 拜仁达坝地区 | 侵入岩体型 | 拜仁达坝式侵入岩体型银铅锌矿拜仁达坝预测工作区 | 26 540.80 | 拜仁达坝式 |
| 2 | 孟恩陶勒盖式中低温热液型银铅锌矿 | 侏罗纪 | 孟恩陶勒盖 | | 孟恩陶勒盖地区 | 侵入岩体型 | 孟恩陶勒盖式侵入岩体型银铅锌矿孟恩陶勒盖预测工作区 | 4 378.11 | 拜仁达坝式 |
| 3 | 花敖包特式热液型银铅锌矿 | 侏罗纪 | 花敖包特 | | 拜仁达坝地区 | 复合内生型 | 花敖包特式复合内生型银铅锌矿花敖包特预测工作区 | 18 266.58 | 额仁陶勒盖式 |
| 4 | 李清地式热液型银铅锌矿 | 燕山期 | 李清地 | 华北陆块区，狼山-阴山陆块，固阳-兴和陆核 | 察右前旗地区 | 复合内生型 | 李清地式复合内生型银铅锌矿察右前旗预测工作区 | 29 113.53 | 额仁陶勒盖式 |
| 5 | 吉林宝力格式热液型银矿 | 燕山早期 | 吉林宝力格 | 天山-兴蒙造山系，大兴安岭弧盆系，锡林浩特岩浆弧 | 东乌珠穆沁旗地区 | 复合内生型 | 吉林宝力格式复合内生型银矿东乌珠穆沁旗预测工作区 | 13 229.02 | 额仁陶勒盖式 |
| 6 | 额仁陶勒盖式火山-次火山岩热液型银矿 | 燕山期 | 额仁陶勒盖 | 天山-兴蒙造山系，大兴安岭弧盆系，额尔古纳岛弧（$Pz_1$） | 新巴尔虎右旗地区 | 复合内生型 | 额仁陶勒盖式复合内生型银矿新巴尔虎右旗预测工作区 | 11 553.40 | 额仁陶勒盖式 |
| 7 | 官地式中低温火山热液型金银矿 | 燕山期 | 官地 | 天山-兴蒙造山系，包尔汗图-温都尔庙弧盆系，温都尔庙俯冲增生杂岩带 | 赤峰地区 | 复合内生型 | 官地式复合内生型金银矿赤峰预测工作区 | 63 081.32 | 额仁陶勒盖式 |
| 8 | 比利亚谷式中低温火山-次火山岩热液型银铅锌矿 | 侏罗纪 | 比利亚谷 | 天山-兴蒙造山系，大兴安岭弧盆系，扎兰屯-多宝山岛弧 | 比利亚谷地区 | 复合内生型 | 比利亚谷式复合内生型银铅锌矿比利亚谷预测工作区 | 57 989.22 | 额仁陶勒盖式 |

# 第三章　拜仁达坝式热液型银铅锌矿预测成果

该预测工作区大地构造位置处于天山-兴蒙造山系，大兴安岭弧盆系，华北板块北缘晚古生代增生带，锡林浩特岩浆弧，锡林浩特复背斜东段。中生代则处于滨太平洋构造域之大兴安岭中生代火山-岩浆岩带的东部边缘。这是一个具有边缘弧性质的岩浆弧，变质基底岩系是古元古界宝音图岩群。通常认为是从华北陆块上裂离出来的陆块。中—新元古代，由于南部洋壳向北部陆缘的俯冲，形成苏尼特左旗一带的岛弧性质的温都尔庙群火山岩、火山碎屑岩和弧前盆地性质的浊积岩建造。志留纪—泥盆纪为前陆盆地的碎屑岩沉积，并有少量俯冲型侵入岩。石炭纪为陆棚碎屑岩沉积建造。早—中二叠世，由于南部洋壳向北俯冲作用加强，从西部满都拉至东部乌兰浩特一带，广泛发育的大石寨组是以安山岩为主的中酸性、中基性岛弧型火山岩。晚侏罗世—早白垩世陆缘弧之上叠加了陆相中酸性火山岩。侵入活动为后造山型的花岗岩、二长花岗岩。新生代发生了陆内裂谷，产生碱性系列的玄武岩。

该区位于大兴安岭中南段，成矿条件优越。矿床从元古宙至中生代均有分布。主要有黄岗梁式矽卡岩型铁锡矿、毛登式热液型锡矿、拜仁达坝式热液型银铅锌矿、花敖包特式热液型银铅锌矿、扎木钦式火山热液型银铅锌矿、孟恩陶勒盖式热液型铅锌银矿、曹家屯式热液型钼矿、敖仑花式斑岩型钼矿、西里庙式热液型锰矿、查干哈达庙式块状硫化物型铜矿、敖瑙达巴式斑岩型铜矿、布敦花式热液型铜矿、道伦达坝式热液型铜矿、巴尔哲式岩浆型稀土矿、苏莫查干敖包式热液型萤石矿、驼峰山式硫铁矿等。

与拜仁达坝式热液型银多金属矿床关系密切的宝音图岩群是一套变质岩系，主要出露在拜仁达坝矿区一带，原称锡林郭勒杂岩，下部为黑云斜长片麻岩、角闪斜长片麻岩、混合岩变质建造，主要岩性为黑云(二云)斜长片麻岩、角闪斜长片麻岩、条带状混合岩夹黑云(二云)石英片岩、黑云斜长片岩、浅粒岩，原岩为火山岩夹火山沉积岩建造，为太古宙—古元古代活动大陆边缘中温区域变质作用形成的低角闪岩相；上部为黑云石英片岩-二云石英片岩夹绿泥石英片岩变质建造，主要岩性为黑云石英片岩二云石英片岩夹绿泥石英片岩、石榴(堇青)云母片岩、黑云变粒岩、混合质黑云(二云)片麻岩，原岩为碎屑岩夹火山岩建造，为太古宙—古元古代稳定大陆边缘区域动力热流变质作用形成的低角闪岩相-高绿片岩相。

区域侵入岩十分发育，主要为石炭纪石英闪长岩-闪长岩，二叠纪中性—中酸性侵入岩，三叠纪基性—中性侵入岩及燕山期中酸性侵入岩。其中石炭纪石英闪长岩是拜仁达坝矿区银多金属矿含矿母岩。矿物成分主要为石英、斜长石、角闪石，具片麻理构造，片麻理方向与区域构造线一致。侵入到宝音图岩群(锡林郭勒杂岩)及上石炭统本巴图组中，并在下二叠统砂砾岩内见其角砾，为拜仁达坝矿区银多金属矿主要赋矿围岩。锆石 U - Pb 同位素年龄为 316.7～315.2Ma。

区内褶皱构造由米生庙复背斜及一系列的小背斜、向斜组成，褶皱轴向北东，由锡林郭勒杂岩组成复背斜轴部，石炭系、二叠系组成翼部。断裂构造以北东向压性断裂为主，其次为北西向张性断裂，而近东西向压扭性断裂不甚发育，拜仁达坝矿床的矿体就受东西向压扭断层控制。孙丰月等(2008)认为北东向断裂为燕山期构造，东西向压扭断裂可能为北东向断裂的次级构造。中亚造山带包含了多期次的岩浆弧增生地体，不同时代多种属性的微陆块，以及多条代表古洋盆残骸的蛇绿混杂带，被共识为强增生、弱碰撞的大陆造山带或增生型造山带。该造山带经历了多期次的洋盆形成、俯冲-消减和闭合，最终于古生代末—三叠纪初与中朝板块、西伯利亚古板块对接。

# 第一节 典型矿床特征

## 一、典型矿床及成矿模式

### (一)典型矿床特征

拜仁达坝矿区位于克什克腾旗巴彦高勒苏木境内,与林西县、西乌珠穆沁旗相邻。为岩浆热液矿床,由54个矿体组成,赋存于古元古界宝音图岩群片麻岩与海西期石英闪长岩岩株接触带附近,受构造控制。矿体长80～2075m,平均厚0.69～3.55m,延深20～1135m,申报并审批的1号及2～49号矿体122b+333类金属量:银3 961.25t(平均品位$232.37\times10^{-6}$),铅424 499.57t(平均品位2.38%),锌901 066.93t(平均品位5.06%)。

**1. 矿区地质**

1)地层

矿区除广泛分布的第四系外,仅出露宝音图岩群(锡林郭勒杂岩)下岩段(图3-1)。

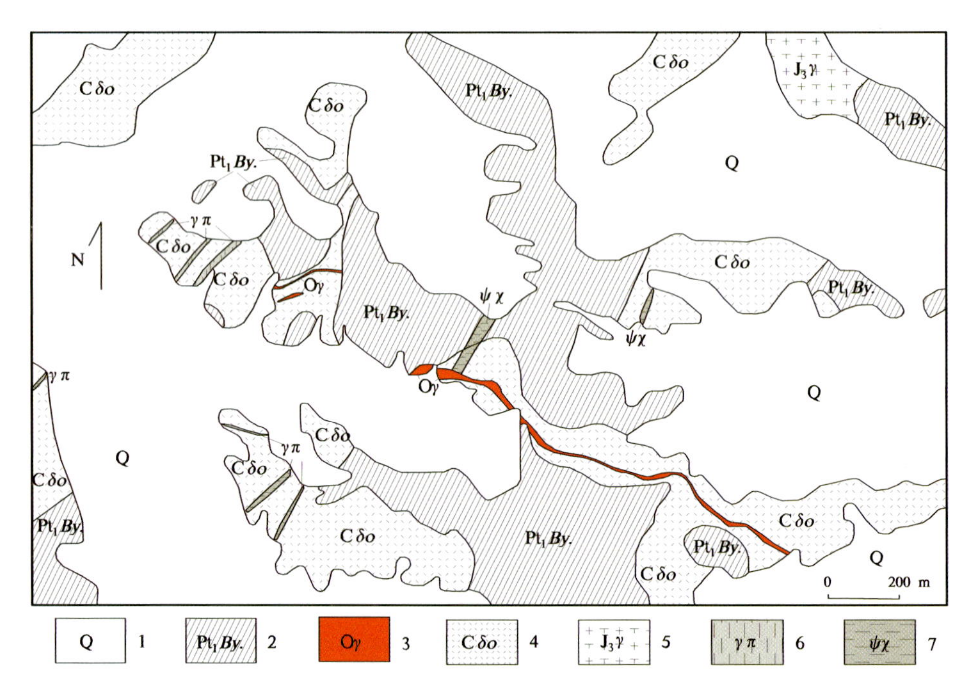


图3-1 拜仁达坝矿区银铅锌矿地形地质图

1.第四系;2.宝音图岩群;3.矿体;4.石炭纪石英闪长岩;5.晚侏罗世花岗岩;6.花岗斑岩脉;7.斜长角闪岩脉

宝音图岩群(锡林郭勒杂岩)下岩段,岩性单一,多为黑云母斜长片麻岩,局部见极少量角闪斜长片麻岩、二云片岩透镜体,分布于矿区南北两侧。岩石局部绢云母化、绿泥石化。

第四系分布较为广泛,厚度0.2～34m,上部为腐殖土,下部为冲积物及少量黏土,局部见风成砂。

2)侵入岩

分布较广,以石炭纪石英闪长岩为主,侏罗纪花岗岩零星出露,脉岩发育。

石英闪长岩:分布于矿区中部及南部,呈岩基侵入于古元古界宝音图岩群(锡林郭勒杂岩)黑云斜长片麻岩中。

侏罗纪花岗岩：呈小岩株出露于矿区北部，侵入于黑云斜长片麻岩中。

### 2. 矿床地质特征

1)矿体特征

拜仁达坝矿区银多金属矿床为岩浆热液矿床，矿体赋存于近东西向压扭性断裂中，个别矿体充填于北西向张性断裂中。地表及浅部为氧化矿，氧化带延深为基岩下 8～14m，深部及隐伏矿为硫化矿。矿床由 54 个矿体组成(地表露头矿体 20 个，隐伏盲矿体 34 个)，其中工业矿体 22 个，1 号为主矿体，其矿石资源量占资源总量的 77.79%，2 号、39 号矿体规模较大，其他矿体规模较小。矿区内各矿体规模大小不等，延长数十米至 2000 余米，延深数十米至 1000 余米，厚度一般 0.5m 至十几米。

矿体呈脉状、似脉状，走向近东西，倾向北，倾角 10°～50°，个别矿体走向北西，倾向北东，倾角一般 26°～34°(图 3-2)。

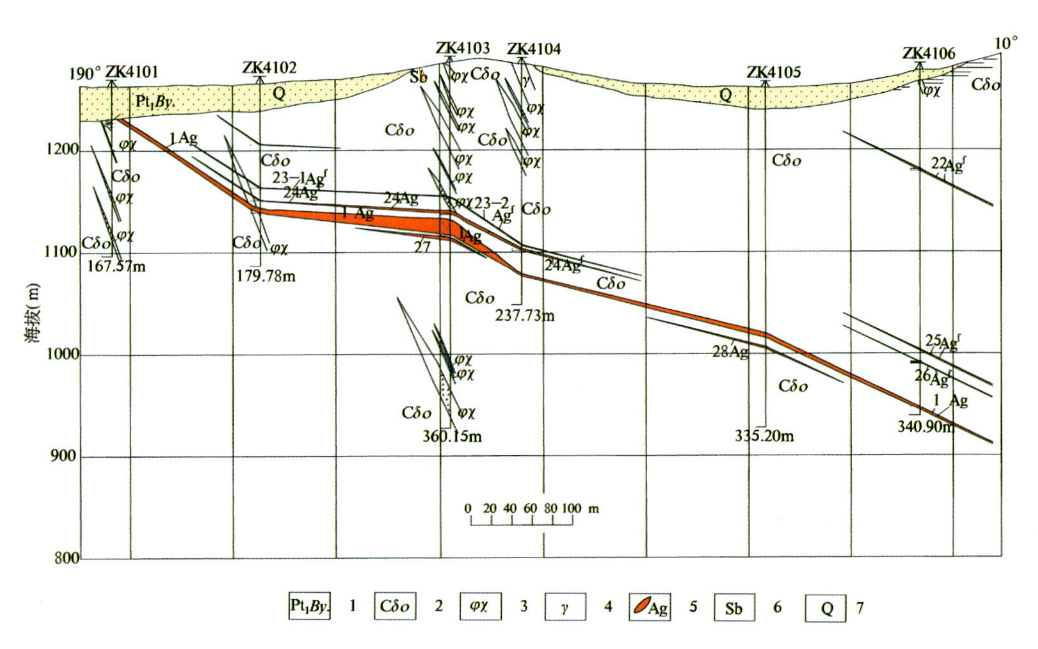


图 3-2　拜仁达坝矿区银铅锌矿 41—41′勘探线地质剖面图

1. 宝音图岩群；2. 石炭纪石英闪长岩；3. 斜长闪长岩脉；4. 中—细粒花岗岩；5. 银矿体；6. 锑矿体；7. 第四系

2)矿石类型

矿石类型为氧化矿石和硫化矿石。

3)矿石矿物成分

氧化矿中金属矿物主要为褐铁矿、铅华，其次为孔雀石、蓝铜矿，局部见残留的方铅矿、闪锌矿、黄铁矿、磁黄铁矿团块，非金属矿物为高岭土、石英、绢云母、长石、碳酸盐等。硫化矿中金属矿物主要为磁黄铁矿、黄铁矿，其次有毒砂、铁闪锌矿、黄铜矿、方铅矿、硫锑铅矿、黝铜矿，非金属矿物为白云石、绿泥石、石英、绢云母、萤石、白云母及少量重晶石。

4)矿石结构构造

(1)矿石结构。氧化矿石仅见交代结构以及交代作用形成的填隙结构、反应边结构。主要为褐铁矿交代黄铁矿、磁黄铁矿，铅华交代方铅矿，蓝铜矿、孔雀石交代黄铜矿，白铅矿交代方铅矿等，但保留原矿物形态。硫化矿见有半自形结构、他形晶结构及交代结构、乳滴结构等。

(2)矿石构造。氧化矿石见角砾构造及蜂窝状构造以及网脉状构造。硫化矿石见浸染状构造、斑杂状构造及块状构造等。

5)矿物共生组合及其嵌布特征

矿石矿物以磁黄铁矿、铁闪锌矿、方铅矿、硫锑铅矿、黄铜矿、毒砂、黄铁矿、辉银矿为主,脉石矿物以萤石、石英、钾长石、斜长石(绢云母化、高岭土化)、白云母、角闪石(黑云母化)、方解石、白云石为主。根据矿石的结构、构造及矿物相互间的共生、包裹、穿插交代关系,确定矿物生成分两期:第一期为磁黄铁矿、黄铁矿→黄铜矿、闪锌矿、白云石、石英、绿泥石;第二期为磁黄铁矿→方铅矿→胶状黄铁矿、石英、长石、绢云母、方解石、白云石。

(二)矿床成矿模式

古元古界宝音图岩群(锡林郭勒杂岩)黑云斜长片麻岩、二云斜长片麻岩、角闪斜长片麻岩及石炭纪石英闪长岩中 Ag、Pb、Zn、Cu 等元素较为富集,且离差较大,成矿物质迁移富集程度较高,极为发育的断裂为成矿物质的迁移、充填、沉淀提供了良好的空间。矿体赋存的断裂以近东西向压扭性断裂为主。矿体具褐铁矿化、磁黄铁矿化、方铅矿化、闪锌矿化、黄铜矿化、高岭土化、硅化、萤石化、绢云母化、白云石化、方解石化及银矿化等,具浅源相中低温矿物组合特征,故该矿床为断裂构造控制的中低温热液矿床(图 3-3)。

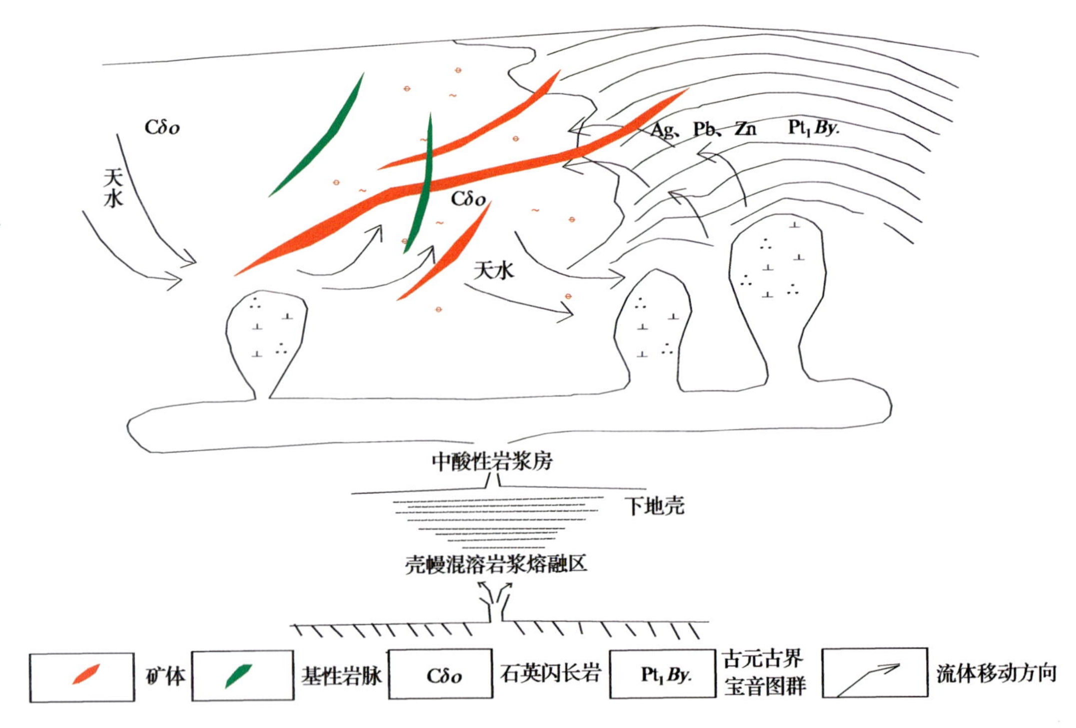


图 3-3 拜仁达坝式热液型银铅锌矿典型矿床成矿模式图

## 二、典型矿床物探特征

布格重力异常等值线平面图上,拜仁达坝银铅锌矿典型矿床位于北北东向克什克腾旗—霍林郭勒市一带布格重力低异常带的北西侧,根据物性资料和地质资料分析,推断该重力低异常带是中性—酸性岩浆岩活动区(带)引起。表明矿床在成因上与中性—酸性岩体有关。

从 1∶20 万航磁($\Delta T$)化极等值线平面图可知,该区反映−100～0nT 的负磁场。

据 1∶20 万剩余重力异常图显示:曲线形态比较凌乱,局部存在椭圆状正异常,极值达 12.55nT。据 1∶50 万航磁化极等值线平面图显示,磁场总体表现为低缓的负磁场(图 3-4)。

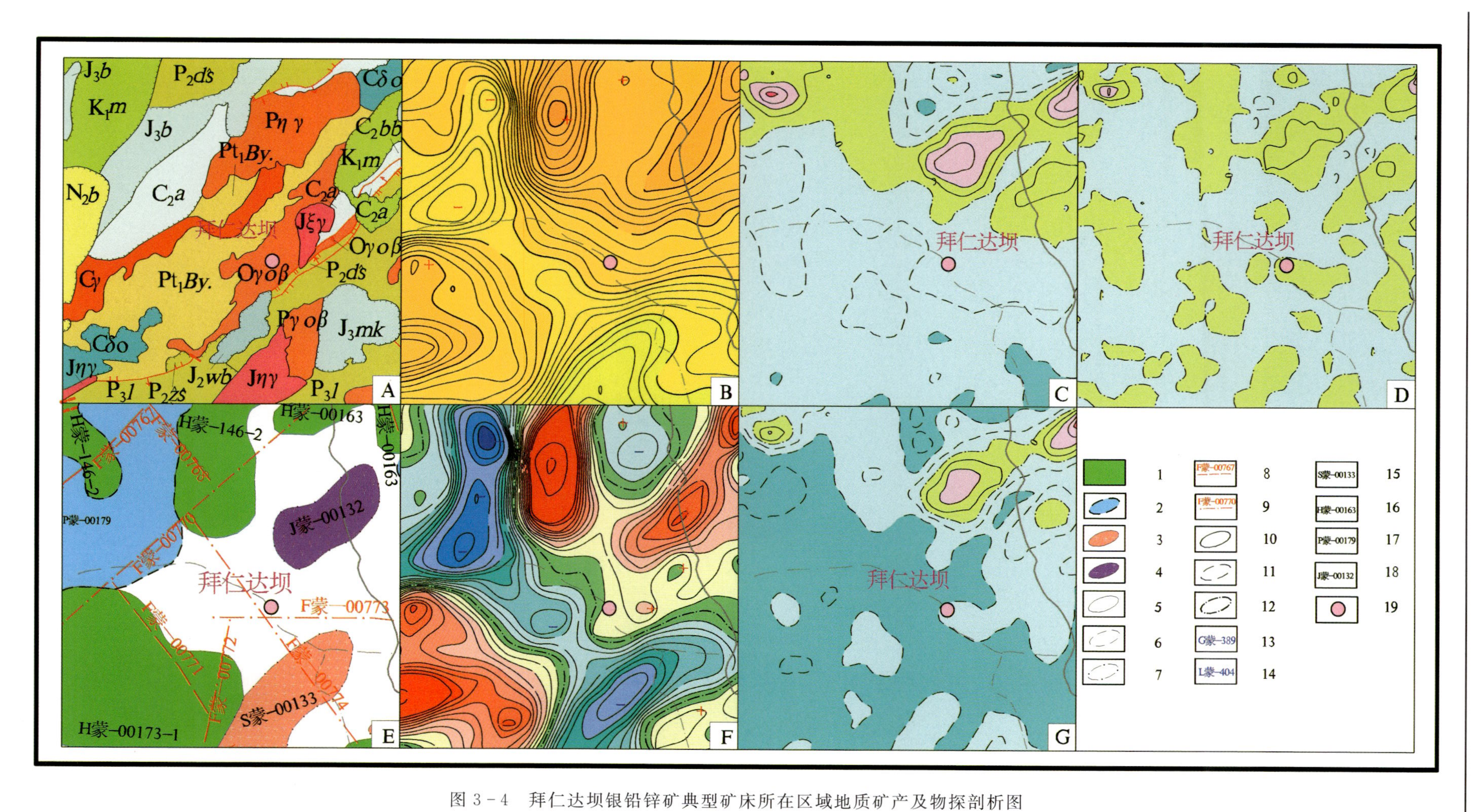


图 3-4 拜仁达坝银铅锌矿典型矿床所在区域地质矿产及物探剖析图

A. 地质矿产图；B. 布格重力图；C. 航磁 $\Delta T$ 等值线平面图；D. 航磁 $\Delta T$ 化极垂向一阶导数等值线平面图；E. 重力推断地质构造图；F. 剩余重力异常图；G. 航磁 $\Delta T$ 化极等值线平面图；1. 古生代地层；2. 盆地及边界；3. 酸性—中酸性岩；4. 超基性岩；5. 出露岩体边界；6. 隐伏岩体边界；7. 半隐伏岩体边界；8. 隐伏重力推断三级断裂构造及编号；9. 半隐伏重力推断三级断裂构造及编号；10. 航磁正等值线；11. 航磁负等值线；12. 零等值线；13. 剩余重力正异常编号；14. 剩余重力负异常编号；15. 酸性—中酸性岩编号；16. 地层编号；17. 盆地编号；18. 基性—超基性岩体编号；19. 银铅锌矿点

## 三、典型矿床地球化学特征

1999—2000 年，内蒙古自治区第九地质矿产勘查开发院在 1∶20 万区域化探成果基础上，在该区进行了1∶5万土壤（水系）沉积物加密测量工作，圈出 22 个以 Ag、Pb、Zn、Au、Sn、W 等元素为主的综合异常，为热液矿床异常组合，异常多呈带状分布于北东向断裂带及岩体与地层的接触带附近。拜仁达坝大型银铅锌矿典型矿床即位于 5 号、5 - 1 号异常内，异常形态为椭圆形，面积 10.8km$^2$，长轴方向近东西向，与矿体走向一致。矿区出现了以 Pb、Zn、Ag 为主，伴有 Cd、As、Sb、W、Mo 等元素组成的综合异常，矿石的工业类型以 Ag、Pb、Zn 为主，伴生有益组分有 Cu、Sn、Sb、Pt 等元素（表 3 - 1，图 3 - 5）。

**表 3 - 1　拜仁达坝典型矿 1∶5万化探综合异常特征表**

| 异常序号 | 形态 | 走向 | 面积（km$^2$） | 成矿元素异常特征 | | | | | | | | |
|---|---|---|---|---|---|---|---|---|---|---|---|---|
| | | | | 元素组合 | 元素 | 异常值 | 面积（km$^2$） | 形态 | 走向 | 极高值 | 平均值 | 浓集中心明显程度 |
| 5 | 近似椭圆形 | 近东西向 | 10.8 | As、Ag、Cu、Au、Pb、Zn | Au | 3 | 0.5 | 椭圆 | 北东 | 2.2 | 2.1 | 不明显 |
| | | | | | Ag | 4 | 3.5 | 不规则 | 北东 | 18.4 | 2.8 | 明显 |
| | | | | | Cu | 4 | 3.0 | 椭圆 | 北东 | 70.0 | 40.1 | 不明显 |
| | | | | | Pb | 5 | 4.5 | 椭圆 | 北东 | 1 223.3 | 283.6 | 明显 |
| | | | | | Zn | 2 | 3.3 | 椭圆 | 北东 | 880.5 | 289.7 | 明显 |

注：资料来源为内蒙古自治区第九地质矿产勘查开发院（2004）；表中各元素异常值、极高值、平均值的单位——Au 为$\times10^{-9}$，其他元素为$\times10^{-6}$。

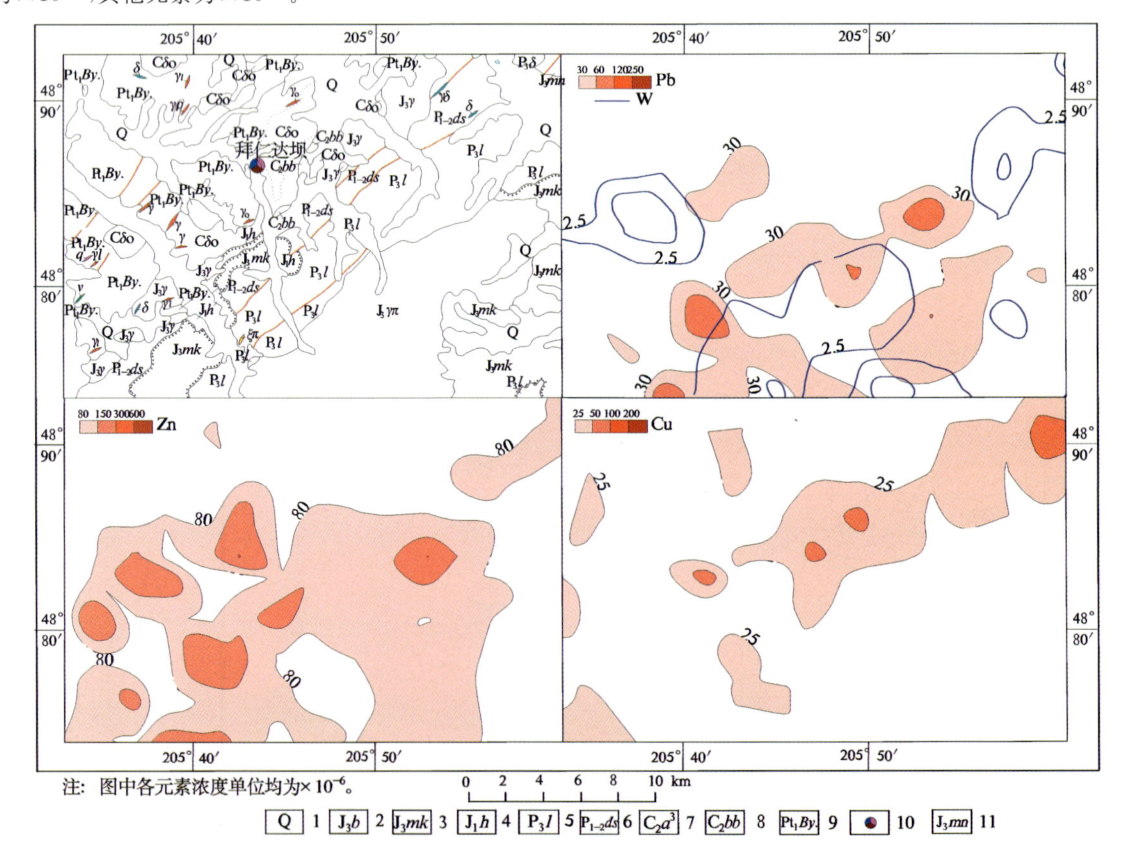


图 3 - 5　拜仁达坝银铅锌矿典型矿床所在区域地质矿产及化探剖析图

1. 第四系；2. 白音高老组；3. 满克头鄂博组；4. 红旗组；5. 林西组；6. 大石寨组；7. 阿木山组；8. 本巴图组段；9. 宝音图岩群；10. 铅锌银矿点；11. 玛尼吐组

## 四、典型矿床预测模型

在研究典型矿床成矿要素的基础上，根据矿区大比例尺化探异常、地磁资料及矿床所在区域的航磁重力资料，建立典型矿床的预测要素。在成矿要素图上叠加大比例尺地磁等值线形成预测要素图，同时以典型矿床所在区域的地球化探异常、航磁重力资料作系列图，以角图形式表达，反映其所在位置的物探特征。其预测要素如表 3－2 所示。

**表 3－2　拜仁达坝式侵入岩体型银铅锌矿典型矿床预测要素表**

<table>
<tr><td colspan="2">预测要素</td><td colspan="3">描述内容</td><td rowspan="3">预测要素分类</td></tr>
<tr><td colspan="2">预测资源量</td><td>Ag:3 961.25t</td><td>平均品位</td><td>$232.37\times10^{-6}$</td></tr>
<tr><td colspan="2">特征描述</td><td colspan="3">内蒙古自治区拜仁达坝银多金属矿床是一受构造控制的、与海西期岩浆活动有关的中低温热液矿床</td></tr>
<tr><td rowspan="3">地质环境</td><td>构造背景</td><td colspan="3">Ⅰ天山-兴蒙造山系，Ⅰ－Ⅰ大兴安岭弧盆系，Ⅰ－Ⅰ－6 锡林浩特岩浆弧($Pz_2$)</td><td>必要</td></tr>
<tr><td>成矿环境</td><td colspan="3">Ⅰ－4 滨太平洋成矿域(叠加在古亚洲成矿域之上)；Ⅱ－12 大兴安岭成矿省；Ⅲ－8 林西-孙吴铅、锌、铜、钼、金成矿带(Ⅲ－50)，Ⅲ－8 -①索伦镇-黄岗铁(锡)、铜、锌成矿亚带</td><td>必要</td></tr>
<tr><td>成矿时代</td><td colspan="3">海西期</td><td></td></tr>
<tr><td rowspan="7">矿床特征</td><td>矿体形态</td><td colspan="3">脉状</td><td>次要</td></tr>
<tr><td>岩石类型</td><td colspan="3">海西期石英闪长岩</td><td>必要</td></tr>
<tr><td>岩石结构</td><td colspan="3">半自形结构、他形结构、交代结构；浸染状构造、斑杂状构造、角砾状构造、块状构造</td><td>次要</td></tr>
<tr><td>矿物组合</td><td colspan="3">主要为磁黄铁矿、方铅矿、铁闪锌矿、毒砂、黄铁矿、银黝铜矿、黄铜矿等，其次为闪锌矿、辉银矿、自然银、黝锡矿、硫锑铅矿、胶状黄铁矿、铅矾、褐铁矿、孔雀石等</td><td>重要</td></tr>
<tr><td>结构构造</td><td colspan="3">矿石结构主要有半自形结构、他形结构、骸晶结构、交代结构、固溶体分离结构、碎裂结构；矿石构造主要为条带状构造、网脉状构造、块状构造、浸染状构造，其次为斑杂状构造和角砾状构造</td><td>次要</td></tr>
<tr><td>蚀变特征</td><td colspan="3">硅化、白云母化、绢云母化、绿泥石化、碳酸盐化、高岭土化，其次还可见绿帘石化及叶腊石化等。其中与 Ag、Pb、Zn 矿化关系密切的是硅化、绿泥石化、绢云母化</td><td>重要</td></tr>
<tr><td>控矿条件</td><td colspan="3">古元古界宝音图岩群(锡林郭勒杂岩)黑云斜长片麻岩、二云斜长片麻岩、角闪斜长片麻岩及石炭纪石英闪长岩。矿带和矿体的赋存明显受构造控制。北东向构造控制海西期中酸性侵入岩的分布，同时控制矿带的展布。而北北西向和近东西向构造是矿区内主要控矿构造</td><td>必要</td></tr>
<tr><td rowspan="2">地球物理</td><td>重力</td><td colspan="3">拜仁达坝银铅锌矿典型矿床位于北北东向克什克腾旗—霍林郭勒市一带布格重力低异常带的北西侧。根据物性资料和地质资料分析，推断该重力低异常带是中—酸性岩浆岩活动区(带)引起。表明拜仁达坝银铅锌矿床在成因上与中—酸性岩有关</td><td>重要</td></tr>
<tr><td>磁法</td><td colspan="3">据 1∶1 万地磁等值线图显示：磁场表现为在低正磁异常范围背景中的椭圆状正磁异常。据 1∶1 万电法等值线图显示：北部表现为低阻高极化，南部则表现为高阻低极化</td><td>重要</td></tr>
<tr><td colspan="2">地球化学特征</td><td colspan="3">在拜仁达坝地区 Ag、Pb、Zn、Sn、Cd、Sb 均呈大规模异常分布，具有明显的浓度分带和浓集中心。异常元素组合齐全，为 Ag、Pb、Zn、W、Sn、As、Sb 组合，为热液矿床异常组合，异常多呈带状分布于北东向断裂带及岩体与地层的接触带附近。Ag、Pb、Zn 为主成矿元素，W、Sn、As、Sb 为伴生元素，Ag 与 Pb、Zn 套合极好，与 Cu 套合较好，W、Au、Mo 异常分布于矿体外围</td><td>重要</td></tr>
</table>

# 第二节　预测工作区研究

## 一、区域地质特征

预测工作区已查明银铅锌矿(床)点6处，均赋存于古元古界宝音图岩群黑云斜长片麻岩、二云斜长片麻岩、角闪斜长片麻岩中，石炭纪石英闪长岩、闪长岩，二叠纪中性—中酸性侵入岩与成矿密切相关。

## 二、区域地球物理特征

预测工作区反映东南部重力高、中部重力低、西北部相对重力高的特点，重力场最低值$-148.63\times10^{-5}m/s^2$，最高值$-27.93\times10^{-5}m/s^2$，沿克什克腾旗—霍林郭勒市一带布格重力异常总体反映重力低异常带，走向北北东，呈宽条带状，长约370km，宽约90km。地表断续出露不同期次的花岗岩体。从布格重力异常平面图上，重力低异常带反映出多期次的特点，推断是中、酸性火山、次火山和侵入活动区(带)引起。

维拉斯托—拜仁达坝地区位于正磁异常($\Delta T$为0～100nT)与负磁异常($\Delta T$为$-100$～0nT)交界处，是锡林浩特元古宙地块的边缘。布格重力异常等值线多方向多处同向扭曲，形成一个似元宝状的等值线展布格局，向南西同向扭曲和向北东同向扭曲的过渡部位，表明锡林浩特元古宙地块东端与周边块体接触，形成构造形迹的显示。

## 三、区域地球化学特征

区域上分布有Ag、Pb、Zn、Sn、W、Sb、Cu、As等元素组成的高背景区带，在高背景区带中有以Ag、Pb、Zn、Cu、W、Sn、Mo、Sb为主的多元素局部异常。预测区内共有281个Ag异常，169个As异常，190个Au异常，194个Cu异常，139个Mo异常，200个Pb异常，184个Sb异常，214个W异常，192个Zn异常，208个Sn异常。

Ag、Pb、Zn、W、Sn、Cu、As、Sb在全区形成大规模的高背景区带，存在明显的局部异常，Ag、As、Sb、W在预测区均具有北东向的浓度分带，有多处浓集中心，Ag在高背景区中存在两处明显的局部异常，主要分布在乌力吉德力格尔—西乌珠穆沁旗和敖包吐沟门地区，呈北东向带状分布；Pb、Zn高背景值呈北东向带状分布，有多处浓集中心，Pb、Zn在敖包吐沟门地区分布有大范围的局部异常，浓集中心明显，强度高，Pb、Zn异常套合好；Sb、W在达来诺尔镇和敖瑙达巴之间存在范围较大的局部异常，浓集中心明显，强度高；Sb在胡斯尔陶勒盖和西乌珠穆沁旗以南有两处明显的局部异常，浓集中心明显，大体呈环状分布；达来诺尔镇—乌日都那杰嘎查一带存在规模较大的As局部异常，浓集中心明显，强度高，范围广；Sn沿达来诺尔镇—白音诺尔镇—巴雅尔吐胡硕镇一带呈北东向带状异常贯穿整个预测区，异常规模大，强度高；Cu沿北东向呈高背景带状分布，浓集中心分散且范围较小；Au和Mo呈背景、低背景分布。

## 四、区域遥感影像及解译特征

预测工作区解译出环形构造248个，主要分布在该区域的中部及东部地区，西部相对较少。其成因与中生代花岗岩类、古生代花岗岩类、隐伏岩体、基性岩类、构造穹隆或构造盆地、火山机构或通道等有关。

预测区的羟基异常在西部及中部分布较多，东部相对较零散，异常基本分布在锡林浩特北缘断裂带两侧及大兴安岭主脊—林西深断裂带两侧的较大区域，东部的扎鲁特旗断裂带两侧有片状异常区分布。铁染异常主要分布在中部地区。

## 五、区域预测模型

根据预测工作区区域成矿要素和化探、航磁、重力、遥感及自然重砂资料，建立了预测区的区域预测要素，编制了预测工作区预测模型图(图 3－6)。

# 第三节　矿产预测

## 一、综合地质信息定位预测

### (一)变量提取及优选

#### 1. 变量选择及预处理

根据典型矿床成矿要素及预测要素研究，结合所收集的资料，选取以下变量：

(1)地质单元：提取古元古界宝音图岩群及石炭纪石英闪长岩，对第四纪覆盖层揭盖作 1000m(8mm)缓冲区，添加到图中。提取铅、锌、银化探异常区。

(2)航磁异常采用化极 $\Delta T$ 等值线，异常值提取区间为－100～600nT。

(3)重力剩余异常等值线，异常值提取区间为(－1～3)×$10^{-5}$m/$s^2$。

(4)沿拜仁达坝矿区一带的银化探异常区。

(5)已知矿床(点)：目前收集到的有 6 处，其中，大型 2 处、中型 1 处、小型 3 处，对矿点求矿点缓冲区。

(6)遥感：采用遥感地质解议断裂及环形构造，求矿点缓冲区。

#### 2. 预测变量构置

在 MRAS 软件中，对揭盖后的地质单元、矿点、遥感推断断裂及环形构造的缓冲区、蚀变带、银铅锌化探综合异常等求区的存在标志，对航磁化极、剩余重力分布范围求起始值的加权平均值，并进行以上原始变量的构置，对预测单元赋值，形成原始数据专题。

根据已知矿床所在地区的航磁化极值、剩余重力值对原始数据专题中的航磁化极、剩余重力起始值的加权平均值进行二值化处理，形成定位数据转换专题。

利用匹配系数法在变量阈值取为 0.5 的情况下，计算各变量对矿化起到的作用程度，其中矿产地缓冲区的值最高，即在已知矿产地半径 500m 范围的矿化概率最高，其次为赋矿地质体及实测断层、化探、遥感推断断裂对矿化起到的作用相近。各变量对矿化起到的作用均有影响，因此，选取所有变量作为证据因子进行定位预测。

### (二)最小预测区的圈定及优选

#### 1. 预测要素的应用及变量的确定

在预测过程中，需对所选择的变量进行筛选，获得真正对矿化起到作用的变量，将与矿无关的变量剔除，获得最佳的预测效果。采用匹配系数法来进行变量的筛选。

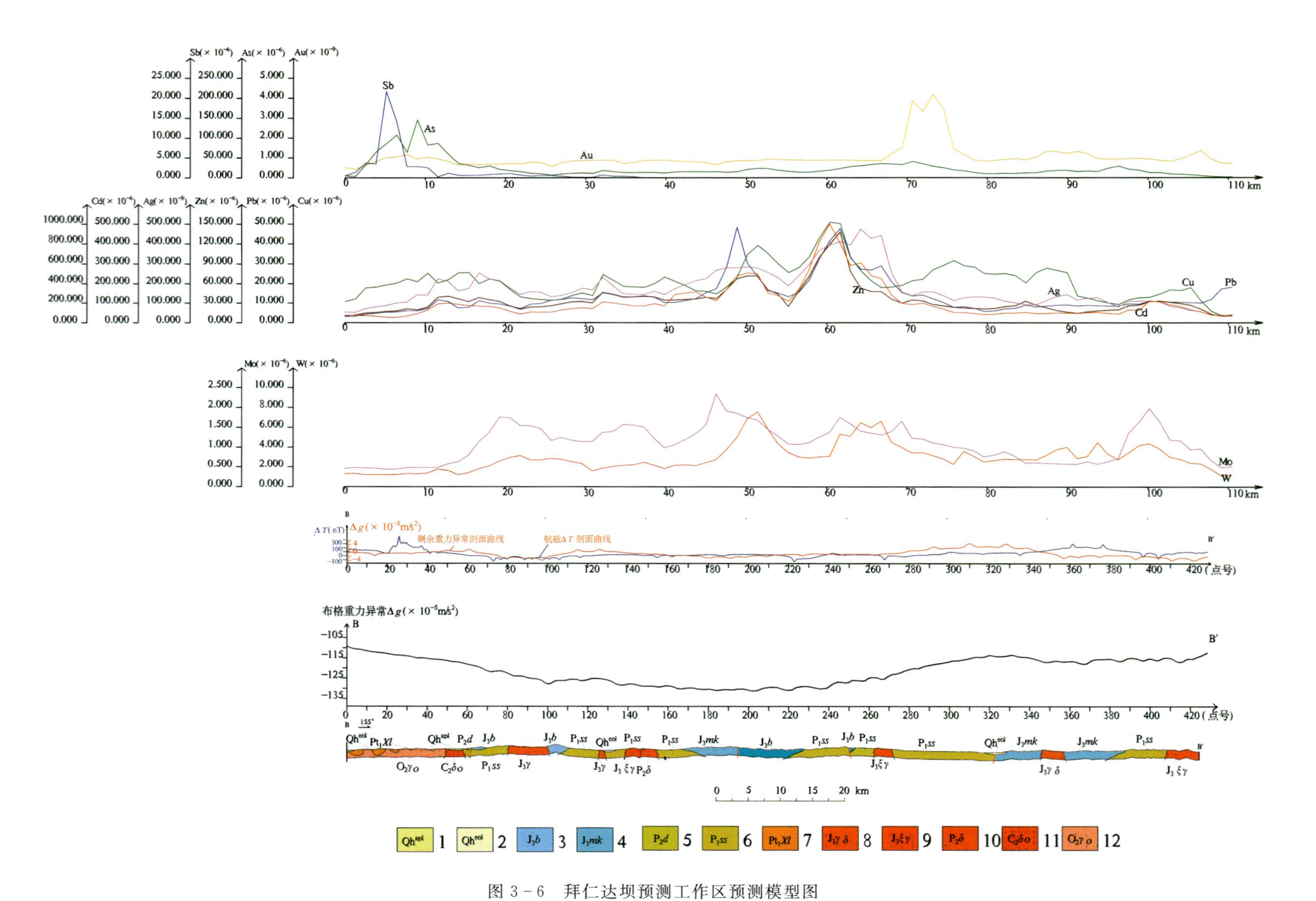


图 3-6 拜仁达坝预测工作区预测模型图

1.全新世细粉砂;2.全新世风积亚砂土、黄土;3.上侏罗统白音高老组;4.上侏罗统满克头鄂博组;5.中二叠统大石寨组;6.下二叠统寿山沟组;7.锡林郭勒变质杂岩黑云角闪片麻岩组合;8.晚侏罗世花岗闪长岩;9.晚侏罗世钾长花岗岩;10.中二叠世闪长岩;11.晚石炭世石英闪长岩;12.中奥陶世英云闪长岩

### 2. 最小预测区的评述

本次工作共圈定各级异常区 13 个，其中，A 级最小预测区（以下简称 A 级区）5 个（多数含已知矿体，个别与模型区特征接近程度高），总面积 $117km^2$；B 级最小预测区（以下简称 B 级区）5 个，总面积 $99.95km^2$；C 级最小预测区（以下简称 C 级区）3 个，总面积 $62.45km^2$。

各最小预测区的地质特征、成矿特征如表 3－3 所示。

**表 3－3　拜仁达坝式银铅锌矿拜仁达坝预测工作区各最小预测区的综合信息表**

| 最小预测区编号 | 最小预测区名称 | 综合信息 |
|---|---|---|
| A1512201001 | 拜仁达坝 | 该最小预测区出露地层为宝音图岩群黑云斜长片麻岩、二云斜长片麻岩、角闪斜长片麻岩；侵入岩为石炭纪石英闪长岩，呈北东向展布；拜仁达坝银铅矿、锡矿位于该区。航磁化极为低背景，剩余重力异常为重力低，布格重力异常值（$-2\sim1$）$\times10^{-5}m/s^2$；银铅锌异常一级浓度分带明显 |
| A1512201002 | 维拉斯托 | 该最小预测区出露地层为宝音图岩群黑云斜长片麻岩、二云斜长片麻岩、角闪斜长片麻岩；隐伏石炭纪石英闪长岩，呈北东向展布；维拉斯托银铅矿、双山铅锌矿、巴彦乌拉苏木铅锌矿位于该区。区内航磁化极为低背景，剩余重力异常为重力低，布格重力异常值（$-2\sim1$）$\times10^{-5}m/s^2$；银铅锌异常一级浓度分带明显 |
| A1512201003 | 巴彦乌拉嘎查 | 该最小预测区出露地层为宝音图岩群黑云斜长片麻岩、二云斜长片麻岩、角闪斜长片麻岩。航磁化极为低背景，剩余重力异常为重力低，布格重力异常值（$-2\sim1$）$\times10^{-5}m/s^2$；银铅锌异常一级浓度分带明显 |
| A1512201004 | 呼和锡勒嘎查东 | 该最小预测区出露地层为宝音图岩群黑云斜长片麻岩、二云斜长片麻岩、角闪斜长片麻岩。航磁化极为低背景，剩余重力异常为重力低，布格重力异常值（$-2\sim1$）$\times10^{-5}m/s^2$；银铅锌异常一级浓度分带明显 |
| A1512201005 | 双井店乡北 | 该最小预测区出露的地层为宝音图岩群黑云斜长片麻岩、二云斜长片麻岩、角闪斜长片麻岩；侵入岩为石炭纪石英闪长岩。区内发育 1 条规模巨大的近东西向断裂。区内航磁化极为低背景，位于剩余重力异常梯度带上，布格重力异常值（$-2\sim1$）$\times10^{-5}m/s^2$；银铅锌异常二级浓度分带明显 |
| B1512201001 | 巴彦宝拉格嘎查 | 该最小预测区出露地层为宝音图岩群黑云斜长片麻岩、二云斜长片麻岩、角闪斜长片麻岩；侵入岩为石炭纪石英闪长岩。航磁化极为低背景场中的正异常区，剩余重力异常高值区，布格重力异常值（$-2\sim3$）$\times10^{-5}m/s^2$；银铅锌异常三级浓度分带明显 |
| B1512201002 | 古尔班沟 | 该最小预测区出露地层为宝音图岩群黑云斜长片麻岩、二云斜长片麻岩、角闪斜长片麻岩；侵入岩为石炭纪石英闪长岩。航磁化极为低背景场中的正异常区，剩余重力异常高值区，布格重力异常值（$-2\sim3$）$\times10^{-5}m/s^2$；银铅锌异常三级浓度分带明显 |
| B1512201003 | 萨仁图嘎查北 | 该最小预测区出露地层为宝音图岩群黑云斜长片麻岩、二云斜长片麻岩、角闪斜长片麻岩；侵入岩为石炭纪石英闪长岩。航磁化极为低背景场中的正异常区，剩余重力异常高值区，布格重力异常值（$-2\sim3$）$\times10^{-5}m/s^2$；银铅锌异常三级浓度分带明显 |

续表 3-3

| 最小预测区编号 | 最小预测区名称 | 综合信息 |
|---|---|---|
| B1512201004 | 巴彦布拉格嘎查 | 该最小预测区出露地层为宝音图岩群黑云斜长片麻岩、二云斜长片麻岩、角闪斜长片麻岩;侵入岩为石炭纪石英闪长岩。航磁化极为低背景场中的正异常区,剩余重力异常高值区,布格重力异常值$(-2\sim3)\times10^{-5}m/s^2$;银铅锌异常三级浓度分带明显 |
| B1512201005 | 井沟子南 | 该最小预测区出露地层为宝音图岩群黑云斜长片麻岩、二云斜长片麻岩、角闪斜长片麻岩。侵入岩为石炭纪石英闪长岩。航磁化极为低背景场中的正异常区,剩余重力异常高值区,布格重力异常值$(-2\sim3)\times10^{-5}m/s^2$;银铅锌异常三级浓度分带明显 |
| C1512201001 | 乌兰和布日嘎查西 | 该最小预测区出露地层为宝音图岩群黑云斜长片麻岩、二云斜长片麻岩、角闪斜长片麻岩;侵入岩主要为石炭纪石英闪长岩。航磁化极为低背景场中的正异常区,剩余重力梯度带,布格重力异常值$(4\sim8)\times10^{-5}m/s^2$;显示较好的银铅锌异常 |
| C1512201002 | 乌兰和布日嘎查 | 该最小预测区出露地层为宝音图岩群黑云斜长片麻岩、二云斜长片麻岩、角闪斜长片麻岩;侵入岩主要为石炭纪石英闪长岩。航磁化极为低背景场中的正异常区,剩余重力梯度带,布格重力异常值$(4\sim8)\times10^{-5}m/s^2$;显示较好的银铅锌异常 |
| C1512201003 | 冬营点 | 该最小预测区出露地层为宝音图岩群黑云斜长片麻岩、二云斜长片麻岩、角闪斜长片麻岩。航磁化极为低背景场中的正异常区,剩余重力梯度带,布格重力异常值$(4\sim8)\times10^{-5}m/s^2$;显示较好的银铅锌异常 |

## (三)最小预测区的圈定结果

### 1. 最小预测区的圈定方法

预测底图比例尺为1∶10万,利用规则网格单元作为预测单元,网格单元大小为2.0km×2.0km。预测地质变量如下。

(1)地层:古元古界宝音图岩群火山岩夹碎屑岩建造。

(2)侵入岩:石炭纪石英闪长岩。

(3)构造:北东向构造。

(4)遥感:遥感蚀变对矿化无明显反映,只利用了遥感断裂解译结果。

(5)重力:剩余重力梯度带,重力低缓斜坡,重力异常等值线同向扭曲部位,剩余重力过渡带。

(6)航磁:正负航磁异常过渡带,负背景磁场内局部升高部位,低缓磁异常呈椭圆状、似椭圆状,形态规则,近于对称。

采用证据权重法或特征分析法进行定位预测,形成的色块图(预测单元图)不同级别是以网格单元为边界的规则边界,最小预测区的圈定与分级是在后验概率色块图的基础上叠加所有成矿要素及预测要素,采用人工与MRAS软件交互的方式,根据形成的定位预测色块图对照不同级别的各要素边界,依据后验概率的大小,与模型区预测要素的匹配程度,圈定最小预测区。

**2. 圈定预测区的操作细则**

由于预测工作区内有7个已知矿床，因此采用MRAS矿产资源GIS评价系统中已有的预测模型工程，利用网格单元法进行定位预测。采用空间评价中特征分析法、证据权重法等方法进行预测，比照各类方法的结果，确定采用证据权重法进行评价，再结合综合地质信息法叠加各预测要素人工圈定最小预测区，并进行优选。

证据权重法主要运用的是相似类比理论，即在一定地质条件下产出一定类型的矿床，相似地质条件下赋存有相似的矿床，同类矿床之间可以进行类比，将与已知矿床的地质背景相似的地区(段)作为成矿远景区或圈定为找矿靶区。证据权重法正是利用这一点，与找矿信息结合，区分矿化有利地段和不利地段，从而达到定位预测和评价找矿靶区的目的。

(1)构造预测模型。用于生成定位预测专题图层，该图层主要用来进行定位预测。通过构造预测模型将预测单元的信息、二值化的变量数据信息及变量筛选的信息传给定位预测专题图层。

(2)选择证据因子及计算证据权重。每一种地学信息都是矿产预测中的1个证据因子，而每一个证据因子对成矿预测的贡献不同，是由因子的权重值确定的。

因子与矿床产出状态之间的关联性强弱可以通过地质标志的正权和负权之间的差值大小来度量，即：$C=W^{+}+W^{-}$，其中，$W$为权系数，$W^{+}$、$W^{-}$为一个变量在不同状态同时发生的频数，其差值越大，权值的强度也越大。

$C$既可以为正值也可以为负值，为正值表示该因子与矿床产出之间具有正的关联性，为负值表示该因子与矿床产出具有负的关联性。

根据得出的证据因子权值，所选取的证据因子均与矿床产出呈正相关，其中矿点缓冲区与矿床产出的相关性最大，依次为赋矿地质体、Au化探异常、实测断层、各专题推断断裂、围岩蚀变及羟基、铁染异常。

(3)条件独立性检验。证据权重法要求各证据因子要相互独立，如果地质找矿标志不满足条件独立性，提取的信息之间有相互联系，在计算时会造成信息的权重值增加，使后验概率值产生偏差。对赋矿地质体及其揭盖区域、重力推断地质体、实测及各专题推测断裂、围岩蚀变、Au化探异常、化探综合异常甲类区、重力梯度带、遥感羟基异常等因素进行条件独立性检验，在显著性水平为0.05的条件下，提取的因子基本上都满足条件独立性，因此选择所有证据因子计算后验概率。

(4)计算后验概率并生成色块图。证据权重法的最终结果是以色块图的形式表达的。后验概率值为0.000 69～0.809 29，最高值出现在典型矿床地区，其余已查明矿产地的后验概率值均在0.45以上。以后验概率值＞0.20、0.05＜后验概率值＜0.20、0.01＜后验概率值＜0.05这3个区间值为界限设置色块图级别。

(5)最小预测区圈定与分级。后验概率色块图的不同级别是以网格单元为边界的规则边界，最小预测区的圈定与分级是在后验概率色块图的基础上叠加所有成矿要素及预测要素，采用人工与MRAS软件交互的方式，根据形成的定位预测色块图对照不同级别的各要素边界，依据后验概率的大小与模型区预测要素的匹配程度，圈定最小预测区。

最终形成的最小预测区分为A级、B级、C级3个等级。

A级区：成矿条件十分有利，预测依据充分，成矿匹配程度高，资源潜力大或较大的地区。

B级区：成矿条件有利，有预测依据，成矿匹配程度相对较高，预测资源量比较大的地区。

C级区：具成矿条件，有可能发现资源，可作为探索的地区或现有矿区外围和深部有预测依据，有一定资源潜力的地区。

利用证据权重法，采用2.0km×2.0km规则网格单元，在MRAS 2.0下进行预测区的圈定与优选。然后在MapGIS下，根据优选结果圈定成为不规则形状。最终圈定13个最小预测区，其中，A级区5个，B级区5个，C级区3个(图3-7，表3-4)。

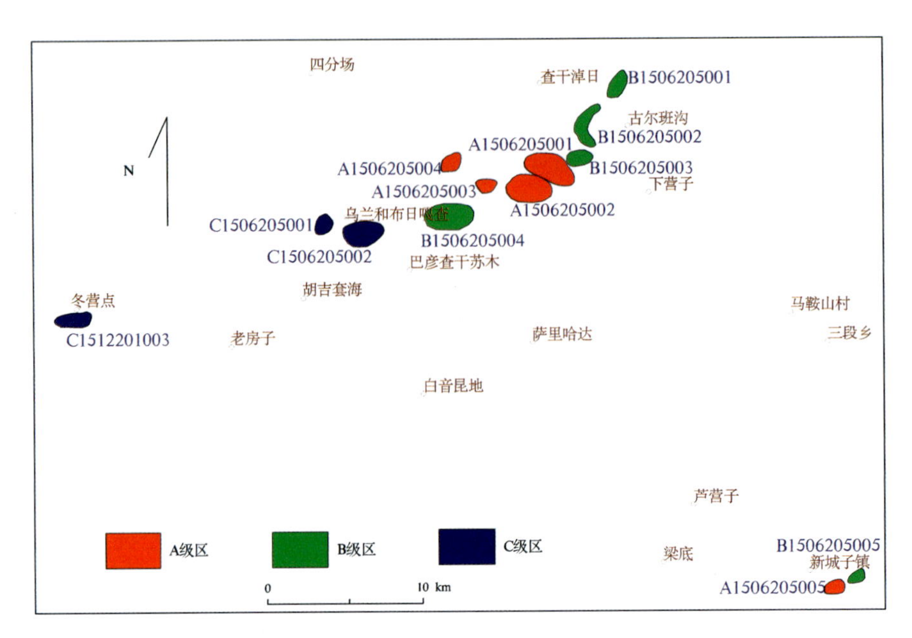


图 3-7　拜仁达坝预测工作区各最小预测区的优选分布示意图

**表 3-4　拜仁达坝预测工作区各最小预测区的面积圈定大小及其方法依据**

| 最小预测区编号 | 最小预测区名称 | 经度 | 纬度 | 面积($m^2$) | 参数确定依据 |
|---|---|---|---|---|---|
| A1512201001 | 拜仁达坝 | E117°31′23″ | N44°06′08.6″ | 44 750 000.00 | 依据 MRAS 所形成的色块区与预测工作区底图重叠区域并结合含矿地质体、已知矿床、矿(化)点及磁异常、剩余重力、化探异常、遥感异常范围 |
| A1512201002 | 维拉斯托 | E117°28′23″ | N44°04′07.8″ | 41 534 773.06 | |
| A1512201003 | 巴彦乌拉嘎查 | E117°21′59″ | N44°04′25.2″ | 9 074 109.50 | |
| A1512201004 | 呼和锡勒嘎查东 | E117°16′52″ | N44°07′01.9″ | 11 827 883.75 | |
| A1512201005 | 双井店乡北 | E118°12′43″ | N43°20′49.5″ | 9 673 523.38 | |
| B1512201001 | 巴彦宝拉格嘎查 | E117°41′57″ | N44°15′12.3″ | 14 589 410.88 | |
| B1512201002 | 古尔班沟 | E117°36′22″ | N44°10′48.7″ | 21 897 298.06 | |
| B1512201003 | 萨仁图嘎查北 | E117°36′04″ | N44°07′17.9″ | 13 414 053.69 | |
| B1512201004 | 巴彦布拉格嘎查 | E117°16′26″ | N44°01′09.5″ | 43 165 391.50 | |
| B1512201005 | 井沟子南 | E118°16′05″ | N43°21′55.7″ | 6 888 492.06 | |
| C1512201001 | 乌兰和布日嘎查西 | E116°57′46″ | N44°00′24.0″ | 11 201 561.25 | |
| C1512201002 | 乌兰和布日嘎查 | E117°03′33″ | N43°59′20.3″ | 32 742 155.38 | |
| C1512201003 | 冬营点 | E116°19′48″ | N43°50′14.1″ | 18 508 896.81 | |

## 二、综合信息地质体积法估算资源量

### (一)典型矿床深部及外围的资源量估算

#### 1. 最小预测区的确定

应用 MRAS 软件利用特征分析法或证据权重法进行定位预测，形成定位预测色块图；叠加地质体、断层、矿产地、物化遥(物探、化探、遥感)、重砂推断成果及异常形态等各预测要素,根据预测要素的不同级别(必要、重要、次要)及与典型矿床的符合程度,筛选并确定进行定量预测的最小预测区。

**2. 典型矿床预测模型和参数的确定**

根据典型矿床大比例尺勘探资料,圈定矿体、矿带,或脉状矿体聚集区段边界范围,作为典型矿床预测模型的面积($S_{典}$);综合研究勘探资料,根据勘探延深、控矿构造、延深、空间变化、矿化蚀变等参数确定矿体的延深($H_{典}$);原则上将截止到 2009 年底的内蒙古自治区矿产资源量表已评审备案的资源量作为典型矿床已查明的资源量($Z_{典}$),则典型矿床含矿系数($K_{典}$):$K_{典}=Z_{典}/(S_{典}\times H_{典})$

**3. 典型矿床深部及外围预测资源量及其估算参数的确定**

在典型矿床地区平面图或大比例尺平面图及剖面图上,综合研究典型矿床预测模型,估算典型矿床深部及外围预测资源量。根据控矿构造、延深、空间变化、矿化蚀变、航磁信息等参数确定预测延深及外围面积。

典型矿床深部预测资源量:$Z_{深}=S_{典}\times H_{深}\times K_{典}$

典型矿床外围预测资源量:$Z_{外}=S_{外}\times(H_{典}+H_{深})\times K_{典}$

则典型矿床资源总量:$Z_{典总}=Z_{典}+Z_{深}+Z_{外}$

**4. 模型区预测资源量的确定**

模型区是指典型矿床所在位置的最小预测区。

模型区预测资源总量:$Z_{模}=Z_{典总}+$模型区内其他已知矿床及矿点资源量。

**5. 模型区含矿地质体含矿系数的确定**

各矿产预测类型的模型区是根据确切地质单元边界进行圈定的,因此对模型区内含矿地质体进行含矿系数估算。

模型区含矿地质体含矿系数:$K=$模型区预测资源总量 $Z_{模}$/模型区含矿地质体总体积

**6. 最小预测区相似系数的确定**

对比模型区与最小预测区的地质单元、构造、矿化信息、航磁、重力、遥感、自然重砂等全部预测要素的总体相似程度,采用特征分析、证据权成矿概率或综合方法确定相似系数($\alpha$)。

**7. 最小预测区估算参数的确定及资源量估算**

最小预测区面积($S_{预}$)的确定:利用 MRAS 软件形成定位预测色块图;叠加不同级别(必要、重要、次要)的预测要素并根据其与典型矿床的符合程度,确定进行定量预测的最小预测区的面积。

最小预测区延深($H_{预}$)的确定:根据矿床模型研究,结合含矿地质体产状、出露面积、控矿构造、物探与化探信息推断含矿地质体可能延深。

$K_s$为含矿地质体面积参数。

则最小预测区资源总量($Z_{预总}$)估算:

$$Z_{预总}=S_{预}\times H_{预}\times K_S\times K\times\alpha$$

式中,$Z_{预总}$为预测区预测资源总量;$S_{预}$为预测区面积;$H_{预}$为预测区延深(指预测区含矿地质体延深);$K_S$为含矿地质体面积参数;$K$为模型区矿床的含矿系数;$\alpha$为相似系数。

$$Z_{预}=Z_{预总}-Z_{查明}$$

式中,$Z_{查明}$为预测工作区内所有已查明矿床(点)资源量总和。

**8. 预测资源量估算结果汇总**

对各预测工作区及全区的预测资源量按资源量精度级别、延深、矿产预测类型、可利用性类别分别进行汇总。

(1)资源量精度分级参照以下标准。

334－1:具有工业价值的矿产地或已知矿床深部及外围的预测资源量。符合以下原则即可划入本类别,即最小预测区内具有工业价值的矿产地必须是已经提交333以上类别资源量的矿产地,且预测区资料工作精度大于或等于1∶5万。

334－2:同时具备直接(包括含矿层位、矿点、矿化点、重要找矿线索等)和间接找矿标志(物探、化探、遥感、老洞、自然重砂等异常)的最小预测单元预测资源量。工作中符合以下原则即可划入本类别,即除334－1、334－3以外的情况为该类资源量。主要为:预测区资料工作精度大于或等于1∶5万,尚未发现具有工业价值的矿产地;已发现具有工业价值的矿产地,但预测区资料工作精度小于1∶5万。

334－3:只有间接找矿标志的最小预测单元预测资源量。工作中符合以下原则即可划入本类别,即任何情况下预测区资料工作精度小于1∶5万的预测单元预测资源量。

(2)延深:按照500m以浅、1000m以浅和2000m以浅统计预测资源量。

(3)矿产预测类型:以成矿规律为依据划分矿产预测类型,以预测工作区为单位统计预测资源量。

(4)可利用性类别:可利用性类别的划分,主要依据延深可利用性(500m、1000m、2000m)、当前开采经济条件可利用性、矿石可选性、外部交通水电环境可利用性,按综合权重进行取数估算,具体标准如下。

A. 延深可利用性占30%。延深500m以浅为30%×100%,延深500～1000m为30%×50%,延深1000～2000m为30%×25%。

B. 当前开采经济可利用性占40%。区内有已知矿床为40%×100%,区内有已知矿点为40%×70%或矿化蚀变强度大、范围广,区内无已知矿点但有矿化现象的为40%×30%。

C. 矿石可选性占20%。易选为20%×100%,中等为20%×60%,难选为20%×20%。

D. 外部交通水电环境可利用性占10%。自然地理及交通条件好为10%×100%,自然地理及交通条件差为10%×40%。

上述4项之和(综合权重指数)≥60%,则为可利用;4项之和<60%,则为暂不可利用。

**9. 最小预测区、预测工作区、全区的预测资源量可信度进行统计分析**

用地质体积法针对每个最小预测区评价其可信度,其可信度划分标准如下。

(1)面积可信度:①既有地质建造又有矿点物探与化探异常(0.75);②单一矿点地质建造(0.50);③只有物探与化探异常(0.25)。

(2)延深可信度:①根据最小预测区的勘探成果确定(0.90);②磁法反演确定延深(0.75);③根据预测区内含矿建造-构造的产状确定(0.50);④化探异常剥蚀系数法(0.50);⑤根据矿床类型最大限度延深法来确定或者根据预测工作区内矿床勘探延深统计确定(0.50);⑥专家分析确定因素(0.25)。

(3)含矿系数可信度:根据模型区的资源产状勘探情况确定。①勘探程度高,对矿床深部外围资源量了解清楚(0.75);②勘探程度较高,对矿床深部外围资源量及含矿地质体分布了解一般(0.50);③勘探程度一般,对矿床深部外围资源量及含矿地质体分布了解较差(0.25)。

(4)预测资源量可信度:①深部探矿工程见矿最大延深以上的预测资源量,可信度≥0.75;②深部探矿工程见矿最大延深以下部分合理估算的预测资源量,或经地表工程揭露,已经发现矿体,但没有经深部工程验证的预测资源量,可信度为0.50～0.75;③仅以地质、物探与化探异常估计的预测资源量可信度<0.50。

## (二)模型区的确定、资源量及估算参数

### 1. 模型区的确定、资源量及估算参数

模型区是指典型矿床所在位置的最小预测区，拜仁达坝模型区是采用 MRAS 软件定位预测后，经手工优化圈定的(图 3-8)。

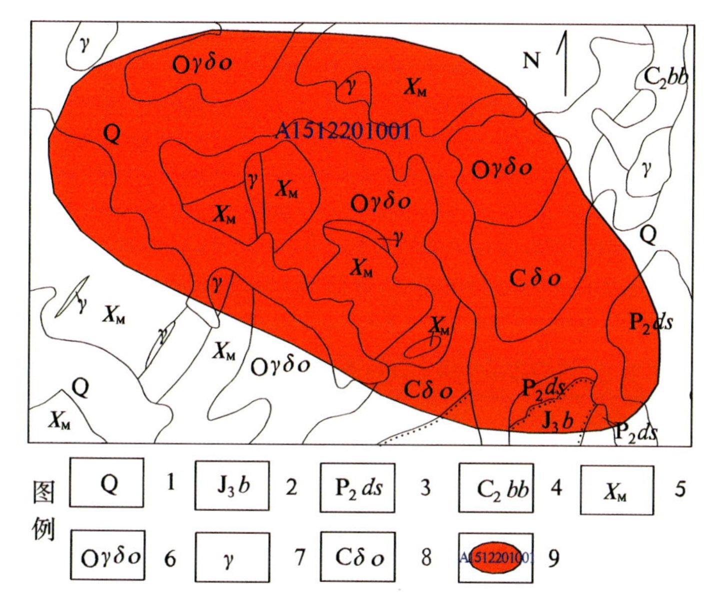


图 3-8 拜仁达坝模型区示意图

1. 第四系；2. 白音高老组；3. 大石寨组；4. 本巴图组；5. 锡林郭勒片麻岩；6. 英云闪长岩；7. 花岗岩脉；8. 石炭纪石英闪长岩；9. 模型区

模型区内除拜仁达坝银多金属大型矿床外，还有拜仁达坝西区中型银矿床(Ag 金属量 822t)、同兴铅锌多金属小型矿床(Ag 金属量 16t)及永隆铅锌银小型矿床(Ag 金属量 188t)。

模型区银资源总量=拜仁达坝银多金属大型矿床典型矿床总预测量+拜仁达坝西区中型银矿床+同兴铅锌多金属小型矿床+永隆铅锌银小型矿床=(3 961.25+1 165.07+6 180.33)+822+16+188=12 332.65t，模型区的延深与典型矿床的一致，模型区含矿地质体面积与模型区面积一致，MapGIS 软件读取数据为 44 750 000$m^2$，如表 3-5 所示。

**表 3-5 拜仁达坝模型区预测资源量及其估算参数**

| 模型区编号 | 模型区名称 | 经度 | 纬度 | 模型区预测资源量(t) | 模型区面积($m^2$) | 延深(m) | 含矿地质体面积($m^2$) | 含矿地质体面积参数 |
|---|---|---|---|---|---|---|---|---|
| A1512201001 | 拜仁达坝 | E117°31′23″ | N44°06′08.6″ | 12 332.65 | 44 750 000.00 | 440 | 44 750 000 | 1.00 |

### 2. 模型区含矿地质体含矿系数的确定

由表 3-5 可知，模型区总体积=模型区面积×模型区延深×含矿地质体面积参数=44 750 000$m^2$×440m×1.00=19 690 000 000$m^3$。银含矿系数=资源总量/模型区总体积=12 332.65t÷19 690 000 000$m^3$=0.000 000 63t/$m^3$(表 3-6)。

表 3-6 拜仁达坝模型区含矿地质体含矿系数表

| 模型区编号 | 模型区名称 | 经度 | 纬度 | 含矿地质体含矿系数(t/m³) | 预测资源总量(t) | 总体积(m³) |
|---|---|---|---|---|---|---|
| A1512201001 | 拜仁达坝 | E117°31′23″ | N44°06′08.6″ | 0.000 000 63 | 12 332.65 | 19 690 000 000 |

**3. 最小预测区预测资源量及估算参数**

(1)面积参数的确定及结果。面积圈定结果及其方法依据如表 3-4 所示。

(2)延深参数的确定及结果。典型矿床及已进行过普查或详查的矿床,根据矿体赋存地质体、见矿最深钻孔及矿体产状确定其延深,该类最小预测区(A 级区)的延深确定在 340～440m 之间。B 级区主要是分布在已知矿床周边,根据成矿要素综合研究指标,具有较好的成矿条件,按照已知矿床大部分见矿钻孔延深在 20～190m 之间,确定该类最小预测区延深为 160m。C 级区分布在 B 级区的外围,成矿条件的综合要素较差,对比典型矿床特征经专家估计给出,确定其延深在 100～150m 之间(表 3-7)。

表 3-7 拜仁达坝预测工作区各最小预测区的延深圈定结果

| 最小预测区编号 | 最小预测区名称 | 经度 | 纬度 | 延深(m) | 参数确定依据 |
|---|---|---|---|---|---|
| A1512201001 | 拜仁达坝 | E117°31′23″ | N44°06′08.6″ | 440 | 根据已知矿床、矿(化)点赋存地质体、航磁异常、剩余重力、化探异常、遥感异常等成矿要素综合分析,见矿钻孔延深及专家评估意见确定其延深 |
| A1512201002 | 维拉斯托 | E117°28′23″ | N44°04′07.8″ | 440 | |
| A1512201003 | 巴彦乌拉嘎查 | E117°21′59″ | N44°04′25.2″ | 190 | |
| A1512201004 | 呼和锡勒嘎查东 | E117°16′52″ | N44°07′01.9″ | 340 | |
| A1512201005 | 双井店乡北 | E118°12′43″ | N43°20′49.5″ | 340 | |
| B1512201001 | 巴彦宝拉格嘎查 | E117°41′57″ | N44°15′12.3″ | 160 | |
| B1512201002 | 古尔班沟 | E117°36′22″ | N44°10′48.7″ | 160 | |
| B1512201003 | 萨仁图嘎查北 | E117°36′04″ | N44°07′17.9″ | 160 | |
| B1512201004 | 巴彦布拉格嘎查 | E117°16′26″ | N44°01′09.5″ | 160 | |
| B1512201005 | 井沟子南 | E118°16′05″ | N43°21′55.7″ | 150 | |
| C1512201001 | 乌兰和布日嘎查西 | E116°57′46″ | N44°00′24″ | 150 | |
| C1512201002 | 乌兰和布日嘎查 | E117°03′33″ | N43°59′20.3″ | 150 | |
| C1512201003 | 冬营点 | E116°19′48″ | N43°50′14.1″ | 100 | |

(3)品位和体重的确定。据内蒙古自治区克什克腾旗拜仁达坝矿区银多金属矿详查报告,拜仁达坝矿区银矿体平均品位为 5.57%,硫化矿石平均体重 3.61t/m³。预测区基本处于地下深部,氧化矿石较少,因此,采用硫化矿石体重 3.61t/m³。有矿床、矿点者采用其相应资料。

(4)相似系数的确定。拜仁达坝预测工作区各最小预测区的相似系数的确定,主要依据最小预测区内含矿地质体出露的大小、地质构造发育程度不同、航磁异常特征、剩余重力异常特征、化探异常、遥感异常及成矿概率等因素,经综合分析研究,由专家确定。各最小预测区相似系数如表 3-8 所示。

(5)最小预测区资源量估算结果。最小预测区的银预测资源量 16 473.26t,参照前述标准对各最小预测区资源量精度级别进行划分,详见表 3-9。

表 3-8　拜仁达坝预测工作区各最小预测区的相似系数表

| 最小预测区编号 | 最小预测区名称 | 经度 | 纬度 | 相似系数 | 参数确定依据 |
|---|---|---|---|---|---|
| A1512201001 | 拜仁达坝 | E117°31′23″ | N44°06′08.6″ | 0.60 | 根据权重法后验概率值及每个最小预测区的地质、物探、化探、遥感与模型区的相似程度确定 |
| A1512201002 | 维拉斯托 | E117°28′23″ | N44°04′07.8″ | 0.50 | |
| A1512201003 | 巴彦乌拉嘎查 | E117°21′59″ | N44°04′25.2″ | 0.25 | |
| A1512201004 | 呼和锡勒嘎查东 | E117°16′52″ | N44°07′01.9″ | 0.20 | |
| A1512201005 | 双井店乡北 | E118°12′43″ | N43°20′49.5″ | 0.20 | |
| B1512201001 | 巴彦宝拉格嘎查 | E117°41′57″ | N44°15′12.3″ | 0.20 | |
| B1512201002 | 古尔班沟 | E117°36′22″ | N44°10′48.7″ | 0.20 | |
| B1512201003 | 萨仁图嘎查北 | E117°36′04″ | N44°07′17.9″ | 0.25 | |
| B1512201004 | 巴彦布拉格嘎查 | E117°16′26″ | N44°01′09.5″ | 0.20 | |
| B1512201005 | 井沟子南 | E118°16′05″ | N43°21′55.7″ | 0.20 | |
| C1512201001 | 乌兰和布日嘎查西 | E116°57′46″ | N44°00′24.0″ | 0.20 | |
| C1512201002 | 乌兰和布日嘎查 | E117°03′33″ | N43°59′20.3″ | 0.20 | |
| C1512201003 | 冬营点 | E116°19′48″ | N43°50′14.1″ | 0.20 | |

表 3-9　拜仁达坝预测工作区各最小预测区的铅资源量估算成果表

| 最小预测区编号 | 最小预测区名称 | $S_{预}$(m²) | $H_{预}$(m) | $K_S$ | $K$(t/m³) | $\alpha$ | 已查明资源量(t) | 本次预测资源量(t) | 资源量精度级别 |
|---|---|---|---|---|---|---|---|---|---|
| A1512201001 | 拜仁达坝 | 44 782 766.50 | 440 | 1.00 | 0.000 000 63 | 1.00 | 4 987.25 | 7 345.40 | 334-1 |
| A1512201002 | 维拉斯托 | 41 534 773.06 | 400 | 1.00 | 0.000 000 63 | 0.50 | 495.00 | 4 738.38 | 334-1 |
| A1512201003 | 巴彦乌拉嘎查 | 9 074 109.50 | 190 | 1.00 | 0.000 000 63 | 0.25 | | 271.54 | 334-2 |
| A1512201004 | 呼和锡勒嘎查东 | 11 827 883.75 | 340 | 1.00 | 0.000 000 63 | 0.25 | | 633.38 | 334-2 |
| A1512201005 | 双井店乡北 | 9 673 523.38 | 340 | 1.00 | 0.000 000 63 | 0.20 | | 414.41 | 334-3 |
| B1512201001 | 巴彦宝拉格嘎查 | 14 589 410.88 | 160 | 1.00 | 0.000 000 63 | 0.20 | | 294.12 | 334-2 |
| B1512201002 | 古尔班沟 | 21 897 298.06 | 160 | 1.00 | 0.000 000 63 | 0.20 | | 441.45 | 334-2 |
| B1512201003 | 萨仁图嘎查北 | 13 414 053.69 | 160 | 1.00 | 0.000 000 63 | 0.20 | | 270.43 | 334-2 |
| B1512201004 | 巴彦布拉格嘎查 | 43 165 391.50 | 160 | 1.00 | 0.000 000 63 | 0.20 | | 870.21 | 334-2 |
| B1512201005 | 井沟子南 | 6 888 492.06 | 150 | 1.00 | 0.000 000 63 | 0.20 | | 130.19 | 334-2 |
| C1512201001 | 乌兰和布日嘎查西 | 11 201 561.25 | 150 | 1.00 | 0.000 000 63 | 0.20 | | 211.71 | 334-3 |
| C1512201002 | 乌兰和布日嘎查 | 32 742 155.38 | 150 | 1.00 | 0.000 000 63 | 0.20 | | 618.83 | 334-3 |
| C1512201003 | 冬营点 | 18 508 896.81 | 100 | 1.00 | 0.000 000 63 | 0.20 | | 233.21 | 334-3 |
| **总计** | | | | | | | **5 482.25** | **16 473.26** | |

注：$S_{预}$为预测区面积，$H_{预}$为预测区延深；$K_S$为含矿地质体面积参数，$K$为模型区矿床的含矿系数，$\alpha$为相似系数；后同。

### 4. 最小预测区预测资源量可信度估计

拜仁达坝预测工作区各最小预测区的可信度统计结果如表 3－10 所示。

**表 3－10 拜仁达坝预测工作区各最小预测区的预测资源量可信度统计表**

| 最小预测区编号 | 最小预测区名称 | 面积 | | 延深 | | 含矿系数 | | 资源量综合 | |
|---|---|---|---|---|---|---|---|---|---|
| | | 可信度 | 依据 | 可信度 | 依据 | 可信度 | 依据 | 可信度 | 依据 |
| A1512201001 | 拜仁达坝 | 0.75 | 根据含矿地质体出露的实际面积、覆盖区揭盖范围、重力推断隐伏地质体范围确定 | 0.90 | 根据含矿地质体出露面积、区调工作实测剖面中的厚度、重力反演得到的厚度等参数确定 | 0.75 | 根据各最小预测区与模型区成矿地质条件的相似程度确定 | 0.80 | 综合 |
| A1512201002 | 维拉斯托 | 0.75 | | 0.90 | | 0.75 | | 0.80 | 综合 |
| A1512201003 | 巴彦乌拉嘎查 | 0.50 | | 0.50 | | 0.25 | | 0.50 | 综合 |
| A1512201004 | 呼和锡勒嘎查东 | 0.50 | | 0.50 | | 0.50 | | 0.60 | 综合 |
| A1512201005 | 双井店乡北 | 0.25 | | 0.50 | | 0.25 | | 0.40 | 综合 |
| B1512201001 | 巴彦宝拉格嘎查 | 0.25 | | 0.50 | | 0.25 | | 0.40 | 综合 |
| B1512201002 | 古尔班沟 | 0.25 | | 0.50 | | 0.25 | | 0.40 | 综合 |
| B1512201003 | 萨仁图嘎查北 | 0.25 | | 0.50 | | 0.25 | | 0.40 | 综合 |
| B1512201004 | 巴彦布拉格嘎查 | 0.25 | | 0.25 | | 0.25 | | 0.40 | 综合 |
| B1512201005 | 井沟子南 | 0.25 | | 0.25 | | 0.25 | | 0.40 | 综合 |
| C1512201001 | 乌兰和布日嘎查西 | 0.25 | | 0.25 | | 0.25 | | 0.40 | 综合 |
| C1512201002 | 乌兰和布日嘎查 | 0.25 | | 0.25 | | 0.25 | | 0.30 | 综合 |
| C1512201003 | 冬营点 | 0.25 | | 0.25 | | 0.25 | | 0.30 | 综合 |

## （三）预测工作区资源总量成果汇总

### 1. 按资源量精度级别

依据地质体积法预测的资源量结果，按照资源量精度级别划分标准，可将拜仁达坝预测工作区划分为 334－1、334－2 和 334－3 三个资源量精度级别，各级别资源量如表 3－11 所示。

**表 3－11 拜仁达坝预测工作区预测资源量精度级别统计表**

| 预测工作区编号 | 预测工作区名称 | 资源量精度级别(t) | | |
|---|---|---|---|---|
| | | 334－1 | 334－2 | 334－3 |
| 1512201001 | 拜仁达坝式侵入岩体型银铅锌矿拜仁达坝预测工作区 | 12 083.78 | 2 911.32 | 1 478.16 |
| | | **总计：16 473.26** | | |

**2. 按延深**

根据各最小预测区内含矿地质体(地层、侵入岩及构造)特征,预测延深在100～440m之间,其资源量按预测延深统计的结果如表3-12所示。

**表3-12　拜仁达坝预测工作区预测资源量延深统计表**

| 预测工作区编号 | 500m以浅(t) | | | 1000m以浅(t) | | | 2000m以浅(t) | | |
|---|---|---|---|---|---|---|---|---|---|
| | 334-1 | 334-2 | 334-3 | 334-1 | 334-2 | 334-3 | 334-1 | 334-2 | 334-3 |
| 1512201001 | 12 083.78 | 2 911.32 | 1 478.16 | 12 083.78 | 2 911.32 | 1 478.16 | 12 083.78 | 2 911.32 | 1 478.16 |
| | **总计:16 473.26** | | | **总计:16 473.26** | | | **总计:16 473.26** | | |

**3. 按矿产预测方法类型**

其矿产预测方法类型为侵入岩体型,矿产预测类型为预测热液型银矿,其预测资源量统计结果如表3-13所示。

**表3-13　拜仁达坝预测工作区预测资源量矿产预测方法类型精度统计表**

| 预测工作区编号 | 预测工作区名称 | 侵入岩体型(t) | | |
|---|---|---|---|---|
| | | 334-1 | 334-2 | 334-3 |
| 1512201001 | 拜仁达坝式侵入岩体型银铅锌矿拜仁达坝预测工作区 | 10 559.37 | 2 634.06 | 1 337.38 |
| | | **总计:16 473.26** | | |

**4. 按可利用性类别**

可利用性类别的划分,主要依据①延深可利用性(500m、1000m、2000m);②当前开采经济条件可利用性;③矿石可选性;④外部交通水电环境可利用性,按权重进行取数估算。具体标准如下。

延深可利用性占30%(延深500m以浅为30%～100%、延深1000m以浅为30%～50%、延深1000～2000m以浅为25%～30%);拜仁达坝矿区预测区延深100～440m,属于500m以浅,矿体埋深较浅,A级区延深可利用性为0.3;B级区、C级区为0.15。

当前开采经济可利用性占40%(有已知矿床为40%×100%、有已知矿点为40%×70%,或矿化蚀变强度大范围广、无已知矿点但有矿化现象的为40%×30%);本预测区内有已知矿床3处、矿点1处,其中3处矿床正在开采,确定A级区当前开采经济可利用性为0.4;B级区、C级区为0.12。

矿石可选性占20%(易选为20%×100%、中等为20%×60%、难选为20%×20%);拜仁达坝矿区银铅锌矿石由氧化矿石和硫化矿石组成,氧化矿为难选矿石,但矿石量较少,硫化矿石为易选矿石,总体指标矿石可选性为0.20。

外部交通水电环境可利用性占10%(自然地理及交通条件好为10%×100%、自然地理及交通条件差为10%×40%)。拜仁达坝矿区自然地理,外部运输条件较好,可满足矿山交通运输需要。据此,确定外部交通水电环境可利用性为0.10。

上述4项之和≥60%,则为可利用;4项之和<60%,则为暂不可利用。最小预测区预测资源量可利用性统计结果如表3-14所示,预测工作区预测资源量可利用性统计结果如表3-15所示。

表 3-14 拜仁达坝预测工作区各最小预测区的预测资源量可利用性统计表

| 最小预测区编号 | 最小预测区名称 | 经度 | 纬度 | 延深 | 当前开采经济条件 | 矿石可选性 | 外部交通水电环境 | 综合权重 |
|---|---|---|---|---|---|---|---|---|
| A1512201001 | 拜仁达坝 | E117°31′23″ | N44°06′08.6″ | 0.30 | 0.40 | 0.20 | 0.10 | 1.00 |
| A1512201002 | 维拉斯托 | E117°28′23″ | N44°04′07.8″ | 0.30 | 0.40 | 0.20 | 0.10 | 1.00 |
| A1512201003 | 巴彦乌拉嘎查 | E117°21′59″ | N44°04′25.2″ | 0.30 | 0.40 | 0.20 | 0.10 | 1.00 |
| A1512201004 | 呼和锡勒嘎查东 | E117°16′52″ | N44°07′01.9″ | 0.30 | 0.40 | 0.20 | 0.10 | 1.00 |
| A1512201005 | 双井店乡北 | E118°12′43″ | N43°20′49.5″ | 0.30 | 0.40 | 0.20 | 0.10 | 1.00 |
| B1512201001 | 巴彦宝拉格嘎查 | E117°41′57″ | N44°15′12.3″ | 0.25 | 0.12 | 0.20 | 0.10 | 0.67 |
| B1512201002 | 古尔班沟 | E117°36′22″ | N44°10′48.7″ | 0.25 | 0.12 | 0.20 | 0.10 | 0.67 |
| B1512201003 | 萨仁图嘎查北 | E117°36′04″ | N44°07′17.9″ | 0.25 | 0.12 | 0.20 | 0.10 | 0.67 |
| B1512201004 | 巴彦布拉格嘎查 | E117°16′26″ | N44°01′09.5″ | 0.25 | 0.12 | 0.20 | 0.10 | 0.67 |
| B1512201005 | 井沟子南 | E118°16′05″ | N43°21′55.7″ | 0.25 | 0.12 | 0.20 | 0.10 | 0.67 |
| C1512201001 | 乌兰和布日嘎查西 | E116°57′46″ | N44°00′24″ | 0.25 | 0.12 | 0.20 | 0.10 | 0.67 |
| C1512201002 | 乌兰和布日嘎查 | E117°03′33″ | N43°59′20.3″ | 0.25 | 0.12 | 0.20 | 0.10 | 0.67 |
| C1512201003 | 冬营点 | E116°19′48″ | N43°50′14.1″ | 0.25 | 0.12 | 0.20 | 0.10 | 0.67 |

表 3-15 拜仁达坝预测工作区预测资源量可利用性统计表

| 预测工作区编号 | 预测工作区名称 | 可利用(t) | | | 暂不可利用(t) | | |
|---|---|---|---|---|---|---|---|
| | | 334-1 | 334-2 | 334-3 | 334-1 | 334-2 | 334-3 |
| 1512201001 | 拜仁达坝式侵入岩体型银铅锌矿拜仁达坝预测工作区 | 12 083.78 | 2 911.32 | 1 478.16 | 0.00 | 0.00 | 0.00 |
| | | **总计:16 473.26** | | | **总计:0.00** | | |

## 5. 按可信度

拜仁达坝预测工作区预测资源量可信度统计结果如表 3-16 所示。

表 3-16 拜仁达坝预测工作区预测资源量可信度统计表(单位:t)

| 预测工作区编号 | 预测工作区名称 | ≥0.75 | ≥0.50 | ≥0.25 |
|---|---|---|---|---|
| 1512201001 | 拜仁达坝式侵入岩体型银铅锌矿拜仁达坝预测工作区 | 12 083.78 | 12 717.16 | 16 473.26 |

## 6. 最小预测区级别分类统计

最小预测区划分为 A 级、B 级和 C 级 3 个等级,各级别预测资源量统计详见表 3-17。

表 3-17 拜仁达坝预测工作区各最小预测区预测资源量分级统计表

| 最小预测区编号 | 最小预测区名称 | 经度 | 纬度 | 最小预测区级别 | 预测资源量(t) |
| --- | --- | --- | --- | --- | --- |
| A1512201001 | 拜仁达坝 | E117°31′23″ | N44°06′08.6″ | A级 | 7 345.40 |
| A1512201002 | 维拉斯托 | E117°28′23″ | N44°04′07.8″ | | 4 738.38 |
| A1512201003 | 巴彦乌拉嘎查 | E117°21′59″ | N44°04′25.2″ | | 271.54 |
| A1512201004 | 呼和锡勒嘎查东 | E117°16′52″ | N44°07′01.9″ | | 633.38 |
| A1512201005 | 双井店乡北 | E118°12′43″ | N43°20′49.5″ | | 414.41 |
| **A级区预测资源量总计** | | | | | **13 403.11** |
| B1512201001 | 巴彦宝拉格嘎查 | E117°41′57″ | N44°15′12.3″ | B级 | 294.12 |
| B1512201002 | 古尔班沟 | E117°36′22″ | N44°10′48.7″ | | 441.45 |
| B1512201003 | 萨仁图嘎查北 | E117°36′04″ | N44°07′17.9″ | | 270.43 |
| B1512201004 | 巴彦布拉格嘎查 | E117°16′26″ | N44°01′09.5″ | | 870.21 |
| B1512201005 | 井沟子南 | E118°16′05″ | N43°21′55.7″ | | 130.19 |
| **B级区预测资源量总计** | | | | | **2 006.40** |
| C1512201001 | 乌兰和布日嘎查西 | E116°57′46″ | N44°00′24″ | C级 | 211.71 |
| C1512201002 | 乌兰和布日嘎查 | E117°03′33″ | N43°59′20.3″ | | 618.83 |
| C1512201003 | 冬营点 | E116°19′48″ | N43°50′14.1″ | | 233.21 |
| **C级区预测资源量总计** | | | | | **1 063.75** |

# 第四章　孟恩陶勒盖式热液型银铅锌矿预测成果

该预测工作区大地构造位置处于天山-兴蒙造山系，大兴安岭弧盆系，锡林浩特岩浆弧（Ⅰ-1-6）。分布在大兴安岭构造岩浆带东南缘，锡林浩特岩浆岩亚带内，火山-侵入岩发育，侵入岩以二叠纪和侏罗纪—白垩纪酸性岩为主，中性岩零星分布。区内矿产资源丰富，主要有与二叠纪酸性侵入岩有关的铜银铅锌金锡等矿、与侏罗纪中酸性侵入岩有关的铜钼铅矿、与侏罗纪酸性侵入岩有关的铜铅锡银和稀有稀土及放射性矿、与白垩纪花岗斑岩有关的铅多金属矿产等。与孟恩陶勒盖式热液型银多金属矿有关的侵入岩为中二叠世斜长花岗岩。

中二叠世侵入岩以斜长花岗岩和正长花岗岩为主，花岗岩、闪长岩较少。斜长花岗岩主要分布于孟恩陶勒盖，呈近等轴状岩基侵入中二叠统哲斯组，被晚侏罗世花岗岩侵入，斜长花岗岩中黑云母的K-Ar同位素年龄为281.1Ma，在白云母斜长花岗岩中白云母的K-Ar同位素年龄为251.3Ma，该岩体侵入哲斯组，故将时代置于中二叠世。孟恩陶勒盖式热液型银铅锌矿与该斜长花岗岩密切相关。正长花岗岩见于铁列格屯东，呈近东西向展布的岩株，侵入中二叠统大石寨组，被上侏罗统满克头鄂博组覆盖，岩石为粗粒结构，含钾长石巨晶，与锡成矿作用有关。中二叠世侵入岩为中钾—高钾钙碱性系列，中深成相，中等剥蚀，大地构造环境为岩浆弧（陆缘弧）相。

预测工作区内东西向或近东西向展布的断裂控制了矿体的分布。

## 第一节　典型矿床特征

### 一、典型矿床及成矿模式

（一）典型矿床特征

孟恩陶勒盖式大型热液型银铅锌矿床位于内蒙古自治区通辽市科尔沁右翼中旗代钦塔拉苏木，距旗政府所在地白音胡硕镇西北约24km。地理坐标：E121°20′54″—E121°23′10″，N45°12′16″—N45°12′20″。

矿区位于大兴安岭隆起带与松辽沉降带镶接部位中段。

**1. 矿区地层**

矿区内无地层出露，近矿区见有早二叠世滨海相陆源碎屑夹碳酸盐岩沉积及中酸性火山碎屑沉积。

**2. 矿区岩体**

矿区内岩体主要为中二叠世黑云母斜长花岗岩，微量元素Be、B、Nb、Zn、Pb、Ga、Sn、Ag等的含量均高于克拉克值。岩体中常出现辉绿岩和闪长玢岩脉，先后穿切矿体，是燕山期区域性脉岩的一部分。

孟恩陶勒盖杂岩体东西长30km，南北宽18km，面积400余平方千米，北东侧侵入下二叠统，南侧被中生代火山岩覆盖。与岩体自变质作用和控岩构造有关的蚀变主要是钾长石化、绢云母化，其次为黑云母退色、绿泥石化、绿帘石化、黄铁矿化、高岭土化。

**3. 容矿构造**

容矿构造主要为近东西向断裂，其次为北东向断裂。成矿后构造主要有两组，一组为近东西向的顺矿断裂，一组是北西向、北北西向的截矿断裂。

**4. 矿体特征**

(1)与成矿有关的围岩蚀变为绢云母化、锰菱铁矿化、硅化、黄铁矿化，其次是绿泥石化和黑云母退色。

(2)矿石矿物：主要是闪锌矿、方铅矿、深红银矿、黑硫银锡矿、自然银等。共生矿物有黄铜矿、黝锡矿、锡石、黄铁矿、磁黄铁矿和毒砂。

(3)矿石结构主要为结晶结构、包含结构、填隙结构、胶状结构、交代熔蚀结构、固溶体分解结构、碎裂结构等。

(4)矿石构造主要有浸染状构造、网脉状构造、梳状构造、条带状构造、块状构造、角砾状构造、斑杂状构造、球粒状半球粒状构造、环带状构造、晶洞状构造。

(5)矿体特征：矿床已查明具工业意义的矿体共44条，其中主要矿体9条，延长400～2000m，已控制延深250～500m，为矿区主要探采对象。较大的分支矿体9条，延长数百米。此外，主矿体上下盘的零星小矿体26条，已基本控制其产出规律。

按容矿构造的产状和空间展布，全区矿体由西向东可分为下、中、上3个矿脉群，矿石类型由锌矿石递变为银铅矿石，矿化强度以中东段最高。下矿脉群以8号矿体为主干，走向以复合脉型为主，膨缩变化显著，矿化连续性较差。中矿脉群以1号矿体为主干，走向80°～90°，倾向南，倾角65°～75°，顺矿构造发育，网脉状、角砾状构造及串珠状夹石发育，该脉群矿体较密集，总宽100m左右，西端矿体最大间距80m。上矿脉群以11号矿体为主干，走向75°～85°，倾向东南，倾角70°～85°，矿石构造复杂，以角砾状、胶状环带构造为特征，发育浸染状方铅矿化及硅化闪锌矿，富矿段常见，可连续长达50m以上，该脉群矿体间紧密关联，向东聚合，总宽100m左右，西端矿体最大间距70m(图4-1)。

(6)矿床成因为裂隙充填脉状银铅锌多金属中低温热液型矿床。

(二)典型矿床成矿模型

燕山期同熔型岩浆上升→晚期含矿热液残浆与结晶相分离→矿液向低压区运移，或与大气降水混合形成富矿环流→温度降低，在弱碱性—碱性还原条件下，在燕山期岩体顶部、与围岩海西期花岗岩接触带减压区(次级断裂附近)充填成矿(图4-2)。

## 二、典型矿床物探特征

布格重力异常等值线平面图上，孟恩陶勒盖式热液型银铅锌矿床位于布格重力异常等值线扭曲部位；剩余重力异常等值线平面图上，孟恩陶勒盖银铅锌矿位于L蒙-205号剩余重力负异常上，走向呈北西向，$\Delta g_{min}=-5.90\times10^{-5}m/s^2$，根据物性资料和地质资料分析，推断该重力低异常是中性—酸性岩体的反映。

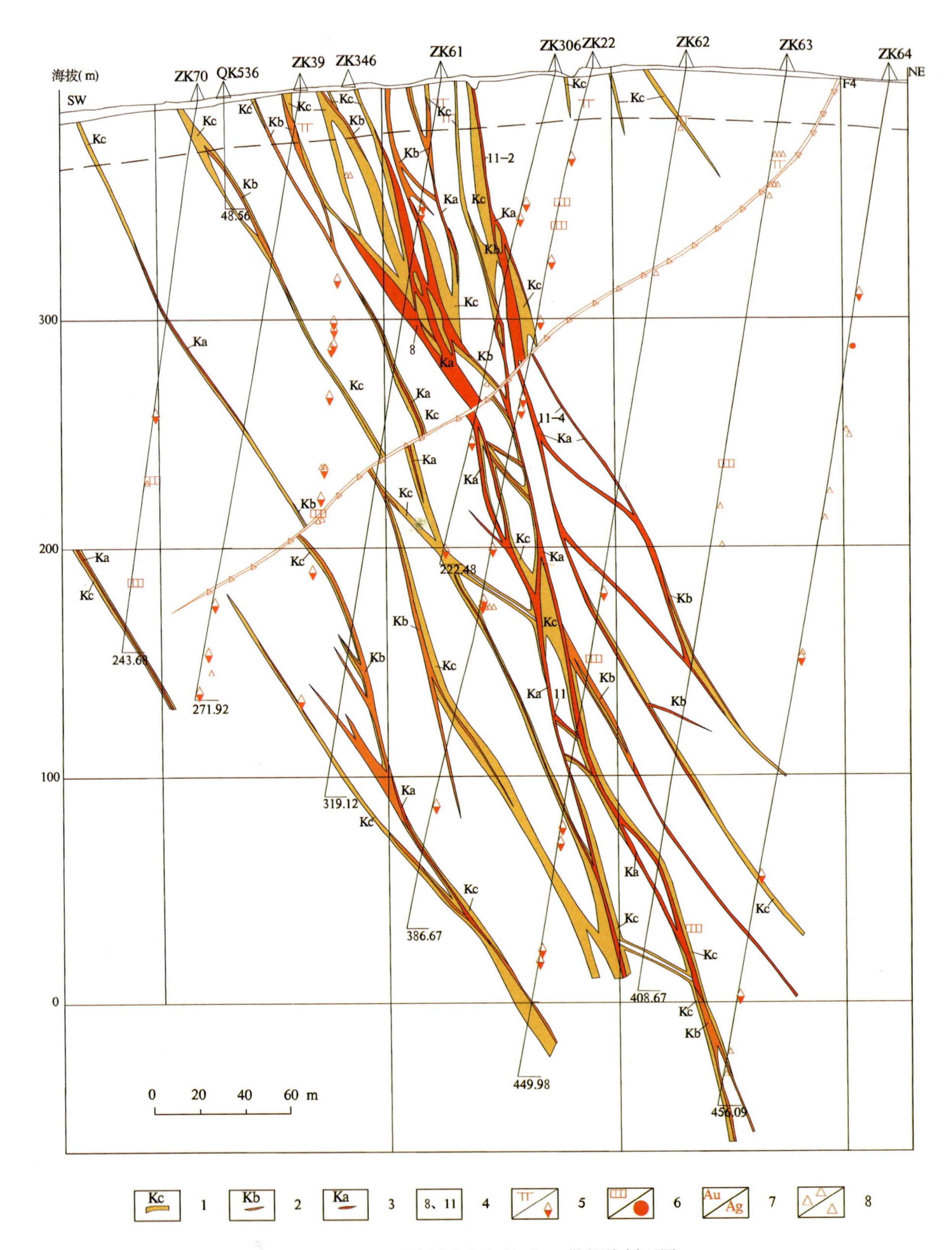


图 4-1　孟恩陶勒盖银铅锌矿 15 勘探线剖面图

1. 矿化蚀变带；2. 表外矿体；3. 工业矿体；4. 主要矿体编号；5. 铁锰染或铅锌矿化(已取样处不表示)；6. 黄铁矿化或黄铜矿化；7. 金矿化≥$0.5\times10^{-6}$或银矿化≥$20\times10^{-6}$；8. 断层破碎带或具破裂结构之岩石

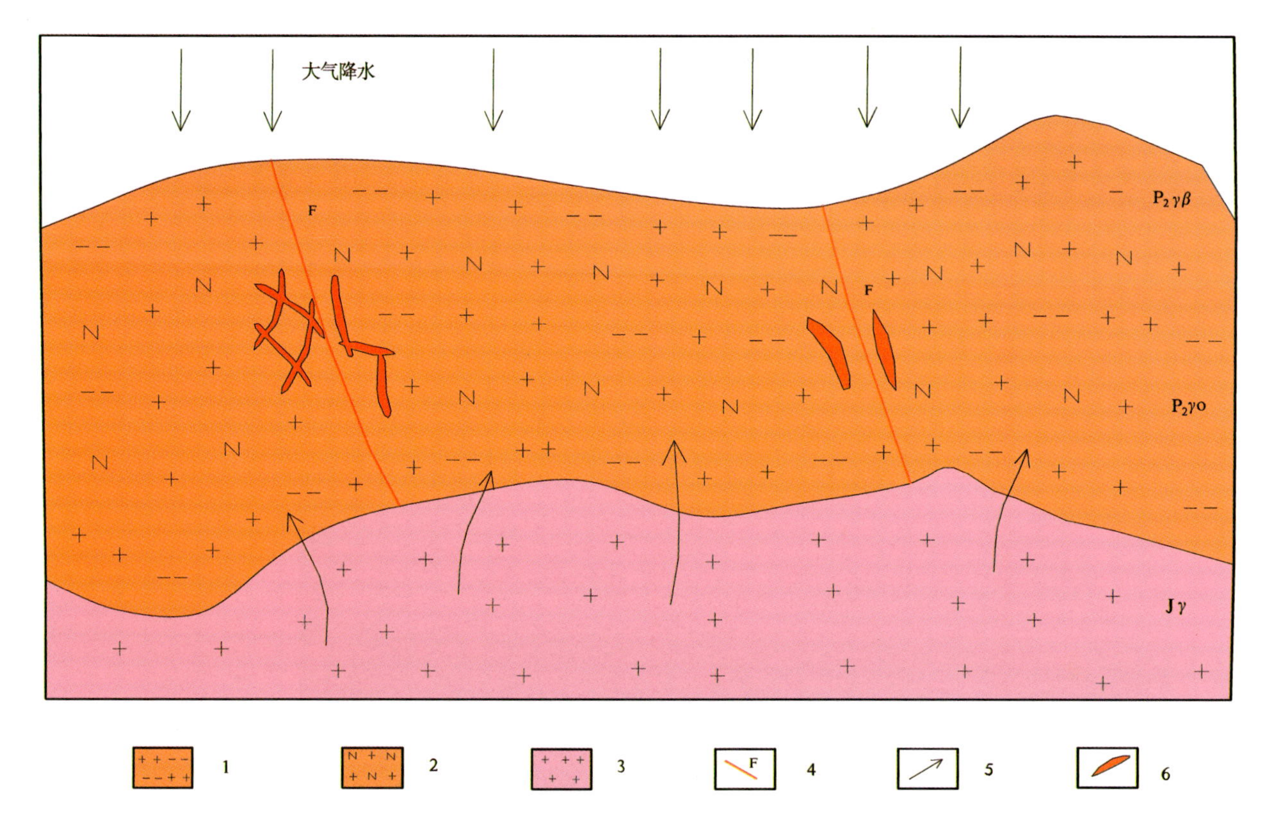


图 4-2　孟恩陶勒盖式中低温热液型银矿典型矿床成矿模式图

1.黑云母花岗岩；2.斜长花岗岩；3.燕山期花岗岩；4.断裂；5.热液迁移方向；6.银矿体

1∶5 万航磁平面等值线图显示，矿区处在磁场为－260nT 左右的平稳负磁场。1∶25 万航磁图显示，处在磁场为在－280～－200nT 之间平稳负磁场。1∶25 万重力异常图上处在近南北向重力异常梯度带上，场值东高西低，剩余重力异常图上处在东西向的重力低异常带中（图 4-3）。

## 三、典型矿床地球化学特征

孟恩陶勒盖银多金属矿位于一条北西西向的断裂带上，存在以 Ag、Pb、Zn 为主，伴有 Cu、Cd、As、Sb、Mo 等元素组成的综合异常，Ag、Pb、Zn 为主成矿元素，Cu、Sn、Cd 为伴生元素。Ag、Pb、Zn、Mn 浓集中心明显，异常强度高，Cu、Cd 呈高背景分布，存在明显的浓集中心，Au、As、Sb、W、Mo 在孟恩陶勒盖附近存在局部异常（图 4-4）。

## 四、典型矿床预测模型

孟恩陶勒盖式中低温热液型银矿成矿要素：构造环境为锡林浩特岩浆弧，赋矿岩石主要为中二叠世斜长花岗岩，燕山期花岗岩为成矿活动提供热液来源，控矿构造主要为东西向断裂，其次是北东向断裂。各成矿要素特征如表 4-1 所示。

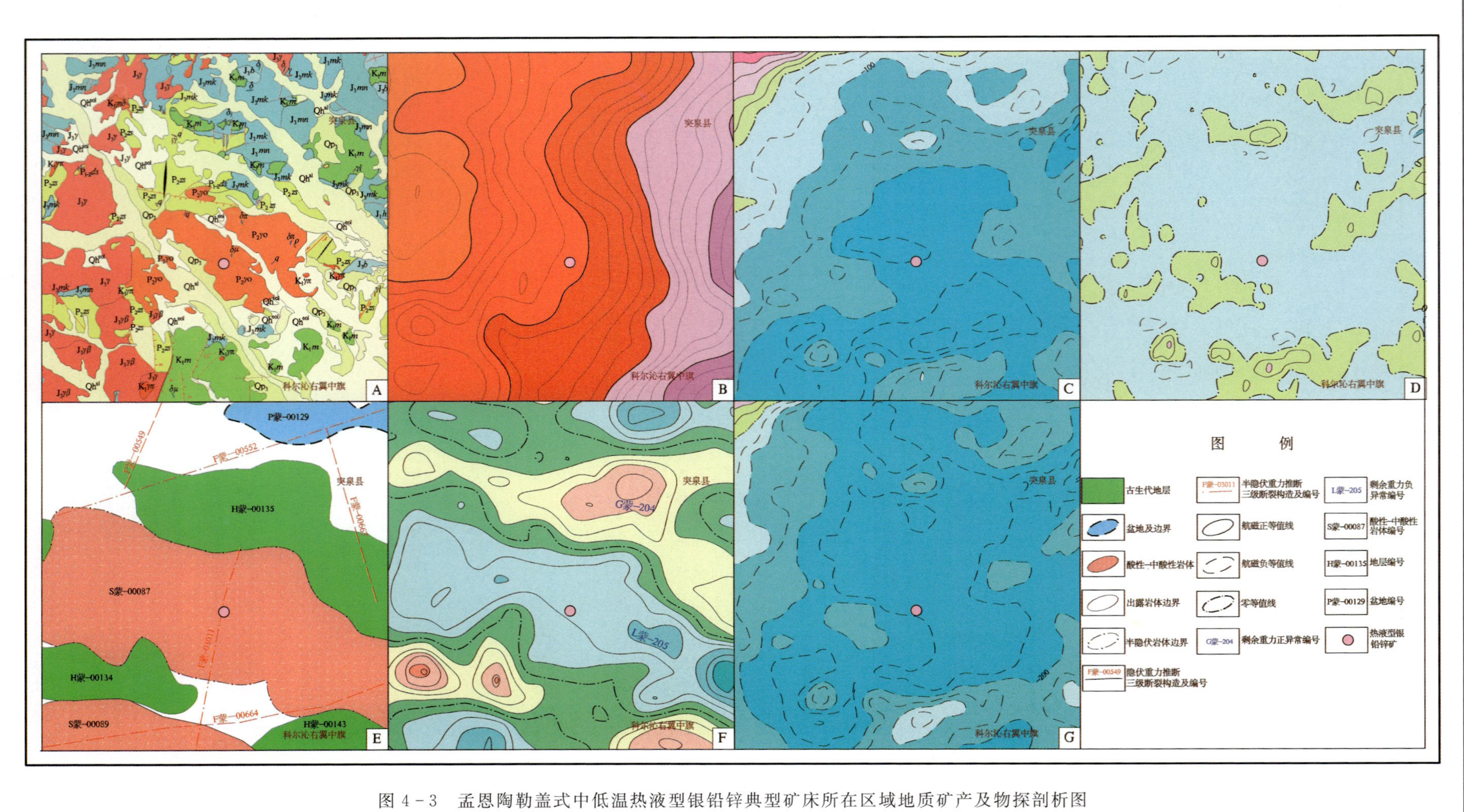


图 4－3　孟恩陶勒盖式中低温热液型银铅锌典型矿床所在区域地质矿产及物探剖析图

A. 地质矿产图；B. 布格重力异常图；C. 航磁 $\Delta T$ 等值线平面图；D. 航磁 $\Delta T$ 化极垂向一阶导数等值线平面图；E. 重力推断地质构造图；F. 剩余重力异常图；G. 航磁 $\Delta T$ 化极等值线平面图；

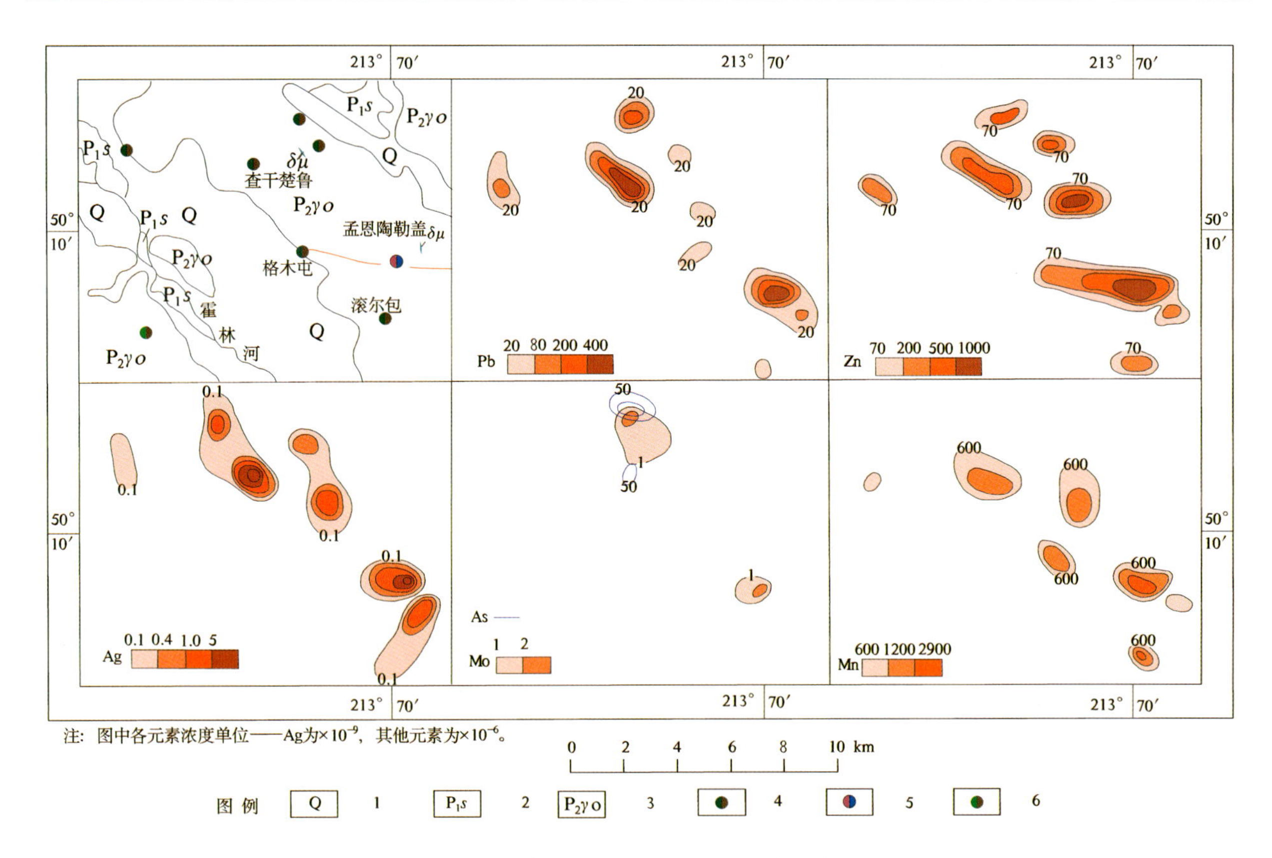


图 4-4 孟恩陶勒盖银铅锌矿化探综合异常剖析图

1. 第四系；2. 寿山沟组；3. 中二叠世斜长花岗岩；4. 铅锌矿点；5. 银铅矿点；6. 铜锌矿点

**表 4-1 孟恩陶勒盖式中低温热液型银铅锌矿成矿要素特征表**

| 成矿要素 | | 描述内容 | | | 成矿要素分级 |
|---|---|---|---|---|---|
| 预测资源量 | | Ag(金属量)：1516t | 平均品位 | $92\times10^{-6}$ | |
| 特征描述 | | 中低温热液型矿床 | | | |
| 地质环境 | 构造背景 | Ⅰ天山-兴蒙造山系，Ⅰ-Ⅰ大兴安岭弧盆系，Ⅰ-Ⅰ-6 锡林浩特岩浆弧($Pz_2$) | | | 必要 |
| | 成矿环境 | Ⅰ-4 滨太平洋成矿域(叠加在古亚洲成矿域之上)；Ⅱ-12 大兴安岭成矿省；Ⅲ-8 林西-孙吴铅、锌、铜、钼、金成矿带(Ⅲ-50)，Ⅲ-8-③莲花山-大井子铜、银、铅、锌成矿亚带 | | | 必要 |
| | 成矿时代 | 侏罗纪 | | | 必要 |
| 矿床特征 | 矿体形态 | 脉状、网脉状 | | | 次要 |
| | 岩石类型 | 主要为中二叠世斜长花岗岩 | | | 重要 |
| | 岩石结构 | 花岗结构 | | | 次要 |
| | 矿物组合 | 闪锌矿、方铅矿、深红银矿、黑硫银锡矿、自然银等 | | | 重要 |
| | 结构构造 | 结晶结构、包含结构、填隙结构、胶状结构、交代熔蚀结构、固溶体分解结构、碎裂结构等；浸染状构造、网脉状构造、梳状构造、条带状构造、块状构造、角砾状构造、斑杂状构造、球粒状半球粒状构造、环带状构造、晶洞状构造 | | | 次要 |
| | 蚀变特征 | 绢云母化、锰菱铁矿化、硅化、黄铁矿化，其次是绿泥石化和黑云母退色 | | | 重要 |
| | 控矿条件 | 矿体赋存于中二叠世斜长花岗岩中，燕山期花岗岩为成矿活动提供热源，控矿构造主要为近东西向断裂，其次为北东向断裂 | | | 必要 |

# 第二节　预测工作区研究

## 一、区域地质特征

该预测工作区已查明银铅锌矿(床)点4处，主要赋存于中二叠世斜长花岗岩中，其次为中二叠世黑云母花岗岩、闪长岩。

## 二、区域地球物理特征

### 1. 重力特征

从布格重力异常图上看，预测区处于巨型重力梯度带上，区域重力场总体反映东南部重力高、西北部重力低的特点，重力场最低值$-90.60\times10^{-5}m/s^2$，最高值$7.89\times10^{-5}m/s^2$。从剩余重力异常图上看，在巨型重力梯度带上叠加着许多重力低局部异常，这些异常主要是中性—酸性岩体、次火山岩和火山岩盆地所致。

### 2. 航磁特征

在1∶10万航磁$\Delta T$等值线平面图上，孟恩陶勒盖式中低温岩浆热液型银铅锌矿位于预测区东部，磁异常背景为低缓负磁异常区，－100nT等值线附近。

孟恩陶勒盖式中低温岩浆热液型银铅锌矿预测工作区磁法推断断裂构造方向与磁异常轴相同，多为北东向，磁场标志多为不同磁场区分界线。预测北部除西北角磁异常推断为火山岩地层外，其他磁异常推断解释为侵入岩体；预测南部磁异常较规则，解释推断为火山岩地层和侵入岩体。

孟恩陶勒盖式中低温热液型银铅锌矿预测工作区磁法共推断断裂24条、侵入岩体27个、火山岩地层8个。西北部与成矿有关的东西向断裂1条。

## 三、区域地球化学特征

区域上分布有Ag、Pb、Zn、Cu、Sn、As、Sb、W、Mo等元素组成的高背景区带，在高背景区带中有以Ag、Pb、Zn、Cu、Sn、As、Sb、W为主的多元素局部异常。预测区内共有112处Ag异常，96处Pb异常，67处Zn异常，49处Cu异常，50处Sn异常，76处As异常，76处Au异常，77处Mo异常，83处Sb异常，76处W异常。

预测区内从西巴彦珠日和嘎查以东到姜家街存在一条明显的Ag异常带，规模大，强度高，呈东西向展布，具有多个浓集中心；阿木古冷嘎查至草高吐嘎查存在1条北西向的串珠状Ag异常，各异常具有明显的浓度分带(图4-5)。在预测区中部Pb、Zn呈高背景分布，有多处浓集中心，浓集中心明显，强度高，Pb异常的浓集中心主要位于巴彦杜尔基苏木到代钦塔拉苏木之间，巴雅尔图胡硕镇、嘎亥图镇和布敦花地区，Ag、Pb、Zn异常的浓集中心套合较好。北东部As、Sb呈高背景分布，有明显的浓集浓度分带和浓集中心，浓集中心从突泉县—杜尔基镇—九龙乡后新立屯呈北东向带状分布，As在预测区南部也呈高背景分布，有明显的浓度分带和浓集中心。Au在预测区多呈低背景分布，W在整个预测区呈高背景分布，在高背景带中存在W的局部异常，从阿木古冷嘎查至草高吐嘎查的一条北西向的W异常带在空间位置上与Ag重合。Sn在预测区北部和南部呈背景和低背景分布，仅在中部长春岭、嘎亥吐镇和老道沟周围存在强度较高的异常，具有明显的浓度分带和浓集中心，大致呈北东向展布。

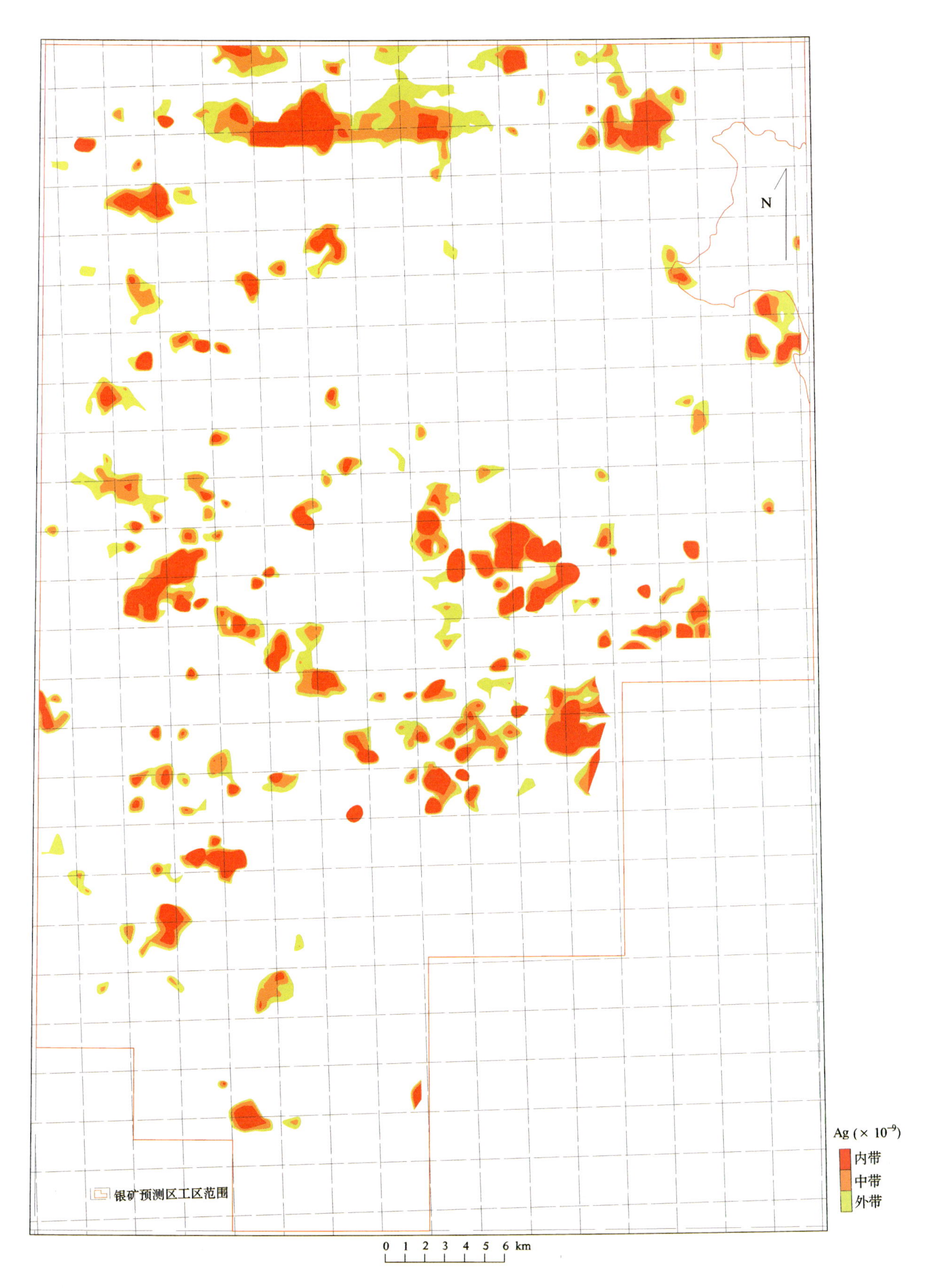


图 4－5　孟恩陶勒盖预测工作区银单元素化探异常示意图

预测工作区内 Ag、Pb、Zn、Cu 异常套合较好，分别位于香山(Z－1)、东萨拉村(Z－2)、孟恩陶勒盖(Z－3)、金鸡岭(Z－4)、五道沟(Z－5)和长春岭(Z－6)。组合异常 Z－1 处的 W、Sn、Mo 异常与 Ag 异常空间套合程度也较高，各异常皆呈近北东向展布。组合异常 Z－2 具有 3 个浓集中心，且中高温热液类元素组合 Ag、Pb、Zn、Cu、W、Sn、Mo 在这 3 个浓集中心处均套合较好。Z－3、Z－4、Z－6 组合异常处均存在已知矿床(点)，Ag 异常强度高，规模大，各元素空间套合也较好(图 4－6)。

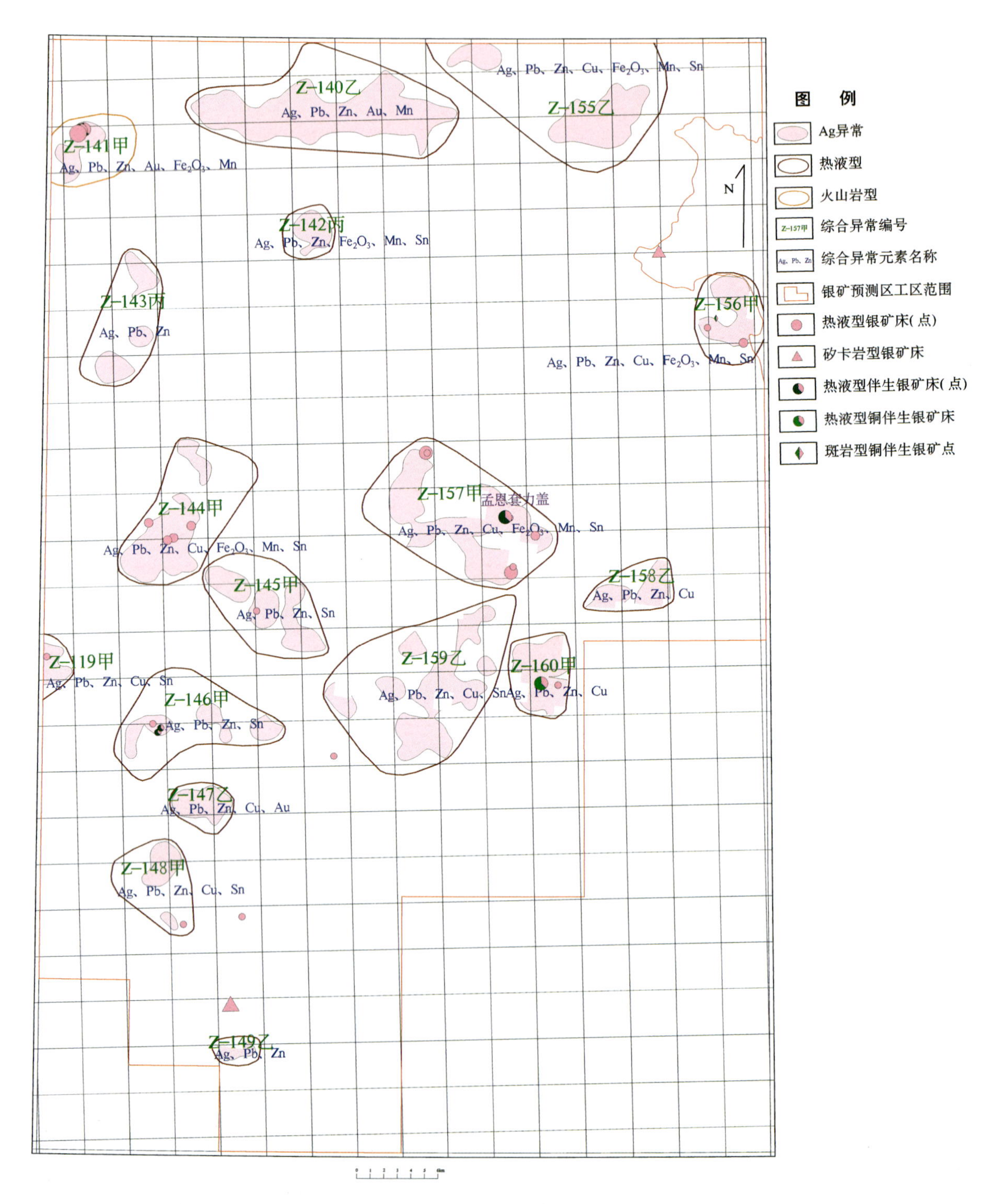


图 4－6　孟恩陶勒盖预测工作区银矿地球化学综合异常示意图

## 四、区域遥感影像及解译特征

工作区内共解译出大型构造20余条，由北到南依次为胡尔勒-巴彦花苏木断裂带、大兴安岭主脊-林西深断裂带、巴仁哲里木-高力板断裂带、锡林浩特北缘断裂带、毛斯戈-准太本苏木断裂带、额尔格图-巴林右旗断裂带、嫩江-青龙河断裂带、宝日格斯台苏木-宝力召断裂带，除巴仁哲里木-高力板断裂带、宝日格斯台苏木-宝力召断裂带沿北西向分布外，其他大型构造走向基本为北东向，两种方向的大型构造在区域内相互错断，形成部分构造带交会处成为错断密集区，总体构造格架清晰。

预测工作区内的环形构造非常密集，共解译出100余处，主要分布在该区域的北部及中部。其成因与中生代花岗岩、古生代花岗岩、隐伏岩体、断裂构造圈闭、构造穹隆或构造盆地有关。北部及中部的与隐伏岩体有关的环形构造在相对集中的几个区域中集合分布，且大型构造带的交会断裂处及大中型构造形成的构造群附近多有环状要素出现。

与羟基异常吻合的已知银矿点有巴林左旗白音诺尔银铅锌矿、巴林左旗收发地银铅锌矿；与羟基异常吻合的矿点有西乌珠穆沁旗沙不楞山铜铅锌矿；与铁染异常吻合的已知矿点有巴林左旗白音诺尔银铅锌矿。

## 五、区域预测模型

根据预测工作区区域地质、化探、航磁、重力、遥感等成矿要素，建立了区域预测要素(表4-2)，编制预测工作区预测要素图和预测模型图。综合上述，含矿地质体为二叠纪斜长花岗岩，与剩余重力、布格重力、航磁重力曲线值较低对应，化探Ag、Pb、Zn、Cu元素异常明显，Ag异常峰值达$4460\times10^{-9}$。

预测要素图以综合信息预测要素为基础，把物探、遥感及化探等的线文件全部叠加在成矿要素图上(图4-7)。

**表4-2　孟恩陶勒盖式侵入岩体型银铅锌矿区域预测要素表**

| 区域预测要素 | | 描述内容 | 要素类别 |
|---|---|---|---|
| 地质环境 | 大地构造位置 | Ⅰ天山-兴蒙造山系，Ⅰ-1大兴安岭弧盆系，Ⅰ-1-6锡林浩特岩浆弧($Pz_2$) | 重要 |
| | 成矿区(带) | Ⅱ-13大兴安岭成矿省；Ⅲ-50林西-孙吴铅、锌、铜、钼、金成矿带；Ⅳ502神山-白音诺尔铜、铅、锌、铁、铌(钽)成矿亚带；Ⅴ503-2孟恩陶勒盖-布敦花银、铜、铅、锌矿集区 | 重要 |
| | 区域成矿类型及成矿期 | 区域成矿类型为热液型，成矿期为侏罗纪 | 重要 |
| 控矿地质条件 | 赋矿地质体 | 主要为中二叠世斜长花岗岩，其次为中二叠世黑云母花岗岩、闪长岩 | 必要 |
| | 控矿侵入岩 | 主要为中二叠世斜长花岗岩，其次为中二叠世黑云母花岗岩、闪长岩 | 必要 |
| | 主要控矿构造 | 主要为东西向断裂，其次为北东向断裂 | 重要 |
| 区内相同类型矿产 | | 已知矿床(点)4处，其中，大型1处，矿点3处 | 重要 |
| 地球物理特征 | 重力异常 | 预测区处于巨型重力梯度带上，区域重力场总体反映东南部重力高、西北部重力低的特点，重力场最低值$-90.60\times10^{-5}m/s^2$，最高值$7.89\times10^{-5}m/s^2$。从剩余重力异常图上看，在巨型重力梯度带上叠加着许多重力低局部异常，这些异常主要是中性—酸性岩体、火山岩和次火山岩所致 | 重要 |
| | 航磁异常 | 据1∶50万航磁化极等值线平面图显示，磁场总体表现为低缓的负磁场，没有异常的出现 | 重要 |
| 地球化学特征 | | 预测区分布有Au、As、Sb、Cu、Pb、Zn、Ag、Cd、W、Mo等元素异常，Ag异常主要分布在预测区中部和北部，具有明显的浓度分带和浓集中心，异常强度高 | 重要 |
| 遥感特征 | | 解译出线型断裂多条，与多处最小预测区吻合较好 | 重要 |

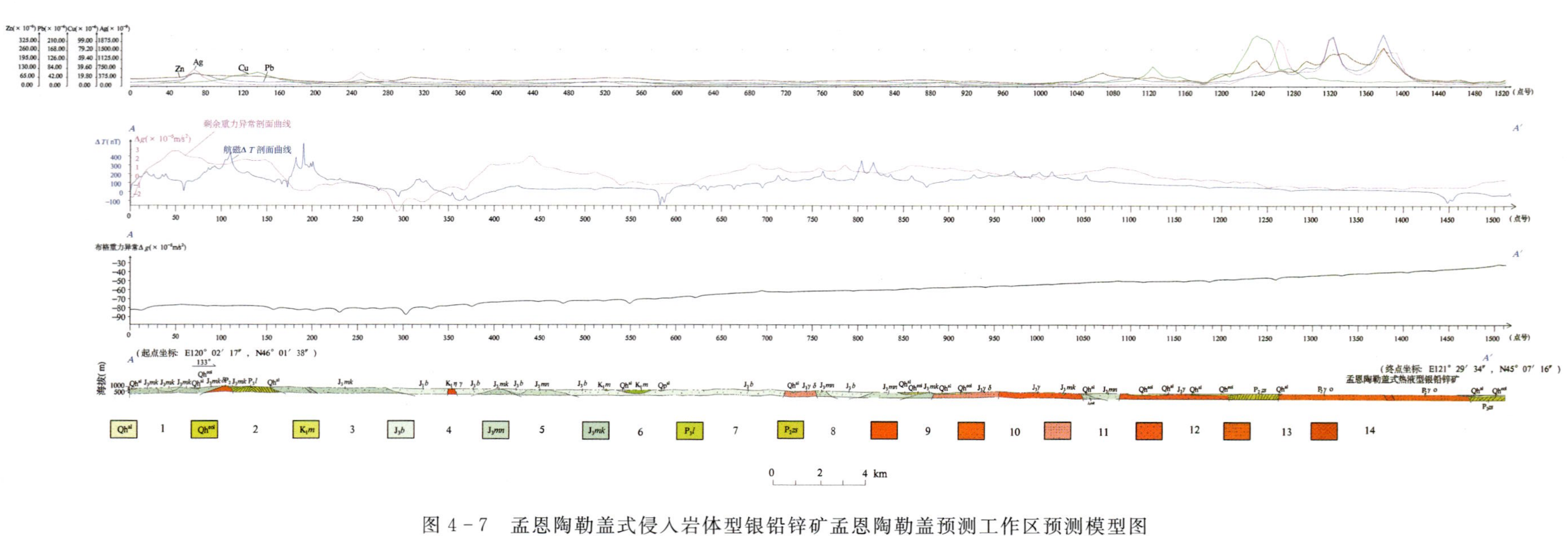


图 4-7 孟恩陶勒盖式侵入岩体型银铅锌矿孟恩陶勒盖预测工作区预测模型图

1. 冲积层:松散砂砾石、砂、粉砂;2. 风积物:淡黄色、褐黄色及黄白色粉细砂;3. 梅勒图组;4. 白音高老组;5. 玛尼吐组;6. 满克头鄂博组;7. 林西组;8. 哲斯组;9. 二长斑岩;10. 花岗岩;11. 花岗闪长岩;12. 闪长岩;13. 斜长花岗岩;14. 锡矿体

# 第三节　矿产预测

## 一、综合地质信息定位预测

### （一）变量提取及优选

#### 1. 预测要素的提取

通过改当前层、存当前层等功能在成矿要素图中分图层提取与成矿有关的地质内容，与典型矿床相同矿产预测类型的矿床、矿点，与成矿有关的矿化线索，采矿遗迹，蚀变等内容，分析各要素特征，对地质体要素做必要的处理（根据地质体的倾向、倾角，确定上覆盖层揭盖的范围，沿延深部分方向作缓冲区等），确定断层等要素的缓冲区半径并作缓冲区。

预测要素主要有侵入岩、断裂、重力、航磁、化探、遥感等，这些要素及相关文件全部进行了数字化，预测时航磁起始值范围取－100～1570nT，剩余重力起始取值范围在（－1～5）×$10^{-5}$m/s$^2$之间。

#### 2. 确定网格单元类型、大小

赋矿地质体呈零星分布且面积不大时，采用地质体单元法，一般采用网格单元法，根据预测底图比例尺确定网格大小，进行变量提取，构置原始变量。

预测单元的划分是开展预测工作的重要环节，根据典型矿床成矿要素及预测要素研究，及预测区提取的要素特征，本次选择网格单元法作为预测单元，根据预测底图比例尺确定网格间距为1km×1km，图面为10mm×10mm。

### （二）变量初步优选研究

#### 1. 预测变量的选取

根据典型矿床成矿要素及预测要素研究，结合现所收集的资料，选取以下变量：

（1）侵入岩，主要为中二叠世斜长花岗岩，其次为中二叠世黑云母花岗岩、闪长岩。

（2）东西向断裂、北东向断裂的缓冲区（包括地质、重力和遥感的）。

（3）蚀变带。

（4）航磁异常采用化极 $\Delta T$ 等值线，其异常值提取范围为－100～1570nT。

（5）重力剩余异常等值线，其异常起始值范围取（－1～5）×$10^{-5}$m/s$^2$。

（6）化探综合异常区。

（7）遥感最小预测区。

（8）已知矿床（点），目前收集到4处，其中，大型矿床1处，矿点3处。

#### 2. 预测变量的构置

在MRAS软件中，对揭盖后的地质体、矿点缓冲区、断裂缓冲区（包括地质、重力和遥感的）、遥感推测最小预测区、蚀变带、银铅锌化探综合异常等求区的存在标志，对航磁化极、剩余重力分布范围求起始值的加权平均值，并进行以上原始变量的构置，对预测单元赋值，形成原始数据专题。

根据已知矿床所在地区的航磁化极值、剩余重力值对原始数据专题中的航磁化极、剩余重力起始值的加权平均值进行二值化处理，形成定位数据转换专题。

（三）最小预测区圈定及优选

根据典型矿床成矿要素及预测要素研究，本次选择网格单元法作为预测单元。结合网格单元和含矿地质体采用手工方法圈定最小预测区，圈定原则是成矿有利网格单元与含矿地质体的交集。

**1. 定位变量的确定**

在MRAS软件中，对揭盖后的地质体、断裂缓冲区、蚀变带、化探综合异常、遥感最小预测区等的区文件求区的存在标志，对航磁化极等值线、剩余重力求起始值的加权平均值，并进行以上原始变量的构置，对网格单元进行赋值，形成原始数据专题。

根据已知矿床所在地区的航磁化极异常值、剩余重力值对原始数据专题中的航磁化极等值线、剩余重力起始值的加权平均值进行二值化处理[航磁起始值范围取－100～1570nT，剩余重力起始值范围取（－1～5）$\times10^{-5}$m/s$^2$，形成定位数据转换专题。

**2. 预测单元确定的原则**

进行定位预测变量选取时将以上变量全部选取，经软件判断和人工分析进行最小预测区圈定。

**3. 预测区边界的圈定**

预测区内有4处已知矿床（点），因此采用有预测模型工程进行定位预测及分级。

用综合信息网格单元法进行预测区的圈定，即利用MRAS软件中的建模功能，通过成矿必要要素的叠加圈定预测区。叠加所有预测要素，根据各要素边界圈定最小预测区，共圈定最小预测区31个，其中，A级区11个，面积87.89km$^2$；B级区11个，面积84.46km$^2$；C级区9个，面积129.27km$^2$（图4－8）。

（三）最小预测区圈定结果

在预测过程中，需对所选择的变量进行筛选，获得真正对矿化起到作用的变量，将与矿无关的变量剔除，获得最佳的预测效果。采用匹配系数法来进行变量的筛选。

利用匹配系数法在变量阈值取0.50的情况下，计算各变量对矿化作用的程度，其中矿产地缓冲区的值最高，即在已知矿产地半径500m范围的矿化概率最高，其次为赋矿地质体及实测断层、化探、遥感推断断裂对矿化的控制作用相近。各变量对矿化起到的作用均有影响，因此，选取所有变量作为证据因子进行定位预测。

A级区为地质体＋航磁＋重力＋化探＋矿床＋遥感。

B级区为地质体＋航磁＋重力＋化探＋遥感。

C级区为地质体＋重力＋化探＋遥感。

（四）最小预测区地质评价

每各最小预测区根据地质特征、成矿特征和资源潜力等的综合评述如表4－5所示。

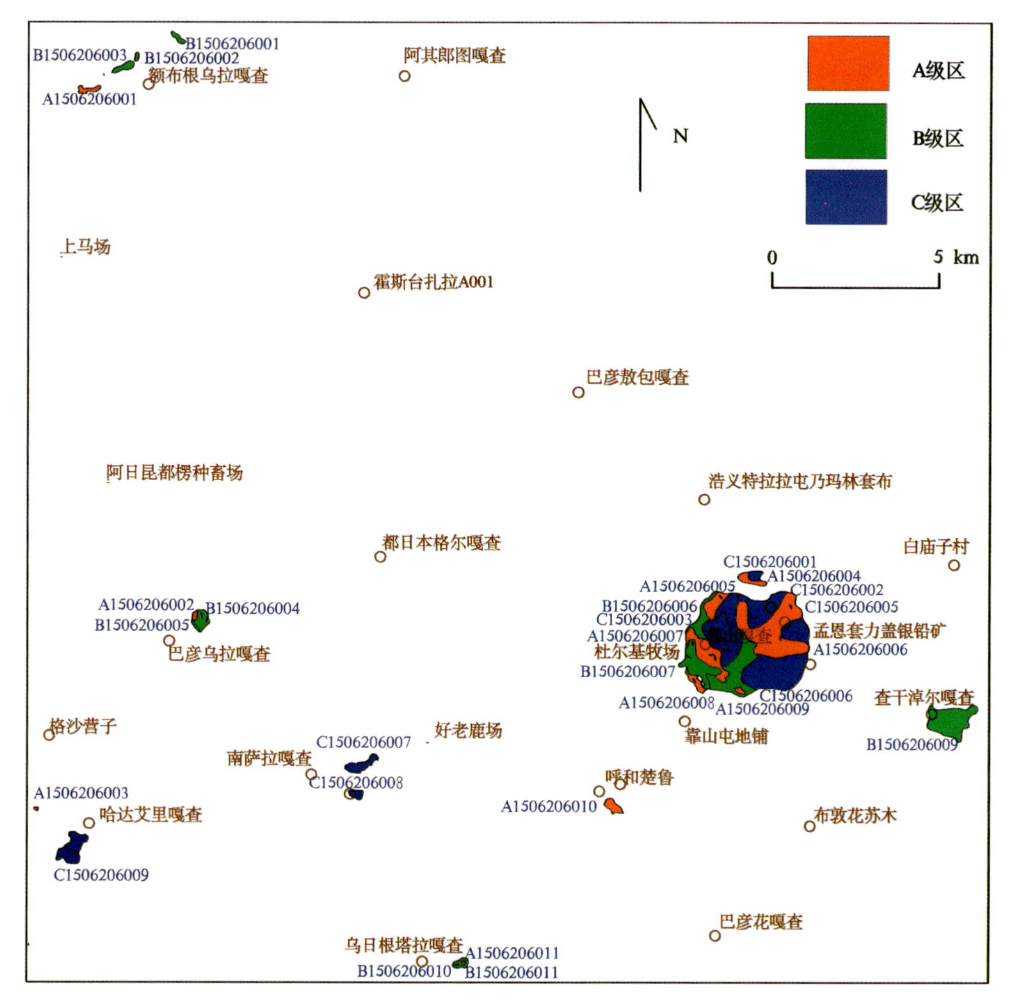


图 4-8　孟恩陶勒盖式侵入岩体型银铅锌矿孟恩陶勒盖预测工作区各最小预测区的圈定结果示意图

**表 4-5　孟恩陶勒盖式侵入岩体型银铅锌矿孟恩陶勒盖预测工作区预测区综合信息表**

| 最小预测区编号 | 最小预测区名称 | 综合信息（航磁单位为 nT，重力单位为$\times 10^{-5}m/s^2$） | 评价 |
|---|---|---|---|
| A1512202001 | 敖很达巴嘎查西 | 矿床主要赋存在中二叠世闪长岩中。与成矿有关的围岩蚀变为绢云母化、锰菱铁矿化、硅化、黄铁矿化，其次是绿泥石化和黑云母退色。航磁化极等值线起始值在－100～1570之间；重力剩余异常起始值在－1～5之间；预测区在铅锌综合化探异常区内。预测延深600m时，334-2级预测资源量为25.68t | 找矿潜力极大 |
| A1512202002 | 巴彦乌拉嘎查北东 | 矿床主要赋存在中二叠世闪长岩中，矿体呈脉群状。主要工业矿物是闪锌矿、方铅矿、深红银矿、黑硫银锡矿、自然银等。共生矿物有黄铜矿、黝锡矿、锡石、黄铁矿、磁黄铁矿和毒砂。与成矿有关的围岩蚀变为绢云母化、锰菱铁矿化、硅化、黄铁矿化，其次是绿泥石化和黑云母退色。该区内有矿点1处。航磁化极等值线起始值在－100～1570之间；重力剩余异常起始值在－1～5之间；预测区在铅锌综合化探异常区内。预测延深600m时，334-2级预测资源量为9.72t | 找矿潜力极大 |

**续表 4-5**

| 最小预测区编号 | 最小预测区名称 | 综合信息(航磁单位为nT,重力单位为$\times10^{-5}m/s^2$) | 评价 |
|---|---|---|---|
| A1512202003 | 1258高地南西 | 矿床主要赋存在中二叠世黑云花岗岩中。与成矿有关的围岩蚀变为绢云母化、锰菱铁矿化、硅化、黄铁矿化,其次是绿泥石化和黑云母退色。航磁化极等值线起始值在-100~1570之间;重力剩余异常起始值在-1~5之间;预测区在铅锌综合化探异常区内。预测延深600m时,334-2级预测资源量为3t | 找矿潜力极大 |
| A1512202004 | 布拉格呼都格北 | 矿床主要赋存在中二叠世黑云斜长花岗岩中。与成矿有关的围岩蚀变为绢云母化、锰菱铁矿化、硅化、黄铁矿化,其次是绿泥石化和黑云母退色。航磁化极等值线起始值在-100~1570之间;重力剩余异常起始值在-1~5之间;预测区在铅锌综合化探异常区内。预测延深600m时,334-2级预测资源量为42.12t | 找矿潜力极大 |
| A1512202005 | 白音哈嘎南东 | 矿床主要赋存在中二叠世黑云斜长花岗岩中。与成矿有关的围岩蚀变为绢云母化、锰菱铁矿化、硅化、黄铁矿化,其次是绿泥石化和黑云母退色。航磁化极等值线起始值在-100~1570之间;重力剩余异常起始值在-1~5之间;预测区在铅锌综合化探异常区内。预测延深600m时,334-2级预测资源量为85.56t | 找矿潜力极大 |
| A1512202006 | 孟恩陶勒盖银铅锌矿 | 矿床主要赋存在中二叠世黑云斜长花岗岩中,矿体呈脉群状。主要工业矿物是闪锌矿、方铅矿、深红银矿、黑硫银锡矿、自然银等。共生矿物有黄铜矿、黝锡矿、锡石、黄铁矿、磁黄铁矿和毒砂。与成矿有关的围岩蚀变为绢云母化、锰菱铁矿化、硅化、黄铁矿化,其次是绿泥石化和黑云母退色。该区内有中型矿产地1处。航磁化极等值线起始值在-100~1570之间;重力剩余异常起始值在-1~5之间;预测区在铅锌综合化探异常区内。预测延深600m时,334-1级预测资源量为753.91t | 找矿潜力极大 |
| A1512202007 | 靠山嘎查 | 矿床主要赋存在中二叠世黑云斜长花岗岩中,与成矿有关的围岩蚀变为绢云母化、锰菱铁矿化、硅化、黄铁矿化,其次是绿泥石化和黑云母退色。航磁化极等值线起始值在-100~1570之间;重力剩余异常起始值在-1~5之间;预测区在铅锌综合化探异常区内。预测延深600m时,334-2级预测资源量为195.72t | 找矿潜力极大 |
| A1512202008 | 石场 | 矿床主要赋存在中二叠世黑云斜长花岗岩中,与成矿有关的围岩蚀变为绢云母化、锰菱铁矿化、硅化、黄铁矿化,其次是绿泥石化和黑云母退色。航磁化极等值线起始值在-100~1570之间;重力剩余异常起始值在-1~5之间;预测区在铅锌综合化探异常区内。预测延深600m时,334-2级预测资源量为37.68t | 找矿潜力极大 |
| A1512202009 | 果尔本巴拉南 | 矿床主要赋存在中二叠世黑云斜长花岗岩中,矿体呈脉群状。主要工业矿物是闪锌矿、方铅矿、深红银矿、黑硫银锡矿、自然银等。共生矿物有黄铜矿、黝锡矿、锡石、黄铁矿、磁黄铁矿和毒砂。与成矿有关的围岩蚀变为绢云母化、锰菱铁矿化、硅化、黄铁矿化,其次是绿泥石化和黑云母退色。该区内有矿点1处。航磁化极等值线起始值在-100~1570之间;重力剩余异常起始值在-1~5之间;预测区在铅锌综合化探异常区内。预测延深600m时,334-2级预测资源量为12.12t | 找矿潜力极大 |

**续表 4-5**

| 最小预测区编号 | 最小预测区名称 | 综合信息(航磁单位为 nT,重力单位为$\times10^{-5}m/s^2$) | 评价 |
| --- | --- | --- | --- |
| A1512202010 | 机械连西南 | 矿床主要赋存在中二叠世黑云斜长花岗岩中,与成矿有关的围岩蚀变为绢云母化、锰菱铁矿化、硅化、黄铁矿化,其次是绿泥石化和黑云母退色。航磁化极等值线起始值在－100～1570之间;重力剩余异常起始值在－1～5之间;预测区在铅锌综合化探异常区内。预测延深600m时,334-2级预测资源量为40.32t | 找矿潜力极大 |
| A1512202011 | 乌日根塔拉嘎查东 | 矿床主要赋存在中二叠世黑云母花岗岩中,矿体呈脉群状。主要工业矿物是闪锌矿、方铅矿、深红银矿、黑硫银锡矿、自然银等。共生矿物有黄铜矿、黝锡矿、锡石、黄铁矿、磁黄铁矿和毒砂。与成矿有关的围岩蚀变为绢云母化、锰菱铁矿化、硅化、黄铁矿化,其次是绿泥石化和黑云母退色。该区内南侧有矿点1处。航磁化极等值线起始值在－100～1570之间;重力剩余异常起始值在－1～5之间;预测区在铅锌综合化探异常区内。预测延深600m时,334-3级预测资源量为3.6t | 找矿潜力极大 |
| B1512202001 | 1283高地 | 该最小预测区矿床主要赋存在中二叠世闪长岩中。航磁化极等值线起始值在－100～1570之间;重力剩余异常起始值在－1～5之间;预测区在铅锌综合化探异常区内。预测延深600m时,334-2级预测资源量为10.73t | 找矿潜力较大 |
| B1512202002 | 额布根乌拉嘎查北 | 矿床主要赋存在中二叠世闪长岩中。航磁化极等值线起始值在－100～1570之间;重力剩余异常起始值在－1～5之间;预测区在铅锌综合化探异常区内。预测延深600m时,334-2级预测资源量为4.33t | 找矿潜力较大 |
| B1512202003 | 老头山护林站 | 矿床主要赋存在中二叠世闪长岩中。航磁化极等值线起始值在－100～1570之间;重力剩余异常起始值在－1～5之间;预测区在铅锌综合化探异常区内。预测延深600m时,334-2级预测资源量为18.72t | 找矿潜力较大 |
| B1512202004 | 巴彦乌拉嘎查北东 | 矿床主要赋存在中二叠世闪长岩中。航磁化极等值线起始值在－100～1570之间;重力剩余异常起始值在－1～5之间;预测区在铅锌综合化探异常区内。预测延深600m时,334-2级预测资源量为31.54t | 找矿潜力较大 |
| B1512202005 | 巴彦乌拉嘎查北东 | 该最小预测区矿床主要赋存在中二叠世闪长岩中。航磁化极等值线起始值在－100～1570之间;重力剩余异常起始值在－1～5之间;预测区在铅锌综合化探异常区内。预测延深600m时,334-2级预测资源量为4.46t | 找矿潜力较大 |
| B1512202006 | 巴仁杜尔基苏木东 | 矿床主要赋存在中二叠世黑云母斜长花岗岩中。航磁化极等值线起始值在－100～1570之间;重力剩余异常起始值在－1～5之间;预测区在铅锌综合化探异常区内。预测延深600m时,334-2级预测资源量为51.26t | 找矿潜力较大 |
| B1512202007 | 靠山嘎查南 | 矿床主要赋存在中二叠世黑云母斜长花岗岩中。航磁化极等值线起始值在－100～1570之间;重力剩余异常起始值在－1～5之间,预测区在铅锌综合化探异常区内。预测延深600m时,334-2级预测资源量为109.73t | 找矿潜力较大 |
| B1512202008 | 新鲜光 | 矿床主要赋存在中二叠世黑云母斜长花岗岩中。航磁化极等值线起始值在－100～1570之间;重力剩余异常起始值在－1～5之间;预测区在铅锌综合化探异常区内。预测延深600m时,334-2级预测资源量为187.99t | 找矿潜力较大 |

续表 4-5

| 最小预测区编号 | 最小预测区名称 | 综合信息(航磁单位为 nT,重力单位为 $\times10^{-5}m/s^2$) | 评价 |
|---|---|---|---|
| B1512202009 | 查干淖尔嘎查 | 矿床主要赋存在中二叠世黑云母斜长花岗岩中。航磁化极等值线起始值在-100～1570之间;重力剩余异常起始值在-1～5之间;预测区在铅锌综合化探异常区内。预测延深600m时,334-2级预测资源量为173.38t | 找矿潜力较大 |
| B1512202010 | 乌日根塔拉嘎查东 | 矿床主要赋存在中二叠世黑云母花岗岩中。航磁化极等值线起始值在-100～1570之间;重力剩余异常起始值在-1～5之间;预测区在铅锌综合化探异常区内。预测延深600m时,334-3级预测资源量为0.58t | 找矿潜力较大 |
| B1512202011 | 乌日根塔拉嘎查东 | 矿床主要赋存在中二叠世黑云母花岗岩中。航磁化极等值线起始值在-100～1570之间;重力剩余异常起始值在-1～5之间;预测区在铅锌综合化探异常区内。预测延深600m时,334-3级预测资源量为15.41t | 找矿潜力较大 |
| C1512202001 | 道仑毛都南 | 矿床主要赋存在中二叠世黑云母斜长花岗岩中。预测区在铅锌综合化探异常区内。预测延深600m时,334-2级预测资源量为12.38t | 有一定找矿潜力 |
| C1512202002 | 冈干营子地铺 | 矿床主要赋存在中二叠世黑云母斜长花岗岩中。预测区在铅锌综合化探异常区内。预测延深600m时,334-2级预测资源量为133.25t | 有一定找矿潜力 |
| C1512202003 | 查干楚鲁 | 矿床主要赋存在中二叠世黑云母斜长花岗岩中。预测区在铅锌综合化探异常区内。预测延深600m时,334-2级预测资源量为119.66t | 有一定找矿潜力 |
| C1512202004 | 332高地 | 矿床主要赋存在中二叠世黑云母斜长花岗岩中。预测区在铅锌综合化探异常区内。预测延深600m时,334-2级预测资源量为12.82t | 有一定找矿潜力 |
| C1512202005 | 海拉苏 | 矿床主要赋存在中二叠世黑云母斜长花岗岩中。预测区在铅锌综合化探异常区内。预测延深600m时,334-2级预测资源量为53.71t | 有一定找矿潜力 |
| C1512202006 | 双龙岗 | 矿床主要赋存在中二叠世黑云母斜长花岗岩中。预测区在铅锌综合化探异常区内。预测延深600m时,334-2级预测资源量为Pb195.17t | 有一定找矿潜力 |
| C1512202007 | 931高地北 | 矿床主要赋存在中二叠世闪长岩中。预测区在铅锌综合化探异常区内。预测延深600m时,334-2级预测资源量为26.64t | 有一定找矿潜力 |
| C1512202008 | 南萨拉嘎查 | 矿床主要赋存在中二叠世闪长岩中。预测区在铅锌综合化探异常区内。预测延深600m时,334-3级预测资源量为10.61t | 有一定找矿潜力 |
| C1512202009 | 哈达艾里嘎查南西 | 矿床主要赋存在中二叠世黑云母花岗岩中。预测区在铅锌综合化探异常区内。预测延深600m时,334-2级预测资源量为56.40t | 有一定找矿潜力 |

## 二、综合信息地质体积法估算资源量

### (一)典型矿床深部及外围的资源量估算

本部分内容与本书第三章第三节中的估算方法一致。

## （二）模型区的确定、资源量及估算参数

### 1. 模型区的确定、资源量及估算参数

1）模型区的确定

模型区，是指典型矿床所在位置的最小预测区，孟恩陶勒盖模型区系 MRAS 定位预测后，经手工优化圈定的。孟恩陶勒盖典型矿床位于孟恩陶勒盖模型区内。

2）资源量

模型区预测资源量，此处为典型矿床资源总量 $Z_{模}$（$Z_{典总}$＝查明资源量 $Z_{典}$＋预测资源量 $Z_{深}$＋$Z_{外}$），即 2 269.91t（金属量）。

3）模型区估算参数

模型区面积，为最小预测区加以人工修正后的面积，在 MapGIS 软件下读取、换算后求得，为 49.93km$^2$。

延深，指典型矿床总延深（查明＋预测），即 600m。

含矿地质体面积，指模型区内含矿建造的面积，在 MapGIS 软件下读取、换算后求得，为 49.93km$^2$（图 4－9），与模型区面积一致。

含矿地质体面积参数＝含矿地质体面积/模型区面积＝49.93/49.93＝1.00。

模型区预测资源量及其估算参数如表 4－6 所示。

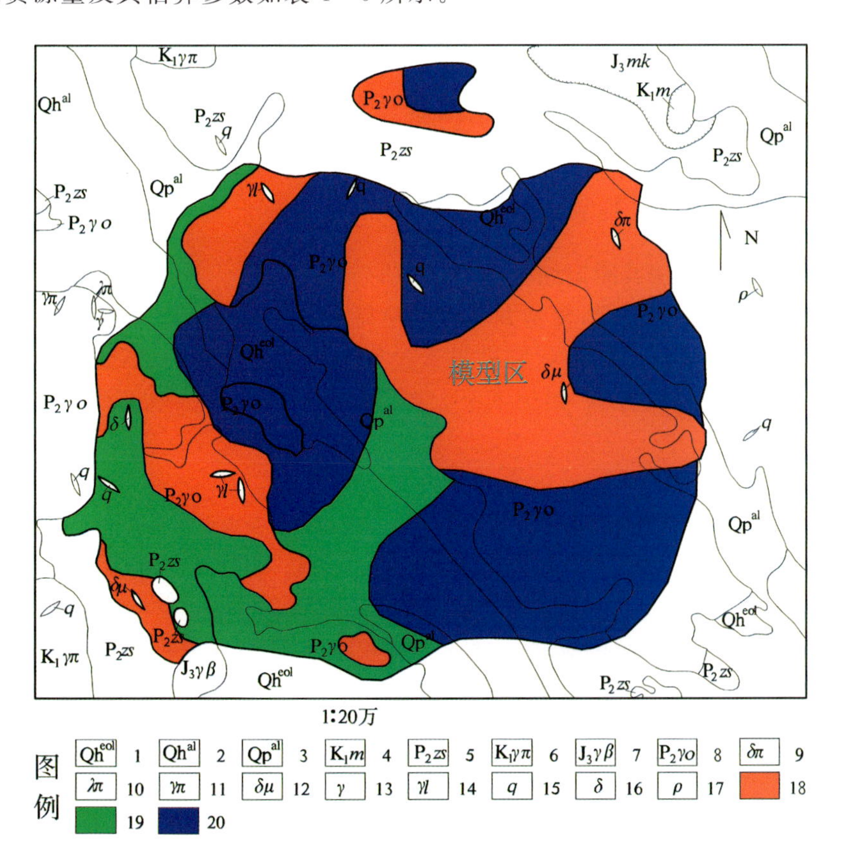


图 4－9　孟恩陶勒盖模型区范围图

1. 全新统风积层；2. 全新统冲积层；3. 更新统冲积层；4. 白垩系梅勒图组；5. 二叠系哲斯组；6. 早白垩世花岗斑岩；7. 晚侏罗世石英二长斑岩；8. 中二叠世斜长花岗岩；9. 闪长斑岩脉；10. 石英斑岩脉；11. 花岗斑岩脉；12. 闪长斑岩脉；13. 花岗岩脉；14. 花岗细晶岩脉；15. 石英岩脉；16. 闪长岩脉；17. 伟晶岩脉；18. A 级区；19. B 级区；20. C 级区

表 4-6 孟恩陶勒盖模型区预测资源量及其估算参数

| 模型区编号 | 模型区名称 | 经度 | 纬度 | 模型区预测资源量(Ag 金属量,t) | 模型区面积($km^2$) | 延深(m) | 含矿地质体面积($km^2$) | 含矿地质体面积参数 |
|---|---|---|---|---|---|---|---|---|
| A1512202006 | 孟恩陶勒盖银铅锌矿 | E121°22′01.80″ | N45°13′58.19″ | 2 269.91 | 49.93 | 600 | 49.93 | 1.00 |

## 2. 模型区含矿地质体含矿系数确定

资源总量 $Z_{模}$ 为模型区内各已知矿床的已查明资源量和预测资源量的总和(金属量 2 269.91t)。

含矿地质体总体积=模型区含矿地质体总面积×典型矿床总延深(典型已勘探延深+预测延深)。

Pb 含矿地质体含矿系数 $K$=资源总量 $Z_{模}$/含矿地质体总体积=2 269.91/(49 930 000×600)=0.000 000 8($t/m^3$)(表 4-7)。

表 4-7 孟恩陶勒盖模型区含矿地质体含矿系数表

| 模型区编号 | 模型区名称 | 经度 | 纬度 | 含矿地质体含矿系数 | 资源总量(金属量,t) | 含矿地质体总体积($m^3$) |
|---|---|---|---|---|---|---|
| A1512202006 | 孟恩陶勒盖银铅锌矿 | E121°22′01.80″ | N45°13′58.19″ | 0.000 000 8 | 2 269.91 | 29 958 000 000.00 |

模型区含矿地质体总体积=模型区含矿地质体面积×模型区总延深=49 930 000×600=29 958 000 000.00($m^3$),其中延深按 600m 推算,主要依据典型矿床的钻探资料和工程间距。

## 3. 最小预测区预测资源量及估算参数

1)最小预测区面积圈定方法及圈定结果

本次预测底图比例尺为 1∶10 万,预测方法为网格单元法。利用 MRAS 软件中的建模功能,根据特征分析法和证据权重法的结果以地物化成矿要素进行预测区的圈定与优选。共圈定最小预测区 31 个,其中,A 级区 11 个,B 级区 11 个,C 级区 9 个。在 MapGIS 软件下读取面积($S_{预}$),然后按照比例尺换算成实际面积(表 4-8)。

表 4-8 孟恩陶勒盖预测工作区各最小预测区的面积圈定大小及其方法依据

| 最小预测区编号 | 最小预测区名称 | 经度 | 纬度 | 面积($km^2$) | 参数确定依据 |
|---|---|---|---|---|---|
| A1512202001 | 敖很达巴嘎查西 | E120°03′04.72″ | N45°54′54.81″ | 2.14 | 根据 MRAS 所形成的色块区与含矿地质体、推断断层缓冲区、重力、航磁、化探等综合确定 |
| A1512202002 | 巴彦乌拉嘎查北东-1 | E120°17′11.56″ | N45°13′24.98″ | 0.81 | |
| A1512202003 | 1258 高地南西 | E120°00′16.51″ | N44°57′38.54″ | 0.25 | |
| A1512202004 | 布拉格呼都格北 | E121°18′34.34″ | N45°17′36.81″ | 3.51 | |
| A1512202005 | 白音哈嘎南东 | E121°14′59.08″ | N45°15′23.71″ | 7.13 | |
| A1512202006 | 孟恩陶勒盖银铅锌矿 | E121°22′01.80″ | N45°13′58.19″ | 49.93 | |
| A1512202007 | 靠山嘎查 | E121°14′05.98″ | N45°11′29.43″ | 16.31 | |
| A1512202008 | 石场 | E121°13′33.37″ | N45°09′26.53″ | 3.14 | |
| A1512202009 | 果尔本巴拉南 | E121°18′20.48″ | N45°08′44.36″ | 1.01 | |

续表 4-8

| 最小预测区编号 | 最小预测区名称 | 经度 | 纬度 | 面积(km²) | 参数确定依据 |
|---|---|---|---|---|---|
| A1512202010 | 机械连西南 | E121°04′31.99″ | N44°59′18.18″ | 3.36 | 据 MRAS 所形成的色块区与含矿地质体、推断断层缓冲区、重力、航磁、化探等综合确定 |
| A1512202011 | 乌日根塔拉嘎查东-1 | E120°48′26.51″ | N44°46′33.32″ | 0.30 | |
| B1512202001 | 1283 高地 | E120°12′52.59″ | N45°59′16.02″ | 1.49 | |
| B1512202002 | 额布根乌拉嘎查北 | E120°08′22.11″ | N45°57′38.70″ | 0.60 | |
| B1512202003 | 老头山护林站 | E120°07′03.26″ | N45°56′47.62″ | 2.60 | |
| B1512202004 | 巴彦乌拉嘎查北东-2 | E120°17′48.56″ | N45°13′02.42″ | 4.38 | |
| B1512202005 | 巴彦乌拉嘎查北东-3 | E120°17′12.73″ | N45°12′39.86″ | 0.62 | |
| B1512202006 | 巴仁杜尔基苏木东 | E121°14′03.69″ | N45°14′39.71″ | 7.12 | |
| B1512202007 | 靠山嘎查南 | E121°13′03.37″ | N45°10′44.14″ | 15.24 | |
| B1512202008 | 新鲜光 | E121°18′18.42″ | N45°10′51.26″ | 26.11 | |
| B1512202009 | 查干淖尔嘎查 | E121°42′16.78″ | N45°06′24.53″ | 24.08 | |
| B1512202010 | 乌日根塔拉嘎查东-2 | E120°47′46.55″ | N44°46′22.65″ | 0.08 | |
| B1512202011 | 乌日根塔拉嘎查东-3 | E120°47′47.89″ | N44°46′31.83″ | 2.14 | |
| C1512202001 | 道仑毛都南 | E121°19′46.10″ | E45°17′52.29″ | 2.58 | |
| C1512202002 | 冈干营子地铺 | E121°20′45.25″ | N45°15′09.74″ | 27.76 | |
| C1512202003 | 查干楚鲁 | E121°17′30.74″ | N45°12′50.46″ | 24.93 | |
| C1512202004 | 332 高地 | E121°16′14.49″ | N45°12′26.24″ | 2.67 | |
| C1512202005 | 海拉苏 | E121°24′34.37″ | N45°13′32.24″ | 11.19 | |
| C1512202006 | 双龙岗 | E121°22′07.40″ | N45°10′19.16″ | 40.66 | |
| C1512202007 | 931 高地北 | E120°36′42.71″ | N45°02′08.22″ | 5.55 | |
| C1512202008 | 南萨拉嘎查 | E120°35′51.57″ | N44°59′37.60″ | 2.21 | |
| C1512202009 | 哈达艾里嘎查南西 | E120°04′29.29″ | N44°54′40.20″ | 11.75 | |

2)延深参数的确定及结果

延深是指含矿地质体沿倾向向下延长的延深，陡倾矿体约等于垂直延深。延深的确定是在分析最小预测区含矿地质体地质特征、岩体的形成延深、矿化蚀变、矿化类型的基础上进行的，结合典型矿床深部资料，目前钻探工程已控制到 456m，含矿岩系沿倾向向下还有延深。经专家综合分析，确定含矿地质体的延深($H_{预}$)为 600m(表 4-9)。

3)品位和体重的确定

体重、铅锌平均品位、延深及依据均来源于《吉林省科尔沁右翼中旗孟恩陶勒盖矿区银铅锌矿地质勘探总结报告》(吉林省地质局第十地质队，1978)及相关图件，Ag 的品位平均值 $92\times10^{-6}$、体重平均值 2.77t/m³。

4)相似系数的确定

专家结合地质、物探等资料综合分析确定相似系数($\alpha$)(表 4-10)。

**表 4-9　孟恩陶勒盖预测工作区各最小预测区的延深圈定结果**

| 最小预测区编号 | 最小预测区名称 | 经度 | 纬度 | 延深(m) | 参数确定依据 |
|---|---|---|---|---|---|
| A1512202001 | 敖很达巴嘎查西 | E120°03′04.72″ | N45°54′54.81″ | 450 | 含矿地质体出露面积及产状 |
| A1512202002 | 巴彦乌拉嘎查北东-1 | E120°17′11.56″ | N45°13′24.98″ | 300 | |
| A1512202003 | 1258 高地南西 | E120°00′16.51″ | N44°57′38.54″ | 300 | |
| A1512202004 | 布拉格呼都格北 | E121°18′34.34″ | N45°17′36.81″ | 510 | |
| A1512202005 | 白音哈嘎南东 | E121°14′59.08″ | N45°15′23.71″ | 540 | |
| A1512202006 | 孟恩陶勒盖银铅锌矿 | E121°22′01.80″ | N45°13′58.19″ | 600 | 钻孔+专家 |
| A1512202007 | 靠山嘎查 | E121°14′05.98″ | N45°11′29.43″ | 520 | 综合分析含矿地质体出露面积及产状、航磁异常、剩余重力、化探异常、遥感异常等成矿要素，见矿钻孔延深及专家评估意见确定其延深 |
| A1512202008 | 石场 | E121°13′33.37″ | N45°09′26.53″ | 450 | |
| A1512202009 | 果尔本巴拉南 | E121°18′20.48″ | N45°08′44.36″ | 380 | |
| A1512202010 | 机械连西南 | E121°04′31.99″ | N44°59′18.18″ | 510 | |
| A1512202011 | 乌日根塔拉嘎查东-1 | E120°48′26.51″ | N44°46′33.32″ | 350 | |
| B1512202001 | 1283 高地 | E120°12′52.59″ | N45°59′16.02″ | 360 | |
| B1512202002 | 额布根乌拉嘎查北 | E120°08′22.11″ | N45°57′38.70″ | 320 | |
| B1512202003 | 老头山护林站 | E120°07′03.26″ | N45°56′47.62″ | 300 | |
| B1512202004 | 巴彦乌拉嘎查北东-2 | E120°17′48.56″ | N45°13′02.42″ | 510 | |
| B1512202005 | 巴彦乌拉嘎查北东-3 | E120°17′12.73″ | N45°12′39.86″ | 270 | |
| B1512202006 | 巴仁杜尔基苏木东 | E121°14′03.69″ | N45°14′39.71″ | 520 | |
| B1512202007 | 靠山嘎查南 | E121°13′03.37″ | N45°10′44.14″ | 520 | |
| B1512202008 | 新鲜光 | E121°18′18.42″ | N45°10′51.26″ | 560 | |
| B1512202009 | 查干淖尔嘎查 | E121°42′16.78″ | N45°06′24.53″ | 540 | |
| B1512202010 | 乌日根塔拉嘎查东-2 | E120°47′46.55″ | N44°46′22.65″ | 260 | |
| B1512202011 | 乌日根塔拉嘎查东-3 | E120°47′47.89″ | N44°46′31.83″ | 320 | |
| C1512202001 | 道仑毛都南 | E121°19′46.10″ | N45°17′52.29″ | 320 | |
| C1512202002 | 冈干营子地铺 | E121°20′45.25″ | N45°15′09.74″ | 560 | |
| C1512202003 | 查干楚鲁 | E121°17′30.74″ | N45°12′50.46″ | 540 | |
| C1512202004 | 332 高地 | E121°16′14.49″ | N45°12′26.24″ | 450 | |
| C1512202005 | 海拉苏 | E121°24′34.37″ | N45°13′32.24″ | 270 | |
| C1512202006 | 双龙岗 | E121°22′07.40″ | N45°10′19.16″ | 600 | |
| C1512202007 | 931 高地北 | E120°36′42.71″ | N45°02′08.22″ | 290 | |
| C1512202008 | 南萨拉嘎查 | E120°35′51.57″ | N44°59′37.60″ | 260 | |
| C1512202009 | 哈达艾里嘎查南西 | E120°04′29.29″ | N44°54′40.20″ | 270 | |

**表 4-10　孟恩陶勒盖预测工作区各最小预测区的相似系数**

| 最小预测区编号 | 最小预测区名称 | 经度 | 纬度 | 相似系数 | 参数确定依据 |
|---|---|---|---|---|---|
| A1512202001 | 敖很达巴嘎查西 | E120°03′04.72″ | E45°54′54.81″ | 0.93 | 根据权重法后验概率值及每个最小预测区的地质、物探、化探、遥感综合模型与模型区的相似程度确定 |
| A1512202002 | 巴彦乌拉嘎查北东-1 | E120°17′11.56″ | E45°13′24.98″ | 0.91 | |
| A1512202003 | 1258 高地南西 | E120°00′16.51″ | E44°57′38.54″ | 0.91 | |
| A1512202004 | 布拉格呼都格北 | E121°18′34.34″ | E45°17′36.81″ | 0.82 | |
| A1512202005 | 白音哈嘎南东 | E121°14′59.08″ | E45°15′23.71″ | 0.78 | |
| A1512202006 | 孟恩陶勒盖银铅锌矿 | E121°22′01.80″ | E45°13′58.19″ | 1.00 | |
| A1512202007 | 靠山嘎查 | E121°14′05.98″ | E45°11′29.43″ | 0.63 | |
| A1512202008 | 石场 | E121°13′33.37″ | E45°09′26.53″ | 0.67 | |
| A1512202009 | 果尔本巴拉南 | E121°18′20.48″ | E45°08′44.36″ | 0.79 | |
| A1512202010 | 机械连西南 | E121°04′31.99″ | E44°59′18.18″ | 0.59 | |
| A1512202011 | 乌日根塔拉嘎查东-1 | E120°4826.51 | E44°46′33.32″ | 0.86 | |
| B1512202001 | 1283 高地 | E120°12′52.59″ | E45°59′16.02″ | 0.58 | |
| B1512202002 | 额布根乌拉嘎查北 | E120°08′22.11″ | E45°57′38.70″ | 0.66 | |
| B1512202003 | 老头山护林站 | E120°07′03.26″ | E45°56′47.62″ | 0.70 | |
| B1512202004 | 巴彦乌拉嘎查北东-2 | E120°17′48.56″ | E45°13′02.42″ | 0.41 | |
| B1512202005 | 巴彦乌拉嘎查北东-3 | E120°17′12.73″ | E45°12′39.86″ | 0.78 | |
| B1512202006 | 巴仁杜尔基苏木东 | E121°14′03.69″ | E45°14′39.71″ | 0.40 | |
| B1512202007 | 靠山嘎查南 | E121°13′03.37″ | E45°10′44.14″ | 0.40 | |
| B1512202008 | 新鲜光 | E121°18′18.42″ | E45°10′51.26″ | 0.38 | |
| B1512202009 | 查干淖尔嘎查 | E121°42′16.78″ | E45°06′24.53″ | 0.39 | |
| B1512202010 | 乌日根塔拉嘎查东-2 | E120°47′46.55″ | E44°46′22.65″ | 0.81 | |
| B1512202011 | 乌日根塔拉嘎查东-3 | E120°47′47.89″ | E44°46′31.83″ | 0.66 | |
| C1512202001 | 道仑毛都南 | E121°19′46.10″ | E45°17′52.29″ | 0.38 | |
| C1512202002 | 冈干营子地铺 | E121°20′45.25″ | E45°15′09.74″ | 0.21 | |
| C1512202003 | 查干楚鲁 | E121°17′30.74″ | E45°12′50.46″ | 0.22 | |
| C1512202004 | 332 高地 | E121°16′14.49″ | E45°12′26.24″ | 0.27 | |
| C1512202005 | 海拉苏 | E121°24′34.37″ | E45°13′32.24″ | 0.44 | |
| C1512202006 | 双龙岗 | E121°22′07.40″ | E45°10′19.16″ | 0.20 | |
| C1512202007 | 931 高地北 | E120°36′42.71″ | E45°02′08.22″ | 0.41 | |
| C1512202008 | 南萨拉嘎查 | E120°35′51.57″ | E44°59′37.60″ | 0.46 | |
| C1512202009 | 哈达艾里嘎查南西 | E120°04′29.29″ | E44°54′40.20″ | 0.44 | |

本次预测资源总量 4 497.18t(不包括已查明资源量 1 516.00t)，各最小预测区预测资源量如表 4 -11 所示。

表 4-11　孟恩陶勒盖预测工作区各最小预测区的估算成果表

| 最小预测区编号 | 最小预测区名称 | $S_{预}$ (km²) | $H_{预}$ (m) | $K_S$ | $K$ | $\alpha$ | 已查明资源量(t) | $Z_{预}$ (t) | 资源量精度级别 |
|---|---|---|---|---|---|---|---|---|---|
| A1512202001 | 敖很达巴嘎查西 | 2.14 | 450 | 1.00 | 0.000 000 08 | 0.93 |  | 71.90 | 334-2 |
| A1512202002 | 巴彦乌拉嘎查北东-1 | 0.81 | 300 | 1.00 | 0.000 000 08 | 0.91 |  | 27.22 | 334-2 |
| A1512202003 | 1258 高地南西 | 0.25 | 300 | 1.00 | 0.000 000 08 | 0.91 |  | 8.40 | 334-2 |
| A1512202004 | 布拉格呼都格北 | 3.51 | 510 | 1.00 | 0.000 000 08 | 0.82 |  | 117.94 | 334-2 |
| A1512202005 | 白音哈嘎南东 | 7.13 | 540 | 1.00 | 0.000 000 08 | 0.78 |  | 239.57 | 334-2 |
| A1512202006 | 孟恩陶勒盖银铅锌矿 | 49.93 | 600 | 1.00 | 0.000 000 08 | 1.00 | 1 516.00 | 753.91 | 334-1 |
| A1512202007 | 靠山嘎查 | 16.31 | 520 | 1.00 | 0.000 000 08 | 0.63 |  | 430.58 | 334-2 |
| A1512202008 | 石场 | 3.14 | 450 | 1.00 | 0.000 000 08 | 0.67 |  | 75.36 | 334-2 |
| A1512202009 | 果尔本巴拉南 | 1.01 | 380 | 1.00 | 0.000 000 08 | 0.79 |  | 24.24 | 334-2 |
| A1512202010 | 机械连西南 | 3.36 | 510 | 1.00 | 0.000 000 08 | 0.59 |  | 80.64 | 334-2 |
| A1512202011 | 乌日根塔拉嘎查东-1 | 0.30 | 350 | 1.00 | 0.000 000 08 | 0.86 |  | 7.20 | 334-3 |
| B1512202001 | 1283 高地 | 1.49 | 360 | 1.00 | 0.000 000 08 | 0.58 |  | 25.03 | 334-2 |
| B1512202002 | 额布根乌拉嘎查北 | 0.60 | 320 | 1.00 | 0.000 000 08 | 0.66 |  | 10.08 | 334-2 |
| B1512202003 | 老头山护林站 | 2.60 | 300 | 1.00 | 0.000 000 08 | 0.70 |  | 43.68 | 334-2 |
| B1512202004 | 巴彦乌拉嘎查北东-2 | 4.38 | 510 | 1.00 | 0.000 000 08 | 0.41 |  | 73.58 | 334-2 |
| B1512202005 | 巴彦乌拉嘎查北东-3 | 0.62 | 270 | 1.00 | 0.000 000 08 | 0.78 |  | 10.42 | 334-2 |
| B1512202006 | 巴仁杜尔基苏木东 | 7.12 | 520 | 1.00 | 0.000 000 08 | 0.40 |  | 119.62 | 334-2 |
| B1512202007 | 靠山嘎查南 | 15.24 | 520 | 1.00 | 0.000 000 08 | 0.40 |  | 256.05 | 334-2 |
| B1512202008 | 新鲜光 | 26.11 | 560 | 1.00 | 0.000 000 08 | 0.38 |  | 438.65 | 334-2 |
| B1512202009 | 查干淖尔嘎查 | 24.08 | 540 | 1.00 | 0.000 000 08 | 0.39 |  | 404.54 | 334-2 |
| B1512202010 | 乌日根塔拉嘎查东-2 | 0.08 | 260 | 1.00 | 0.000 000 08 | 0.81 |  | 1.34 | 334-3 |
| B1512202011 | 乌日根塔拉嘎查东-3 | 2.14 | 320 | 1.00 | 0.000 000 08 | 0.66 |  | 35.95 | 334-3 |
| C1512202001 | 道仑毛都南 | 2.58 | 320 | 1.00 | 0.000 000 08 | 0.38 |  | 24.77 | 334-2 |
| C1512202002 | 冈干营子地铺 | 27.76 | 560 | 1.00 | 0.000 000 08 | 0.21 |  | 266.50 | 334-2 |
| C1512202003 | 查干楚鲁 | 24.93 | 540 | 1.00 | 0.000 000 08 | 0.22 |  | 239.33 | 334-2 |
| C1512202004 | 332 高地 | 2.67 | 450 | 1.00 | 0.000 000 08 | 0.27 |  | 25.63 | 334-2 |
| C1512202005 | 海拉苏 | 11.19 | 270 | 1.00 | 0.000 000 08 | 0.44 |  | 107.42 | 334-2 |
| C1512202006 | 双龙岗 | 40.66 | 600 | 1.00 | 0.000 000 08 | 0.20 |  | 390.34 | 334-2 |
| C1512202007 | 931 高地北 | 5.55 | 290 | 1.00 | 0.000 000 08 | 0.41 |  | 53.28 | 334-2 |
| C1512202008 | 南萨拉嘎查 | 2.21 | 260 | 1.00 | 0.000 000 08 | 0.46 |  | 21.22 | 334-3 |
| C1512202009 | 哈达艾里嘎查南西 | 11.75 | 270 | 1.00 | 0.000 000 08 | 0.44 |  | 112.80 | 334-2 |

## 4. 最小预测区预测资源量可信度估计

1)最小预测区参数及预测资源量可信度分析

孟恩陶勒盖预测工作区各最小预测区的可信度统计结果见表 4-12。

**表 4-12　孟恩陶勒盖预测工作区各最小预测区的预测资源量可信度统计表**

| 最小预测区编号 | 最小预测区名称 | 经度 | 纬度 | 面积 | | 延深 | | 含矿系数 | | 资源量综合 | |
|---|---|---|---|---|---|---|---|---|---|---|---|
| | | | | 可信度 | 依据 | 可信度 | 依据 | 可信度 | 依据 | 可信度 | 依据 |
| A1512202001 | 敖很达巴嘎查西 | E120°03′04.72″ | N45°54′54.81″ | 0.61 | 含矿建造、蚀变(断层)、磁重化探异常叠合 | 0.62 | 根据含矿地质体出露面积、区调工作实测剖面中的厚度、重力反演得到的厚度等参数确定 | 0.41 | 勘探程度一般 | 0.60 | 地质、物探与化探异常估计 |
| A1512202002 | 巴彦乌拉嘎查北东-1 | E120°17′11.56″ | N45°13′24.98″ | 0.78 | 含矿建造、已知矿床、磁重化探异常叠合 | 0.73 | | 0.75 | 勘探程度较高 | 0.70 | 地表发现矿体 |
| A1512202003 | 1258 高地南西 | E120°00′16.51″ | N44°57′38.54″ | 0.62 | 含矿建造、蚀变(断层)、磁重化探异常叠合 | 0.63 | | 0.42 | 勘探程度一般 | 0.60 | 地质、物探与化探异常估计 |
| A1512202004 | 布拉格呼都格北 | E121°18′34.34″ | N45°17′36.81″ | 0.63 | 含矿建造、蚀变(断层)、磁重化探异常叠合 | 0.60 | | 0.40 | 勘探程度一般 | 0.60 | 地质、物探与化探异常估计 |
| A1512202005 | 白音哈嘎南东 | E121°14′59.08″ | N45°15′23.71″ | 0.63 | 含矿建造、蚀变(断层)、磁重化探异常叠合 | 0.60 | | 0.42 | 勘探程度一般 | 0.60 | 地质、物探与化探异常估计 |
| A1512202006 | 孟恩陶勒盖银铅锌矿 | E121°22′01.80″ | N45°13′58.19″ | 0.85 | 含矿建造、已知矿床、磁重化探异常叠合 | 0.74 | | 0.76 | 勘探程度较高 | 0.80 | 地表发现矿体 |
| A1512202007 | 藿山嘎查 | E121°14′05.98″ | N45°11′29.43″ | 0.63 | 含矿建造、蚀变(断层)、磁重化探异常叠合 | 0.59 | | 0.41 | 勘探程度一般 | 0.60 | 地质、物探与化探异常估计 |
| A1512202008 | 石场 | E121°13′33.37″ | N45°09′26.53″ | 0.62 | 含矿建造、蚀变(断层)、磁重化探异常叠合 | 0.62 | | 0.42 | 勘探程度一般 | 0.60 | 地质、物探与化探异常估计 |
| A1512202009 | 果尔本巴拉南 | E121°18′20.48″ | N45°08′44.36″ | 0.80 | 含矿建造、已知矿床、磁重化探异常叠合 | 0.71 | | 0.75 | 勘探程度较高 | 0.80 | 地表发现矿体 |
| A1512202010 | 机械连西南 | E121°04′31.99″ | N44°59′18.18″ | 0.60 | 含矿建造、蚀变(断层)、磁重化探异常叠合 | 0.60 | | 0.45 | 勘探程度一般 | 0.60 | 地质、物探与化探异常估计 |
| A1512202011 | 乌日根塔拉嘎查东-1 | E120°48′26.51″ | N44°46′33.32″ | 0.79 | 含矿建造、已知矿床、磁重化探异常叠合 | 0.65 | | 0.75 | 勘探程度较高 | 0.80 | 地表发现矿体 |
| B1512202001 | 1283 高地 | E120°12′52.59″ | N45°59′16.02″ | 0.49 | 含矿建造、磁重化探异常叠合 | 0.57 | | 0.36 | 勘探程度一般 | 0.60 | 地质、物探与化探异常估计 |
| B1512202002 | 额布根乌拉嘎查北 | E120°08′22.11″ | N45°57′38.70″ | 0.48 | 含矿建造、磁重化探异常叠合 | 0.55 | | 0.35 | 勘探程度一般 | 0.60 | 地质、物探与化探异常估计 |
| B1512202003 | 老头山护林站 | E120°07′03.26″ | N45°56′47.62″ | 0.48 | 含矿建造、磁重化探异常叠合 | 0.56 | | 0.30 | 勘探程度一般 | 0.50 | 地质、物探与化探异常估计 |
| B1512202004 | 巴彦乌拉嘎查北东-2 | E120°17′48.56″ | N45°13′02.42″ | 0.47 | 含矿建造、磁重化探异常叠合 | 0.51 | | 0.32 | 勘探程度一般 | 0.60 | 地质、物探与化探异常估计 |

**续表 4－12**

| 最小预测区编号 | 最小预测区名称 | 经度 | 纬度 | 面积 | | 延深 | | 含矿系数 | | 资源量综合 | |
|---|---|---|---|---|---|---|---|---|---|---|---|
| | | | | 可信度 | 依据 | 可信度 | 依据 | 可信度 | 依据 | 可信度 | 依据 |
| B1512202005 | 巴彦乌拉嘎查北东－3 | E120°17′12.73″ | N45°12′39.86″ | 0.47 | 含矿建造、磁重化探异常叠合 | 0.54 | 根据含矿地质体出露面积、区调工作实测剖面中的厚度、重力反演得到的厚度等参数确定 | 0.31 | 勘探程度一般 | 0.50 | 地质、物探与化探异常估计 |
| B1512202006 | 巴仁杜尔基苏木东 | E121°14′03.69″ | N45°14′39.71″ | 0.46 | 含矿建造、磁重化探异常叠合 | 0.53 | | 0.30 | 勘探程度一般 | 0.50 | 地质、物探与化探异常估计 |
| B1512202007 | 靠山嘎查南 | E121°13′03.37″ | N45°10′44.14″ | 0.46 | 含矿建造、磁重化探异常叠合 | 0.53 | | 0.29 | 勘探程度一般 | 0.50 | 地质、物探与化探异常估计 |
| B1512202008 | 新鲜光 | E121°18′18.42″ | N45°10′51.26″ | 0.48 | 含矿建造、磁重化探异常叠合 | 0.52 | | 0.30 | 勘探程度一般 | 0.50 | 地质、物探与化探异常估计 |
| B1512202009 | 查干淖尔嘎查 | E121°42′16.78″ | N45°06′24.53″ | 0.49 | 含矿建造、磁重化探异常叠合 | 0.51 | | 0.27 | 勘探程度一般 | 0.50 | 地质、物探与化探异常估计 |
| B1512202010 | 乌日根塔拉嘎查东－2 | E120°47′46.55″ | N44°46′22.65″ | 0.46 | 含矿建造、磁重化探异常叠合 | 0.50 | | 0.25 | 勘探程度一般 | 0.50 | 地质、物探与化探异常估计 |
| B1512202011 | 乌日根塔拉嘎查东－3 | E120°47′47.89″ | N44°46′31.83″ | 0.48 | 含矿建造、磁重化探异常叠合 | 0.50 | | 0.25 | 勘探程度一般 | 0.50 | 地质、物探与化探异常估计 |
| C1512202001 | 道仑毛都南 | E121°19′46.10″ | N45°17′52.29″ | 0.27 | 含矿建造、化探异常叠合 | 0.35 | | 0.26 | 勘探程度一般 | 0.50 | 地质、物探与化探异常估计 |
| C1512202002 | 冈干营子地铺 | E121°20′45.25″ | N45°15′09.74″ | 0.26 | 含矿建造、化探异常叠合 | 0.36 | | 0.28 | 勘探程度一般 | 0.50 | 地质、物探与化探异常估计 |
| C1512202003 | 查干楚鲁 | E121°17′30.74″ | N45°12′50.46″ | 0.28 | 含矿建造、化探异常叠合 | 0.34 | | 0.27 | 勘探程度一般 | 0.50 | 地质、物探与化探异常估计 |
| C1512202004 | 332 高地 | E121°16′14.49″ | N45°12′26.24″ | 0.25 | 含矿建造、化探异常叠合 | 0.33 | | 0.26 | 勘探程度一般 | 0.50 | 地质、物探与化探异常估计 |
| C1512202005 | 海拉苏 | E121°24′34.37″ | N45°13′32.24″ | 0.27 | 含矿建造、化探异常叠合 | 0.35 | | 0.26 | 勘探程度一般 | 0.50 | 地质、物探与化探异常估计 |
| C1512202006 | 双龙岗 | E121°22′07.40″ | N45°10′19.16″ | 0.26 | 含矿建造、化探异常叠合 | 0.31 | | 0.25 | 勘探程度一般 | 0.50 | 地质、物探与化探异常估计 |
| C1512202007 | 931 高地北 | E120°36′42.71″ | N45°02′08.22″ | 0.26 | 含矿建造、化探异常叠合 | 0.30 | | 0.26 | 勘探程度一般 | 0.50 | 地质、物探与化探异常估计 |
| C1512202008 | 南萨拉嘎查 | E120°35′51.57″ | N44°59′37.60″ | 0.25 | 含矿建造、化探异常叠合 | 0.32 | | 0.25 | 勘探程度一般 | 0.50 | 地质、物探与化探异常估计 |
| C1512202009 | 哈达艾里嘎查南西 | E120°04′29.29″ | N44°54′40.20″ | 0.25 | 含矿建造、化探异常叠合 | 0.30 | | 0.25 | 勘探程度一般 | 0.50 | 地质、物探与化探异常估计 |

### （三）预测工作区资源总量成果汇总

本次预测资源总量 4 497.18t(不包括已查明资源量 1 516.00t)，各最小预测区的预测资源量如表 4-13 所示。

**表 4-13 孟恩陶勒盖预测工作区各最小预测区的估算成果表**

| 最小预测区编号 | 最小预测区名称 | $S_{预}$ (km²) | $H_{预}$ (m) | $K_S$ | $K$(t/m³) | $\alpha$ | 已查明资源量(t) | $Z_{预}$ (t) | 资源量精度级别 |
|---|---|---|---|---|---|---|---|---|---|
| A1512202001 | 敖很达巴嘎查西 | 2.14 | 450 | 1.00 | 0.000 000 08 | 0.93 | | 71.90 | 334-2 |
| A1512202002 | 巴彦乌拉嘎查北东-1 | 0.81 | 300 | 1.00 | 0.000 000 08 | 0.91 | | 27.22 | 334-2 |
| A1512202003 | 1258 高地南西 | 0.25 | 300 | 1.00 | 0.000 000 08 | 0.91 | | 8.40 | 334-2 |
| A1512202004 | 布拉格呼都格北 | 3.51 | 510 | 1.00 | 0.000 000 08 | 0.82 | | 117.94 | 334-2 |
| A1512202005 | 白音哈嘎南东 | 7.13 | 540 | 1.00 | 0.000 000 08 | 0.78 | | 239.57 | 334-2 |
| A1512202006 | 孟恩陶勒盖银铅锌矿 | 49.93 | 600 | 1.00 | 0.000 000 08 | 1.00 | 1 516.00 | 753.91 | 334-1 |
| A1512202007 | 靠山嘎查 | 16.31 | 520 | 1.00 | 0.000 000 08 | 0.63 | | 430.58 | 334-2 |
| A1512202008 | 石场 | 3.14 | 450 | 1.00 | 0.000 000 08 | 0.67 | | 75.36 | 334-2 |
| A1512202009 | 果尔本巴拉南 | 1.01 | 380 | 1.00 | 0.000 000 08 | 0.79 | | 24.24 | 334-2 |
| A1512202010 | 机械连西南 | 3.36 | 510 | 1.00 | 0.000 000 08 | 0.59 | | 80.64 | 334-2 |
| A1512202011 | 乌日根塔拉嘎查东-1 | 0.30 | 350 | 1.00 | 0.000 000 08 | 0.86 | | 7.20 | 334-3 |
| B1512202001 | 1283 高地 | 1.49 | 360 | 1.00 | 0.000 000 08 | 0.58 | | 25.03 | 334-2 |
| B1512202002 | 额布根乌拉嘎查北 | 0.60 | 320 | 1.00 | 0.000 000 08 | 0.66 | | 10.08 | 334-2 |
| B1512202003 | 老头山护林站 | 2.60 | 300 | 1.00 | 0.000 000 08 | 0.70 | | 43.68 | 334-2 |
| B1512202004 | 巴彦乌拉嘎查北东-2 | 4.38 | 510 | 1.00 | 0.000 000 08 | 0.41 | | 73.58 | 334-2 |
| B1512202005 | 巴彦乌拉嘎查北东-3 | 0.62 | 270 | 1.00 | 0.000 000 08 | 0.78 | | 10.42 | 334-2 |
| B1512202006 | 巴仁杜尔基苏木东 | 7.12 | 520 | 1.00 | 0.000 000 08 | 0.40 | | 119.62 | 334-2 |
| B1512202007 | 靠山嘎查南 | 15.24 | 520 | 1.00 | 0.000 000 08 | 0.40 | | 256.05 | 334-2 |
| B1512202008 | 新鲜光 | 26.11 | 560 | 1.00 | 0.000 000 08 | 0.38 | | 438.65 | 334-2 |
| B1512202009 | 查干淖尔嘎查 | 24.08 | 540 | 1.00 | 0.000 000 08 | 0.39 | | 404.54 | 334-2 |
| B1512202010 | 乌日根塔拉嘎查东-2 | 0.08 | 260 | 1.00 | 0.000 000 08 | 0.81 | | 1.34 | 334-3 |
| B1512202011 | 乌日根塔拉嘎查东-3 | 2.14 | 320 | 1.00 | 0.000 000 08 | 0.66 | | 35.95 | 334-3 |
| C1512202001 | 道仑毛都南 | 2.58 | 320 | 1.00 | 0.000 000 08 | 0.38 | | 24.77 | 334-2 |
| C1512202002 | 冈干营子地铺 | 27.76 | 560 | 1.00 | 0.000 000 08 | 0.21 | | 266.50 | 334-2 |
| C1512202003 | 查干楚鲁 | 24.93 | 540 | 1.00 | 0.000 000 08 | 0.22 | | 239.33 | 334-2 |
| C1512202004 | 332 高地 | 2.67 | 450 | 1.00 | 0.000 000 08 | 0.27 | | 25.63 | 334-2 |
| C1512202005 | 海拉苏 | 11.19 | 270 | 1.00 | 0.000 000 08 | 0.44 | | 107.42 | 334-2 |
| C1512202006 | 双龙岗 | 40.66 | 600 | 1.00 | 0.000 000 08 | 0.20 | | 390.34 | 334-2 |
| C1512202007 | 931 高地北 | 5.55 | 290 | 1.00 | 0.000 000 08 | 0.41 | | 53.28 | 334-2 |
| C1512202008 | 南萨拉嘎查 | 2.21 | 260 | 1.00 | 0.000 000 08 | 0.46 | | 21.22 | 334-3 |
| C1512202009 | 哈达艾里嘎查南西 | 11.75 | 270 | 1.00 | 0.000 000 08 | 0.44 | | 112.80 | 334-2 |

# 第五章 花敖包特式热液型银铅锌矿预测成果

该预测工作区大地构造位置处于天山-兴蒙造山系，大兴安岭弧盆系，锡林浩特岩浆弧，锡林浩特复背斜东段，华北板块北缘晚古生代增生带。中生代则处于滨太平洋构造域之大兴安岭中生代火山-岩浆岩带的东部边缘（Ⅰ-1-6）。与拜仁达坝式热液型银多金属矿预测工作区位于同一个大地构造分区内。

古生代为华北地层大区，内蒙古草原地层区，锡林浩特-磐石地层分区。中新生代属滨太平洋地层区，大兴安岭-燕山地层分区，博克图-二连浩特地层小区。出露地层有古元古界宝音图岩群，上志留统西别河组，上石炭统本巴图组、阿木山组、格根敖包组、宝力高庙组，下二叠统寿山沟组、大石寨组、哲斯组，上二叠统林西组。中生代地层广泛分布，有中—下侏罗统红旗组、新民组（万宝组）陆相碎屑岩，上侏罗统土城子组、满克头鄂博组、玛尼吐组、白音高老组，下白垩统梅勒图组（龙江组）、巴音花组及新生界。

与花敖包特式热液型银多金属矿床关系密切的下二叠统寿山沟组是一套远滨相沉积的砂岩、板（泥）岩建造，主要岩性为千枚状板岩，粉砂质板岩，泥质粉砂岩，长石岩屑粉砂岩夹大理岩透镜体，含植物化石碎片。

区内岩浆岩较发育，自二叠纪到早白垩世有超基性岩、基性岩、酸性岩产出，主要有二叠纪蛇纹岩、侏罗纪—白垩纪闪长岩、花岗闪长岩及花岗岩。脉岩发育，主要有花岗斑岩脉、正长斑岩脉、闪长玢岩脉、辉绿玢岩脉、花岗岩脉、石英脉及流纹岩脉等。与花敖包特银多金属矿床有关的侵入体主要为二叠纪蛇纹岩及侏罗纪酸性浅成岩浆岩。二叠纪蛇纹岩主要为来源于地幔的岩浆弧相拉斑玄武系列蛇纹石化橄榄岩，侏罗纪酸性浅成岩浆岩则为来源于不同延深的碱性—钙碱性系列的花岗岩、花岗斑岩、斜长玢岩、闪长岩、次流纹岩等。

预测工作区内与成矿有关的构造为二叠纪及侏罗纪—早白垩世形成的断裂构造。二叠纪形成的北东-南西向和北西-南东向两组共轭剪切断裂带，后由于边界条件改变，转变为北东-南西向的挤压，使早期已形成的北东东-南西西向剪切断裂带转变为张剪性深大断裂，地壳深部超基性岩浆沿其上侵形成现今展布的长达百千米的北东东向带状蛇纹岩带。侏罗纪—白垩纪，该区域又经受近东西向挤压应力作用形成近南北向断层泥化带，在早期形成的北东和北西向断裂基础上又叠加了新的断裂，为火山活动和矿液充填提供了通道，在岩体附近的裂隙中形成银铅锌矿体。

## 第一节 典型矿床特征

### 一、典型矿床特征及成矿模式

#### （一）典型矿床特征

为了进一步查明西乌珠穆沁旗花敖包特矿区花敖包特山矿段，选择东山北矿段铅锌银矿资源远景区作为花敖包特铅锌银矿后续资源基地，2008年内蒙古自治区玉龙矿业股份有限公司委托内蒙古自治区第十地质勘查开发院进行详查工作，将花敖包特银铅锌矿作为典型矿床，通过研究其地质特征、成矿作用及成矿模式，对该类型矿床的勘查与开发具有十分重要的意义。

**1. 矿区地质**

花敖包特矿区银铅锌矿位于梅劳特断裂北东段，出露地层为下二叠统寿山沟组、上侏罗统满克头鄂博组、新近系上新统五岔沟组以及第四系。下二叠统寿山沟组主要为砂岩、含砾砂岩、细砂岩、粉砂岩，少量泥岩及蚀变的含角砾火山碎屑岩。岩石较破碎，部分岩石具糜棱岩化、绿泥石化及褐铁矿化，为主要的赋矿地质体。该组与二叠纪超基性岩为断层接触，局部为侵入接触。上侏罗统满克头鄂博组为酸性含角砾岩屑、晶屑凝灰岩，酸性含集块角砾凝灰岩及含砾凝灰岩和沉凝灰岩，与寿山沟组呈不整合接触。第四系广泛分布，主要岩性为冲洪积、冲坡积物及残坡积碎石，风成砂及亚砂土。晚侏罗世火山岩活动强烈，致使梅劳特断裂再次复活，在断裂带及两侧宽约500m、长度1000m的范围内形成一系列的北西向、北东向及近南北向断裂，为矿液的运移和赋存提供了空间。在矿区内形成以北西向为主、南北向与北东向为辅的矿脉或矿化蚀变带达40余条。北东向$F_1$断裂沿走向呈波状，显压扭性特征，长度80km、宽度约600m，走向北东东，倾向南东，倾角70°左右，为花敖包特矿区及其外围银多金属矿主要的控矿断裂。北西向$F_8$断裂带长度约北西端已发现了编号为F8－1、F8－2、F8－3、F8－4四条成群成组分布的裂隙群，控制长度500m、宽度600m，走向320°，倾向50°，倾角60°，控制二采区（图5－1）的$Ⅱ_1$、$Ⅱ_2$、$Ⅱ_3$及$Ⅱ_4$等北西向矿脉，南北向断裂带$F_{13}$为一隐伏断裂带，南北向分布，长度约1500m，为容矿构造，控制了二采区南北向分布的Ⅶ、Ⅶ号等17条矿体，控制长度150m、宽度100m，倾向西，倾角60°～80°。南北向$F_{14}$断裂带为一隐伏断裂带，控制长度300m、宽度150m，倾向西，倾角60°～80°，控制三采区南北向分布的$Ⅲ_5$、$Ⅲ_6$号等13条矿体。二叠纪超基性岩受F1断裂控制，呈北东东向带状展布，岩性主要为蛇纹岩（斜辉辉橄岩）。脉岩主要有次流纹岩、花岗斑岩及闪长玢岩。

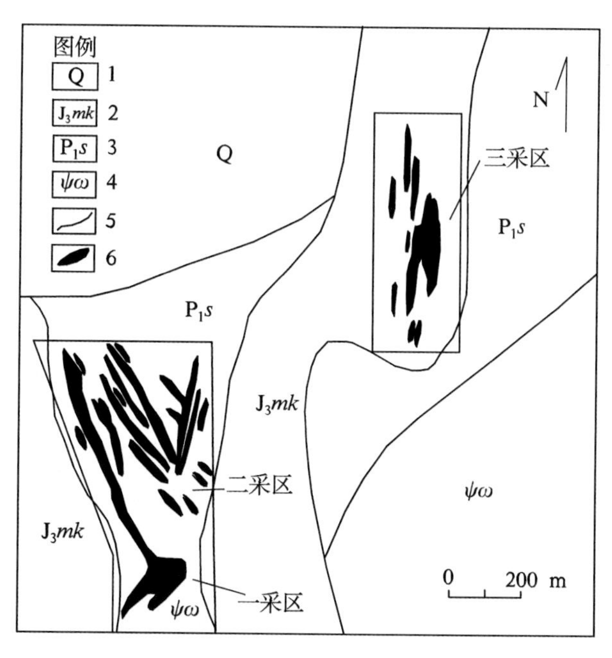


图5－1　花敖包特银铅锌矿床地质图

1.第四系；2.上侏罗统满克头鄂博组；3.下二叠统寿山沟组；4.海西晚期蛇纹岩；5.地质界线；6.矿体

**2. 矿体特征**

花敖包特矿区矿（化）体主要赋存于下二叠统寿山沟组破碎带中，受逆冲断裂及近侧的低序次张性断裂构造联合控制。已发现银铅锌多金属矿体45条，其中最大矿体为Ⅰ₁号和Ⅱ₂号矿体。Ⅰ₁号矿体走向59°，倾向南东，倾角58°～68°，倾向延深330m。该矿体以填充方式产在二叠纪蛇纹岩与下二叠统寿山沟组变质砂岩的接触带上，矿体呈板柱状、囊状，厚7.47～55.16m，平均厚25.56m，矿体无论走向还是倾向上多呈锯齿状，分支矿脉发育，由浅部向深部厚度变薄。矿体上富下贫，上部以铅锌为主，下部以硫、砷为主，平均品位：Ag $296\times10^{-6}$，Pb 6.21%，Zn 12.06%。Ⅱ₂号矿体呈脉状，严格受北西325°构造控制，赋存于下二叠统寿山沟组变质砂岩中，南端下部与Ⅰ₁号矿体相连。长450m，倾向深530m（图5-2），厚0.69～60.09m，平均13.78m，由浅部向深部厚度变薄，平均品位：Ag $143\times10^{-6}$，Pb 2.09%，Zn 2.65%。矿体在走向上成群、成束分布，平面上为左行雁行状，倾向上呈单斜叠瓦状排列。矿体经常与不同性质的构造角砾岩或隐爆角砾岩以及次流纹岩体相伴出现。主要矿体以块状、细脉浸染状矿石居多，其他小矿体以浸染状及条带状矿石为主。矿体总体走向以北东、北西和近南北向为主，倾向以北东、东及南东向为主，倾角45°～70°。矿体厚度一般为10m至数十米，延长40～450m、延深15～530m。矿体形态简单，呈半隐伏—隐伏的透镜状、脉状产出，但沿走向和倾向上均有尖灭再现、局部有分支复合现象。

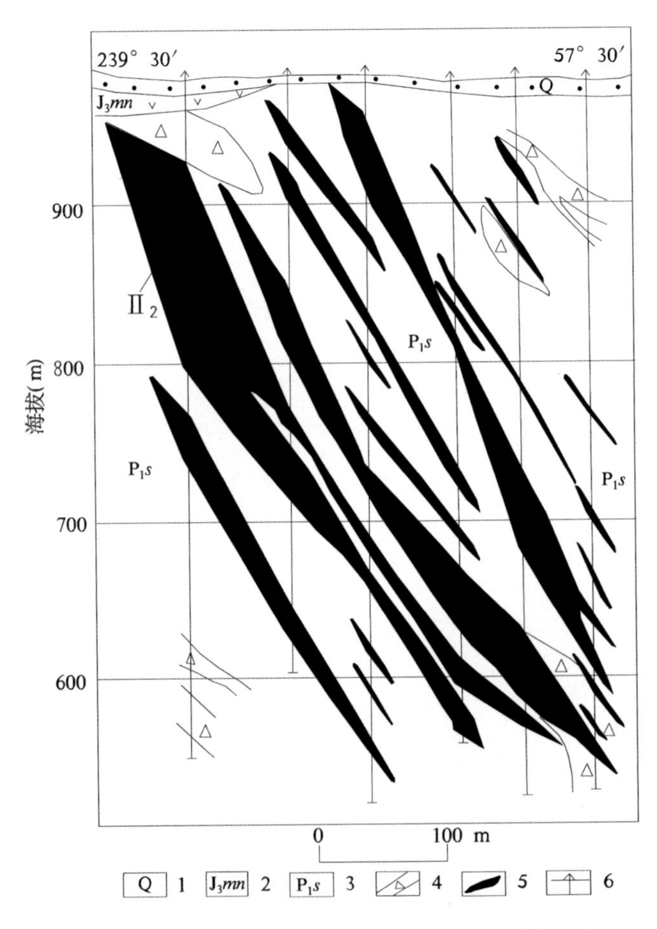


图5-2　花敖包特银铅锌矿床5号勘探线剖面图

1.第四系；2.上侏罗统玛尼吐组；3.下二叠统寿山沟组；4.构造角砾岩(隐爆角砾岩)；5.矿体；6.钻孔

**3. 矿石特征**

1）矿石结构构造

矿石结构为他形晶粒状、自形、半自形、交代溶蚀、残余、包含及乳浊状等结构；矿石构为块状、致密块状、脉状、细脉浸染状、团块状、斑杂状、角砾状及条带状等构造。

2)矿石矿物组分

矿石矿物主要为黄铁矿、方铅矿、闪锌矿、毒砂及黄铜矿,次为银黝铜矿、磁黄铁矿、辉锑矿、辉铁锑矿、硫铜锑矿、辉铜矿、砷黝铜矿、深红银矿、硫锑铅矿、金红石及铜蓝等。主要矿物共生组合为方铅矿-闪锌矿-黄铁矿、方铅矿-闪锌矿、方铅矿-深红银矿、方铅矿-闪锌矿-银黝铜矿、方铅矿-闪锌矿-黄铁矿-毒砂及黄铁矿-毒砂组合等。脉石矿物主要为石英、长石及绢云母,其次为绿泥石、方解石、角闪石、蛇纹石、萤石等。黄铁矿为矿石中最多的金属矿物,主要呈他形粒状,少部分以自形晶、半自形晶产出,黄铁矿与方铅矿、闪锌矿和毒砂关系比较密切,黄铁矿中可见有自然银微粒产出。闪锌矿多以他形粒状以及粗大集合体产出。在闪锌矿中包含有银黝铜矿细小颗粒,说明闪锌矿与银矿物关系密切,并为银的载体矿物。方铅矿以他形粒状及其集合体产出,与闪锌矿、黄铁矿一起构成致密块状矿石,方铅矿分为两期,一期与闪锌矿同期形成,呈中细粒他形粒状集合体分布于其他矿物的空隙及脉石中;二期为半自形粗粒状集合体,呈不规则脉状侵入于闪锌矿及方铅矿集合体中。在方铅矿中常包含有银黝铜矿(含量98%)和深红银矿(含量100%),为银矿物的主要载体矿物。银黝铜矿在方铅矿中多以粒状及短脉状产出;深红银矿呈细小粒状包裹体出现,主要出现在辉锑矿、方铅矿、硫铜锑矿、毒砂和黄铁矿中,多以脉状产出,还有的以短脉状和粒状分布,颗粒比较细。

3)矿石化学成分

银铅锌矿石主要有用元素为Pb、Zn、Ag,品位变化系数Pb 62%～176%、Zn 62%～126%、Ag 55%～191%;银铅矿石主要有用元素为Pb、Ag,品位变化系数Pb 140%、Zn 67%、Ag 111%;银矿石、锌矿石主要有用元素分别为Ag和Zn,品位变化系数Pb 114%、Zn 134%、Ag 104%. 伴生元素有Sb、Au、As、S、Hg、Ga、Cd、In等,在原矿中均达到综合利用指标。S在尾矿中进行二次选矿回收,稀有分散元素Ga、Cd、In等可富集在铅、锌精矿中综合回收。

4)矿石类型

矿床可划分为氧化带、混合带和原生带。氧化带延深(垂深)20m左右,混合带为20～50m,50m以下为原生带。矿石工业类型为致密块状富铅矿石、致密块状富锌矿石、致密块状富铅锌矿石、细脉浸染状富铅锌矿石、致密块状富银矿石、浸染状贫矿石、致密块状富毒砂矿石、浸染状贫铅锌矿石、致密块状富黄铁矿矿石及致密块状富毒砂黄铁矿矿石等。

**4. 成矿阶段**

成矿作用具有多阶段、多期性和复杂性的特点,通过对各类矿石的化学分析及镜下鉴定结果的分析研究,初步划分为高温热液、中温—低温热液及表生氧化3个成矿作用阶段。

高温热液成矿阶段(450～300℃):成矿流体以富含S、F、Si、Sn、Sb为主,表现为硅化、绢云母化、黄铁矿化。矿物组合为黄铁矿、磁黄铁矿、毒砂;脉石矿物为石英、绢云母。

中温—低温热液成矿阶段(300～100℃):为主要成矿阶段。成矿流体富含S、Ca、$CO_2$、Ag、Pb、Zn、F。蚀变为硅化、绢云母化、萤石化、绿泥石化、黄铁矿化及碳酸盐化。矿物组合为方铅矿、闪锌矿黄铁矿、毒砂、黄铜矿、银黝铜矿、磁黄铁矿、辉锑矿、辉铁锑矿、硫铜锑矿、辉铜矿、砷黝铜矿、深红银矿等。

表生氧化阶段:矿区表生氧化作用不甚发育,仅在$I_1$号矿体地表见有铅华、铜蓝及褐铁矿化。矿体赋存于下二叠统寿山沟组和海西晚期蛇纹岩中,矿体与围岩界线基本清楚。根据蚀变矿物空间分布以及它们之间的穿插关系,将围岩蚀变划分为3期:早期伴随岩浆侵入活动形成面状蚀变,表现为斜辉橄榄岩体普遍蛇纹岩化;中期蚀变伴随成矿作用形成与矿体关系密切的带状蚀变,在蛇纹岩与砂岩接触带附近,局部形成硅化赤铁矿化带、硅化黄铁矿化带、硅化碳酸盐化带;晚期蚀变主要沿控矿构造发育,形成线状蚀变,主要蚀变有硅化、黄铁矿化、碳酸盐化、高岭土化、绢云母化,硅化表现为伴随碳酸盐化形成沿构造发育的石英细脉,硅化与块状硫化物矿化关系极为密切,蚀变强度与矿化强度成正比。围岩蚀变具有明显的分带性,从内到外,依次为绿泥石化带—绢云母化、硅化、黄铁矿化带—碳酸盐化带。由于受多种成矿类型和火山喷气-热液脉动性的影响,蚀变分带出现纷繁交错现象。

（二）典型矿床成矿模式

Ag、Pb、Zn 多金属矿化主要产于下二叠统寿山沟组中。矿体呈脉状赋存于北西、北东及南北向的构造破碎带中，严格受断裂构造控制。矿区地层本身聚集了一定的成矿元素，经区域变质升温作用，促进元素的活化、迁移；后经断裂活动为成矿热液提供了通道，并为矿体赋存提供了空间；流纹岩和花岗斑岩等次火山岩、浅成岩的侵入又为含矿热液提供了热源，并为成矿元素提供了载体（图 5-3）。

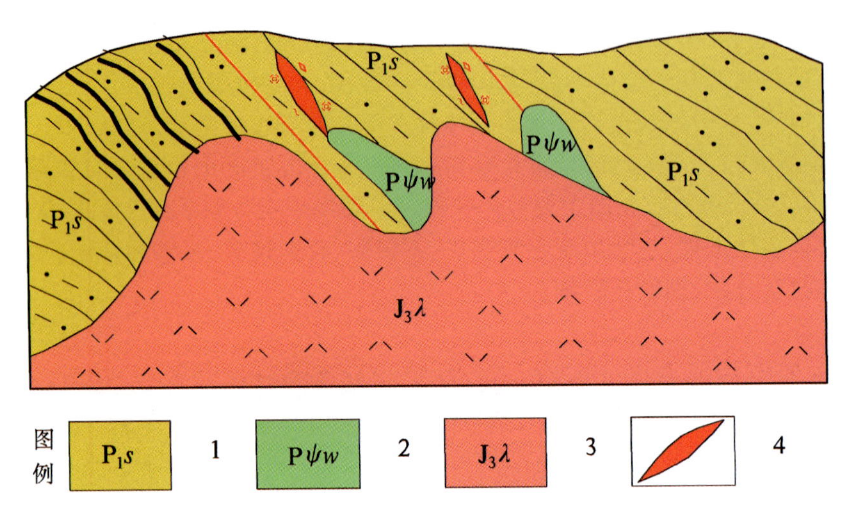


图 5-3 花敖包特式热液型银铅锌矿典型矿床成矿模式图

1. 下二叠统寿山沟组；2. 二叠纪蛇纹岩（原岩为斜辉辉橄岩）；3. 晚侏罗世次流纹岩；4. 矿体

## 二、典型矿床物探特征

布格重力异常等值线平面图上，花敖包特中低温热液型银铅锌矿床位于布格重力异常等值线的扭曲部位，其北为重力高，$\Delta g_{max}=-78.23\times10^{-5}m/s^2$，剩余重力异常等值线平面图亦反映重力高异常，异常编号为 G 蒙-210 号；其南侧表现为等轴状的重力低异常，编号为 L 蒙-210 号。重力高值区地表主要出露低密度的白垩系沉积岩（$\sigma$ 为 $2.51g/cm^3$），零星出露密度较高的二叠系（$\sigma$ 为 $2.65g/cm^3$）。重力低值区地表出露低密度的侏罗纪火山岩（$\sigma$ 为 $2.52g/cm^3$），结合地质及物性资料，推断北部重力高异常是由二叠系引起，南部局部重力低异常为中性—酸性花岗岩体的反映。表明花敖包特银铅锌矿床在成因上不仅与二叠系有关，而且与中性—酸性岩体有关（图 5-4）。

1∶20 万航磁（$\Delta T$）化极等值线平面图上，该区总体反映区域正磁场，强度在 100～200nT 之间，在正磁场上叠加了 3 个等轴状局部正磁异常，强度在 600～900nT 之间，根据地表情况分析，推断该区域正磁场为二叠系的反映，等轴状局部正磁异常为中酸性岩体引起。

## 三、典型矿床地球化学特征

花敖包特多金属矿位于一条北东向小断裂上，附近出现了以 Ag、Pb、Zn 为主，伴有 Cd、As、Sb、W、Mo 等组成的综合异常，Ag、As、Sb 异常规模较大，强度高，具有明显的浓度分带，其西部和南部还存在明显的浓集中心，Pb、Zn、W、Cd 异常呈四级浓度分带，Mo 呈二级浓度分带，呈同心环状分布，Au 异常作为远程指示元素位于矿区外围（图 5-5）。

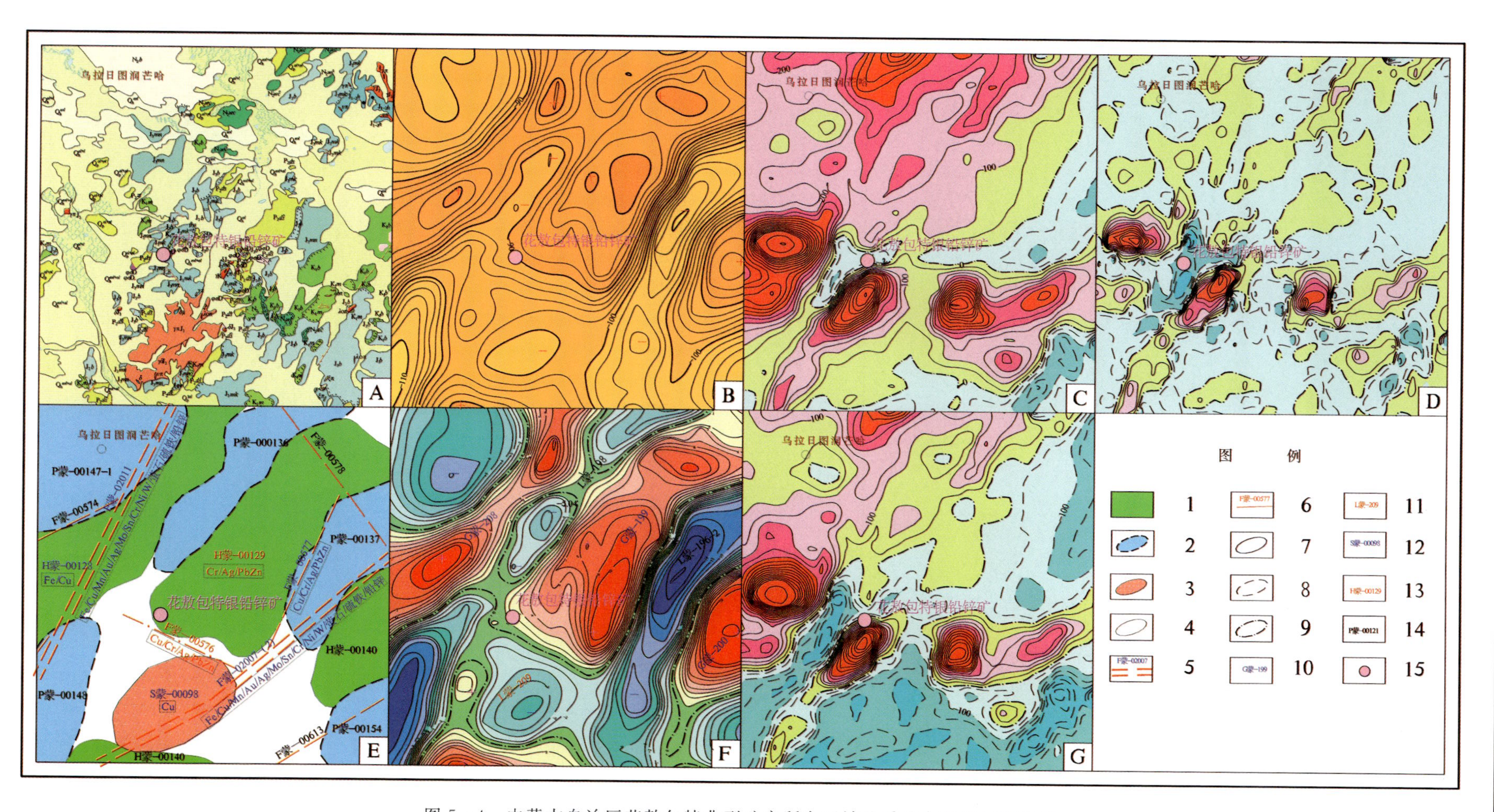


图 5-4　内蒙古自治区花敖包特典型矿床所在区域地质矿产及物探剖析图

A. 地质矿产图；B. 布格重力异常图；C. 航磁 $\Delta T$ 等值线平面图；D. 航磁 $\Delta T$ 化极垂向一阶导数等值线平面图；E. 重力推断地质构造图；F. 剩余重力异常图；G. 航磁 $\Delta T$ 化极等值线平面图；1. 古生代地层；2. 盆地及边界；3. 酸性—中酸性岩体；4. 出露岩体边界；5. 重力推断一级断裂构造及编号；6. 重力推断三级断裂构造及编号；7. 航磁正等值线；8. 航磁负等值线；9. 零等值线；10. 剩余重力正异常编号；11. 剩余重力负异常编号；12. 酸性—中酸性岩体编号；13. 地层编号；14. 盆地编号；15. 热液型银铅锌矿点

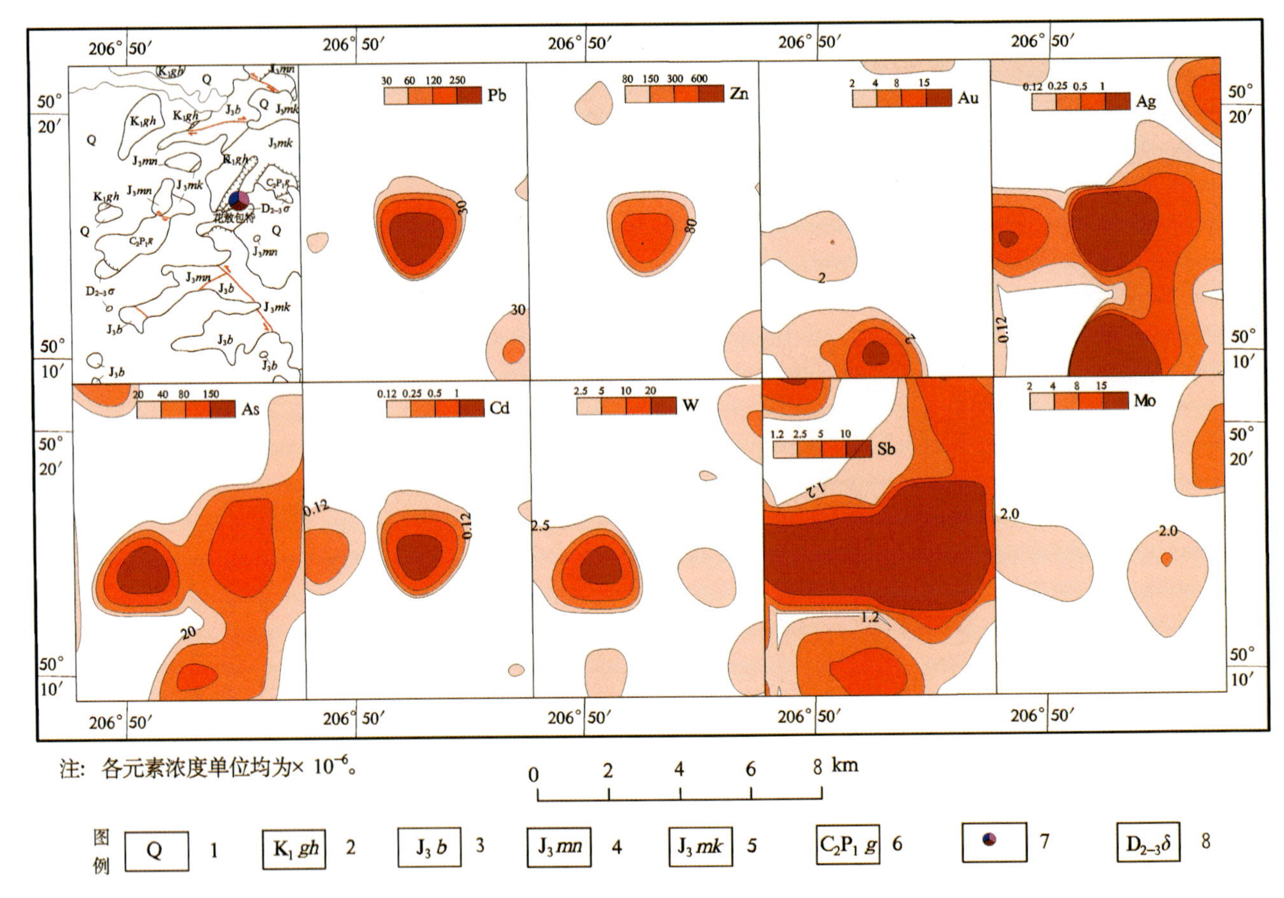


图 5-5　花敖包特典型矿床所在区域地质矿产及化探剖析图

1.第四系；2.下白垩统甘河组；3.上侏罗统白音高老组；4.上侏罗统玛尼吐组；5.上侏罗统满克头鄂博组；6.石炭系格根敖包组；7.铅锌银矿点；8.中—晚泥盆世橄榄岩

## 四、典型矿床预测模型

矿床形成取决于4个基本条件：一是以酸性次火山岩为代表的岩浆岩提供成矿物源和热源；二是围岩中的断裂、裂隙、与岩体接触的破碎带、爆破角砾岩带为矿液运移提供了通道和储矿空间；三是蛇纹岩和寿山沟组砂板岩构成矿液阻挡层；四是上侏罗统火山碎屑岩盖层与下构造层组成上叠式断层不整合圈闭构造。矿床工业类型为脉状银铅锌多金属矿床，矿床成因类型为中低温次火山岩热液型矿床，主成矿期为晚侏罗世（表5-1）。

**表5-1　花敖包特式热液型银铅锌矿典型矿床成矿要素表**

| 成矿要素 | | 描述内容 | | | 成矿要素分级 |
|---|---|---|---|---|---|
| 预测资源量 | | Ag(金属量)：2692t | 平均品位 | $3.94\times10^{-6}$ | |
| 特征描述 | | 中低温热液型矿床 | | | |
| 地质环境 | 构造背景 | Ⅰ天山-兴蒙造山系，Ⅰ-Ⅰ大兴安岭弧盆系，Ⅰ-1-6锡林浩特岩浆弧($Pz_2$) | | | 必要 |
| | 成矿环境 | Ⅰ-4滨太平洋成矿域(叠加在古亚洲成矿域之上)；Ⅱ-12大兴安岭成矿省；Ⅲ-8林西-孙吴铅、锌、铜、钼、金成矿带(Ⅲ-50) | | | 必要 |
| | 成矿时代 | 晚侏罗世 | | | 必要 |

续表 5-1

<table>
<tr><td colspan="2">成矿要素</td><td colspan="3">描述内容</td><td rowspan="3">成矿要素分级</td></tr>
<tr><td colspan="2">预测资源量</td><td>Ag(金属量):2692t</td><td>平均品位</td><td>$3.94\times10^{-6}$</td></tr>
<tr><td colspan="2">特征描述</td><td colspan="3">中低温热液型矿床</td></tr>
<tr><td rowspan="7">矿床特征</td><td>矿体形态</td><td colspan="3">板柱状、脉状</td><td>次要</td></tr>
<tr><td>岩石类型</td><td colspan="3">砂岩、含砾砂岩、细砂岩、粉砂岩,少量泥岩及蚀变含角砾火山碎屑岩</td><td>重要</td></tr>
<tr><td>岩石结构</td><td colspan="3">砂粒状结构</td><td>次要</td></tr>
<tr><td>矿物组合</td><td colspan="3">黄铁矿、方铅矿、闪锌矿、毒砂及黄铜矿,次为银黝铜矿、磁黄铁矿、辉锑矿、辉铁锑矿、硫铜锑矿、砷黝铜矿、深红银矿、硫锑铅矿、金红石及铜蓝等</td><td>重要</td></tr>
<tr><td>结构构造</td><td colspan="3">他形晶粒状、自形、半自形、交代溶蚀、残余、包含及乳浊状等结构;块状、致密块状、脉状、细脉浸染状、团块状、斑杂状、角砾状及条带状等构造</td><td>次要</td></tr>
<tr><td>蚀变特征</td><td colspan="3">绿泥石化带—绢云母化、硅化、黄铁矿化—碳酸盐化</td><td>重要</td></tr>
<tr><td>控矿条件</td><td colspan="3">赋矿地层为下二叠统寿山沟组砂板岩,北西、北东及近南北向的构造破碎带,热液则充填在燕山期次流纹岩体附近的裂隙中形成银铅锌矿体</td><td>必要</td></tr>
</table>

## 第二节 预测工作区研究

### 一、区域地质特征

该预测工作区已查明银铅锌矿(床)点 23 处,均赋存于下二叠统寿山沟组中,燕山期侵入岩与成矿密切相关。

### 二、区域地球物理特征

由布格重力异常图可知,预测工作区区域重力场总体走向呈北东向,反映了区域构造格架的方向;预测工作区反映东南部重力高、中部重力低、西北部相对重力高的特点,重力场最低值$-148.63\times10^{-5}m/s^2$,最高值$-27.93\times10^{-5}m/s^2$,沿克什克腾旗—霍林郭勒市一带布格重力异常总体反映重力低异常带,异常带走向北北东,呈宽条带状,长约 370km,宽约 90km。地表断断续续出露不同期次的中、新生代花岗岩体,推断该重力低异常带是中—酸性岩浆岩活动区(带)引起。局部重力低异常是花岗岩体和次火山热液活动带所致。

预测工作区推断断裂构造以北东向和北西向为主;推断地层单元呈带状和不规则面状,对应剩余重力正异常;中—新生界盆地呈北东向带状分布,中性—酸性岩体呈等轴和椭圆状,二者均与区内的剩余重力负异常对应。

### 三、区域地球化学特征

区域上分布有 Ag、Pb、Zn、Sn、W、Sb、Cu、As 等组成的高背景区带,在高背景区带中有以 Ag、Pb、Zn、Cu、W、Sn、Mo、Sb 为主的多元素局部异常。预测区内共有 281 个 Ag 异常,169 个 As 异常,190 个 Au 异常,194 个 Cu 异常,139 个 Mo 异常,200 个 Pb 异常,184 个 Sb 异常,214 个 W 异常,192 个 Zn 异常，208 个 Sn 异常。

Ag、Pb、Zn、W、Sn、Cu、As、Sb 在全区形成大规模的高背景区带，在高背景区带中分布有明显的局部异常，Ag、As、Sb、W 在预测区均具有北东向的浓度分带，且有多处浓集中心，Ag 在高背景区中存在两处明显的局部异常，主要分布在乌力吉德力格尔—西乌珠穆沁旗，呈北东向带状分布，另一处在敖包吐沟门地区；Pb、Zn 高背景值在预测区呈北东西带状分布，有多处浓集中心，Pb、Zn 在敖包吐沟门地区分布有大范围的局部异常，浓集中心明显，强度高，Pb、Zn 异常套合好；Sb、W 在达来诺尔镇和敖瑙达巴之间存在范围较大的局部异常，浓集中心明显，强度高；Sb 在胡斯尔陶勒盖和西乌珠穆沁旗以南有两处明显的局部异常，浓集中心明显，大体呈环状分布；达来诺尔镇—乌日都那杰嘎查一带存在规模较大的 As 局部异常，有多处浓集中心，浓集中心明显，强度高，范围广；Sn 沿达来诺尔镇—白音诺尔镇—巴雅尔吐胡硕镇一带呈北东向带状异常贯穿整个预测区，异常规模大，强度高，此异常带以西还分布有大面积的局部异常，以东地区 Sn 为低值区；Cu 在预测区沿北东向呈高背景带状分布，浓集中心分散且范围较小；Au 和 Mo 在预测区呈背景、低背景分布。

组合异常 Z－1、Z－2、Z－3 分布在同一条北东向的 Ag 异常带上，规模较大的 Ag 异常带上，Ag 具有明显的浓度分带，在巴雅尔图胡硕、呼斯尔陶勒盖东南、西乌珠穆沁旗以南的浓集中心处与 Pb、Zn、Cu、Sn、Sb、As 异常空间套合较好，Z－1 和 Z－2 处的 Pb、Zn、Cu 异常的空间展布特征与 Ag 极为相似。Z－4 处 Ag 异常规模大，强度高，呈南北或北东向展布，该区 Pb、Zn、Sb 异常规模也较大，且与 Ag 异常套合程度较高，Cu、Mo 异常面积较小，与其他元素套合程度较差。Z－6、Z－7、Z－8、Z－9、Z－10 处 Ag 异常规模较大，具有明显的浓度分带和浓集中心，空间上大多呈北东向或北西向展布，Pb、Zn、Cu 异常与之空间套合良好。

## 四、区域遥感影像及解译特征

本预测工作区内共解译出大型构造 20 余条，由西到东依次为嘎尔迪布楞-芒罕乌罕构造、白音乌拉-乌兰哈达断裂带、锡林浩特北缘断裂带、锡林浩特北缘断裂带、扎鲁特旗深断裂带、巴彦乌拉嘎查-塔里亚托构造、翁图苏木-沙巴尔诺尔断裂带、新林-白音特拉断裂带、白音乌拉-乌兰哈达断裂带、大兴安岭主脊-林西深断裂带、新木-奈曼旗断裂带、额尔格图-巴林右旗断裂带、额尔敦宝拉格嘎查-那杰嘎查近东西向断裂、图力嘎以东构造、宝日格斯台苏木-宝力召断裂带、嫩江-青龙河断裂带，除新木-奈曼旗断裂带、宝日格斯台苏木-宝力召断裂带，沿北西向分布，其他大型构造走向基本为近北东方向分布，不同方向的大型构造在区域内相交错断，形成多处三角形及四边形构造，部分构造带交会处成为错断密集区，总体构造格架清晰。

本预测工作区内的环形构造非常密集，解译出环形构造 200 余处。主要分布在该区域的中部及东部地区，西部相对较少。多与中生代花岗岩类、古生代花岗岩类、隐伏岩体、基性岩类有关。环形构造还与构造穹隆或构造盆地、火山口、火山机构或通道有关。

## 五、区域预测模型

根据预测工作区区域成矿要素和航磁、重力、化探信息，建立了本预测工作区的区域预测要素，并编制预测工作区预测要素图和预测模型图。

区域预测要素图以区域成矿要素图为基础，综合研究重力、航磁、化探、遥感、自然重砂等综合致矿信息，总结区域预测要素表（表 5－2），并将综合信息各专题异常曲线或区全部叠加在成矿要素图上，在表达时可以出单独预测要素如航磁的预测要素图。

**表 5-2 花敖包特式复合内生型银铅锌矿花敖包特预测工作区预测要素表**

| 区域预测要素 | | 内容描述 | 要素类别 |
|---|---|---|---|
| 地质环境 | 大地构造位置 | 矿床处于西伯利亚板块、华北板块、松辽板块接合部位之走向北东—北北东向的华力西褶皱带内 | 必要 |
| | 成矿区(带) | 花敖包特矿区位于大兴安岭南段西坡银多金属成矿带 | 必要 |
| | 区域成矿类型及成矿期 | 复合内生型,晚侏罗世 | 必要 |
| 控矿地质条件 | 赋矿地质体 | 下二叠统寿山沟组 | 必要 |
| | 控矿侵入岩 | 海西晚期蛇纹岩 | 必要 |
| | 主要控矿构造 | 区域构造线总体为北北东向。主要断裂构造是梅劳特深断裂和花敖包特东平推断层。梅劳特深断裂为海西晚期形成的北东向压性平推断裂,走向北东东,倾向南东,倾角70°左右,继承性活动比较明显。该断裂切穿基底,为岩浆的上升提供了通道,对本区多金属矿化以及矿床的形成具有重要的控制作用 | 必要 |
| 区内相同类型矿点 | | 大型矿床1处,中型矿床3处,小型矿床4处,矿点15处 | 重要 |
| 地球物理特征 | 重力异常 | 预测区区域重力场总体格架为北东向走向;预测区反映东南部重力高、中部重力低、西北部相对重力高的特点,重力场最低值$-148.63\times10^{-5}m/s^2$,最高值$-27.93\times10^{-5}m/s^2$,沿克什克腾旗—霍林郭勒市一带布格重力异常总体反映重力低异常带,异常带走向北北东,呈宽条带状,长约370km,宽约90km。地表断断续续出露不同期次的中—新生代花岗岩体,推断该重力低异常带是中酸性岩浆岩活动区(带)引起。局部重力低异常是花岗岩体和次火山热液活动带所致 | 重要 |
| | 磁法异常 | 高精度磁测找矿模式表现为:主要容矿断裂下盘围岩以弱磁性寿山沟组长石细砂岩为主,上盘为上覆弱磁性角砾凝灰岩,下伏强磁性蛇纹岩,矿体呈脉状、细脉状、浸染状及带状。多位于凝灰岩、超基性岩与围岩接触带,矿体区岩石破碎、蚀变较强,围岩蚀变表现为斜辉橄榄岩体普遍蛇纹岩化 | 重要 |
| 地球化学特征 | | 分别运用金属活动态测量、地球气测量、地电化学测量、土壤全量测量对矿区主要矿体布置剖面,结果表明4种方法均在矿体上方发现了很好的Pb异常,异常与矿体的位置吻合程度很好,金属活动态测量所发现的异常与矿体的对应关系最好 | 重要 |
| 遥感特征 | 遥感影像特征 | 依据线性影像,解译的北东向、北西向次级断裂 | 重要 |
| | 异常信息特征 | 局部有一级铁染和羟基异常 | 重要 |

预测模型图的编制,以地质剖面图为基础,叠加区域航磁及重力剖面图而形成,简要表示预测要素内容及其相互关系,以及时空展布特征(图5-6)。

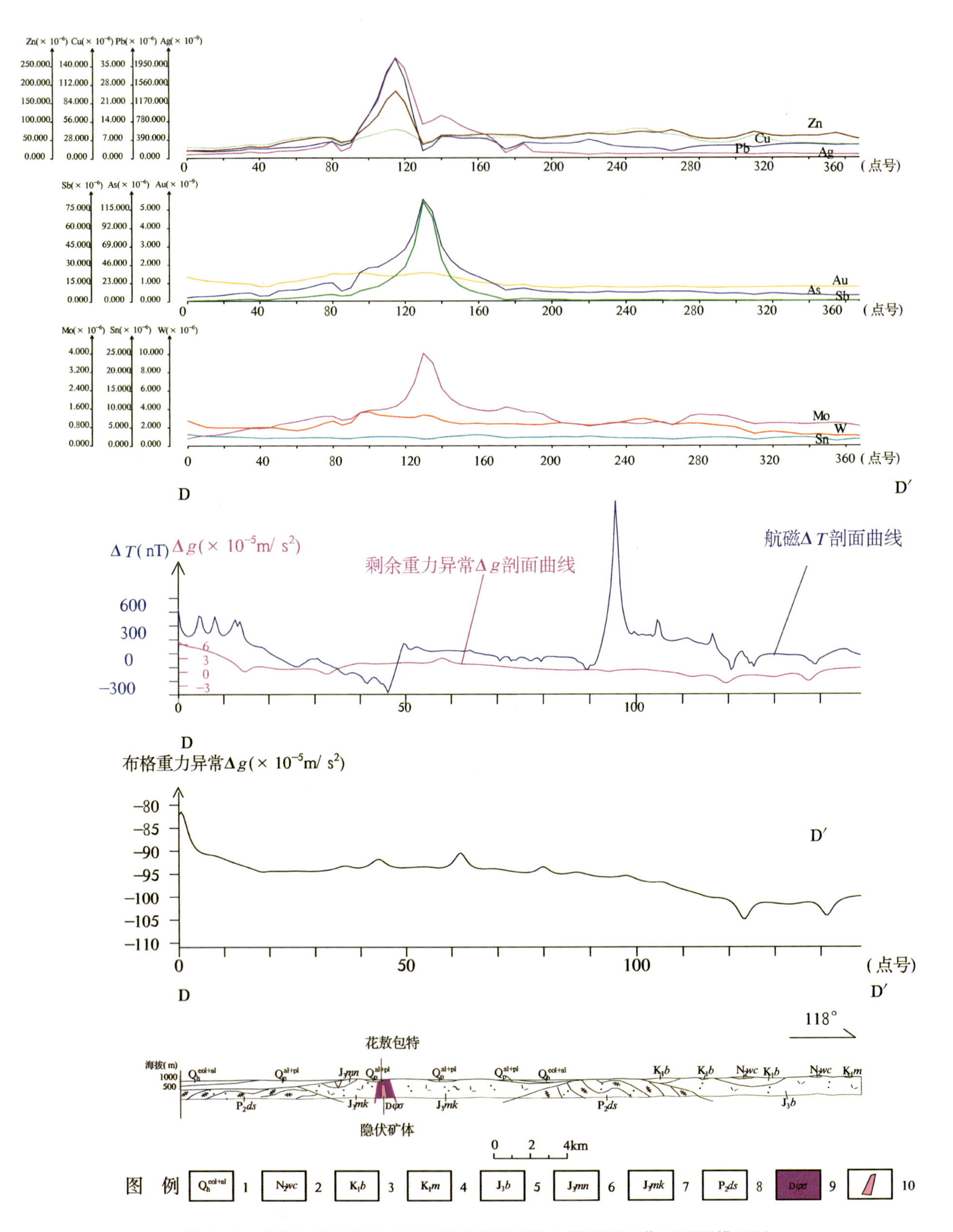


图5-6　花敖包特式复合内生型银铅锌矿花敖包特预测工作区预测模型图

1.全新世冲积层;2.五岔沟组;3.巴彦花组;4.梅勒图组;5.白音高老组;6.玛尼吐组;7.满克头鄂博组;8.大石寨组;9.超基性岩;10.银矿体

# 第三节 矿产预测

## 一、综合地质信息定位预测

### （一）变量提取及优选

根据典型矿床成矿要素及预测要素研究，以及预测区提取的要素特征，选择网格单元法作为预测单元，根据预测底图比例尺确定网格间距为5km×5km，图面为20mm×20mm。

根据典型矿床成矿要素及预测要素研究，结合现所收集的资料，选取的变量如下。

(1)地层：主要提取下二叠统寿山沟组，并对上覆第四系视地质体的具体情况进行了揭盖处理。

预处理：对寿山沟组的第四纪覆盖层按照倾角及预测延深进行揭盖。

揭盖距离计算方法：$L=H\times\tan\alpha$，其中，$L$ 为揭盖距离；$H$ 为预测延深；$\alpha$ 为岩层倾角。

(2)航磁异常采用化极 $\Delta T$ 等值线，其异常值提取范围为0～485nT。

(3)重力剩余异常等值线，其异常值提取范围为(−3～13)×$10^{-6}$m/s$^2$。

(4)银铅锌化探异常区。

(5)已知矿床(点)：目前收集到的有23处，其中，大型1处，中型3处、小型4处、矿(化)点15处。

(6)蚀变带。

(7)遥感：采用遥感解译断层。

在MRAS软件中，对揭盖后的地质体、接触带、矿点缓冲区、断裂缓冲区、银铅锌化探异常区、蚀变带等求区的存在标志，对航磁化极、剩余重力求起始值的加权平均值，并进行以上原始变量的构置，对地质单元进行赋值，形成原始数据专题。

根据已知矿床所在地区的航磁化极值、剩余重力值对原始数据专题中的航磁化极、剩余重力起始值的加权平均值进行二值化处理，形成定位数据转换专题。

进行定位预测变量选取，所选取变量与成矿关系较为密切。

### （二）最小预测区圈定及优选

由于预测区内已知矿床较多，因此采用MRAS矿产资源GIS评价系统中有预测模型工程，利用网格单元法进行定位预测。采用空间评价中证据权重法、特征分析法等方法进行预测，比照各类方法的结果，确定采用特征分析法进行评价，再结合综合信息法叠加各预测要素圈定最小预测区，并进行优选。

(1)采用MRAS矿产资源GIS评价系统中的预测模型工程，添加地质体、断层、Pb、Zn化探异常、剩余重力、航磁化极、遥感、蚀变等各要素专题图层。

(2)采用网格单元法设置预测单元，网格单元范围为预测工作区范围，单元大小为20mm×20mm。

(3)地质体、断层、遥感环要素进行单元赋值时采用区的存在标志；化探、剩余重力、航磁化极则求起始值的加权平均值，进行原始变量构置。

(4)对剩余重力、航磁化极进行二值化处理，人工输入变化区间：剩余重力−3～13m/s$^2$，航磁化极值0～485nT，并根据形成的定位数据转换专题构造预测模型。

(5)采用特征分析法进行空间评价：①各变量标志权系数计算；②计算成矿概率；③成矿概率图；④编辑图例；⑤预测结果。

(6)最小预测区圈定与分级

叠加所有成矿要素及预测要素，根据形成的预测单元图及不同级别的各要素边界，圈定最小预测区。

## (三)最小预测区圈定结果

最小预测区圈定结果如图 5-7 和表 5-3 所示。

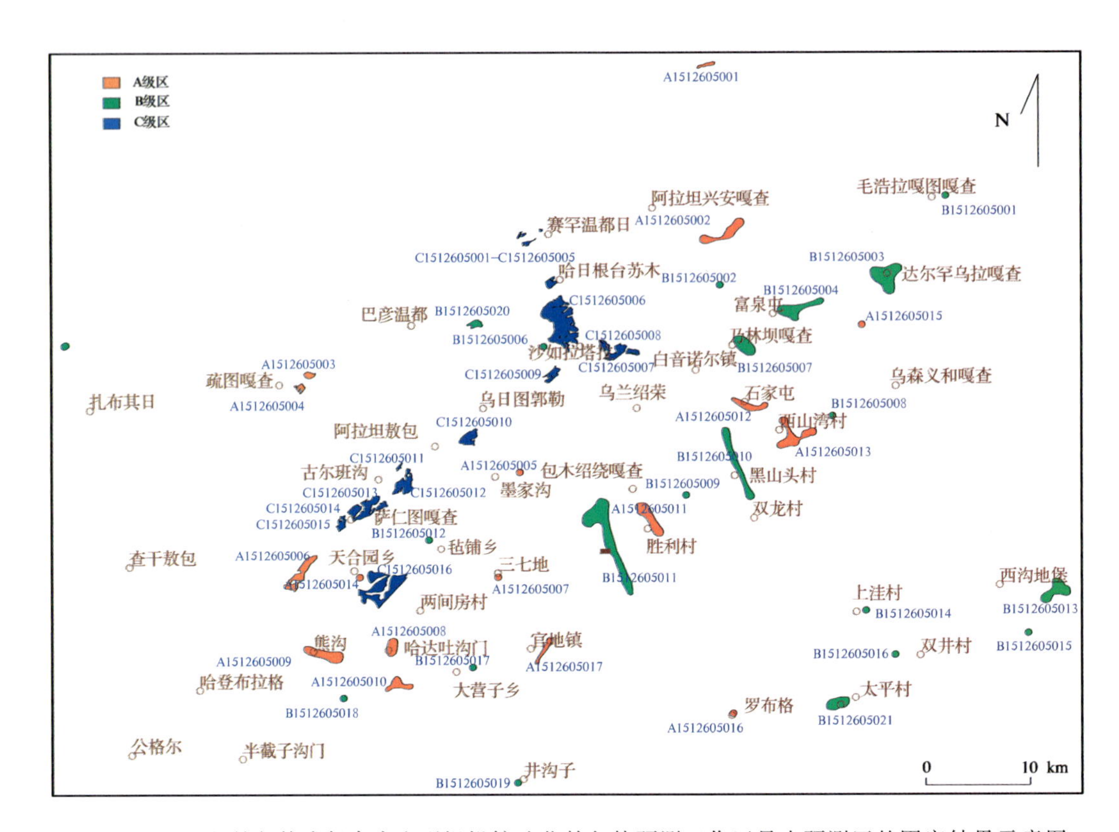


图 5-7　花敖包特式复合内生型银铅锌矿花敖包特预测工作区最小预测区的圈定结果示意图

**表 5-3　花敖包特式复合内生型银铅锌矿花敖包特预测工作区各最小预测区的一览表**

| 最小预测区编号 | 最小预测区名称 | 经度 | 纬度 | 面积(km²) |
| --- | --- | --- | --- | --- |
| A1512605001 | 花敖包特 | E118°58′26″ | N45°15′40″ | 4.20 |
| A1512605002 | 沙布楞山 | E119°02′53″ | N44°49′15″ | 28.57 |
| A1512605003 | 希热努塔嘎 | E117°28′10″ | N44°27′30″ | 3.09 |
| A1512605004 | 疏图嘎查 | E117°26′37″ | N44°25′24″ | 4.75 |
| A1512605005 | 五十家子镇 | E118°14′53″ | N44°11′37″ | 4.23 |
| A1512605006 | 沙胡同 | E117°25′49″ | N43°55′57″ | 3.09 |
| A1512605007 | 三七地 | E118°09′45″ | N43°54′60″ | 28.31 |
| A1512605008 | 黄岗 | E117°45′58″ | N43°44′10″ | 3.09 |
| A1512605009 | 同兴 | E117°31′18″ | N43°43′04″ | 15.06 |
| A1512605010 | 那斯台 | E117°47′01″ | N43°38′19″ | 14.01 |
| A1512605011 | 后卜河 | E118°43′24″ | N44°03′45″ | 29.93 |
| A1512605012 | 收发地 | E119°04′36″ | N44°21′38″ | 8.74 |
| A1512605013 | 碧流台 | E119°18′60″ | N44°16′50″ | 16.60 |
| A1512605014 | 顺元 | E117°38′60″ | N43°55′15″ | 3.09 |
| A1512605015 | 敖脑达巴 | E119°31′23″ | N44°33′45″ | 30.93 |

**续表 5-3**

| 最小预测区编号 | 最小预测区名称 | 经度 | 纬度 | 面积(km²) |
|---|---|---|---|---|
| A1512605016 | 巴彦塔拉 | E119°00′30″ | N43°32′38″ | 17.71 |
| A1512605017 | 大井子 | E118°19′19″ | N43°43′10″ | 35.08 |
| B1512605001 | 脑都木 | E119°50′50″ | N44°53′48″ | 3.09 |
| B1512605002 | 呼吉尔郭勒 | E119°00′00″ | N44°40′42″ | 3.09 |
| B1512605003 | 达尔罕 | E119°36′34″ | N44°40′51″ | 47.20 |
| B1512605004 | 上井子 | E119°15′34″ | N44°36′29″ | 33.52 |
| B1512605005 | 白银乌拉 | E116°33′21″ | N44°32′11″ | 3.97 |
| B1512605006 | 乌兰拜其 | E118°20′30″ | N44°31′30″ | 3.09 |
| B1512605007 | 福山屯 | E119°05′09″ | N44°30′58″ | 23.88 |
| B1512605008 | 萤里沟 | E119°24′14″ | N44°19′25″ | 3.09 |
| B1512605009 | 哈拉白其 | E118°51′22″ | N44°07′30″ | 3.09 |
| B1512605010 | 东新井 | E119°02′24″ | N44°12′16″ | 38.93 |
| B1512605011 | 银硐子 | E118°34′28″ | N43°59′31″ | 94.77 |
| B1512605012 | 前毡铺 | E117°54′34″ | N44°01′06″ | 3.09 |
| B1512605013 | 潘家段 | E120°12′34″ | N43°50′22″ | 29.92 |
| B1512605014 | 中莫户沟 | E119°30′17″ | N43°48′24″ | 3.09 |
| B1512605015 | 家沟 | E120°05′22″ | N43°43′57″ | 3.09 |
| B1512605016 | 东升 | E119°36′22″ | N43°41′16″ | 3.09 |
| B1512605017 | 前地 | E118°03′52″ | N43°40′47″ | 3.09 |
| B1512605018 | 红眼沟 | E117°35′06″ | N43°36′04″ | 3.09 |
| B1512605019 | 水泉沟 | E118°13′20″ | N43°22′20″ | 19.40 |
| B1512605020 | 霍托勒 | E118°05′28″ | N44°35′17″ | 3.09 |
| B1512605021 | 太平沟 | E119°23′28″ | N43°33′41″ | 6.76 |
| C1512605001 | 赛罕温都日 | E118°20′26″ | N44°50′02″ | 0.57 |
| C1512605002 | 赛罕温都日西 | E118°16′29″ | N44°49′21″ | 1.01 |
| C1512605003 | 希勃图音锡热格北西 | E118°15′41″ | N44°49′20″ | 0.93 |
| C1512605004 | 希勃图音锡热格 | E118°17′26″ | N44°48′11″ | 2.69 |
| C1512605005 | 哈日根台苏木 | E118°22′30″ | N44°41′40″ | 6.48 |
| C1512605006 | 太本苏木 | E118°24′48″ | N44°35′03″ | 91.24 |
| C1512605007 | 哈日根台嘎查东 | E118°40′13″ | N44°30′25″ | 4.87 |
| C1512605008 | 哈日根台嘎查 | E118°37′32″ | N44°30′43″ | 20.95 |
| C1512605009 | 乌兰拜其南 | E118°22′22″ | N44°27′07″ | 9.49 |
| C1512605010 | 哈布其拉嘎查 | E118°03′49″ | N44°17′20″ | 15.12 |
| C1512605011 | 巴彦宝拉格嘎查 | E117°48′09″ | N44°12′47″ | 1.52 |
| C1512605012 | 古尔班沟 | E117°49′26″ | N44°10′29″ | 21.90 |
| C1512605013 | 下营子 | E117°44′22″ | N44°06′40″ | 4.54 |
| C1512605014 | 萨仁图嘎查 | E117°38′16″ | N44°06′12″ | 28.63 |
| C1512605015 | 洁雅日达巴 | E117°35′06″ | N44°03′54″ | 7.37 |
| C1512605016 | 河南营子村 | E117°42′42″ | N43°53′18″ | 62.18 |

（四）最小预测区地质评价

本次工作共圈定各级异常区 54 个，其中，A 级区 17 个（含已知矿床），总面积 250.47km²；B 级区 21 个，总面积 335.45km²；C 级区 16 个，总面积 279.49km²。各级别面积分布合理，且已知矿床均分布在 A 级区内，说明最小预测区优选分级原则较为合理；最小预测区圈定总体与区域成矿地质背景和高磁异常、剩余重力异常吻合程度较好（表 5－3，图 5－7）。

## 二、综合信息地质体积法估算资源量

（一）典型矿床深部及外围资源量估算

本部分内容与第三章第三节中的估算方法一致。

（二）模型区的确定、资源量及估算参数

模型区为典型矿床所在的最小预测区。由于花敖包特银矿位于花敖包特模型区内，因此，该模型区资源总量等于典型矿床资源总量为 9687.00t（本区除花敖包特银矿，无其他同类型银矿（化）点），模型区延深与典型矿床总延深一致（表 5－4）。

**表 5－4 花敖包特模型区预测资源量及其估算参数**

| 模型区编号 | 模型区名称 | 经度 | 纬度 | 模型区资源总量(t) | 模型区面积($m^2$) | 延深(m) | 模型区含矿地质体面积($m^2$) | 模型区含矿地质体面积参数 |
|---|---|---|---|---|---|---|---|---|
| A1512605001 | 花敖包特 | E118°58′26″ | N45°15′40″ | 9687.00 | 4 200 434 | 270 | 1 134 117 180 | 1.00 |

模型区面积（$S_3$）＝经 MRAS 处理后所得含典型矿床的模型区面积，经 MapGIS 软件读取数据后，按比例尺换算得出 4 200 434（m²）。

模型区资源总量＝典型矿床地区资源总量（$Q_1$）＋模型区预测资源总量（$Q_2$）＝9687.00（t）。

### 1. 模型区含矿地质体含矿系数确定

由于模型区内含矿地质体边界可以确切圈定，其面积与模型区面积一致，故该区含矿地质体面积参数为 1.00。

由表 5－4 可知，模型区含矿地质体体积＝模型区面积×延深＝4 200 434m²×270m＝1 134 117 180m³。模型区含矿地质体含矿系数＝模型区资源总量/模型区含矿地质体总体积（模型区总体积×含矿地质体面积参数）＝9687.00÷（1 134 117 180×1.00）＝0.000 008 5t/m³（表 5－5）。

**表 5－5 花敖包特模型区含矿地质体含矿系数表**

| 模型区编号 | 模型区名称 | 经度 | 纬度 | 资源总量(t) | 含矿地质体总体积($m^3$) | 含矿地质体含矿系数($t/m^3$) |
|---|---|---|---|---|---|---|
| A1512605001 | 花敖包特 | E118°58′26″ | N45°15′39″ | 9687.00 | 1 134 117 180 | 0.000 008 5 |

### 2. 最小预测区预测资源量及估算参数

1)估算方法的选择

花敖包特式复合内生型银铅锌矿预测工作区各最小预测区的资源量定量估算采用地质体积法。

2)估算参数的确定

(1)最小预测区面积圈定方法及圈定结果。花敖包特预测工作区预测底图精度为1∶10万，并根据成矿有利度(含矿层位、矿点)、找矿线索及磁法异常、地理交通及开发条件和其他相关条件，将工作区内最小预测区级别分为A级、B级、C级3个等级，其中，A级区17个，B级区21个，C级区16个。

最小预测区面积在0.57～94.77$km^2$之间，其中50$km^2$以内最小预测区占预测区总数的94%。

最小预测区的面积圈定是根据MRAS所形成的色块区与预测工作区底图重叠区域，并结合含矿地质体、已知矿床、矿点及磁异常范围进行圈定。由于花敖包特银矿为热液型银矿，其形成为下二叠统寿山沟组变质砂岩变质建造与海西晚期蛇纹岩体接触界线成矿，接触交代变质作用形成中低温热液脉状银多金属矿床。矿体赋存于北西、北东及近南北向的构造破碎带中，矿体呈脉状，严格受断裂构造控制。圈定结果如表5-6和图5-8所示。

(2)延深参数的确定及结果。延深的确定是在研究最小预测区含矿地质体地质特征、含矿地质体的形成延深、断裂特征、矿化类型的基础上，并对比典型矿床特征的基础上综合确定的，主要由成矿带模型类比或专家估计给出，目前所掌握资料花敖包特银矿钻孔控制最大垂深为170m，其向下仍有分布的可能，同时根据含矿地质体的地表出露面积大小来确定其延深，详见表5-7。

表5-6　花敖包特式复合内生型银铅锌矿花敖包特预测工作区各最小预测区的面积圈定大小及其方法依据

| 最小预测区编号 | 最小预测区名称 | 经度 | 纬度 | 面积($km^2$) | 参数确定依据 |
|---|---|---|---|---|---|
| A1512605001 | 花敖包特 | E118°58′26″ | N45°15′40″ | 4.20 | 依据MRAS所形成的色块区与预测工作区底图重叠区域，并结合含矿地质体、已知矿床、矿点及磁异常范围。由于花敖包特银矿为热液型铁矿，其形成与下二叠统寿山沟组变质砂岩变质建造和海西晚期蛇纹岩体及北西、北东、近南北向的构造有关，圈定以包含上述含矿地质体全部或部分为主 |
| A1512605002 | 沙布楞山 | E119°02′53″ | N44°49′15″ | 28.57 | |
| A1512605003 | 希热努塔嘎 | E117°28′10″ | N44°27′30″ | 3.09 | |
| A1512605004 | 疏图嘎查 | E117°26′37″ | N44°25′24″ | 4.75 | |
| A1512605005 | 五十家子镇 | E118°14′53″ | N44°11′37″ | 4.23 | |
| A1512605006 | 沙胡同 | E117°25′49″ | N43°55′57″ | 3.09 | |
| A1512605007 | 三七地 | E118°09′45″ | N43°54′60″ | 28.31 | |
| A1512605008 | 黄岗 | E117°45′58″ | N43°44′10″ | 3.09 | |
| A1512605009 | 同兴 | E117°31′18″ | N43°43′04″ | 15.06 | |
| A1512605010 | 那斯台 | E117°47′01″ | N43°38′19″ | 14.01 | |
| A1512605011 | 后卜河 | E118°43′24″ | N44°03′45″ | 29.93 | |
| A1512605012 | 收发地 | E119°04′36″ | N44°21′38″ | 8.74 | |
| A1512605013 | 碧流台 | E119°18′60″ | N44°16′50″ | 16.60 | |
| A1512605014 | 顺元 | E117°38′60″ | N43°55′15″ | 3.09 | |
| A1512605015 | 敖脑达巴 | E119°31′23″ | N44°33′45″ | 30.93 | |
| A1512605016 | 巴彦塔拉 | E119°00′30″ | N43°32′38″ | 17.71 | |
| A1512605017 | 大井子 | E118°19′19″ | N43°43′10″ | 35.08 | |
| B1512605001 | 脑都木 | E119°50′50″ | N44°53′48″ | 3.09 | |
| B1512605002 | 呼吉尔郭勒 | E119°00′00″ | N44°40′42″ | 3.09 | |

**续表 5-6**

| 最小预测区编号 | 最小预测区名称 | 经度 | 纬度 | 面积(km²) | 参数确定依据 |
|---|---|---|---|---|---|
| B1512605003 | 达尔罕 | E119°36′34″ | N44°40′51″ | 47.20 | 依据 MRAS 所形成的色块区与预测工作区底图重叠区域，并结合含矿地质体、已知矿床、矿点及磁异常范围。由于花敖包特银矿为热液型铁矿，其形成与下二叠统寿山沟组变质砂岩变质建造和海西晚期蛇纹岩体及北西、北东、近南北向的构造有关，圈定以包含上述含矿地质体全部或部分为主 |
| B1512605004 | 上井子 | E119°15′34″ | N44°36′29″ | 33.52 | |
| B1512605005 | 白银乌拉 | E116°33′21″ | N44°32′11″ | 3.97 | |
| B1512605006 | 乌兰拜其 | E118°20′30″ | N44°31′30″ | 3.09 | |
| B1512605007 | 福山屯 | E119°05′09″ | N44°30′58″ | 23.88 | |
| B1512605008 | 萤里沟 | E119°24′14″ | N44°19′25″ | 3.09 | |
| B1512605009 | 哈拉白其 | E118°51′22″ | N44°07′30″ | 3.09 | |
| B1512605010 | 东新井 | E119°02′24″ | N44°12′16″ | 38.93 | |
| B1512605011 | 银硐子 | E118°34′28″ | N43°59′31″ | 94.77 | |
| B1512605012 | 前毡铺 | E117°54′34″ | N44°01′06″ | 3.09 | |
| B1512605013 | 潘家段 | E120°12′34″ | N43°50′22″ | 29.92 | |
| B1512605014 | 中莫户沟 | E119°30′17″ | N43°48′24″ | 3.09 | |
| B1512605015 | 家沟 | E120°05′22″ | N43°43′57″ | 3.09 | |
| B1512605016 | 东升 | E119°36′22″ | N43°41′16″ | 3.09 | |
| B1512605017 | 前地 | E118°03′52″ | N43°40′47″ | 3.09 | |
| B1512605018 | 红眼沟 | E117°35′06″ | N43°36′04″ | 3.09 | |
| B1512605019 | 水泉沟 | E118°13′20″ | N43°22′20″ | 19.40 | |
| B1512605020 | 霍托勒 | E118°05′28″ | N44°35′17″ | 3.09 | |
| B1512605021 | 太平沟 | E119°23′28″ | N43°33′41″ | 6.76 | |
| C1512605001 | 赛罕温都日 | E118°20′26″ | N44°50′02″ | 0.57 | |
| C1512605002 | 赛罕温都日西 | E118°16′29″ | N44°49′21″ | 1.01 | |
| C1512605003 | 希勃图音锡热格北西 | E118°15′41″ | N44°49′20″ | 0.93 | |
| C1512605004 | 希勃图音锡热格 | E118°17′26″ | N44°48′11″ | 2.69 | |
| C1512605005 | 哈日根台苏木 | E118°22′30″ | N44°41′40″ | 6.48 | |
| C1512605006 | 太本苏木 | E118°24′48″ | N44°35′03″ | 91.24 | |
| C1512605007 | 哈日根台嘎查东 | E118°40′13″ | N44°30′25″ | 4.87 | |
| C1512605008 | 哈日根台嘎查 | E118°37′32″ | N44°30′43″ | 20.95 | |
| C1512605009 | 乌兰拜其南 | E118°22′22″ | N44°27′07″ | 9.49 | |
| C1512605010 | 哈布其拉嘎查 | E118°03′49″ | N44°17′20″ | 15.12 | |
| C1512605011 | 巴彦宝拉格嘎查 | E117°48′09″ | N44°12′47″ | 1.52 | |
| C1512605012 | 古尔班沟 | E117°49′26″ | N44°10′29″ | 21.90 | |
| C1512605013 | 下营子 | E117°44′22″ | N44°06′40″ | 4.54 | |
| C1512605014 | 萨仁图嘎查 | E117°38′16″ | N44°06′12″ | 28.63 | |
| C1512605015 | 洁雅日达巴 | E117°35′06″ | N44°03′54″ | 7.37 | |
| C1512605016 | 河南营子村 | E117°42′42″ | N43°53′18″ | 62.18 | |

表 5-7 花敖包特式复合内生型银铅锌矿花敖包特预测工作区各最小预测区的延深圈定结果

| 最小预测区编号 | 最小预测区名称 | 经度 | 纬度 | 延深(m) | 参数确定依据 |
| --- | --- | --- | --- | --- | --- |
| A1512605001 | 花敖包特 | E118°58′26″ | E45°15′40″ | 270 | 模型区钻孔 |
| A1512605002 | 沙布楞山 | E119°02′53″ | N44°49′15″ | 200 | 根据已知矿床、矿(化)点赋存地质体、航磁异常、剩余重力、化探异常、遥感异常等成矿要素综合分析，见矿钻孔延深及专家评估意见确定其延深 |
| A1512605003 | 希热努塔嘎 | E117°28′10″ | N44°27′30″ | 150 | |
| A1512605004 | 疏图嘎查 | E117°26′37″ | N44°25′24″ | 150 | |
| A1512605005 | 五十家子镇 | E118°14′53″ | N44°11′37″ | 150 | |
| A1512605006 | 沙胡同 | E117°25′49″ | N43°55′57″ | 150 | |
| A1512605007 | 三七地 | E118°09′45″ | N43°54′60″ | 150 | |
| A1512605008 | 黄岗 | E117°45′58″ | N43°44′10″ | 200 | |
| A1512605009 | 同兴 | E117°31′18″ | N43°43′04″ | 150 | |
| A1512605010 | 那斯台 | E117°47′01″ | N43°38′19″ | 150 | |
| A1512605011 | 后卜河 | E118°43′24″ | N44°03′45″ | 150 | |
| A1512605012 | 收发地 | E119°04′36″ | N44°21′38″ | 150 | |
| A1512605013 | 碧流台 | E119°18′60″ | N44°16′50″ | 150 | |
| A1512605014 | 顺元 | E117°38′60″ | N43°55′15″ | 150 | |
| A1512605015 | 敖脑达巴 | E119°31′23″ | N44°33′45″ | 200 | |
| A1512605016 | 巴彦塔拉 | E119°00′30″ | N43°32′38″ | 150 | |
| A1512605017 | 大井子 | E118°19′19″ | N43°43′10″ | 200 | |
| B1512605001 | 脑都木 | E119°50′50″ | N44°53′48″ | 200 | |
| B1512605002 | 呼吉尔郭勒 | E119°00′00″ | N44°40′42″ | 200 | |
| B1512605003 | 达尔罕 | E119°36′34″ | N44°40′51″ | 200 | |
| B1512605004 | 上井子 | E119°15′34″ | N44°36′29″ | 200 | |
| B1512605005 | 白银乌拉 | E116°33′21″ | N44°32′11″ | 200 | |
| B1512605006 | 乌兰拜其 | E118°20′30″ | N44°31′30″ | 200 | |
| B1512605007 | 福山屯 | E119°05′09″ | N44°30′58″ | 200 | |
| B1512605008 | 萤里沟 | E119°24′14″ | N44°19′25″ | 200 | |
| B1512605009 | 哈拉白其 | E118°51′22″ | N44°07′30″ | 200 | |
| B1512605010 | 东新井 | E119°02′24″ | N44°12′16″ | 200 | |
| B1512605011 | 银硐子 | E118°34′28″ | N43°59′31″ | 200 | |
| B1512605012 | 前毡铺 | E117°54′34″ | N44°01′06″ | 200 | |
| B1512605013 | 潘家段 | E120°12′34″ | N43°50′22″ | 200 | |
| B1512605014 | 中莫户沟 | E119°30′17″ | N43°48′24″ | 200 | |
| B1512605015 | 家沟 | E120°05′22″ | N43°43′57″ | 200 | |
| B1512605016 | 东升 | E119°36′22″ | N43°41′16″ | 200 | |
| B1512605017 | 前地 | E118°03′52″ | N43°40′47″ | 200 | |
| B1512605018 | 红眼沟 | E117°35′06″ | N43°36′04″ | 200 | |

续表 5－7

| 最小预测区编号 | 最小预测区名称 | 经度 | 纬度 | 延深(m) | 参数确定依据 |
|---|---|---|---|---|---|
| B1512605019 | 水泉沟 | E118°13′20″ | N43°22′20″ | 200 | 根据已知矿床、矿(化)点赋存地质体、航磁异常、剩余重力、化探异常、遥感异常等成矿要素综合分析，见矿钻孔延深及专家评估意见确定其延深 |
| B1512605020 | 霍托勒 | E118°05′28″ | N44°35′17″ | 200 | |
| B1512605021 | 太平沟 | E119°23′28″ | N43°33′41″ | 200 | |
| C1512605001 | 赛罕温都日 | E118°20′26″ | N44°50′02″ | 150 | |
| C1512605002 | 赛罕温都日西 | E118°16′29″ | N44°49′21″ | 150 | |
| C1512605003 | 希勃图音锡热格北西 | E118°15′41″ | N44°49′20″ | 150 | |
| C1512605004 | 希勃图音锡热格 | E118°17′26″ | N44°48′11″ | 150 | |
| C1512605005 | 哈日根台苏木 | E118°22′30″ | N44°41′40″ | 150 | |
| C1512605006 | 太本苏木 | E118°24′48″ | N44°35′03″ | 350 | |
| C1512605007 | 哈日根台嘎查东 | E118°40′13″ | N44°30′25″ | 200 | |
| C1512605008 | 哈日根台嘎查 | E118°37′32″ | N44°30′43″ | 200 | |
| C1512605009 | 乌兰拜其南 | E118°22′22″ | N44°27′07″ | 200 | |
| C1512605010 | 哈布其拉嘎查 | E118°03′49″ | N44°17′20″ | 200 | |
| C1512605011 | 巴彦宝拉格嘎查 | E117°48′09″ | N44°12′47″ | 200 | |
| C1512605012 | 古尔班沟 | E117°49′26″ | N44°10′29″ | 200 | |
| C1512605013 | 下营子 | E117°44′22″ | N44°06′40″ | 200 | |
| C1512605014 | 萨仁图嘎查 | E117°38′16″ | N44°06′12″ | 400 | |
| C1512605015 | 洁雅日达巴 | E117°35′06″ | N44°03′54″ | 200 | |
| C1512605016 | 河南营子村 | E117°42′42″ | N43°53′18″ | 200 | |

(3)品位和体重的确定。预测工作区内有已知矿点或矿化点的最小预测区，采用矿点或矿化点品位；预测工作区内无其他矿床及样品资料，品位和体重均采用《内蒙古自治区西乌珠穆沁旗花敖包特矿区银铅锌矿勘探报告》(内蒙古自治区第十地质矿产勘查开发院，2013)中的数据，Ag 的品位平均值为 $3.94\times10^{-6}$、体重平均值为 $3.60t/m^3$。

(4)相似系数的确定。花敖包特预测工作区各最小预测区的相似系数的确定，主要依据最小预测区内含矿地质体本身的出露大小、地质构造发育程度、磁异常强度、矿化蚀变发育程度及矿(化)点的多少等因素，由专家确定。各最小预测区相似系数如表 5－8 所示。

3)最小预测区预测资源量估算结果

用地质体积法，根据预测资源量估算公式：

$$Z_{预}=S_{预}\times H_{预}\times K_S\times K\times\alpha$$

式中，$Z_{预}$ 为预测区预测资源量；$S_{预}$ 为预测区面积；$H_{预}$ 为预测区延深(指预测区含矿地质体延深)；$K_S$ 为含矿地质体面积参数；$K$ 为模型区矿床的含矿系数；$\alpha$ 为相似系数。

根据前述公式，求得最小预测区资源量。并对资源量精度级别进行划分，预测资源总量为 17 762.37t，其中不包括预测工作区已查明资源总量 4041.00t，详见表 5－9。

**表 5-8　花敖包特式复合内生型银铅锌矿花敖包特预测工作区各最小预测区的相似系数**

| 最小预测区编号 | 最小预测区名称 | 经度 | 纬度 | 相似系数 |
|---|---|---|---|---|
| A1512605001 | 花敖包特 | E118°58′26″ | N45°15′40″ | 1.00 |
| A1512605002 | 沙布楞山 | E119°02′53″ | N44°49′15″ | 0.40 |
| A1512605003 | 希热努塔嘎 | E117°28′10″ | N44°27′30″ | 0.30 |
| A1512605004 | 疏图嘎查 | E117°26′37″ | N44°25′24″ | 0.30 |
| A1512605005 | 五十家子镇 | E118°14′53″ | N44°11′37″ | 0.40 |
| A1512605006 | 沙胡同 | E117°25′49″ | N43°55′57″ | 0.30 |
| A1512605007 | 三七地 | E118°09′45″ | N43°54′60″ | 0.40 |
| A1512605008 | 黄岗 | E117°45′58″ | N43°44′10″ | 0.40 |
| A1512605009 | 同兴 | E117°31′18″ | N43°43′04″ | 0.30 |
| A1512605010 | 那斯台 | E117°47′01″ | N43°38′19″ | 0.40 |
| A1512605011 | 后卜河 | E118°43′24″ | N44°03′45″ | 0.40 |
| A1512605012 | 收发地 | E119°04′36″ | N44°21′38″ | 0.40 |
| A1512605013 | 碧流台 | E119°18′60″ | N44°16′50″ | 0.30 |
| A1512605014 | 顺元 | E117°38′60″ | N43°55′15″ | 0.40 |
| A1512605015 | 敖脑达巴 | E119°31′23″ | N44°33′45″ | 0.40 |
| A1512605016 | 巴彦塔拉 | E119°00′30″ | N43°32′38″ | 0.30 |
| A1512605017 | 大井子 | E118°19′19″ | N43°43′10″ | 0.40 |
| B1512605001 | 脑都木 | E119°50′50″ | N44°53′48″ | 0.20 |
| B1512605002 | 呼吉尔郭勒 | E119°00′00″ | N44°40′42″ | 0.20 |
| B1512605003 | 达尔罕 | E119°36′34″ | N44°40′51″ | 0.20 |
| B1512605004 | 上井子 | E119°15′34″ | N44°36′29″ | 0.20 |
| B1512605005 | 白银乌拉 | E116°33′21″ | N44°32′11″ | 0.30 |
| B1512605006 | 乌兰拜其 | E118°20′30″ | N44°31′30″ | 0.30 |
| B1512605007 | 福山屯 | E119°05′09″ | N44°30′58″ | 0.30 |
| B1512605008 | 萤里沟 | E119°24′14″ | N44°19′25″ | 0.30 |
| B1512605009 | 哈拉白其 | E118°51′22″ | N44°07′30″ | 0.30 |
| B1512605010 | 东新井 | E119°02′24″ | N44°12′16″ | 0.20 |
| B1512605011 | 银硐子 | E118°34′28″ | N43°59′31″ | 0.20 |
| B1512605012 | 前毡铺 | E117°54′34″ | N44°01′06″ | 0.30 |
| B1512605013 | 潘家段 | E120°12′34″ | N43°50′22″ | 0.20 |
| B1512605014 | 中莫户沟 | E119°30′17″ | N43°48′24″ | 0.30 |
| B1512605015 | 家沟 | E120°05′22″ | N43°43′57″ | 0.30 |
| B1512605016 | 东升 | E119°36′22″ | N43°41′16″ | 0.20 |
| B1512605017 | 前地 | E118°03′52″ | N43°40′47″ | 0.30 |
| B1512605018 | 红眼沟 | E117°35′06″ | N43°36′04″ | 0.30 |
| B1512605019 | 水泉沟 | E118°13′20″ | N43°22′20″ | 0.30 |
| B1512605020 | 霍托勒 | E118°05′28″ | N44°35′17″ | 0.30 |
| B1512605021 | 太平沟 | E119°23′28″ | N43°33′41″ | 0.30 |

**续表 5-8**

| 最小预测区编号 | 最小预测区名称 | 经度 | 纬度 | 相似系数 |
|---|---|---|---|---|
| C1512605001 | 赛罕温都日 | E118°20′26″ | N44°50′02″ | 0.20 |
| C1512605002 | 赛罕温都日西 | E118°16′29″ | N44°49′21″ | 0.20 |
| C1512605003 | 希勃图音锡热格北西 | E118°15′41″ | N44°49′20″ | 0.20 |
| C1512605004 | 希勃图音锡热格 | E118°17′26″ | N44°48′11″ | 0.20 |
| C1512605005 | 哈日根台苏木 | E118°22′30″ | N44°41′40″ | 0.20 |
| C1512605006 | 太本苏木 | E118°24′48″ | N44°35′03″ | 0.20 |
| C1512605007 | 哈日根台嘎查东 | E118°40′13″ | N44°30′25″ | 0.20 |
| C1512605008 | 哈日根台嘎查 | E118°37′32″ | N44°30′43″ | 0.20 |
| C1512605009 | 乌兰拜其南 | E118°22′22″ | N44°27′07″ | 0.20 |
| C1512605010 | 哈布其拉嘎查 | E118°03′49″ | N44°17′20″ | 0.20 |
| C1512605011 | 巴彦宝拉格嘎查 | E117°48′09″ | N44°12′47″ | 0.20 |
| C1512605012 | 古尔班沟 | E117°49′26″ | N44°10′29″ | 0.20 |
| C1512605013 | 下营子 | E117°44′22″ | N44°06′40″ | 0.20 |
| C1512605014 | 萨仁图嘎查 | E117°38′16″ | N44°06′12″ | 0.20 |
| C1512605015 | 洁雅日达巴 | E117°35′06″ | N44°03′54″ | 0.20 |
| C1512605016 | 河南营子村 | E117°42′42″ | N43°53′18″ | 0.20 |

**表 5-9　花敖包特式复合内生型银铅锌矿花敖包特预测工作区各最小预测区的估算成果表**

| 最小预测区编号 | 最小预测区名称 | $S_{预}$(m²) | $H_{预}$(m) | $K_S$ | $K$(t/m³) | α | $Z_{总}$(t) | $Z_{查}$(t) | $Z_{预}$(t) | 资源量精度级别 |
|---|---|---|---|---|---|---|---|---|---|---|
| A1512605001 | 花敖包特 | 4 200 433.81 | 270 | 1.00 | 0.000 008 5 | 1.00 | 9 687.00 | 2692.00 | 6 995.00 | 334-1 |
| A1512605002 | 沙布楞山 | 28 567 206.31 | 200 | 0.05 | 0.000 008 5 | 0.40 | 971.29 | | 971.29 | 334-1 |
| A1512605003 | 希热努塔嘎 | 3 090 169.94 | 150 | 0.05 | 0.000 008 5 | 0.30 | 59.10 | | 59.10 | 334-1 |
| A1512605004 | 疏图嘎查 | 4 748 498.50 | 150 | 0.05 | 0.000 008 5 | 0.30 | 90.82 | | 90.82 | 334-1 |
| A1512605005 | 五十家子镇 | 4 232 039.69 | 150 | 0.05 | 0.000 008 5 | 0.40 | 107.98 | | 107.98 | 334-1 |
| A1512605006 | 沙胡同 | 3 090 169.94 | 150 | 0.05 | 0.000 008 5 | 0.30 | 59.10 | | 59.10 | 334-1 |
| A1512605007 | 三七地 | 28 307 662.63 | 150 | 0.05 | 0.000 008 5 | 0.40 | 721.85 | | 721.85 | 334-1 |
| A1512605008 | 黄岗 | 3 090 169.94 | 200 | 0.60 | 0.000 008 5 | 0.40 | 1260.79 | 799.00 | 461.79 | 334-1 |
| A1512605009 | 同兴 | 15 056 532.38 | 150 | 0.05 | 0.000 008 5 | 0.30 | 287.96 | 16.00 | 271.96 | 334-1 |
| A1512605010 | 那斯台 | 14 012 769.88 | 150 | 0.05 | 0.000 008 5 | 0.40 | 357.33 | 188.00 | 169.33 | 334-1 |
| A1512605011 | 后卜河 | 29 932 096.19 | 150 | 0.05 | 0.000 008 5 | 0.40 | 763.27 | | 763.27 | 334-1 |
| A1512605012 | 收发地 | 8 739 055.00 | 150 | 0.05 | 0.000 008 5 | 0.40 | 222.85 | | 222.85 | 334-1 |
| A1512605013 | 碧流台 | 16 602 172.75 | 150 | 0.05 | 0.000 008 5 | 0.30 | 317.60 | | 317.60 | 334-1 |
| A1512605014 | 顺元 | 3 090 169.94 | 150 | 0.10 | 0.000 008 5 | 0.40 | 157.60 | | 157.60 | 334-1 |
| A1512605015 | 敖脑达巴 | 30 931 347.56 | 200 | 0.05 | 0.000 008 5 | 0.40 | 1 051.67 | | 1 051.67 | 334-1 |
| A1512605016 | 巴彦塔拉 | 17 706 405.00 | 150 | 0.08 | 0.000 008 5 | 0.30 | 541.82 | | 541.82 | 334-1 |
| A1512605017 | 大井子 | 35 076 404.63 | 200 | 0.10 | 0.000 008 5 | 0.40 | 2 385.20 | 346.00 | 2 039.20 | 334-1 |
| B1512605001 | 脑都木 | 3 090 169.94 | 200 | 0.05 | 0.000 008 5 | 0.20 | 52.53 | | 52.53 | 334-3 |
| B1512605002 | 呼吉尔郭勒 | 3 090 169.94 | 200 | 0.05 | 0.000 008 5 | 0.20 | 52.53 | | 52.53 | 334-3 |

**续表 5-9**

| 最小预测区编号 | 最小预测区名称 | $S_{预}(m^2)$ | $H_{预}$(m) | $K_S$ | $K(t/m^3)$ | α | $Z_{总}$(t) | $Z_{查}$(t) | $Z_{预}$(t) | 资源量精度级别 |
|---|---|---|---|---|---|---|---|---|---|---|
| B1512605003 | 达尔罕 | 47 201 401.38 | 200 | 0.01 | 0.000 008 5 | 0.20 | 160.48 | | 160.48 | 334-2 |
| B1512605004 | 上井子 | 33 523 334.25 | 200 | 0.01 | 0.000 008 5 | 0.20 | 113.98 | | 113.98 | 334-2 |
| B1512605005 | 白银乌拉 | 3 973 305.19 | 200 | 0.01 | 0.000 008 5 | 0.30 | 20.26 | | 20.26 | 334-3 |
| B1512605006 | 乌兰拜其 | 3 090 169.94 | 200 | 0.01 | 0.000 008 5 | 0.30 | 15.76 | | 15.76 | 334-2 |
| B1512605007 | 福山屯 | 23 883 056.19 | 200 | 0.01 | 0.000 008 5 | 0.30 | 121.80 | | 121.80 | 334-2 |
| B1512605008 | 萤里沟 | 3 090 169.94 | 200 | 0.05 | 0.000 008 5 | 0.30 | 78.80 | | 78.80 | 334-3 |
| B1512605009 | 哈拉白其 | 3 090 169.94 | 200 | 0.05 | 0.000 008 5 | 0.30 | 78.80 | | 78.80 | 334-3 |
| B1512605010 | 东新井 | 38 933 705.44 | 200 | 0.01 | 0.000 008 5 | 0.20 | 132.37 | | 132.37 | 334-3 |
| B1512605011 | 银硐子 | 94 769 733.81 | 200 | 0.01 | 0.000 008 5 | 0.20 | 322.22 | | 322.22 | 334-3 |
| B1512605012 | 前毡铺 | 3 090 169.94 | 200 | 0.01 | 0.000 008 5 | 0.30 | 15.76 | | 15.76 | 334-3 |
| B1512605013 | 潘家段 | 29 919 934.69 | 200 | 0.01 | 0.000 008 5 | 0.20 | 101.73 | | 101.73 | 334-3 |
| B1512605014 | 中莫户沟 | 3 090 169.94 | 200 | 0.01 | 0.000 008 5 | 0.30 | 15.76 | | 15.76 | 334-3 |
| B1512605015 | 家沟 | 3 090 169.94 | 200 | 0.01 | 0.000 008 5 | 0.30 | 15.76 | | 15.76 | 334-3 |
| B1512605016 | 东升 | 3 090 169.94 | 200 | 0.01 | 0.000 008 5 | 0.20 | 10.51 | | 10.51 | 334-2 |
| B1512605017 | 前地 | 3 090 169.94 | 200 | 0.01 | 0.000 008 5 | 0.30 | 15.76 | | 15.76 | 334-3 |
| B1512605018 | 红眼沟 | 3 090 169.94 | 200 | 0.01 | 0.000 008 5 | 0.30 | 15.76 | | 15.76 | 334-3 |
| B1512605019 | 水泉沟 | 19 399 744.38 | 200 | 0.01 | 0.000 008 5 | 0.30 | 98.94 | | 98.94 | 334-3 |
| B1512605020 | 霍托勒 | 3 090 169.94 | 200 | 0.01 | 0.000 008 5 | 0.30 | 15.76 | | 15.76 | 334-2 |
| B1512605021 | 太平沟 | 6 760 544.50 | 200 | 0.01 | 0.000 008 5 | 0.30 | 34.48 | | 34.48 | 334-3 |
| C1512605001 | 赛罕温都日 | 571 843.50 | 150 | 0.01 | 0.000 008 5 | 0.20 | 1.46 | | 1.46 | 334-3 |
| C1512605002 | 赛罕温都日西 | 1 011 355.94 | 150 | 0.01 | 0.000 008 5 | 0.20 | 2.58 | | 2.58 | 334-3 |
| C1512605003 | 希勃图音锡热格北西 | 925 495.63 | 150 | 0.01 | 0.000 008 5 | 0.20 | 2.36 | | 2.36 | 334-3 |
| C1512605004 | 希勃图音锡热格 | 2 686 076.19 | 150 | 0.01 | 0.000 008 5 | 0.20 | 6.85 | | 6.85 | 334-3 |
| C1512605005 | 哈日根台苏木 | 6 483 022.19 | 150 | 0.01 | 0.000 008 5 | 0.20 | 16.53 | | 16.53 | 334-3 |
| C1512605006 | 太本苏木 | 91 241 748.63 | 350 | 0.01 | 0.000 008 5 | 0.20 | 542.89 | | 542.89 | 334-3 |
| C1512605007 | 哈日根台嘎查东 | 4 867 905.25 | 200 | 0.01 | 0.000 008 5 | 0.20 | 16.55 | | 16.55 | 334-3 |
| C1512605008 | 哈日根台嘎查 | 20 954 840.31 | 200 | 0.01 | 0.000 008 5 | 0.20 | 71.27 | | 71.27 | 334-3 |
| C1512605009 | 乌兰拜其南 | 9 487 736.44 | 200 | 0.01 | 0.000 008 5 | 0.20 | 32.26 | | 32.26 | 334-3 |
| C1512605010 | 哈布其拉嘎查 | 15 124 798.19 | 200 | 0.01 | 0.000 008 5 | 0.20 | 51.42 | | 51.42 | 334-3 |
| C1512605011 | 巴彦宝拉格嘎查 | 1 522 686.19 | 200 | 0.01 | 0.000 008 5 | 0.20 | 5.18 | | 5.18 | 334-3 |
| C1512605012 | 古尔班沟 | 21 898 778.81 | 200 | 0.01 | 0.000 008 5 | 0.20 | 74.46 | | 74.46 | 334-3 |
| C1512605013 | 下营子 | 4 536 698.88 | 200 | 0.01 | 0.000 008 5 | 0.20 | 15.42 | | 15.42 | 334-3 |
| C1512605014 | 萨仁图嘎查 | 28 631 648.19 | 400 | 0.01 | 0.000 008 5 | 0.20 | 194.7 | | 194.70 | 334-3 |
| C1512605015 | 洁雅日达巴 | 7 371 851.00 | 200 | 0.01 | 0.000 008 5 | 0.20 | 25.06 | | 25.06 | 334-3 |
| C1512605016 | 河南营子村 | 62 175 574.31 | 200 | 0.01 | 0.000 008 5 | 0.20 | 211.40 | | 211.40 | 334-3 |
| **总计** | | | | | | | **21 803.37** | **4041.00** | **17 762.37** | |

### 3. 最小预测区预测资源量可信度估计

根据《预测资源量估算技术要求》(2010 年补充)可信度划分标准,针对每个最小预测区评价其可信度,其可信度的统计结果如表 5 - 10 所示。

表 5 - 10　花敖包特式复合内生型银铅锌矿花敖包特预测工作区各最小预测区的预测资源量可信度统计表

| 最小预测区编号 | 最小预测区名称 | 经度 | 纬度 | 面积 | | 延深 | | 含矿系数 | | 资源量综合 | |
|---|---|---|---|---|---|---|---|---|---|---|---|
| | | | | 可信度 | 依据 | 可信度 | 依据 | 可信度 | 依据 | 可信度 | 依据 |
| A1512605001 | 花敖包特 | E118°58′26″ | N45°15′40″ | 0.75 | 根据含矿地质体出露的实际面积、覆盖区揭盖范围、重力推断隐伏地质体范围确定 | 0.90 | 钻孔 | 0.75 | 根据各最小预测区与模型区成矿地质条件的相似程度确定 | 0.90 | 地质参数体积法 |
| A1512605002 | 沙布楞山 | E119°02′53″ | N44°49′15″ | 0.75 | | 0.50 | 根据含矿地质体出露面积、区调工作实测剖面中的厚度、重力反演得到的厚度等参数确定 | 0.75 | | 0.80 | |
| A1512605003 | 希热努塔嘎 | E117°28′10″ | N44°27′30″ | 0.75 | | 0.50 | | 0.75 | | 0.80 | |
| A1512605004 | 疏图嘎查 | E117°26′37″ | N44°25′24″ | 0.75 | | 0.75 | | 0.75 | | 0.80 | |
| A1512605005 | 五十家子镇 | E118°14′53″ | N44°11′37″ | 0.5 | | 0.50 | | 0.75 | | 0.80 | |
| A1512605006 | 沙胡同 | E117°25′49″ | N43°55′57″ | 0.5 | | 0.75 | | 0.75 | | 0.80 | |
| A1512605007 | 三七地 | E118°09′45″ | N43°54′60″ | 0.75 | | 0.75 | | 0.75 | | 0.80 | |
| A1512605008 | 黄岗 | E117°45′58″ | N43°44′10″ | 0.75 | | 0.75 | | 0.75 | | 0.80 | |
| A1512605009 | 同兴 | E117°31′18″ | N43°43′04″ | 0.75 | | 0.75 | | 0.75 | | 0.80 | |
| A1512605010 | 那斯台 | E117°47′01″ | N43°38′19″ | 0.50 | | 0.75 | | 0.75 | | 0.80 | |
| A1512605011 | 后卜河 | E118°43′24″ | N44°03′45″ | 0.50 | | 0.75 | | 0.75 | | 0.80 | |
| A1512605012 | 收发地 | E119°04′36″ | N44°21′38″ | 0.50 | | 0.75 | | 0.75 | | 0.80 | |
| A1512605013 | 碧流台 | E119°18′60″ | N44°16′50″ | 0.75 | | 0.75 | | 0.75 | | 0.80 | |
| A1512605014 | 顺元 | E117°38′60″ | N43°55′15″ | 0.50 | | 0.75 | | 0.75 | | 0.80 | |
| A1512605015 | 敖脑达巴 | E119°31′23″ | N44°33′45″ | 0.50 | | 0.75 | | 0.75 | | 0.80 | |
| A1512605016 | 巴彦塔拉 | E119°00′30″ | N43°32′38″ | 0.50 | | 0.75 | | 0.75 | | 0.75 | |
| A1512605017 | 大井子 | E118°19′19″ | N43°43′10″ | 0.50 | | 0.75 | | 0.75 | | 0.75 | |
| B1512605001 | 脑都木 | E119°50′50″ | N44°53′48″ | 0.50 | | 0.75 | | 0.75 | | 0.75 | |
| B1512605002 | 呼吉尔郭勒 | E119°00′00″ | N44°40′42″ | 0.50 | | 0.75 | | 0.75 | | 0.75 | |
| B1512605003 | 达尔罕 | E119°36′34″ | N44°40′51″ | 0.50 | | 0.75 | | 0.75 | | 0.75 | |
| B1512605004 | 上井子 | E119°15′34″ | N44°36′29″ | 0.75 | | 0.75 | | 0.75 | | 0.75 | |
| B1512605005 | 白银乌拉 | E116°33′21″ | N44°32′11″ | 0.50 | | 0.75 | | 0.75 | | 0.75 | |
| B1512605006 | 乌兰拜其 | E118°20′30″ | N44°31′30″ | 0.50 | | 0.75 | | 0.75 | | 0.75 | |
| B1512605007 | 福山屯 | E119°05′09″ | N44°30′58″ | 0.50 | | 0.75 | | 0.75 | | 0.75 | |
| B1512605008 | 萤里沟 | E119°24′14″ | N44°19′25″ | 0.50 | | 0.75 | | 0.75 | | 0.75 | |
| B1512605009 | 哈拉白其 | E118°51′22″ | N44°07′30″ | 0.50 | | 0.75 | | 0.75 | | 0.75 | |
| B1512605010 | 东新井 | E119°02′24″ | N44°12′16″ | 0.50 | | 0.75 | | 0.75 | | 0.75 | |
| B1512605011 | 银硐子 | E118°34′28″ | N43°59′31″ | 0.75 | | 0.75 | | 0.75 | | 0.75 | |
| B1512605012 | 前毡铺 | E117°54′34″ | N44°01′06″ | 0.50 | | 0.75 | | 0.75 | | 0.75 | |
| B1512605013 | 潘家段 | E120°12′34″ | N43°50′22″ | 0.50 | | 0.75 | | 0.75 | | 0.75 | |
| B1512605014 | 中莫户沟 | E119°30′17″ | N43°48′24″ | 0.50 | | 0.75 | | 0.75 | | 0.75 | |
| B1512605015 | 家沟 | E120°05′22″ | N43°43′57″ | 0.50 | | 0.75 | | 0.75 | | 0.75 | |
| B1512605016 | 东升 | E119°36′22″ | N43°41′16″ | 0.50 | | 0.75 | | 0.75 | | 0.75 | |
| B1512605017 | 前地 | E118°03′52″ | N43°40′47″ | 0.50 | | 0.75 | | 0.75 | | 0.75 | |

续表 5-10

| 最小预测区编号 | 最小预测区名称 | 经度 | 纬度 | 面积 | | 延深 | | 含矿系数 | | 资源量综合 | |
|---|---|---|---|---|---|---|---|---|---|---|---|
| | | | | 可信度 | 依据 | 可信度 | 依据 | 可信度 | 依据 | 可信度 | 依据 |
| B1512605018 | 红眼沟 | E117°35′06″ | N43°36′04″ | 0.75 | 根据含矿地质体出露的实际面积、覆盖区揭盖范围、重力推断隐伏地质体范围确定 | 0.75 | 根据含矿地质体出露面积、区调工作实测剖面中的厚度、重力反演得到的厚度等参数确定 | 0.75 | 根据各最小预测区与模型区成矿地质条件的相似程度确定 | 0.75 | 地质参数体积法 |
| B1512605019 | 水泉沟 | E118°13′20″ | N43°22′20″ | 0.50 | | 0.75 | | 0.75 | | 0.75 | |
| B1512605020 | 霍托勒 | E118°05′28″ | N44°35′17″ | 0.50 | | 0.75 | | 0.75 | | 0.75 | |
| B1512605021 | 太平沟 | E119°23′28″ | N43°33′41″ | 0.50 | | 0.50 | | 0.75 | | 0.75 | |
| C1512605001 | 赛罕温都日 | E118°20′26″ | N44°50′02″ | 0.50 | | 0.50 | | 0.75 | | 0.40 | |
| C1512605002 | 赛罕温都日西 | E118°16′29″ | N44°49′21″ | 0.50 | | 0.50 | | 0.75 | | 0.40 | |
| C1512605003 | 希勃图音锡热格北西 | E118°15′41″ | N44°49′20″ | 0.50 | | 0.50 | | 0.75 | | 0.40 | |
| C1512605004 | 希勃图音锡热格 | E118°17′26″ | N44°48′11″ | 0.50 | | 0.75 | | 0.75 | | 0.40 | |
| C1512605005 | 哈日根台苏木 | E118°22′30″ | N44°41′40″ | 0.50 | | 0.75 | | 0.75 | | 0.40 | |
| C1512605006 | 太本苏木 | E118°24′48″ | N44°35′03″ | 0.50 | | 0.75 | | 0.75 | | 0.40 | |
| C1512605007 | 哈日根台嘎查东 | E118°40′13″ | N44°30′25″ | 0.50 | | 0.50 | | 0.75 | | 0.40 | |
| C1512605008 | 哈日根台嘎查 | E118°37′32″ | N44°30′43″ | 0.50 | | 0.75 | | 0.75 | | 0.40 | |
| C1512605009 | 乌兰拜其南 | E118°22′22″ | N44°27′07″ | 0.50 | | 0.75 | | 0.75 | | 0.40 | |
| C1512605010 | 哈布其拉嘎查 | E118°03′49″ | N44°17′20″ | 0.50 | | 0.75 | | 0.75 | | 0.40 | |
| C1512605011 | 巴彦宝拉格嘎查 | E117°48′09″ | N44°12′47″ | 0.50 | | 0.75 | | 0.75 | | 0.40 | |
| C1512605012 | 古尔班沟 | E117°49′26″ | N44°10′29″ | 0.50 | | 0.75 | | 0.75 | | 0.40 | |
| C1512605013 | 下营子 | E117°44′22″ | N44°06′40″ | 0.50 | | 0.75 | | 0.75 | | 0.40 | |
| C1512605014 | 萨仁图嘎查 | E117°38′16″ | N44°06′12″ | 0.50 | | 0.75 | | 0.75 | | 0.40 | |
| C1512605015 | 洁雅日达巴 | E117°35′06″ | N44°03′54″ | 0.50 | | 0.50 | | 0.75 | | 0.40 | |
| C1512605016 | 河南营子村 | E117°42′42″ | N43°53′18″ | 0.50 | | 0.75 | | 0.75 | | 0.40 | |

## (三)预测工作区资源总量成果汇总

### 1. 按资源量精度级别

花敖包特热液型银矿预测工作区地质体积法预测资源量，依据资源量精度级别划分标准，可划分为334-1、334-2和334-3三个资源量精度级别，各级别资源量如表5-11所示。

表5-11 花敖包特式复合内生型银铅锌矿花敖包特预测工作区预测资源量精度级别统计表

| 预测工作区编号 | 资源量精度级别(t) | | |
|---|---|---|---|
| | 334-1 | 334-2 | 334-3 |
| 1512605001 | 15 002.23 | 438.29 | 2 321.85 |

### 2. 按延深

根据各最小预测区内含矿地质体(地层、侵入岩及构造)特征，预测延深在150～400m之间，其预测资源量按预测延深统计的结果如表5-12所示。

**表 5-12　花敖包特式复合内生型银矿花敖包特预测工作区预测资源量延深统计表**

| 预测工作区编号 | 500m 以浅(t) | | | 1000m 以浅(t) | | | 2000m 以浅(t) | | |
|---|---|---|---|---|---|---|---|---|---|
| | 334-1 | 334-2 | 334-3 | 334-1 | 334-2 | 334-3 | 334-1 | 334-2 | 334-3 |
| 1512605001 | 15 002.23 | 438.29 | 2 321.85 | 15 002.23 | 438.29 | 2 321.8 | 15 002.23 | 438.29 | 2 321.85 |

### 3. 按矿产预测方法类型

其矿产预测方法类型为复合内生型，矿产预测类型为热液型，预测资源量统计结果如表 5-13 所示。

**表 5-13　花敖包特式复合内生型银铅锌矿花敖包特预测工作区预测资源量矿产预测方法类型精度统计表**

| 预测工作区编号 | 预测工作区名称 | 复合内生型(t) | | |
|---|---|---|---|---|
| | | 334-1 | 334-2 | 334-3 |
| 1512605001 | 花敖包特式复合内生型银铅锌矿花敖包特预测工作区 | 15 002.23 | 438.29 | 2 321.85 |

### 4. 按可利用性类别

最小预测区可利用性权重统计结果如表 5-14 所示，综合权重指数≥65%，则为可利用；综合权重指数<65%，则为暂不可利用。预测工作区预测资源量可利用性统计结果如表 5-15 所示。

**表 5-14　花敖包特式复合内生型银铅锌矿花敖包特预测工作区各最小预测区的预测资源量可利用性统计表**

| 最小预测区编号 | 最小预测区名称 | 延深 | 当前开采经济条件 | 矿石可选性 | 外部交通水电环境 | 综合权重指数 |
|---|---|---|---|---|---|---|
| A1512605001 | 花敖包特 | 0.30 | 0.40 | 0.20 | 0.10 | 1.00 |
| A1512605002 | 沙布楞山 | 0.30 | 0.40 | 0.20 | 0.10 | 1.00 |
| A1512605003 | 希热努塔嘎 | 0.30 | 0.40 | 0.20 | 0.10 | 1.00 |
| A1512605004 | 疏图嘎查 | 0.30 | 0.40 | 0.20 | 0.10 | 1.00 |
| A1512605005 | 五十家子镇 | 0.30 | 0.40 | 0.20 | 0.10 | 1.00 |
| A1512605006 | 沙胡同 | 0.30 | 0.40 | 0.20 | 0.10 | 1.00 |
| A1512605007 | 三七地 | 0.30 | 0.40 | 0.20 | 0.10 | 1.00 |
| A1512605008 | 黄岗 | 0.30 | 0.40 | 0.20 | 0.10 | 1.00 |
| A1512605009 | 同兴 | 0.30 | 0.40 | 0.20 | 0.10 | 1.00 |
| A1512605010 | 那斯台 | 0.30 | 0.40 | 0.20 | 0.10 | 1.00 |
| A1512605011 | 后卜河 | 0.30 | 0.40 | 0.20 | 0.10 | 1.00 |
| A1512605012 | 收发地 | 0.30 | 0.40 | 0.20 | 0.10 | 1.00 |
| A1512605013 | 碧流台 | 0.30 | 0.40 | 0.20 | 0.10 | 1.00 |
| A1512605014 | 顺元 | 0.30 | 0.40 | 0.20 | 0.10 | 1.00 |
| A1512605015 | 敖脑达巴 | 0.30 | 0.40 | 0.20 | 0.10 | 1.00 |
| A1512605016 | 巴彦塔拉 | 0.30 | 0.40 | 0.20 | 0.10 | 1.00 |
| A1512605017 | 大井子 | 0.30 | 0.40 | 0.20 | 0.10 | 1.00 |

续表 5-14

| 最小预测区编号 | 最小预测区名称 | 延深 | 当前开采经济条件 | 矿石可选性 | 外部交通水电环境 | 综合权重指数 |
|---|---|---|---|---|---|---|
| B1512605001 | 脑都木 | 0.30 | 0.28 | 0.12 | 0.10 | 0.80 |
| B1512605002 | 呼吉尔郭勒 | 0.30 | 0.28 | 0.12 | 0.10 | 0.80 |
| B1512605003 | 达尔罕 | 0.30 | 0.28 | 0.12 | 0.10 | 0.80 |
| B1512605004 | 上井子 | 0.30 | 0.28 | 0.12 | 0.10 | 0.80 |
| B1512605005 | 白银乌拉 | 0.30 | 0.28 | 0.12 | 0.10 | 0.80 |
| B1512605006 | 乌兰拜其 | 0.30 | 0.28 | 0.12 | 0.10 | 0.80 |
| B1512605007 | 福山屯 | 0.30 | 0.28 | 0.12 | 0.10 | 0.80 |
| B1512605008 | 萤里沟 | 0.30 | 0.28 | 0.12 | 0.10 | 0.80 |
| B1512605009 | 哈拉白其 | 0.30 | 0.28 | 0.12 | 0.10 | 0.80 |
| B1512605010 | 东新井 | 0.30 | 0.28 | 0.12 | 0.10 | 0.80 |
| B1512605011 | 银硐子 | 0.30 | 0.28 | 0.12 | 0.10 | 0.80 |
| B1512605012 | 前毡铺 | 0.30 | 0.28 | 0.12 | 0.10 | 0.80 |
| B1512605013 | 潘家段 | 0.30 | 0.28 | 0.12 | 0.10 | 0.80 |
| B1512605014 | 中莫户沟 | 0.30 | 0.28 | 0.12 | 0.10 | 0.80 |
| B1512605015 | 家沟 | 0.30 | 0.28 | 0.12 | 0.10 | 0.80 |
| B1512605016 | 东升 | 0.30 | 0.28 | 0.12 | 0.10 | 0.80 |
| B1512605017 | 前地 | 0.30 | 0.28 | 0.12 | 0.10 | 0.80 |
| B1512605018 | 红眼沟 | 0.30 | 0.28 | 0.12 | 0.10 | 0.80 |
| B1512605019 | 水泉沟 | 0.30 | 0.28 | 0.12 | 0.10 | 0.80 |
| B1512605020 | 霍托勒 | 0.30 | 0.28 | 0.12 | 0.10 | 0.80 |
| B1512605021 | 太平沟 | 0.30 | 0.28 | 0.12 | 0.10 | 0.80 |
| C1512605001 | 赛罕温都日 | 0.30 | 0.12 | 0.12 | 0.10 | 0.64 |
| C1512605002 | 赛罕温都日西 | 0.30 | 0.12 | 0.12 | 0.10 | 0.64 |
| C1512605003 | 希勃图音锡热格北西 | 0.30 | 0.12 | 0.12 | 0.10 | 0.64 |
| C1512605004 | 希勃图音锡热格 | 0.30 | 0.12 | 0.12 | 0.10 | 0.64 |
| C1512605005 | 哈日根台苏木 | 0.30 | 0.12 | 0.12 | 0.10 | 0.64 |
| C1512605006 | 太本苏木 | 0.30 | 0.12 | 0.12 | 0.10 | 0.64 |
| C1512605007 | 哈日根台嘎查东 | 0.30 | 0.12 | 0.12 | 0.10 | 0.64 |
| C1512605008 | 哈日根台嘎查 | 0.30 | 0.12 | 0.12 | 0.10 | 0.64 |
| C1512605009 | 乌兰拜其南 | 0.30 | 0.12 | 0.12 | 0.10 | 0.64 |
| C1512605010 | 哈布其拉嘎查 | 0.30 | 0.12 | 0.12 | 0.10 | 0.64 |
| C1512605011 | 巴彦宝拉格嘎查 | 0.30 | 0.12 | 0.12 | 0.10 | 0.64 |
| C1512605012 | 古尔班沟 | 0.30 | 0.12 | 0.12 | 0.10 | 0.64 |
| C1512605013 | 下营子 | 0.30 | 0.12 | 0.12 | 0.10 | 0.64 |
| C1512605014 | 萨仁图嘎查 | 0.30 | 0.12 | 0.12 | 0.10 | 0.64 |
| C1512605015 | 洁雅日达巴 | 0.30 | 0.12 | 0.12 | 0.10 | 0.64 |
| C1512605016 | 河南营子村 | 0.30 | 0.12 | 0.12 | 0.10 | 0.64 |

表 5-15 花敖包特式复合内生型银铅锌矿花敖包特预测工作区预测资源量可利用性统计表

| 预测工作区编号 | 预测工作区名称 | 可利用(t) | | | 暂不可利用(t) | | |
|---|---|---|---|---|---|---|---|
| | | 334-1 | 334-2 | 334-3 | 334-1 | 334-2 | 334-3 |
| 1512605001 | 花敖包特式复合内生型银铅锌矿花敖包特预测工作区 | 15 002.23 | 438.29 | — | — | — | 2 321.85 |

## 5. 按可信度统计分析

花敖包特银矿预测工作区预测资源量可信度统计结果见表 5-16。预测资源量可信性度≥0.75 的银矿有 12 421.21t;预测资源量可信度≥0.50 的银矿有 16 491.98t;预测资源量可信度≥0.25的银矿有 17 762.37t。

表 5-16 花敖包特式复合内生型银铅锌矿花敖包特预测工作区预测资源量可信度统计表

| 预测工作区名称 | ≥0.75(t) | ≥0.50(t) | ≥0.25(t) |
|---|---|---|---|
| 花敖包特式复合内生型银铅锌矿花敖包特预测工作区 | 12 421.21 | 16 491.98 | 17 762.37 |

# 第六章　李清地式热液型银铅锌矿预测成果

该预测工作区大地构造分区属华北陆块区，狼山-阴山陆块（大陆边缘岩浆弧），固阳-兴和陆核（Ⅱ-4-1）和色尔腾山-太仆寺旗古岩浆弧（Ⅱ-4-2）。李清地式热液型银多金属矿分布在固阳-兴和陆核内。

固阳-兴和陆核包括固阳、乌拉山、大青山、集宁、兴和一带出露的古太古代兴和岩群和中太古界乌拉山岩群、集宁岩群，其组成为麻粒岩、硅线榴石斜长（钾长）片麻岩、黑云角闪斜长片麻岩、大理岩、磁铁石英岩和变质深成体（TTG岩系）。

新太古代发生代表陆核裂解事件的过碱性辉石正长岩侵入。古元古代为俯冲型英云闪长岩、石英闪长岩和二长花岗岩组合。中元古代钾玄系列和钾质碱性系列岩浆侵入，以及代表大陆再一次裂解事件的基性岩墙群。二叠纪有大量的俯冲型岩石组合的侵入。

新元古代至古生代地层区划为华北地层大区晋冀鲁豫地层区，阴山地层分区之大青山地层小区；中—新生代地层区划分别位于山西地层区凉城地层分区与滨太平洋地层区，大兴安岭-燕山地层分区之乌兰浩特-赤峰地层小区。

从老至新出露地层有古太古界兴和岩群，中太古界集宁岩群、乌拉山岩群，新元古界什那干群，上石炭统栓马桩组，上侏罗统大青山组、满克头鄂博组、白音高老组，下白垩统李三沟组、左云组、固阳组，以及古近系渐新统呼尔井组，新近系中新统汉诺坝组，新近系上新统宝格达乌拉组与第四系。集宁岩群大理岩组为李清地式银铅锌矿的赋矿岩石；白音高老期火山活动形成的火山-次火山岩与李清地式热液型银铅锌矿的成矿关系密切。集宁岩群大理岩组为厚层大理岩变质建造，主要岩性为大理岩夹二辉二长片麻岩、钾长浅粒岩，为大陆棚浅水环境下形成的碳酸盐岩建造经中高温区域变质作用形成的麻粒岩相变质岩；白音高老组为火山碎屑岩建造，主要岩性为浅灰紫色角砾状流纹岩、流纹质岩屑晶屑凝灰岩，下部含角砾状熔结凝灰岩，局部有火山集块角砾岩。

侵入岩主要有中元古代片麻状花岗岩，燕山期钾长花岗岩，多呈岩株或岩脉产出，呈北东向与北西向分布；脉岩相对发育，有闪长岩脉、辉绿岩脉、花岗岩脉、花岗伟晶岩脉与石英斑岩脉。与银铅锌多金属成矿关系密切的主要为燕山期呈岩脉或岩株状产出的中粒或粗粒似斑状花岗岩与黑云母钾长花岗岩。

中生代以来总体上处于拉张裂陷的构造环境，使前中生代基地断裂复活，形成了集宁等断陷盆地，并诱发了岩浆活动，李清地式热液型银铅锌矿就是在这样的构造背景下形成的。

区内发育褶皱、断裂构造，在太古宙变质基地岩系内局部还叠加有糜棱岩带。褶皱构造主要发育于太古宙变质基地岩系内，总体走向北东的紧密线型褶皱带上；断裂构造以北西向与北东向为主，次为近南北向与近东西向，发育于中生代及其以前地质体内，控制了中生代以来断陷盆地与火山喷发盆地的形成。此外，由于晚侏罗世与上新世的火山活动，局部还发育有与火山活动有关的环状与放射状断裂。北东向与北西向断裂及由晚侏罗世火山活动形成的断裂构造为李清地式热液型银铅锌矿的主要控矿构造。

区内分布有李清地式热液型银铅锌矿、大苏计式斑岩型钼矿、盘路沟式岩浆型磷矿等。

# 第一节　典型矿床特征

## 一、典型矿床及成矿模式

### (一)典型矿床特征

李清地银铅锌矿处于华北地台北缘中段大青山金银多金属成矿带，是中生代火山-次火山中低温热液银铅锌多金属矿的有利成矿地区，矿产资源极为丰富，如大青山金矿(中型)、潘家沟银矿(中型)、东伙房金矿(中型)；与本区紧邻的山西境内的堡子湾金矿(大型)、水磨口铅锌矿(中型)等；河北张家口的东坪金矿(大型)、蔡家营银金多金属矿等。目前发现的除李清地、九龙湾银多金属矿外，还有数十处金银矿点，如赶牛沟、西黄跃、阳坡、桦树沟等，找矿前景十分巨大。

李清地银铅锌矿是华北地台北缘中段大青山金银多金属成矿带之中生代火山-次火山中低温热液型银铅锌多金属矿的典型矿床。研究其地质特征、成矿作用及成矿模式，对该类型矿床的勘查与开发具有十分重要的意义。

根据上述典型矿床选取原则及李清地银铅锌矿矿床的研究程度，选择李清地银铅锌矿作为本矿产预测方法类型的典型矿床。

#### 1. 矿区地质

矿区基底岩系主要为太古宇集宁岩群的中深变质岩系，叠加了晚侏罗世火山-岩浆作用，是成矿的有利地段。

出露的地层主要有集宁岩群片麻岩组与大理岩组，白音高老组陆相酸性火山-次火山岩，其他地层单元呈零星分布；断裂构造与褶皱构造较发育；岩浆活动在北部表现的比较强烈。

矿区与矿化有关的围岩蚀变以中低温蚀变为主，主要有：

(1)硅化为矿区内最主要的蚀变类型，主要发育在矿化带靠近矿化体两侧，蚀变范围随矿化体规模变化，矿化体规模越大，则硅化蚀变带越宽。为本区找矿标志之一。

(2)铁锰矿化主要发育在矿体及其两侧围岩中，地表形成黑色的铁锰帽，有一定的 Pb、Zn、Ag、Mn 品位，是直接找矿标志。

(3)碳酸盐化与矿化有关，在整个成矿过程中都不同程度地伴随着碳酸盐化，所以其延续时间较长，早期表现为菱锰矿、菱铁矿、铁白云石等，晚期表现为以细脉或网脉状产出的方解石脉。

(4)绢云母化在矿区内岩石普遍存在，为汽成热液阶段的一种蚀变，在破碎带及近矿围岩中较发育。

(5)蛇纹石化为含矿带中的宏观蚀变，范围较大，与矿化关系似乎不太明显，但蚀变强时，附近常有矿化体存在。

#### 2. 矿床特征

矿体及矿化蚀变带主要分布在中生代钾长花岗岩与集宁岩群大理岩的外接触带上。岩浆沿断裂侵位，热液沿裂隙向围岩扩散，与围岩发生交代作用，导致银铅锌等沿断裂破碎带富集成有工业意义的矿体，地表发现了 3 条带状矿(化)体，即南矿带、中矿带、北矿带。各矿带中矿体特征如下：

Ⅰ号矿体：呈楔形囊状，走向 62°，倾向南东，倾角 80°。延长 33m，延深 135m，平均厚度 5.42m，Ag 品位为 $349.05\times10^{-6}$。

Ⅱ号矿体：呈不规则脉状或透镜状，在 2 线上厚大矿体表现为囊状，矿体走向北东，倾向南东，倾角

75°～80°，矿体平均厚度 9.53m，延深 180m，Ag 品位为 $418.22\times10^{-6}$。

Ⅲ号矿体：矿体走向 62°，倾向南东，倾角 68°，矿体平均厚度 4.5m，延深 60m，Ag 品位为 $438.56\times10^{-6}$。

Ⅳ号矿体：矿体走向 65°，倾向南东，倾角 70°～87°，矿体平均厚度 4.48m，延深 310m，Ag 品位为 $266.23\times10^{-6}$。

ⅩⅢ号矿体：矿体走向 50°，倾向南东，倾角 68°，矿体平均厚度 2.66m，延深 60m，Ag 品位为 $141.79\times10^{-6}$。

ⅩⅣ号矿体：矿体走向 60°，倾向南东，倾角 76°，矿体平均厚度 3.46m，延深 40m，Ag 品位为 $365.88\times10^{-6}$。

ⅩⅤ号矿体：呈似层状，走向 320°，倾向南西，倾角 65°～70°，延长 230m，延深 200m，平均厚度 2.22m。Ag 品位为 $106.50\times10^{-6}$。

Ⅻ-1 号矿体：呈透镜状，走向 320°，倾向南西，倾角 62°～65°，延长 120m，延深 200m，平均厚度 2.56m，Ag 品位为 $194.45\times10^{-6}$。

Ⅻ号矿体：呈似层状，走向 320°，倾向南西，倾角 70°～75°，延长 200m，延深 240m，平均厚度 2.09m，Ag 品位为 $70.59\times10^{-6}$，如图 6-1 所示。

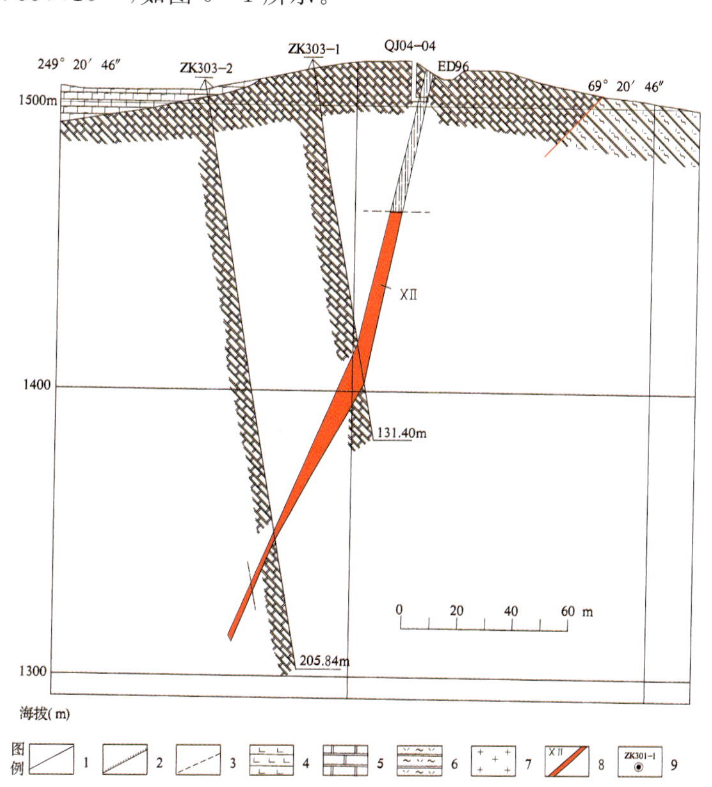


图 6-1　李清地银铅锌多金属矿区 303 线地质剖面图

1. 地质界线；2. 角度不整合地质界线；3. 推测地质界线；4. 玄武岩；5. 大理岩；6. 片麻岩；7. 花岗岩；8. 矿体及编号；9. 钻孔及编号

### 3. 矿石特征

矿石矿物主要有黄铁矿、闪锌矿、方铅矿、白铅矿、菱锌矿、褐铁矿、菱锰矿、菱铁矿、赤铁矿、白铁矿、针铁矿、黄铜矿、辉银矿、角银矿、辉锑银矿；脉石矿物主要有白云石、方解石、石英、铁白云石、锰白云石等。

矿石结构主要有自形—半自形粒状结构，他形粒状结构，隐晶质（铁锰质）结构，交代残余结构，包含结构，发射状、文象结构，反应边结构。矿石构造主要有块状构造，蜂窝状构造，胶状构造，角砾状构造，浸染状构造，脉状—网状构造。

### 4. 矿床成因与成矿时代

李清地矿区处在临河-集宁-尚义深大断裂带的边部，与中生代大脑包火山岩及其侵入岩密切相关。

圈定出北矿带、中矿带、南矿带，3 条矿(化)带赋矿围岩主要为大理岩，亦有片麻岩，矿体主要受构造的控制，为充填交代式。其构造格局以大脑包中生代火山岩体为核心，分布如下：

矿化与火山机构有着密切的关系，不仅脉岩的分布与放射状、环状火山机构有关，而且矿(化)体的分布也直接与这些火山机构有关，部分北西向矿体正是火山机构的放射状构造，而北东向矿(化)体则与火山机构的环形构造相吻合。

3 条矿(化)带随着与大脑包火山岩相距的距离不同，金属元素出现了较为明显的水平分带现象，远离火山岩体的南矿带，矿体中以高银、低铅锌、金较低为特征，靠近火山中心的北矿带以高铅锌、低银、金增高、含铜富硫为特征。

在提交的勘探报告中有形成条件的详尽分析数据，对李清地矿床的成因分析如下。

硫同位素特征：经对不同的硫化物方铅矿、闪锌矿、黄铁矿进行的硫同位素测定，硫源来自深部，与岩浆和火山活动有关。

包体测温：从包体测温所得结果来看，黄铁矿爆裂温度平均 260℃，方铅矿爆裂温度平均 243℃，闪锌矿爆裂温度平均 215℃，3 种矿物平均爆裂温度为 243℃。

Co/Ni 比值：矿体中 Co/Ni 比值与花岗岩及中生代火山岩的比值相近，花岗岩的比值为 0.25，火山岩的比值为 0.3，矿体中的比值为 0.28，说明矿床的形成与岩浆和火山活动有一定内在联系。

综上所述，李清地矿床成因类型为与火山活动有关的中低温热液裂隙充填交代矿床，成矿时代为燕山期。

### (二)典型矿床成矿模式

李清地矿区的控矿构造较复杂，矿体主要受控于多组方向的断裂系统。主要容矿地层为集宁岩群，总体走向为 NE50°，与华北地台基底在该地区的总体走向一致。矿带的分布与此产状大体相当，说明层位对成矿有重要影响。中生代陆相火山作用为银铅锌多金属矿床的富集提供了热液来源，随之产生的火山断裂为热液运移提供了空间，从而形成了浅成低温热液型矿床(图 6-2)。

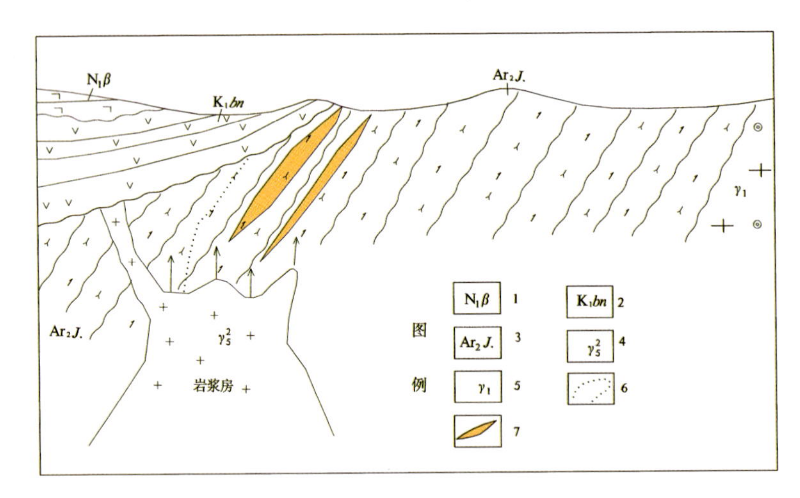


图 6-2　李清地式热液型银铅锌矿典型矿床成矿模式图

1.中新世汉诺坝玄武岩；2.下白垩统白女羊盘组；3.中太古界集宁岩群；4.燕山期花岗岩；5.中太古代含榴石花岗岩；6.蚀变界线；7.矿体

## 二、典型矿床物探特征

据 1∶5 万航磁平面等值线图，磁场表现低缓的梯度变化带，走向南东。据 1∶2000 电法平面等值线图，充电率异常不明显，局部有极值为 2nT 的异常(图 6-3)。

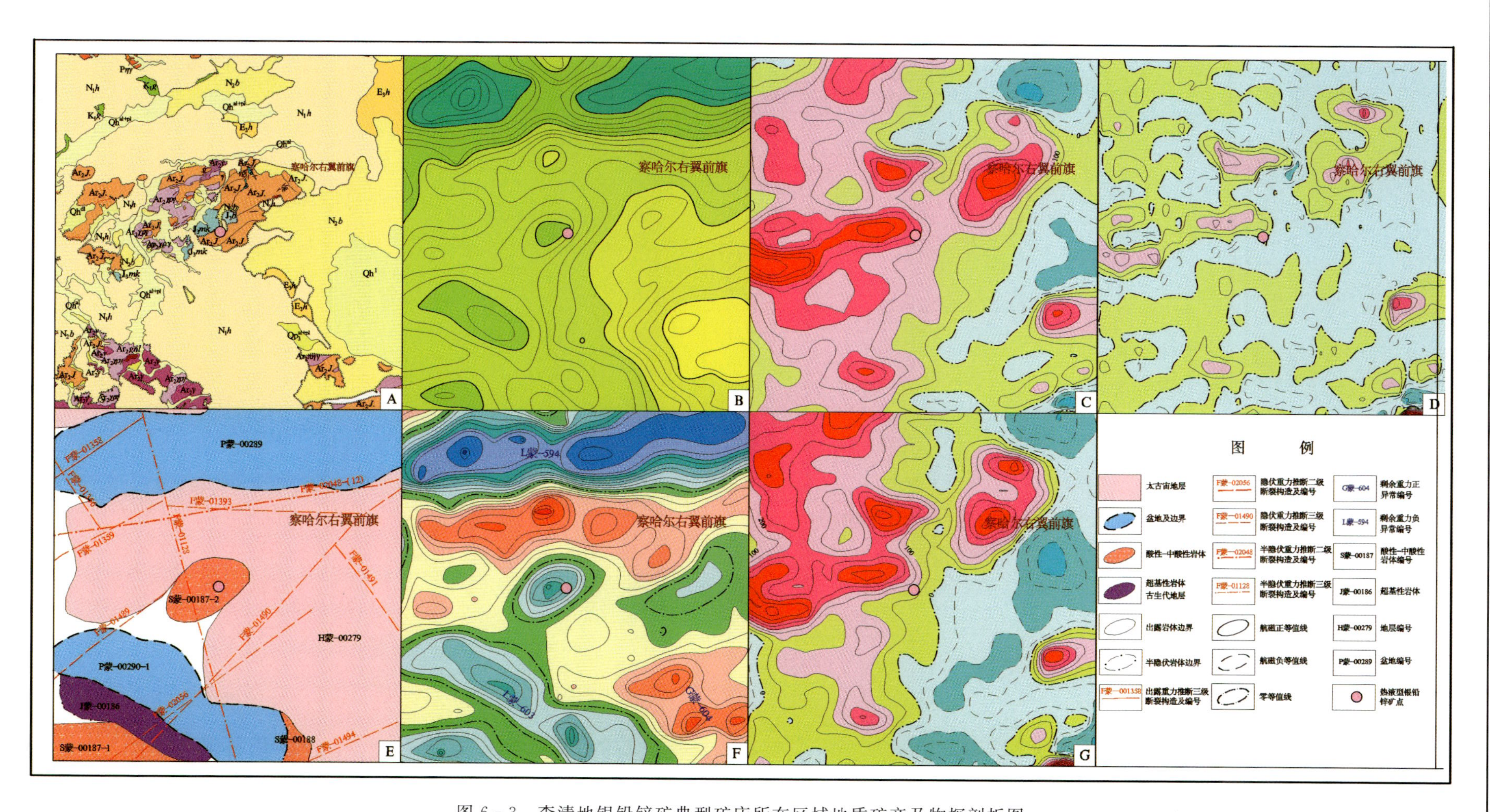


图6-3　李清地银铅锌矿典型矿床所在区域地质矿产及物探剖析图

A. 地质矿产图；B. 布格重力异常图；C. 航磁 $\Delta T$ 等值线平面图；D. 航磁 $\Delta T$ 化极垂向一阶导数等值线平面图；E. 重力推断地质构造图；F. 剩余重力异常图；G -航磁 $\Delta T$ 化极等值线平面图

李清地银铅锌矿床，在布格重力异常等值线平面图上位于局部重力低异常的边界，$\Delta g_{min}=-162.50\times10^{-5}m/s^2$；剩余重力异常等值线平面图上位于局部剩余重力低的边部，$\Delta g_{min}=-6.51\times10^{-5}m/s^2$，推断该局部重力低异常是隐伏的中生代花岗岩体的反映。

## 三、典型矿床地球化学特征

李清地银铅锌矿矿区出现了以 Ag、Pb、Zn 为主，伴有 Cd 等元素组成的综合异常；主成矿元素为 Pb、Zn，Ag、Cd 为主要的伴生元素。Pb、Zn 呈高背景分布，浓集中心明显，异常强度高；Ag 在矿区呈高背景分布，存在明显的浓集中心；Cd 呈高背景分布，浓集中心不明显(图 6-4)。

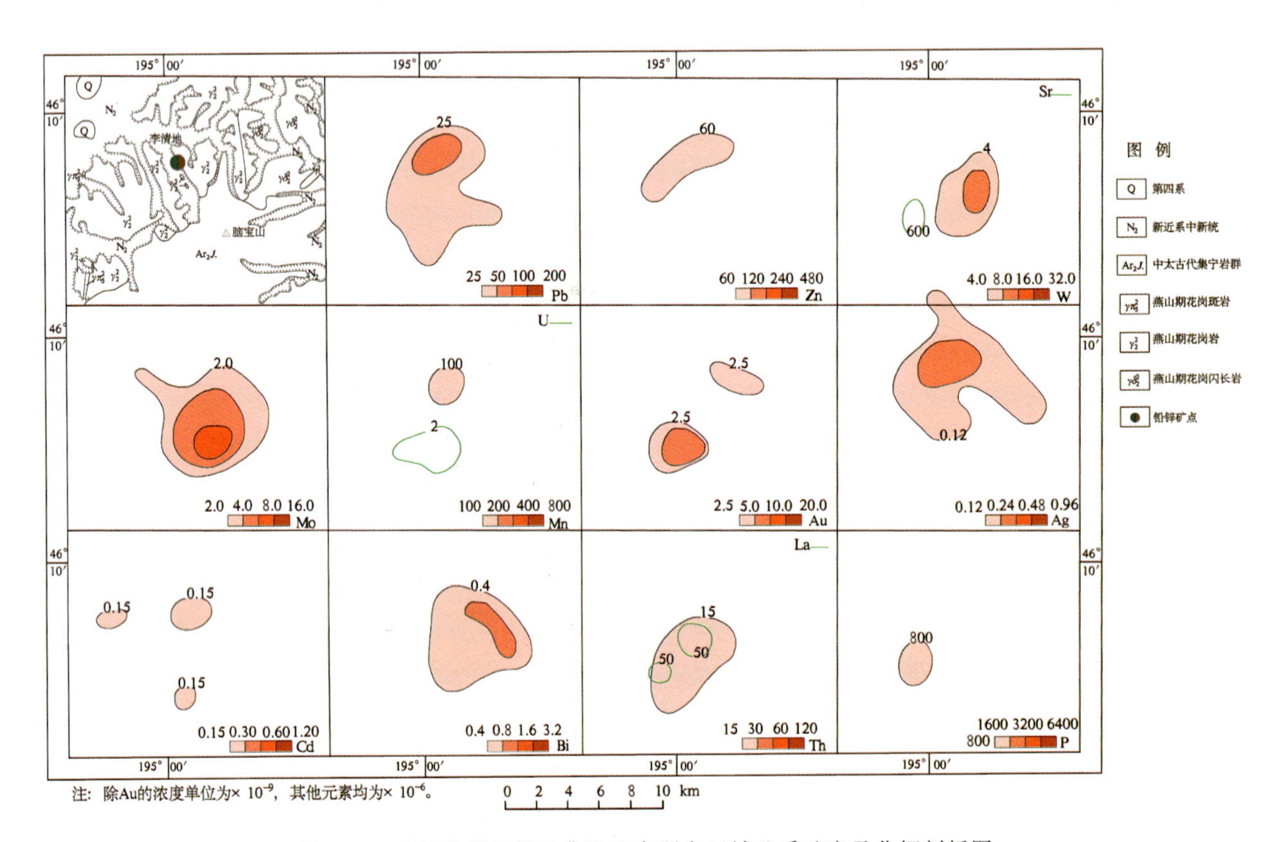


图 6-4　李清地银铅锌矿典型矿床所在区域地质矿产及化探剖析图

## 四、典型矿床预测模型

以典型矿床成矿要素图为基础，综合研究重力、航磁、化探、遥感等致矿信息，总结典型矿床预测要素(表 6-1)。根据典型矿床成矿要素图和区域化探、重力、遥感等资料，确定典型矿床预测要素，编制了典型矿床预测要素图。

**表 6-1　李清地式复合内生型银铅锌矿典型矿床预测要素表**

<table>
<tr><td colspan="3">典型矿床预测要素</td><td colspan="3">内容描述</td><td rowspan="3">要素类别</td></tr>
<tr><td colspan="3">资源量</td><td>小型 Ag:293t</td><td>平均品位</td><td>Ag:$114.1\times10^{-6}$</td></tr>
<tr><td colspan="3">特征描述</td><td colspan="3">火山岩型中低温热液裂隙充填型银铅锌矿床</td></tr>
<tr><td rowspan="3">地质环境</td><td colspan="2">构造背景</td><td colspan="3">华北陆块区，狼山-阴山陆块（大陆边缘岩浆弧 $Pz_2$），固阳-兴和陆核（$Ar_3$）与色尔腾山-太仆寺旗古岩浆弧（$Ar_3$）</td><td>必要</td></tr>
<tr><td colspan="2">成矿环境</td><td colspan="3">中太古界集宁岩群大理岩组为银铅锌成矿的赋矿围岩，矿体主要产于大理岩组内北东向层间破碎带及其派生的北西向断裂内，与银铅锌成矿关系密切的岩浆岩主要是燕山期花岗岩及其火山—次火山岩，该矿床为与中生代陆相火山作用有关的浅成低温热液型</td><td>必要</td></tr>
<tr><td colspan="2">成矿时代</td><td colspan="3">燕山期</td><td>必要</td></tr>
<tr><td rowspan="7">矿床特征</td><td colspan="2">矿体形态</td><td colspan="3">主要呈不规则脉状、透镜状、楔形囊状等</td><td>重要</td></tr>
<tr><td colspan="2">岩石类型</td><td colspan="3">大理岩、硅化大理岩、铁白云石大理岩、中粒或中粗粒似斑状花岗岩、黑云母钾长花岗岩、石英斑岩、流纹质集块岩、流纹质火山角砾岩、流纹质熔结凝灰岩、流纹岩</td><td>重要</td></tr>
<tr><td colspan="2">岩石结构</td><td colspan="3">中粒粒状变晶结构、斑状结构、集块结构、火山角砾结构、熔结凝灰结构、中—中粗粒似斑状结构、花岗结构</td><td>次要</td></tr>
<tr><td colspan="2">矿物组合</td><td colspan="3">矿石矿物：黄铁矿、闪锌矿、方铅矿、白铅矿、菱锌矿、褐铁矿、菱锰矿、菱铁矿、赤铁矿、白铁矿、针铁矿、黄铜矿、辉银矿、角银矿、辉锑银矿。<br>脉石矿物：白云石、方解石、石英、铁白云石、锰白云石等</td><td>重要</td></tr>
<tr><td colspan="2">结构构造</td><td colspan="3">结构：自形—半自形粒状结构，他形粒状结构，隐晶质（铁锰质）结构，交代残余结构，包含结构，发射状、文象结构，反应边结构。<br>构造：块状构造，蜂窝状构造，胶状构造，角砾状构造，浸染状构造，脉状—网状构造</td><td>次要</td></tr>
<tr><td colspan="2">蚀变特征</td><td colspan="3">硅化、铁锰矿化、碳酸盐化、绢云母化、蛇纹石化</td><td>次要</td></tr>
<tr><td colspan="2">控矿条件</td><td colspan="3">①中太古界集宁岩群大理岩；②集宁岩群大理岩组内北东向层间破碎带及其派生的北西向断裂；③燕山期花岗岩及火山、次火山岩，不仅提供了成矿物质，也是引起岩石发生蚀变的主要原因</td><td>必要</td></tr>
<tr><td rowspan="3">物探与化探特征</td><td rowspan="2">地球物理特征</td><td>重力</td><td colspan="3">布格重力异常等值线平面图上，李清地银铅锌矿床位于局部重力低异常的边界，$\Delta g_{min}=-162.50\times10^{-5}m/s^2$；剩余重力异常等值线平面图亦反映李清地银铅锌矿位于局部剩余重力低的边部，$\Delta g_{min}=-6.51\times10^{-5}m/s^2$，推断该局部重力低异常是隐伏的中生代花岗岩体的反映</td><td>次要</td></tr>
<tr><td>航磁</td><td colspan="3">据 1∶5 万航磁平面等值线图，磁场表现低缓的梯度变化带，走向南东。据 1∶2000 电法平面等值线图显示，充电率异常不明显，局部有极值为 2nT 的异常</td><td>次要</td></tr>
<tr><td colspan="2">地球化学特征</td><td colspan="3">矿区出现了以 Ag、Pb、Zn 为主，伴有 Cd 等元素组成的综合异常；主成矿元素为 Pb、Zn，Ag、Cd 为主要的伴生元素</td><td>必要</td></tr>
</table>

# 第二节　预测工作区研究

## 一、区域地质特征

该预测工作区内已查明银铅锌矿床(点)共2处，赋矿地层为中太古界集宁岩群大理岩组，燕山期中粒、中粗粒似斑状花岗岩、黑云母钾长花岗岩与白音高老期流纹质次火山岩与成矿关系密切。

## 二、区域地球物理特征

在区域布格重力异常图上，预测区重力场总体反映东南部重力高、西北部重力低的特点，重力场最低值$-187.52\times10^{-5}m/s^2$，最高值$-118.78\times10^{-5}m/s^2$。由物性资料可知，全区太古宇密度值较高，平均密度值为$2.73\times10^3kg/m^3$，该区地表出露太古宇兴和岩群，推断是太古宙变质岩的反映。集宁—察右前旗以西以及集宁市以北反映重力低值区，其中在集宁市北部的重力低异常走向北北东，由两个异常中心组成，是中、新生代盆地的反映；集宁—察右前旗以西，重力低异常为北西向，也由两个异常中心组成，在干牛沟一带地表出露侏罗纪花岗斑岩，故推断该重力低异常是隐伏的侏罗纪花岗斑岩所致。李清地式复合内生型银铅锌矿位于中部重力低异常的边部，表明矿床与隐伏的中、酸性花岗岩体有关。

在1∶10万航磁$\Delta T$等值线平面图上，预测工作区磁异常幅值范围为$-800\sim2000nT$，背景值为$-100\sim100nT$，磁异常形态杂乱，正负相间，变化梯度大，多为不规则带状或椭圆状，预测区东部异常轴向以北东向为主，中西部异常轴向以东西向为主。在预测区中西部，磁场背景为平缓磁异常区，$0\sim100nT$等值线附近。

预测工作区磁法推断断裂在磁场上主要表现为不同磁场区分界线和磁异常梯度带。除东北部磁异常推断主要由火山地层引起外，大部分杂乱磁异常主要由变质地层引起。

## 三、区域地球化学特征

区域上分布有Ag、As、Cd、Cu、Mo、Sb、W、Pb、Zn等元素组成的高背景区带，在高背景区带中有以Ag、Pb、Zn、Cd、Cu、Mo、Sb、W为主的多元素局部异常。区内各元素西北部多异常，东南部多呈背景及低背景分布。预测区内共有38个Ag异常，27个As异常，9个Au异常，51个Cd异常，28个Cu异常，44个Mo异常，41个Pb异常，41个Sb异常，41个W异常，38个Zn异常。

预测区内，西部Ag呈高背景分布，存在明显的浓度分带和浓集中心；Au呈高背景分布，存在明显的浓度分带和浓集中心；As、Sb、Cd多呈背景分布，无明显异常；Cu呈高背景分布，有多处浓集中心，浓集中心主要分布于小淖尔乡和察汗贲贲村，浓集中心明显，异常强度高，范围较大；Mo多呈背景分布，存在局部异常；Pb、W在预测区多呈背景—低背景分布，在预测区西部存在局部异常；Zn多呈高背景分布，在西部存在明显的浓度分带和浓集中心，在九花岭村以北，存在明显的浓集中心，浓集中心呈南北向条带状分布。

预测区内元素异常组合套合较好的异常为AS1和AS2。AS1的异常元素为Cu、Pb、Zn、Ag、Cd，Pb浓集中心明显，异常强度高，存在明显的浓度分带，Cu、Zn、Ag、Cd分布于Pb异常的周围；AS2的异常元素为Cu、Pb、Zn、Ag、Cd，Pb浓集中心明显，强度高，呈环状分布，Cu、Zn、Ag、Cd分布于Pb异常周围。

## 四、区域遥感影像及解译特征

区域内解译出中小型构造 363 条，中型构造与大型构造走向相似，走向基本为近北东向与近东西向，小型构造在图中的分布规律不明显。

预测工作区内的环形构造比较少，解译出环形构造 19 个，主要分布在该区域的东南角，其余地区零散分布。其成因与新生代花岗岩类、古生代花岗岩类，与隐伏岩体、构造穹隆或构造盆地、火山机构有关。

预测区含矿地层(遥感带状要素)主要为中太古界集宁岩群，主要分布在西部地区，集中在北东向的胜利村-李家村大型构造以南至北东向的丁水泉村-贾家湾山前大型断裂带之间的区域，该区域中小型构造复杂，与大型构造相交错断形成多边形构造区间，有利于含矿物质的富集。深断裂活动为成矿物质从深部向浅部运移和富集提供了可能的通道。

预测区的羟基异常主要呈条带状分布在图幅的东南角，位于构造要素和环要素较密集区，铁染异常主要分布在图幅的东边靠近边框，其他地区零星分布。

综上所述，赋矿的集宁岩群大理岩组，对应于剩余异常、航磁化极场均为正异常，布格重力场为低缓负异常场。化探异常明显，Ag 单元素浓度峰值可达 $182\times10^{-9}$。

## 五、区域预测模型

区域预测要素图以区域成矿要素图为基础，综合研究重力、航磁、化探、遥感等综合信息，总结区域预测要素表(表 6-2)，并将综合信息有关异常曲线、区全部叠加在成矿要素图上。

**表 6-2　李清地式复合内生型银铅锌矿察右前旗预测工作区预测要素表**

| 区域预测要素 | | 描述内容 | 要素类别 |
|---|---|---|---|
| 地质环境 | 大地构造位置 | 华北陆块区，狼山-阴山陆块(大陆边缘岩浆弧 $Pz_2$)，固阳-兴和陆核($Ar_3$)与色尔腾山-太仆寺旗古岩浆弧($Ar_3$) | 必要 |
| | 成矿区(带) | 华北成矿省，山西断隆铁、铝土矿石膏煤煤层气成矿带，旗下营-土贵乌拉金、银、白云母成矿亚带(Pt、Q)与李清地-土贵乌拉银、白云母矿集区(Pt) | 必要 |
| | 区域成矿类型及成矿期 | 火山岩型中低温热液裂隙充填型银铅锌矿床(成矿期为燕山期) | 必要 |
| 控矿地质条件 | 赋矿地质体 | 中太古界集宁岩群大理岩组 | 必要 |
| | 控矿侵入岩 | 燕山期中粒—中粗粒似斑状花岗岩、黑云母钾长花岗岩与白音高老期流纹质次火山岩，呈脉状与岩株状产出 | 重要 |
| | 主要控矿构造 | 集宁岩群大理岩组内北东向与北西向断裂，大理岩组与燕山期花岗岩体接触带，燕山期火山机构有关的环状、放射状断裂及上述断裂交会处 | 重要 |
| 区内相同类型矿产 | | 成矿区带内有小型、中型银铅锌矿床各 1 处 | 重要 |
| 地球物理特征 | 重力异常 | 布格重力异常图上总体反映预测区东南部为重力高、西北部为重力低，重力场最低值 $-187.52\times10^{-5}m/s^2$，最高值 $-118.78\times10^{-5}m/s^2$ | 次要 |
| | 磁法异常 | 航磁 $\Delta T$ 等值线幅值范围为 $-800\sim2000nT$，背景值为 $-100\sim100nT$，磁异常正负相间，多为不规则带状或椭圆状。李清地银铅锌矿区等值线值 $0\sim100nT$ | 重要 |
| 地球化学特征 | | 区域上 Ag、As、Cd、Cu、Mo、Sb、W、Pb、Zn 等元素组成高背景区带，在该带上有以 Ag、Pb、Zn、Cd、Cu、Mo、Sb、W 为主的多元素局部异常。西北部多异常，东南部多呈背景—低背景分布 | 重要 |
| 遥感特征 | | 预测区线状构造发育，环形构造比较少。羟基异常主要呈条带状分布在图幅的东南角，在构造要素和环要素较密集的地区，铁染异常主要分布在图幅的东边靠近边框，其他地区零星分布 | 次要 |

预测模型图的编制是根据典型矿床成矿要素与区域成矿资料对比，经过综合研究而形成，图上简要表示预测要素内容及其相互关系以及时空展布特征(图6-5)。

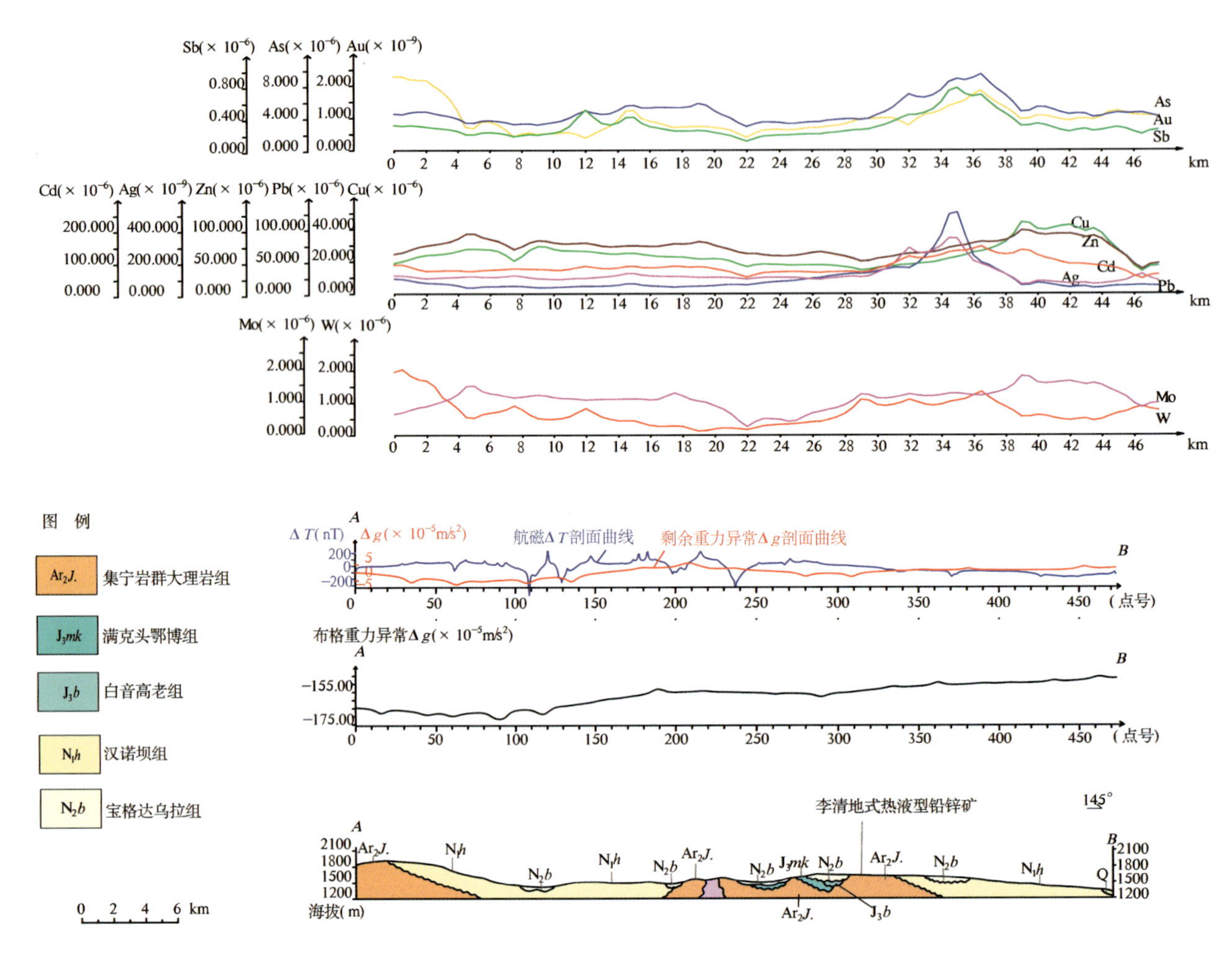


图6-5　李清地式复合内生型银铅锌矿察右前旗预测工作区预测模型图

# 第三节　矿产预测

## 一、综合地质信息定位预测

### (一)变量的提取及优选

#### 1. 预测要素及要素组合的数字化、定量化

预测单元的划分是开展预测工作的重要环节，根据典型矿床成矿要素及预测要素研究，以及预测区提取的要素特征，选择网格单元法作为预测单元，根据预测底图比例尺确定网格间距为1000m×1000m，图面为10mm×10mm。

根据典型矿床成矿要素及预测要素研究，选取以下变量：

典型矿床矿点+缓冲区、断层(与控矿有关的断裂,包括实测与遥感解译断裂)+缓冲区、侵入岩(包括与成矿有关的燕山期次火山岩、花岗岩、重力推断隐伏岩体与遥感解译岩体)+缓冲区、地层(包括赋矿地层与成矿成因有关的火山岩层)+缓冲区、化探综合异常、遥感羟基、铅单元素异常、锌单元素异常、航磁化极与剩余重力等11个预测地质、物探与化探、遥感变量。

**2. 变量初步优选的研究**

典型矿床矿点+缓冲区、断层(与控矿有关的断裂,包括实测与遥感解译断裂)+缓冲区、侵入岩(包括与成矿有关的燕山期次火山岩、花岗岩、重力推断隐伏岩体与遥感解译岩体)+缓冲区、地层(包括赋矿地层与成矿成因有关的火山岩层)+缓冲区、银铅锌综合化探异常与遥感羟基等要素进行单元赋值时采用区的存在标志;Ag、Pb、Zn单元素异常、航磁化极、剩余重力则求起始值的加权平均值。Ag矿单元素异常下限值取$124\times10^{-6}$,Pn、Zn异常下限值取$76\times10^{-6}$,航磁化极异常值取值范围为125~375nT,剩余重力异常值取值范围为$(-5\sim-1)\times10^{-5}m/s^2$。

(二)最小预测区的圈定及优选

由于预测工作区内只有1处已知矿床,因此采用MRAS矿产资源GIS评价系统中的预测模型工程,利用网格单元法进行定位预测,采用空间评价中神经网络分析方法进行预测,再结合综合信息法叠加各预测要素圈定最小预测区,并进行优选。

圈定预测区操作细则:

(1)采用MRAS矿产资源GIS评价系统中的预测模型工程,添加地质体、断层、银铅锌综合化探、铅锌元素化探、航磁化极、遥感环状要素等专题图层。

(2)采用网格单元法设置预测单元,网格单元范围为预测工作区范围,单元大小为10mm×10mm。

(3)地质体、断层、遥感环状要素进行单元赋值时采用区的存在标志;化探、重力、航磁化极则求起始值的加权平均值,进行原始变量构置。

(4)采用神经网络分析法进行空间评价。

(5)对化探、航磁化极进行二值化处理,人工输入变化区间,并根据形成的定位转换专题构造预测模型。根据种子单元赋颜色,选择李清地矿床所在单元为种子单元。

(6)最小预测区圈定与分级。叠加所有成矿要素及预测要素,根据形成的预测单元图及不同级别的各要素边界,圈定最小预测区。

(三)最小预测区圈定

**1. 预测要素应用及变量确定**

模型区选择依据:根据圈定的最小预测区范围,选择李清地典型矿床所在的最小预测区为模型区,模型区内出露的地层为中太古界集宁岩群大理岩组与上侏罗统白音高老组流纹质火山岩,Ag、Pb、Zn化探异常起始值分别为Ag化探异常起始值$>100\times10^{-6}$,Pb化探异常起始值$>23\times10^{-6}$,Zn化探异常起始值$>40\times10^{-6}$。此外大部分具羟基异常,并与Cu、Zn、Zr、La、Nb、Th、U、Y乙级综合异常重合。

预测方法的确定:由于预测区内只有1处已知矿床,故采用预测模型工程进行预测,并确定采用神经网络空间评价分析方法作为本次工作的预测方法。

**2. 最小预测区评述**

共圈定最小预测区36个,其中,A级区1个,总面积$35.92km^2$;B级区14个,总面积$142km^2$;C级区21个,总面积$218km^2$(表6-3,图6-7)。

**表 6-3　李清地式复合内生型银铅锌矿最小预测区一览表**

| 序号 | 最小预测区编号 | 最小预测区名称 |
| --- | --- | --- |
| 1 | A1512601001 | 李清地 |
| 2 | B1512601001 | 西壕堑沟村 |
| 3 | B1512601002 | 南壕堑 |
| 4 | B1512601003 | 石壕村 |
| 5 | B1512601004 | 二道洼村 |
| 6 | B1512601005 | 二啦嘛营子 |
| 7 | B1512601006 | 大五号村 |
| 8 | B1512601007 | 大梁村 |
| 9 | B1512601008 | 胜利乡 |
| 10 | B1512601009 | 大西沟 |
| 11 | B1512601010 | 永丰村 |
| 12 | B1512601011 | 白音不浪村 |
| 13 | B1512601012 | 转经召村 |
| 14 | B1512601013 | 羊场沟村 |
| 15 | B1512601014 | 益元兴村 |
| 16 | C1512601001 | 西海子村 |
| 17 | C1512601002 | 东马家沟村 |
| 18 | C1512601003 | 常四房 |
| 19 | C1512601004 | 西房子村 |
| 20 | C1512601005 | 快乐村 |
| 21 | C1512601006 | 王喇嘛村 |
| 22 | C1512601007 | 梁二虎沟 |
| 23 | C1512601008 | 合井村 |
| 24 | C1512601009 | 北夭村 |
| 25 | C1512601010 | 鄂卜坪乡 |
| 26 | C1512601011 | 羊圈沟 |
| 27 | C1512601012 | 长胜夭 |
| 28 | C1512601013 | 柏宝庄乡 |
| 29 | C1512601014 | 察汗贲贲村 |
| 30 | C1512601015 | 大泉村 |
| 31 | C1512601016 | 小东沟 |
| 32 | C1512601017 | 脑包洼村 |
| 33 | C1512601018 | 厂汉梁村 |
| 34 | C1512601019 | 忽力进图村 |
| 35 | C1512601020 | 驼盘村 |
| 36 | C1512601021 | 张家村 |

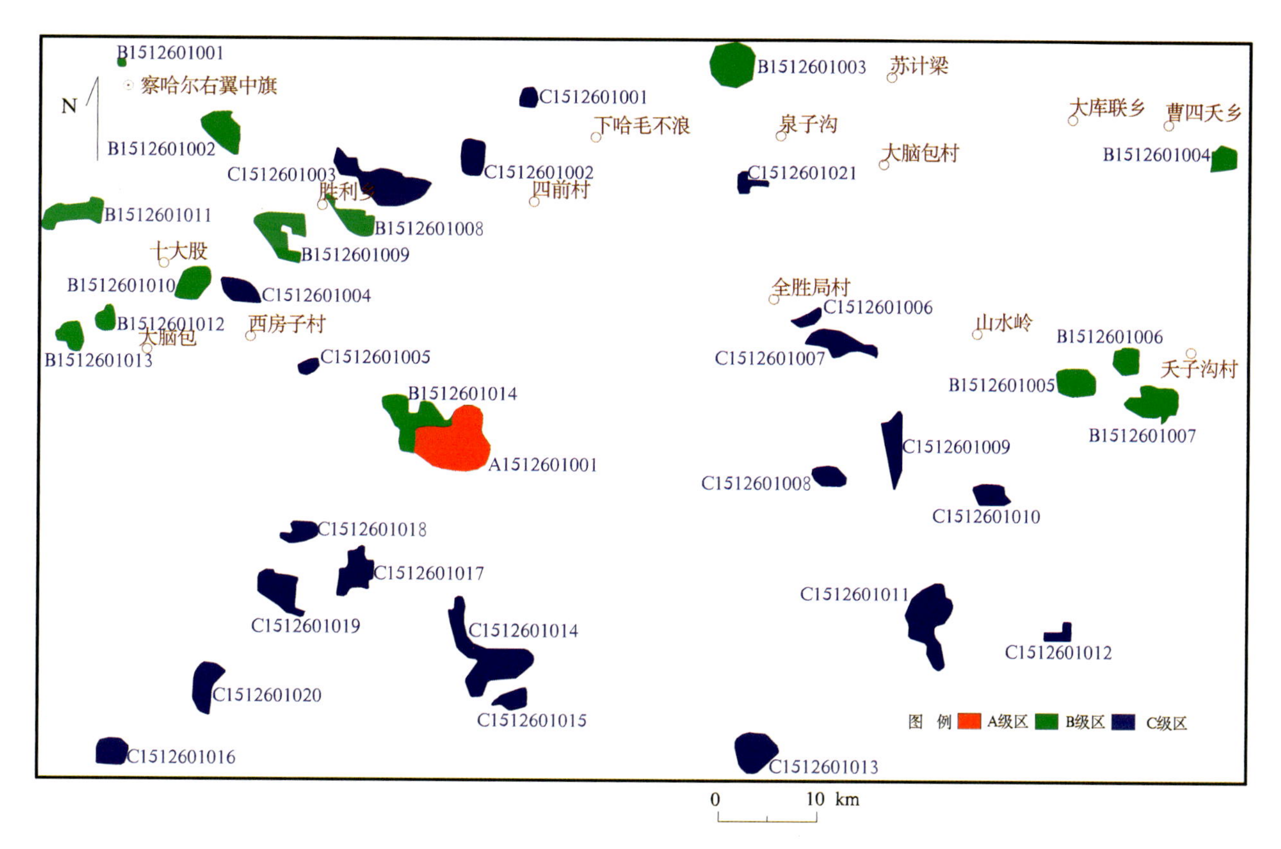


图 6-6　李清地式热液型银铅锌矿最小预测区优选分布示意图

## (四)最小预测区地质评价

### 1. 预测区级别划分

定位预测共提取 11 个地质变量，权重由大到小为：银铅锌矿床、Ag 化探异常、地质＋缓冲(大理岩组、燕山期侵入岩-次火山岩)、断层、化探综合异常、遥感羟基提取、重力推断隐伏岩体、遥感解译岩体、航磁化极与剩余重力。依据“矿产资源评价”软件，结合地质、物化遥(物探、化探、遥感)实际资料，共优选 A 级区 1 个，B 级区 14 个，C 级区 21 个(表 6-3)。

根据资源量估算结果和预测区优选结果，进行最小预测区级别划分，根据典型矿床及预测工作区研究，确定划分原则如下。

A 级区：具有矿点、Ag、Pb、Zn 异常与 Ag、Pb、Zn 甲级综合化探异常，含矿地质体＋缓冲，航磁化极，遥感隐伏岩体，羟基，剩余重力，断层等 10 个预测变量。

B 级区：具有 Ag、Pb、Zn 单元素异常，剩余重力，航磁化极＋其他 1～4 个预测变量。

C 级区：具有 Ag 或 Pb、Zn 异常，剩余重力，航磁化极＋其他 1～4 个预测变量。

### 2. 评价结果综述

预测对全区 36 个最小预测区分别进行了评述，各最小预测区成矿条件及找矿潜力见表 6-4。

**表 6-4　李清地式复合内生型银铅锌矿察右前旗预测工作区各最小预测区的成矿条件及找矿潜力一览表**

| 最小预测区编号 | 最小预测区名称 | 最小预测区的成矿条件及找矿潜力 |
| --- | --- | --- |
| A1512601001 | 李清地 | 找矿潜力巨大，出露与成矿关系密切的大理岩和白音高老组流纹质火山岩，大部分具有羟基，位于 Cu、Zn、Zr、La、Nb、Th、U、Y 乙级综合异常上，Ag 异常起始值$>100\times10^{-6}$，Pb 异常起始值$>23\times10^{-6}$，Zn 异常起始值$>40\times10^{-6}$ |
| B1512601001 | 西壕堑沟村 | 具有较好的找矿潜力，被上新统宝格达乌拉组覆盖，Ag 异常起始值$>50\times10^{-6}$，Pb 异常起始值$>23\times10^{-6}$，Zn 异常起始值$>30\times10^{-6}$，该区紧邻 Cu、Pb、Ag、Nb 乙级综合异常 |
| B1512601002 | 南壕堑 | 具有较好的找矿潜力，见北东向糜棱岩带与断裂，普遍具羟基，位于甲级 Cu、Pb、Au、W、Ag、Zn、La、Nb、Th、Y 综合异常上，Ag 异常起始值$>83\times10^{-6}$，Pb 异常起始值$>23\times10^{-6}$，Zn 异常起始值$>40\times10^{-6}$ |
| B1512601003 | 石壕村 | 具有较好的找矿潜力，被中新世玄武岩覆盖，有遥感解译岩体，位于乙级 Cu、Au、W、Zn、Ag、Zr、La、Nb 综合异常上。Ag 异常起始值$>42\times10^{-6}$，Pb 异常起始值$>14\times10^{-6}$，Zn 异常起始值$>40\times10^{-6}$ |
| B1512601004 | 二道洼村 | 具有较好的找矿潜力，被中新世玄武岩与上新统宝格达乌拉组覆盖，Ag 异常起始值$>58\times10^{-6}$，Pb 异常起始值$>14\times10^{-6}$，Zn 异常起始值$>193\times10^{-6}$ |
| B1512601005 | 二啦嘛营子 | 具有较好的找矿潜力，主要被第四系全新统覆盖，少部分被渐新世含煤岩系覆盖，有遥感解译岩体，Ag 异常起始值$>58\times10^{-6}$，Pb 异常起始值$>12\times10^{-6}$，Zn 异常起始值$>138\times10^{-6}$ |
| B1512601006 | 大五号村 | 具有较好的找矿潜力，主要被第四系全新统覆盖，Ag 异常起始值$>58\times10^{-6}$，Pb 异常起始值$>14\times10^{-6}$，Zn 异常起始值$>121\times10^{-6}$ |
| B1512601007 | 大梁村 | 具有较好的找矿潜力，被第四系全新统覆盖，Ag 异常起始值$>70\times10^{-6}$，Pb 异常起始值$>12\times10^{-6}$，Zn 异常起始值$>121\times10^{-6}$ |
| B1512601008 | 胜利乡 | 具有较好的找矿潜力，被中新世玄武岩与第四系全新统覆盖，位于甲级 Cu、Pb、Au、W、Ag、Zn、La、Nb、Th、Y 综合异常上，Ag 异常起始值$>83\times10^{-6}$，Pb 异常起始值$>14\times10^{-6}$，Zn 异常起始值$>76\times10^{-6}$ |
| B1512601009 | 大西沟 | 具有较好的找矿潜力，主要被中新世玄武岩覆盖，位于甲级 Cu、Pb、Au、W、Ag、Zn、La、Nb、Th、Y 综合异常上，Ag 异常起始值$>83\times10^{-6}$，Pb 异常起始值$>9.5\times10^{-6}$，Zn 异常起始值$>89\times10^{-6}$ |
| B1512601010 | 永丰村 | 具有较好的找矿潜力，主要被中新世玄武岩覆盖，有遥感解译岩体，位于甲级 Cu、Pb、Au、W、Ag、Zn、La、Nb、Th、Y 综合异常上，Ag 异常起始值$>58\times10^{-6}$，Pb 异常起始值$>20\times10^{-6}$，Zn 异常起始值$>76\times10^{-6}$ |
| B1512601011 | 白音不浪村 | 具有较好的找矿潜力，见大理岩，主要被中新世玄武岩覆盖，位于甲级 Cu、Pb、Au、W、Ag、Zn、La、Nb、Th、Y 综合异常上，Ag 异常起始值$>70\times10^{-6}$，Pb 异常起始值$>27\times10^{-6}$，Zn 异常起始值$>40\times10^{-6}$ |
| B1512601012 | 转经召村 | 具有较好的找矿潜力，主要出露中太古代变质岩系，具绿泥石蚀变，位于甲级 Cu、Pb、Au、W、Ag、Zn、La、Nb、Th、Y 综合异常上，Ag 异常起始值$>70\times10^{-6}$，Pb 异常起始值$>43\times10^{-6}$，Zn 异常起始值$>53\times10^{-6}$ |
| B1512601013 | 羊场沟村 | 具有较好的找矿潜力，出露中太古代变质岩系与早白垩世含煤岩系，位于甲级 Cu、Pb、Au、W、Ag、Zn、La、Nb、Th、Y 综合异常上，Ag 异常起始值$>70\times10^{-6}$，Pb 异常起始值$>37\times10^{-6}$，Zn 异常起始值$>40\times10^{-6}$ |

**续表 6-4**

| 最小预测区编号 | 最小预测区名称 | 最小预测区的成矿条件及找矿潜力 |
|---|---|---|
| B1512601014 | 益元兴村 | 具有较好的找矿潜力，出露与成矿关系密切的大理岩与晚侏罗世流纹质火山岩，局部有羟基，位于Cu、Zn、Zr、La、Nb、Th、U、Y乙级探综合异常上，Ag具异常，Pb异常起始值>$23\times10^{-6}$，Zn异常起始值>$40\times10^{-6}$ |
| C1512601001 | 西海子村 | 具有一定的找矿潜力，被中新世玄武岩覆盖，位于甲级Cu、Pb、Au、W、Ag、Zn、La、Nb、Th、Y综合异常上，Ag异常起始值>$42\times10^{-6}$，Pb异常起始值>$7.1\times10^{-6}$，Zn异常起始值>$89\times10^{-6}$ |
| C1512601002 | 东马家沟村 | 具有一定的找矿潜力，被中新世玄武岩覆盖，位于甲级Cu、Pb、Au、W、Ag、Zn、La、Nb、Th、Y综合异常上，Ag异常起始值>$42\times10^{-6}$，Pb异常起始值>$0.8\times10^{-6}$，Zn异常起始值>$102\times10^{-6}$ |
| C1512601003 | 常四房 | 具有一定的找矿潜力，见大理岩，主要被中新世玄武岩覆盖，位于甲级Cu、Pb、Au、W、Ag、Zn、La、Nb、Th、Y综合异常上，Ag异常起始值>$58\times10^{-6}$，Pb异常起始值>$8.7\times10^{-6}$，Zn异常起始值>$102\times10^{-6}$ |
| C1512601004 | 西房子村 | 具有一定的找矿潜力，被中新世玄武岩覆盖，位于甲级Cu、Pb、Au、W、Ag、Zn、La、Nb、Th、Y综合异常上，Ag异常起始值>$83\times10^{-6}$，Pb异常起始值>$12\times10^{-6}$，Zn异常起始值>$89\times10^{-6}$ |
| C1512601005 | 快乐村 | 具有一定的找矿潜力，出露银铅锌矿赋矿岩石大理岩，大部分被中新世玄武岩覆盖，普遍具羟基，位于甲级Cu、Pb、Au、W、Ag、Zn、La、Nb、Th、Y综合异常上，Ag异常起始值>$124\times10^{-6}$，Pb异常起始值>$14\times10^{-6}$，Zn异常起始值>$40\times10^{-6}$ |
| C1512601006 | 王喇嘛村 | 具有一定的找矿潜力，大部被中新世玄武岩覆盖，局部被上新统宝格达乌拉组覆盖，位于乙级Cu、Au、W、Zn、Ag、Zr、La、Nb综合异常上，Ag异常起始值>$42\times10^{-6}$，Pb异常起始值>$0.8\times10^{-6}$，Zn异常起始值>$111\times10^{-6}$ |
| C1512601007 | 梁二虎沟 | 具有一定的找矿潜力，被中新世玄武岩覆盖，位于乙级Cu、Au、W、Zn、Ag、Zr、La、Nb综合异常上。Ag异常起始值>$42\times10^{-6}$，Pb异常起始值>$5.7\times10^{-6}$，Zn异常起始值>$111\times10^{-6}$ |
| C1512601008 | 合井村 | 具有一定的找矿潜力，被中新世玄武岩覆盖，位于乙级Cu、Au、W、Zn、Ag、Zr、La、Nb综合异常上，Ag异常起始值>$42\times10^{-6}$，Pb异常起始值>$0.8\times10^{-6}$，Zn异常起始值>$111\times10^{-6}$ |
| C1512601009 | 北天村 | 具有一定的找矿潜力，大部被中新世玄武岩覆盖，局部被上新统宝格达乌拉组覆盖，位于乙级Cu、Au、W、Zn、Ag、Zr、La、Nb综合异常上。Ag异常起始值>$50\times10^{-6}$，Pb异常起始值>$0.8\times10^{-6}$，Zn异常起始值>$102\times10^{-6}$ |
| C1512601010 | 鄂卜坪乡 | 具有一定的找矿潜力，被中新世玄武岩覆盖，见一条北北东向断裂，Ag异常起始值>$50\times10^{-6}$，Pb异常起始值>$12\times10^{-6}$，Zn异常起始值>$102\times10^{-6}$。该区部分位于乙级Cu、Au、W、Zn、Ag、Zr、La、Nb综合异常上 |
| C1512601011 | 羊圈沟 | 具有一定的找矿潜力，被中新世玄武岩与上新统宝格达乌拉组覆盖，位于乙级Cu、Au、W、Zn、Ag、Zr、La、Nb综合异常上，Ag异常起始值>$42\times10^{-6}$，Pb异常起始值>$5.7\times10^{-6}$，Zn异常起始值>$102\times10^{-6}$ |
| C1512601012 | 长胜夭 | 具有一定的找矿潜力，被中新世玄武岩覆盖，Ag异常起始值>$42\times10^{-6}$，Pb异常起始值>$89\times10^{-6}$，Zn异常起始值>$89\times10^{-6}$ |
| C1512601013 | 柏宝庄乡 | 具有一定的找矿潜力，大部分被中新世玄武岩覆盖，见有中新世玄武岩火山口，见有北西向断裂，部分具有羟基，位于乙级Cu、Pb、Zn、Au、Zr、Nb、Ag综合异常上，Ag异常起始值>$100\times10^{-6}$，Pb异常起始值>$90\times10^{-6}$，Zn异常起始值>$89\times10^{-6}$ |

续表 6-4

| 最小预测区编号 | 最小预测区名称 | 最小预测区的成矿条件及找矿潜力 |
| --- | --- | --- |
| C1512601014 | 察汗贲贲村 | 具有一定的找矿潜力，被中新世玄武岩覆盖，位于Cu、Zn、Zr、La、Nb、Th、U、Y乙级探综合异常上，Ag异常起始值＞$34\times10^{-6}$，Pb异常起始值＞$7.1\times10^{-6}$，Zn异常起始值＞$102\times10^{-6}$ |
| C1512601015 | 大泉村 | 具有一定的找矿潜力，被中新世玄武岩覆盖，位于Cu、Zn、Zr、La、Nb、Th、U、Y乙级探综合异常上，Ag异常起始值＞$34\times10^{-6}$，Pb异常起始值＞$5.7\times10^{-6}$，Zn异常起始值＞$102\times10^{-6}$ |
| C1512601016 | 小东沟 | 具有一定的找矿潜力，被片麻岩覆盖，内见两条北西向产出的闪长岩脉，有遥感解译岩体，Ag异常起始值＞$83\times10^{-6}$，Pb异常起始值＞$90\times10^{-6}$，Zn异常起始值＞$65\times10^{-6}$ |
| C1512601017 | 脑包洼村 | 具有一定的找矿潜力，被中新世玄武岩覆盖，Ag异常起始值＞$83\times10^{-6}$，Pb异常起始值＞$12\times10^{-6}$，Zn异常起始值＞$89\times10^{-6}$，位于Cu、Zn、Zr、La、Nb、Th、U、Y乙级探综合异常上 |
| C1512601018 | 厂汉梁村 | 具有一定的找矿潜力，大部被片麻岩覆盖，位于Cu、Zn、Zr、La、Nb、Th、U、Y乙级探综合异常上，Ag异常起始值＞$83\times10^{-6}$，Pb异常起始值＞$10\times10^{-6}$，Zn异常起始值＞$102\times10^{-6}$ |
| C1512601019 | 忽力进图村 | 具有一定的找矿潜力，出露中太古代侵入岩，位于Cu、Zn、Zr、La、Nb、Th、U、Y乙级探综合异常上。Ag异常起始值＞$70\times10^{-6}$，Pb异常起始值＞$17\times10^{-6}$，Zn异常起始值＞$102\times10^{-6}$ |
| C1512601020 | 驼盘村 | 具有一定的找矿潜力，大部分被片麻岩覆盖，大部分有羟基，位于Cu、Zn、Zr、La、Nb、Th、U、Y乙级探综合异常上，Ag异常起始值＞$83\times10^{-6}$，Pb异常起始值＞$23\times10^{-6}$，Zn异常起始值＞$111\times10^{-6}$ |
| C1512601021 | 张家村 | 具有一定的找矿潜力，大部被中新世玄武岩覆盖，少部分被渐新世含煤岩系覆盖，位于乙级Cu、Au、W、Zn、Ag、Zr、La、Nb综合异常上，Ag异常起始值＞$50\times10^{-6}$，Pb异常起始值＞$8.7\times10^{-6}$，Zn异常起始值＞$89\times10^{-6}$ |

## 二、综合信息地质体积法估算资源量

### （一）典型矿床深部及外围的资源量估算

本部分内容与第三章第三节中的估算方法一致。

### （二）最小预测区预测资源量

#### 1. 模型区的确定、资源量及估算参数

模型区是指典型矿床所在位置的最小预测区，李清地模型区是MRAS定位预测后，经手工优化圈定的。

李清地典型矿床位于李清地模型区内，模型区延深与典型矿床一致；模型区含矿地质体面积与模型区面积一致，经MapGIS软件下读取数据为35 915 926$m^2$，该区没有其他矿床、矿（化）点，模型区资源量Ag:43 115t（表6-5）。

表 6-5　李清地模型区预测资源量及其估算参数

| 模型区编号 | 模型区名称 | 矿种 | 经度 | 纬度 | 模型区资源量(t) | 模型区面积($m^2$) | 延深(m) | 含矿地质体面积($m^2$) | 含矿地质体面积参数 |
|---|---|---|---|---|---|---|---|---|---|
| 1512601001 | 李清地 | Ag | E113°00′00″ | N40°57′00″ | 414.96 | 35 919 259.64 | 400 | 35 919 259.64 | 1.00 |

**2. 模型区含矿地质体含矿系数的确定**

模型区含矿地质体总体积($V_{模}$)＝模型区面积($S_{模}$)×模型区延深($H_{模}$)×含矿地质体面积参数($K_{模}$)。$V_{模}=S_{模}\times H_{模}\times K_{模}$＝35 919 259.64$m^2$×400m×1.00＝14 367 703 856.00$m^3$。

模型区含矿地质体含矿系数($K_{模}$)＝资源总量/(模型区总体积×含矿地质体面积参数)＝414.96÷14 367 703 856.00＝0.000 000 029$t/m^3$(表 6-6)。

表 6-6　李清地模型区含矿地质体含矿系数表

| 模型区编号 | 模型区名称 | 经度 | 纬度 | 矿种 | 含矿系数($t/m^3$) | 资源总量(t) | 总体积($m^3$) |
|---|---|---|---|---|---|---|---|
| 1512601001 | 李清地 | E113°00′40″ | N40°56′38″ | Ag | 0.000 000 029 | 414.96 | 14 367 703 856.00 |

**3. 最小预测区预测资源量及估算参数**

1)估算方法的选择

察右前旗预测工作区各最小预测区的资源量定量估算采用地质体积法进行估算。

2)估算参数的确定

(1)最小预测区面积圈定方法及圈定结果。预测区的圈定与优选采用少模型方法之神经网络法。采用1.0km×1.0km规则网格单元，在MRAS2.0下进行预测区的圈定与优选。然后在MapGIS下，根据优选结果，结合地质、物探、化探、遥感、地理、交通、开发条件等在察右前旗预测工作区预测底图(精度为1∶10万)，将工作区内最小预测区级别分为A级、B级、C级3个等级。其中，A级区1个，B级区14个，C级区21个。最小预测区面积在0.73～35.92$km^2$之间。各级别面积分布合理，且已知矿床(点)均分布在A级区内，说明最小预测区优选分级原则较为合理；最小预测区圈定总体与区域成矿地质背景和物探、化探异常等吻合程度较好。最小预测区圈定面积详见表6-7。

(2)延深参数的确定及结果。延深是指含矿地质体在倾向上的长度，有些产状不明确者，相当于垂直延深。延深的确定是在研究最小预测区含矿地质体特征、矿体的形成延深、矿化蚀变、矿化类型的基础上，并对比典型矿床特征的基础上综合确定的。该模型区钻孔平均见矿垂深为190m(据典型矿床6条勘探线钻孔见矿延深确定)，最大见矿垂深为340m，最浅见矿控制垂深为120m，将C级区延深采深控制在100～120m，B级区延深采深控制在170～190m。并结合李清地典型矿床为火山热液构造裂隙充填控矿特点，将断裂的产状特征与断裂是否发育，作为主要确定延深的参数。C级区一般采用100m延深，如其区内构造裂隙相对发育，断裂的产状与典型区主要控矿构造一致，延深一般采用120m；B级区一般采用延深为170m，如其内构造裂隙相对发育，断裂的产状与典型区主要控矿构造一致，延深采用190m(表6-8)。

(3)品位和体重的确定。预测工作区内无其他矿床及样品资料，品位和体重均采用查明矿床的小体重，最大延深、银铅锌品位依据来源于《内蒙古自治区矿产资源储量表——有色金属矿产分册》，与内蒙古自治区有色地质勘查局六〇九队2005年11月提交的《内蒙古自治区察右前旗李清地矿区北矿带Ⅻ、ⅩⅤ号矿体银铅锌多金属矿详查报告》。Ag的品位平均值为114.1×$10^{-6}$，体重平均值为3.93$t/m^3$。

**表 6-7　李清地式复合内生型银铅锌矿察右前旗预测工作区各最小预测区的面积圈定大小及其方法依据**

| 最小预测区编号 | 最小预测区名称 | 经度 | 纬度 | 面积(m²) | 参数确定依据 |
|---|---|---|---|---|---|
| A1512601001 | 李清地 | E113°00′40″ | N40°56′38.7″ | 35 919 259.64 | 依据 MRAS 所形成的色块区并结合含矿地质体、已知矿床及物化遥资料手工圈定 |
| B1512601001 | 西壕堑沟村 | E112°37′05″ | N41°17′36.1″ | 728 219 | |
| B1512601002 | 南壕堑 | E112°44′29″ | N41°13′40.3″ | 11 701 792 | |
| B1512601003 | 石壕村 | E113°21′39″ | N41°16′52.7″ | 17 082 444 | |
| B1512601004 | 二道洼村 | E113°57′45″ | N41°10′30.2″ | 5 889 863 | |
| B1512601005 | 二啦嘛营子 | E113°46′20″ | N40°58′55.7″ | 10 481 880 | |
| B1512601006 | 大五号村 | E113°50′03″ | N41°00′02.1″ | 6 593 258 | |
| B1512601007 | 大梁村 | E113°51′48″ | N40°57′38.2″ | 14 002 008 | |
| B1512601008 | 胜利乡 | E112°53′46″ | N41°09′01.5″ | 8 730 398 | |
| B1512601009 | 大西沟 | E112°48′15″ | N41°07′51.2″ | 16 018 263 | |
| B1512601010 | 永丰村 | E112°42′11″ | N41°05′24.9″ | 9 595 857 | |
| B1512601011 | 白音不浪村 | E112°33′26″ | N41°09′19.6″ | 11 990 755 | |
| B1512601012 | 转经召村 | E112°35′39″ | N41°03′34.7″ | 4 271 033 | |
| B1512601013 | 羊场沟村 | E112°33′04″ | N41°02′34.6″ | 6 215 803 | |
| B1512601014 | 益元兴村 | E112°58′41″ | N40°57′28.1″ | 18 478 312 | |
| C1512601001 | 西海子村 | E113°06′45″ | N41°15′19.4″ | 3 383 944 | |
| C1512601002 | 东马家沟村 | E113°02′37″ | N41°12′04.8″ | 8 378 471 | |
| C1512601003 | 常四房 | E112°55′48″ | N41°11′05.9″ | 24 856 919 | |
| C1512601004 | 西房子村 | E112°45′33″ | N41°04′59.3″ | 7 825 576 | |
| C1512601005 | 快乐村 | E112°50′28″ | N41°00′43.4″ | 2 756 385 | |
| C1512601006 | 王喇嘛村 | E113°26′56″ | N41°02′53.5″ | 3 374 373 | |
| C1512601007 | 梁二虎沟 | E113°28′35″ | N41°012′5.8″ | 11 773 821 | |
| C1512601008 | 合井村 | E113°28′02″ | N40°54′07.4″ | 5 945 075 | |
| C1512601009 | 北夭村 | E113°32′48″ | N40°55′28.2″ | 11 254 807 | |
| C1512601010 | 鄂卜坪乡 | E113°39′44″ | N40°52′53.3″ | 6 804 462 | |
| C1512601011 | 羊圈沟 | E113°34′33″ | N40°45′43.1″ | 24 213 103 | |
| C1512601012 | 长胜夭 | E113°45′12″ | N40°45′14.9″ | 3 745 240 | |
| C1512601013 | 柏宝庄乡 | E113°22′26″ | N40°38′59.4″ | 13 824 774 | |
| C1512601014 | 察汗贲贲村 | E113°01′44″ | N40°45′10.6″ | 30 020 135 | |
| C1512601015 | 大泉村 | E113°04′43″ | N40°42′15.1″ | 5 374 210 | |
| C1512601016 | 小东沟 | E112°35′47″ | N40°39′43.1″ | 8 057 672 | |
| C1512601017 | 脑包洼村 | E112°53′44″ | N40°49′26.8″ | 12 295 834 | |
| C1512601018 | 厂汉梁村 | E112°50′02″ | N40°51′38″ | 6 163 610 | |
| C1512601019 | 忽力进图村 | E112°47′60″ | N40°48′17.9″ | 13 610 832 | |
| C1512601020 | 驼盘村 | E112°42′25″ | N40°43′06.8″ | 10 899 691 | |
| C1512601021 | 张家村 | E113°23′02″ | N41°10′23″ | 3 877 721 | |

表 6-8 察右前旗预测工作区各最小预测区的延深大小及方法依据

| 最小预测区编号 | 最小预测区名称 | 经度 | 纬度 | 延深(m) | 参数确定依据 |
|---|---|---|---|---|---|
| A1512601001 | 李清地 | E113°00′40″ | N40°56′38.7″ | 400 | 典型矿钻孔 |
| B1512601001 | 西壕堑沟村 | E112°37′05″ | N41°17′36.1″ | 170 | 根据已知矿床、矿(化)点赋存地质体、航磁异常、剩余重力、化探异常、遥感异常等成矿要素综合分析，见矿钻孔延深及专家评估意见确定其延深 |
| B1512601002 | 南壕堑 | E112°44′29″ | N41°13′40.3″ | 190 | |
| B1512601003 | 石壕村 | E113°21′39″ | N41°16′52.7″ | 190 | |
| B1512601004 | 二道洼村 | E113°57′45″ | N41°10′30.2″ | 170 | |
| B1512601005 | 二啦嘛营子 | E113°46′20″ | N40°58′55.7″ | 170 | |
| B1512601006 | 大五号村 | E113°50′03″ | N41°00′02.1″ | 170 | |
| B1512601007 | 大梁村 | E113°51′48″ | N40°57′38.2″ | 170 | |
| B1512601008 | 胜利乡 | E112°53′46″ | N41°09′01.5″ | 190 | |
| B1512601009 | 大西沟 | E112°48′15″ | N41°07′51.2″ | 170 | |
| B1512601010 | 永丰村 | E112°42′11″ | N41°05′24.9″ | 170 | |
| B1512601011 | 白音不浪村 | E112°33′26″ | N41°09′19.6″ | 190 | |
| B1512601012 | 转经召村 | E112°35′39″ | N41°03′34.7″ | 170 | |
| B1512601013 | 羊场沟村 | E112°33′04″ | N41°02′34.6″ | 190 | |
| B1512601014 | 益元兴村 | E112°58′41″ | N40°57′28.1″ | 190 | |
| C1512601001 | 西海子村 | E113°06′45″ | N41°15′19.4″ | 120 | |
| C1512601002 | 东马家沟村 | E113°02′37″ | N41°12′04.8″ | 100 | |
| C1512601003 | 常四房 | E112°55′48″ | N41°11′05.9″ | 120 | |
| C1512601004 | 西房子村 | E112°45′33″ | N41°04′59.3″ | 100 | |
| C1512601005 | 快乐村 | E112°50′28″ | N41°00′43.4″ | 120 | |
| C1512601006 | 王喇嘛村 | E113°26′56″ | N41°02′53.5″ | 100 | |
| C1512601007 | 梁二虎沟 | E113°28′35″ | N41°01′25.8″ | 120 | |
| C1512601008 | 合井村 | E113°28′02″ | N40°54′07.4″ | 100 | |
| C1512601009 | 北夭村 | E113°32′48″ | N40°55′28.2″ | 100 | |
| C1512601010 | 鄂卜坪乡 | E113°39′44″ | N40°52′53.3″ | 120 | |
| C1512601011 | 羊圈沟 | E113°34′33″ | N40°45′43.1″ | 120 | |
| C1512601012 | 长胜夭 | E113°45′12″ | N40°45′14.9″ | 120 | |
| C1512601013 | 柏宝庄乡 | E113°22′26″ | N40°38′59.4″ | 100 | |
| C1512601014 | 察汗赉赉村 | E113°01′44″ | N40°45′10.6″ | 120 | |
| C1512601015 | 大泉村 | E113°04′43″ | N40°42′15.1″ | 100 | |
| C1512601016 | 小东沟 | E112°35′47″ | N40°39′43.1″ | 100 | |
| C1512601017 | 脑包洼村 | E112°53′44″ | N40°49′26.8″ | 100 | |
| C1512601018 | 厂汉梁村 | E112°50′02″ | N40°51′38″ | 100 | |
| C1512601019 | 忽力进图村 | E112°47′60″ | N40°48′17.9″ | 120 | |
| C1512601020 | 驼盘村 | E112°42′25″ | N40°43′06.8″ | 100 | |
| C1512601021 | 张家村 | E113°23′02″ | N41°10′23″ | 100 | |

(4)相似系数的确定。察右前旗预测工作区各最小预测区的相似系数的确定，主要依据区内含矿地质体出露的大小、断裂构造发育程度、综合化探与铅锌单元素异常的规模及分布、岩体与隐伏岩体的分布、矿化蚀变发育程度等信息由专家确定。以模型区为1.00，各最小预测区相似系数如表6-9所示。

**表6-9　李清地式复合内生型银铅锌矿察右前旗预测工作区各最小预测区的相似系数表**

| 最小预测区编号 | 最小预测区名称 | 经度 | 纬度 | 相似系数 | 参数确定依据 |
|---|---|---|---|---|---|
| A1512601001 | 李清地 | E113°00′40″ | N40°56′38.7″ | 1.00 | 根据每个最小预测区的地质、物探、化探、遥感与模型区的相似程度确定 |
| B1512601001 | 西壕堑沟村 | E112°37′05″ | N41°17′36.1″ | 0.50 | |
| B1512601002 | 南壕堑 | E112°44′29″ | N41°13′40.3″ | 0.60 | |
| B1512601003 | 石壕村 | E113°21′39″ | N41°16′52.7″ | 0.60 | |
| B1512601004 | 二道洼村 | E113°57′45″ | N41°10′30.2″ | 0.50 | |
| B1512601005 | 二啦嘛营子 | E113°46′20″ | N40°58′55.7″ | 0.50 | |
| B1512601006 | 大五号村 | E113°50′03″ | N41°00′02.1″ | 0.50 | |
| B1512601007 | 大梁村 | E113°51′48″ | N40°57′38.2″ | 0.50 | |
| B1512601008 | 胜利乡 | E112°53′46″ | N41°09′01.5″ | 0.60 | |
| B1512601009 | 大西沟 | E112°48′15″ | N41°07′51.2″ | 0.50 | |
| B1512601010 | 永丰村 | E112°42′11″ | N41°05′24.9″ | 0.50 | |
| B1512601011 | 白音不浪村 | E112°33′26″ | N41°09′19.6″ | 0.60 | |
| B1512601012 | 转经召村 | E112°35′39″ | N41°03′34.7″ | 0.50 | |
| B1512601013 | 羊场沟村 | E112°33′04″ | N41°02′34.6″ | 0.60 | |
| B1512601014 | 益元兴村 | E112°58′41″ | N40°57′28.1″ | 0.60 | |
| C1512601001 | 西海子村 | E113°06′45″ | N41°15′19.4″ | 0.35 | |
| C1512601002 | 东马家沟村 | E113°02′37″ | N41°12′04.8″ | 0.25 | |
| C1512601003 | 常四房 | E112°55′48″ | N41°11′05.9″ | 0.35 | |
| C1512601004 | 西房子村 | E112°45′33″ | N41°04′59.3″ | 0.25 | |
| C1512601005 | 快乐村 | E112°50′28″ | N41°00′43.4″ | 0.35 | |
| C1512601006 | 王喇嘛村 | E113°26′56″ | N41°02′53.5″ | 0.25 | |
| C1512601007 | 梁二虎沟 | E113°28′35″ | N41°01′25.8″ | 0.35 | |
| C1512601008 | 合井村 | E113°28′02″ | N40°54′07.4″ | 0.25 | |
| C1512601009 | 北夭村 | E113°32′48″ | N40°55′28.2″ | 0.25 | |
| C1512601010 | 鄂卜坪乡 | E113°39′44″ | N40°52′53.3″ | 0.35 | |
| C1512601011 | 羊圈沟 | E113°34′33″ | N40°45′43.1″ | 0.35 | |
| C1512601012 | 长胜夭 | E113°45′12″ | N40°45′14.9″ | 0.35 | |
| C1512601013 | 柏宝庄乡 | E113°22′26″ | N40°38′59.4″ | 0.25 | |
| C1512601014 | 察汗贲贲村 | E113°01′44″ | N40°45′10.6″ | 0.35 | |
| C1512601015 | 大泉村 | E113°04′43″ | N40°42′15.1″ | 0.25 | |
| C1512601016 | 小东沟 | E112°35′47″ | N40°39′43.1″ | 0.25 | |
| C1512601017 | 脑包洼村 | E112°53′44″ | N40°49′26.8″ | 0.25 | |
| C1512601018 | 厂汉梁村 | E112°50′02″ | N40°51′38.0″ | 0.25 | |
| C1512601019 | 忽力进图村 | E112°47′60″ | N40°48′17.9″ | 0.35 | |
| C1512601020 | 驼盘村 | E112°42′25″ | N40°43′06.8″ | 0.25 | |
| C1512601021 | 张家村 | E113°23′02″ | N41°10′23.0″ | 0.25 | |

3)最小预测区预测资源量估算结果

采用地质体积法,预测区预测资源量估算公式:

$$Z_{预}=S_{预}\times H_{预}\times K_S\times K\times\alpha$$

式中,$Z_{预}$为预测区预测资源量;$S_{预}$为预测区面积;$H_{预}$为预测区延深(指预测区含矿地质体延深);$K_S$为含矿地质体面积参数;$K$为模型区矿床的含矿系数;$\alpha$为相似系数。

根据上述公式,求得最小预测区资源量银为300.24t。预测区预测资源量银为742.18t(表6-10)。

**表6-10　李清地式复合内生型银铅锌矿察右前旗预测工作区各最小预测区的估算成果表**

| 最小预测区编号 | 最小预测区名称 | 已查明资源量(t) | $S_{预}$($m^2$) | $H_{预}$(m) | $K_S$ | $K$($t/m^3$) | $\alpha$ | $Z_{预}$(t) | 资源量精度级别 |
|---|---|---|---|---|---|---|---|---|---|
| A1512601001 | 李清地 | 300.24 | 35 915 926 | 400 | 1.00 | 0.000 003 | 1.00 | 114.72 | 334-1 |
| B1512601001 | 西壕堑沟村 |  | 728 219 | 170 | 1.00 | 0.000 003 | 0.50 | 1.79 | 334-3 |
| B1512601002 | 南壕堑 |  | 11 701 792 | 190 | 1.00 | 0.000 003 | 0.60 | 56.24 | 334-3 |
| B1512601003 | 石壕村 |  | 17 082 444 | 190 | 1.00 | 0.000 003 | 0.50 | 14.46 | 334-3 |
| B1512601004 | 二道洼村 |  | 5 889 863 | 170 | 1.00 | 0.000 003 | 0.50 | 25.73 | 334-3 |
| B1512601005 | 二啦嘛营子 |  | 10 481 880 | 170 | 1.00 | 0.000 003 | 0.50 | 16.19 | 334-3 |
| B1512601006 | 大五号村 |  | 6 593 258 | 170 | 1.00 | 0.000 003 | 0.50 | 34.37 | 334-3 |
| B1512601007 | 大梁村 |  | 14 002 008 | 170 | 1.00 | 0.000 003 | 0.60 | 28.74 | 334-2 |
| B1512601008 | 胜利乡 |  | 8 730 398 | 190 | 1.00 | 0.000 003 | 0.50 | 39.32 | 334-2 |
| B1512601009 | 大西沟 |  | 16 018 263 | 170 | 1.00 | 0.000 003 | 0.50 | 23.56 | 334-3 |
| B1512601010 | 永丰村 |  | 9 595 857 | 170 | 1.00 | 0.000 003 | 0.60 | 39.48 | 334-3 |
| B1512601011 | 白音不浪村 |  | 11 990 755 | 190 | 1.00 | 0.000 003 | 0.50 | 10.49 | 334-3 |
| B1512601012 | 转经召村 |  | 4 271 033 | 170 | 1.00 | 0.000 003 | 0.60 | 20.47 | 334-3 |
| B1512601013 | 羊场沟村 |  | 6 215 803 | 190 | 1.00 | 0.000 003 | 0.60 | 60.88 | 334-2 |
| B1512601014 | 益元兴村 |  | 18 478 312 | 190 | 1.00 | 0.000 003 | 0.35 | 4.10 | 334-3 |
| C1512601001 | 西海子村 |  | 3 383 944 | 120 | 1.00 | 0.000 003 | 0.25 | 6.05 | 334-3 |
| C1512601002 | 东马家沟村 |  | 8 378 471 | 100 | 1.00 | 0.000 003 | 0.35 | 30.15 | 334-2 |
| C1512601003 | 常四房 |  | 24 856 919 | 120 | 1.00 | 0.000 003 | 0.25 | 5.65 | 334-2 |
| C1512601004 | 西房子村 |  | 7 825 576 | 100 | 1.00 | 0.000 003 | 0.35 | 3.34 | 334-2 |
| C1512601005 | 快乐村 |  | 2 756 385 | 120 | 1.00 | 0.000 003 | 0.25 | 2.44 | 334-3 |
| C1512601006 | 王喇嘛村 |  | 3 374 373 | 100 | 1.00 | 0.000 003 | 0.35 | 14.28 | 334-3 |
| C1512601007 | 梁二虎沟 |  | 11 773 821 | 120 | 1.00 | 0.000 003 | 0.25 | 4.29 | 334-3 |
| C1512601008 | 合井村 |  | 5 945 075 | 100 | 1.00 | 0.000 003 | 0.25 | 8.13 | 334-3 |
| C1512601009 | 北夭村 |  | 11 254 807 | 100 | 1.00 | 0.000 003 | 0.35 | 8.25 | 334-3 |
| C1512601010 | 鄂卜坪乡 |  | 6 804 462 | 120 | 1.00 | 0.000 003 | 0.35 | 29.37 | 334-3 |
| C1512601011 | 羊圈沟 |  | 24 213 103 | 120 | 1.00 | 0.000 003 | 0.35 | 4.54 | 334-3 |
| C1512601012 | 长胜夭 |  | 3 745 240 | 120 | 1.00 | 0.000 003 | 0.25 | 9.98 | 334-3 |
| C1512601013 | 柏宝庄乡 |  | 13 824 774 | 100 | 1.00 | 0.000 003 | 0.35 | 36.42 | 334-3 |
| C1512601014 | 察汗贲贲村 |  | 30 020 135 | 120 | 1.00 | 0.000 003 | 0.25 | 3.88 | 334-3 |
| C1512601015 | 大泉村 |  | 5 374 210 | 100 | 1.00 | 0.000 003 | 0.25 | 5.82 | 334-3 |
| C1512601016 | 小东沟 |  | 8 057 672 | 100 | 1.00 | 0.000 003 | 0.25 | 8.88 | 334-3 |
| C1512601017 | 脑包洼村 |  | 12 295 834 | 100 | 1.00 | 0.000 003 | 0.25 | 4.45 | 334-2 |
| C1512601018 | 厂汉梁村 |  | 6 163 610 | 100 | 1.00 | 0.000 003 | 0.35 | 16.51 | 334-3 |
| C1512601019 | 忽力进图村 |  | 13 610 832 | 120 | 1.00 | 0.000 003 | 0.25 | 7.87 | 334-3 |
| C1512601020 | 驼盘村 |  | 10 899 691 | 100 | 1.00 | 0.000 003 | 0.25 | 2.80 | 334-3 |
| **已查明资源量总计** |  | **300.24** |  |  |  | **预测总计** |  | **742.18** |  |

### 4. 最小预测区预测资源量可信度估计

根据《预测资源量估算技术要求》(2010 年补充)可信度划分标准,针对每个最小预测区评价其可信度,李清地银铅锌矿最小预测区可信度统计结果见表 6-11。

表 6-11　察右前旗预测工作区各最小预测区的预测资源量可信度统计表

| 最小预测区编号 | 最小预测区名称 | 经度 | 纬度 | 面积 | | 延深 | | 含矿系数 | | 资源量综合 | |
|---|---|---|---|---|---|---|---|---|---|---|---|
| | | | | 可信度 | 依据 | 可信度 | 依据 | 可信度 | 依据 | 可信度 | 依据 |
| A1512601001 | 李清地 | E113°00′40″ | N40°56′38.7″ | 0.75 | 地质建造、物探与化探异常 | 0.90 | 地质、矿产 | 0.75 | 预测区资料工作精度、物探与化探异常 | 0.75 | 工程控制情况、预测区资料工作精度 |
| B1512601001 | 西壕堑沟村 | E112°37′05″ | N41°17′36.1″ | 0.45 | | 0.65 | | 0.60 | | 0.50 | |
| B1512601002 | 南壕堑 | E112°44′29″ | N41°13′40.3″ | 0.55 | | 0.75 | | 0.65 | | 0.50 | |
| B1512601003 | 石壕村 | E113°21′39″ | N41°16′52.7″ | 0.55 | | 0.75 | | 0.65 | | 0.50 | |
| B1512601004 | 二道洼村 | E113°57′45″ | N41°10′30.2″ | 0.45 | | 0.65 | | 0.60 | | 0.50 | |
| B1512601005 | 二啦嘛营子 | E113°46′20″ | N40°58′55.7″ | 0.45 | | 0.65 | | 0.60 | | 0.50 | |
| B1512601006 | 大五号村 | E113°50′03″ | N41°00′02.1″ | 0.45 | | 0.65 | | 0.60 | | 0.50 | |
| B1512601007 | 大梁村 | E113°51′48″ | N40°57′38.2″ | 0.45 | | 0.65 | | 0.60 | | 0.50 | |
| B1512601008 | 胜利乡 | E112°53′46″ | N41°09′01.5″ | 0.55 | | 0.75 | | 0.65 | | 0.50 | |
| B1512601009 | 大西沟 | E112°48′15″ | N41°07′51.2″ | 0.45 | | 0.65 | | 0.60 | | 0.50 | |
| B1512601010 | 永丰村 | E112°42′11″ | N41°05′24.9″ | 0.45 | | 0.65 | | 0.60 | | 0.50 | |
| B1512601011 | 白音不浪村 | E112°33′26″ | N41°09′19.6″ | 0.55 | | 0.75 | | 0.65 | | 0.50 | |
| B1512601012 | 转经召村 | E112°35′39″ | N41°03′34.7″ | 0.45 | | 0.65 | | 0.60 | | 0.50 | |
| B1512601013 | 羊场沟村 | E112°33′04″ | N41°02′34.6″ | 0.55 | | 0.75 | | 0.65 | | 0.50 | |
| B1512601014 | 益元兴村 | E112°58′41″ | N40°57′28.1″ | 0.55 | | 0.75 | | 0.65 | | 0.50 | |
| C1512601001 | 西海子村 | E113°06′45″ | N41°15′19.4″ | 0.40 | | 0.55 | | 0.55 | | 0.40 | |
| C1512601002 | 东马家沟村 | E113°02′37″ | N41°12′04.8″ | 0.30 | | 0.50 | | 0.50 | | 0.40 | |
| C1512601003 | 常四房 | E112°55′48″ | N41°11′05.9″ | 0.40 | | 0.55 | | 0.55 | | 0.40 | |
| C1512601004 | 西房子村 | E112°45′33″ | N41°04′59.3″ | 0.30 | | 0.50 | | 0.50 | | 0.40 | |
| C1512601005 | 快乐村 | E112°50′28″ | N41°00′43.4″ | 0.40 | | 0.55 | | 0.55 | | 0.40 | |
| C1512601006 | 王喇嘛村 | E113°26′56″ | N41°02′53.5″ | 0.30 | | 0.50 | | 0.50 | | 0.40 | |
| C1512601007 | 梁二虎沟 | E113°28′35″ | N41°01′25.8″ | 0.40 | | 0.55 | | 0.55 | | 0.40 | |
| C1512601008 | 合井村 | E113°28′02″ | N40°54′07.4″ | 0.30 | | 0.50 | | 0.50 | | 0.40 | |
| C1512601009 | 北夭村 | E113°32′48″ | N40°55′28.2″ | 0.30 | | 0.50 | | 0.50 | | 0.40 | |
| C1512601010 | 鄂卜坪乡 | E113°39′44″ | N40°52′53.3″ | 0.40 | | 0.55 | | 0.55 | | 0.40 | |
| C1512601011 | 羊圈沟 | E113°34′33″ | N40°45′43.1″ | 0.40 | | 0.55 | | 0.55 | | 0.40 | |
| C1512601012 | 长胜夭 | E113°45′12″ | N40°45′14.9″ | 0.40 | | 0.55 | | 0.55 | | 0.40 | |
| C1512601013 | 柏宝庄乡 | E113°22′26″ | N40°38′59.4″ | 0.30 | | 0.50 | | 0.50 | | 0.40 | |
| C1512601014 | 察汗贲贲村 | E113°01′44″ | N40°45′10.6″ | 0.40 | | 0.55 | | 0.55 | | 0.40 | |
| C1512601015 | 大泉村 | E113°04′43″ | N40°42′15.1″ | 0.30 | | 0.50 | | 0.50 | | 0.40 | |
| C1512601016 | 小东沟 | E112°35′47″ | N40°39′43.1″ | 0.30 | | 0.50 | | 0.50 | | 0.40 | |
| C1512601017 | 脑包洼村 | E112°53′44″ | N40°49′26.8″ | 0.30 | | 0.50 | | 0.50 | | 0.40 | |
| C1512601018 | 厂汉梁村 | E112°50′02″ | N40°51′38″ | 0.30 | | 0.50 | | 0.50 | | 0.40 | |
| C1512601019 | 忽力进图村 | E112°47′60″ | N40°48′17.9″ | 0.40 | | 0.55 | | 0.55 | | 0.40 | |
| C1512601020 | 驼盘村 | E112°42′25″ | N40°43′06.8″ | 0.30 | | 0.50 | | 0.50 | | 0.40 | |
| C1512601021 | 张家村 | E113°23′02″ | N41°10′23″ | 0.30 | | 0.50 | | 0.50 | | 0.40 | |

### (三)预测工作区资源总量成果汇总

#### 1. 按资源量精度级别

察右前旗预测工作区按地质体积法预测的资源量,依据资源量精度级别划分标准与现有资料的精度,可划分为 334-1、334-2、334-3 三个资源量精度级别,各级别资源量如表 6-12 所示。

表 6-12 李清地式复合内生型银铅锌矿察右前旗预测工作区预测资源量精度级别统计表

| 预测工作区编号 | 预测工作区名称 | 资源量精度级别(t) | | |
|---|---|---|---|---|
| | | 334-1 | 334-2 | 334-3 |
| 1512601001 | 李清地式复合内生型银铅锌矿察右前旗预测工作区 | 114.72 | 172.55 | 454.91 |

#### 2. 按延深

根据各最小预测区内含矿地质体(地层、侵入岩、脉岩及构造)特征,预测延深为 400m,其预测资源量按预测延深统计的结果,如表 6-13 所示。

表 6-13 李清地式复合内生型银铅锌矿察右前旗预测工作区预测资源量延深统计表

| 预测工作区编号 | 预测工作区名称 | 500m 以浅(t) | | |
|---|---|---|---|---|
| | | 334-1 | 334-2 | 334-3 |
| 1512601001 | 李清地式复合内生型银铅锌矿察右前旗预测工作区 | 114.72 | 172.55 | 454.91 |

注:表 6-13 中 1000m 以浅、2000m 以浅与 500m 以浅的各精度级别资源量一致,本表没有一一列出。

#### 3. 按矿产预测方法类型

其矿产预测方法类型为复合内生型,矿产预测类型为热液型,预测资源量统计结果见表 6-14。

表 6-14 李清地式复合内生型银铅锌矿察右前旗预测工作区预测资源量矿产预测方法类型精度统计表

| 预测工作区编号 | 预测工作区名称 | 复合内生型(t) | | |
|---|---|---|---|---|
| | | 334-1 | 334-2 | 334-3 |
| 1512601001 | 李清地式复合内生型银铅锌矿察右前旗预测工作区 | 114.72 | 172.55 | 454.91 |

#### 4. 按可利用性

根据李清地银铅锌矿床已开采情况,结合预测区内地质、物化遥等资料综合分析,认为预测区开采利用延深为 500m 以浅。按已开采矿床矿石的可选性技术论证,结合区内外交通、水电环境分析,认为在当前经济条件下开采是可行的,开发是有经济价值的,预测资源量目前均可利用(表 6-15)。

表 6-15　李清地式复合内生型银铅锌矿察右前旗预测工作区预测资源量可利用性统计表

| 预测工作区编号 | 预测工作区名称 | 种类 | 可利用(t) | | | 暂不可利用(t) | | |
|---|---|---|---|---|---|---|---|---|
| | | | 334-1 | 334-2 | 334-3 | 334-1 | 334-2 | 334-3 |
| 1512601001 | 李清地式复合内生型银铅锌矿察右前旗预测工作区 | Ag | 114.72 | 172.55 | 187.31 | — | — | 267.60 |

### 5. 按可信度统计分析

李清地银铅锌矿预测工作区预测资源量可信度统计结果见表 6-16，可信度统计平均值为 0.45。预测资源量可信度≥0.75 的银矿有 114.72t，预测资源量可信度≥0.50 的银矿有 282.82t，预测资源量可信度≥0.25 的银矿有 742.18t。

表 6-16　李清地式复合内生型银铅锌矿察右前旗预测工作区预测资源量可信度统计表

| 预测工作区名称 | ≥0.75(t) | ≥0.50(t) | ≥0.25(t) |
|---|---|---|---|
| 李清地式复合内生型银铅锌矿察右前旗预测工作区 | 114.72 | 282.82 | 742.18 |

### 6. 按最小预测区级别

依据最小预测区地质矿产、物化遥异常等综合特征，并结合资源量估算和预测区优选结果，将最小预测区划分为 A 级、B 级和 C 级 3 个等级，各级别预测资源量分别为 114.72t、410.25t 与 217.20t(表 6-17)。

表 6-17　察右前旗预测工作区各最小预测区预测资源量分级统计表

| 最小预测区编号 | 最小预测区名称 | 经度 | 纬度 | 最小预测区级别 | 预测资源量(t) |
|---|---|---|---|---|---|
| A1512601001 | 李清地 | E113°00′40″ | N40°56′38.7″ | A 级 | 114.72 |
| **A 级区预测资源量总计** | | | | | **114.72** |
| B1512601001 | 西壕堑沟村 | E112°37′05″ | N41°17′36.1″ | B 级 | 1.79 |
| B1512601002 | 南壕堑 | E112°44′29″ | N41°13′40.3″ | | 38.53 |
| B1512601003 | 石壕村 | E113°21′39″ | N41°16′52.7″ | | 56.24 |
| B1512601004 | 二道洼村 | E113°57′45″ | N41°10′30.2″ | | 14.46 |
| B1512601005 | 二啦嘛营子 | E113°46′20″ | N40°58′55.7″ | | 25.73 |
| B1512601006 | 大五号村 | E113°50′03″ | N41°00′02.1″ | | 16.19 |
| B1512601007 | 大梁村 | E113°51′48″ | N40°57′38.2″ | | 34.37 |
| B1512601008 | 胜利乡 | E112°53′46″ | N41°09′01.5″ | | 28.74 |
| B1512601009 | 大西沟 | E112°48′15″ | N41°07′51.2″ | | 39.32 |
| B1512601010 | 永丰村 | E112°42′11″ | N41°05′24.9″ | | 23.56 |
| B1512601011 | 白音不浪村 | E112°33′26″ | N41°09′19.6″ | | 39.48 |
| B1512601012 | 转经召村 | E112°35′39″ | N41°03′34.7″ | | 10.49 |
| B1512601013 | 羊场沟村 | E112°33′04″ | N41°02′34.6″ | | 20.47 |
| B1512601014 | 益元兴村 | E112°58′41″ | N40°57′28.1″ | | 60.88 |
| **B 级区预测资源量总计** | | | | | **410.25** |

**续表 6-17**

| 最小预测区编号 | 最小预测区名称 | 经度 | 纬度 | 最小预测区级别 | 预测资源量(t) |
|---|---|---|---|---|---|
| C1512601001 | 西海子村 | E113°06′45″ | N41°15′19.4″ | C级 | 4.10 |
| C1512601002 | 东马家沟村 | E113°02′37″ | N41°12′04.8″ | | 6.05 |
| C1512601003 | 常四房 | E112°55′48″ | N41°11′05.9″ | | 30.15 |
| C1512601004 | 西房子村 | E112°45′33″ | N41°04′59.3″ | | 5.65 |
| C1512601005 | 快乐村 | E112°50′28″ | N41°00′43.4″ | | 3.34 |
| C1512601006 | 王喇嘛村 | E113°26′56″ | N41°02′53.5″ | | 2.44 |
| C1512601007 | 梁二虎沟 | E113°28′35″ | N41°01′25.8″ | | 14.28 |
| C1512601008 | 合井村 | E113°28′02″ | N40°54′07.4″ | | 4.29 |
| C1512601009 | 北夭村 | E113°32′48″ | N40°55′28.2″ | | 8.13 |
| C1512601010 | 鄂卜坪乡 | E113°39′44″ | N40°52′53.3″ | | 8.25 |
| C1512601011 | 羊圈沟 | E113°34′33″ | N40°45′43.1″ | | 29.37 |
| C1512601012 | 长胜夭 | E113°45′12″ | N40°45′14.9″ | | 4.54 |
| C1512601013 | 柏宝庄乡 | E113°22′26″ | N40°38′59.4″ | | 9.98 |
| C1512601014 | 察汗贲贲村 | E113°01′44″ | N40°45′10.6″ | | 36.42 |
| C1512601015 | 大泉村 | E113°04′43″ | N40°42′15.1″ | | 3.88 |
| C1512601016 | 小东沟 | E112°35′47″ | N40°39′43.1″ | | 5.82 |
| C1512601017 | 脑包洼村 | E112°53′44″ | N40°49′26.8″ | | 8.88 |
| C1512601018 | 厂汉梁村 | E112°50′02″ | N40°51′38″ | | 4.45 |
| C1512601019 | 忽力进图村 | E112°47′60″ | N40°48′17.9″ | | 16.51 |
| C1512601020 | 驼盘村 | E112°42′25″ | N40°43′06.8″ | | 7.87 |
| C1512601021 | 张家村 | E113°23′02″ | N41°10′23″ | | 2.80 |
| **C级区预测资源量总计** | | | | | **217.20** |

# 第七章　吉林宝力格式热液型银矿预测成果

该预测工作区大地构造位置位于天山-兴蒙造山系，大兴安岭弧盆系，扎兰屯-多宝山岛弧（Ⅰ-1-4）。扎兰屯-多宝山岛弧位于海拉尔-呼玛弧后盆地之南和二连-贺根山结合带以北，岛弧的东部零星出露古元古界兴华渡口岩群，具低角闪岩相和低绿片岩相变质；寒武系为浅海陆棚碎屑岩和碳酸盐岩建造；奥陶系为岛弧型火山岩建造和周缘盆地类复理石建造；志留系和泥盆系分布较广，各处建造和古生物面貌一致，为浅海相类复理石建造，局部时段沉积火山碎屑岩，向上过渡为陆相沉积。

晚石炭世本区又经历一次岛弧裂谷事件，在奥陶纪岛弧之上又沉积了晚石炭世的陆相安山质火山岩、火山碎屑岩建造。本区岩浆侵入活动发生在海西晚期和燕山期。

该区矿床的成矿期主要有两期：海西期与燕山期。海西期形成梨子山式矽卡岩型铁钼矿、罕达盖式矽卡岩型铁铜矿和小坝梁式火山岩型铜金矿。燕山期形成朝不楞式矽卡岩型铁锌锡矿、沙麦式热液型钨矿、乌日尼图式热液型钨钼矿、阿尔哈达式热液型铅锌矿、奥尤特式火山热液型铜矿、小坝梁式火山岩型铜矿、吉林宝力格式热液型银矿、沙麦式岩浆型钨矿、巴升河重晶石矿、古利库式火山岩型金矿。

预测工作区属内蒙-松花江地层区，兴安岭分区，东乌旗小区的东部，主要出露地层有下古生界中奥陶统、上志留统，上古生界泥盆系、下二叠统，中生界侏罗系、上白垩统，新生界新近系上新统、第四系全新统。出露面积以中泥盆统和上侏罗统较广。赋矿地层为上泥盆统安格尔音乌拉组，下部为泥岩建造，主要岩性为浅灰色板岩、斑点状板岩、变泥岩、灰色角岩化变泥岩、二云角岩夹粉砂质板岩、凝灰质板岩；上部为长石砂岩夹泥岩建造，主要岩性为黄绿色、灰色中细粒长石砂岩、浅灰色不等粒硬砂岩夹黄灰色板岩及粉砂岩，为陆棚浅海盆地三角洲相沉积的产物。

区域岩浆岩较为发育且分布广泛，总体展布呈北东向。岩石类型简单，以酸性侵入岩为主，有少量中酸性及偏碱性小型侵入体。其时代以燕山期为主，海西期次之。另外区内脉岩也较发育，从基性到酸性岩脉均有出露，明显受区域构造控制，以北东向或北西向为主，次为近南北向及北东东向，有花岗岩脉、花岗斑岩脉、石英脉和辉绿岩脉等。与吉林宝力格式热液型银矿有关的是晚侏罗世中粒似斑状二云二长花岗岩、细粒二云二长花岗岩，为后造山伸展环境下形成的壳源中深成偏铝质钾质碱性系列岩石。

预测工作区褶皱和断裂均较发育。主要构造线方向为北东向，而北北东向的构造带为形成较晚的次一级构造带，它控制了区内构造山脉和构造盆地的形成。基底褶皱以紧密线性的复式背斜、向斜为主，轴向北东或北东东；盖层褶皱继承先期褶皱构造方向，但形态比较开阔；断裂构造以北东向压扭性断裂最发育，其次为北北东向、北西向和近东西向压性张性断裂，少数断裂具明显的继承性和多期活动性。

## 第一节　典型矿床特征

### 一、典型矿床及成矿模式

#### （一）典型矿床特征

吉林宝力格银矿位于内蒙古自治区锡林郭勒盟东乌珠穆沁旗巴彦霍布尔苏木，先后有多家地质和科研单位做过不同程度、不同范围与不同性质的地质工作。

将吉林宝力格银矿的典型矿床，通过研究其地质特征、成矿作用及成矿模式，对该类型矿床的勘查与开发具有十分重要的意义。

根据上述典型矿床选取原则及吉林宝力格银矿研究程度，选择吉林宝力格银矿作为本矿产预测方法类型的典型矿床。

**1. 矿区地质**

矿区出露地层比较简单，为上泥盆统安格尔音乌拉组和第四系全新统。

安格尔音乌拉组在矿区出露广泛，为一套以滨海-海陆交互相的泥岩为主夹砂质、粉砂凝灰质火山碎屑岩，总体展布方向为北东。依据岩石组合特征进一步划分了两个岩性段：第一岩段主要出露于矿区北西部，地层近东西展布，为灰、灰白色板岩、斑点状板岩夹黄灰色粉砂质板岩，局部夹变质砂岩，岩石普遍具有角岩化；第二岩段分布于矿区的中部，近北东东向零星分布，以凝灰粉砂质泥岩为主，夹砂岩及凝灰砂质板岩。矿体主要赋存在凝灰粉砂质泥岩内部及凝灰砂质板岩接触部位。

全新统主要由冲洪积及残坡积物组成，厚度各地不一，低洼处最大厚度 80m。

受区域构造的制约，褶皱构造、断裂构造都很发育。褶皱构造均属阿钦楚鲁复背斜的一部分，在区域上表现为紧密的线型褶皱。划分出 2 个背斜和 1 个向斜，主要为由安格尔音乌拉组组成的哈布特盖背斜、巴彦塔拉背斜和吉林宝力格向斜，背斜两翼均呈北陡南缓、轴面歪斜。区内断裂构造根据其展布方向和性质，可分为北东向张扭性断裂、北西—北北西向张扭性断裂以及近南北向张扭性断裂。

岩浆岩不甚发育，主要为燕山早期斑状花岗岩和脉岩。

**2. 矿床特征**

根据矿脉组合规律，将矿区划为东矿段和西矿段：西矿段为 K0、K1，东矿段为 K2、K3、K4，分别近平行排列。其中 K0、K2、K3、K4 号矿脉由于覆盖较深，未见地表露头，为隐伏矿脉。东矿段矿脉走向 305°～330°。西矿段矿脉走向 95°左右，倾向 5°，倾角 35°～45°。矿脉倾角稍缓于岩层倾角，矿脉在倾向上微切粉砂质泥岩、板岩等，在平面上矿脉整体向西有收敛，向东呈撒开的趋势；在垂向上有向下部收敛(上部撒开)的趋势。矿脉由蚀变构造角砾岩带组成，受构造控制明显，走向和倾向上均呈舒缓波状，矿脉形态比较简单，常呈似层状、脉状产出，一般以单脉为主，连续性较好，具膨胀收缩现象。K1、K3、K4 分布范围大，延深比较稳定(图 7 - 1)。

矿体产在蚀变矿化带(矿脉)中，呈脉状、透镜状及不规则形态产出，沿走向和倾向均具膨胀收缩特征。根据工业指标及地质特征，圈出矿体 5 个：①K0 - 1 矿体，位于西矿段的 11—07 线东，走向长 170m，分布标高 868—975m，矿体倾向 325°，倾角 40°左右，矿体呈似层状产出，矿体最大厚度 5.88m，平均厚度 2.36m；②K1 - 1 位于西矿段的 11—03 线东，走向长 362m，分布标高 821～939m，控制最大斜深为 276m，矿体倾向 0°，倾角 40°左右，矿体呈似层状产出，走向、倾向上均呈波状弯曲，矿体最大厚度 5.52m，平均厚度 2.60m；③K2 - 1 矿体位于东矿段的 06 线南—14 线北，走向长 280m，控制最大斜深为 81m，矿体倾向 315°左右，倾角 47°～50°，矿体最大厚度 2.75m，平均厚度 2.04m；④K3 - 1 矿体位于东矿段的 02—18 线东，走向长 487m，分布标高 813～995m，控制最大斜深为 250m，矿体倾向 320°左右，倾角 40°～57°，矿体呈似层状产出，走向、倾向上均呈波状弯曲，矿体最大厚度 4.55m，平均厚度 1.67m；⑤K4 - 1矿体位于东矿段的 02—14 线、K3 - 1 矿体南侧，走向长 355m，分布标高 817～967m，控制最大斜深为 252m，矿体倾向 320°左右，倾角 43°～62°，矿体呈似层状产出，走向、倾向上均呈波状弯曲，矿体最大厚度 4.70m，平均厚度 2.13m。

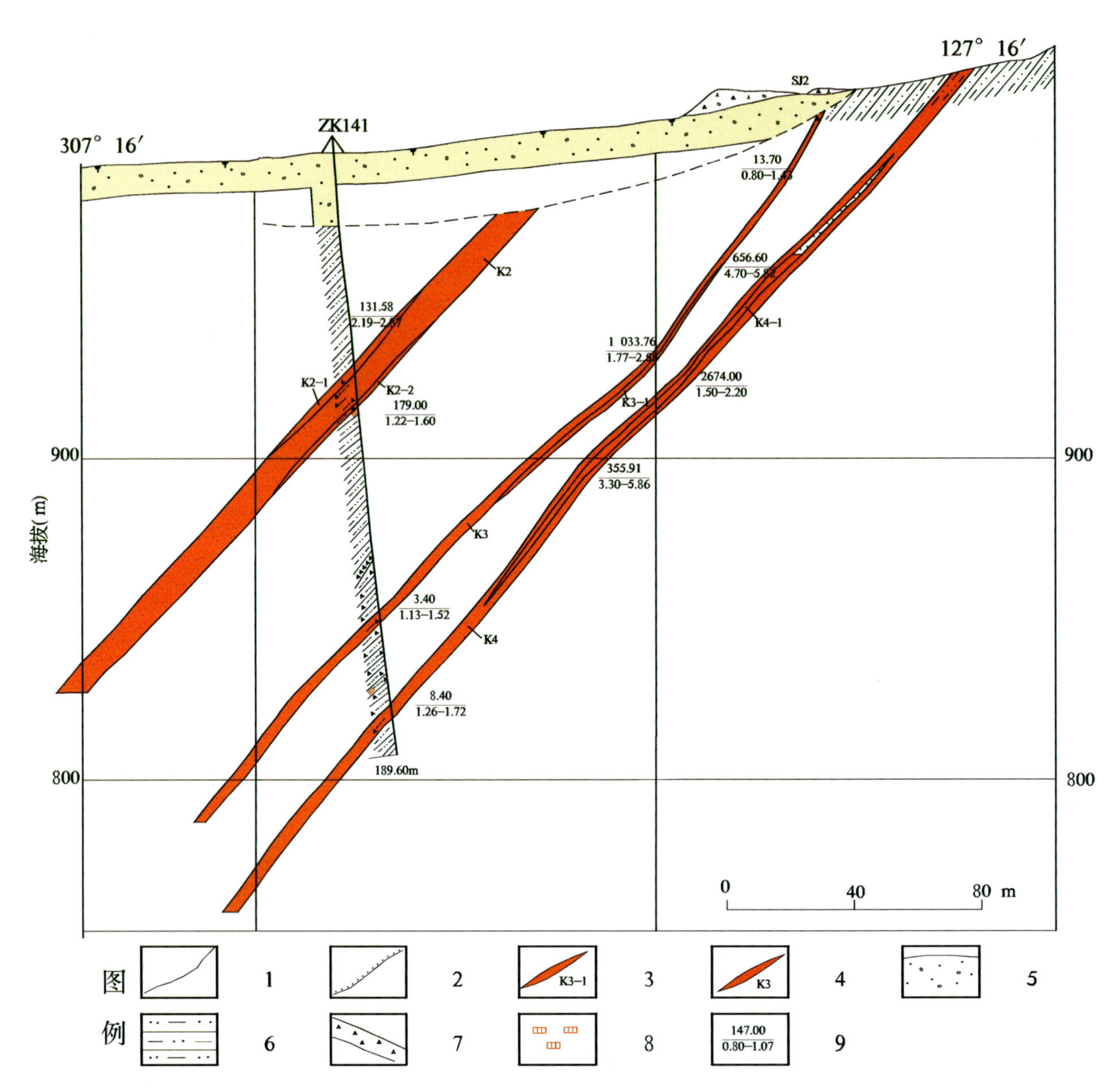


图 7－1　吉林宝力格银矿区第 14 勘探线剖面图

1. 实测地质界线；2. 实测角度不整合界线；3. 矿体及编号；4. 矿脉及编号；5. 第四系残坡积；6. 粉砂质泥岩；7. 构造破碎带；8. 黄铁矿化；9. Ag 平均品位($\times 10^{-6}$)/真厚－水平厚(m)

### 3. 矿石特征

氧化矿石为褐铁矿化、硅化构造角砾岩，以土状、角砾状、蜂窝状为主，粉末状次之。主要组成矿物为褐铁矿、石英、水云母、黏土，少量黄钾铁矾和毒砂。银矿物以自然银系列为主，主要银矿物为自然银、银金矿和金银矿；其次为硫化银类矿物，主要是辉银矿，次为深红银矿，氧化次生银类矿物含量极低，主要是角银矿和碘银矿。

原生矿石：以角砾状为主，条带状、星点状、稠密浸染状次之。主要金属矿物为黄铁矿、白铁矿，少量黄铜矿、黄铜矿和方铅矿、闪锌矿、锑银矿、毒砂等；脉石矿物主要为石英、黏土、云母类，其次为长石、绿泥石、碳酸盐类。

#### 4. 矿石结构构造

矿石结构主要有胶状、环带状或皮壳状、次生假象、次生交代残留及自形—半自形—他形晶粒状结构。矿石构造主要有土状、土块状、蜂窝状、星点状、浸染状构、条带状、团块状构、角砾状构造。以细脉浸染状、条带状构造分布最广，但以蜂窝状、团块状、角砾状含银较高，其他构造类型的矿石含银较低。

#### 5. 矿床成因及成矿时代

吉林宝力格银矿矿化带受断裂构造控制明显，矿脉赋存于蚀变构造角砾岩中和脉岩附近，围岩蚀变主要为硅化、黄铁矿化。矿物共生组合为中低温矿物，并伴随出现 As、Sb、Bi 等元素组合，认为本矿床总体属于中低温热液型脉状矿床，但向深部和矿区东部表现有一定的斑岩成矿特点。成矿时代为燕山早期。

### （二）成矿模式

吉林宝力格银矿主要赋存在上泥盆统安格尔音乌拉组的流纹质晶屑凝灰岩、泥岩、粉砂质泥岩之中，明显受泥盆系火山岩系控制；矿脉赋存于蚀变构造角砾岩中，富矿体主要分布在石英二长花岗斑状岩脉与地层接触部位，围岩蚀变主要为硅化、黄铁矿化、高岭土化、绢云母化。矿物共生组合为中低温矿物，并伴随出现 As、Sb、Bi 等元素组合，因此认为矿床应属燕山期岩浆热液成因矿床（图 7－2）。

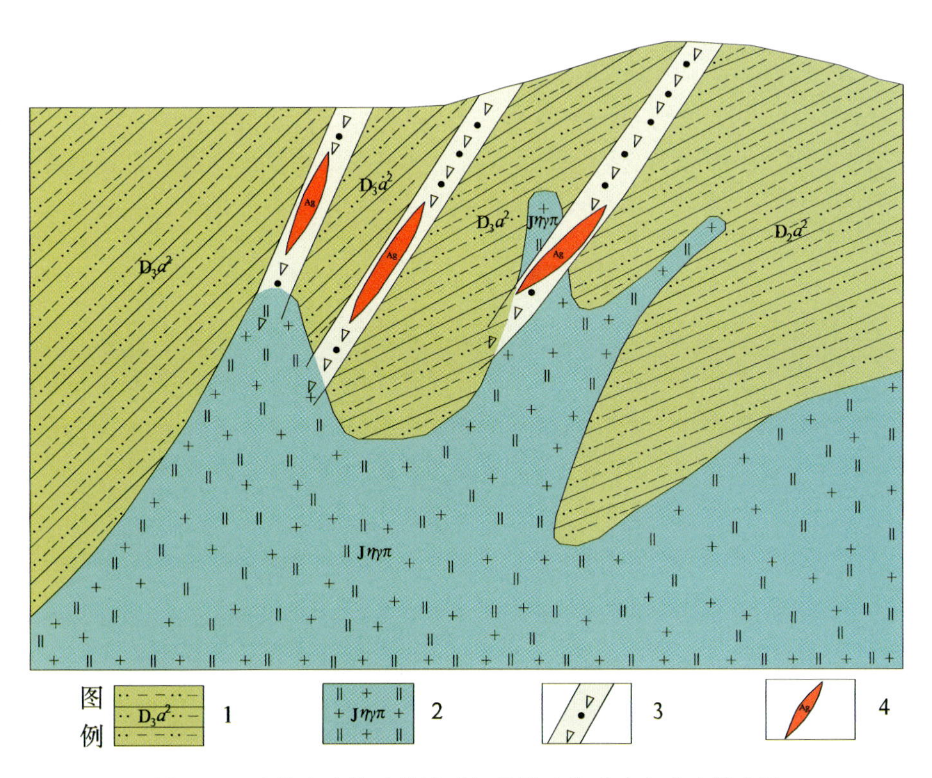


图 7－2　吉林宝力格式热液型银铅锌矿典型矿床成矿模式图

1. 安格尔音乌拉组二段粉砂质泥岩；2. 二长花岗岩；3. 断裂破碎带；4. 银矿体

## 二、典型矿床物探特征

由于典型矿床地区无大比例尺的物化遥资料，利用典型矿床所在区域的物探与化探资料弥补资料的不足。根据典型矿床成矿要素和矿区 1∶1 万综合物探普查资料以及区域化探、重力、遥感资料，确定典型矿床预测要素，编制了典型矿床所在区域地质矿产及物探剖析图（图 7－3）。

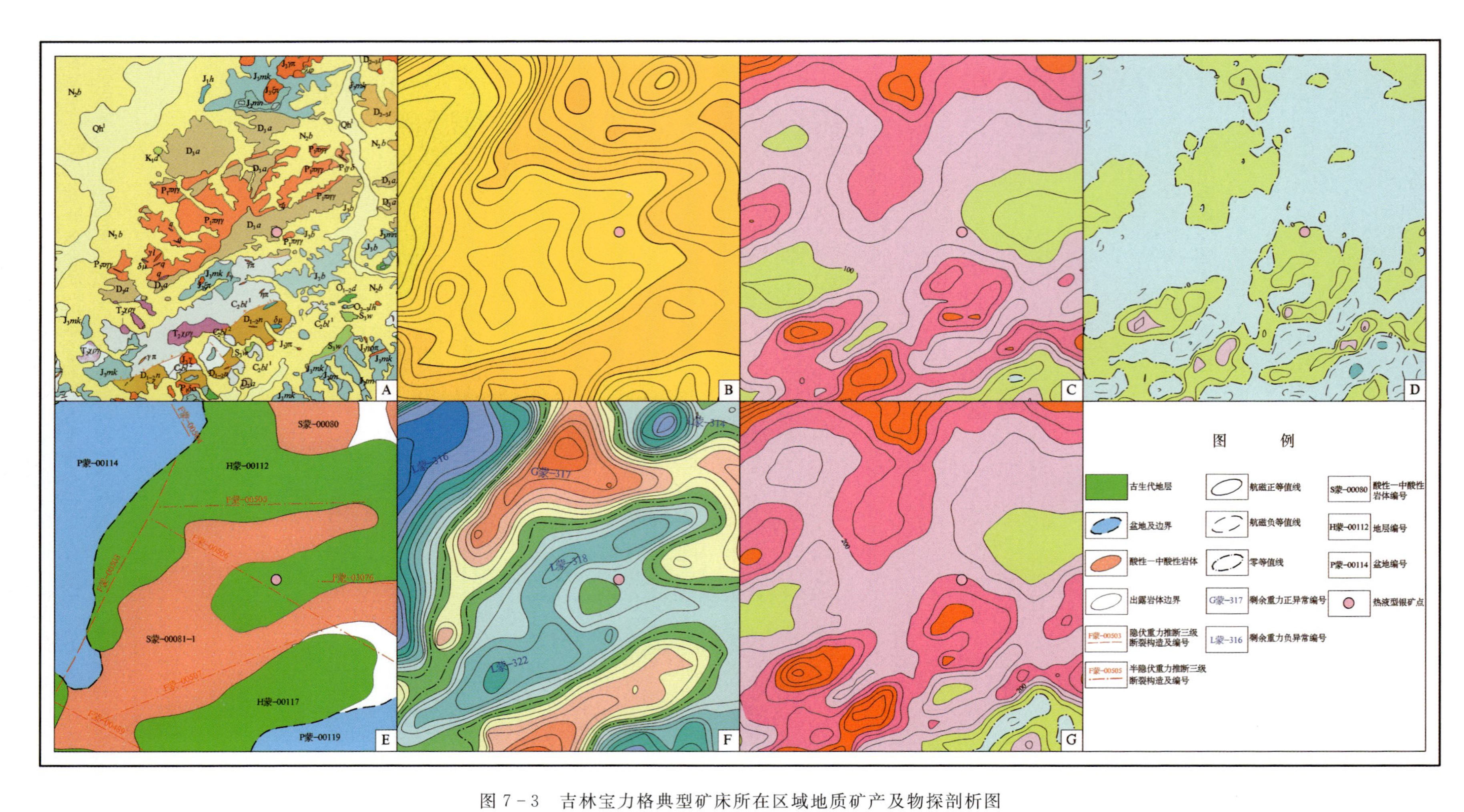


图 7-3　吉林宝力格典型矿床所在区域地质矿产及物探剖析图

A. 地质矿产图；B. 布格重力异常图；C. 航磁 $\Delta T$ 等值线平面图；D. 航磁 $\Delta T$ 化极垂向一阶导数等值线平面图；E. 重力推断地质构造图；F. 剩余重力异常图；G. 航磁 $\Delta T$ 化极等值线平面图

### 1. 重力场特征

吉林宝力格银矿床处在布格重力异常梯级带上，其所在位置等值线发生明显的同向扭曲，推断该处有北东向的断裂构造存在。矿床的北东、南东重力值较高，南西、北西重力值相对较低，布格重力异常极值变化范围：$(-98.56\sim117.20)\times10^{-5}\,m/s^2$。布格重力异常高值区对应形成北东向展布的剩余重力正异常，北侧剩余重力异常区主要出露上泥盆统安格尔音乌拉组，南侧出露石炭系—二叠系宝力格高庙组，推断剩余重力正异常与古生界基底隆起有关。布格重力异常相对低值区，对应形成两处剩余重力负异常，北侧负异常区主要分布第四纪地层，南侧主要出露侏罗纪、二叠纪酸性岩体，结合物性资料分析认为，两处负异常分别为中—新生代盆地及酸性侵入岩引起。布格重力异常梯级带部位推测有断裂构造存在。

矿体所在位置是剩余重力局部弱正异常区，其北西南东侧均为剩余重力负异常区，且位于航磁正异常边部梯级带部位。地表出露以上泥盆统安格尔音乌拉组为主，零星出露二叠纪花岗岩。综合分析认为，该区域是酸性岩浆活动区，地层厚度应较薄。重力场特征反映了该区域的成矿地质环境。吉林宝力格银矿主要由于构造变动及岩浆活动，使围岩及岩浆热液中的成矿元素进一步在构造薄弱部位富集而形成。

### 2. 航磁特征

1∶25万航磁图显示，在零值附近的负磁场背景中。据重磁场特征推测矿区处在北东向断裂和北西向断裂的交会处。从航磁 $\Delta T$ 平面等值线图结合地质图及地质体的磁性特征综合分析认为，吉林宝力格银矿北侧面状分布的航磁异常主要与侏罗系火山岩有关，磁异常值一般为200～450nT。南侧3处等轴状磁异常主要是由于磁性较强且不均匀的石炭系—二叠系宝力格高庙组引起。该处磁异常部分与剩余重力正异常对应，二者具有同源性，但其中一处磁异常对应剩余重力负异常区，地表为石炭系—二叠系宝力格高庙组，推断地层厚度较薄，下伏为酸性侵入岩体。

## 三、典型矿床地球化学特征

矿区内存在以Ag、As、Sb为主的大规模高背景带，As、Sb异常强度高，规模大，呈近东西向展布。矿区西北部存在以Ag、As、Pb为主的多元素异常，套合程度高，其中Ag异常达三级浓度分带(图7-4)。

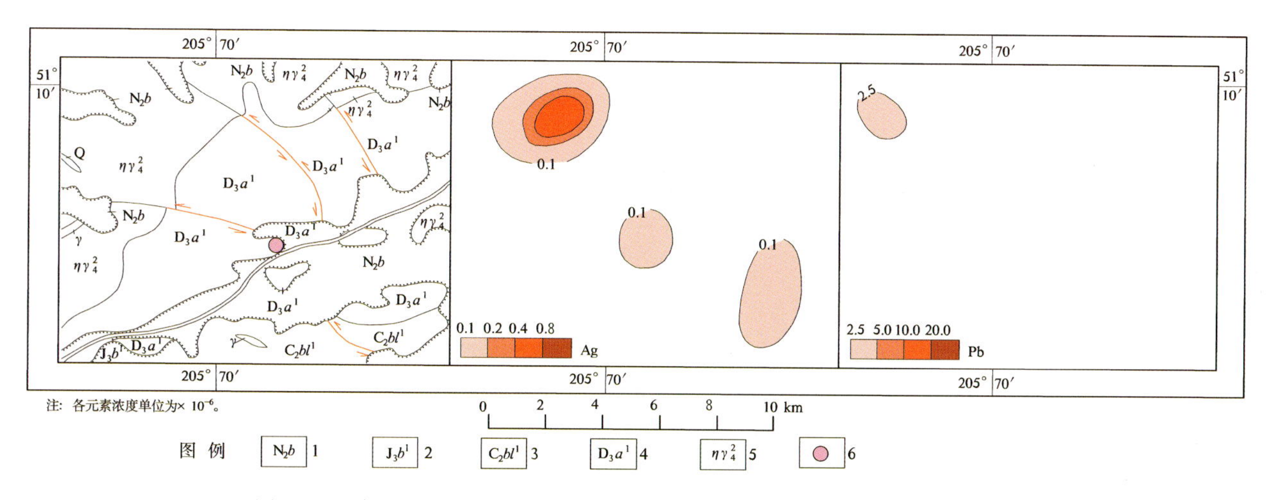


图7-4　吉林宝力格典型矿床所在区域地质矿产图及化探综合异常剖析图

1. 宝格达乌拉组；2. 白音高老组一段；3. 宝力高庙组一段；4. 安格尔音乌拉组一段；5. 海西中期二长花岗岩；6. 银矿点

## 四、典型矿床预测模型

根据典型矿床成矿要素和矿区地磁资料以及区域重力资料，确定典型矿床预测要素，编制典型矿床预测要素图。由于没有收集到矿区大比例尺地磁资料，只能反映 1∶20 万航磁、重力及化探资料，因此采用矿床所在地区的系列图表达典型矿床预测模型。总结典型矿床综合信息特征，编制典型矿床预测要素表(表 7－1)。

**表 7－1　吉林宝力格典型矿床预测要素表**

<table>
<tr><td colspan="3">典型矿床预测要素</td><td colspan="3">内容描述</td><td rowspan="3">要素类别</td></tr>
<tr><td colspan="3">资源量</td><td>小型 506t</td><td>平均品位</td><td>$359.31\times10^{-6}$</td></tr>
<tr><td colspan="3">特征描述</td><td colspan="3">中低温热液型脉状矿床</td></tr>
<tr><td rowspan="3">地质环境</td><td colspan="2">构造背景</td><td colspan="3">Ⅰ天山-兴蒙造山系；Ⅰ-Ⅰ大兴安岭弧盆系；Ⅰ-Ⅰ-4 扎兰屯-多宝山岛弧($Pz_2$)</td><td>必要</td></tr>
<tr><td colspan="2">成矿环境</td><td colspan="3">Ⅰ-4 滨太平洋成矿域(叠加在古亚洲成矿域之上)；Ⅱ-12 大兴安岭成矿省 Ⅲ-6 东乌珠穆沁旗-嫩江(中强挤压区)铜、钼、铅、锌、金、钨、锡、铬成矿带(Pt3)(Ⅲ-48)；Ⅲ-6-② 朝不楞-博克图钨、铁、锌、铅成矿亚带</td><td>必要</td></tr>
<tr><td colspan="2">成矿时代</td><td colspan="3">燕山早期</td><td>必要</td></tr>
<tr><td rowspan="7">矿床特征</td><td colspan="2">矿体形态</td><td colspan="3">呈脉状、透镜状及不规则形态产出，沿走向和倾向均具膨胀收缩特征</td><td>重要</td></tr>
<tr><td colspan="2">岩石类型</td><td colspan="3">以泥岩为主夹砂质、粉砂凝灰质火山碎屑岩</td><td>次要</td></tr>
<tr><td colspan="2">岩石结构</td><td colspan="3">凝灰结构</td><td>次要</td></tr>
<tr><td colspan="2">矿物组合</td><td colspan="3">氧化矿石：主要组成矿物为褐铁矿、石英、水云母、黏土，少量黄钾铁矾和毒砂。<br>原生矿石：主要金属矿物为黄铁矿、白铁矿、少量黄铜矿、黄铜矿和方铅矿、闪锌矿、锑银矿、毒砂等；脉石矿物主要为石英、黏土、云母类，其次为长石、绿泥石、碳酸盐类</td><td>次要</td></tr>
<tr><td colspan="2">结构构造</td><td colspan="3">结构：胶状结构、环带状或皮壳状结构、次生假象结构、次生交代残留结构及自形-半自形-他形晶粒状结构。<br>构造：以细脉浸染状、条带状构造分布最广，但以蜂窝状、团块状、角砾状含银较高</td><td>次要</td></tr>
<tr><td colspan="2">蚀变特征</td><td colspan="3">高岭土化、褐铁矿化(黄铁矿化)、硅化、绢云母化和绿泥石化</td><td>重要</td></tr>
<tr><td colspan="2">控矿条件</td><td colspan="3">1. 上泥盆统安格尔音乌拉组；<br>2. 燕山早期二云二长花岗岩，石英脉；<br>3. 东西、北东、北北东向压性断裂</td><td>必要</td></tr>
<tr><td rowspan="3">物探与化探特征</td><td rowspan="2">地球物理特征</td><td>重力</td><td colspan="3">吉林宝力格银矿床位于布格重力异常等值线扭曲部位，在该剩余重力低异常的西北部和东部，地表出露古生代二云二长花岗岩，根据物性资料推断该剩余重力低异常是古生代二云二长花岗岩的反映</td><td>重要</td></tr>
<tr><td>航磁</td><td colspan="3">据航磁平面等值线图，磁场表现为在低正磁异常范围背景中的圆团状正磁异常</td><td>重要</td></tr>
<tr><td>地球化学特征</td><td colspan="4">矿区呈 Ag 局部异常，Pb 异常分布于矿区外围</td><td>重要</td></tr>
</table>

# 第二节　预测工作区研究

吉林宝力格式复合内生型银矿东乌珠穆沁旗预测工作区范围为 E117°24′—E118°30′、N45°45′—N46°20′。

## 一、区域地质特征

该区域主要出露地层有下古生界中奥陶统、上志留统，上古生界泥盆系、下二叠统，中生界侏罗系和上白垩统，新生界新近系上新统和第四系全新统。赋矿地层为上泥盆统安格尔音乌拉组，该组为陆棚浅海盆地三角洲相沉积产物。

该区域的岩浆岩较为发育且分布广泛，总体呈北东向展布。以酸性侵入岩为主，有少量中酸性及偏碱性小型侵入体。时代以燕山期为主，海西期次之。脉岩从基性到酸性岩脉均有出露，明显受区域构造控制，以北东向或北西向为主，次为近南北及北东东向。与吉林宝力格式热液型银矿有关的是晚侏罗世中粒似斑状二云二长花岗岩、细粒二云二长花岗岩，为偏铝质钾质碱性系列岩石。

本预测工作区的褶皱和断裂均较发育，早期构造线方向为北东向，晚期为北北东向。基底褶皱以紧密线性的复式背、向斜为主，轴向北东或北东东；盖层褶皱继承先期褶皱构造方向，但形态比较开阔；断裂构造以北东向压扭性断裂最发育，其次为北北东、北西向和近东西向压性张性断裂。

## 二、区域地球物理特征

本预测工作区布格重力异常受区域构造线控制呈北东向展布，处在布格重力异常相对高值区。区域重力场大致呈东北部及南部重力高、西北部及中部低的特点，布格重力异常最低值为$-127.56\times10^{-5}m/s^2$，最高值$-91.10\times10^{-5}m/s^2$；区内局部重力异常边部等值线较密集或发生同向扭曲，北东侧布格重力异常走向发生变化，局部呈北西向，主要与该区域分布有北东向、近东西向、北西向断裂有关。

布格重力异常局部高值区或局部低值区，对应形成剩余重力正异常或负异常。区内北东向展布的剩余重力负异常，形态较规整，边部等值线密集，地表主要为古近系、新近系、侏罗系覆盖，推断该负异常区为有一定沉积厚度的中—新生代盆地引起。预测工作区中部及北侧分布大范围面状负异常，形态不规则，等值线相对较稀疏，地表出露有二叠纪、三叠纪、侏罗纪花岗岩类，故推断异常由酸性侵入岩引起；剩余重力正异常区出露泥盆系、奥陶系及石炭系—二叠系，与古生代基底隆起对应。

吉林宝力格银矿处在由酸性侵入岩引起的面状剩余重力负异常区内(L蒙-318、L蒙-322)的弱正异常边部，地表有泥盆系出露。在局部弱剩余重力正异常的北侧边部岩体与地层的接触带上，伴有Ag、Pb多金属化探异常，这一区域应是寻找吉林宝力格式银矿的有利地段(图7-3)。可见矿体所在区域的重力场特征，在一定程度上反映了矿床成因与岩浆活动、泥盆系有关。

预测工作区中部在由古生代基底隆起引起的G蒙-317剩余重力正异常南侧边部伴有以Ag、Pb多金属异常，对应于重力推断的酸性侵入岩分布区，与吉林宝力格银矿可比。我们认为这一带也应是寻找银多金属矿的有利地区。

预测工作区航磁异常$\Delta T$值范围在$-625\sim625$nT之间，以$-150\sim-200$nT负磁异常为背景。正磁异常主要分布在预测工作区北东-南西对角线的东南一侧，异常轴向和异常带分布均呈北东走向，极值最高达800nT，磁异常梯度较陡，形态以长带状为主。预测工作区西北一侧主要以平静负磁异常背景为主，梯度变化较小，在西北角有一个面积较大的正磁异常区，强度和梯度变化不大。

吉林宝力格银矿处在平静负磁异常背景上，其南侧为片状、带状正磁异常，磁法推断断裂走向与磁异常轴一致，主要以北东向为主，磁场标志主要为串珠状异常带和不同磁场区分界线，预测工作区的东南角近椭圆状异常和带状磁异常推断主要由酸性和中酸性侵入岩体引起，按磁异常轴大多呈北东方向排列；西北角面积较大的正磁异常区推断为酸性侵入岩体引起。

吉林宝力格银矿区位于预测工作区中部负磁异常区，与附近的顺元昌铅锌矿都位于磁法推断的一条北东向断裂构造上；顺元昌铅锌矿区磁异常背景为带状正磁异常，与推断的中酸性侵入岩体有关；预测工作区东部的吉林宝力格西矿区Ⅰ号银矿位于正负磁异常过渡带上，矿区附近磁法推断有北东向断裂和中酸性侵入体。

吉林宝力格式复合内生型银矿东乌珠穆沁旗预测工作区磁法共推断断裂6条、侵入岩体26个，火山岩地层1个。其中，与成矿有关的断裂2条、侵入岩体2个。

## 三、区域地球化学特征

区域上分布有Ag、Pb、Zn、Cu等呈背景及低背景分布，仅在局部地区形成规模较小的Ag、Pb、Zn、Sn等多元素异常。预测工作区内共有9个Ag异常，10个Pb异常，8个Zn异常，14个Sn异常，17个As异常，19个Au异常，3个Cu异常，7个Mo异常，21个Sb异常，16个W异常。

## 四、区域遥感影像及解译特征

预测工作区共解译出中小型构造100余条，线形构造走向以北东向与北东东向为主，划分出宝日格斯台苏木-宝力召断裂带、白音乌拉-乌兰哈达断裂带、胡尔勒-巴彦花苏木断裂带。环形构造解译出30余处，推断由古生代花岗岩类、隐伏岩体、火山机构或通道、褶皱构造引起。

## 五、区域预测模型

预测模型图的编制，以地质剖面图为基础，叠加区域航磁及重力剖面图而形成，简要表示预测要素内容及其相互关系，以及时空展布特征(图7-5)。

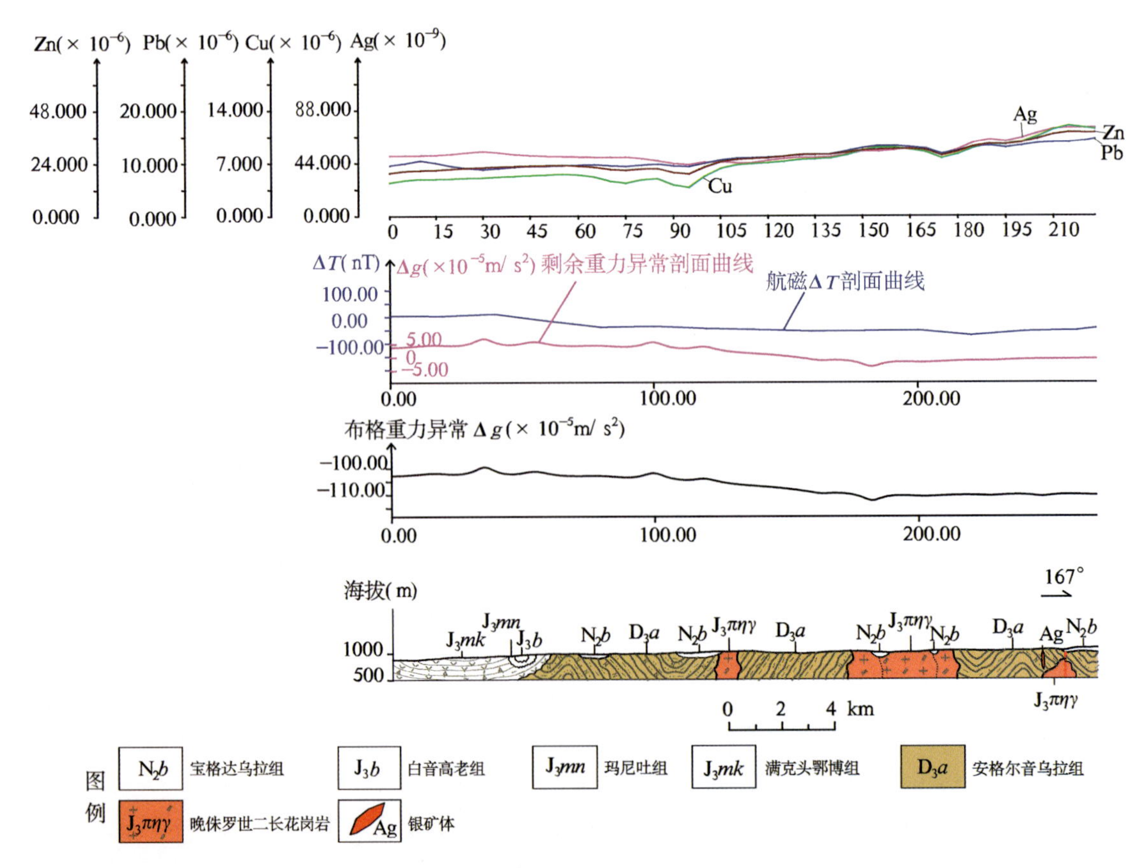


图7-5　东乌珠穆沁旗预测工作区预测模型图

# 第三节 矿产预测

## 一、综合地质信息定位预测

### (一)变量提取及优选

预测单元的划分是开展预测工作的重要环节，根据典型矿床成矿要素及预测要素研究，以及预测区提取的要素特征，选择网格单元法作为预测单元，根据预测底图比例尺确定网格间距为1000m×1000m，图面为10mm×10mm。

#### 1. 预测要素及要素组合的数字化、定量化

根据典型矿床成矿要素及预测要素研究，选取以下变量。

(1)地层：上泥盆统安格尔音乌拉组。预处理：对提取地层周边的第四系及其以上的覆盖部分进行揭盖。

(2)岩体：侏罗纪二云二长花岗岩。预处理：根据岩体的影响范围作1000m的缓冲区。

(3)蚀变带：提取与成矿有关的蚀变带。

(4)石英脉：提取与成矿有关的石英脉。

(5)断层：提取东西向、北东向、北北东向地质断层及重力、遥感推断断裂，并根据断层的规模作500m的缓冲区。

(6)化探：Ag化探异常起始值>$58\times10^{-9}$的范围。

(7)重力：布格重力起始值$(-112\sim-110)\times10^{-5}m/s^2$。

(8)航磁：航磁化极起始值$-350\sim0nT$。

#### 2. 变量初步优选研究

地层、岩体、断层、蚀变带、矿点进行单元赋值时采用区的存在标志；化探、布格重力、航磁化极则求起始值的加权平均值，在变量二值化时利用异常范围值人工输入变化区间。

### (二)最小预测区圈定及优选

#### 1. 最小预测区圈定方法

由于预测区内有3处已知矿床，对比MRAS矿产资源GIS评价系统中有模型预测工程与少模型预测工程预测结果，有模型预测工程预测结果较好，故采用有模型预测工程，利用网格单元法进行定位预测。采用空间评价中特征分析、证据权重等方法进行预测，比照各类方法的结果，确定采用特征分析法进行评价，再结合综合信息法叠加各预测要素圈定最小预测区，并进行优选。

#### 2. 圈定预测区操作细则

(1)采用MRAS矿产资源GIS评价系统中有模型预测工程，添加地层、岩体、断层、Ag化探、剩余重力、航磁化、蚀变带、矿点各要素等专题图层。

(2)采用网格单元法设置预测单元，网格单元范围为预测工作区范围，单元大小为10mm×10mm。

(3)地层、岩体、断层、蚀变带、矿点进行单元赋值时采用区的存在标志；化探、剩余重力、航磁化极则求起始值的加权平均值，进行原始变量构置。

(4)对化探、布格重力、航磁化极进行二值化处理,人工输入变化区间:化探>$58\times10^{-9}$,布格重力值($-112\sim-110$)$\times10^{-5}$m/s$^2$,航磁化极值$-350\sim0$nT,并根据形成的定位数据转换专题构造预测模型。

(5)采用特征分析法进行空间评价,根据远景区颜色分级和定位预测图例分组。

(6)最小预测区圈定与分级。叠加所有成矿要素及预测要素,根据形成的预测单元图及不同级别的各要素边界,圈定最小预测区。

## (三)最小预测区圈定结果

工作共圈定最小预测区17个,其中,A级区4个,总面积30.35km$^2$;B级区7个,总面积58.14km$^2$;C级区6个,总面积45.93km$^2$(表7-3,图7-6)。

表7-3 吉林宝力格式复合内生型银矿最小预测区一览表

| 序号 | 最小预测区编号 | 最小预测区名称 |
|---|---|---|
| 1 | A1512602001 | 杰仁宝拉格嘎查北 |
| 2 | A1512602002 | 杰仁宝拉格嘎查东南 |
| 3 | A1512602003 | 1241高地 |
| 4 | A1512602004 | 1057高地 |
| 5 | B1512602001 | 1037高地北西 |
| 6 | B1512602002 | 1067高地南 |
| 7 | B1512602003 | 其布其日音其格北 |
| 8 | B1512602004 | 杰仁宝拉格嘎查 |
| 9 | B1512602005 | 其布其日音其格西 |
| 10 | B1512602006 | 巴音霍布日北 |
| 11 | B1512602007 | 1065高地 |
| 12 | C1512602001 | 1039高地 |
| 13 | C1512602002 | 1067高地东南 |
| 14 | C1512602003 | 1186高地北西 |
| 15 | C1512602004 | 巴彦霍布尔苏木北东 |
| 16 | C1512602005 | 汗敖包嘎查西南 |
| 17 | C1512602006 | 1026高地 |

## (四)最小预测区地质评价

### 1. 预测区级别划分

根据资源量估算结果和预测区优选结果,进行最小预测区级别划分,根据典型矿床及预测工作区研究,确定划分原则如下。

A级区:出露含矿地质体+物探与化探异常+已知矿床+断层缓冲区或已知矿床+物探与化探异常+断层缓冲区;

B级区:出露含矿地质体+物探与化探异常+断层缓冲区。

C级区:推断含矿地质体+物探与化探异常+断层缓冲区。

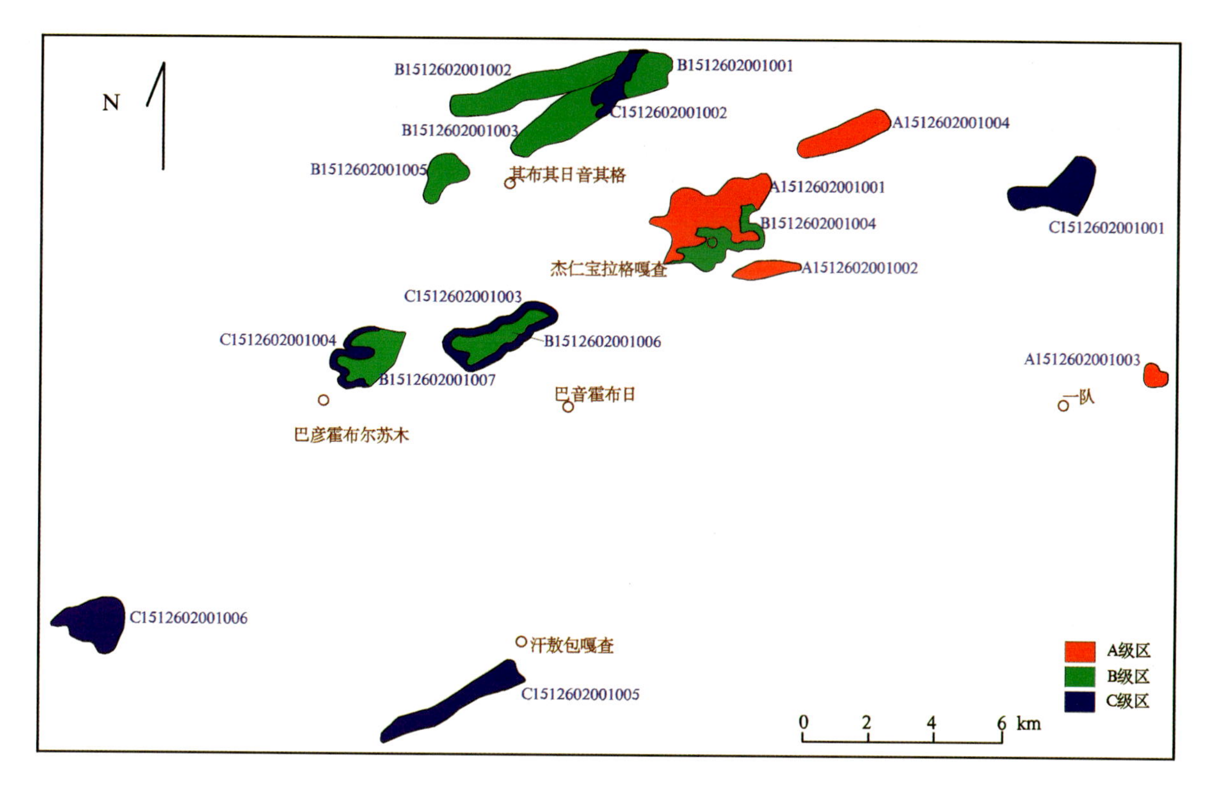


图 7-6 吉林宝力格式复合内生型银矿最小预测区优选分布示意图

## 2. 评价结果综述

各最小预测区成矿条件及找矿潜力如表 7-4 所示。

**表 7-4 吉林宝力格式复合内生型银矿东乌珠穆沁旗预测工作区各最小预测区的成矿条件及找矿潜力一览表**

| 最小预测区编号 | 最小预测区名称 | 最小预测区的成矿条件及找矿潜力 |
|---|---|---|
| A1512602001 | 杰仁宝拉格嘎查北 | 具有很好的找矿潜力，出露的地质体为安格尔音乌拉组，航磁化极异常等值线在 $-200\sim0\mathrm{m/s^2}$ 之间，布格重力异常等值线在 $-114\sim-110\mathrm{nT}$ 之间，Ag 化探异常值 $>50\times10^{-9}$，区内有 1 条规模较大与成矿有关的北东向断层，据重力推断有隐伏岩体，东南方向有二云二长花岗岩岩体出露。区内有 2 处中型矿床 |
| A1512602002 | 杰仁宝拉格嘎查东南 | 具有找矿潜力，出露安格尔音乌拉组，航磁化极异常等值线在 $-50\sim200\mathrm{m/s^2}$ 之间，布格重力异常等值线在 $-112\sim-110\mathrm{nT}$ 之间，Ag 化探异常值 $>58\times10^{-9}$，有 2 条与成矿有关的东西向断层，重力推断有隐伏岩体的存在，有二云二长花岗岩岩体出露 |
| A1512602003 | 1241 高地 | 具有较好的找矿潜力，航磁化极异常等值线在 $-500\sim100\mathrm{m/s^2}$ 之间，布格重力异常等值线在 $-112\sim-110\mathrm{nT}$ 之间，Ag 化探异常值 $>58\times10^{-9}$。预测区内有 1 处小型矿床 |
| A1512602004 | 1057 高地 | 具有较好的找矿潜力，处于安格尔音乌拉组与二云二长花岗岩的接触蚀变带上，航磁化极异常等值线在 $-300\sim-150\mathrm{m/s^2}$ 之间，布格重力异常等值线在 $-112\sim-106\mathrm{nT}$ 之间，Ag 化探异常值 $>50\times10^{-9}$，与成矿有关的北东向断层经过本区 |

续表 7-4

| 最小预测区编号 | 最小预测区名称 | 最小预测区的成矿条件及找矿潜力 |
|---|---|---|
| B1512602001 | 1037 高地北西 | 具有好的找矿潜力，处于安格尔音乌拉组与二云二长花岗岩的接触蚀变带上，航磁化极异常等值线在－100～0m/s$^2$之间，布格重力异常等值线在－116～－114nT之间，Ag 化探异常值＞50×10$^{-9}$，有与成矿有关的北东向断层经过本区 |
| B1512602002 | 1067 高地南 | 具有好的找矿潜力，处于安格尔音乌拉组与二云二长花岗岩的接触蚀变带上，航磁化极异常等值线在－150～100m/s$^2$之间，布格重力异常等值线在－106～－114nT 之间，Ag 化探异常值＞50×10$^{-9}$，有与成矿有关的北东向断层经过本区 |
| B1512602003 | 其布其日音其格北 | 具有好的找矿潜力，出露的地质体为安格尔音乌拉组（$D_3a$），据重力推断有隐伏岩体存在，航磁化极异常等值线在－100～0m/s$^2$之间，布格重力异常等值线在－116～－114nT 之间，Ag 化探异常值＞50×10$^{-9}$，与成矿有关的北东向断层经过本区 |
| B1512602004 | 杰仁宝拉格嘎查 | 具有好的找矿潜力，出露的地质体为安格尔音乌拉组，航磁化极异常等值线在－150～－50m/s$^2$之间，布格重力异常等值线在－112～－110nT 之间，Ag 化探异常值＞58×10$^{-9}$，有 2 条与成矿有关的东西向断层经过本区，据重力推断有隐伏岩体的存在东且正东方向有二云二长花岗岩岩体出露 |
| B1512602005 | 其布其日音其格西 | 具有一定的找矿潜力，处于安格尔音乌拉组与二云二长花岗岩的接触蚀变带上，航磁化极异常等值线在－250～－100m/s$^2$之间，布格重力异常等值线在－114～－112nT 之间，Ag 化探异常值＞50×10$^{-9}$，有与成矿有关的北东向断层经过本区 |
| B1512602006 | 巴音霍布日北 | 具有一定的找矿潜力，出露的地质体为安格尔音乌拉组，航磁化极异常等值线在－200～200m/s$^2$之间，布格重力异常等值线在－118～－114nT 之间，Ag 化探异常值＞50×10$^{-9}$，有与成矿有关的北东向断层经过本区 |
| B1512602007 | 1065 高地 | 具有一定的找矿潜力，出露的地质体为安格尔音乌拉组，航磁化极异常等值线在－200～300m/s$^2$之间，布格重力异常等值线在－116～－110nT 之间，Ag 化探异常值＞37×10$^{-9}$，有与成矿有关的东西向断层经过本区 |
| C1512602001 | 1039 高地 | 具有一定的找矿潜力，出露的地质体为安格尔音乌拉组，航磁化极异常等值线在－200～100m/s$^2$之间，布格重力异常等值线在－106～－98nT 之间，Ag 化探异常值＞50×10$^{-9}$，有与成矿有关的北东向断层经过本区 |
| C1512602002 | 1067 高地东南 | 具有一定的找矿潜力，有与成矿有关的隐伏地质体存在，航磁化极异常等值线在－150～0m/s$^2$之间，布格重力异常等值线在－114～－106nT 之间，Ag 化探异常值＞58×10$^{-9}$，有与成矿有关的北东向断层经过本区 |
| C1512602003 | 1186 高地北西 | 具有一定的找矿潜力，处于安格尔音乌拉组与二云二长花岗岩的接触蚀变带上，航磁化极异常等值线在－200～200m/s$^2$之间，布格重力异常等值线在－118～－114nT 之间，Ag 化探异常值＞50×10$^{-9}$，有与成矿有关的东西向断层经过本区 |

续表 7-4

| 最小预测区编号 | 最小预测区名称 | 最小预测区的成矿条件及找矿潜力 |
|---|---|---|
| C1512602004 | 巴彦霍布尔苏木北东 | 具有一定的找矿潜力，有与成矿有关的隐伏地质体存在，航磁化极异常等值线在-200～100m/$s^2$之间，布格重力异常等值线在-116～-110nT之间，Ag化探异常值>50×$10^{-9}$，有与成矿有关的东西向断层经过本区 |
| C1512602005 | 汗敖包嘎查西南 | 具有一定的找矿潜力，出露的地质体为安格尔音乌拉组，航磁化极异常等值线在-400～-200m/$s^2$之间，布格重力异常等值线在-96～-92nT之间，Ag化探异常值>50×$10^{-9}$，有与成矿有关的北东向断层经过本区 |
| C1512602006 | 1026高地 | 具有一定的找矿潜力，出露安格尔音乌拉组，航磁化极异常等值线在-350～-50m/$s^2$之间，布格重力异常等值线在-96～-92nT之间，Ag化探异常值>37×$10^{-9}$，有与成矿有关的东西向断层经过本区 |

## 二、综合信息地质体积法估算资源量

### （一）典型矿床深部及外围的资源量估算

#### 1. 典型矿床已查明资源量及其估算参数

已查明资源量来源于2010年5月《内蒙古自治区矿产资源储量表》（内蒙古自治区国土资源厅），Ag金属量506t，矿石量1407×$10^3$t（表7-5）。

表7-5 吉林宝力格式复合内生型银矿典型矿床已查明资源量表

| 矿床名称 | 经度 | 纬度 | 已查明资源量 $Z_典$(t) | | 面积 $S_典$ ($m^2$) | 延深 $H_典$ (m) | 品位 (×$10^{-6}$) | 体重 (t/$m^3$) | 含矿系数 (t/$m^3$) |
|---|---|---|---|---|---|---|---|---|---|
| | | | 矿石量 | 金属量 | | | | | |
| 吉林宝力格银矿 | E117°58′13″ | N46°05′15″ | 1 407 000 | 506 | 172 307 | 190 | 359 | 3.22 | 0.000 015 |

延深、体重、品位及依据来源于2005年12月《内蒙古自治区东乌珠穆沁旗吉林宝力格矿区银矿详查报告》及相关图件（东乌珠穆沁旗天贺矿业有限责任公司），体重平均值3.22t/$m^3$，平均品位359×$10^{-6}$，矿床最大延深（即勘探延深）依据06线勘探线剖面图上，为190m（图7-9），由于是倾斜矿体，直接用垂深（190m）。

矿床面积为该矿床各矿体、矿脉区边界范围的面积，在MapGIS软件下读取相关地质图中的数据，然后依据比例尺计算出实际面积为172 307$m^2$。

含矿系数=已查明资源量/（面积$S_典$×延深$H_典$）=506t/（172 307$m^2$×190m）=0.000 015t/$m^3$。

#### 2. 典型矿床深部及外围预测资源量及其估算参数

1）典型矿床深部预测资源量的确定

根据吉林宝力格矿区06勘探线剖面图及ZK061，垂深190m矿体均已控制，矿体产在蚀变矿化带（矿脉）中，但在321m处仍可见蚀变矿化带，由此可下推131m（表7-6）。

表 7-6 吉林宝力格式复合内生型银矿典型矿床深部和外围预测资源量表

| 矿床名称 | 经度 | 纬度 | 面积 ($m^2$) | 延深 (m) | 品位 ($\times10^{-6}$) | 体重 ($t/m^3$) | 含矿系数 ($t/m^3$) | 预测资源 (金属量,t) |
|---|---|---|---|---|---|---|---|---|
| 吉林宝力格银矿 | E117°58′13″ | N46°05′15″ | 172 307 | 131 | 359 | 3.22 | 0.000 015 | 338.58 |

根据《内蒙古自治区矿产资源储量表》可知，吉林宝力格矿区外围有已知东乌珠穆沁旗吉林宝力格银矿Ⅱ号矿体（烟台龙泰国际贸易有限公司东乌旗矿业分公司，1988），故不再对典型矿床外围进行预测。

2）典型矿床总资源量

吉林宝力格矿区银资源总量 $Z_{典总}$＝已查明资源量 $Z_{典}$＋深部预测资源量 $Z_{深}$＝506t＋338.58t＝884.58t，典型矿床总面积＝查明部分矿床面积 $S_{典}$，为 172 307$m^2$。总延深 $H_{典总}$＝已查明矿体的最大延深 $H_{典}$＋已查明矿体的下延部分 $H_{深}$＝321m。

由此可知，典型矿床银含矿系数＝典型矿床银资源总量/（典型矿床总面积×典型矿床总延深）＝884.58/（172 307×321）＝0.000 015t/$m^3$（表 7-7）。

表 7-7 吉林宝力格式复合内生型银矿典型矿床资源总量表

| 矿床名称 | 经度 | 纬度 | 已查明资源量 | 预测资源量 | 总资源量 | 总面积 ($m^2$) | 总延深 (m) | 含矿系数 ($t/m^3$) |
|---|---|---|---|---|---|---|---|---|
| | | | 金属量(t) | | | | | |
| 吉林宝力格银矿 | E117°58′13″ | N46°05′15″ | 506.00 | 338.58 | 884.58 | 172 307 | 321 | 0.000 015 |

（二）模型区的确定、预测资源量及估算参数

模型区为典型矿床所在的最小预测区。吉林宝力格典型矿床查明资源量 1128t，按本次预测技术要求计算模型区资源总量为 2 385.42t。模型区内有另一已知矿点存在，则模型区总资源量＝典型矿床总资源量＋其他已知矿床资源量，模型区面积为依托 MRAS 软件采用有模型预测工程特征分析法优选后圈定，延深根据典型矿床最大预测延深确定。模型区圈定时参照了含矿建造地质体，因此含矿地质体面积参数为 1.00。模型区面积等详见表 7-8。

表 7-8 吉林宝力格式复合内生型银矿模型区预测资源量及其估算参数

| 模型区编号 | 经度 | 纬度 | 模型区预测资源量 (金属量,t) | 模型区面积 ($km^2$) | 延深 (m) | 含矿地质体面积($km^2$) | 含矿地质体面积参数 |
|---|---|---|---|---|---|---|---|
| A1512602001 | E117°55′31″ | N46°05′17″ | 2 269.91 | 17.63 | 321 | 17.63 | 1.00 |

### 1. 模型区含矿地质体含矿系数的确定

模型区含矿地质体总体积＝模型区面积×模型区延深×含矿地质体面积参数；模型区含矿地质体总体积：$V_{模}=S_{模}\times H_{模}\times K_S$＝17 630 000$m^2$×321m×1.00＝5 659 230 000$m^3$；模型区含矿地质体含矿系数（$K$）＝资源总量/含矿地质体总体积，由此，模型区含矿地质体含矿系数：$K_{模}=Q_{模}/V_{模}$＝1 439.58t/5 659 230 000$m^3$＝0.000 000 25t/$m^3$（表 7-9）。

表 7-9 吉林宝力格模型区含矿地质体含矿系数表

| 模型区编号 | 经度 | 纬度 | 含矿地质体含矿系数 | 资源总量（金属量，t） | 含矿地质体总体积（$m^3$） |
|---|---|---|---|---|---|
| A1512602001 | E117°55′31″ | N46°05′17″ | 0.000 000 25 | 1 439.58 | 5 659 230 000 |

## 2. 最小预测区预测的资源量及估算参数

1）估算方法的选择

吉林宝力格式复合内生型银矿预测工作区各最小预测区的资源量定量估算采用地质体积法。

2）估算参数的确定

（1）最小预测区面积圈定方法及圈定结果。预测区的圈定与优选采用有模型预测工程预测方法之特征分析法。

吉林宝力格预测工作区预测底图精度为 1∶10 万，并根据成矿有利度（含矿地质体、控矿构造、矿（化）点、找矿线索及物探与化探异常）、地理交通及开发条件和其他相关条件，将工作区内最小预测区级别分为 A 级、B 级、C 级 3 个等级。

本次工作共圈定最小预测区 17 个，其中，A 级区 4 个，B 级区 7 个，C 级区 6 个。最小预测区面积在1.64～17.63$km^2$之间。圈定结果如表 7-10 所示。各级别面积分布合理，且已知矿床（点）均分布在 A 级区内，说明最小预测区优选分级原则较为合理；最小预测区圈定总体与区域成矿地质背景和物探与化探异常等吻合程度较好。

表 7-10 吉林宝力格式复合内生型银矿东乌珠穆沁旗预测工作区各最小预测区的面积圈定大小及其方法依据

| 最小预测区编号 | 最小预测区名称 | 经度 | 纬度 | 面积（$km^2$） | 参数确定依据 |
|---|---|---|---|---|---|
| A1512602001 | 杰仁宝拉格嘎查北 | E117°55′31″ | N46°05′17″ | 17.63 | 根据 MRAS 所形成的色块区与含矿地质体、推断断层缓冲区、接触带、重力、航磁、化探等综合确定 |
| A1512602002 | 杰仁宝拉格嘎查东南 | E117°58′54″ | N46°03′37″ | 3.16 | |
| A1512602003 | 1241 高地 | E118°16′52″ | N46°00′17″ | 1.64 | |
| A1512602004 | 1057 高地 | E118°02′44″ | N46°08′01″ | 7.92 | |
| B1512602001 | 1037 高地北西 | E117°53′22″ | N46°09′58″ | 5.39 | |
| B1512602002 | 1067 高地南 | E117°48′38″ | N46°09′41″ | 15.31 | |
| B1512602003 | 其布其日音其格北 | E117°49′35″ | N46°08′41″ | 10.99 | |
| B1512602004 | 杰仁宝拉格嘎查 | E117°56′33″ | N46°04′40″ | 7.86 | |
| B1512602005 | 其布其日音其格西 | E117°43′56″ | N46°06′37″ | 4.87 | |
| B1512602006 | 巴音霍布日北 | E117°45′45″ | N46°01′28″ | 6.19 | |
| B1512602007 | 1065 高地 | E117°40′57″ | N46°00′49″ | 7.53 | |
| C1512602001 | 1039 高地 | E118°13′10″ | N46°06′16″ | 9.96 | |
| C1512602002 | 1067 高地东南 | E117°51′37″ | N46°09′40″ | 4.78 | |
| C1512602003 | 1186 高地北西 | E117°44′56″ | N46°01′30″ | 7.87 | |
| C1512602004 | 巴彦霍布尔苏木北东 | E117°39′48″ | N46°00′49″ | 3.84 | |
| C1512602005 | 汗敖包嘎查西南 | E117°44′24″ | N45°49′38″ | 10.17 | |
| C1512602006 | 1026 高地 | E117°27′09″ | N45°52′07″ | 9.31 | |

(2)延深参数的确定及结果。延深的确定是在研究最小预测区含矿地质体地质特征、含矿地质体的形成延深、断裂特征、矿化类型的基础上，并对比典型矿床特征的基础上综合确定的，主要由成矿带模型类比或专家估计给出(表7-11)。

**表7-11　吉林宝力格式复合内生型银矿东乌珠穆沁旗预测工作区各最小预测区的延深圈定结果**

| 最小预测区编号 | 最小预测区名称 | 经度 | 纬度 | 延深(m) | 参数确定依据 |
|---|---|---|---|---|---|
| A1512602001 | 杰仁宝拉格嘎查北 | E117°55′31″ | N46°05′17″ | 321 | 钻孔+专家 |
| A1512602002 | 杰仁宝拉格嘎查东南 | E117°58′54″ | N46°03′37″ | 270 | 根据已知矿床、矿(化)点赋存地质体、航磁异常、剩余重力、化探异常、遥感异常等成矿要素综合分析，见矿钻孔延深及专家评估意见确定其延深 |
| A1512602003 | 1241高地 | E118°16′52″ | N46°00′17″ | 240 | |
| A1512602004 | 1057高地 | E118°02′44″ | N46°08′01″ | 260 | |
| B1512602001 | 1037高地北西 | E117°53′22″ | N46°09′58″ | 240 | |
| B1512602002 | 1067高地南 | E117°48′38″ | N46°09′41″ | 300 | |
| B1512602003 | 其布其日音其格北 | E117°49′35″ | N46°08′41″ | 300 | |
| B1512602004 | 杰仁宝拉格嘎查 | E117°56′33″ | N46°04′40″ | 230 | |
| B1512602005 | 其布其日音其格西 | E117°43′56″ | N46°06′37″ | 200 | |
| B1512602006 | 巴音霍布日北 | E117°45′45″ | N46°01′28″ | 260 | |
| B1512602007 | 1065高地 | E117°40′57″ | N46°00′49″ | 280 | |
| C1512602001 | 1039高地 | E118°13′10″ | N46°06′16″ | 150 | |
| C1512602002 | 1067高地东南 | E117°51′37″ | N46°09′40″ | 120 | |
| C1512602003 | 1186高地北西 | E117°44′56″ | N46°01′30″ | 150 | |
| C1512602004 | 巴彦霍布尔苏木北东 | E117°39′48″ | N46°00′49″ | 120 | |
| C1512602005 | 汗敖包嘎查西南 | E117°44′24″ | N45°49′38″ | 300 | |
| C1512602006 | 1026高地 | E117°27′09″ | N45°52′07″ | 150 | |

(3)品位和体重的确定。体重、品位及依据均来源于《内蒙古自治区东乌珠穆沁旗吉林宝力格矿区银矿详查报告》及相关图件，Ag的品位平均值$359\times10^{-6}$、体重平均值$3.22t/m^3$。

(4)相似系数的确定。吉林宝力格银矿预测工作区各最小预测区的相似系数的确定，主要依据MRAS生成的成矿概率及与模型区的比值，参照最小预测区含矿地质体出露情况、化探及重砂异常规模及分布、物探解译隐伏岩体分布信息等进行修正，以模型区的相似系数为1.00，各最小预测区相似系数如表7-12所示。

**表7-12　吉林宝力格式复合内生型银矿东乌珠穆沁旗预测工作区各最小预测区的相似系数**

| 最小预测区编号 | 最小预测区名称 | 经度 | 纬度 | 相似系数 |
|---|---|---|---|---|
| A1512602001 | 杰仁宝拉格嘎查北 | E117°55′31″ | N46°05′17″ | 1.00 |
| A1512602002 | 杰仁宝拉格嘎查东南 | E117°58′54″ | N46°03′37″ | 0.95 |
| A1512602003 | 1241高地 | E118°16′52″ | N46°00′17″ | 0.94 |
| A1512602004 | 1057高地 | E118°02′44″ | N46°08′01″ | 0.74 |
| B1512602001 | 1037高地北西 | E117°53′22″ | N46°09′58″ | 0.80 |
| B1512602002 | 1067高地南 | E117°48′38″ | N46°09′41″ | 0.64 |

续表 7-12

| 最小预测区编号 | 最小预测区名称 | 经度 | 纬度 | 相似系数 |
|---|---|---|---|---|
| B1512602003 | 其布其日音其格北 | E117°49′35″ | N46°08′41″ | 0.64 |
| B1512602004 | 杰仁宝拉格嘎查 | E117°56′33″ | N46°04′40″ | 0.84 |
| B1512602005 | 其布其日音其格西 | E117°43′56″ | N46°06′37″ | 0.80 |
| B1512602006 | 巴音霍布日北 | E117°45′45″ | N46°01′28″ | 0.74 |
| B1512602007 | 1065 高地 | E117°40′57″ | N46°00′49″ | 0.57 |
| C1512602001 | 1039 高地 | E118°13′10″ | N46°06′16″ | 0.54 |
| C1512602002 | 1067 高地东南 | E117°51′37″ | N46°09′40″ | 0.67 |
| C1512602003 | 1186 高地北西 | E117°44′56″ | N46°01′30″ | 0.54 |
| C1512602004 | 巴彦霍布尔苏木北东 | E117°39′48″ | N46°00′49″ | 0.67 |
| C1512602005 | 汗敖包嘎查西南 | E117°44′24″ | N45°49′38″ | 0.27 |
| C1512602006 | 1026 高地 | E117°27′09″ | N45°52′07″ | 0.54 |

（三）最小预测区预测资源量

本次工作采用地质体积参数法进行资源量估算。

**1. 最小预测区预测资源量估算结果**

本次银预测资源总量 4 606.33t(不包括已查明的 Ag 金属量 1 128.00t),详见表 7-13。

**表 7-13　吉林宝力格式复合内生型银矿东乌珠穆沁旗预测工作区各最小预测区银资源量估算成果表**

| 最小预测区编号 | 最小预测区名称 | $S_预$ (km²) | $H_预$ (m) | $K_S$ | $K$(t/m³) | $\alpha$ | 已查明资源量(金属量,t) | $Z_预$(金属量,t) | 资源量精度级别 |
|---|---|---|---|---|---|---|---|---|---|
| A1512602001 | 杰仁宝拉格嘎查北 | 17.63 | 321 | 1.00 | 0.000 000 25 | 1.00 | 1 098.00 | 338.58 | 334-1 |
| A1512602002 | 杰仁宝拉格嘎查东南 | 3.16 | 270 | 0.54 | 0.000 000 25 | 0.95 |  | 202.87 | 334-2 |
| A1512602003 | 1241 高地 | 1.64 | 240 | 0.54 | 0.000 000 25 | 0.94 | 30.00 | 62.13 | 334-1 |
| A1512602004 | 1057 高地 | 7.92 | 260 | 0.54 | 0.000 000 25 | 0.74 |  | 381.35 | 334-3 |
| B1512602001 | 1037 高地东西 | 5.39 | 240 | 0.54 | 0.000 000 25 | 0.80 |  | 259.53 | 334-3 |
| B1512602002 | 1067 高地南 | 15.31 | 300 | 0.54 | 0.000 000 25 | 0.64 |  | 737.18 | 334-2 |
| B1512602003 | 其布其日音其格北 | 10.99 | 300 | 0.54 | 0.000 000 25 | 0.64 |  | 529.17 | 334-3 |
| B1512602004 | 杰仁宝拉格嘎查 | 7.86 | 230 | 0.54 | 0.000 000 25 | 0.84 |  | 378.46 | 334-2 |
| B1512602005 | 其布其日音其格西 | 4.87 | 200 | 0.54 | 0.000 000 25 | 0.80 |  | 195.41 | 334-3 |
| B1512602006 | 巴音霍布日北 | 6.19 | 260 | 0.54 | 0.000 000 25 | 0.74 |  | 298.05 | 334-3 |
| B1512602007 | 1065 高地 | 7.53 | 280 | 0.54 | 0.000 000 25 | 0.57 |  | 302.14 | 334-3 |
| C1512602001 | 1039 高地 | 9.96 | 150 | 0.54 | 0.000 000 25 | 0.54 |  | 199.82 | 334-3 |
| C1512602002 | 1067 高地东南 | 4.78 | 120 | 0.54 | 0.000 000 25 | 0.67 |  | 95.90 | 334-3 |
| C1512602003 | 1186 高地北西 | 7.87 | 150 | 0.54 | 0.000 000 25 | 0.54 |  | 157.89 | 334-3 |
| C1512602004 | 巴彦霍布尔苏木北东 | 3.84 | 120 | 0.54 | 0.000 000 25 | 0.67 |  | 77.04 | 334-3 |
| C1512602005 | 汗敖包嘎查西南 | 10.17 | 300 | 0.54 | 0.000 000 25 | 0.27 |  | 204.04 | 334-3 |
| C1512602006 | 1026 高地 | 9.31 | 150 | 0.54 | 0.000 000 25 | 0.54 |  | 186.78 | 334-3 |

### 2. 最小预测区预测资源量可信度估计

根据《预测资源量估算技术要求》(2010年补充)可信度划分标准,针对每个最小预测区评价其可信度,其可信度统计结果如表7-14所示。

**表7-14　吉林宝力格式复合内生型银矿西乌珠穆沁旗预测工作区各最小预测区的预测资源量可信度统计表**

| 最小预测区编号 | 最小预测区名称 | 经度 | 纬度 | 面积 | | 延深 | | 含矿系数 | | 资源量综合 | |
|---|---|---|---|---|---|---|---|---|---|---|---|
| | | | | 可信度 | 依据 | 可信度 | 依据 | 可信度 | 依据 | 可信度 | 依据 |
| A1512602001 | 杰仁宝拉格嘎查北 | E117°55′31″ | N46°05′17″ | 0.80 | 地质建造、物探与化探异常 | 0.90 | 典型矿床勘探延深、物探解译信息/化探异常、专家综合分析 | 0.80 | 模型区地质体积法 | 0.80 | 勘探延深、预测延深参数 |
| A1512602002 | 杰仁宝拉格嘎查东南 | E117°58′54″ | N46°03′37″ | 0.75 | | 0.50 | | 0.25 | | 0.50 | |
| A1512602003 | 1241高地 | E118°16′52″ | N46°00′17″ | 0.25 | | 0.25 | | 0.50 | | 0.75 | |
| A1512602004 | 1057高地 | E118°02′44″ | N46°08′01″ | 0.75 | | 0.50 | | 0.25 | | 0.50 | |
| B1512602001 | 1037高地东西 | E117°53′22″ | N46°09′58″ | 0.75 | | 0.50 | | 0.25 | | 0.50 | |
| B1512602002 | 1067高地南 | E117°48′38″ | N46°09′41″ | 0.75 | | 0.50 | | 0.25 | | 0.50 | |
| B1512602003 | 其布其日音其格北 | E117°49′35″ | N46°08′41″ | 0.75 | | 0.50 | | 0.25 | | 0.50 | |
| B1512602004 | 杰仁宝拉格嘎查 | E117°56′33″ | N46°04′40″ | 0.75 | | 0.50 | | 0.25 | | 0.50 | |
| B1512602005 | 其布其日音其格西 | E117°43′56″ | N46°06′37″ | 0.75 | | 0.50 | | 0.25 | | 0.50 | |
| B1512602006 | 巴音霍布日北 | E117°45′45″ | N46°01′28″ | 0.75 | | 0.50 | | 0.25 | | 0.50 | |
| B1512602007 | 1065高地 | E117°40′57″ | N46°00′49″ | 0.75 | | 0.50 | | 0.25 | | 0.50 | |
| C1512602001 | 1039高地 | E118°13′10″ | N46°06′16″ | 0.50 | | 0.50 | | 0.25 | | 0.50 | |
| C1512602002 | 1067高地东南 | E117°51′37″ | N46°09′40″ | 0.75 | | 0.50 | | 0.25 | | 0.50 | |
| C1512602003 | 1186高地北西 | E117°44′56″ | N46°01′30″ | 0.75 | | 0.50 | | 0.25 | | 0.50 | |
| C1512602004 | 巴彦霍布尔苏木北东 | E117°39′48″ | N46°00′49″ | 0.75 | | 0.50 | | 0.25 | | 0.50 | |
| C1512602005 | 汗敖包嘎查西南 | E117°44′24″ | N45°49′38″ | 0.75 | | 0.50 | | 0.25 | | 0.50 | |
| C1512602006 | 1026高地 | E117°27′09″ | N45°52′07″ | 0.50 | | 0.50 | | 0.25 | | 0.50 | |

## (四)预测工作区资源总量成果汇总

### 1. 按资源量精度级别

吉林宝力格式复合内生型银矿东乌珠穆沁旗预测工作区采用脉状矿床估算法预测资源量,依据资源量精度级别划分标准,根据现有资料的精度,可划分为334-1、334-2、334-3三个资源量精度级别,各级别资源量如表7-15所示。

**表7-15　吉林宝力格式复合内生型银矿东乌珠穆沁旗预测工作区预测资源量精度级别统计表**

| 预测工作区编号 | 预测工作区名称 | 资源量精度级别(t) | | |
|---|---|---|---|---|
| | | 334-1 | 334-2 | 334-3 |
| 1512602001 | 吉林宝力格式复合内生型银矿东乌珠穆沁旗预测工作区 | 400.71 | 1 318.51 | 2 887.11 |
| | | **4 606.33** | | |

### 2. 按延深

根据各最小预测区内含矿地质体、物探与化探异常及相似系数特征，预测延深为500m以浅，其预测资源量按延深统计的结果如表7-16所示。

表7-16 吉林宝力格式复合内生型银矿东乌珠穆沁旗预测工作区预测资源量延深统计表

| 预测工作区编号 | 预测工作区名称 | 500m以浅(t) | | | 1000m以浅(t) | | | 2000m以浅(t) | | |
|---|---|---|---|---|---|---|---|---|---|---|
| | | 334-1 | 334-2 | 334-3 | 334-1 | 334-2 | 334-3 | 334-1 | 334-2 | 334-3 |
| 1512602001 | 吉林宝力格式复合内生型银矿东乌珠穆泌旗预测工作区 | 400.71 | 1 318.51 | 2 887.11 | 400.71 | 1 318.51 | 2 887.11 | 400.71 | 1 318.51 | 2 887.11 |
| | | **4 606.33** | | | **4 606.33** | | | **4 606.33** | | |

### 3. 按矿产预测方法类型

其矿产预测方法类型为复合内生型，矿产预测类型为热液型，预测资源量统计结果见表7-17。

表7-17 吉林宝力格式复合内生型银矿东乌珠穆沁旗预测工作区预测资源量矿产预测类型精度统计表

| 预测工作区编号 | 预测工作区名称 | 复合内生型(t) | | |
|---|---|---|---|---|
| | | 334-1 | 334-2 | 334-3 |
| 1512602001 | 吉林宝力格式复合内生型银矿东乌珠穆沁旗预测工作区 | 400.71 | 1 318.51 | 2 887.11 |
| | | **4 606.33** | | |

### 4. 按可利用性类别

最小预测区可利用权重统计结果，综合权重指数≥75%，为可利用；综合权重指数<75%，则为暂不可利用。预测工作区资源量可利用性统计结果如表7-18所示。

表7-18 吉林宝力格式复合内生型银矿东乌珠穆沁旗预测工作区预测资源量可利用性统计表

| 预测工作区编号 | 预测工作区名称 | 可利用(t) | | | 暂不可利用(t) | | |
|---|---|---|---|---|---|---|---|
| | | 334-1 | 334-2 | 334-3 | 334-1 | 334-2 | 334-3 |
| 1512602001 | 吉林宝力格式复合内生型银矿东乌珠穆沁旗预测工作区 | 400.71 | 1 318.51 | 2 887.11 | — | — | — |

### 5. 按可信度统计分析

吉林宝力格式复合内生型银矿东乌珠穆沁旗预测工作区预测资源量可信度统计结果如表7-19所示。

表 7-19　吉林宝力格式复合内生型银矿东乌珠穆沁旗预测工作区预测资源量可信度统计表(金属量:t)

| 预测工作区编号 | 预测工作区名称 | ≥0.75 | ≥0.50 | ≥0.25 |
|---|---|---|---|---|
| 1506206001 | 吉林宝力格式复合内生型银矿东乌珠穆沁旗预测工作区 | 338.58 | 400.71 | 4 606.33 |

### 6. 按最小预测区级别

本次工作共圈定最小预测区 17 个，其中，A 级区 4 个，面积 22.43km²；B 级区 7 个，面积 66.06km²；C 级区区 6 个，面积 45.93km²。各级别预测资源量统计结果如表 7-20 所示。

表 7-20　吉林宝力格式复合内生型银矿东乌珠穆沁旗预测工作区各最小预测区的预测资源量分级统计表

| 最小预测区编号 | 最小预测区名称 | 经度 | 纬度 | 最小预测区级别 | 预测资源量(t) |
|---|---|---|---|---|---|
| A1512602001 | 杰仁宝拉格嘎查北 | E117°55′31″ | N46°05′17″ | A 级 | 338.58 |
| A1512602002 | 杰仁宝拉格嘎查东南 | E117°58′54″ | N46°03′37″ | | 202.87 |
| A1512602003 | 1241 高地 | E118°16′52″ | N46°00′17″ | | 62.13 |
| A1512602004 | 1057 高地 | E118°02′44″ | N46°08′01″ | | 381.35 |
| **A 级区预测资源量总计** | | | | | **984.93** |
| B1512602001 | 1037 高地东西 | E117°53′22″ | N46°09′58″ | B 级 | 259.53 |
| B1512602002 | 1067 高地南 | E117°48′38″ | N46°09′41″ | | 737.18 |
| B1512602003 | 其布其日音其格北 | E117°49′35″ | N46°08′41″ | | 529.17 |
| B1512602004 | 杰仁宝拉格嘎查 | E117°56′33″ | N46°04′40″ | | 378.46 |
| B1512602005 | 其布其日音其格西 | E117°43′56″ | N46°06′37″ | | 195.41 |
| B1512602006 | 巴音霍布日北 | E117°45′45″ | N46°01′28″ | | 298.05 |
| B1512602007 | 1065 高地 | E117°40′57″ | N46°00′49″ | | 302.14 |
| **B 级区预测资源量总计** | | | | | **2 699.94** |
| C1512602001 | 1039 高地 | E118°13′10″ | N46°06′16″ | C 级 | 199.82 |
| C1512602002 | 1067 高地东南 | E117°51′37″ | N46°09′40″ | | 95.90 |
| C1512602003 | 1186 高地北西 | E117°44′56″ | N46°01′30″ | | 157.89 |
| C1512602004 | 巴彦霍布尔苏木北东 | E117°39′48″ | N46°00′49″ | | 77.04 |
| C1512602005 | 汗敖包嘎查西南 | E117°44′24″ | N45°49′38″ | | 204.04 |
| C1512602006 | 1026 高地 | E117°27′09″ | N45°52′07″ | | 186.78 |
| **C 级区预测资源量总计** | | | | | **921.47t** |

# 第八章　额仁陶勒盖式火山-次火山岩型银矿预测成果

该预测工作区大地构造位置属于天山-兴蒙造山系，大兴安岭弧盆系，额尔古纳岛弧，即区域性北东-南西向得尔布干深大断裂南西段的西北侧。

额尔古纳岛弧是大兴安岭弧盆系最北部的构造单元，最老的地层为新元古界加疙瘩组，为一套片岩、千枚岩、大理岩夹中性—酸性火山岩，系海相碎屑岩夹火山岩建造。震旦系额尔古纳河组为一套浅变质的浅海相类复理石、碳酸盐岩建造，志留系为海相砂页岩建造。

断裂构造极发育，一般为北东向断裂，活动时间长，并造成强烈的构造破碎或糜棱岩化带，褶皱构造为北西向、北东东向的紧密线型和倒转褶皱。侵入岩以海西中期后造山花岗岩岩基为主。

该区的成矿期主要为燕山期，分布有乌努格吐山式斑岩型铜钼矿、甲乌拉式火山热液型铅锌银矿、比利亚谷式铅锌银矿、额仁陶勒盖式银锰矿、小伊诺盖沟热液型金矿、四五牧场火山岩型金矿。

出露的地层主要为古元古界兴华渡口岩群，新元古界佳疙瘩组、额尔古纳河组，上石炭统宝力高庙组，中侏罗统万宝组、塔木兰沟组，上侏罗统满克头鄂博组、玛尼吐组、白音高老组，下白垩统梅勒图组，中新统呼查山组，上新统五岔沟组及下更新统冰碛、冰水堆积层。上更新统为砂、砾石、砂土沉积。全新统为河流、湖泊相沉积等。中侏罗统塔木兰沟组是额仁陶勒盖式热液型银矿的赋矿围岩，为来自幔源的钾玄岩系列，下部为玄武质集块岩；中部为气孔-杏仁状玄武岩；上部为杏仁-气孔状安山玄武岩。安山岩中银丰度较高，平均达到$(0.14\sim0.16)\times10^{-6}$。

区域岩浆岩要以海西晚期和燕山期侵入为主。海西晚期第一次侵入的花岗闪长岩和第二次侵入的花岗岩，于北部阿敦楚鲁隆起带上呈北东-南西向长条带状岩基状产出。燕山期第一次的侵入活动形成岩株状的钾长花岗岩、花岗闪长岩，零星分布于隆起带上，出露面积较小；第二次侵入岩主要有岩株状产出的花岗斑岩和脉状石英二长斑岩、闪长玢岩、流纹斑岩、石英脉等，银丰度值高达$0.16\times10^{-6}$，为额仁陶勒盖热液型银矿提供了热源和矿源。

断裂构造一般为北东向断裂，活动时间长，形成强烈的构造破碎或糜棱岩化带。主断裂呈北东-南西走向，展布于断陷盆地的边缘，构成隆起带与断陷区两个次级构造单元的分界线。伴随之较低级的小规模断裂发育在隆起带上，与主断裂垂直或斜交，基本呈等距离分布，造成本区独具特色的棋盘状构造。

中生代火山喷发和侵入活动，形成北东向展布的火山-侵入杂岩带，伴随构造岩浆，交织切割构成本区棋盘格状构造特点。岩浆活动晚期，与岩浆活动有关联的有色及贵金属元素沿构造交会的有利部位富集和定位，形成矿体或矿化体。

# 第一节　典型矿床特征

## 一、典型矿床及成矿模式

### （一）典型矿床特征

额仁陶勒盖银矿位于内蒙古自治区内蒙古新巴尔虎右汗乌拉苏木。地理坐标：E116°34′06″，N48°23′09″。

**1. 矿区地质**

1）地层

矿区出露地层主要为中侏罗统塔木兰沟组、上侏罗统白音高老组和第四系。现由老到新分述如下。

（1）中侏罗统塔木兰沟组分布广，为一套中基性火山岩地层，岩层受断裂活动破坏，产状紊乱，倾向为北东—南东—南西，倾角33°～51°。厚度>700m。是矿区的主要地层，分布面积约占全区总面积的80%，分为上、中、下3个部分。

下部为致密块状安山岩及玄武安山岩、安山玄武岩；中部为致密块状、气孔状、杏仁状安山质熔岩、角砾岩，局部夹安山质凝灰角砾岩、凝灰砂砾岩及流纹质熔岩等；上部为气孔状安山岩、玄武岩。

玄武岩类$SiO_2$平均含量为51.80%，$(K_2O+Na_2O)$平均含量为5.40%，且$Na_2O>K_2O$，$Na_2O/K_2O$比值为2.14，$Fe_2O_3/(FeO+Fe_2O_3)$为0.35，与中国玄武岩平均化学成分对比，具有高硅、铝，低铁、镁和全碱低的特点。安山岩类$SiO_2$平均含量为58.97%，$(K_2O+Na_2O)$平均含量为6.70%，一般$K_2O>Na_2O$，$Na_2O/K_2O$比值为0.74，$Fe_2O_3/(FeO+Fe_2O_3)$比值为0.33，与中国安山岩类相比具有高硅、铝，低铁、钙、镁的特点。

从$Na_2O/K_2O$比值看，玄武岩为2.14，安山岩为0.74，$\delta$值在3～4之间，属碱性玄武岩-玄武粗安岩-安山岩-石英安山岩系列。

（2）上侏罗统白音高老组，主要为白色流纹质熔岩及角砾岩夹凝灰角砾岩，厚度大于1100m，与下伏塔木兰沟组为不整合接触。

流纹岩类，$SiO_2$平均含量为76.5%，$(K_2O+Na_2O)$平均含量为8.44%，且$K_2O>Na_2O$，$Na_2O/K_2O$比值为0.20，$Fe_2O_3/(FeO+Fe_2O_3)$比值为0.56，$\delta$值在1～3.3之间，与中国流纹岩化学成分相比具有高硅、铝，低铁、镁、钙的特点。

2）侵入岩

（1）花岗岩：分布于矿区北西侧花岗杂岩体的东侧，呈岩株状产出，平面形近等轴状，面积约6km²。岩体侵入塔木兰沟组安山岩中，接触带及其附近发生强烈蚀变并角岩化，花岗岩中常见安山岩捕虏体。

（2）花岗闪长岩：分布于花岗杂岩体的北西侧，岩性为花岗闪长岩。

岩石呈浅灰—浅肉红色，块状构造，半自形柱状结构，主要矿物成分由斜长石（50%～65%）、钾长石（10%～50%）、石英（15%～20%）、角闪石（6%～12%）组成。

花岗岩类$SiO_2$含量变化较大，在66.82%～76.55%之间，平均含量为70.41%；$K_2O+Na_2O$变化在7.14%～8.01%间，平均含量为7.64%；$Na_2O/K_2O$比值在0.36～0.99间，平均含量为0.76；$K_2O>Na_2O$，岩石平均化学成分属铝过饱和型。与中国黑云母花岗岩相比，岩石以富碱、镁钙而贫硅、铝、铁为特征，与中国角闪黑云母花岗岩（同前）相比，则具有富硅、碱而贫铝、钙、镁、铁的特征。

（3）石英斑岩：呈脉状零星分布于矿区及其附近的火山岩、花岗岩中。岩石属铝过饱和类型。与中国石英斑岩相比较，具有高硅、富碱，高钾，低钠以及低铝、钙、镁铁的特点；与花岗岩相比较，$SiO_2$则显著升高，平均含量达79.28%，而$Na_2O$明显降低，平均含量仅0.11%，但$K_2O$平均含量达6.6%。

(4)流纹斑岩：仅在矿区Ⅰ号矿带中段见有一条呈脉状产出的流纹斑岩，脉长大于400m，宽近20m，宏观上表现为浅灰白色，斑状结构，块状-流纹状构造。

流纹斑岩和中国流纹岩(同前)相比，富硅、贫碱；$Na_2O$明显偏低，平均含量仅0.15%，而$K_2O$明显偏高，平均含量6.22%。流纹斑岩岩石化学特点界于花岗岩和石英斑岩之间。

(5)石英脉：常分布在火山岩及花岗岩、石英斑岩、流纹斑岩中，多呈脉状产出，规模不等，有些石英脉银含量高，成为矿石。在地表工程中可见石英脉穿切并包裹流纹斑岩。在镜下石英呈他形粒状结构，其中有隐晶或粒状，而以透明显晶—粗晶的他形—半自形粒状为主，粒径1.0～5.0mm，呈细脉穿切前者，沿石英晶簇间隙有褐铁矿和黄钾铁钒充填沉淀。脉石英$SiO_2$高达93.30%，$Na_2O$低至0.04%，为岩浆最晚阶段的产物。

构造：区内构造以断裂构造为主，褶皱发育不甚明显。

矿区断裂总体呈北东-南西走向，延长均在千米以上，均系得尔布干断裂带的组成部分。包括汗乌拉断裂、额仁陶勒盖断裂。

汗乌拉断裂走向315°，倾向45°，出露长度约27km，沿断裂地貌上表现为舒缓状沟谷，断裂附近岩石破碎，两侧地层不连续。为张扭性断裂。

额仁陶勒盖断裂走向30°，倾向300°，延长近25km，断裂中可见构造角砾岩，地貌上表现沿断裂分布呈串珠状湖泊、泉点。其性质为压扭性。

矿区控矿断裂按其性质和走向划为4组；即近南北向(350°～360°)，北北东向(20°～30°)，北东向(40°～50°)和北西向(320°～330°)。各组断裂赋矿亦有差异，近南北向的断裂属张扭性，赋矿最好；北东向断裂属压性构造，赋矿条件差；而北西向的张性断裂基本不成矿，仅见蚀变带。

矿区周围发育10余处大小不一的环状构造，总体上呈菱形，构成较具特色的环菱构造。

3)围岩蚀变与矿化特征

(1)蚀变种类：矿区围岩蚀变主要有硅化、银锰矿化、绢云母化、绿泥石化、方解石化、黄铁矿化，次为绿帘石化，高岭土化，冰长石、菱锰矿化。

(2)蚀变特点：①蚀变程度随矿体产出部位而变化，近矿蚀变强，种类多，空间上重叠；远离矿体蚀变弱，种类少。②与矿化有关的蚀变均为中低温热液蚀变。③蚀变类型可归纳为"面型"和"线型"两种，且二者共存。④蚀变阶段较为清晰，从早到晚可分为青磐岩化、方解石绿泥石绢云母化、硅化3个阶段。⑤晚期蚀变叠加于早期蚀变之上。

(3)蚀变分带：本区由于多期蚀变在空间上互相叠加而变得复杂化，但早期蚀变弱，分布广，而晚期蚀变强，分布范围小，时间上的先后表现较为明显，据此可划分出热液蚀变带。

青磐岩化带：分布广泛，从矿区到外围均可见到，宏观上岩石未发现明显变化，蚀变矿物为绢云母、绿泥石、黄铁矿、方解石。绢云母呈微晶磷片状交代斜长石边部，绿泥石方解石呈细小片状、纤维鳞片状交代暗色矿物及隐晶质。黄铁矿自形程度好，星点状分布。该蚀变无矿化。

方解石绿泥石绢云母化带：以绢云母化为主，分布于矿区范围内，宏观上岩石显著褪色，硬度变软，蚀变矿物主要为绢云母，其次为绿泥石、方解石、石英。绢云母呈细小鳞片状强烈交代斜长石、绿泥石、方解石，呈片状、不规则粒状交代暗色矿物及隐晶质，石英呈不规则粒状嵌于斜长石粒间，矿化微弱。

硅化带：岩石碎裂强烈，硅质呈脉状、网脉状充填于岩石裂隙中，蚀变矿物以石英为主，次为菱锰矿、冰长石及方铅矿、闪锌矿、黄铜矿、黄铁矿，石英呈隐晶—显晶粗粒状，他形—半自形，沿裂隙充填分布，并向两侧渗透交代，局部地段石英脉内含有冰长石，菱锰矿和金属硫化物。银矿体主要赋存于该带内。

含矿石英脉由中心向两侧为：含矿石英脉→硅化带→绢云母化带。由于含矿热液多次充填，使各带之间呈渐变过渡。

(4)蚀变与矿化的关系：早期青磐岩化为成矿前蚀变，与矿化无直接关系。矿区银克拉克值高于地壳平均值 7～14 倍，为银元素迁移、富集提供了一定的有利条件。中期方解石、绿泥石、绢云母化具弱的银矿化，晚期硅化为主要成矿阶段。硅化多期次叠加及伴随的银锰矿化、铅锌矿化使银更进一步富集，形成了主要的工业矿体。

在空间上，蚀变强的地段常为银矿体富集地段，向两侧蚀变变弱，矿化也相应变弱，矿化与蚀变联系密切。

## 2. 矿床特征

经详查，该矿区共划分为Ⅱ～Ⅸ 8 个矿段，共确定 31 条有工业意义的矿体，均呈脉状产出，呈北东向、北西向展布(图 8－1)。其中 21 号、25 号、32 号、41 号、42 号、72 号、73 号、74 号、75 号及 81 号矿体规模较大。

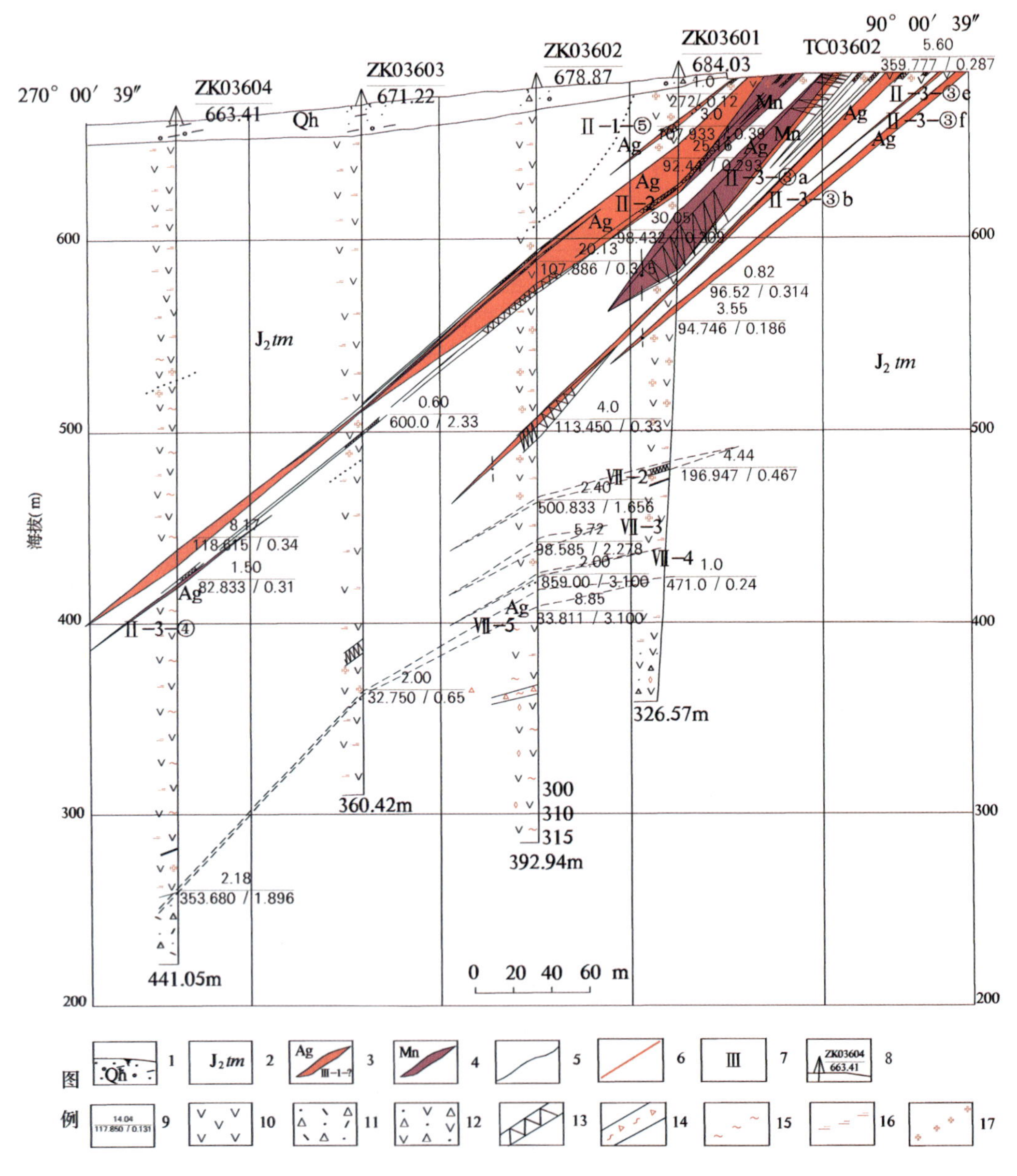


图 8－1　额仁陶勒盖银矿 036 勘探线剖面图

1. 全新统：腐殖土、残坡积、冰碛物；2. 中侏罗统塔木兰沟组；3. 银矿体及编号；4. 锰矿体；5. 实测地质界线；6. 实测断层；7. 矿带编号；8. 钻孔位置及编号；9. 矿体厚度/(银/金平均品位)；10. 第四系腐殖土、残坡积；10. 安山岩；11. 流纹质凝灰角砾岩；12. 安山质凝灰角砾岩；13. 石英脉；14. 构造破碎带；15. 绿泥石化；16. 绢云母化；17. 硅化矿体形态及规模：21 号矿体，长 1240m，平均厚度 6.81m；25 号矿体，长 230m，平均厚度 5.04m；32 号矿体，长 800m，平均厚度 7.52m；41 号矿体，长 500m，平均厚度 1.76m；42 号矿体，长 165m，平均厚度 1.60m；72 号～75 号矿体，长 240～520m，平均厚度 1.32～3.37m；81 号矿体，长 240m。

矿体产状：21 号矿体走向 345°，倾向南西，倾角 39°～59°，最大延深 550m；25 号矿体走向 335°，倾向 245°，倾角 42°；32 号矿体走向 0°，倾向 270°，倾角 40°～43°；41 号、42 号矿体走向 30°，倾向 300°，倾角 42°～45°；72 号～75 号矿体走向 41°～50°，倾向 317°～320°，倾角 41°～60°；81 号矿体走向 18°，倾向 288°，倾角 40°～41°，矿体局部呈膨缩现象，沿倾向延长具舒缓波状。

矿体厚度及品位变化情况。厚度变化系数：21 号矿体 88.67%；25 号矿体 89.73%；32 号矿体 120.56%；41 号矿体 62.43%；42 号矿体 67.88%；72 号～75 号矿体 63.67%～133.57%；81 矿体 122.69%。

银品位变化系数：21 号矿体 120.43%；32 号矿体 120.37%；41 号矿体 119.26%；42 号矿体 120.43%；72 号～75 号矿体 63.67%～128.93%；81 号矿体 122.69%。均属厚度变化较稳定—稳定，品位变化较均匀矿体。

矿体围岩及夹石：矿体围岩成分简单，主要为硅化安山岩，偶见绿泥石化或绢云母化安山岩。围岩中银含量一般在几克/吨至十几克/吨，个别可达数十克/吨。矿体夹石少，产状与矿体一致。

### 3. 矿石特征

矿石矿物成分：银矿石主要矿物有辉银矿、螺状硫银矿、黄铁矿、方铅矿、闪锌矿，脉石矿物主要有石英、长石、菱锰矿。其次有角银矿、碘银矿、硬锰矿、软锰矿、方解石等；少量的自然银、自然金、金银矿、银金矿、黄铜矿、磁铁矿，以及副矿物锆石，磷灰石等。

银锰矿石主要矿物为角银矿、硬锰矿。脉石矿物为石英；其次有辉银矿、碘银矿、锰钾矿、软锰矿、长石等；少量的溴银矿、自然金、自然银、菱锰矿、方铅矿、闪锌矿、方解石等。

### 4. 矿石结构构造

(1)银矿石：矿石构造相对比较简单，以隐晶结构和致密块状、角砾状浸染状构造为主要特征。

主要结构为隐晶结构，主要为隐晶石英呈块状出现。

(2)银锰矿石：主要结构构造有同心环带状结构，胶体硬锰矿、褐铁矿、锰钾矿等往往形成同心环带状结构。

### 5. 矿床成因及成矿时代

1)同位素地球化学特征

(1)硫同位素特征：15 件样品的 $\delta^{34}S$ 值皆分布于－3.96‰～4.451‰之间，平均值为 2.29‰，以正值较多，反映了以单一的深源为主要来源。

(2)铅同位素特征：4 件样品测试结果为 $^{206}Pb/^{204}Pb$ 值在 18.078 8～18.567 6 之间；$^{207}Pb/^{204}Pb$ 值在 15.539 2～15.885 3 之间；$^{208}Pb/^{204}Pb$ 值在 38.059 6～38.531 5 之间。铅同位素组成均匀，变化幅度小，说明矿源同源且稳定，为正常铅同一演化模式。

(3)包体测定特征：据 16 件石英样品均一法测温，温度在 199～383℃之间，平均 294℃。

据 20 件爆裂法测温结果统计，黄铁矿的爆裂温度为 300～310℃。与硫化物共生的菱铁矿爆裂温度在 320～380℃之间；与共生的石英气液包体均一测温温度基本一致。说明矿床在中—低温的条件下形成。

综上所述，矿床近矿围岩为中生代中基性火山岩，矿床严格受控于断裂构造，矿体呈脉状、块状构造。主要矿化与充填、交代形成的石英脉密切相关；其硫、铅同位素显示了矿质来源于深部，包体测温结果表明了成矿温度为中—低温。

2)矿物生成顺序

根据矿石结构、构造及各种矿物之间的相互嵌布、交代、穿切、包含等关系，将矿物的生成顺序大致分为4个阶段。

早期：绢云母、绿泥石、绿帘石、石英、黄铁矿。

中期：石英、黝铜矿、银黝铜矿、辉银矿、深红银矿、淡红银矿、硫铜银矿、硒银矿、辉硒银矿、自然银、自然金、银金矿、金银矿。

晚期：方铅矿、闪锌矿、黄铜矿、冰长石、菱锰矿。

表生期：硬锰矿、软锰矿、锰钾矿、水锰矿、斜方水锰矿、针铁矿、水针铁矿、褐铁矿、高岭石、黄钾铁矾、蓝铜矿、孔雀石、自然银、螺状硫银矿、角银矿、碘银矿、溴银矿。

初步认为矿床成因属与火山-侵入活动有关的中—低温热液脉状矿床。成矿时代为晚侏罗世。

(二)成矿模式

在燕山期受太平洋板块的边缘影响，先存的北东向的额尔古纳-呼伦湖断裂再次活动并诱发强烈的岩浆活动，岩浆的形成及岩体与矿带的分布受该断裂控制。北西向与北东向的断裂交会处控制着矿田和矿床的分布和就位，形成于地壳深部及上地幔处的岩浆在上侵过程中与壳源物质发生同化混染作用或使之发生部分熔融而形成矿区的花岗岩浆。该岩浆在岩浆房中发生强烈的结晶分异作用形成花岗岩浆及其派生物石英斑岩岩浆和大量的富含Cl、S、Pb、Ag的高盐度矿液天水的加入使矿液量大增，而且水与岩浆作用，可能发生$OH^-$取代$Cl^-$，使得岩浆中的$Cl^-$转移入至高盐度矿液中，增强了流体萃取岩浆中$Ag^+$的能力，矿液上侵后沿裂隙充填成矿(图8-2)。

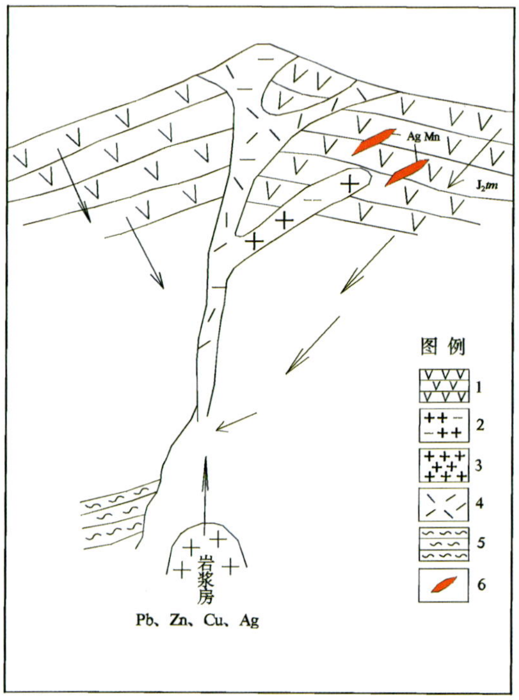

图8-2　额仁陶勒盖式火山-次火山岩热液型银铅锌矿典型矿床成矿模式图

1.塔木兰沟组安山岩；2.燕山期黑云母花岗岩；3.燕山期中酸性斑岩；4.酸性斑岩；5.新元古代—早寒武世结晶片岩；6.Ag、Mn矿体

## 二、典型矿床物探特征

该矿床处在由北东转为近东西向延深的重力高值区，对应形成3处局部剩余重力正异常，该矿床位于剩余重力正异常的边部梯级带上，该正异常与元古宙基底隆起有关，在其北侧地表有侏罗纪酸性岩体分布，对应剩余重力负异常。可见矿床成因上与岩浆活动及元古宙地层有关，重力场特征一定程度上反映了成矿地质环境(图8-3)。

矿床所在位置的元古宙地层对应航磁负异常，伴有化探Ag、Au、As、Sb、Cu、Pb、Zn等中低温多金属元素异常，其中Ag异常强度达到内带，且分布面积较大。据1∶25万重力异常图显示，矿区处在相对重力高异常上。

1∶25万航磁图显示，在低缓的零值附近的正磁场背景中。据1∶10万航磁图显示矿区处在－25nT的低缓负磁场中。据1∶1万地磁显示矿区处在20nT的低缓正磁场中。

据重磁场特征推测矿区处在北东向断裂和北西向断裂的交会处。

电性特征：据1∶1万电法显示矿区处视电阻率为500Ω·m，视极化率为7%。视电阻率和视极化率异常轴向均为北北东向。

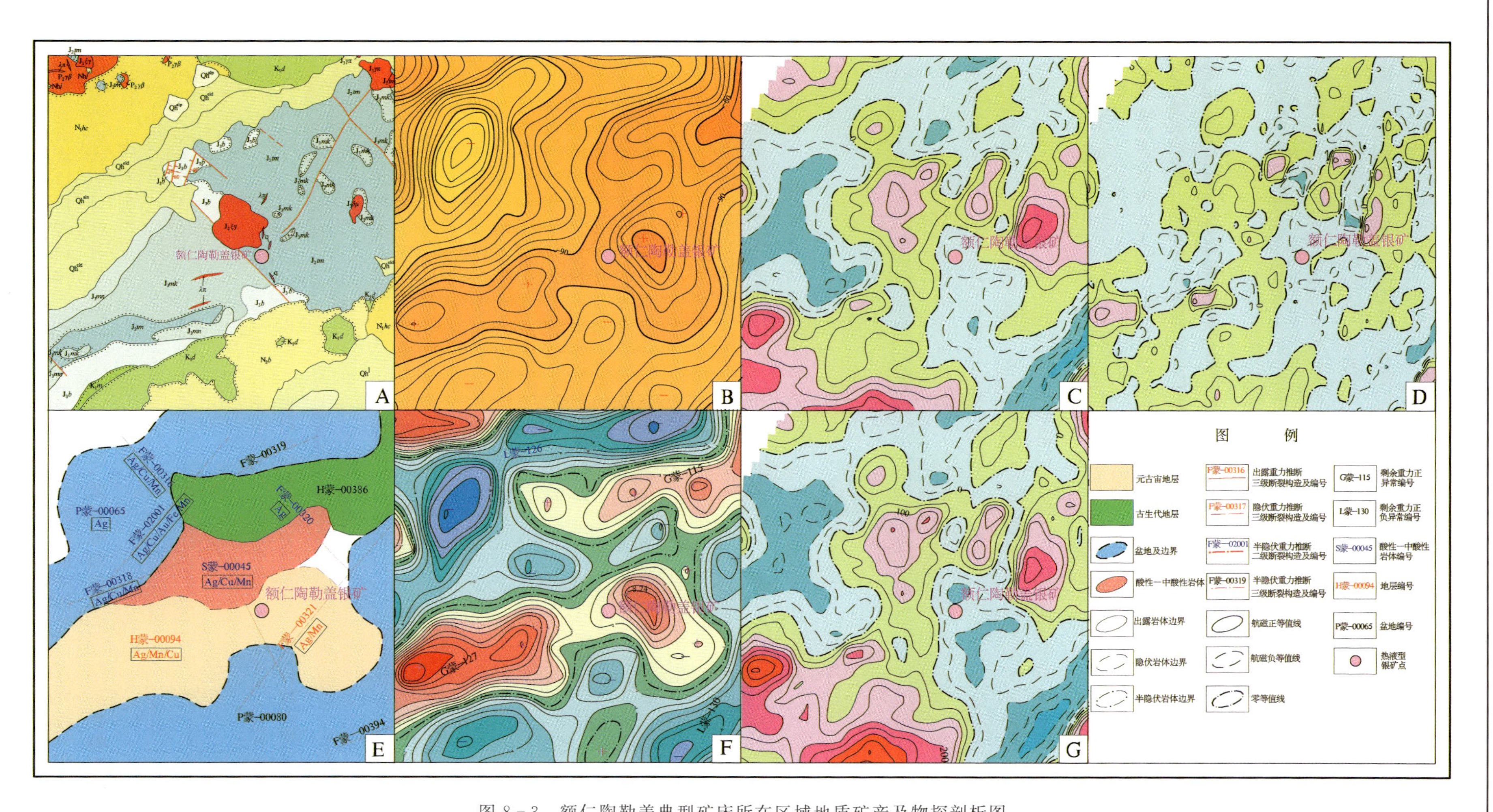


图 8-3　额仁陶勒盖典型矿床所在区域地质矿产及物探剖析图

A.地质矿产图;B.布格重力异常图;C.航磁 $\Delta T$ 等值线平面图;D.航磁 $\Delta T$ 化极垂向一阶导数等值线平面图;E.重力推断地质构造图;F.剩余重力异常图;G.航磁 $\Delta T$ 化极等值线平面图

从遥感影像图看，本矿区构造特征基本呈菱形格状产出，均系得尔布干断裂带的组成部分，为本区隆起带与断陷区次级构造单元的分界线。矿区规模更小的更次一级断裂也较发育，大多与本区主断裂垂直或斜交，且常呈等距离的网格状分布在隆起带上，构成本区独特的棋盘状构造的格局，它们也是矿区容矿断裂。

## 三、典型矿床地球化学特征

与预测区相比较，额仁陶勒盖式复合内生型银矿周围存在 Mn、$Fe_2O_3$、Cr、Co、Ni、Ti、V 等元素或氧化物组成的背景、高背景区，以 Mn 为主成矿元素，Mn、$Fe_2O_3$、Co、Ti 在矿区周围呈高背景分布，具有明显的浓度分带和浓集中心，Cr、Ni、V 在矿区周围呈背景、高背景分布，但无明显的浓集中心(图 8-4)。

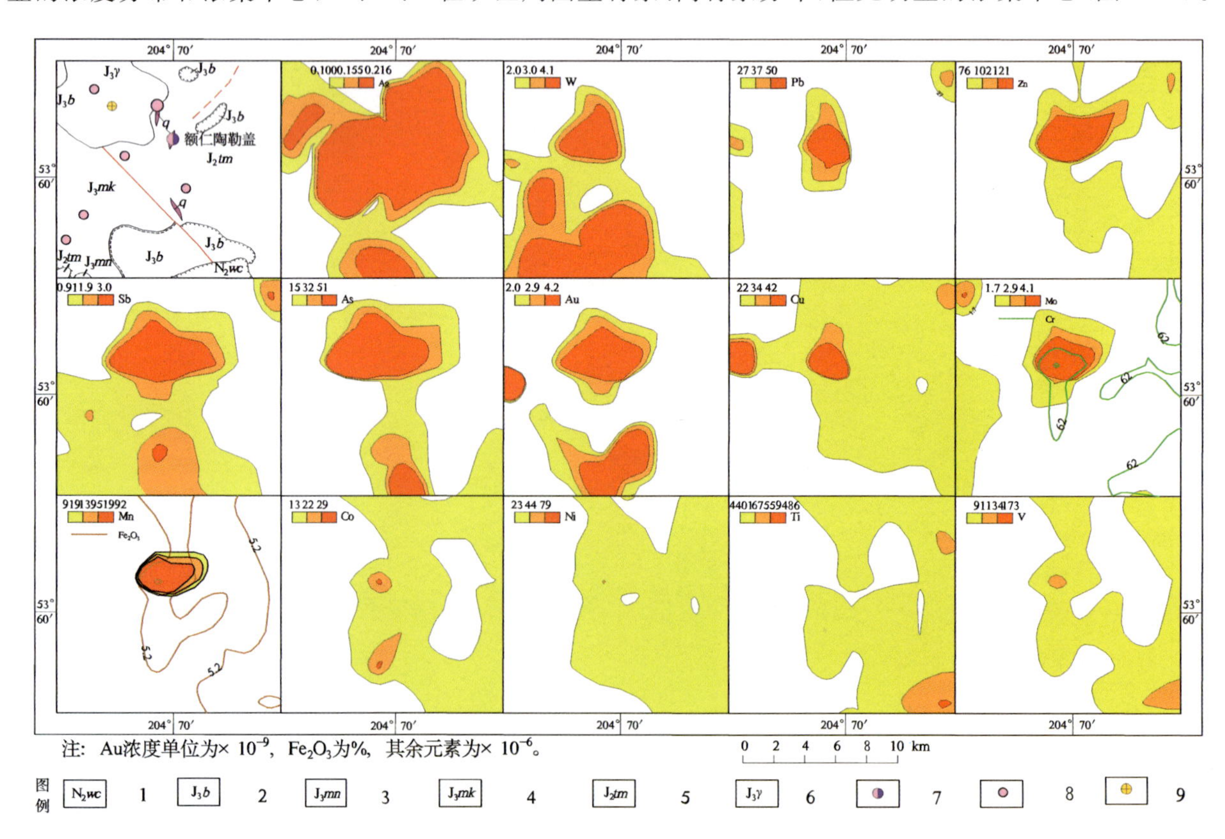


图 8-4　额仁陶勒盖典型矿床所在区域地质矿产及化探综合异常剖析图

1. 新近系五岔沟组；2. 上侏罗统白音高老组；3. 上侏罗统玛尼吐组；4. 上侏罗统满克头鄂博组；5. 中侏罗统塔木兰沟组；6. 晚侏罗世花岗岩；7. 银锰矿床(点)；8. 银矿点；9. 金矿点

## 四、典型矿床预测模型

额仁陶勒盖陆相火山-次火山岩型银矿成矿要素特征(表 8-1)如下：

(1)额仁陶勒盖陆相火山-次火山岩型银矿与燕山晚期的浅成酸性侵入体有关。这些浅成酸性小侵入体往往是燕山晚期花岗岩演化晚阶段的产物，花岗岩、酸性浅成侵入体和含矿石英脉在空间上密切共生。与银矿化有直接关系的浅成侵入体主要为石英斑岩和花岗斑岩。

(2)区域性北东向断裂带与北西向断裂带交会部位往往控制了燕山晚期成矿岩体和矿床的分布，而银矿体则主要受次一级构造控制。次一级构造交会部位是寻找矿体最有利地段。

(3)围岩对银成矿有明显的控制作用，银矿多产于中生代塔木兰沟组火山岩中。

**表 8-1 额仁陶勒盖式火山-次火山岩热液型银矿典型矿床成矿要素表**

<table>
<tr><td colspan="2">成矿要素</td><td colspan="3">内容描述</td><td rowspan="3">要素类别</td></tr>
<tr><td colspan="2">资源量</td><td>Ag 金属量:2354t</td><td>平均品位</td><td>Ag:180.607×$10^{-6}$</td></tr>
<tr><td colspan="2">特征描述</td><td colspan="3">大型热液型银矿床</td></tr>
<tr><td rowspan="3">地质环境</td><td>构造背景</td><td colspan="3">Ⅰ天山-兴蒙造山系,Ⅰ-Ⅰ大兴安岭弧盆系,Ⅰ-Ⅰ-2 额尔古纳岛弧($Pz_1$)。</td><td>必要</td></tr>
<tr><td>成矿环境</td><td colspan="3">Ⅰ-4 滨太平洋成矿域(叠加在古亚洲成矿域之上);Ⅱ-12 大兴安岭成矿省;Ⅲ-5 新巴尔虎右旗(拉张区)铜、钼、铅、锌、金、萤石、煤(铀)成矿带(Ⅲ-47),Ⅲ-5-①额尔古纳铜、钼、铅、锌、银、金、萤石成矿亚带(Q)</td><td>必要</td></tr>
<tr><td>成矿时代</td><td colspan="3">燕山期</td><td>必要</td></tr>
<tr><td rowspan="7">矿床特征</td><td>矿体形态</td><td colspan="3">主要呈脉状,少数透镜状,矿体连续、稳定,无自然间断或被错开</td><td>重要</td></tr>
<tr><td>岩石类型</td><td colspan="3">安山岩、安山玄武岩、气孔状杏仁状安山质熔岩、角砾岩、安山质凝灰角砾岩、凝灰砂砾岩及流纹质熔岩</td><td>必要</td></tr>
<tr><td>岩石结构</td><td colspan="3">斑状结构、气孔状杏仁状结构</td><td>次要</td></tr>
<tr><td>矿物组合</td><td colspan="3">1. 银矿石主要矿物有辉银矿、螺状硫银矿、黄铁矿、方铅矿、闪锌矿。脉石矿物主要有石英、长石、菱锰矿。其次有角银矿、碘银矿、硬锰矿、软锰矿、方解石等;少量的自然银、自然金、金银矿、银金矿、黄铜矿、磁铁矿,以及副矿物锆石、磷灰石等。<br>2. 银锰矿石主要矿物为角银矿、硬锰矿。脉石矿物为石英;其次有辉银矿、碘银矿、锰钾矿、软锰矿、长石等;少量的溴银矿、自然金、自然银、菱锰矿、方铅矿、闪锌矿、方解石等</td><td>重要</td></tr>
<tr><td>结构构造</td><td colspan="3">1. 银矿石。结构:隐晶结构。构造:致密块状构造、角砾状构造、浸染状构造。<br>2. 银锰矿石。结构:同心环带状结构、条带状结构、自形—他形粒状结构、半自形—他形粒状分布。构造:蜂巢状构造、多孔状构造、胶体葡萄状肾状构造、葡萄状构造。</td><td>次要</td></tr>
<tr><td>蚀变特征</td><td colspan="3">1. 蚀变程度随矿体产出部位而变化,近矿蚀变强,种类多,空间上重叠;远离矿体蚀变弱,种类少。<br>2. 与矿化有关的蚀变均为中低温热液蚀变。<br>3. 蚀变类型可归纳为“面型”和”线型”两种,且二者共存。<br>4. 蚀变阶段较为清晰,从早到晚可分为青磐岩化、方解石绿泥石绢云母化、硅化 3 个阶段。<br>5. 晚期蚀变叠加于早期蚀变之上</td><td>重要</td></tr>
<tr><td>控矿条件</td><td colspan="3">1. 中侏罗统塔木兰沟组。<br>2. 矿体受主干断裂次一级北西向、北东向断裂控制(NS350°~NS360°,NNE20°~NNE30°,NE40°~NE50°),构造交结部位的岩体与围岩外接触带或断层交叉地段往往是矿体的集中部位。<br>3. 广泛的中生代火山岩背景是此矿床形成的先决条件、石英脉和硅化是找矿的最直接标志。<br>4. 在岩体附近寻找高阻、高极化率异常</td><td>必要</td></tr>
</table>

## 第二节 预测工作区研究

### 一、区域地质特征

区内已查明矿(床)点共有 7 处,其中,大型矿床 2 处、矿点 5 处。赋矿地层为中侏罗统塔木兰沟组,广泛的中生代火山岩背景是此类矿床形成的先决条件,石英脉是找矿的最直接标志。矿体受主干断裂次一级北西、北东向断裂,控制(NS350°~NS360°,NNE20°~NNE30°,NE40°~NE50°)岩体与围岩外接触带或断层交叉地段往往是矿体的集中部位。

## 二、区域地球物理特征

预测区位于内蒙古自治区东北部，区域上布格重力异常由西到东具升高的趋势，区域重力场最低值 $-116.78\times10^{-5}m/s^2$，最高值 $-61.14\times10^{-5}m/s^2$。布格重力异常走向呈北东向，总体受北东向 F 蒙-02001、F 蒙-02002 等区域性深大断裂控制。

在剩余重力异常图上，预测区南部呈北东向条带状展布且边部等值较密集的剩余重力负异常，多为中新生界盆地引起，如 L 蒙-126-1、L 蒙-130、L 蒙-132 等异常。而部分等值线较稀疏的剩余重力负异常与酸性侵入岩有关，如 L 蒙-126-1。区内的剩余重力正异常区，与布格重力高值区对应，是前古生代基底隆起所致。

预测区磁异常值范围在 -250～625nT 之间，预测区以 -100～100nT 磁异常值为背景。磁异常轴向以北东向为主，主要呈带状和椭圆状分布，梯度不大。额仁陶勒盖矿区位于预测区中南部，磁场背景为 -40nT 等值线附近，位于火山岩分布区，磁法推断的一条北东向断裂构造穿过此区域。

新巴尔虎右旗地区磁法推断断裂走向与磁异常轴一致，主要呈北东走向，在磁异常平面等值线图上表现为磁异常梯度带和不同磁场区分界线，预测区大部分北东向带状磁异常由侏罗纪火山岩地层引起，预测区北部形态较规整，椭圆状异常磁法推断解释为酸性侵入岩体引起。

## 三、区域地球化学特征

区域上分布有 Ag、Pb、Zn、As、Au、Cu 等元素组成的高背景区带，在高背景区带中有以 Ag、Pb、Zn、As、Au、Cu 为主的多元素局部异常。预测区内共有 57 个 Ag 异常，57 个 Pb 异常，66 个 Zn 异常，58 个 Sn 异常，44 个 As 异常，97 个 Au 异常，65 个 Cu 异常，78 个 Mo 异常，46 个 Sb 异常，78 个 W 异常。

预测区内 Ag 呈高背景分布，全预测区范围内 Ag 异常强度均较高，高背景带上分布有规模较大的 Ag 异常，分布于哈力敏塔林呼都格西北部、乌纳格图、达巴、甲乌拉、额仁陶勒盖以及乌力吉图嘎查，均具有明显的浓度分带和浓集中心。预测区中部存在一条明显的 Ag、Pb、Zn 低背景带，以该低背景带为界，北部在 Pb、Zn 的高背景带上存在多处 Pb、Zn 局部异常，在乌讷格图、达巴、达钦呼都格、赛罕勒达格、甲乌拉、和热木以及距哈力敏塔林呼都格以西 10km 处、那日图嘎查以东 5km 处均存在异常强度较高的 Pb 异常，从甲乌拉到和热木的串珠状 Pb 异常形成一条近东西向的 Pb 异常带；在甲乌拉、满洲里铜矿北以及预测区最北端 Zn 异常具有明显的浓度分带和浓集中心，空间上呈近南北向和北北东向分布。在预测区南部 Pb、Zn 多呈高背景分布，在 Ag、Pb、Zn 的高背景带上存在一条自巴彦诺尔嘎查到都鲁吐的北东向 Zn 异常带。Cu 呈背景、高背景分布，存在零星的局部异常。As 呈背景及低背景分布，仅在预测区北东部边缘地带存在一条强异常带。Au 异常在整个预测区分布较均匀，但规模较小，仅在达石莫格以北地区形成规模较大的异常带。Mo、W 在预测区呈背景、高背景分布，高背景带上存在规模较小的 Mo、W 异常。Sb 在预测区北部呈高背景分布，在额仁陶勒盖、钢塔高吉高尔、达巴以及预测区最北端均形成规模较大、强度较高的 Sb 异常；在中部和南部多呈背景、低背景分布。Sn 呈背景分布，未形成一定规模异常。

预测区内 Ag 异常规模比较大，达石莫格东北部(Z-1)、布日敦(Z-2)、甲乌拉(Z-3)、额仁陶勒盖(Z-4)、柴河源(Z-5)Ag 异常强度比较大，Pb、Zn、Cu、W、Mo、Au、As 异常与之套合均较好，其中 Pb、Zn 异常范围较大，其他元素规模较小，Z-1、Z-2、Z-4 组合异常呈北东方向展布，Z-3、Z-5 组合异常呈北西方向展布。

## 四、区域遥感影像及解译特征

由岩浆侵入、火山喷发和构造旋扭等作用引起的，在遥感图像显示出环状影像特征的地质体称为环要素。一般情况下，花岗岩类侵入体和火山机构引起的环形影像时代愈新，标志愈明显。构造型环形影像则具多边多角形，发育在多组构造的交切部位。环要素代表构造岩浆的有利部位，是遥感找矿解译研究的主要内容。

预测区内一共解译了40余处由火山机构或古生代、中生代花岗岩引起的环形构造及隐伏岩体引起的环形构造。构造影像特征主要是影纹纹理边界清楚，花岗岩内植被发育，纹理光滑，构造隆起成山。构造穹隆引起的环形构造，影像上整个块体隆起，呈椭圆状，主要为环形沟谷及盆地边缘线构成，边界清晰，山脊和山沟以山顶为中心向四周呈放射状发散。

带要素主要包括赋矿地层、赋矿岩层相关的遥感信息。预测区内解译了90多处带要素。额仁陶勒盖地区银矿的标志地层为白音高老组与塔木兰沟组。

综上所述，赋矿地层对应航磁场为其正负异常接触带，与航磁场相对应，剩余重力等值线值在0左右徘徊。对应布格重力场显示为负异常。化探Ag、Cu、Pb、Zn、As、Sb、Au组合异常明显，Ag浓度值可达49 571×$10^{-9}$。

## 五、区域预测模型

预测模型图的编制，以地质剖面图为基础，叠加区域航磁及重力剖面图而形成，简要表示预测要素内容及其相互关系，以及时空展布特征（表8-2，图8-5、图8-6）。

**表8-2　额仁陶勒盖式复合内生型银矿新巴尔虎右旗预测工作区预测要素表**

| 区域成矿要素 | | 描述内容 | 要素类别 |
|---|---|---|---|
| 地质环境 | 大地构造位置 | Ⅰ天山-兴蒙造山系，Ⅰ-Ⅰ大兴安岭弧盆系，Ⅰ-Ⅰ-2额尔古纳岛弧（$Pz_1$） | 必要 |
| | 成矿区（带） | Ⅰ-4滨太平洋成矿域（叠加在古亚洲成矿域之上）；Ⅱ-12大兴安岭成矿省；Ⅲ-5新巴尔虎右旗（拉张区）铜、钼、铅、锌、金、萤石、煤（铀）成矿带（Ⅲ-47），Ⅲ-5-①额尔古纳铜、钼、铅、锌、银、金、萤石成矿亚带（Q） | 必要 |
| | 区域成矿类型及成矿期 | 燕山期中—低温热液型银矿床 | 必要 |
| 控矿地质条件 | 赋矿地层 | 中侏罗统塔木兰沟组 | 必要 |
| | 控矿侵入岩 | 广泛的中生代火山岩背景是此矿床形成的先决条件，石英脉是找矿的最直接标志，在燕山期酸性花岗岩附近 | 重要 |
| | 主要控矿构造 | 矿体受主干断裂次一级北西向、北东向断裂控制（NS350°～NS360°，NNE20°～NNE30°，NE40°～NE50°），构造交结部位的岩体与围岩外接触带或断层交叉地段往往是矿体的集中部位 | 重要 |
| 区内相同类型矿产 | | 有大型银矿床2处、银矿点5处 | 重要 |
| 地球物理特征 | 重力异常 | 布格重力异常图上，处于布格重力高异常区，由西向东逐渐上升，重力场最低值$-116.78\times10^{-5}m/s^2$，最高值$-61.14\times10^{-5}m/s^2$，剩余重力异常图上，南部剩余重力负异常多呈北东向条带状展布且边部等值较密集，剩余重力起始值在$(-3\sim6)\times10^{-5}m/s^2$之间，区内的剩余重力正异常区，与布格重力高值区对应较好。剩余重力起始值在$(0\sim3)\times10^{-5}m/s^2$之间 | 重要 |
| | 磁法异常 | 航磁$\Delta T$化极异常值起始值在$-50\sim250nT$之间 | 重要 |
| 地球化学特征 | | 预测区内Ag呈高背景分布，异常强度较高，Ag、Pb、Zn、Cu、Au、$Fe_2O_3$、Mn、Sn综合异常与已知矿床及矿点吻合程度高 | 重要 |

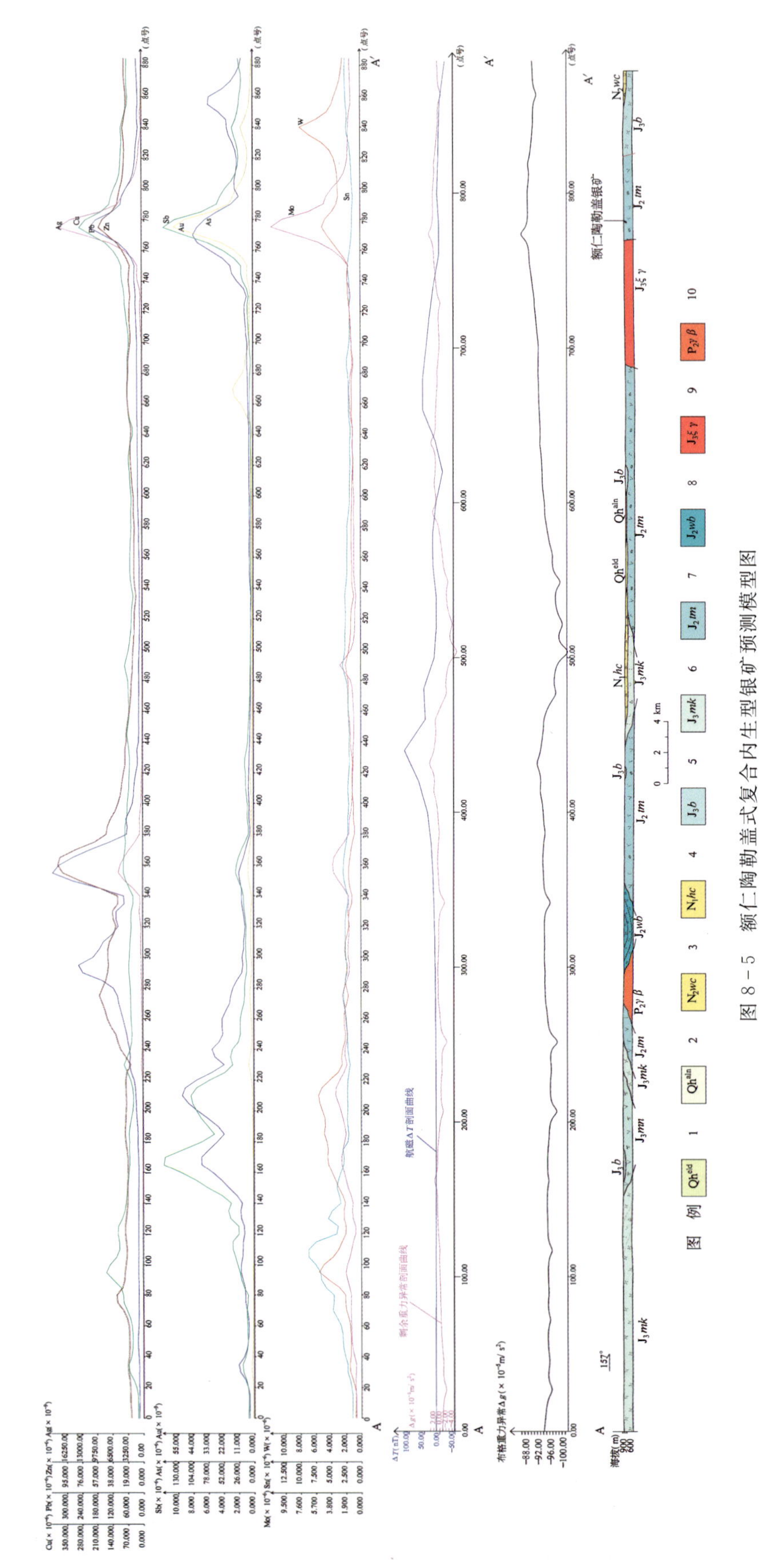


图 8-5　额仁陶勒盖式复合内生型银矿预测模型图

1.全新世冲积沼泽;2.全新世残坡积;3.五岔沟组;4.呼查山组;5.白音高老组;6.满克头鄂博组;7.塔木兰沟组;8.万宝组;9.晚侏罗世钾长花岗岩;10.中二叠世黑云母花岗岩

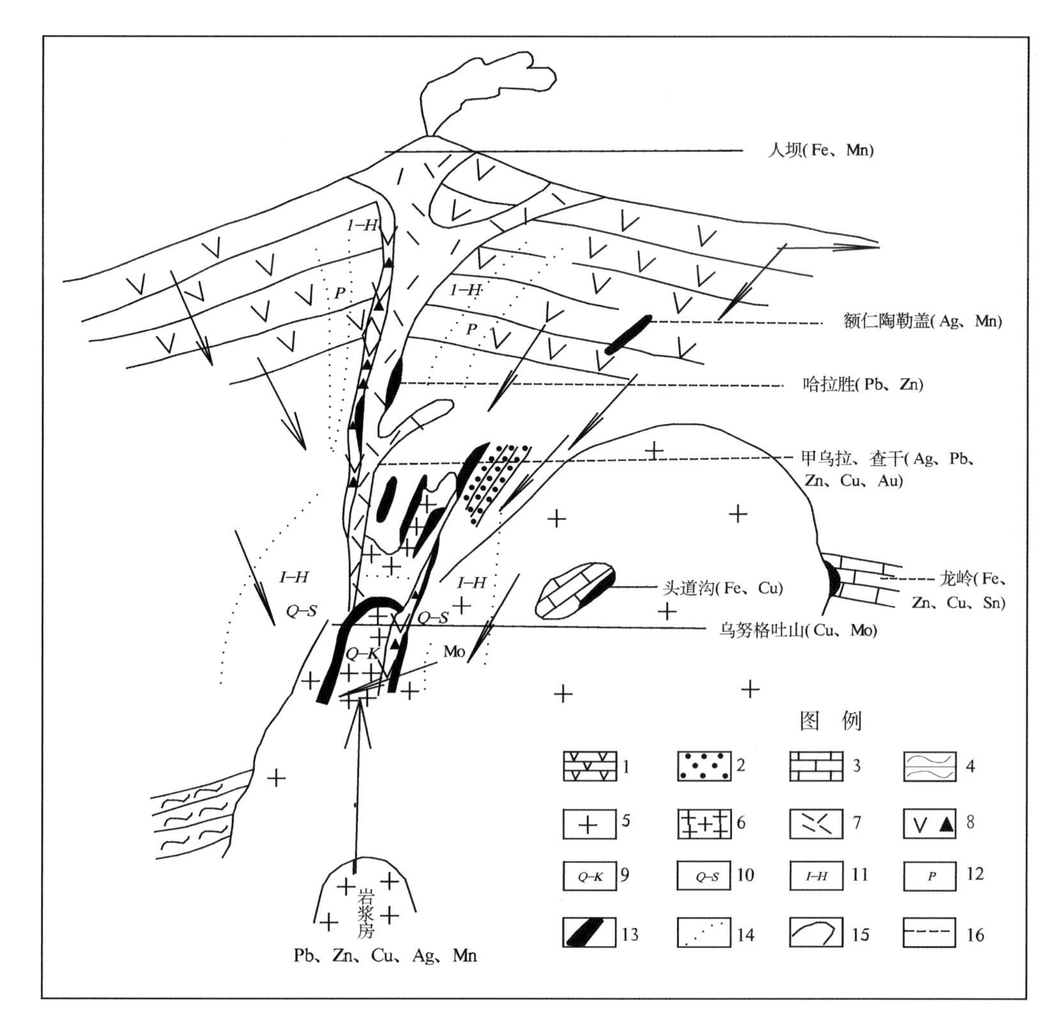


图 8-6　额仁陶勒盖式中—低温火山热液型银矿新巴尔虎右旗预测工作区区域成矿模式图

1.侏罗纪火山岩;2.二叠纪砂砾岩、安山岩;3.泥盆纪碳酸盐岩夹砂岩;4.新元古代—早寒武世结晶片岩;5.燕山早期花岗岩;6.燕山晚期中酸性斑岩;7.酸性斑岩;8.含角砾安山岩;9.石英-钾长石化;10.石英-绢云母化;11.伊利石-水白云母化;12.青磐岩化;13.矿体;14.蚀变界线;15.地质界线;16.剥蚀界线

## 第三节　矿产预测

### 一、综合地质信息定位预测

#### (一)变量提取及优选

**1. 预测要素及要素组合的数字化、定量化**

预测单元的划分是开展预测工作的重要环节。本次用综合信息网格方法进行预测,通过成矿必要要素的叠加圈定预测区,使用网格单元法,根据预测底图比例尺确定网格间距为 1.5km×1.5km,图面为 15mm×15mm。

根据典型矿床成矿要素及预测要素研究，选取以下变量。

(1)地质体：提取塔木兰沟组，求其存在标志。预处理：对塔木兰沟组之上地层及第四纪覆盖层按照倾角及预测延深进行揭盖。

(2)断层：包括实测、推测、重力、航磁、遥感解译断层，提取走向为 NW350°～NW360°、NNE20°～NNE30°、NE40°～NE50°的断层(350°、10°、30°、50°)，并作 2km 缓冲区。最后合并成一个文件。

(3)航磁异常：依据区内航磁磁异常与已知矿床或矿点的关系，选择航磁化极异常作为本次预测资料，航磁化极异常区异常值－250～250nT 之间。

(4)重力：预测区已知矿床或矿点处于剩余重力场异常值在(－3～6)×$10^{-5}$ m/$s^2$之间。

(5)化探：额仁陶勒盖银矿，共生锰、金矿，综合考虑其成因、温度，Ag、Pb、Zn、Cu、Au、$Fe_2O_3$、Mn、Sn 综合异常与已知矿床及矿点吻合程度高，因此，本次预测选用以上元素综合异常作为本次预测变量，提取区求存在标志。

(6)已知矿点：选取与典型矿产同成因、同时代的矿点，工作区有 7 个相同矿产预测方法类型的矿床(点)，对它们进行缓冲区处理，缓冲区为 2km。

(7)蚀变带：提取硅化带，求存在标志。

(8)石英脉：提取与断层同方向的石英脉，求存在标志。

#### 2. 变量初步优选研究

在 MRAS 软件中，对揭盖后的地质体、断层、矿点、蚀变带及化探综合异常、石英脉等求区的存在标志，对航磁化极、剩余重力求起始值的加权平均值，并进行以上原始变量的构置，对网格进行赋值，形成原始数据专题。

根据已知矿床(矿点)所在地区的航磁化极值、剩余重力值及原始数据专题中的航磁化极、剩余重力起始值的加权平均值进行二值化处理，形成定位数据转换专题。进行定位预测变量选取，生成定位预测专题，形成预测单元图。

### (二)最小预测区的圈定及优选

#### 1. 圈定原则

(1)在最小的矿产调查区内，发现矿床的可能性最大的空间，即按最小面积最大含矿率的原则确定最小预测区的边界。

(2)采用模式类比法，圈定不同类别的最小预测区(勘查靶区)。

(3)多种信息联合使用时，遵循以地质信息为基础，化探信息为先导，地质、物化遥成矿信息综合标志确定最小预测区的界线。

#### 2. 圈定方法

(1)以建造构造图为底图，从已知到未知，圈出预测工作区范围内最低一级成矿区带内的勘查靶区(找矿预测区)。

(2)最小预测区的定位采用自由单元和规则单元，前者用异常或地质为对象定位，后者在底图上划定网格，统计网格单元的变量，处理后圈定预测区。

#### 3. 圈定预测区操作细则

首先，将 MRAS 程序形成的定位预测专题区文件叠加于预测工作区预测要素图上；再次，根据预测要素变量数值特征范围及位置，结合含矿建造出露情况，大致定位，确定预测单元；最后，最小预测区边界的确定以地质＋化探异常为主，以地质＋航磁(遥感)异常为辅。

(1)采用MRAS矿产资源GIS评价系统中有预测模型工程，添加地质体、断层、Cu化探、剩余重力、航磁化极、遥感环要素等专题图层。

(2)采用网格单元法设置预测单元，网格单元范围为预测工作区范围，单元大小为15mm×15mm。

(3)地质体、断层、遥感环要素进行单元赋值时采用区的存在标志；化探、剩余重力、航磁化极则求起始值的加权平均值，进行原始变量构置。

(4)对剩余重力、航磁化极进行二值化处理，人工输入变化区间，并根据形成的定位数据转换专题构造预测模型。

(5)采用特征分析法进行空间评价，使用回归方程计算结果，然后生成成矿概率图。

#### 4. 最小预测区优选

(1)模型区选择依据：根据圈定的最小预测区范围，选择额仁陶勒盖典型矿床所在的最小预测区为模型区，模型区内出露的地质体为塔木兰沟组、断层、化探综合异常、矿床(点)、石英脉。

(2)预测方法的确定：由于预测工作区内有7个相同矿产预测方法类型的矿床(点)，故采用预测模型工程进行预测，预测过程中采用特征分析法等方法进行空间评价，并采用人工对比预测要素。

在建立潜力评价定量模型的基础上，叠加所有成矿要素及预测要素，根据各要素边界圈定最小预测区。

### (三)最小预测区圈定结果

#### 1. 模型区选择依据

根据圈定的最小预测区范围，选择额仁陶勒盖典型矿床所在的最小预测区为模型区，模型区内出露的地质体为塔木兰沟组、断层、化探综合异常、矿床(点)、石英脉。

#### 2. 预测方法的确定

由于预测工作区内有7个相同矿产预测方法类型的矿床(点)，故采用预测模型工程进行预测，预测过程中采用特征分析法等方法进行空间评价，并采用人工对比预测要素。

在建立潜力评价定量模型的基础上，叠加所有成矿要素及预测要素，根据各要素边界圈定最小预测区(图8-7)。

### (四)最小预测区地质评价

#### 1. 预测区级别划分

依据“矿产资源评价”软件，结合地质、物化遥实际资料和综合信息情况，将工作区内最小预测区划分A级、B级、C级，分级原则：

A级区：塔木兰沟组＋化探异常区±石英脉＋有银矿(床)点＋北西向、北东向断裂。航磁$\Delta T$化极异常主要在$-100\sim150$nT之间，剩余重力异常值$\Delta g$主要在$(-5\sim7)\times10^{-5}\text{m/s}^2$之间。

B级区：塔木兰沟组±化探异常区±石英脉±有银矿(床)点＋北东向断裂。航磁$\Delta T$化极异常主要在$-250\sim200$nT之间，剩余重力异常值$\Delta g$主要在$(-4\sim4)\times10^{-5}\text{m/s}^2$之间。

C级区：塔木兰沟组＋化探异常区＋北东向断裂。航磁$\Delta T$化极异常主要在$-200\sim200$nT之间，剩余重力异常值$\Delta g$主要在$(-3\sim5)\times10^{-5}\text{m/s}^2$之间。

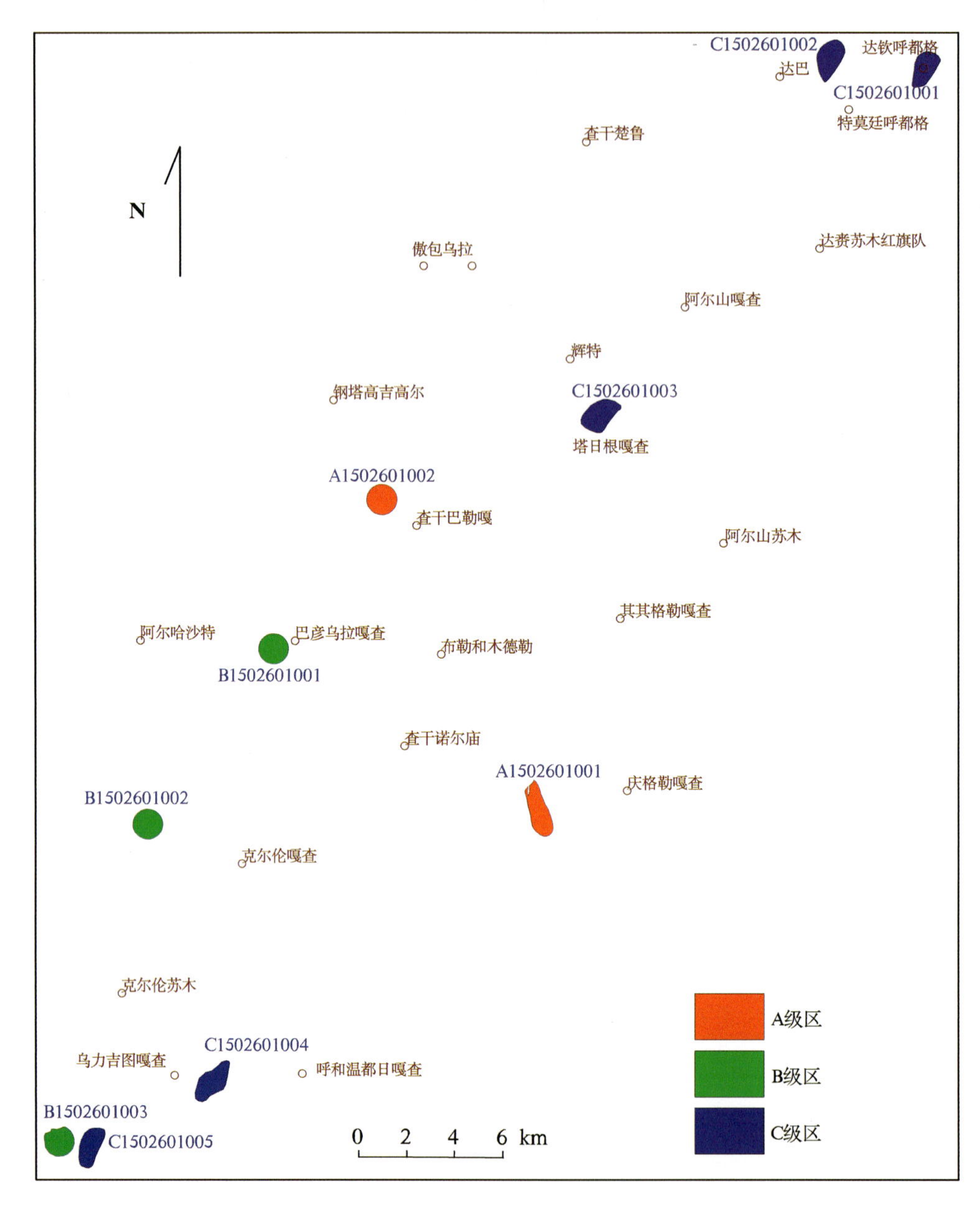


图 8-7　新巴尔虎右旗预测工作区各最小预测区的圈定结果示意图

## 2. 评价结果综述

预测区位于大兴安岭西坡海拉尔盆地西缘低缓丘陵地带，属剥蚀堆积，构造剥蚀地貌类型。克伦鲁河一带可见堆积地形。台状丘陵山地相对高差一般为 20～30m。地势以汗乌拉山北东向山脉为界，向南北两个方向渐低。本区地形最大切割延深为 125m。气候属干旱—半干旱大陆性草原性气候，冬长夏短，寒暑变化明显，昼夜温差大，本区交通较为便利。

本次工作共圈定 10 个最小预测区，其中，A 级区 2 个，B 级区 3 个，C 级区 5 个。最小预测区面积在11.64～15.71km$^2$之间。各级别面积分布合理，且已知矿床均分布在 A 级区内，说明最小预测区优选分级原则较为合理；最小预测区圈定总体与区域成矿地质背景和高磁异常、剩余重力异常吻合程度较好。各最小预测区特征见表 8-3。

**表 8-3　额仁陶勒盖银矿最小预测区综合信息表**

| 最小预测区编号 | 最小预测区名称 | 综合信息 | 评价 |
|---|---|---|---|
| A1502601001 | 额仁陶勒盖 | 该预测区近北西向分布，有塔木兰沟组、石英脉出露，发育北东向、北西向断层，区内有1处大型矿床，2处矿点。航磁异常值在$-100\sim0$nT之间，剩余重力异常值$\Delta g$在$(2\sim7)\times10^{-5}m/s^2$之间，有化探综合异常存在 | 找矿潜力大 |
| A1502601002 | 查干布拉根 | 该预测区内有1处大型矿床。航磁异常值在$50\sim150$nT之间，剩余重力异常值$\Delta g$在$(-5\sim1)\times10^{-5}m/s^2$之间，有化探综合异常存在 | 找矿潜力大 |
| B1502601001 | 查干楚鲁 | 该预测区北东向石英脉出露，邻近蚀变带，发育北东向断层，区内有1处矿点。该区航磁异常值在$50\sim100$nT之间，剩余重力异常值$\Delta g$在$(2\sim7)\times10^{-5}m/s^2$之间，有化探综合异常存在 | 找矿潜力一般 |
| B1502601002 | 海力敏呼都格 | 该预测区有1处矿点，发育北东向断层。该区航磁异常值在$-250\sim200$nT之间，剩余重力异常值$\Delta g$在$(-4\sim6)\times10^{-5}m/s^2$之间 | 找矿前景差 |
| B1502601003 | 克尔伦 | 该预测区有塔木兰沟组，有1处矿点，发育北东向断层。航磁异常值在$-200\sim-100$nT之间，剩余重力异常值$\Delta g$在$(-3\sim0)\times10^{-5}m/s^2$之间，有化探综合异常存在 | 找矿潜力一般 |
| C1502601001 | 达钦呼都格 | 该预测区内有塔木兰沟组出露，发育北东向断层。航磁异常值在$-50\sim150$nT之间，剩余重力异常值$\Delta g$在$(-2\sim0)\times10^{-5}m/s^2$之间，有化探综合异常存在 | 找矿前景差 |
| C1502601002 | 都乌拉呼都格 | 该预测区内有塔木兰沟组出露，发育北东向断层。航磁异常值在$-50\sim150$nT之间，剩余重力异常值$\Delta g$在$(2\sim5)\times10^{-5}m/s^2$之间，有化探综合异常存在 | 找矿前景差 |
| C1502601003 | 塔日根嘎查 | 该预测区内有塔木兰沟组出露，发育北东向断层，航磁异常值在$-50\sim50$nT之间，剩余重力异常值$\Delta g$在$(0\sim4)\times10^{-5}m/s^2$之间，有化探综合异常存在 | 找矿前景差 |
| C1502601004 | 乌力吉图嘎查 | 该预测区有塔木兰沟组，发育北东向断层。航磁异常值在$-150\sim-50$nT之间，剩余重力异常值$\Delta g$在$(-1\sim1)\times10^{-5}m/s^2$之间，有化探综合异常存在 | 找矿前景差 |
| C1502601005 | 克尔伦东 | 该预测区有塔木兰沟组，发育北东向断层。航磁异常值在$-200\sim-100$nT之间，剩余重力异常值$\Delta g$在$(-2\sim5)\times10^{-5}m/s^2$之间，有化探综合异常存在 | 找矿前景差 |

本次所圈定的最小预测区，在含矿建造的基础上，A级区绝大多数分布于已知矿床外围或有化探综合异常、矿床(点)、石英脉存在发现银矿产地的可能性高，具有一定的可信度。且各级最小预测区面积分布合理，且已知矿床分布在A级区内，说明最小预测区的优选分级原则较为合理；最小预测区总体与区域成矿地质背景和磁异常、低剩余重力异常吻合程度较好。

## 二、综合信息地质体积法估算资源量

### (一)典型矿床深部及外围资源量估算

#### 1. 典型矿床已查明资源量及其估算参数

银矿最小体重、最大延深、品位等数据来源于内蒙古自治区第六地质矿产勘查开发院1994年12月编写的《内蒙古自治区新巴尔虎右旗额仁陶勒盖银矿普查报告》,银矿资源量来源于内蒙古自治区国土资源厅2010年5月编写的《内蒙古自治区矿产资源储量表:贵金属矿产分册》。矿床面积的确定是根据1∶10 000额仁陶勒盖矿区地形地质图,各个矿体组成的包络面面积(图8-8),矿体延深依据主矿体707勘探线剖面图(图8-9)。

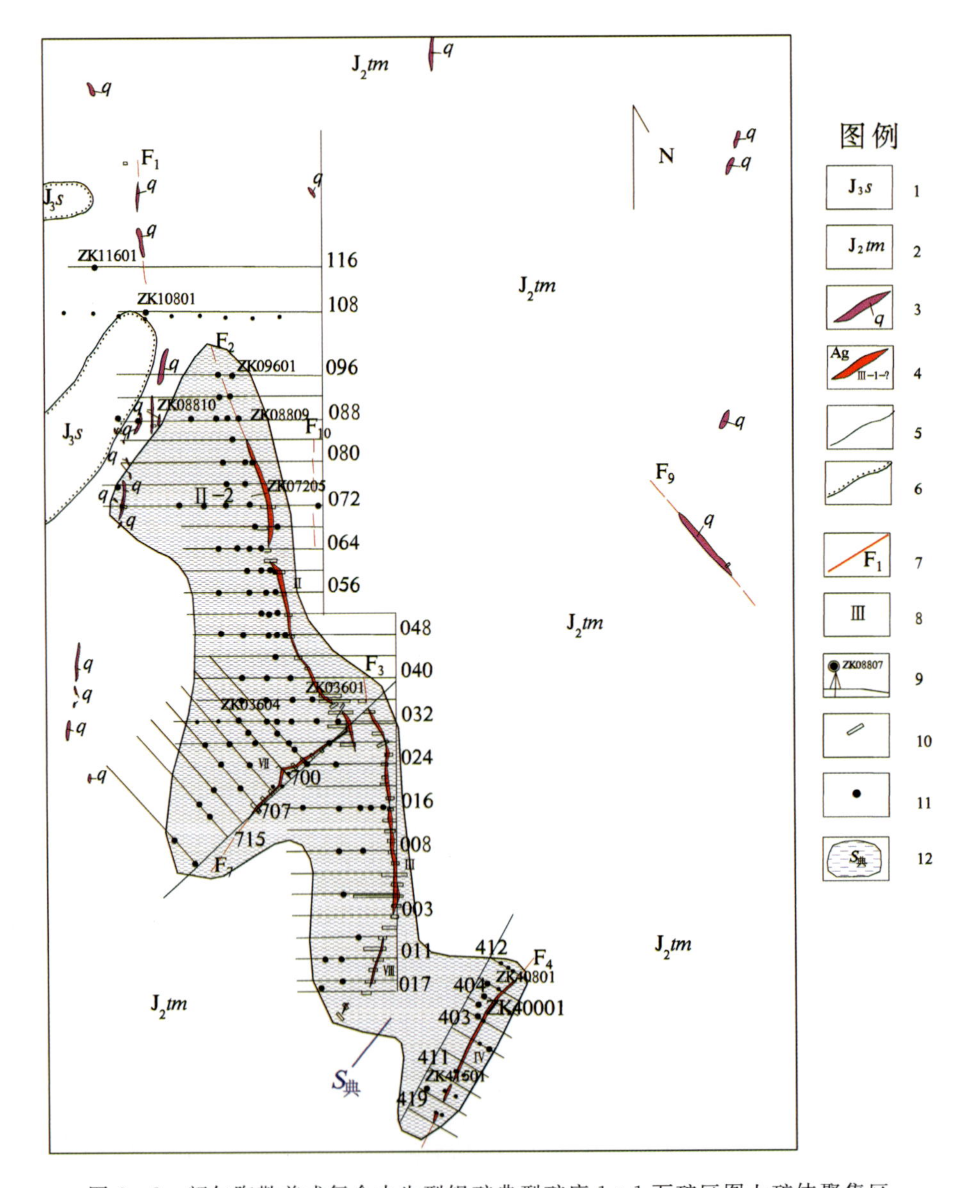


图8-8　额仁陶勒盖式复合内生型银矿典型矿床1∶1万矿区图上矿体聚集区

1.上侏罗统上库力组;2.中侏罗统塔木兰沟组;3.石英脉;4.银矿体及编号;5.实测地质界线;6.实测角度不整合界线;7.实测断层;8.矿带编号;9.钻孔位置及编号;10.探槽;11.基岩浅钻位置;12.矿体聚集区段边界范围

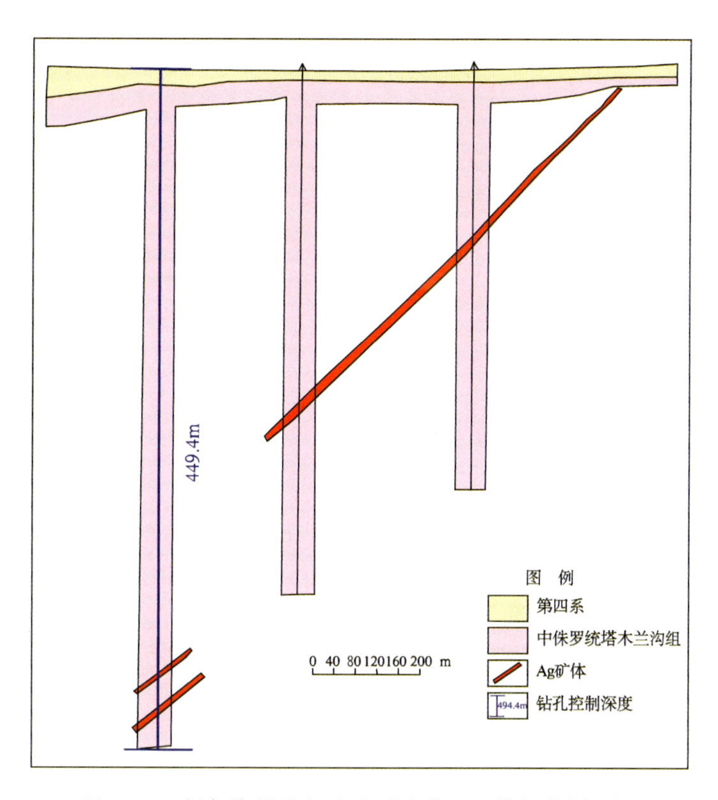


图 8-9　额仁陶勒盖银矿典型矿床 707 勘探线剖面图

由上，可知该典型矿床含矿系数=已查明资源量/[面积($S_{典}$)×延深($H_{典}$)×含矿地质体面积参数]=2354.00/(1 564 995.50×449.4×1.00)=0.000 003 3，具体数据如表 8-4 所示。

**表 8-4　额仁陶勒盖式复合内生型银矿典型矿床已查明资源量表**

| 矿床名称 | 经度 | 纬度 | 已查明资源量(t) | 面积($m^2$) | 延深(m) | 品位($\times10^{-6}$) | 体重($t/m^3$) | 含矿系数($t/m^3$) |
|---|---|---|---|---|---|---|---|---|
| 额仁陶勒盖银矿 | E116°34′06″ | N48°23′09″ | 2354.00 | 1 564 995.50 | 449.4 | 180.607 | 2.88 | 0.000 003 3 |

## 2. 典型矿床深部及外围预测资源量及其估算参数

1)典型矿床深部预测资源量的确定

额仁陶勒盖银矿受中侏罗统塔木兰沟组和北西向断裂带控制，矿体主体赋存在塔木兰沟组中，且规模较大延深远。根据额仁陶勒盖银矿区 707 勘探线剖面图，ZK70703 勘探延深最深，为 449.40m。矿区塔木兰沟组厚度 400m 以上，区域上厚度 758m。在 ZK70703 剖面上仍可见硅化，故可向深部预测，考虑到塔木兰沟组厚度及其产状，本次典型矿床深部再向下预测 50m。矿区深部预测资源量如表 8-5 所示，类别为 334-1。

**表 8-5　额仁陶勒盖式复合内生型银矿典型矿床深部预测资源量表**

| 位置 | 经度 | 纬度 | 面积($m^2$) | 延深(m) | 含矿系数($t/m^3$) | 预测资源量(t) |
|---|---|---|---|---|---|---|
| 矿区外围 | E116°34′06″ | N48°23′09″ | 876 908.70 | 499.4 | 0.000 003 3 | 1 465.76 |
| 矿区深部 | E116°34′06″ | N48°23′09″ | 1 564 995.50 | 50.0 | 0.000 003 3 | 261.90 |

2)典型矿床外围预测资源量的确定

根据额仁陶勒盖银矿地质特征,结合矿区 1∶10 000 区域地质图含矿地质体分布范围。在额仁陶勒盖地区圈定数块区域预测区(图 8－10),面积($S_{外}$)在 MapGIS 软件下读取数据即 $S_{外}$ 为 876 908.70m$^2$,其延深同典型矿床一致,延深($H_{外}$)为 499.4m。矿区外围预测资源量如表 8－5 所示,类别为 334－1。

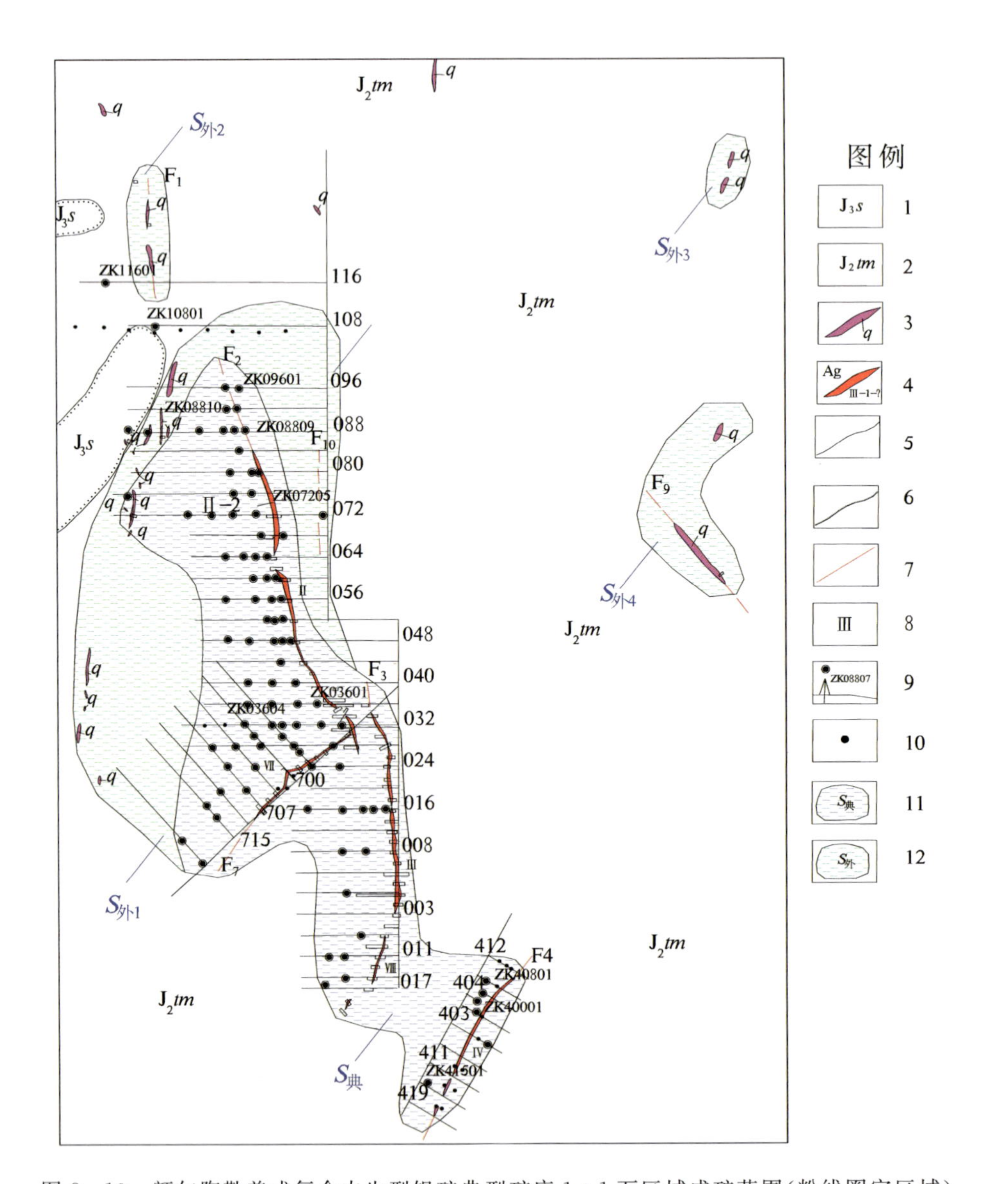


图 8－10　额仁陶勒盖式复合内生型银矿典型矿床 1∶1 万区域成矿范围(粉线圈定区域)

1.上侏罗统上库力组;2.中侏罗统塔木兰沟组;3.石英脉;4.银矿体及编号;5.实测地质界线;6.实测角度不整合界线;7.实测断层;8.矿带编号;9.钻孔位置及编号;10.基岩浅钻位置;11.矿体聚集区段边界范围;12.矿体外围

3)典型矿床资源总量的确定

额仁陶勒盖典型矿床资源总量＝已查明资源量＋预测资源量＝2 354.00＋1 727.67＝4 081.67t;典型矿床总面积＝已查明部分矿床面积＋预测外围部分矿床面积＝2 441 904.19m$^2$;总延深＝499.4m。

由此,可知典型矿床含矿系数＝典型矿资源总量/(典型矿床总面积×典型矿床总延深×含矿地质体面积参数)＝4 081.67/(2 441 904.19×499.4×1.00)＝0.000 003 3t/m$^3$,详见表 8－6。

表 8-6　额仁陶勒盖式复合内生型银矿典型矿床资源总量表

| 名称 | 经度 | 纬度 | 已查明资源量(t) | 预测资源量(t) | 资源总量(t) | 总面积($km^2$) | 总延深(m) | 含矿系数($t/m^3$) |
|---|---|---|---|---|---|---|---|---|
| 额仁陶勒盖银矿区 | E116°34′06″ | N48°23′09″ | 2 354.00 | 1 727.67 | 4 081.67 | 2.44 | 499.4 | 0.000 003 3 |

（二）最小预测区预测资源量

**1. 模型区的选择**

额仁陶勒盖典型矿床位于额仁陶勒盖模型区内，有 2 处中型矿床、5 处矿点，查明资源量2 354.00t，按本次预测技术要求模型区资源总量为 4 081.67t。模型区延深与典型矿床一致，模型区含矿地质体面积与模型区面积一致，含矿地质体面积参数为 1.00。模型区面积为 15 707 450.37$m^2$，如表 8-7 所示。

表 8-7　额仁陶勒盖模型区预测资源量及其估算参数

| 模型区编号 | 经度 | 纬度 | 模型区预测资源量(t) | 模型区面积($km^2$) | 延深(m) | 含矿地质体面积($m^2$) | 含矿地质体面积参数 |
|---|---|---|---|---|---|---|---|
| A1512603001 | E116°35′53″ | N48°23′15″ | 4 081.67 | 15.71 | 499.4 | 15 707 450.37 | 1.00 |

**2. 模型区含矿地质体含矿系数的确定**

由表 8-7 可知，模型区总体积=模型区面积×模型区延深×含矿地质体面积参数=15 707 450.37$m^2$×499.4m×1.00=7 844 300 714.78$m^3$。则模型区含矿地质体含矿系数=资源总量/模型区总体积=4 081.67/7 844 300 714.78=0.000 000 52$t/m^3$（表 8-8）。

表 8-8　额仁陶勒盖模型区含矿地质体含矿系数表

| 模型区编号 | 经度 | 纬度 | 含矿系数($t/m^3$) | 资源总量(t) | 总体积($m^3$) |
|---|---|---|---|---|---|
| A1512603001 | E116°35′53″ | N48°23′15″ | 0.000 000 52 | 4 081.67 | 7 844 300 714.78 |

**3. 最小预测区预测资源量及估算参数**

1)最小预测区面积圈定方法及圈定结果

预测区的圈定与优选在成矿区带的基础上，采用特征分析法。

额仁陶勒盖预测工作区预测底图精度为 1∶10 万，并根据成矿有利度[含矿层位、矿(化)点、找矿线索及磁法异常]、地理交通及开发条件和其他相关条件，将工作区内最小预测区级别分为 A 级、B 级、C 级 3 个等级。所圈定的最小预测区均未进行 1∶5 万地质矿产工作。本次工作共圈定 10 个最小预测区，其中，A 级区 2 个，B 级区 3 个，C 级区 5 个。最小预测区面积在 11.64～15.71$km^2$之间。最小预测区圈定结果如表 8-9 所示。

2)延深参数的确定及结果

延深参数的确定是在研究最小预测区含矿地质体地质特征、岩体的形成延深、矿化蚀变、矿化类型的基础上，并对比典型矿床特征的基础上综合确定的，主要由成矿带模型类比或专家估计给出，详见表 8-10。

表 8-9　额仁陶勒盖式复合内生型银矿新巴尔虎右旗预测工作区各最小预测区的面积圈定大小及其方法依据

| 最小预测区编号 | 最小预测区名称 | 经度 | 纬度 | 面积($km^2$) | 参数确定依据 |
|---|---|---|---|---|---|
| A1502601001 | 额仁陶勒盖 | E116°35′53″ | N48°23′15″ | 15.71 | 依据 MRAS 所形成的色块区与预测工作区底图重叠区域并结合含矿地质体、已知矿床、矿(化)点及磁异常、剩余重力、化探异常、遥感异常范围确定 |
| A1502601002 | 查干布拉根 | E116°19′00″ | N48°45′00″ | 12.54 | |
| B1502601001 | 查干楚鲁 | E116°07′28″ | N48°34′22″ | 12.54 | |
| B1502601002 | 海力敏呼都格 | E115°54′00″ | N48°21′50″ | 12.54 | |
| B1502601003 | 克尔伦 | E115°45′01″ | N47°59′15″ | 12.02 | |
| C1502601001 | 达钦呼都格 | E117°16′30″ | N49°16′02″ | 11.64 | |
| C1502601002 | 都乌拉呼都格 | E117°08′03″ | N49°14′38″ | 13.22 | |
| C1502601003 | 塔日根嘎查 | E116°51′48″ | N48°53′54″ | 15.01 | |
| C1502601004 | 乌力吉图嘎查 | E116°00′34″ | N48°03′26″ | 14.51 | |
| C1502601005 | 克尔伦东 | E115°48′50″ | N47°58′22″ | 12.53 | |

表 8-10　额仁陶勒盖式复合内生型银矿新巴尔虎右旗预测工作区各最小预测区的延深圈定结果

| 最小预测区编号 | 最小预测区名称 | 经度 | 纬度 | 延深(m) | 参数确定依据 |
|---|---|---|---|---|---|
| A1502601001 | 额仁陶勒盖 | E116°35′53″ | N48°23′15″ | 499.4 | 勘探、专家 |
| A1502601002 | 查干布拉根 | E116°19′00″ | N48°45′00″ | 420.0 | 根据已知矿床、矿(化)点赋存地质体、航磁异常、剩余重力、化探异常、遥感异常等成矿要素综合分析，见矿钻孔延深及专家评估意见确定其延深 |
| B1502601001 | 查干楚鲁 | E116°07′28″ | N48°34′22″ | 300.0 | |
| B1502601002 | 海力敏呼都格 | E115°54′00″ | N48°21′50″ | 300.0 | |
| B1502601003 | 克尔伦 | E115°45′01″ | N47°59′15″ | 360.0 | |
| C1502601001 | 达钦呼都格 | E117°16′30″ | N49°16′02″ | 210.0 | |
| C1502601002 | 都乌拉呼都格 | E117°08′03″ | N49°14′38″ | 230.0 | |
| C1502601003 | 塔日根嘎查 | E116°51′48″ | N48°53′54″ | 250.0 | |
| C1502601004 | 乌力吉图嘎查 | E116°00′34″ | N48°03′26″ | 260.0 | |
| C1502601005 | 克尔伦东 | E115°48′50″ | N47°58′22″ | 280.0 | |

3)品位和体重的确定

预测工作区内所有最小预测区品位、体重均采用额仁陶勒盖典型矿床的资料，Ag 的品位平均值、体重平均值分别为 $180.607\times10^{-6}$、$2.88t/m^3$。

4)相似系数的确定

额仁陶勒盖银矿预测工作区各最小预测区的相似系数的确定，以模型区为 1.00，其余最小预测区为成矿概率，个别矿点人工调整，各最小预测区相似系数如表 8-11 所示。

#### 4. 最小预测区预测资源量估算结果

用地质体积法，求得最小预测区预测资源量。本次预测资源总量为 14 025.09t，不包括已查明资源量3 465.00t，详见表 8-12。

各最小预测区的可信度统计结果如表 8-13 所示。

**表 8-11 额仁陶勒盖式复合内生型银矿新巴尔虎右旗预测工作区各最小预测区的相似系数**

| 最小预测区编号 | 最小预测区名称 | 经度 | 纬度 | 相似系数 |
|---|---|---|---|---|
| A1502601001 | 额仁陶勒盖 | E116°35′53″ | N48°23′15″ | 1.00 |
| A1502601002 | 查干布拉根 | E116°19′00″ | N48°45′00″ | 0.90 |
| B1502601001 | 查干楚鲁 | E116°07′28″ | N48°34′22″ | 0.80 |
| B1502601002 | 海力敏呼都格 | E115°54′00″ | N48°21′50″ | 0.80 |
| B1502601003 | 克尔伦 | E115°45′01″ | N47°59′15″ | 0.80 |
| C1502601001 | 达钦呼都格 | E117°16′30″ | N49°16′02″ | 0.70 |
| C1502601002 | 都乌拉呼都格 | E117°08′03″ | N49°14′38″ | 0.70 |
| C1502601003 | 塔日根嘎查 | E116°51′48″ | N48°53′54″ | 0.70 |
| C1502601004 | 乌力吉图嘎查 | E116°00′34″ | N48°03′26″ | 0.70 |
| C1502601005 | 克尔伦东 | E115°48′50″ | N47°58′22″ | 0.70 |

**表 8-12 额仁陶勒盖式复合内生型银矿新巴尔虎右旗预测工作区各最小预测区的估算成果表**

| 最小预测区编号 | 最小预测区名称 | $S_{预}$(km$^2$) | $H_{预}$(m) | $K_S$ | $K$(t/m$^3$) | $\alpha$ | $Z_{预}$(t) | 资源量精度级别 |
|---|---|---|---|---|---|---|---|---|
| A1502601001 | 额仁陶勒盖 | 15.71 | 499.4 | 1 | 0.000 000 52 | 1.00 | 1725.04 | 334-1 |
| A1502601002 | 查干布拉根 | 12.54 | 420 | 1 | 0.000 000 52 | 0.90 | 1354.82 | 334-1 |
| B1502601001 | 查干楚鲁 | 12.54 | 300 | 1 | 0.000 000 52 | 0.80 | 1565.60 | 334-2 |
| B1502601002 | 海力敏呼都格 | 12.54 | 300 | 1 | 0.000 000 52 | 0.80 | 1565.60 | 334-2 |
| B1502601003 | 克尔伦 | 12.02 | 360 | 1 | 0.000 000 52 | 0.80 | 1800.16 | 334-2 |
| C1502601001 | 达钦呼都格 | 11.64 | 210 | 1 | 0.000 000 52 | 0.70 | 890.06 | 334-3 |
| C1502601002 | 都乌拉呼都格 | 13.22 | 230 | 1 | 0.000 000 52 | 0.70 | 1107.16 | 334-3 |
| C1502601003 | 塔日根嘎查 | 15.01 | 250 | 1 | 0.000 000 52 | 0.70 | 1366.07 | 334-3 |
| C1502601004 | 乌力吉图嘎查 | 14.51 | 260 | 1 | 0.000 000 52 | 0.70 | 1373.16 | 334-3 |
| C1502601005 | 克尔伦东 | 12.53 | 280 | 1 | 0.000 000 52 | 0.70 | 1277.42 | 334-3 |

**表 8-13 额仁陶勒盖式复合内生型新巴尔虎右旗预测工作区各最小预测区的预测资源量可信度统计表**

| 最小预测区编号 | 最小预测区名称 | 经度 | 纬度 | 面积 | | 延深 | | 含矿系数 | | 资源量综合 | |
|---|---|---|---|---|---|---|---|---|---|---|---|
| | | | | 可信度 | 依据 | 可信度 | 依据 | 可信度 | 依据 | 可信度 | 依据 |
| A1502601001 | 额仁陶勒盖 | E116°35′53″ | N48°23′15″ | 0.85 | 根据含矿地质体出露的实际面积、覆盖区揭盖范围、重力推断隐伏地质体范围确定 | 0.80 | 钻孔 | 0.80 | 根据各最小预测区与模型区成矿地质条件的相似程度确定 | 0.85 | 地质建造、矿点、物探与化探 |
| A1502601002 | 查干布拉根 | E116°19′00″ | N48°45′00″ | 0.75 | | 0.75 | 根据含矿地质体出露面积、区调工作实测剖面中的厚度、重力反演得到的厚度等参数确定 | 0.80 | | 0.75 | |
| B1502601001 | 查干楚鲁 | E116°07′28″ | N48°34′22″ | 0.70 | | 0.70 | | 0.80 | | 0.70 | |
| B1502601002 | 海力敏呼都格 | E115°54′00″ | N48°21′50″ | 0.70 | | 0.65 | | 0.80 | | 0.65 | |
| B1502601003 | 克尔伦 | E115°45′01″ | N47°59′15″ | 0.65 | | 0.55 | | 0.80 | | 0.55 | |
| C1502601001 | 达钦呼都格 | E117°16′30″ | N49°16′02″ | 0.55 | | 0.50 | | 0.80 | | 0.45 | |
| C1502601002 | 都乌拉呼都格 | E117°08′03″ | N49°14′38″ | 0.50 | | 0.50 | | 0.80 | | 0.40 | |
| C1502601003 | 塔日根嘎查 | E116°51′48″ | N48°53′54″ | 0.45 | | 0.45 | | 0.80 | | 0.40 | |
| C1502601004 | 乌力吉图嘎查 | E116°00′34″ | N48°03′26″ | 0.40 | | 0.40 | | 0.80 | | 0.35 | |
| C1502601005 | 克尔伦东 | E115°48′50″ | N47°58′22″ | 0.35 | | 0.35 | | 0.80 | | 0.35 | |

## （三）预测工作区资源总量成果汇总

### 1. 按资源量精度级别

依据《预测资源量估算技术要求》(2010 年补充)，额仁陶勒盖式复合内生型银矿新巴尔虎右旗预测工作区预测资源量可划分为 334－1、334－2、334－3 三个资源量精度级别，各级别资源量如表 8－14 所示。

**表 8－14　额仁陶勒盖式复合内生型银矿新巴尔虎右旗预测工作区预测资源量精度级别统计表**

| 预测工作区编号 | 预测工作区名称 | 资源量精度级别(t) | | |
|---|---|---|---|---|
| | | 334－1 | 334－2 | 334－3 |
| 1512603001 | 额仁陶勒盖式复合内生型新巴尔虎右旗预测工作区 | 3 079.86 | 4 931.36 | 6 013.87 |

### 2. 按延深

根据各最小预测区内含矿地质体(地层、侵入岩及构造)特征，预测延深在 270～500m 之间，其预测资源量按预测延深统计的结果如表 8－15 所示。

**表 8－15　额仁陶勒盖式复合内生型银矿新巴尔虎右旗预测工作区预测资源量延深统计表**

| 预测工作区编号 | 预测工作区名称 | 500m 以浅(t) | | | 1000m 以浅(t) | | | 2000m 以浅(t) | | |
|---|---|---|---|---|---|---|---|---|---|---|
| | | 334－1 | 334－2 | 334－3 | 334－1 | 334－2 | 334－3 | 334－1 | 334－2 | 334－3 |
| 1512603001 | 额仁陶勒盖式复合内生型新巴尔虎右旗预测工作区 | 3 079.86 | 4 931.36 | 6 013.87 | 3 079.86 | 4 931.36 | 6 013.87 | 3 079.86 | 4 931.36 | 6 013.87 |
| 总计 | | **14 025.09** | | | **14 025.09** | | | **14 025.09** | | |

### 3. 按矿产预测方法类型

额仁陶勒盖预测工作区的矿产预测方法类型为复合内生型，矿产预测类型为火山-次火山岩热液型，其预测资源量统计结果见表 8－16。

**表 8－16　额仁陶勒盖式复合内生型银矿新巴尔虎右旗预测工作区预测资源量矿产预测方法类型精度统计表**

| 预测工作区编号 | 预测工作区名称 | 复合内生型(t) | | |
|---|---|---|---|---|
| | | 334－1 | 334－2 | 334－3 |
| 1512603001 | 额仁陶勒盖式复合内生型新巴尔虎右旗预测工作区 | 3 079.86 | 4 931.36 | 6 013.87 |

### 4. 按可利用性类别

依据《预测资源量估算技术要求》(2010 年补充)可利用性划分标准，按可利用性对最小预测区进行了划分，最小预测区可利用性统计结果如表 8－17 所示，预测工作区资源量可利用性统计结果如表 8－18所示。综合权重指数大于 0.65 为可利用资源。

表 8-17　额仁陶勒盖式复合内生型银矿新巴尔虎右旗预测工作区各最小预测区的预测资源量可利用性统计表

| 最小预测区编号 | 最小预测区名称 | 延深 | 当前开采经济条件 | 矿石可选性 | 外部交通水电环境 | 综合权重指数 |
|---|---|---|---|---|---|---|
| A1502601001 | 额仁陶勒盖 | 0.30 | 0.40 | 0.12 | 0.10 | 0.92 |
| A1502601002 | 查干布拉根 | 0.30 | 0.40 | 0.12 | 0.10 | 0.92 |
| B1502601001 | 查干楚鲁 | 0.30 | 0.28 | 0.12 | 0.10 | 0.80 |
| B1502601002 | 海力敏呼都格 | 0.30 | 0.28 | 0.12 | 0.10 | 0.80 |
| B1502601003 | 克尔伦 | 0.30 | 0.28 | 0.12 | 0.10 | 0.80 |
| C1502601001 | 达钦呼都格 | 0.30 | 0.12 | 0.12 | 0.10 | 0.64 |
| C1502601002 | 都乌拉呼都格 | 0.30 | 0.12 | 0.12 | 0.10 | 0.64 |
| C1502601003 | 塔日根嘎查 | 0.30 | 0.12 | 0.12 | 0.10 | 0.64 |
| C1502601004 | 乌力吉图嘎查 | 0.30 | 0.12 | 0.12 | 0.10 | 0.64 |
| C1502601005 | 克尔伦东 | 0.30 | 0.12 | 0.12 | 0.10 | 0.64 |

表 8-18　额仁陶勒盖式复合内生型银矿新巴尔虎右旗预测工作区预测资源量可利用性统计表

| 预测工作区编号 | 可利用(t) | | | 暂不可利用(t) | | |
|---|---|---|---|---|---|---|
| | 334-1 | 334-2 | 334-3 | 334-1 | 334-2 | 334-3 |
| 1512603001 | 3 079.86 | 4 931.36 | 0 | 0 | 0 | 6 013.87 |
| **总计** | **8 011.22** | | | **6 013.87** | | |

## 5. 按可信度统计分析

额仁陶勒盖银锰矿预测工作区预测资源量可信度统计结果如表 8-19 所示。预测资源量可信度≥0.75的银矿为 1 725.04t；预测资源量可信度≥0.50 的银矿为 8 011.22t；预测资源量可信度≥0.25 的银矿为 14 025.09t。

表 8-19　额仁陶勒盖式复合内生型银矿新巴尔虎右旗预测工作区预测资源量可信度统计表

| 预测工作区编号 | 预测资源量可信度(t) | | |
|---|---|---|---|
| | ≥0.75 | ≥0.50 | ≥0.25 |
| 1512603001 | 1 725.04 | 8 011.22 | 14 025.09 |

## 6. 按最小预测区级别

依据最小预测区地质矿产、物探及遥感异常等综合特征，并结合资源量估算和预测区优选结果，将最小预测区划分为 A 级、B 级和 C 级 3 个等级，其预测资源量分别为 3 079.86t、4 931.36t 和 6 013.87t，详见表 8-20。

**表 8-20　额仁陶勒盖式复合内生型银矿新巴尔虎右旗预测工作区各最小预测区的预测资源量分级统计表**

| 最小预测区编号 | 最小预测区名称 | 最小预测区级别 | 预测资源量(t) |
|---|---|---|---|
| A1502601001 | 额仁陶勒盖 | A 级 | 1 725.04 |
| A1502601002 | 查干布拉根 | | 1 354.82 |
| **A 级区预测资源量总计** | | | **3 079.86** |
| B1502601001 | 查干楚鲁 | B 级 | 1 565.60 |
| B1502601002 | 海力敏呼都格 | | 1 565.60 |
| B1502601003 | 克尔伦 | | 1 800.16 |
| **B 级区预测资源量总计** | | | **4 931.36** |
| C1502601001 | 达钦呼都格 | C 级 | 890.06 |
| C1502601002 | 都乌拉呼都格 | | 1 107.16 |
| C1502601003 | 塔日根嘎查 | | 1 366.07 |
| C1502601004 | 乌力吉图嘎查 | | 1 373.16 |
| C1502601005 | 克尔伦东 | | 1 277.42 |
| **C 级区预测资源量总计** | | | **6 013.87** |

# 第九章 官地式热液型银金矿预测成果

该预测工作区大地构造位置位于天山-兴蒙造山系，包尔汗图-温都尔庙弧盆系，温都尔庙俯冲增生杂岩带（Ⅰ-8-2）。

温都尔庙俯冲增生杂岩带是指华北陆块北部洋盆经历了中晚元古代、早古生代和晚古生代离散、汇聚、碰撞、造山等多个旋回后，拼贴于华北陆块北缘的陆壳增生带。中—新元古代离散拉张作用形成以温都尔庙群为代表的蛇绿岩套岩构造组合，蛇绿岩在温都尔庙、图林凯一带出露最全。早古生代的洋壳俯冲作用形成奥陶纪包尔汗图群岛弧型火山岩建造和弧后盆地碎屑岩、碳酸盐岩建造。志留纪、泥盆纪和石炭纪为相对稳定的浅海陆棚相碎屑岩和碳酸盐岩建造。二叠纪洋壳再次向南的俯冲作用，导致下二叠统额里图组陆缘弧型火山岩喷发，并有三面井组弧间盆地的碎屑岩和碳酸盐岩沉积。侵入岩有俯冲型花岗岩、花岗闪长岩、石英闪长岩岩石构造组合。中生代有大面积的陆相中酸性火山岩喷发和后造山型花岗岩、二长花岗岩、花岗闪长岩、石英闪长岩侵入。

预测工作区分布有官地式热液型银金矿、余家窝铺式接触交代型银铅锌矿、别鲁乌图式铜硫铁矿、小东沟式斑岩型钼矿等、达布逊式岩浆型镍矿、金厂沟梁式热液型金矿、白马石沟式热液型铜矿、大麦地式岩浆型钨矿。

预测工作区古生代为内蒙古草原地层区，包括赤峰地层分区、锡林浩特-磐石地层分区，出露的地层有上寒武统锦山组，中奥陶统包尔汗图群，中志留统八当山火山岩、晒勿苏组，上志留统—下泥盆统西别河组，上石炭统酒子组，二叠系三面井组、额里图组、于家北沟组、铁营子组等。中生代为滨太平洋地层区，大兴安岭-燕山地层分区，包括乌兰浩特-赤峰地层小区、宁城-敖汉地层小区，出露的地层主要有侏罗系新民组、土城子组、满克头鄂博组、玛尼吐组、白音高老组，白垩系义县组、九佛堂组、阜新组、孙家湾组，新近系老梁底组、汉诺坝组，以及第四系全新统。官地式热液型银金矿赋存在中二叠统额里图组中，为陆相火山喷发沉积建造。

区内岩浆岩极为发育，特别是到了中生代，由于太平洋板块向欧亚板块的俯冲作用，使华北地台强烈活化，伴随有强烈的构造活动及岩浆侵入和火山喷发活动，打破了元古宙以来的东西向构造格局，由于扭动而产生一系列的北东向断裂，并引起呈北东向延深的岩浆活动，形成了北东向展布的岩浆岩带。主要侵入期有吕梁—阜平期、海西期及燕山期，以燕山期最为强烈。岩性从酸性到超基性均有分布，碱性岩也有分布。燕山早期及其以前的侵入岩以中深成岩为主，而燕山晚期则发育浅成岩类及超浅成岩类。

与官地式热液型银金矿关系密切的是晚侏罗世闪长玢岩、闪长岩、花岗闪长岩，为陆缘弧（后碰撞岩浆杂岩）壳幔混合源的产物，闪长玢岩为浅成高钾钙碱系列，闪长岩为中成钙碱系列，花岗闪长岩岩石构造组合为正长花岗岩、二长花岗岩，为中浅成高钾钙碱系列。

区域内的断裂构造主要表现为大型线形断裂，有东西向、北西向和北北东向、北东向。这些断裂控制了中生代盆地和火山机构的形成。东西向断裂是区内出现最早的断裂，多被后期的北东向和北西向断裂带所切割。

# 第一节　典型矿床特征

## 一、典型矿床及成矿模式

### (一)典型矿床

官地所在地区先后有多家地质和科研单位做过不同程度、不同范围与不同性质的地质工作。

根据典型矿床选取原则及官地银金矿床研究程度，选择官地银矿作为本预测工作区的典型矿床。

**1. 矿区地质**

官地矿区主要出露中二叠统额里图组、上侏罗统白音高老组、中新统汉诺坝组及第四纪黄岗。

中二叠统主要为安山岩、玄武岩、中性凝灰岩、中性凝灰角砾岩夹凝灰砂岩。上侏罗统白音高老组呈狭长带状不整合于二叠系之上，主要岩性为酸性凝灰岩、凝灰质角砾岩等，出露厚度大于130m。中新统汉诺坝组分布于矿区Ⅳ号脉北侧，岩性为青灰、暗灰黑色玄武岩夹砂岩，覆盖在二叠系之上，出露厚度大于20m。第四系主要为黄岗、砂砾岩等，分布在沟谷及山坡上，厚度为1～18m。

矿区岩浆岩发育，可分为侵入岩和火山岩。

火山岩主要为额里图组安山岩、流纹岩、凝灰岩，白音高老组流纹岩、酸性凝灰岩等。

侵入岩均为燕山早期产物。岩浆侵入活动频繁剧烈，具有多期性，主要侵入于官地和温德沟五级火山构造中。主要岩性有闪长岩、安山玢岩和流纹斑岩及隐爆角砾岩，另外还有闪长玢岩、花岗斑岩、石英脉等脉岩。

闪长岩分布于官地矿床北西部及温德沟矿点北西及南东部，为晚侏罗世第一次侵入之产物，呈岩株状产出，面积约1.4km$^2$，被晚阶段流纹斑岩穿插。岩石含Ag$(0.21\sim0.51)\times10^{-6}$、Au$(3.0\sim10.20)\times10^{-9}$，分别为克拉克值的3～7.29倍和0.7～2.37倍。

安山玢岩主要分布于官地矿床中部，为晚侏罗世第二次侵入之产物，呈岩株状产出，面积约0.5km$^2$。岩石具有绿泥石化、绢云母化、碳酸盐化。

流纹斑岩为晚侏罗世第三次侵入之产物，官地流纹斑岩呈北西向岩瘤产出，面积为2km$^2$，岩体有较多围岩残留体，说明为剥蚀较浅的次火山岩。岩石普遍遭受绢云母花、高岭土化及硅化等，与本区银金矿化在空间上、时间上、成因上有密切关系。

隐爆角砾岩分布于流纹斑岩体边部，呈不规则带状分布，走向北西，形成时代略晚于流纹斑岩。角砾及胶结物为岩石自身成分。隐爆角砾岩蚀变较强，主要为绢云母化、高岭土化、黄铁矿化，其次为硅化、电气石化等，与银金矿化十分密切，隐爆角砾岩发育部位含石英脉发育，矿化强烈。

闪长玢岩、花岗斑岩等次火山脉岩主要充填于东西向、北西向和北东向与次火山活动有关的断裂裂隙内，长20～2100m，宽0.2～5m，多数构成火山机构的环状岩墙，向火山通道方向陡倾斜。

矿区最重要的褶皱为官地-温德沟北东向背斜，由额里图组组成。该背斜长16km，宽5km，两翼为缓倾角(20°～30°)，背斜轴部被燕山早期闪长岩、流纹斑岩体占据。在背斜中部，上侏罗统白音高老组形成一北西走向、北东缓倾斜(<15°)的单斜构造层叠置其上。

矿区内断裂构造发育，除上本不吐北北东向断裂以外，其他断裂均属柴达木火山构造的放射状和环状断裂系统。一般长100～2800m，宽0.5～20m。大于1000m的矿化断裂有8条，具有明显的张性、张扭性特征。

官地火山机构控制了官地银金矿床的产出。该火山机构为一北西向的椭圆形复合火山-侵入穹隆，

面积 $5km^2$，被燕山早期闪长岩、安山玢岩、流纹斑岩、隐爆角砾岩等充填，周边围岩向外缓倾斜。官地火山机构内部，断裂十分发育。以北西向为主，其次有南北向，再次为东西向和北北东向。

（1）成矿前断裂：共发现 6 条（$F_1$、$F_2$、$F_3-1$、$F_3-2$、$F_4$、$F_5$）。除 $F_5$ 为南北走向以外，其余均为北西向，6 条断裂呈北西聚拢、向东南撒开的趋势。具有明显张性-张扭性特征。断裂延长 1200～2400m，宽 2～20m，走向 300°～325°，向北东或南东倾，倾角 65°～88°。其中 $F_4$ 号断裂规模最大，长 2400m，宽 2～20m，延深已控制 420m。6 条断裂中都见有不同程度的银金矿化，以 $F_4$ 断裂矿化最强。Ⅳ号矿体就赋存于该断裂带内。

（2）成矿后断裂：主要见有东西向、北东向、北北东向及南北向 4 组。东西向断裂多数被闪长玢岩脉充填，对矿体无破坏。北北东向、南北向被无矿石英脉、方解石萤石脉充填，对矿体破坏不大，水平错距 0.5～6m，一般 1～2m。无矿石英（萤石、方解石）脉穿过矿体时，对附近矿体起到一定的贫化作用。

### 2. 矿床特征

官地银金矿床共发现银金矿脉 6 条（编号为Ⅰ、Ⅱ、Ⅲ-1、Ⅲ-2、Ⅳ、Ⅴ），除Ⅴ号脉近南北向外，其余均受走向 300°～325°断裂控制，主矿脉为Ⅳ号脉。彼此组成一走向北西、延长 400m、宽 700m 的矿带。其中Ⅰ、Ⅱ、Ⅳ号脉平行排列，走向 295°～310°，Ⅲ-1、Ⅲ-2 号脉呈斜列式分布于Ⅱ、Ⅳ号矿脉之间，走向 325°，与Ⅱ、Ⅳ号矿脉有一定交角。矿脉主要呈单脉产出，局部出现分支，如Ⅳ号脉在 16～30 线间有两条小分支，深部 24 线附近有一支脉。银金矿体平均品位 Ag(115.62～270.27)$\times10^{-6}$，Au(0.23～2.16)$\times10^{-6}$。

Ⅳ号矿体位于矿床北部 34～23 线间，产于流纹斑岩、隐爆角砾岩与安山岩、闪长岩的接触带断裂带中。矿体围岩有隐爆角砾岩、闪长岩、安山岩、安山玢岩等。Ⅳ号矿体主要呈单脉产出，沿走向、倾向均呈舒缓波状。局部有膨缩现象。矿体长 1450m，平均真厚度 2.48m，厚度变化较小，变化系数为 65.9%，走向较稳定，总体走向 320°，北东倾斜，倾角在 4 线以西较陡（80°～88°），局部近于直立，在 4 线以东倾角较缓（55°～75°），核实矿体原生矿平均品位 Ag 214.63$\times10^{-6}$；Au 1.79$\times10^{-6}$，20 线较低，沿倾向由上向下品位变化为低→高→低→高，品位最高为 1022 中段，Au 品位变化无规律。目前，矿山探采坑道控制到 772m 标高，超过原勘探报告控制的延深 40m。矿体向下仍有延深（图 9-1）。

### 3. 矿石特征

根据矿石中金属硫化物和金属氧化物的比例，可以分为氧化矿石和原生矿石。

原生矿石主要金属矿物有闪锌矿、方铅矿、黄铁矿、黄铜矿，次要矿物有黝铜矿、磁铁矿、少量辉铜矿、自然铋。金银矿物有银黝铜矿、含银黝铜矿、硫砷铜银矿、砷硫锑铜银矿、辉铜银矿、银金矿、辉银矿、硫铜银矿、自然金。脉石矿物有石英、菱锰矿、方解石、白云石，次要矿物有绢云母、绿泥石、菱铁矿及萤石，少量高岭石及文石。

### 4. 矿石结构构造

矿石结构主要有半自形—他形粒状结构、交代残余结构、镶边结构、乳浊状结构、筛状-骸晶结构。矿石构造主要有浸染状构造、团块状构造、脉状构造、网脉状构造。

### 5. 矿床成因及成矿时代

根据成矿地质条件、矿体的形态和产状、矿石的结构构造等特征，矿床的成因类型为次火山热液型。成矿时代为燕山期。

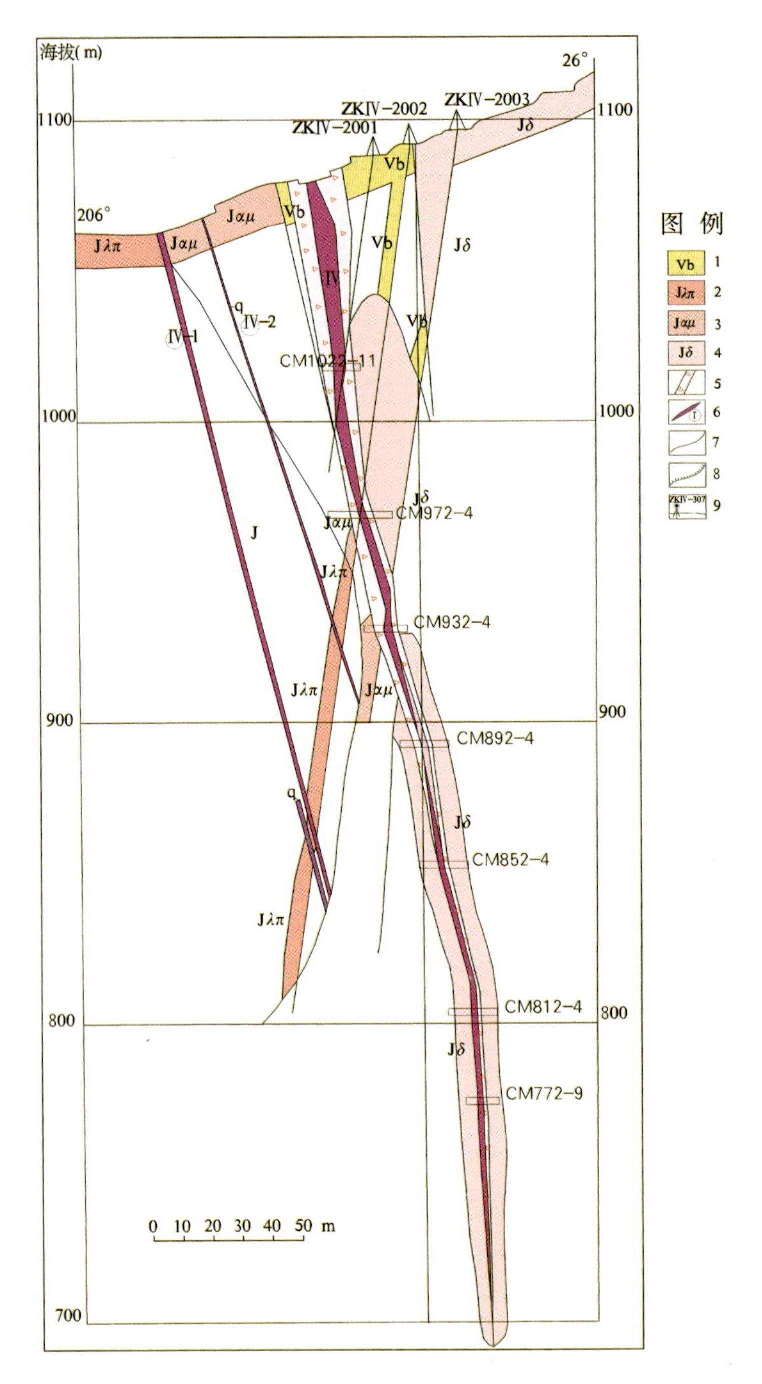


图 9-1　官地银金矿床Ⅳ号矿体 20 号勘探线探采对比剖面图

1. 隐爆角砾岩；2. 流纹斑岩；3. 安山玢岩；4. 闪长岩；5. 破碎带；6. 银金矿脉及编号；7. 实测地质界线；8. 实测角度不整合界线；9. 钻孔及编号

（二）成矿模式

官地银金矿的矿床成因具有以下特征（图 9-2）：

（1）中二叠统安山岩可能是矿源。安山岩银丰度高，银丰度比克拉克值高 8.7～57 倍，金丰度比克拉克值高 7 倍左右。

（2）官地银金矿区为火山构造控矿，柴达木火山机构控制了整个矿区，次级的复合火山-侵入穹隆构造控制了官地矿床，火山机构边部的放射断裂控制了矿脉及矿体。

（3）官地矿区内岩浆岩，主要为燕山早期多期次中性、酸性次火山活动，将矿源层中的金银带入浅部，特别是流纹斑岩及其随后的隐爆活动，进一步促使银金的迁移和富集。

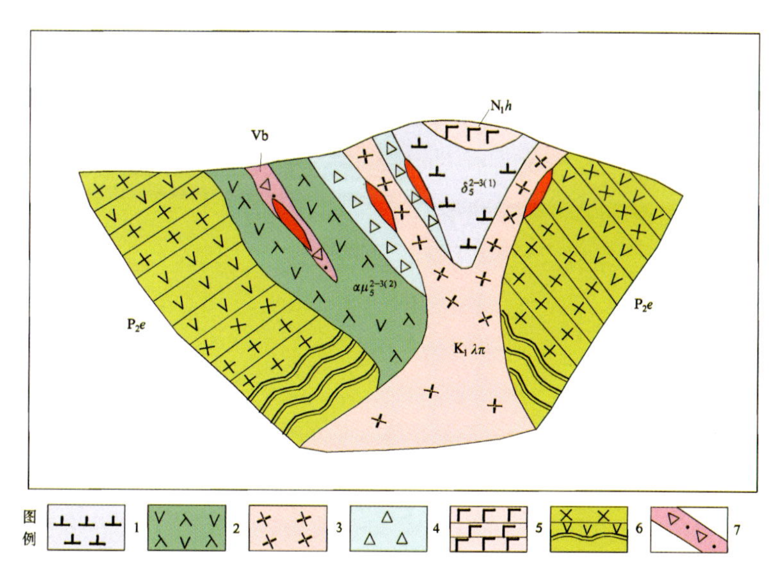


图 9-2　官地式中低温火山热液型银矿典型矿床成矿模式图

1.侏罗纪闪长岩；2.侏罗纪安山玢岩；3.早白垩世流纹斑岩；4.隐爆角砾岩；5.汉诺坝组玄武岩；6.额里图组；7.破碎带

## 二、典型矿床物探特征

### 1. 重力特征

官地银矿所在区域布格重力异常总体展布方向呈北东向，局部异常等值线形态较复杂，官地银矿位于局部重力高西侧梯级带部位，$\Delta g$ 为（$-95\sim-98$）$\times10^{-5}$m/s$^2$。对应剩余重力正异常 G 蒙-294 的边部正负异常过渡带上。这一区域矿体所在位置主要出露密度较高（2.81g/cm$^3$）的中二叠统额里图组，边部有密度较低的酸性岩体出露。显然重力场特征是区域地质特征的客观反映。需要说明的是在矿体的西北侧地表普遍覆盖第三系汉诺坝组（密度 2.48g/cm$^3$），其下伏仍为额里图组，但对应的是剩余重力正异常，说明覆盖较薄。

### 2. 航磁特征

据 1∶5 万航磁平面等值线图显示，矿区处在北东向的椭圆形正磁异常边上，200nT 以上圈闭异常，极值达 400nT。官地银矿北东、南西两侧呈北东向展布的航磁异常主要与白垩纪黑云母花岗岩有关，北侧及其余零散杂乱的正磁异常主要与新近纪玄武岩、侏罗纪中基性火山岩有关。银矿所在位置属平稳正磁场区，伴有银多金属化探异常。

据 1∶25 万航磁图显示，矿区处在低缓正磁异常上，场值 20～80nT，等值线延深方向以北东向为主。据重磁场特征推测矿区处在北东向断裂和南北向断裂的交会处。

## 三、典型矿床地球化学特征

矿区内形成以 Ag、As、Sb、Cu 元素为主的多元素综合异常，Ag、As、Sb、Cu 异常规模大，强度较高，二级浓度分带，Ag、As 异常呈北西向等轴状分布，Cu 呈北东方向等轴状展布，Sb 为近南北向条带状展布。矿区东北部存在近东西向多元素综合异常，元素组合为 Ag、As、Sb、Cu，异常强度高，具有明显的浓度分带和多个浓集中心。矿区外围还存在小范围的 Pb、Mo 异常，具有二级浓度分带(图 9-3)。

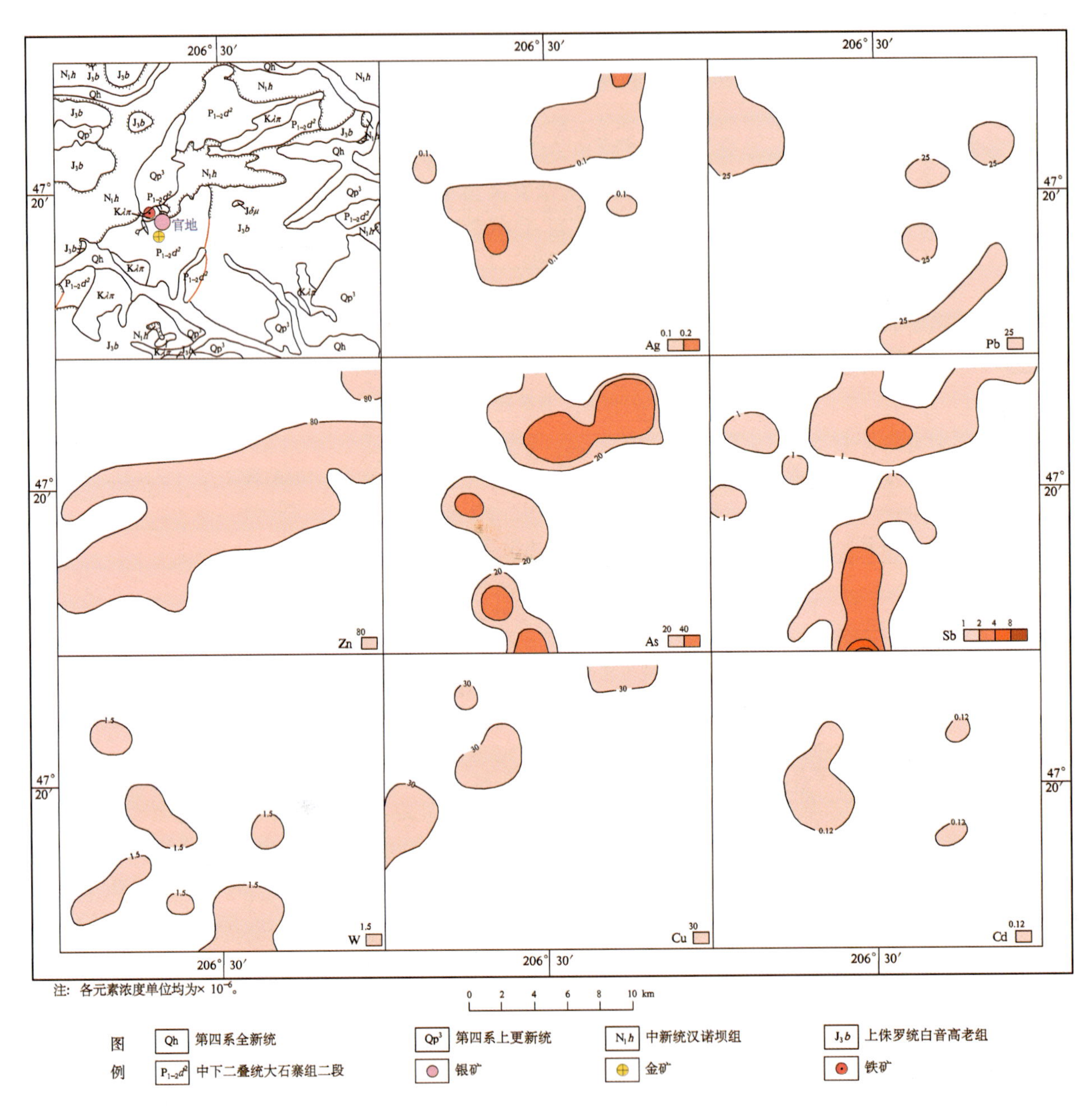


图 9-3　官地银金矿化探综合异常剖析图

## 四、遥感解译特征

矿区内断裂构造发育，除本不吐北北东向断裂以外，其他断裂均属柴达木火山构造的放射状和环状断裂系统。官地火山机构控制了官地银金矿床的产出，内部断裂十分发育。以北西向为主，其次为北东向，其中北西向断裂为主要容矿构造(图 9-4)。

环形构造主要为二叠纪中酸性火山岩、侏罗纪白音高老旋回形成的火山机构及火山口或火山通道引起。

在地表铁锰帽及铁锰染硅化带是找矿的直接标志。

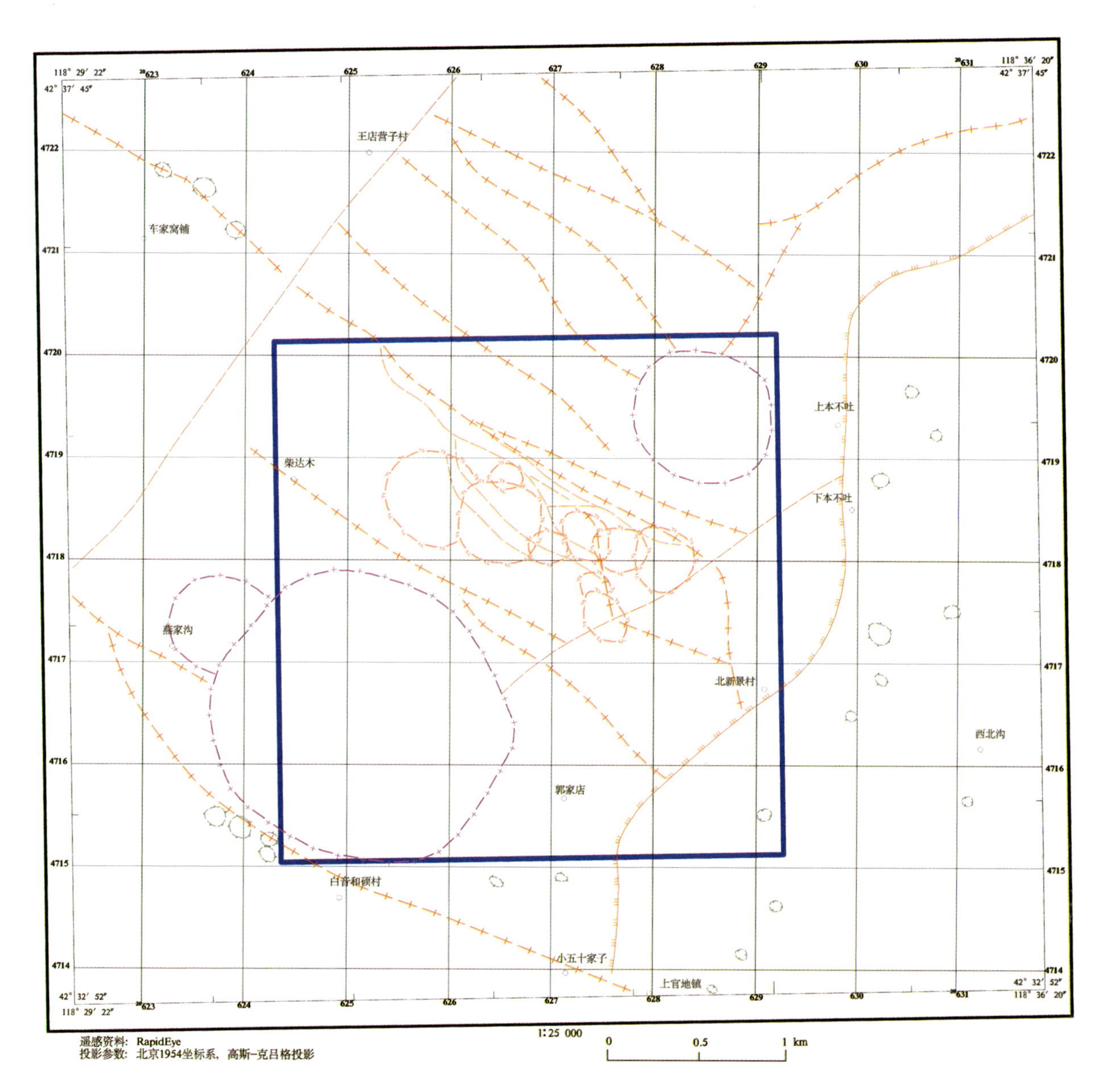


图 9-4　赤峰市官地矿区银金矿遥感矿产地质特征解译图

## 五、典型矿床预测模型

根据典型矿床成矿要素和矿区 1∶1 万综合物探普查资料以及区域化探、重力、遥感资料，确定典型矿床预测要素，编制了典型矿床预测要素图。其中高精度磁测、激电中梯资料以等值线形式标在矿区地质图上；化探资料由于只有 1∶20 万比例尺的，为表达典型矿床所在地区的区域物探特征，在 1∶50 万航磁 $\Delta T$ 等值线平面图、航磁 $\Delta T$ 化极等值线平面图、航磁 $\Delta T$ 化极垂向一阶导数等值线平面图、布格重力异常图、剩余重力异常图及重力推断地质构造图上编制了官地典型矿床所在区域地质矿产及物探剖析图（图 9-5）。

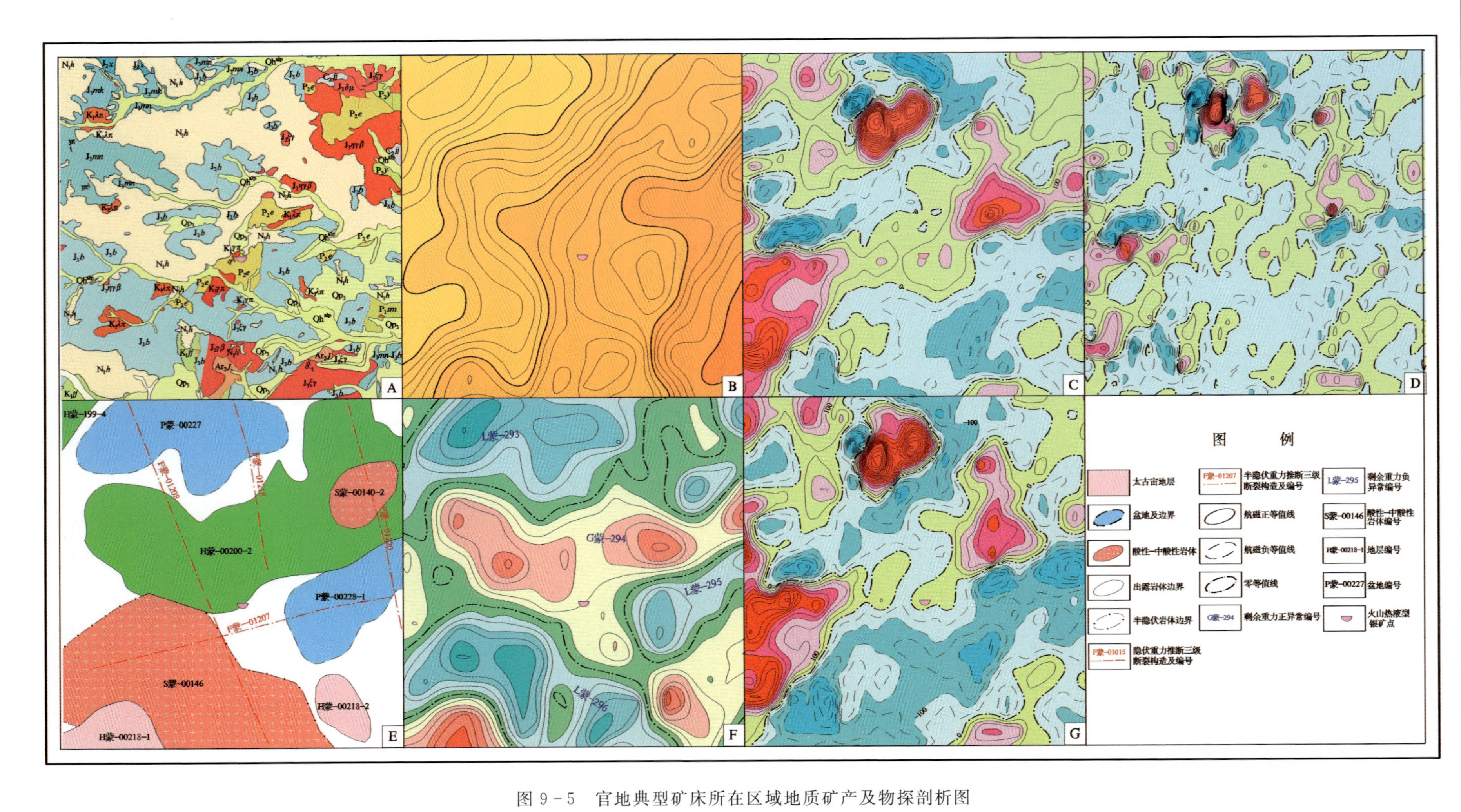


图 9-5　官地典型矿床所在区域地质矿产及物探剖析图

A. 地质矿产图；B. 布格重力异常图；C. 航磁 $\Delta T$ 等值线平面图；D. 航磁 $\Delta T$ 化极垂向一阶导数等值线平面图；E. 重力推断地质构造图；F. 剩余重力异常图；G. 航磁 $\Delta T$ 化极等值线平面图

典型矿床预测要素特征：以典型矿床成矿要素图为基础，综合研究重力、航磁、化探、遥感、自然重砂等综合致矿信息，总结典型矿床预测要素表（表 9－1）。

**表 9－1　官地式火山热液型银金矿典型矿床预测要素表**

<table>
<tr><td colspan="3">典型矿床预测要素</td><td colspan="3">内容描述</td><td rowspan="3">要素类别</td></tr>
<tr><td colspan="3">资源量</td><td>Ag（金属量）：423.739t</td><td>平均品位</td><td>Ag：$228.96\times10^{-6}$</td></tr>
<tr><td colspan="3">特征描述</td><td colspan="3">中低温火山热液型银金矿</td></tr>
<tr><td rowspan="3">地质环境</td><td colspan="2">构造背景</td><td colspan="3">Ⅰ天山-兴蒙造山系，Ⅰ－8 包尔汗图-温都尔庙弧盆系（$Pz_2$），Ⅰ－8－2 温都尔庙俯冲增生杂岩带</td><td>必要</td></tr>
<tr><td colspan="2">成矿环境</td><td colspan="3">Ⅰ－4 滨太平洋成矿域（叠加在古亚洲成矿域之上）；Ⅱ－12 大兴安岭成矿省；Ⅲ－8 林西-孙吴铅、锌、铜、钼、金成矿带（Ⅲ－50），Ⅲ－8－④小东沟-小营子钼铅锌铜成矿亚带</td><td>必要</td></tr>
<tr><td colspan="2">成矿时代</td><td colspan="3">燕山期</td><td>必要</td></tr>
<tr><td rowspan="7">矿床特征</td><td colspan="2">矿体形态</td><td colspan="3">矿体呈脉状产出</td><td>重要</td></tr>
<tr><td colspan="2">岩石类型</td><td colspan="3">中二叠统额里图组火山岩</td><td>重要</td></tr>
<tr><td colspan="2">岩石结构</td><td colspan="3">斑状结构</td><td>次要</td></tr>
<tr><td colspan="2">矿物组合</td><td colspan="3">石英、黄铁矿组合；方铅矿、闪锌矿、黄铜矿、辉铜银矿、硫铜银矿组合；黄铜矿、方铅矿、闪锌矿、银硫盐矿物组合；石英萤石矿物组合</td><td>重要</td></tr>
<tr><td colspan="2">结构构造</td><td colspan="3">结构：主要为半自形—他形粒状结构、交代残余结构、乳浊状结构、镶边结构、筛状—骸晶结构。<br>构造：主要为浸染状构造、团块状构造、脉状构造、网脉状构造</td><td>次要</td></tr>
<tr><td colspan="2">蚀变特征</td><td colspan="3">硅化、绢云母化、黄铁矿化、碳酸盐化等</td><td>重要</td></tr>
<tr><td colspan="2">控矿条件</td><td colspan="3">中二叠统额里图组（$P_2e$）地层及燕山期闪长岩、安山玢岩、流纹斑岩控矿；南北向、北西向张扭性断裂及其与隐爆构造的复合叠加构造控矿</td><td>必要</td></tr>
<tr><td rowspan="3">物探与化探特征</td><td rowspan="2">地球物理特征</td><td>重力</td><td colspan="3">官地中低温火山热液型银金矿床位于局部重力高异常西侧的等值线密集带上，该局部布格重力高异常最小值 $\Delta g_{min}=-94\times10^{-5}\,m/s^2$，从剩余重力异常图上可知，该矿床位于剩余重力正异常 G 蒙-294 的边部，即正负异常过渡带上，根据物性资料和地质资料分析，推断该剩余重力正异常带是古生代地层所致</td><td>重要</td></tr>
<tr><td>航磁</td><td colspan="3">据航磁化极等值线平面图显示，磁场总体表现为低缓的负磁场，没有异常的出现</td><td>次要</td></tr>
<tr><td>地球化学特征</td><td colspan="4">矿区内形成以 Ag、As、Sb、Cu 元素为主的多元素综合异常，Ag、As、Sb、Cu 异常规模大，强度较高，二级浓度分带，Ag、As 异常呈北西向等轴状分布，矿区东北部存在近东西向多元素综合异常，元素组合为 Ag、As、Sb、Cu，异常强度高，具有明显的浓度分带和多个浓集中心</td><td>重要</td></tr>
</table>

## 第二节　预测工作区研究

### 一、区域地质特征

区内共有银矿床（点）4 处，其中，中型矿床 1 处、小型矿床 2 处、矿（化）点 1 处。赋矿地层为中二叠统额里图组，燕山期流纹斑岩、闪长岩、闪长玢岩、花岗闪长岩与成矿密切相关。主要控矿构造为南北向、北西向断裂。

## 二、区域地球物理特征

预测区受深部地幔坡的作用和壳内复杂的地质环境的影响，以致该区的重力场形态复杂。布格重力异常总体呈北东向展布。从西到东明显呈升高趋势，变化范围：$(-156.73 \sim -44.13) \times 10^{-5} m/s^2$。其间存在明显的局部重力高或重力低，布格重力异常等值线多处发生同向扭曲，并形成明显的梯级带。剩余重力异常走向东南部呈北东向，中北部趋于近东西向。

区内太古宇乌拉山岩群密度值为 $2.74g/cm^3$，中二叠统额里图组的密度值为 $2.81g/cm^3$，中—新生界密度值一般都小于 $2.6g/cm^3$，侏罗纪、白垩纪酸性侵入岩密度值为 $2.53 \sim 2.55g/cm^3$，结合区域地质特征，综合分析认为，区内局部重力高显然是前古生界基底隆起所致，对应于剩余重力正异常区。局部重力低主要与中新生界盆地和酸性侵入岩有关，对应于剩余重力负异常区。梯级带或同向扭曲则是因该区发育有不同方向的断裂构造引起。

在 1∶10 万航磁 $\Delta T$ 等值线平面图上，预测工作区磁异常幅值范围为 $-1250 \sim 2500$nT，背景值为 $-100 \sim 100$nT，预测区中西部磁异常形态杂乱，正负相间，多为不规则带状、片状、团状；东部磁异常为大面积的低缓正异常，纵观预测工作区磁异常轴向及 $\Delta T$ 等值线延深方向，以北东向为主，磁场特征显示预测工作区构造方向以北东向为主。官地式火山热液型银金矿床位于预测区中部，官地银金矿床所在位置为低缓负磁场背景中的正磁异常，磁异常走向为北东向，场值在 100nT 附近。

根据磁异常特征，预测工作区磁法推断与成矿有关断裂构造 1 条，位于预测工作区中部，走向为北东向。

## 三、区域地球化学特征

区域上分布有 Ag、Pb、Zn、Cu、W、Mo 等元素组成的高背景区带，在高背景区带中有以 Ag、Pb、Zn、Cu、W 为主的多元素局部异常，规模较大的异常多集中在预测区北部。中部异常规模较小较分散，南部多呈背景及低背景分布。Ag、Pb、Zn 在北部形成 3 条明显的异常带，空间上呈北东向展布，分别沿巴彦特莫—二道营子、庙子沟村—小东沟、王家营子—上唐家地分布。Cu 也存在 1 条北东向异常带位于预测区北部，1 条北西西向条带状异常带位于中部，异常所处空间位置和展布方向与区内水系分布一致。Au 在整个预测区呈低背景分布，异常规模较小且多分布于南部，老道沟、红花沟镇处 Au 异常所处位置与已发现金矿点在空间上吻合，在老西沟、小柳灌沟、龙家店、富裕沟村等地还发现几处浓度较高的点源 Au 异常。W、Mo 沿英图山咀—东沟脑形成一条北东向条带状异常，在毛山东乡周围形成面状异常，在霍家沟村南形成点源异常，异常强大均较高，达三级浓度分带，As 呈背景及低背景分布，仅在东沟脑及官地东北存在局部异常，呈北东向或北北东向展布。英图山咀及其东部、桦树背南、赤峰市、三道沟前营子、喀喇沁旗存在明显的 Sn 异常浓集中心，其余地区 Sn 均呈低背景甚至低异常。Sb 在北部呈高背景分布，南部呈背景及低背景分布。

组合异常 Z-1 和 Z-2 空间位置上与已发现矿点所处位置吻合，Ag、Pb、Zn 为矿致异常，异常规模均较大，空间展布方向均一致，呈北东方向，主成矿元素异常强度较高，为三级浓度分带，As、Sb 异常规模较小，空间上与已知矿点完全套合。Z-3 和 Z-4 上 Ag 与 Pb、Zn 套合程度也较高，As、Sb、W、Mo 作为共伴生元素与 Ag、Pb、Zn 的关系也很密切，分布于 Z-3 异常外围；Z-4 上高温元素 Mo、Sn 与 Ag 的套合也较好。

## 四、区域遥感影像及解译特征

解译出大型断裂 3 条，在预测区内东南部北北东方向展布，线形构造南部底层较复杂并与华北陆块北缘断裂带形成夹角处成为错断密集区，总体构造格架清晰。

解译出中小型构造100余条，以北东方向与北西西方向为主，与大型构造相互作用明显并形成构造密集区。小型构造在图中的分布规律不明显。

预测工作区内的环形构造非常密集，解译出50余处，主要分布在南部及西部地区，西北部相对较少。成因与中生代花岗岩类、隐伏岩体有关。

## 五、区域预测模型

综上所述，赋矿地质体所对应的重力场为负异常场，航磁为正异常，与化探Ag、Pb、Zn、Cu异常对应较好，Ag浓度值可达$1500\times10^{-9}$。

预测模型图的编制，是以地质剖面图为基础，叠加区域航磁及重力剖面图而形成，简要表示预测要素内容及其相互关系，以及时空展布特征（图9-6）。

# 第三节　矿产预测

## 一、综合地质信息定位预测

### （一）变量提取及优选

预测单元的划分是开展预测工作的重要环节，根据典型矿床成矿要素及预测要素研究，以及预测区提取的要素特征，本次选择网格单元法作为预测单元，根据预测底图比例尺确定网格间距为1000m×1000m，图面为10mm×10mm。

根据典型矿床成矿要素及预测要素研究，选取以下变量。

（1）地质体：中二叠统额里图组及其上覆地层，共提取地质体43块，总面积为$363.90km^2$。预处理：对提取地层周边的第四系及其以上的覆盖部分进行揭盖。

（2）断层：提取北西地质断层及遥感推断断裂，并根据断层的规模作500m的缓冲区。

（3）化探：Ag化探异常起始值$>124\times10^{-9}$的范围。

（4）重力：剩余重力起始值范围$(-1\sim3)\times10^{-5}m/s^2$。

（5）航磁：航磁化极值起始值范围50～1800nT。

地层、岩体、断层、矿点要素进行单元赋值时采用区的存在标志；化探、布格重力、航磁化极则求起始值的加权平均值，在变量二值化时利用异常范围值人工输入变化区间。

### （二）最小预测区圈定及优选

由于预测区内只有3处已知矿床和1处矿点，因此采用MRAS矿产资源GIS评价系统中有模型预测工程，利用网格单元法进行定位预测。采用空间评价中特征分析、证据权重等方法进行预测，比照各类方法的结果，确定采用特征分析法进行评价，再结合综合信息法叠加各预测要素圈定最小预测区，并进行优选。

（1）采用MRAS矿产资源GIS评价系统中有模型预测工程，添加地层、岩体、断层、Ag化探、剩余重力、航磁化极等专题图层。

（2）采用网格单元法设置预测单元，网格单元范围为预测工作区范围，单元大小为10mm×10mm。

（3）地层、岩体、断层、矿点要素进行单元赋值时采用区的存在标志；化探、剩余重力、航磁化极则求起始值的加权平均值，进行原始变量构置。

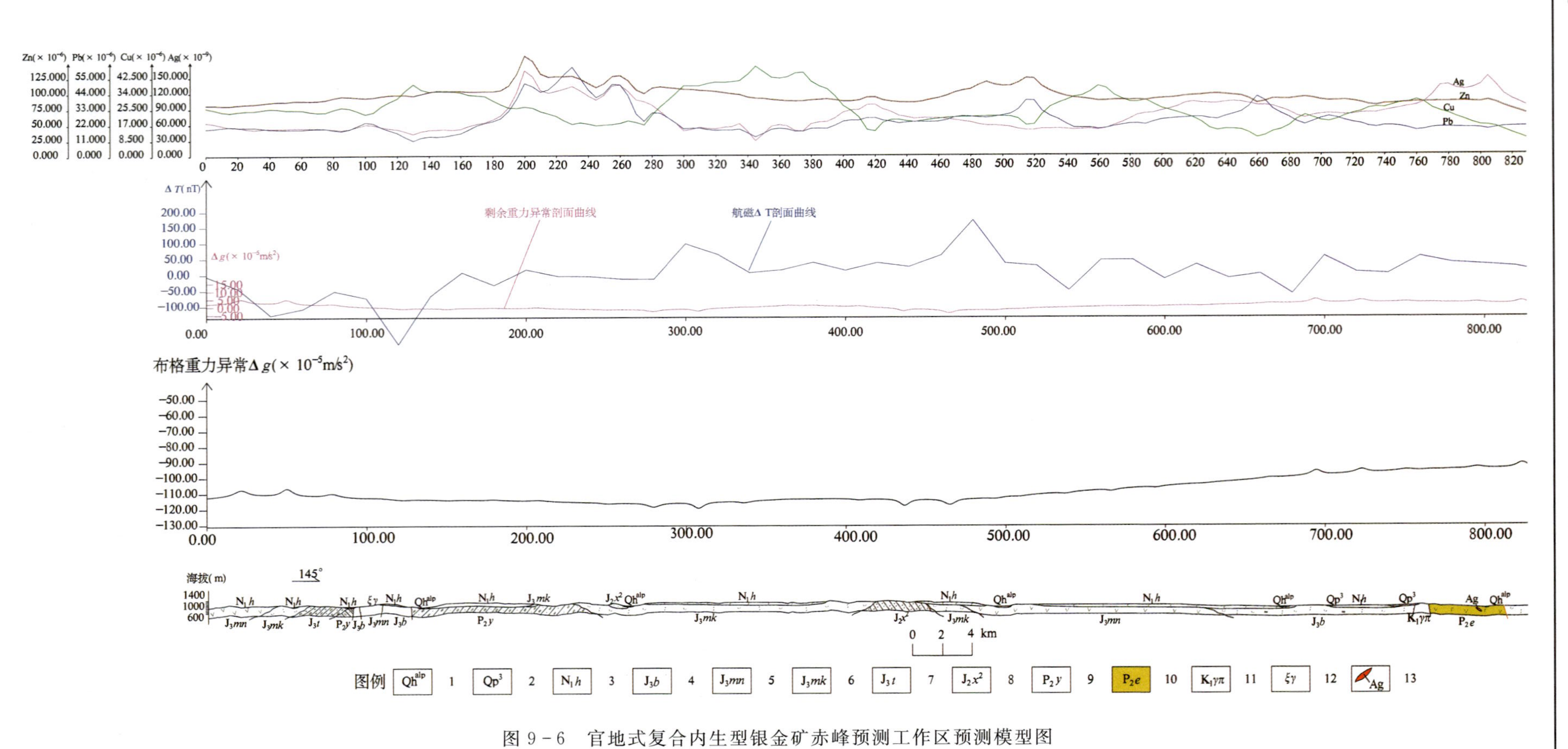


图 9-6 官地式复合内生型银金矿赤峰预测工作区预测模型图

1. 全新统;2. 上更新统;3. 汉诺坝组;4. 白音高老组;5. 玛尼吐组;6. 满克头鄂博组;7. 土城子组;8. 新民组;9. 于家北沟组;10. 额里图组;11. 花岗斑岩;12. 黑云母花岗岩;13. 银矿体

(4)对化探、剩余重力、航磁化极进行二值化处理,人工输入变化区间:化探$>124\times10^{-9}$,剩余重力起始值$(-1\sim-3)\times10^{-5}m/s^2$,航磁化极值起始值50~1800nT,并根据形成的定位数据转换专题构造预测模型。

(5)采用特征分析法进行空间评价。

### 6. 最小预测区圈定与分级

叠加所有成矿要素及预测要素,根据形成的预测单元图及不同级别的各要素边界,圈定最小预测区。

### (三)最小预测区圈定结果

本次工作共圈定最小预测区14个,其中,A级区4个,总面积14.87km²;B级区5个,总面积28.33km²;C级区5个,总面积18.55km²(表9-3,图9-7)。

表9-3　官地式复合内生型银金矿赤峰预测工作区各最小预测区一览表

| 序号 | 最小预测区编号 | 最小预测区名称 |
|---|---|---|
| 1 | A1512604001 | 官地 |
| 2 | A1512604002 | 头段地乡东 |
| 3 | A1512604003 | 苍林坝西 |
| 4 | A1512604004 | 西沟里东 |
| 5 | B1512604001 | 岗子乡南 |
| 6 | B1512604002 | 五分地南 |
| 7 | B1512604003 | 上唐家地东 |
| 8 | B1512604004 | 广兴源乡西 |
| 9 | B1512604005 | 红山子乡北 |
| 10 | C1512604001 | 黄家沟北东 |
| 11 | C1512604002 | 高家梁乡北东 |
| 12 | C1512604003 | 萨仁沟村东 |
| 13 | C1512604004 | 广兴源乡北东 |
| 14 | C1512604005 | 英图山咀北西 |

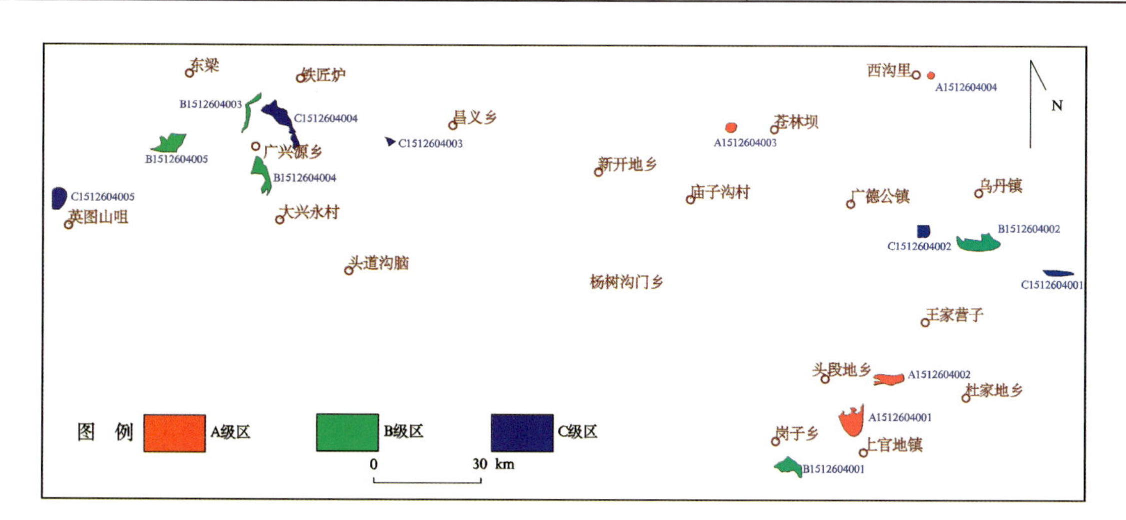


图9-7　官地式复合内生型银金矿赤峰预测工作区各最小预测区优选分布示意图

### (四)最小预测区地质评价

各最小预测区成矿条件及找矿潜力见表9-4。

**表9-4　官地式复合内生型银金矿赤峰预测工作区各最小预测区的成矿条件及找矿潜力一览表**

| 最小预测区编号 | 最小预测区名称 | 最小预测区的成矿条件及找矿潜力 |
|---|---|---|
| A1512604001 | 官地 | 具有很好的找矿潜力,出露额里图组,有一中型矿床,航磁化极等值线起始值在-200～350nT之间;重力剩余异常起始值在(1～2)$\times10^{-5}m/s^2$之间;预测区在Ag化探异常区内。预测延深473m时,334-1级预测资源量为396.72t |
| A1512604002 | 头段地乡东 | 具有较好的找矿潜力,出露额里图组,与成矿有关的北西向断裂经过本区,有一小型矿床。航磁化极等值线起始值在100～500nT之间;重力剩余异常起始值在(2～3)$\times10^{-5}m/s^2$之间;预测区在Ag化探异常区内。预测延深473m时,334-1级预测资源量为153.02t |
| A1512604003 | 苍林坝西 | 具有较好的找矿潜力,预测区内有一小型矿床,航磁化极等值线起始值在100～500nT之间;重力剩余异常起始值为$0\times10^{-5}m/s^2$;预测区在Ag化探异常区内。预测延深473m时,334-1级预测资源量为85.83t |
| A1512604004 | 西沟里东 | 具有较好的找矿潜力,有一矿化点,航磁化极等值线起始值在150～2400nT之间;重力剩余异常起始值为$-1\times10^{-5}m/s^2$;预测区在Ag化探异常区内。预测延深473m时,334-2级预测资源量为37.62t |
| B1512604001 | 岗子乡南 | 具有好的找矿潜力,出露额里图组,航磁化极等值线起始值在-350～-150nT之间;重力剩余异常起始值在(-6～-5)$\times10^{-5}m/s^2$之间;预测区在Ag化探异常区内。预测延深473m时,334-2级预测资源量为195.22t |
| B1512604002 | 五分地南 | 具有好的找矿潜力,出露额里图组,航磁化极等值线起始值在50～300nT之间;重力剩余异常起始值在(0～1)$\times10^{-5}m/s^2$之间;预测区在Ag化探异常区内。预测延深473m时,334-2级预测资源量为349.79t |
| B1512604003 | 上唐家地东 | 具有好的找矿潜力,出露额里图组,航磁化极等值线起始值在-100～350nT之间;重力剩余异常起始值在(-2～-1)$\times10^{-5}m/s^2$之间;预测区在Ag化探异常区内。预测延深473m时,334-3级预测资源量为77.98t |
| B1512604004 | 广兴源乡西 | 具有好的找矿潜力,出露额里图组,与成矿有关的北西向断裂经过本区,航磁化极等值线起始值在-100～350nT之间;重力剩余异常起始值在(-3～-2)$\times10^{-5}m/s^2$之间;预测区在Ag化探异常区内。预测延深473m时,334-3级预测资源量为161.77t |

续表 9-4

| 最小预测区编号 | 最小预测区名称 | 最小预测区的成矿条件及找矿潜力 |
| --- | --- | --- |
| B1512604005 | 红山子乡北 | 具有好的找矿潜力，出露额里图组，航磁化极等值线起始值在 0～800nT 之间；重力剩余异常起始值在(−2～2)×$10^{-5}$ m/$s^2$ 之间；预测区在 Ag 化探异常区内。预测延深 473m 时，334-3 级预测资源量为 195.87t |
| C1512604001 | 黄家沟北东 | 具有一定的找矿潜力，出露额里图组，与成矿有关的北西向断裂经过本区，航磁化极等值线起始值在 100～200nT 之间；重力剩余异常起始值在(3～6)×$10^{-5}$ m/$s^2$ 之间；预测区在 Ag 化探异常区内。预测延深 473m 时，334-3 级预测资源量为 64.03t |
| C1512604002 | 高家梁乡北东 | 具有一定的找矿潜力，出露额里图组，航磁化极等值线起始值在 100～300nT 之间重力剩余异常起始值为 0×$10^{-5}$ m/$s^2$；预测区在 Ag 化探异常区内。预测延深 473m 时，334-3 级预测资源量为 64.53t |
| C1512604003 | 萨仁沟村东 | 具有一定的找矿潜力，出露的地质体为额里图组，与成矿有关的北西向断裂经过本区，航磁化极等值线起始值在−100～0nT 之间；重力剩余异常起始值为−2×$10^{-5}$ m/$s^2$；预测区在 Ag 化探异常区内。预测延深 473m 时，334-3 级预测资源量为 18.13t |
| C1512604004 | 广兴源乡北东 | 具有一定的找矿潜力，出露额里图组，航磁化极等值线起始值在−250～100nT 之间；重力剩余异常起始值在(−3～3)×$10^{-5}$ m/$s^2$ 之间；预测区在 Ag 化探异常区内。预测延深 473m 时，334-3 级预测资源量为 218.1t |
| C1512604005 | 英图山咀北西 | 具有一定的找矿潜力，出露额里图组，航磁化极等值线起始值在 100～300nT 之间；重力剩余异常起始值在(−4～−2)×$10^{-5}$ m/$s^2$ 之间；预测区在 Ag 化探异常区内。预测延深 473m 时，334-3 级预测资源量为 118.71t |

## 二、综合信息地质体积法估算资源量

### (一)典型矿床深部及外围资源量估算

#### 1. 典型矿床已查明资源量及其估算参数

官地银金矿典型矿床资源量、矿床体重、最大延深、银品位依据来源于赤峰银海银金业有限责任公司 2003 年 7 月编写的《内蒙古自治区赤峰市松山区官地矿区Ⅳ号矿体银金矿资源量核实报告》及中国人民武装警察部队黄金部队第十一支队 1988 年 3 月提交的《内蒙古自治区赤峰郊区官地北沟银金矿区Ⅱ号脉详查地质报告》。典型矿床面积($S_{总}$)根据《内蒙古自治区赤峰市松山区官地矿区Ⅳ号矿体银金矿资源量核实报告》1∶1 万矿区地形地质图圈定(图 9-8)，在 MapGIS 软件下读取面积数据换算得出，$S_{典}$=1 414 352$m^2$；典型矿床延深根据 28 号勘探线剖面，由于是陡倾斜矿体，直接用垂深 450m，则含矿系数 $K_{典}$=423.739/(1 414 352×450×1.00)=0.000 000 67t/$m^3$(表 9-5)。

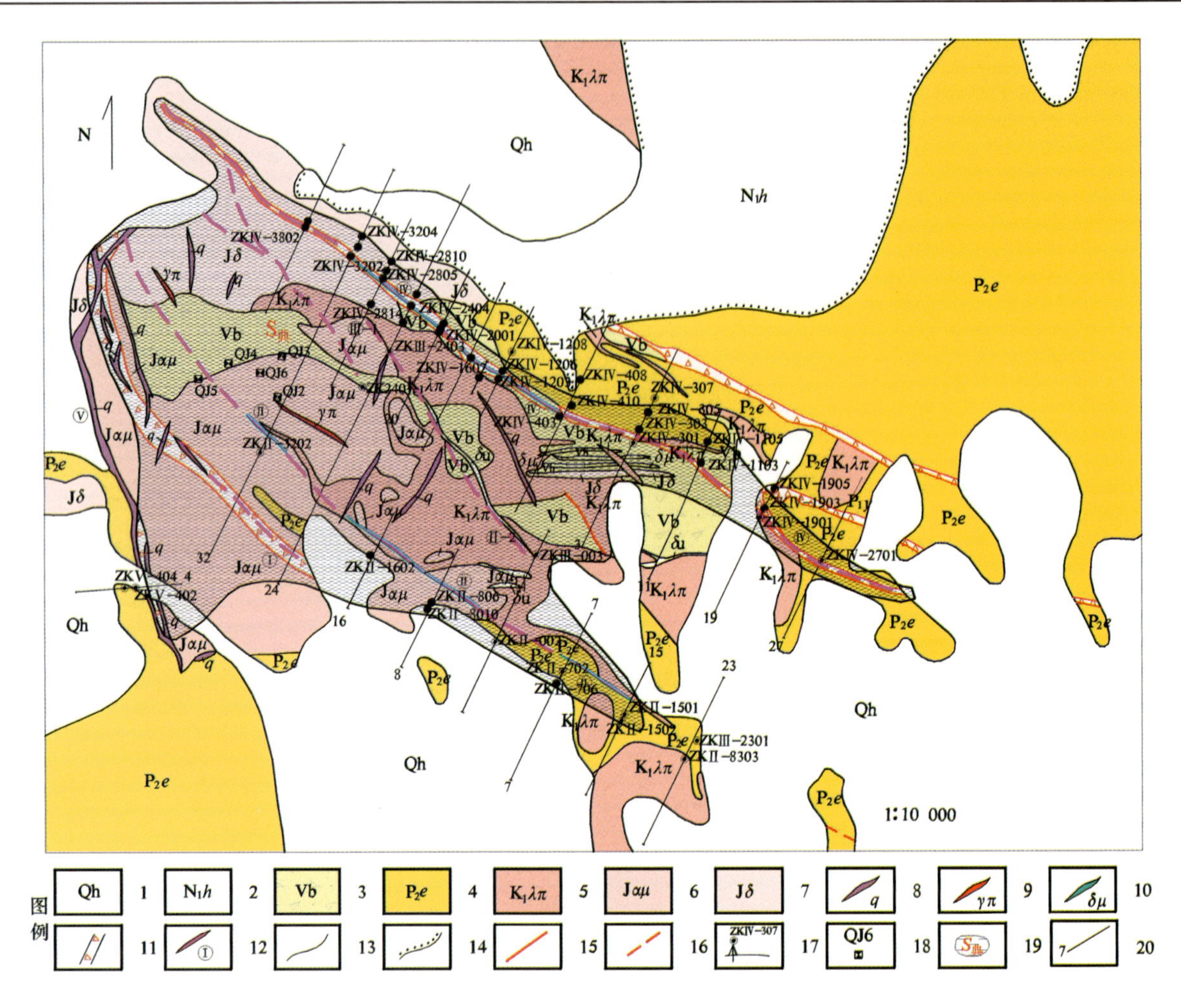


图 9-8　官地式复合内生型银金矿典型矿床矿区矿体聚集区

1.第四系全新统；2.汉诺坝组；3.隐爆角砾岩；4.中二叠统额里图组；5.流纹斑岩；6.安山玢岩；7.闪长岩；8.石英脉；9.花岗斑岩；10.闪长玢岩；11.破碎带；12.银金矿脉及编号；13.实测地质界线；14.实测角度不整合界线；15.实测断层；16.推测断层；17.钻孔及编号；18.浅井及编号；19.矿体聚集区段边界范围；20.勘探线及编号

**表 9-5　官地式复合内生型银金矿典型矿床查明资源量表**

| 矿床名称 | 经度 | 纬度 | 查明资源量 | 面积 | 延深 | 品位 | 体重 | 含矿系数 |
|---|---|---|---|---|---|---|---|---|
| | | | Ag 金属量(t) | ($m^2$) | (m) | ($\times10^{-6}$) | ($t/m^3$) | ($t/m^3$) |
| 官地银金矿 | E118°23′31″ | N42°35′22″ | 423.739 | 1 414 352 | 450 | 235.5 | 2.83 | 0.000 000 67 |

## 2. 典型矿床深部及外围的预测资源量及其估算参数

1)典型矿床深部预测资源量的确定

根据官地银金矿区勘探线剖面图，成矿类型为复合内生型，根据勘探线剖面图中已见矿钻孔资料及推测矿体的封闭情况，向深部推测 23m，矿区深部预测资源量($Z_{预}$)计算结果如表 9-6 所示，类别为334-1。

2)典型矿床外围预测资源量的确定

根据已知矿体走向、赋存层位、勘探线剖面图中矿体的封闭情况及矿区外围零星出露的矿体，圈定外围预测范围(图 9-9)：$S_{外}$=1 183 055$m^2$；预测延深：根据钻孔中矿体产状，沿最深延深下推 23m，即 473m 计算。则 $Z_{预}$=1 183 055×473×0.000 000 67=374.92(t)(表 9-6)。

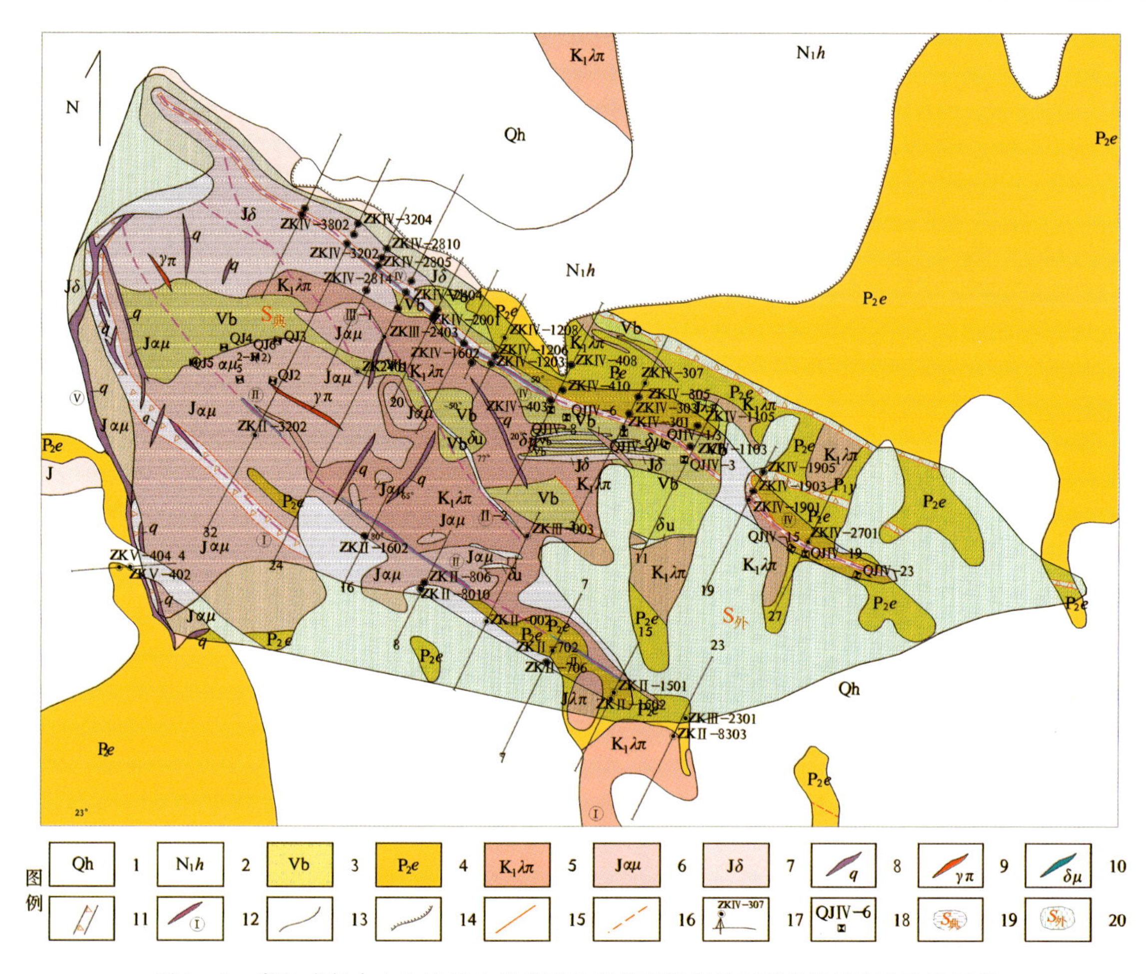


图 9-9　官地式复合内生型银金矿典型矿床外围资源量面积参数圈定方法及依据

1. 第四系全新统；2. 汉诺坝组玄武岩；3. 隐爆角砾岩；4. 中二叠统额里图组；5. 流纹斑岩；6. 安山玢岩；7. 闪长岩；8. 石英脉；9. 花岗斑岩；10. 闪长玢岩；11. 破碎带；12. 银金矿脉及编号；13. 实测地质界线；14. 实测角度不整合界线；15. 实测断层；16. 推测断层；17. 钻孔及编号；18. 浅井及编号；19. 矿体聚集区段边界范围；20. 典型矿床外围预测范围

**表 9-6　官地式复合内生型银金矿典型矿床深部和外围预测资源量表**

| 位置 | 经度 | 纬度 | 预测资源量(t) | 面积($m^2$) | 延深(m) | 含矿系数($t/m^3$) |
|---|---|---|---|---|---|---|
| 官地银金矿(深部) | E118°23′31″ | N42°35′22″ | 21.80 | 1 414 352 | 23 | 0.000 000 67 |
| 官地银金矿(外围) | E118°23′31″ | N42°35′22″ | 374.92 | 1 183 055 | 473 | 0.000 000 67 |

3)典型矿床资源总量

官地典型矿床资源总量计算公式：

$$Z_{典总}=已查明资源量(Z_{典})+深部预测资源量(Z_{深})+外围预测资源量(Z_{外})$$

典型矿床总面积计算公式：

$$S_{典总}=查明部分矿床面积(S_{典})+预测外围部分矿床面积(S_{外})$$

总延深计算公式：

$$H_{典总}=已知矿床延深(H_{典})+预测部分延深(H_{深})$$

典型矿床含矿系数＝典型矿床资源总量($Z_{典总}$)/[(典型矿床总面积($S_{典总}$)×典型矿床总延深($H_{典总}$)×含矿地质体面积参数]，计算结果详如表 9-7 所示。

表 9-7　官地式复合内生型银金矿典型矿床资源总量表

| 矿床名称 | 经度 | 纬度 | 已查明资源量(t) | 预测资源量(t) | 资源总量(t) | 总面积($m^2$) | 总延深(m) | 含矿系数($t/m^3$) |
|---|---|---|---|---|---|---|---|---|
| 官地银金矿 | E118°23′31″ | N42°35′22″ | 423.793 | 396.72 | 820.459 | 2 597 407 | 473 | 0.000 000 67 |

### (二)模型区的确定、资源量及估算参数

预测模型图的编制，是以地质剖面图为基础，叠加区域航磁及重力剖面图而形成，简要表示预测要素内容及其相互关系，以及时空展布特征。

### (三)最小预测区预测资源量

#### 1. 估算方法的选择

官地式复合内生型银金矿赤峰预测工作区各最小预测区的资源量定量估算采用地质体积法进行估算。

#### 2. 估算参数的确定

(1)最小预测区面积的圈定方法及圈定结果。预测区的圈定与优选采用有模型方法之特征分析法。

官地预测工作区预测底图精度为 1∶10 万，并根据成矿有利度[含矿地质体、控矿构造、矿(化)点、找矿线索及物探、化探异常]、地理交通及开发条件和其他相关条件，将工作区内最小预测区级别分为 A 级、B 级、C 级 3 个等级。圈定最小预测区 14 个，其中，A 级区 4 个，B 级区 5 个，C 级区 5 个。最小预测区面积在 0.76～8.8$km^2$之间(表 9-8)。各级别面积分布合理，且已知矿床(点)均分布在 A 级区内，说明最小预测区优选分级原则较为合理；最小预测区圈定总体与区域成矿地质背景和物探、化探异常等吻合程度较好。

表 9-8　官地式复合内生型银金矿赤峰预测工作区各最小预测区的面积圈定大小及其方法依据

| 最小预测区编号 | 最小预测区名称 | 经度 | 纬度 | 面积($km^2$) | 参数确定依据 |
|---|---|---|---|---|---|
| A1512604001 | 官地 | E118°32′22″ | 4234′59″ | 8.23 | 在 MRAS 中用网格单元法、特征分析法圈定色块图，然后根据地质、物探、化探、遥等信息人工校正圈定最小预测区范围 |
| A1512604002 | 头段地乡东 | E118°36′21″ | N42°37′51″ | 4.31 | |
| A1512604003 | 苍林坝西 | E118°20′58″ | N42°56′01″ | 1.57 | |
| A1512604004 | 西沟里东 | E118°40′36″ | N42°59′32″ | 0.76 | |
| B1512604001 | 岗子乡南 | E118°26′05″ | N42°31′43″ | 4.91 | |
| B1512604002 | 五分地南 | E118°45′04″ | N42°47′34″ | 8.80 | |
| B1512604003 | 上唐家地东 | E117°34′07″ | N42°57′23″ | 2.62 | |
| B1512604004 | 广兴源乡西 | E117°35′51″ | N42°52′52″ | 5.43 | |
| B1512604005 | 红山子乡北 | E117°26′39″ | N42°55′14″ | 6.57 | |
| C1512604001 | 黄家沟北东 | E118°53′01″ | N42°45′13″ | 2.30 | |
| C1512604002 | 高家梁乡北东 | E118°39′40″ | N42°48′24″ | 2.50 | |
| C1512604003 | 萨仁沟村东 | E117°48′00″ | N42°55′15″ | 0.70 | |
| C1512604004 | 广兴源乡北东 | E117°37′45″ | N42°56′34″ | 8.45 | |
| C1512604005 | 英图山咀北西 | E117°15′40″ | N42°51′14″ | 4.60 | |

(2)延深参数的确定及结果。延深的确定是在研究最小预测区含矿地质体地质特征、含矿地质体的形成延深、断裂特征、矿化类型的基础上,并对比典型矿床特征的基础上综合确定的,主要由成矿带模型类比或专家估计给出,详见表 9-9。

**表 9-9　官地式复合内生型银金矿赤峰预测工作区各最小预测区的延深圈定结果**

| 最小预测区编号 | 最小预测区名称 | 经度 | 纬度 | 延深(m) | 参数确定依据 |
|---|---|---|---|---|---|
| A1512604001 | 官地 | E118°32′22″ | N42°34′59″ | 473 | 钻孔 |
| A1512604002 | 头段地乡东 | E118°36′21″ | N42°37′51″ | 350 | 根据已知矿床、矿(化)点赋存地质体、航磁异常、剩余重力、化探异常、遥感异常等成矿要素综合分析,见矿钻孔延深及专家评估意见确定其延深 |
| A1512604003 | 苍林坝西 | E118°20′58″ | N42°56′01″ | 350 | |
| A1512604004 | 西沟里东 | E118°40′36″ | N42°59′32″ | 260 | |
| B1512604001 | 岗子乡南 | E118°26′05″ | N42°31′43″ | 230 | |
| B1512604002 | 五分地南 | E118°45′04″ | N42°47′34″ | 350 | |
| B1512604003 | 上唐家地东 | E117°34′07″ | N42°57′23″ | 280 | |
| B1512604004 | 广兴源乡西 | E117°35′51″ | N42°52′52″ | 200 | |
| B1512604005 | 红山子乡北 | E117°26′39″ | N42°55′14″ | 200 | |
| C1512604001 | 黄家沟北东 | E118°53′01″ | N42°45′13″ | 240 | |
| C1512604002 | 高家梁乡北东 | E118°39′40″ | N42°48′24″ | 260 | |
| C1512604003 | 萨仁沟村东 | E117°48′00″ | N42°55′15″ | 230 | |
| C1512604004 | 广兴源乡北东 | E117°37′45″ | N42°56′34″ | 400 | |
| C1512604005 | 英图山咀北西 | E117°15′40″ | N42°51′14″ | 200 | |

(3)品位和体重的确定。预测工作区内无其他矿床及样品资料,品位和体重均采用《内蒙古自治区赤峰市松山区官地矿区Ⅳ号矿体银金矿资源量核实报告》中的数据,Ag 的品位平均值为 $235.05\times10^{-6}$,体重平均值为 $2.83t/m^3$。

(4)相似系数的确定。官地银金矿预测工作区各最小预测区的相似系数的确定,主要依据 MRAS 生成的成矿概率及与模型区的比值,参照最小预测区含矿地质体出露情况、化探及重砂异常规模及分布、物探解译隐伏岩体分布信息等进行修正,以模型区为 1.00,各最小预测区相似系数如表 9-10 所示。

### 3. 最小预测区预测资源量估算结果

用地质体积法,根据预测资源量估算公式:

$$Z_{预}=S_{预}\times H_{预}\times K_S\times K\times \alpha$$

式中,$Z_{预}$ 为预测区预测资源量;$S_{预}$ 为预测区面积;$H_{预}$ 为预测区延深(指预测区含矿地质体延深);$K_S$ 为含矿地质体面积参数;$K$ 为模型区矿床的含矿系数;$\alpha$ 为相似系数

预测资源总量为 2 137.32t(不包括预测工作区已查明资源总量 593.739t)(表 9-11)。

### 4. 最小预测区预测资源量可信度估计

根据《预测资源量估算技术要求》(2010 年补充)可信度划分标准,针对每个最小预测区评价其可信度。其可信度统计结果如表 9-12 所示。

表 9-10　官地式复合内生型银金矿赤峰预测工作区各最小预测区的相似系数

| 最小预测区编号 | 最小预测区名称 | 经度 | 纬度 | 相似系数 |
|---|---|---|---|---|
| A1512604001 | 官地 | E118°32′22″ | N42°3459 | 1.00 |
| A1512604002 | 头段地乡东 | E118°36′21″ | N42°37′51′ | 0.95 |
| A1512604003 | 苍林坝西 | E118°20′58″ | N42°56′01″ | 0.95 |
| A1512604004 | 西沟里东 | E118°40′36″ | N42°59′32″ | 0.91 |
| B1512604001 | 岗子乡南 | E118°26′05″ | N42°31′43″ | 0.82 |
| B1512604002 | 五分地南 | E118°45′04″ | N42°47′34″ | 0.54 |
| B1512604003 | 上唐家地东 | E117°34′07″ | N42°57′23″ | 0.51 |
| B1512604004 | 广兴源乡西 | E117°35′51″ | N42°52′52″ | 0.71 |
| B1512604005 | 红山子乡北 | E117°26′39″ | N42°55′14″ | 0.71 |
| C1512604001 | 黄家沟北东 | E118°53′01″ | N42°45′13″ | 0.55 |
| C1512604002 | 高家梁乡北东 | E118°39′40″ | N42°48′24″ | 0.47 |
| C1512604003 | 萨仁沟村东 | E117°48′00″ | N42°55′15″ | 0.53 |
| C1512604004 | 广兴源乡北东 | E117°37′45″ | N42°56′34″ | 0.31 |
| C1512604005 | 英图山咀北西 | E117°15′40″ | N42°51′14″ | 0.61 |

表 9-11　官地式复合内生型银金矿赤峰预测工作区各最小预测区的估算成果表

| 最小预测区编号 | 最小预测区名称 | $S_{预}$ ($km^2$) | $H_{预}$ (m) | $K_S$ | $K$ ($t/m^3$) | $\alpha$ | 已查明资源量(t) | $Z_{预}$ (t) | 资源量精度级别 |
|---|---|---|---|---|---|---|---|---|---|
| A1512604001 | 官地 | 8.23 | 473 | 1.00 | 0.000 000 21 | 1.00 | 423.739 | 396.72 | 334-1 |
| A1512604002 | 头段地乡东 | 4.31 | 350 | 1.00 | 0.000 000 21 | 0.95 | 147.000 | 153.02 | 334-1 |
| A1512604003 | 苍林坝西 | 1.57 | 350 | 1.00 | 0.000 000 21 | 0.95 | 23.000 | 85.83 | 334-1 |
| A1512604004 | 西沟里东 | 0.76 | 260 | 1.00 | 0.000 000 21 | 0.91 |  | 37.62 | 334-2 |
| B1512604001 | 岗子乡南 | 4.91 | 230 | 1.00 | 0.000 000 21 | 0.82 |  | 195.22 | 334-2 |
| B1512604002 | 五分地南 | 8.80 | 350 | 1.00 | 0.000 000 21 | 0.54 |  | 349.79 | 334-2 |
| B1512604003 | 上唐家地东 | 2.62 | 280 | 1.00 | 0.000 000 21 | 0.51 |  | 77.98 | 334-3 |
| B1512604004 | 广兴源乡西 | 5.43 | 200 | 1.00 | 0.000 000 21 | 0.71 |  | 161.77 | 334-3 |
| B1512604005 | 红山子乡北 | 6.57 | 200 | 1.00 | 0.000 000 21 | 0.71 |  | 195.87 | 334-3 |
| C1512604001 | 黄家沟北东 | 2.30 | 240 | 1.00 | 0.000 000 21 | 0.55 |  | 64.03 | 334-3 |
| C1512604002 | 高家梁乡北东 | 2.50 | 260 | 1.00 | 0.000 000 21 | 0.47 |  | 64.53 | 334-3 |
| C1512604003 | 萨仁沟村东 | 0.70 | 230 | 1.00 | 0.000 000 21 | 0.53 |  | 18.13 | 334-3 |
| C1512604004 | 广兴源乡北东 | 8.45 | 400 | 1.00 | 0.000 000 21 | 0.31 |  | 218.10 | 334-3 |
| C1512604005 | 英图山咀北西 | 4.60 | 200 | 1.00 | 0.000 000 21 | 0.61 |  | 118.71 | 334-3 |
| **总计** |  |  |  |  |  |  | **593.739** | **2 137.32** |  |

**表 9-12　官地式复合内生型银金矿赤峰预测工作区各最小预测区的预测资源量可信度统计表**

| 最小预测区编号 | 最小预测区名称 | 经度 | 纬度 | 面积 | | 延深 | | 含矿系数 | | 资源量综合 | |
|---|---|---|---|---|---|---|---|---|---|---|---|
| | | | | 可信度 | 依据 | 可信度 | 依据 | 可信度 | 依据 | 可信度 | 依据 |
| A1512604001 | 官地 | E118°32′22″ | N42°34′59″ | 0.90 | 地质建造，物探与化探异常 | 0.90 | 典型矿床勘探延深、物探解译信息\化探异常、专家综合分析 | 0.76 | 模型区地质体积法 | 0.90 | 勘探延深、预测延深参数 |
| A1512604002 | 头段地乡东 | E118°36′21″ | N42°37′51″ | 0.76 | | 0.50 | | 0.76 | | 0.78 | |
| A1512604003 | 苍林坝西 | E118°20′58″ | N42°56′01″ | 0.76 | | 0.50 | | 0.76 | | 0.76 | |
| A1512604004 | 西沟里东 | E118°40′36″ | N42°59′32″ | 0.76 | | 0.50 | | 0.50 | | 0.60 | |
| B1512604001 | 岗子乡南 | E118°26′05″ | N42°31′43″ | 0.50 | | 0.50 | | 0.48 | | 0.48 | |
| B1512604002 | 五分地南 | E118°45′04″ | N42°47′34″ | 0.50 | | 0.50 | | 0.48 | | 0.48 | |
| B1512604003 | 上唐家地东 | E117°34′07″ | N42°57′23″ | 0.50 | | 0.50 | | 0.48 | | 0.35 | |
| B1512604004 | 广兴源乡西 | E117°35′51″ | N42°52′52″ | 0.50 | | 0.50 | | 0.48 | | 0.35 | |
| B1512604005 | 红山子乡北 | E117°26′39″ | N42°55′14″ | 0.50 | | 0.50 | | 0.48 | | 0.30 | |
| C1512604001 | 黄家沟北东 | E118°53′01″ | N42°45′13″ | 0.50 | | 0.50 | | 0.25 | | 0.30 | |
| C1512604002 | 高家梁乡北东 | E118°39′40″ | N42°48′24″ | 0.50 | | 0.50 | | 0.25 | | 0.30 | |
| C1512604003 | 萨仁沟村东 | E117°48′00″ | N42°55′15″ | 0.50 | | 0.25 | | 0.25 | | 0.30 | |
| C1512604004 | 广兴源乡北东 | E117°37′45″ | N42°56′34″ | 0.25 | | 0.25 | | 0.25 | | 0.30 | |
| C1512604005 | 英图山咀北西 | E117°15′40″ | N42°51′14″ | 0.25 | | 0.25 | | 0.25 | | 0.30 | |

## （四）预测工作区资源总量成果汇总

### 1. 按资源量精度级别

官地式复合内生型银金矿赤峰预测工作区地质体积法预测资源量，依据资源量精度级别划分标准和现有资料的精度，可划分为 334－1、334－2、334－3 三个资源量精度级别，各级别资源量如表 9－13 所示。

**表 9-13　官地式复合内生型银金矿赤峰预测工作区资源量精度级别分级统计表（Ag 金属量：t）**

| 预测工作区编号 | 预测工作区名称 | 资源量精度级别 | | |
|---|---|---|---|---|
| | | 334－1 | 334－2 | 334－3 |
| 1512604001 | 官地式复合内生型银金矿赤峰预测工作区 | 635.57 | 582.63 | 919.12 |

### 2. 按延深

根据各最小预测区内含矿地质体、物探与化探异常及相似系数特征，预测延深在 500m 以浅，其预测资源量按延深统计的结果如表 9－14 所示。

**表 9-14　官地式复合内生型银金矿赤峰预测工作区预测资源量延深统计表**

| 预测工作区编号 | 预测工作区名称 | 500m 以浅（t） | | | 1000m 以浅（t） | | | 2000m 以浅（t） | | |
|---|---|---|---|---|---|---|---|---|---|---|
| | | 334－1 | 334－2 | 334－3 | 334－1 | 334－2 | 334－3 | 334－1 | 334－2 | 334－3 |
| 1512604001 | 官地式复合内生型银金矿赤峰预测工作区 | 635.57 | 582.63 | 919.12 | 635.57 | 582.63 | 919.12 | 635.57 | 582.63 | 919.12 |
| **总计** | | **2 137.32** | | | **2 137.32** | | | **2 137.32** | | |

### 3. 按矿产预测方法类型

官地式复合内生型银金矿赤峰预测工作区的矿产预测方法类型为复合内生型，矿产预测类型为中低温火山热液型，其预测资源量统计结果如表 9－15 所示。

**表 9－15　官地式复合内生型银金矿赤峰预测工作区预测资源量矿产预测方法类型精度统计表**

| 预测工作区编号 | 预测工作区名称 | 复合内生型(t) | | |
|---|---|---|---|---|
| | | 334－1 | 334－2 | 334－3 |
| 1512604001 | 官地式复合内生型银金矿赤峰预测工作区 | 635.57 | 582.63 | 919.12 |

### 4. 按可利用性类别

最小预测区可利用权重统计结果，综合权重指数≥75%，为可利用；综合权重指数<75%，则为暂不可利用。预测工作区资源量可利用性统计结果如表 9－16 所示。

**表 9－16　官地式复合内生型银金矿赤峰预测工作区预测资源量可利用性统计表**

| 预测工作区编号 | 预测工作区名称 | 可利用(t) | | | 暂不可利用(t) | | |
|---|---|---|---|---|---|---|---|
| | | 334－1 | 334－2 | 334－3 | 334－1 | 334－2 | 334－3 |
| 1512604001 | 官地式复合内生型银金矿赤峰预测工作区 | 635.57 | 582.63 | 919.12 | — | — | — |
| **总计** | | **2 137.32** | | | **—** | | |

### 5. 按可信度统计分析

官地式复合内生型银金矿赤峰预测工作区预测资源量可信度统计结果如表 9－17 所示。

**表 9－17　官地式复合内生型银金矿赤峰预测工作区预测资源量可信度统计表**

| 预测工作区编号 | 预测工作区名称 | ≥0.75(t) | ≥0.50(t) | ≥0.25(t) |
|---|---|---|---|---|
| 1512604001 | 官地式复合内生型银金矿赤峰预测工作区 | 635.57 | 673.19 | 2 137.32 |

### 6. 按最小预测区级别

依据最小预测区地质矿产、物探及遥感异常等综合特征，并结合资源量估算和预测区优选结果，将最小预测区划分为 A 级、B 级和 C 级 3 个等级，其预测资源量分别为 673.19t、980.63t 和 483.50t（表 9－18）。

**表 9-18　官地式复合内生型银金矿赤峰预测工作区各最小预测区的预测资源量分级统计表**

| 最小预测区编号 | 最小预测区名称 | 级别 | 预测资源量(t) |
|---|---|---|---|
| A1512604001 | 上官地镇北 | A级 | 396.72 |
| A1512604002 | 头段地乡东 | | 153.02 |
| A1512604003 | 苍林坝西 | | 85.83 |
| A1512604004 | 西沟里东 | | 37.62 |
| **A级区预测资源量总计** | | | **673.19** |
| B1512604001 | 岗子乡南 | B级 | 195.22 |
| B1512604002 | 五分地南 | | 349.79 |
| B1512604003 | 上唐家地东 | | 77.98 |
| B1512604004 | 广兴源乡西 | | 161.77 |
| B1512604005 | 红山子乡北 | | 195.87 |
| **B级区预测资源量总计** | | | **980.63** |
| C1502601001 | 达钦呼都格 | C级 | 64.03 |
| C1502601002 | 都乌拉呼都格 | | 64.53 |
| C1502601003 | 塔日根嘎查 | | 18.13 |
| C1502601004 | 乌力吉图嘎查 | | 218.10 |
| C1502601005 | 克尔伦东 | | 118.71 |
| **C级区预测资源量总计** | | | **483.50** |

# 第十章 比利亚谷式火山-次火山岩热液型银铅锌矿预测成果

该预测工作区大地构造位置属于天山-兴蒙造山系，大兴安岭弧盆系，额尔古纳岛弧，即区域性北东-南西向的得尔布干深大断裂南西段的西北侧。与额仁陶勒盖式火山-次火岩型银矿预测工作区位于同一个大地构造分区内。

地层区划属滨太平洋地层区，大兴安岭-燕山地层分区、博克图-二连浩特地层小区。出露的地层主要以中生代火山岩为主，震旦系和石炭系陆源碎屑沉积岩零星分布。主要地层有额尔古纳河组、石炭系莫尔根河组、侏罗系万宝组、塔木兰沟组、满克头鄂博组、白音高老组及第四系全新统。

岩浆岩主要分布在得尔布干深大断裂的北西侧，出露面积较大。岩浆侵入活动与构造密切相关，主要经历了海西期和燕山期二次岩浆侵入活动。其中海西期构造岩浆侵入岩最为发育，所出露的岩体，主要分布于自兴屯—大黑山—太平梁一线。岩石类型为斑状黑云母花岗岩、闪长岩及黑云母二长花岗岩。其次为燕山期构造岩浆侵入岩，主要岩石类型为中细粒钾长花岗岩、中粗粒钾长花岗岩、二长花岗岩、斜长花岗岩、花岗闪长岩、正长斑岩和花岗斑岩。其中燕山早期侵入岩主要分布于莫尔道嘎一带，分布范围较广，出露面积大。而晚期侵入岩则零星出露于本区北部及南西一带。燕山早期钾长花岗岩和晚期花岗斑岩均为同源同期不同次的产物。各类岩体中Cu、Pb、Zn含量较海西中期中细—中粗粒斑状黑云母花岗岩、花岗闪长岩高。且各期侵入岩体中铁族元素含量偏低，以此现象分析：燕山期岩浆活动不仅为本区火山岩地层构造裂隙充填成矿携带了大量的Cu、Pb、Zn有用组分，同时也是岩浆在一定的构造空间自身结晶、分异和熔离，使有用组分富集成矿的母源。

主构造线方向为北东-南西向。在古生代晚期和中生代岩浆侵入活动强烈，并伴随着大量的火山喷发。特别是侏罗纪火山活动较为频繁，所形成的喷发岩覆盖范围广，分布面积大。岩浆在活动过程中携带了大量的Pb、Zn、Ag等有益金属元素组分，充填于得尔布干深大断裂的次一级北西向张性构造和裂隙中，为进一步富集成矿提供了有利条件。

## 第一节 典型矿床特征

### 一、典型矿床及成矿模式

#### （一）典型矿床特征

内蒙古自治区根河市比利亚谷矿区银铅锌矿勘探，是2008年内蒙古森工矿业有限责任公司在1∶20万区域化探资料成果的分析和综合研究基础上，对勘查区进行登记的。在取得探矿权证后，委托内蒙古第六地质矿产勘查开发院在勘查区进行了1∶5万土壤地球化学测量查证及普查工作，分析了主要成矿元素Pb、Zn、Ag，经化验分析这3种金属元素含量较高，异常浓集中心明显，异常元素套合较好。随后又动用了一定数量的槽探和钻探工程对化探异常进行揭露，经取基本分析样测试结果显示：Pb、Zn

含量较高，应为矿致异常，异常面积 3km²。普查期间成果较为显著。2009—2010 年委托内蒙古自治区地质矿产勘查院对该勘查区进行勘探，提交了《内蒙古自治区根河市比利亚谷矿区银铅锌矿勘探报告》。

将比利亚谷银铅锌矿作为典型矿床，通过研究其地质特征、成矿作用及成矿模式，对该类型矿床的勘查与开发具有十分重要的意义。

根据上述典型矿床选取原则及比利亚谷银铅锌矿床研究程度，选择比利亚谷银铅锌矿作为本预测类型的典型矿床。

**1. 矿区地质**

根河市比利亚谷矿区银铅锌矿严格受得尔布干深大断裂派生的次一级北西张性断裂和裂隙控制，勘查区中生界中侏罗统塔木兰沟组火山岩地层中的张性断裂构造，是矿体主要控矿构造（图 10－1）。由于区内地层风化破碎相当严重，均被第四纪地表风化物和冻土层覆盖，区内植被森林茂密，掩盖了基岩、矿体露头和构造形迹。再之国家在林区实行的“天保”工程限制了浅井和大量的槽探工程揭露，未能对矿体在近地表进行控制，影响了矿体的连接。

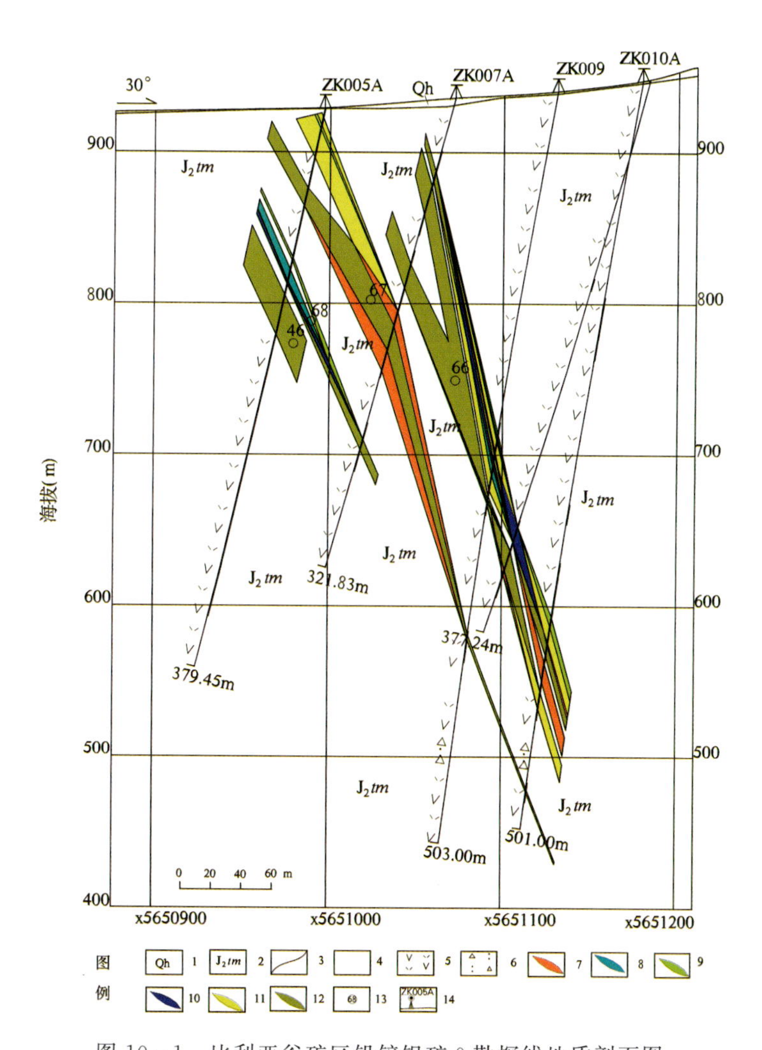


图 10－1　比利亚谷矿区铅锌银矿 0 勘探线地质剖面图

1. 第四纪全新世坡积、河流冲积物；2. 中侏罗统塔木兰沟组；3. 地质界线；4. 蚀变带界线；5. 英安岩；6. 角砾凝灰岩；7. 铅矿体；8. 低品位铅矿体；9. 低品位铅锌矿体；10. 锌矿体；11. 低品位锌矿体；12. 铅锌矿体；13. 矿体编号；14. 钻孔及编号

1)地层

根据1∶2000地质填图和大量钻孔揭露,矿区出露地层岩性较为简单。主要为中侏罗统塔木兰沟组英安岩夹角砾凝灰岩、上侏罗统满克头鄂博组安山岩和第四纪残坡积物和冲洪积物。

2)构造

勘探阶段,通过1∶1万地质测量和大量施工钻孔揭露详细查明了矿区的主要构造有上比利亚谷背斜和呈北西走向的含矿构造破碎带。

(1)褶皱。上比利亚谷背斜:轴向北东35°,轴面近直立。在矿区走向长度达2.5km,两翼相对较为开阔,倾角较小,北西翼倾向255°、倾角8°,南东翼倾向125°、倾角9°,两翼地层均为塔木兰沟组英安岩夹角砾凝灰岩。

(2)构造破碎带是矿区中主要含矿构造,由3条规模较大的张性断层及隐伏张性裂隙组成。带宽约650~720m,走向北西向,走向长度3.5km。

(3)断层。分布在矿区内的断层共见3条,编号分别为$F_{35}$、$F_{36}$、$F_{37}$。

$F_{35}$:走向301°,走向长度大于1554m,宽度变化在1.29~41.78m,断层面倾向211°,平均倾角65°,断层向下延深大于573m。断层内充填有硅质脉和方解石脉,断层内角砾大小不等,且多被硫化银铅锌矿液胶结。控制着矿区4号矿体的产出。

$F_{36}$:走向301°,走向长度大于513m,宽度变化在1.29~482.28m,断层面倾向210°,平均倾角65°,断层向下延深大于421m。断层内充填有硅质脉和方解石脉,断层内角砾大小不等,且多被硫化银铅锌矿液胶结。控制着矿区34号矿体的产出。

$F_{37}$:走向300°,走向长度大于713m,宽度变化在1.29~74.56m,断层面倾向210°,平均倾角65°,断层向下延深大于419m。断层内充填有硅质脉和方解石脉,断层内角砾大小不等,且多被硫化银铅锌矿液胶结。控制着矿区30号矿体的产出。

3)岩浆岩

矿区内未见侵入岩出露,脉岩仅在钻孔的岩芯中能够观察到,沿岩芯裂隙分布有石英、方解石细脉。

4)矿区变质作用及围岩蚀变

(1)变质作用类型。矿区内变质作用较为广泛,既有受构造运动影响产生的动力变质,又有与成矿作用有关的热液蚀变。

(2)围岩蚀变。分为线型和面型两种,面型多为青磐岩化,集中分布于矿区中的角砾凝灰岩、英安岩中。岩石多表现为细粒的钠长石化和绿帘石化。此带走向280°左右,蚀变带宽度3~5km。而线型蚀变主要分布于后期火山热液充填贯入的张性节理裂隙中,并且成组、成群出现,多使裂隙两盘围岩产生硅化、碳酸盐化、绢云母化、黄铁矿化、方铅矿化、闪锌矿化、黄铜矿化,蚀变带宽约2.8km。

## 2. 矿床特征

1)主要矿体特征

根据断裂构造带的展布特征、矿(化)体分布情况及综合物探资料,主要矿体特征如下:

(1)4号矿体。赋存于矿区中西部1—77勘探线之间,有57个钻孔控制。赋矿岩性为角砾凝灰岩和英安岩,赋矿标高为1 035.00~515.50m,矿体走向长度1 554.15m,单工程厚度变化范围在1.29~41.78m之间,平均厚度11.91m,控制延深:550.00m,总体走向295°~305°之间,矿体从北西向南东侧伏,侧伏角在10°左右。在75—61勘探线矿体呈脉状,59线膨大,厚约120m。15—9勘探线又突变为细脉状,后至7—3A勘探线膨大为似层状、透镜体状,在3—1勘探线突变分支成多条细脉而逐渐尖灭,矿体倾向211°,倾角平均为65°。该矿体工业类型主要为硫化矿,矿体总体以银铅锌矿石为主,伴生Ag,矿体沿走向或倾向,局部Pb富集,局部Zn富集,局部则为Pb、Zn复合富集,分布有单硫化铅、硫化锌矿石和复合的硫化Pb、Zn矿石。该矿体平均品位Pb 1.62%、Zn 1.39%、Ag 34.03×$10^{-6}$,Pb金属量为63 719.66t;Zn金属量为38 798.13t,占全矿床Pb总金属量17.29%;Zn总金属量10.42%,伴生Ag金属量150 492.69kg。矿体厚度变化系数为Pb 90.38%、Zn 95.47%，品位变化系数为Pb 165.71%、Zn 131.03%，属厚度变化较稳定、品位变化不均匀矿体，工业类型为硫化矿。

(2)30号矿体。分布在矿区中西部1A—61勘探线之间，有30个钻孔控制。赋矿岩性为角砾凝灰岩和英安岩，赋矿标高1 000.00～620.00m，走向为300°，与4号矿体基本平行产出。矿体走向长度713.35m，控制延深419.29m，倾向210°，倾角平均65°，呈脉状、细脉状产出，在7—3勘探线膨大，厚约150m。呈似层状，透镜体状产出。在1A线分支为两条细脉而逐渐尖灭。单工程厚度变化范围在1.29～74.56m之间，矿体平均厚度8.53m，矿体总体以银铅锌矿石为主并伴生有Ag，另在矿体的不同位置沿走向和倾向局部Pb富集，局部Zn富集，局部为Pb、Zn复合富集，分布有单硫化铅、硫化锌矿石和复合的硫化Pb、Zn矿石。该矿体平均品位Pb 2.41%、Zn 3.23%、Ag $18.15\times10^{-6}$。Pb金属量为45 092.04t，Zn金属量为71 957.96t，占全矿床Pb金属总量12.23%、Zn金属量19.32%。伴生Ag金属量44 798.02kg。矿体厚度变化系数为Pb 96.59%、Zn 100.59%，品位变化系数为Pb 173.42%、Zn 155.72%，属厚度变化在稳定和不稳定之间、品位变化不均匀矿体，工业类型为硫化矿。

(3)34号矿体。分布于矿区东部15—1A号勘探线之间，有10个钻孔控制。赋矿岩性为英安岩，赋矿标高960.00～580.00m，与4号、30号矿体平行产出。走向延长513.19m，控制延深419.29m，总体走向301°，在15—9勘探线呈脉状产出，7—5勘探线膨大似层状脉状产出，局部有分支现象，在3A线呈脉状分支，后至1A线尖灭。倾向210°，矿体平均倾角65°。单工程厚度变化范围在1.29～82.28m之间，矿体平均厚度8.57m，矿体总体为Pb、Zn矿石，沿走向和倾向局部Pb富集，局部Zn富集，局部为Pb、Zn复合富集，分布有单硫化铅、硫化锌矿石，复合的硫化Pb、Zn矿石，另伴生有Ag。该矿体平均品位Pb 2.77%、Zn 2.55%、Ag $21.50\times10^{-6}$。Pb金属量97 640.72t，Zn总金属量85 237.92t，占矿床Pb总金属量26.49%、Zn总金属量22.88%。伴生Ag金属量108 845.77kg。矿体厚度变化系数为Pb 91.97%、Zn 86.71%，品位变化系数为Pb 178.88%、Zn 173.46%，属厚度变化较稳定、品位变化不均匀矿体，工业类型为硫化矿。

(4)13号矿体。分布于矿区西部69—59勘探线之间，有9个钻孔控制。赋矿岩性为角砾凝灰岩，赋矿标高在950.00～656.00m之间，矿体走向长度346.42m，控制延深324.40m，矿体总体走向300°，单工程厚度变化范围在1.29～20.57m之间，矿体平均厚度6.16m，整体呈脉状、似层状产出，局部延深上有分支现象。矿体倾向210°，矿体平均倾角65°。矿体总体为Pb、Zn矿体，沿走向、倾向在局部Pb较富集，局部Zn富集，分布有单硫化铅，单硫化锌矿体，并伴有Ag，该矿体平均品位Pb 2.09%、Zn 1.77%、Ag $29.07\times10^{-6}$，Pb金属量23 871.99t，Zn金属量9 742.93t，占矿床Pb金属总量6.57%、Zn金属总量2.66%。伴生Ag金属量36 143.13kg。矿体厚度变化系数为Pb 84.00%、Zn 73.59%，品位变化系数为Pb 136.47%、Zn 126.21%，属厚度变化较稳定、品位变化不均匀矿体，工业类型为硫化矿。

(5)15号矿体。分布于矿区西部15—65勘探线之间，有10个钻孔控制。赋矿岩性为角砾凝灰岩和英安岩，赋矿标高在1 030.00～690.00m之间，矿体走向长度250.44m，控制延深375.15m，似层状、脉状产出，在走向和延深上有膨缩分支现象。倾向211°，平均倾角65°，单工程厚度变化范围在3.21～28.2m之间，矿体平均厚度9.65m，矿体总体为Pb、Zn矿石，沿走向和倾向局部Pb富集，局部Zn富集，分布有单硫化铅、硫化锌矿体并伴有Ag。矿体平均品位Pb 2.10%、Zn 3.02%、Ag $20.25\times10^{-6}$，Pb金属量为54 443.07t，Zn金属量67 659.62t，占矿床Pb金属总量14.77%、Zn金属总量18.16%。伴生Ag金属量56 113.26kg。矿体厚度变化系数为Pb 74.74%、Zn 96.14%，品位变化系数为Pb 190.57%、Zn 115.61%，属厚度变化较稳定、品位变化不均匀矿体。工业类型为硫化矿。

(6)66号矿体。分布于矿区中部1A—2勘探线之间，有7个钻孔控制。赋矿岩性为英安岩，赋矿标高在925.00～510.00m之间，矿体走向长度140.86m，控制延深441.63m，单工程厚度变化范围在2.29～44.74m之间，矿体平均厚度14.65m，呈层状似层状产出，倾向30°，平均倾角70°，局部有分支现象，主矿体以Pb、Zn矿石为主，另沿走向和倾向局部富集Pb，局部富集Zn，分布有单硫化铅、硫化锌矿体，并伴生有Ag，矿体平均品位Pb 2.02%、Zn 1.92%、Ag $41.18\times10^{-6}$，Pb金属量26 767.29t，Zn金属量 25 230.03t，占矿床 Pb 金属总量 7.37%，Zn 金属总量 6.89%。伴生 Ag 金属量 64 279.62kg。矿体厚度变化系数为 Pb 86.09%、Zn 79.25%，品位变化系数为 Pb 162.29%、Zn 152.53%，属厚度变化较稳定、品位变化不均匀，工业类型为硫化矿。

(7)67 号矿体。分布于矿区中东部 1A—4 勘探线之间，有 7 个钻孔控制。赋矿岩性为英安岩，赋矿标高在 925.00～450.00m 之间，矿体走向长度 246.37m，控制延深 505.48m，单工程厚度变化范围在 1.15～22.94m 之间，矿体平均厚度 11.28m，在 1—0 勘探线呈脉状、似层状产出，在 2 勘探线仅为单孔控制在走向和延深上有分支现象。倾向 31°，倾角 70°，平均品位 Pb 0.97%、Zn 1.57%、Ag $8.58\times10^{-6}$，Pb 金属量 12 776.64t，Zn 金属量 13 617.12t，占矿床 Pb 金属总量的 3.52%，Zn 金属总量 3.72%。伴生 Ag 金属量 11 341.83kg。矿体厚度变化系数为 Pb 86.60%、Zn 91.60%，品位变化系数为 Pb 114.76%、Zn 105.42%，属厚度变化较稳定、品位变化不均匀矿体，工业类型为硫化矿。

(8)68 号矿体。分布于矿区东部 1—6 勘探线之间，有 8 个钻孔控制。赋矿岩性为英安岩，赋矿标高在 855.00～305.00m 之间，矿体走向 261.91m，单工程厚度变化范围在 1.15～14.34m 之间，平均厚度 6.31m，控制延深 585.29m，倾向 31°，倾角 70°，矿体呈脉状、层状、似层状产出，矿体在走向和延深上有分支现象，伴生有 Ag。矿体平均品位 Pb 2.11%、Zn 3.00%、Ag $15.42\times10^{-6}$，Pb 金属量22 899.97t，Zn 金属量 34 712.56t，占矿床 Pb 金属总量的 6.30%，Zn 金属总量的 9.48%。伴生 Ag 金属量 17 865.43kg。矿体厚度变化系数为 Pb 58.62%、Zn 70.80%，品位变化系数为 Pb 130.78%、Zn 121.21%，属厚度变化较稳定、品位变化不均匀矿体，工业类型为硫化矿。

(9)69 号矿体。分布于矿区 0—8 勘探线之间，有 7 个钻孔控制。赋矿岩性为英安岩，赋矿标高在 905.00～340.00m 之间，矿体走向 258.32m，控制延深 601.26m，单工程厚度变化范围在 1.15～15.26m 之间，平均厚度 4.54m，倾向 31°，倾角 70°，矿体呈脉状、细脉状产出，矿体在走向和延深上均有分支特征，伴生有 Ag。平均品位 Pb 2.25%、Zn 2.08%、Ag $19.54\times10^{-6}$，Pb 金属量 6 287.96t，Zn 金属量 8 975.16t，占矿床 Pb 金属总量的 1.73%，Zn 金属总量的 2.45%。伴生 Ag 金属量 8 413.89kg。矿体厚度变化系数为 Pb 96.65%、Zn 100.05%，品位变化系数为 Pb 109.01%、Zn 125.22%，属厚度变化较稳定、品位变化不均匀矿体，工业类型为硫化矿。

(10)70 号矿体。分布于矿区 4—10 勘探线之间，有 4 个钻孔控制。赋矿岩性为英安岩，赋矿标高在 785.00～520.00m 之间，矿体走向 154.44m，控制延深 282.00m，单工程厚度变化范围在 1.15～14.47m 之间，平均厚度 5.52m，倾向 31°，倾角 70°，矿体呈脉状、细脉状产出，在走向和延深上有分支特征。平均品位 Pb 1.43%、Zn 1.26%、伴生 Ag $71.67\times10^{-6}$，Pb 金属量 4 578.35t，Zn 金属量 3 922.44t，占矿床 Pb 金属量的 1.26%、Zn 金属总量的 1.07%。伴生 Ag 金属量 27 729.32kg。矿体厚度变化系数为 Pb 93.66%、Zn 82.30%，品位变化系数为 Pb 115.58%、Zn 165.76%，属厚度变化较稳定、品位变化不均匀矿体，工业类型为硫化矿。

28 号、29 号、39 号、40 号、43 号、65 号、71 号、1 号矿体规模较小，其特征在此不再叙述。仅有 4 号、30 号工业矿体的低品位矿段进行了资源量估算。估算结果：4 号矿体 Pb 矿石量 $146.32t\times10^4$，Pb 金属量 7 624.14t，Pb 平均品位 0.52%。Zn 矿石量 306.51 万 t，Zn 金属量为 19 059.38t，Zn 平均品位为 0.64%。30 号矿体 Pb 矿石量 $28.44t\times10^4$，Pb 金属量 1 200.51t，Pb 平均品位 0.42%。Zn 矿石量 $54.48t\times10^4$，Zn 金属量 3 108.98t，Zn 平均品位 0.57%。其他矿体规模较小，均为单孔见矿且无法圈连成片，故未进行资源量估算。

2)矿石质量

(1)矿石的物质组成。矿石矿物中金属矿物主要有方铅矿、闪锌矿，其次为黄铜矿、辉银矿、磁铁矿、褐铁矿和铜蓝等。脉石成分为火山角砾、凝灰质、次生石英、绿泥石、碳酸盐、绢云母、斜长石。

(2)矿石结构、构造。矿石结构主要有变余角砾凝灰结构、半自形—他形粒状结构、交代残余结构、乳滴固熔体分离结构。矿石构造主要有浸染状、似斑杂状、细脉状、稠密浸染状构造。

3)矿石的类型和品级

(1)矿石的自然类型。比利亚谷银铅锌矿,据见矿最浅有代表意义的3个钻孔ZK308、ZK501、ZK71揭露情况:在孔深7m左右均已见到了原生的硫化银铅锌矿石,结合从其中分别提取的32件样品物相分析表明ZK308、ZK711在地表之下0～5m氧化锌含量分布范围在38.46%～30.76%之间,氧化铅所占Pb的百分含量在19.05%～11.11%,而ZK510在孔深13～19m向下连续取样物相分析表明硫化铅锌均大于90%。若按一般的分带标准(氧化矿石为氧化铅含量大于30%,复合矿为氧化铅10%～30%、硫化矿为氧化铅小于10%),本区氧化带延深在地表之下5m左右,且随地表地形起伏均匀分布。在孔深5～7m之间氧化锌所占比例为20.75%～30.77%、氧化铅所占百分比为9.37%～10.64%,说明该段应为复合带。在孔深7m之下硫化银铅锌矿所占百分比均大于90%,故7m之下应为原生带,因该矿床中的所有矿体均为钻孔控制的盲矿体,而且主要矿体规模较大的4号、30号、34号矿体均分布在近地表30m以下,另氧化带中的氧化矿体和混合带中的混合矿体分布范围极小且品位极低,因此该区本次勘探资源量估算均作为原生矿处理。

A. 根据矿石矿物蚀变组合特点进一步划分为:(a)硅化蚀变岩型银铅锌矿石;(b)硅化碳酸盐化蚀变岩型铅、锌矿石;(c)碳酸盐化蚀变岩型银铅锌矿石。

B. 根据矿石矿物结构构造可将矿床矿石划分为:(a)稠密浸染状银铅锌矿石;(b)似斑杂状银铅锌矿石;(c)细脉状银铅锌矿石。

C. 按脉石矿物成分分类可将该矿床矿石划分为:(a)角砾岩型银铅锌矿石;(b)石英型银铅锌矿石;(c)方解石银铅锌矿石;(d)方铅矿型银铅锌矿石。

(2)矿石的工业类型是依据方铅矿、闪锌矿的含量及脉石成分特征来确定的。该矿床中矿石的工业类型主要有:

A. 石英-方铅矿型银铅锌矿石。此类型矿石多为富矿石,少量则为中等矿石,是比利亚谷矿床中最主要的矿石类型。其特点是强硅化、绿帘石化。呈稠密浸染状、斑杂状分布,次为细脉状矿石。矿石颜色多为灰黑色。

B. 石英-闪锌矿-银铅锌矿石。该类型也为富矿石,少量则为中等矿石。是矿床中重要的矿石类型。稠密浸染状、斑杂状分布,次为脉状,普遍硅化、绿帘石化,矿石颜色多深棕色。

C. 方解石-少硫化物银铅锌矿。该类型矿石少量为中等铅品位,绝大多数为贫银铅锌矿石,多以细脉状为主,硅化较弱,碳酸盐化中等,绿泥石化较强,岩石多呈灰色。

(3)矿石的品级。比利亚谷矿区银铅锌矿床根据实际地质特征结合铅锌品位确定为中等品位矿石,主要依据:

A. 贫银铅锌矿石。铅品位为0.3%～0.7%、锌品位0.5%～1.0%的矿石划分为贫银铅锌矿石。该类型矿石分布于构造裂隙带的深部和裂隙带两侧,也分布在矿体两端变薄逐渐尖灭部位。

B. 中等银铅锌矿石。铅、锌品位在2.0%～6.0%定为中等品级矿石。该类型矿石是矿床中的主要矿石,主要分布在构造裂隙带膨大部位和距地表100～200m之间,数量较大。

C. 富银铅锌矿石。铅、锌矿石品位在6%以上为富矿石。该类型矿石分布于首采区3—5勘探线的局部钻孔中,分布数量极少。

4)围岩与夹石

(1)围岩。矿体赋存于北西向的构造节理、裂隙中。顶底板围岩主要为英安岩、角砾凝灰岩。围岩在岩体中的不同延深范围内,均存在不同程度的蚀变。围岩蚀变类型有硅化、碳酸盐化、绿帘石化、绿泥石化、绢云母化、高岭土化和黄铁矿化,顶底板界线较为清晰。

依据化学全分析样测试表明:围岩中的有害元素As含量在$(1.5\sim14)\times10^{-6}$之间;有益元素Pb在0～0.27%之间,Zn含量在0.01%～0.43%之间,Cu含量在0～0.01%之间,Ag含量在$(0\sim1.7)\times10^{-6}$之间。

(2)夹石。矿体内夹石局部也具有较强的银铅锌矿化,之所以当夹石处理,是由于铅锌品位低于规范要求的边界品位的缘故。夹石主要有英安岩、角砾凝灰岩，一般多分布在矿体分支或尖灭部位，也有在厚大矿体中单独存在，多呈扁豆体或透镜体状分布，是由于矿体本身矿化不均匀造成的，分布数量少，规模不大，对矿体在走向延长和延深的连续性影响不大。在矿体的连接和资源量估算中均已剔除。对小于 2m 且 Pb 品位小于 0.3%、Zn 小于 0.5%的矿化体沿走向和倾向延深上不大的，均圈入矿体一起采出。对矿石质量影响较小。

5)矿体共伴生元素综合评价

比利亚谷矿区根据目前勘探阶段分析结果表明：是一个以 Pb、Zn 为主的多金属矿区。矿体中可供工业开采利用的元素除 Pb、Zn 之外，还有 Ag 等。Pb、Zn 矿体分布于整个矿区，总体而言，在矿区中部 3—7 勘探线 Pb、Zn 矿体富集变厚。铅、锌单样品含量变化范围 Pb 0.03%～23.48%、Zn 0.05%～20.75%，其他勘探线 Pb、Zn 单样品分析结果变化较小，在 0～6.00%之间。Ag 作为伴生元素全矿床平均品位 Ag $25.24\times10^{-6}$，达到了伴生元素综合利用指标，可在采选中综合回收利用。Cu 品位变化在 0～0.07%之间，平均值为 0.02%，其他元素 Sn、Cd、Mo、As、Sb、Bi、S、Ga、In、U 的含量也较低，不具综合利用价值。

## (二)成矿模式

该矿床产于中侏罗统塔木兰沟组中。岩性以角闪安山岩、辉石安山岩为主，夹玄武岩及其火山碎屑岩。火山-侵入岩十分发育。矿体受北西向密集节理和破碎带控制。矿脉多产于塔木兰沟组的角闪安山岩中。围岩内断裂构造极为发育，矿体受北西向构造控制，由多条平行排列的张性断层、裂隙，形成含矿构造蚀变破碎带，宽约 650～720m，长 3.5km，且多被石英斑岩、石英粗面岩所充填，并具硅化、绢云母化、铁锰矿化、高岭土化等蚀变。

根据预测工作区成矿规律，确定预测工作区成矿要素(表 10－1)，总结成矿模式(图 10－2)。

**表 10－1　比利亚谷式中低温火山-次火山岩热液型银铅锌矿典型矿床成矿要素表**

| 典型矿床预测要素 | | 内容描述 | | | 要素类别 |
|---|---|---|---|---|---|
| 资源量 | | Ag 总计：544.241 5t | 加权平均品位 | Ag：$25.24\times10^{-6}$ | |
| 特征描述 | | 比利亚谷式中低温火山-次火山岩热液型银铅锌矿 | | | |
| 地质环境 | 构造背景 | 额尔古纳褶皱系，额尔古纳基底隆起区 | | | 必要 |
| | 成矿环境 | 以得尔布干断裂为界的额尔古纳钼、铅、锌成矿带和大兴安岭多金属矿带 | | | 必要 |
| | 成矿时代 | 晚侏罗世 | | | 必要 |
| 矿床特征 | 矿体形态 | 矿体多呈脉状、透镜体状产出，矿体走向为 295°～305°，矿体走向长度为 0.053～1.55km，延深在 280.00～601.26m 之间。厚度一般为 4.54～14.65m | | | 次要 |
| | 岩石类型 | 侏罗系塔木兰沟组火山岩 | | | 重要 |
| | 岩石结构 | 凝灰结构 | | | 次要 |
| | 矿物组合 | 方铅矿、闪锌矿、黄铜矿、黄铁矿、辉银矿，磁铁矿、褐铁矿、铜蓝等 | | | 重要 |
| | 结构构造 | 结构：以半自形—他形粒状、自形粒状为主，其次有包含结构、充填结构、溶蚀结构、斑状变晶结构、固溶体分离结构、反应边结构、压碎结构等。<br>构造：条纹状—条带状构造、块状构造、浸染状构造等 | | | 次要 |
| | 蚀变特征 | 硅化、绿泥石化、黄铁矿化、绢云母化、青磐岩化 | | | 重要 |
| | 控矿条件 | 侏罗系塔木兰沟组火山岩发育地段找铅锌及多金属矿有利。环形构造与北西西向构造发育地段，尤其是构造交会处是成矿有利场所。本区火山作用成矿显著，因而成矿类型以火山-次火山岩热液型为主 | | | 必要 |

**续表 10-1**

<table>
<tr><td colspan="3">典型矿床预测要素</td><td colspan="3">内容描述</td><td rowspan="3">要素类别</td></tr>
<tr><td colspan="3">资源量</td><td>Ag 总计:544.241 5t</td><td>加权平均品位</td><td>Ag:25.24×$10^{-6}$</td></tr>
<tr><td colspan="3">特征描述</td><td colspan="3">比利亚谷式中低温火山-次火山岩热液型银铅锌矿</td></tr>
<tr><td rowspan="3">物探与化探特征</td><td rowspan="2">地球物理特征</td><td>重力</td><td colspan="3">据 1∶20 万剩余重力异常图显示:曲线形态总体比较凌乱,异常特征不明显。据 1∶50 万航磁化极等值线平面图显示,磁场表现为 3 条近似南北走向的条带形正异常,极值达 300nT。布格重力异常等值线平面图上,比利亚谷式复合内生型银铅锌矿床位于局部重力低异常的边部,$\Delta g_{min}=-106.19\times10^{-5}m/s^2$</td><td>次要</td></tr>
<tr><td>航磁</td><td colspan="3">据 1∶5 万航磁平面等值线图显示:磁场总体表现为低缓的正磁场,矿点处于磁场变化梯度带上,相对异常呈条带状,走向北东。从 1∶20 万航磁($\Delta T$)化极等值线平面图可知,该区反映正、负相间的北东向条带磁异常,$\Delta T_{max}=500nT$,$\Delta T_{min}=-100nT$</td><td>次要</td></tr>
<tr><td colspan="2">地球化学特征</td><td colspan="3">矿区出现了以 Pb、Zn 为主,伴有 Ag、As、Cu、Cd、W 等元素组成的综合异常;Pb、Zn 为主成矿元素,Ag、As、Cu、Cd、W 为主要的共伴生元素。在比利亚谷地区 Pb、Zn 呈高背景分布,浓集中心明显,异常强度高;Ag、W 在比利亚谷地区呈高异常分布,具明显的浓集中心,As、Cu、Cd 在比利亚谷附近呈高背景分布,但浓集中心不明显</td><td>重要</td></tr>
</table>

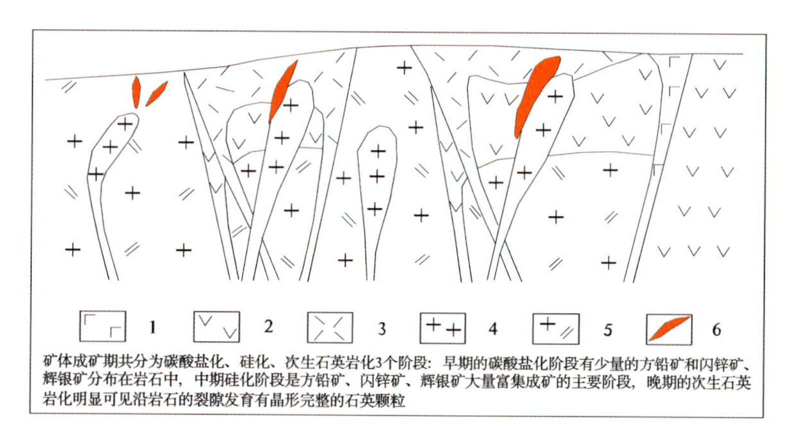


图 10-2 比利亚谷式中低温火山-次火山岩热液型银铅锌矿典型矿床成矿模式图

1.玄武岩;2.安山岩;3.流纹岩;4.花岗斑岩;5.二长花岗岩;6.矿体

## 二、典型矿床物探特征

据 1∶5 万航磁平面等值线图显示:磁场总体表现为低缓的正磁场,矿点处于磁场变化梯度带上,相对异常呈条带状,走向北东。据 1∶1 万电法平面等值线图显示,呈现东部低阻、西部高阻。

从 1∶20 万航磁($\Delta T$)化极等值线平面图可知,该区反映正、负相间的北东向条带磁异常,$\Delta T_{max}=500nT$,$\Delta T_{min}=-100nT$(图 10-3)。1∶50 万航磁化极等值线平面图显示,磁场表现为 3 条近似南北走向的条带形正异常,极值达 300nT。布格重力异常等值线平面图上,比利亚谷式复合内生型银铅锌矿床位于局部重力低异常的边部,$\Delta g_{min}=-106.19\times10^{-5}m/s^2$,异常为不规则状,从异常形态分析,重力低异常由 3 个不同走向的次一级局部重力低异常构成,剩余重力异常图证实了上述的推断。该剩余异常编号为 L 蒙-25 号,根据物性资料和地质资料分析,推断该重力低异常带是中酸性岩体的反映。表明比利亚谷银铅锌矿床在成因上不仅与元古宙地层有关,而且在空间上还与中酸性岩体关系密切。

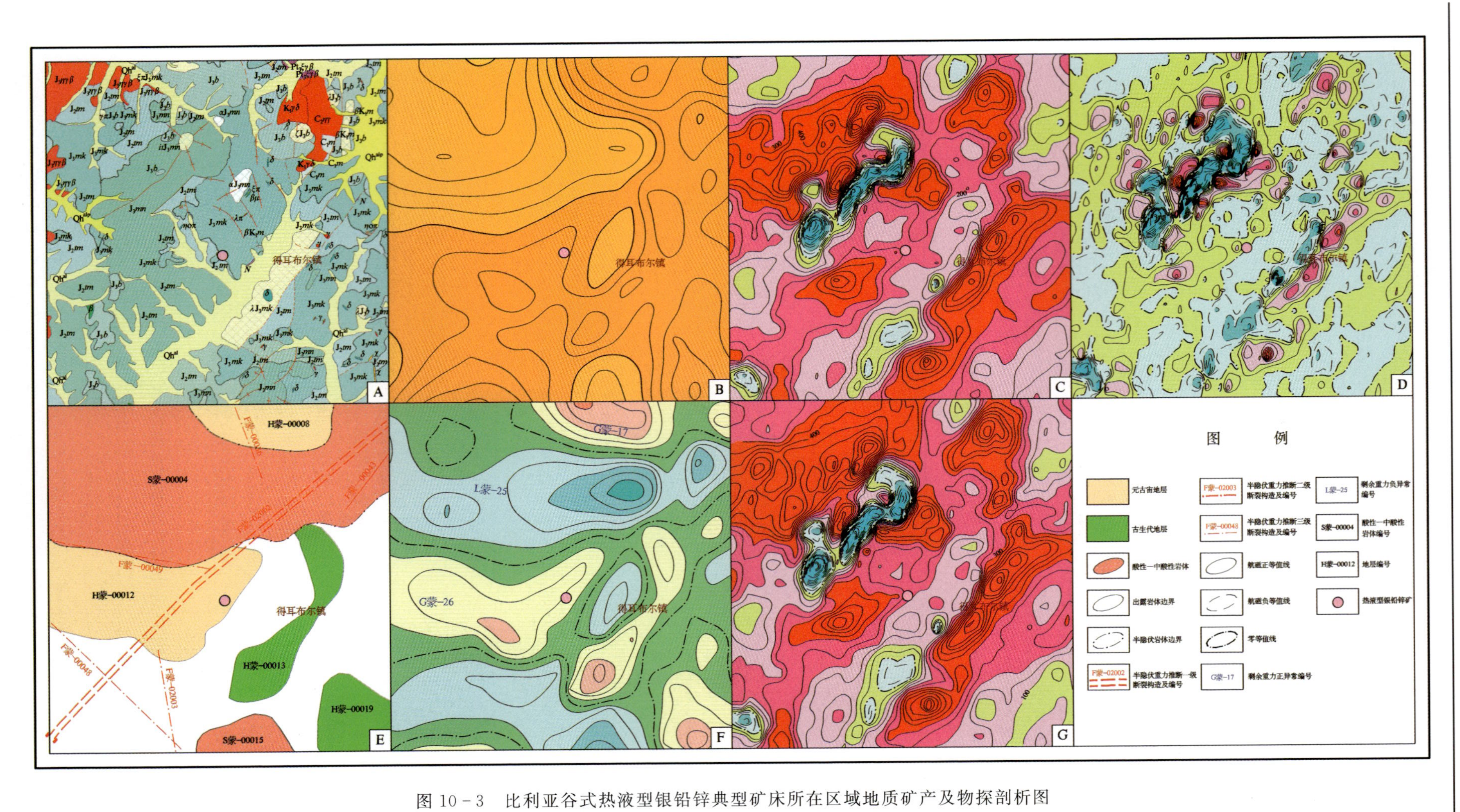


图10-3　比利亚谷式热液型银铅锌典型矿床所在区域地质矿产及物探剖析图

A. 地质矿产图；B. 布格重力异常图；C. 航磁 $\Delta T$ 等值线平面图；D. 航磁 $\Delta T$ 化极垂向一阶导数等值线平面图；E. 重力推断地质构造图；F. 剩余重力异常图；G. 航磁 $\Delta T$ 化极等值线平面图

根据重力场特征及地质出露情况分析，推断条带状正磁异常带是元古宙地层的反映，得尔布尔镇一带的负磁异常带是中酸性岩体的表现，说明该矿床不仅与火山岩有关，而且还与中酸性岩体关系密切。

## 三、典型矿床地球化学特征

矿区出现了以 Pb、Zn 为主，伴有 Ag、As、Cu、Cd、W 等元素组成的综合异常；Pb、Zn 为主成矿元素，Ag、As、Cu、Cd、W 为主要的伴生元素（图 10-4）。

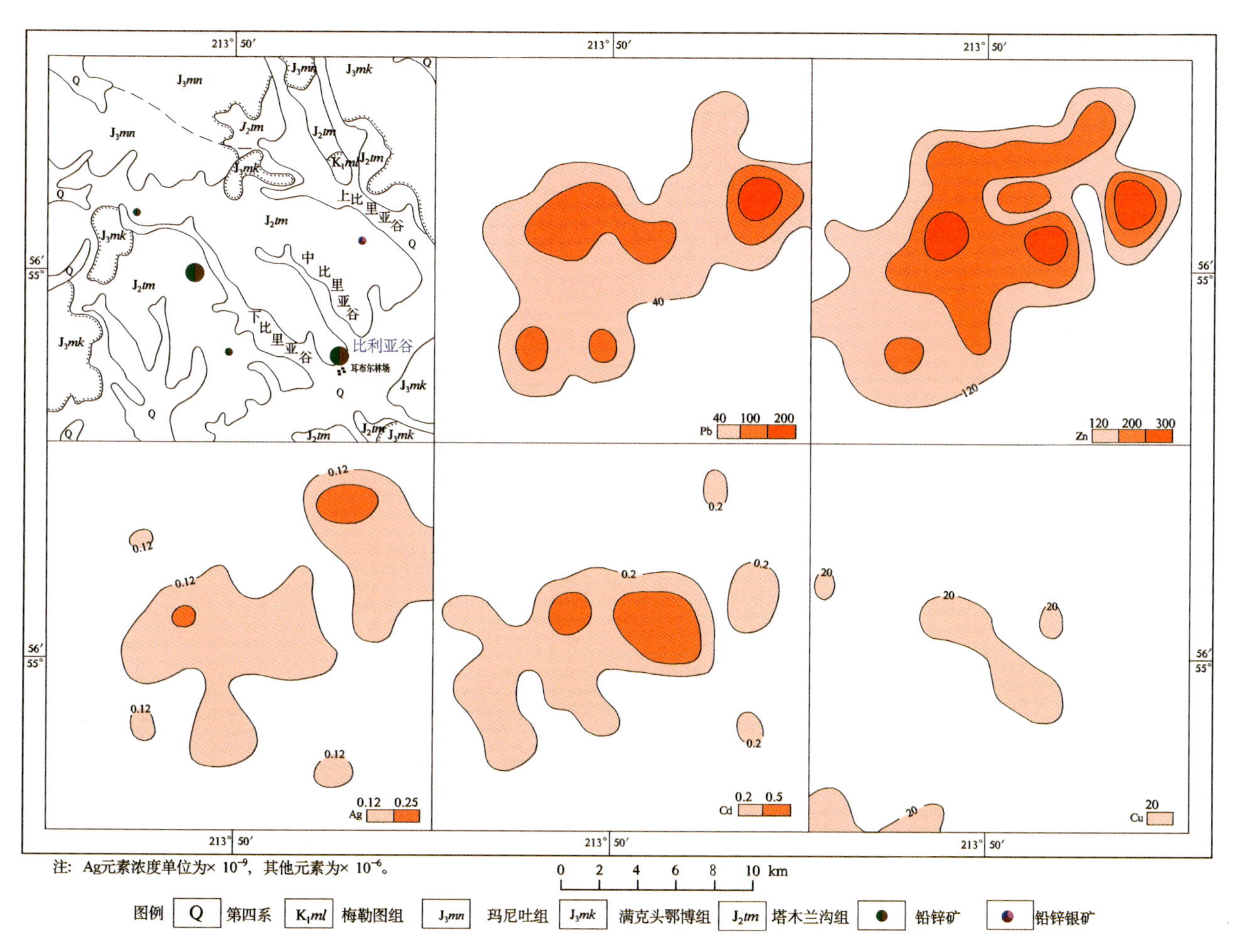


图 10-4　比利亚谷典型矿床所在区域地质矿产及化探剖析图

在比利亚谷地区 Pb、Zn 呈高背景分布，浓集中心明显，异常强度高；Ag、W 在比利亚谷地区呈高异常分布，具明显的浓集中心；As、Cu、Cd 在比利亚谷附近呈高背景分布，但浓集中心不明显。

## 四、典型矿床预测模型

根据典型矿床成矿要素和矿区综合物探普查资料以及区域化探、重力、遥感资料，确定典型矿床预测要素，编制了典型矿床预测要素图。其中高精度磁测、激电中梯资料以等值线形式标在矿区地质图上；化探资料由于只有 1∶20 万比例尺的，所以编制矿床所在地区 Au、Ag、Cd、Zn、Pb、Cu、W 综合异常剖析图表示；为表达典型矿床所在地区的区域物探特征，在航磁 $\Delta T$ 等值线平面图、航磁 $\Delta T$ 化极等值线平面图、航磁 $\Delta T$ 化极垂向一阶导数等值线平面图、布格重力异常图、剩余重力异常图及重力推断地质构造图上编制了比利亚谷典型矿床所在区域地质矿产及物探剖析图。

以典型矿床成矿要素图为基础，综合研究重力、航磁、化探、遥感等综合致矿信息，总结典型矿床预测要素表(表10-1)。

预测模型图的编制，由于未收集到高精度磁测、激电异常的剖面资料，故现以物探剖析图代替典型矿床预测模型图。

比利亚谷银铅锌矿区位于北东向得尔布干深大断裂及其派生的次一级北西向张性构造交会部位，矿体赋存于中侏罗统塔木兰沟组英安岩、角砾凝灰岩北西向张性断裂构造中，是典型的热液填充脉状矿床。从岩石的矿化和蚀变看(方铅矿化、闪锌矿化、黄铜矿化、碳酸盐化、硅化)，具浅成相中温特征。

# 第二节 预测工作区研究

## 一、区域地质特征

区内共有银铅锌矿床点2处，均赋存于侏罗系塔木兰沟组火山岩中，环形构造与北西西向构造发育地段，尤其是构造交会处是成矿有利场所。

## 二、区域地球物理特征

从布格重力异常图上看，预测区区域重力场总体反映南高、北低的特点，布格重力异常最低值 $-106.19\times10^{-5}m/s^2$，最高值 $-55.84\times10^{-5}m/s^2$。根据地质资料及物性资料，推断南部重力高背景是前寒武系所致。北部许多重力低局部异常是中酸性岩体的反映，剩余重力低异常编号分别为：L蒙-25、L蒙-14、L蒙-27、L蒙-37。

在1∶10万航磁 $\Delta T$ 等值线平面图上预测工作区磁异常幅值范围为－500～1200nT，背景值为－100nT～100nT，其间磁异常形态杂乱，正负相间，多为不规则带状、片状或团状，纵观预测工作区磁异常轴向及 $\Delta T$ 等值线延深方向，以北东向为主，磁场特征显示预测工作区构造方向以北东向为主。比利亚谷式复合内生型银铅锌矿位于预测区中部，磁异常背景为低缓负磁异常区，100nT等值线附近。

预测区内推断断裂走向与磁异常轴向相同，主要为北东向，以不同磁场区的分界线和磁异常梯度带为标志。结合预测区地质出露情况分析，预测区东南部磁异常多为火山岩地层引起，预测区西北部磁异常多为中酸性岩体引起。

根据磁异常特征，比利亚谷式复合内生型银铅锌矿预测工作区磁法推断断裂构造10条、侵入岩体22个，火山构造50处。

## 三、区域地球化学特征

区域上分布有Ag、As、Cd、Cu、Mo、Sb、W、Pb、Zn等元素组成的高背景区带，在高背景区带中有以Ag、Pb、Zn、Cd、Cu、Mo、Sb、W为主的多元素局部异常。预测区内共有38个Ag异常，27个As异常，9个Au异常，51个Cd异常，28个Cu异常，44个Mo异常，41个Pb异常，41个Sb异常，41个W异常，38个Zn异常。

预测区上Ag呈背景、高背景分布，在三河地区浓集中心明显，异常强度高，呈连续分布；As、Sb在预测区呈背景、高背景分布，在太平林场地区存在较强的浓集中心，Au在预测区北部呈高背景分布，在太平林场和牛尔河镇附近存在两处范围较大的浓集中心；Cu在预测区南部存在范围较大的异常区，浓集中心明显,异常强度高;Cd、W、Mo在预测区呈高背景分布,存在明显的浓度分带和浓集中心,在预测区西部浓集中心呈北东向展布;Pb、Zn在预测区呈背景、高背景分布,存在明显的浓度分带和浓集中心。

预测区上元素异常套合特征较明显的编号为AS1、AS2和AS3;AS1位于三河—比利亚谷,异常元素有Cu、Pb、Zn、Ag,Pb浓集中心明显,异常强度高,与Cu、Zn、Ag异常套合较好;AS2和AS3的异常元素有Pb、Zn、Ag、Cd,Pb浓集中心明显,异常强度高,与Cu、Zn、Ag异常套合较好,Cd元素异常范围较大。

综上所述,剩余重力数据显示,赋矿的塔木兰沟组对应重力场为正异常,航磁场与其相吻合,也为正异常场。布格重力数据显示异常不明显,为低值负异常。化探Ag、Cu、Pb、Zn、Sb、Au、As异常与赋矿地层对应较好,Ag单元素浓度峰值可达$140\times10^{-9}$。

## 四、区域遥感影像及解译特征

预测工作区内解译出巨型断裂带,即额尔齐斯-得尔布干断裂带东段,该断裂带贯穿整个预测区并沿北东向展布,被北东向新城村、北西向大新屯大型构造错断,线型构造两侧地质体较复杂。

解译出大型构造20余条,由北向南依次主要为西牛尔河构造、丁字河构造、潘家店-金河镇农场构造、额尔古纳断裂带、大新屯构造、七卡以北构造、五卡东北构造、新城村构造、觉荀荀东北构造、小孤山-卧都河乡构造、库都汗林场构造、三河回族乡东构造、新城村构造、梁东以南构造,其走向基本为近北东向和近北西向,两种方向的大型构造在区域内相互错断,构造格架清晰。

解译出中小型构造400余条,其中中型构造走向与大型构造基本一致,为北东方向与北西方向,与大型构造相互作用明显,形成较为有力的构造群。小型构造在图中的分布规律不明显。

区内的环形构造比较发育,共解译出100余处,主要分布在该区域的中部及东部,其余地区有零散分布,且大型构造带的交会断裂处及大中型构造形成的构造群附近多有环状要素出现。其成因与中生代花岗岩类、隐伏岩体、构造穹隆或构造盆地有关。

## 五、区域预测模型

区域预测要素图以区域成矿要素图为基础,综合研究重力、航磁、化探、遥感等综合致矿信息,总结区域预测要素表(表10-2),并将综合信息各专题异常曲线或区全部叠加在成矿要素图上,在表达时可以出单独预测要素如航磁的预测要素图。

表10-2 比利亚谷式复合内生型银铅锌矿比利亚谷预测工作区预测要素表

| 区域预测要素 | | 描述内容 | 要素类别 |
|---|---|---|---|
| 地质环境 | 大地构造位置 | Ⅰ天山-兴蒙造山系,Ⅰ-1大兴安岭弧盆系,Ⅰ-1-2额尔古纳岛弧($Pz_1$)、Ⅰ-1-3海拉尔-呼玛弧后盆地(Pz) | 必要 |
| | 成矿区(带) | Ⅰ-4滨太平洋成矿域(叠加在古亚洲成矿域之上);Ⅱ-13大兴安岭成矿省;Ⅲ-47新巴尔虎右旗(拉张区)铜、钼、铅、锌、金、萤石、煤(铀)成矿带;Ⅲ-5-①额尔古纳铜、钼、铅、锌、银、金、萤石成矿亚带(Q)、Ⅲ-5-②陈巴尔虎旗-根河金、铁、锌、萤石成矿亚带 | 必要 |
| | 区域成矿类型及成矿期 | 燕山期复合内生型 | 必要 |

**续表 10-2**

| 区域预测要素 | | | 描述内容 | 要素类别 |
|---|---|---|---|---|
| 控矿地质条件 | 赋矿地质体 | | 侏罗系塔木兰沟组火山岩发育地段有利寻找银铅锌多金属矿 | 必要 |
| | 围岩蚀变 | | 硅化、绿泥石化、黄铁矿化、绢云母化、青磐岩化与矿化关系密切 | 重要 |
| | 主要控矿构造 | | 环形构造与北西西向构造发育地段，尤其是构造交会处是成矿有利场所 | 必要 |
| 区内相同类型矿产 | | | 矿床 2 处：中型 1 处，小型 1 处 | 重要 |
| 地球物理与地球化学特征 | 地球物理特征 | 重力 | 从布格重力异常图上看，预测区区域重力场总体反映南高、北低的特点，布格重力异常最低值$-106.19\times10^{-5}m/s^2$，最高值$-55.84\times10^{-5}m/s^2$ | 次要 |
| | | 航磁 | 在 1∶10 万航磁 $\Delta T$ 等值线平面图上预测工作区磁异常幅值范围为－500～1200nT，背景值为－100～100nT，其间磁异常形态杂乱，正负相间，多为不规则带状、片状或团状，磁场特征显示预测工作区构造方向以北东向为主。预测工作区内推断断裂走向与磁异常轴向相同，主要为北东向，以不同磁场区的分界线和磁异常梯度带为标志 | 次要 |
| | 地球化学特征 | | Pb、Zn 在预测区呈背景、高背景分布，存在明显的浓度分带和浓集中心，AS1 异常元素有 Cu、Pb、Zn、Ag，Pb 浓集中心明显，异常强度高，与 Cu、Zn、Ag 异常套合较好；AS2 和 AS3 的异常元素有 Pb、Zn、Ag、Cd，Pb 浓集中心明显，异常强度高，与 Cu、Zn、Ag 异常套合较好 | 重要 |
| 遥感特征 | | | 北西向断裂构造及遥感羟基铁染异常区 | 次要 |

预测模型图的编制，以地质剖面图为基础，叠加区域航磁及重力剖面图而形成，简要表示预测要素内容及其相互关系，以及时空展布特征（图 10-5）。

## 第三节　矿产预测

### 一、综合地质信息定位预测

#### （一）变量提取及优选

**1. 预测要素及要素组合的数字化、定量化**

预测单元的划分是开展预测工作的重要环节，根据典型矿床成矿要素及预测要素研究，以及预测区提取的要素特征，本次选择网格单元法作为预测单元，根据预测底图比例尺确定网格间距为 2000m×2000m，图面为 20mm×20mm。

根据典型矿床成矿要素及预测要素研究，选取以下变量：

（1）地质体：侏罗系塔木兰沟组火山岩，共提取地质体 201 块，总面积为 4 578.59km²。

（2）断层：提取北西向地质断层及遥感推断断裂，并根据断层的规模作 500m 的缓冲区。

（3）化探：Pb 化探异常要（17～1 293.1）$\times10^{-9}$的范围，Zn 化探异常（40～3 007.8）$\times10^{-9}$的范围，总面积为 10 037.87km²。

（4）重力：提取剩余重力（－94～64）$\times10^{-5}m/s^2$的范围，总面积为 31 932.01km²。

（5）航磁：提取航磁化极值 0～350nT 的范围，总面积为 11 592.20km²。

（6）遥感：提取遥感北西向断裂构造要素及羟基铁染异常区，提取羟基铁染异常区要素 248 块，总面积 621.44km²。

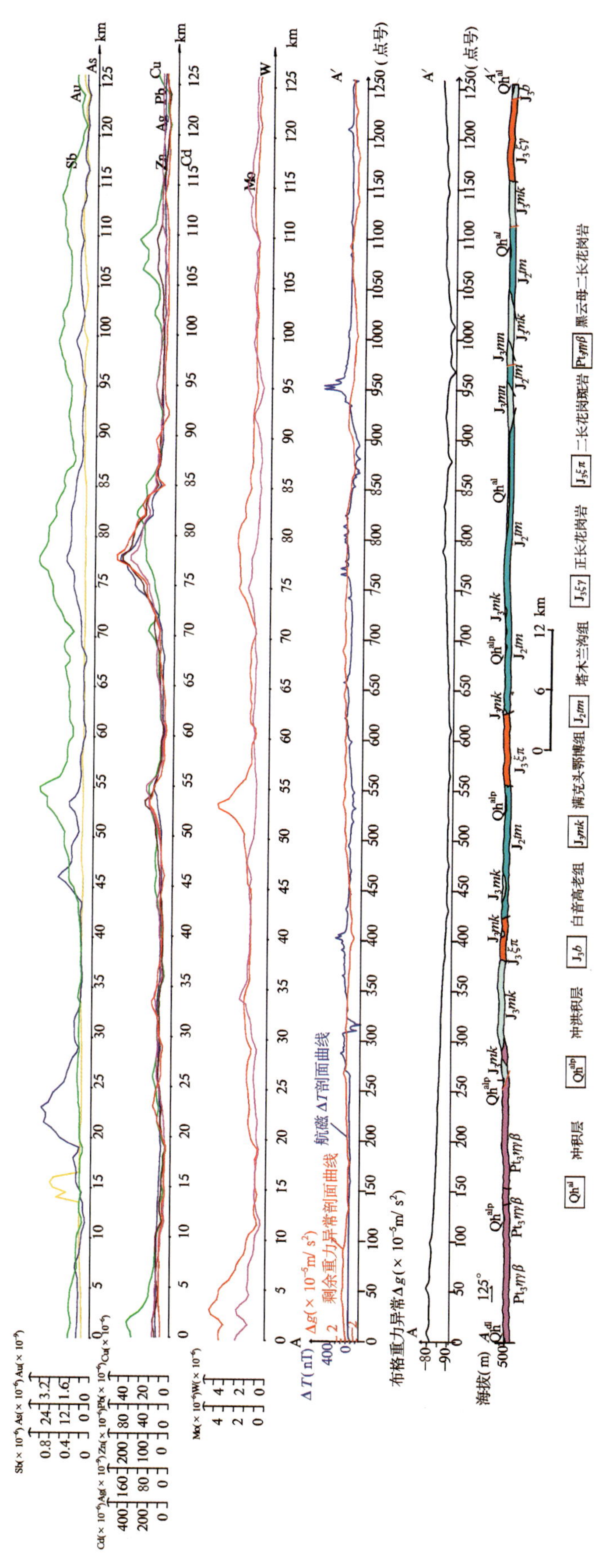


图 10-5　比利亚谷预测工作区预测模型图

**2. 变量初步优选研究**

地质体、断层、遥感环要素进行单元赋值时采用区的存在标志；化探、剩余重力、航磁化极则求起始值的加权平均值，在变量二值化时利用异常范围值人工输入变化区间。

在上述提取的变量中，提取航磁化极异常范围对预测无明显意义，故在优选过程中剔除。

（二）最小预测区圈定及优选

由于预测区内只有1处已知矿床，因此采用MRAS矿产资源GIS评价系统中的预测模型工程，利用网格单元法进行定位预测。采用空间评价中数量化理论Ⅲ、聚类分析、神经网络分析等方法进行预测，比照各类方法的结果，确定采用聚类分析法进行评价，再结合综合信息法叠加各预测要素圈定最小预测区，并进行优选。

（1）采用MRAS矿产资源GIS评价系统中的预测模型工程，添加地质体、断层、铅锌元素化探、剩余重力、航磁化极、遥感羟基铁染异常区要素等专题图层。

（2）采用网格单元法设置预测单元，网格单元范围为预测工作区范围，单元大小为20mm×20mm。

（3）地质体、断层、遥感羟基铁染异常区要素进行单元赋值时采用区的存在标志；化探、剩余重力、航磁化极则求起始值的加权平均值，进行原始变量构置。

（4）对化探、剩余重力、航磁化极进行二值化处理，人工输入变化区间：化探异常$(17\sim1\ 293.1)\times10^{-9}$的范围，剩余重力$(-94\sim64)\times10^{-5}\ m/s^2$的范围，航磁化极值0～350nT的范围，并根据形成的定位数据转换专题构造预测模型。

（5）采用聚类分析法进行空间评价。

根据种子单元赋颜色，选择比利亚谷银铅锌矿床所在单元为种子单元。

（6）最小预测区圈定与分级

叠加所有成矿要素及预测要素，根据形成的预测单元图及不同级别的各要素边界，圈定最小预测区。

（三）最小预测区圈定结果

本次工作是圈定最小预测区34个，其中，A级区6个、B级区10个、C级区18个。最小预测区面积在2.655～47.753$km^2$之间，平均为19.806$km^2$，总面积为673.410$km^2$（图10-6，表10-3）。

（四）最小预测区地质评价

根据资源量估算结果和预测区优选结果，进行最小预测区级别划分，根据典型矿床及预测工作区研究，确定划分原则如下：

A级区：有出露含矿地质体＋Pb化探异常$(17\sim1\ 293.1)\times10^{-9}$，Zn化探异常$(40\sim3\ 007.8)\times10^{-9}$＋已知矿床＋北西向断层缓冲区＋遥感羟基异常区。

B级区：有出露含矿地质体＋北西向断层缓冲区＋遥感羟基异常区＋Pb、Zn化探异常＋断层缓冲区或推断含矿地质体＋Pb、Zn化探异常浓集区＋蚀变带。

C级区：覆盖区化探异常浓集中心或出露含地质体的上部层位＋Pb、Zn化探异常。

选择比利亚谷典型矿床所在的最小预测区（A1512606001）为模型区，模型区内出露的地质体为侏罗系塔木兰沟组火山岩，Pb化探异常值范围为$(90\sim1\ 293.1)\times10^{-9}$，Zn化探异常值范围为$(138\sim3007)\times10^{-9}$，成矿受北西向断层控制，典型矿床位于北西向断层之间，并处在椭圆形遥感羟基异常区中心。各最小预测区评价结果如表10-4所示。

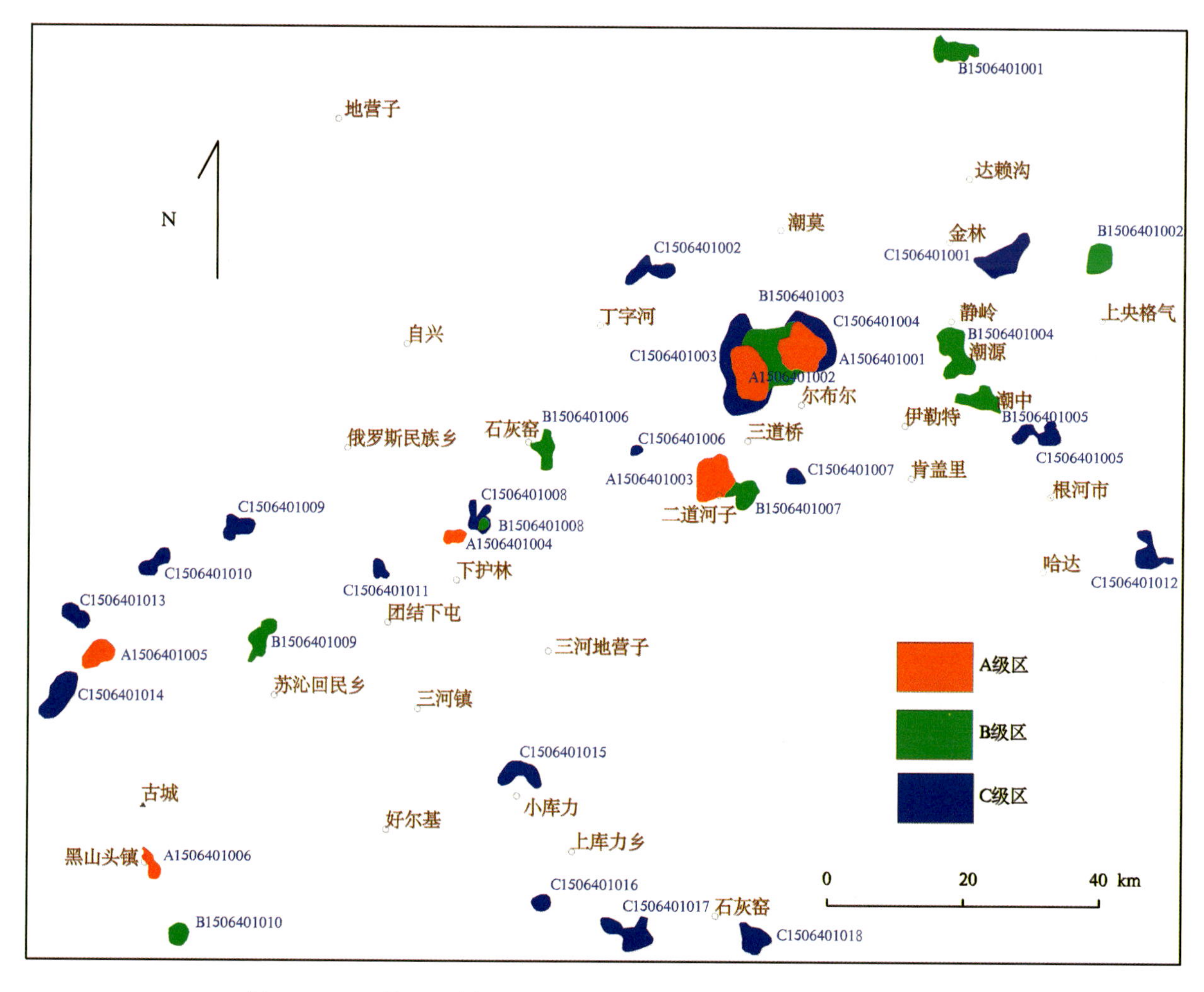


图 10-6　比利亚谷式复合内生型银铅锌矿最小预测区优选分布示意图

**表 10-3　比利亚谷式复合内生型银铅锌矿最小预测区一览表**

| 序号 | 最小预测区编号 | 最小预测区名称 |
|---|---|---|
| 1 | A1512606001 | 比利亚谷银铅锌矿 |
| 2 | A1512606002 | 尔布尔北西 1228 高地 |
| 3 | A1512606003 | 二道河子 |
| 4 | A1512606004 | 上护林北西 |
| 5 | A1512606005 | 苏沁回民乡北西西 817 高地北西 |
| 6 | A1512606006 | 黑山头镇东 |
| 7 | B1512606001 | 达赖沟北 |
| 8 | B1512606002 | 上央格气北 |
| 9 | B1512606003 | 尔布尔北西 |
| 10 | B1512606004 | 潮源 |
| 11 | B1512606005 | 潮中 |
| 12 | B1512606006 | 石灰窑 |

续表 10－3

| 序号 | 最小预测区编号 | 最小预测区名称 |
|---|---|---|
| 13 | B1512606007 | 二道河子东 |
| 14 | B1512606008 | 上护林北 |
| 15 | B1512606009 | 苏沁回民乡北西 840 高地北东 |
| 16 | B1512606010 | 黑山头镇南东南 715 高地北东 |
| 17 | C1512606001 | 金林南东 1151 高地 |
| 18 | C1512606002 | 丁字河北东 930 高地 |
| 19 | C1512606003 | 三道桥北 |
| 20 | C1512606004 | 得尔布尔镇西 |
| 21 | C1512606005 | 潮查北 |
| 22 | C1512606006 | 石灰窑东 1145 高地北东 |
| 23 | C1512606007 | 三道桥南东 |
| 24 | C1512606008 | 十八里桥西 |
| 25 | C1512606009 | 俄罗斯民族乡南西 949 高地南 |
| 26 | C1512606010 | 俄罗斯民族乡南西 814 高地南 |
| 27 | C1512606011 | 下护林西 972 高地北 |
| 28 | C1512606012 | 大其拉哈南 |
| 29 | C1512606013 | 苏沁回民乡北西西 860 高地北 |
| 30 | C1512606014 | 古城北西 |
| 31 | C1512606015 | 小库力北 |
| 32 | C1512606016 | 上库力乡南西 |
| 33 | C1512606017 | 上库力乡南东 998 高地 |
| 34 | C1512606018 | 上库力乡南东 1007 高地北 |

**表 10－4　比利亚谷式复合内生型银铅锌矿比利亚谷预测工作区各最小预测区的综合信息特征一览表**

| 最小预测区编号 | 最小预测区名称 | 综合信息特征 |
|---|---|---|
| A1512401001 | 比利亚谷银铅锌矿 | 该最小预测区出露的地质体主要为中侏罗统塔木兰沟组火山岩类建造，少量上侏罗统满克头鄂博组火山岩类建造，其余为第四系覆盖，有比利亚谷银铅锌矿典型矿床。区内航磁化极异常值－50～500nT，剩余重力异常值(0～3)×$10^{-5}$ m/s$^2$；Ag化探异常值为(58～433)×$10^{-9}$ |
| A1512401002 | 尔布尔北西1228 高地 | 该最小预测区位于模型区附近，出露的地质体主要为中侏罗统塔木兰沟组火山岩类建造，其余为第四系覆盖，没有已知银矿点。区内航磁化极异常值－500～1250nT，剩余重力异常值(－2～4)×$10^{-5}$m/s$^2$；Ag化探异常值为(70～433)×$10^{-9}$ |
| A1512401003 | 二道河子 | 该最小预测区出露的地质体主要为中侏罗统塔木兰沟组火山岩类建造，少量上侏罗统白音高老组火山岩类建造，其余为第四系覆盖，有三道桥银矿点。区内航磁化极异常值－20～625nT，剩余重力异常值(－1～4)×$10^{-5}$m/s$^2$；Ag化探异常值为(32～10 900)×$10^{-9}$ |

续表 10－4

| 最小预测区编号 | 最小预测区名称 | 综合信息特征 |
| --- | --- | --- |
| A1512401004 | 上护林北西 | 该最小预测区出露的地质体主要为中侏罗统塔木兰沟组火山岩类建造，少量中侏罗统万宝组砂岩类建造，其余为第四系覆盖，没有已知银矿点。区内航磁化极异常值－250～50nT，剩余重力异常值(－2～1)×$10^{-5}$ m/$s^2$；Ag 化探异常值为(42～70)×$10^{-9}$ |
| A1512401005 | 苏沁回民乡北西西 817 高地北西 | 该最小预测区出露的地质体主要为南华系佳疙疸组碎屑岩夹火山岩类建造、震旦系额尔古纳河组陆源碎屑-碳酸盐岩-酸性熔岩建造及上石炭统红水泉组砂岩、泥岩类建造，没有已知银矿点。区内没有航磁化极数据，剩余重力异常值(－1～1)×$10^{-5}$ m/$s^2$；Ag 化探异常值为(58～216)×$10^{-9}$ |
| A1512401006 | 黑山头镇东 | 该最小预测区出露的地质体主要为中侏罗统塔木兰沟组火山岩类建造，少量中侏罗世碱长花岗岩，其余为第四系覆盖，没有已知银矿点。区内航磁化极异常值－250～125nT，剩余重力异常值(2～6)×$10^{-5}$ m/$s^2$；Ag 化探异常值为(50～10 900)×$10^{-9}$ |
| B1512401001 | 达赖沟北 | 该最小预测区出露的地质体主要为中侏罗统塔木兰沟组火山岩类建造、晚石炭世二长花岗岩，少量新元古代片麻状花岗闪长岩及巨斑状黑云母正长花岗岩，其余为第四系覆盖，没有已知银矿点。区内航磁化极异常值 75～1250nT，剩余重力异常值(－2～3)×$10^{-5}$ m/$s^2$；Ag 化探异常值为(42～182)×$10^{-9}$ |
| B1512401002 | 上央格气北 | 该最小预测区出露的地质体主要为中侏罗统塔木兰沟组火山岩类建造，少量上侏罗统白音高老组火山岩类建造，其余为第四系覆盖，没有已知银矿点。区内航磁化极异常值 15～1250nT，剩余重力异常值(1～3)×$10^{-5}$ m/$s^2$；Ag 化探异常值为(70～155)×$10^{-9}$ |
| B1512401003 | 尔布尔北西 | 该最小预测区位于模型区外围，出露的地质体主要为中侏罗统塔木兰沟组火山岩类建造，少量上侏罗统满克头鄂博组火山岩类建造及玛尼吐组火山岩类建造，其余为第四系覆盖，没有已知银矿点。区内航磁化极异常值－375～625nT，剩余重力异常值(0～4)×$10^{-5}$ m/$s^2$；Ag 化探异常值为(37～273)×$10^{-9}$ |
| B1512401004 | 潮源 | 该最小预测区出露的地质体主要为中侏罗统塔木兰沟组火山岩类建造、上侏罗统满克头鄂博组火山岩类建造，其余为第四系覆盖，没有已知银矿点。区内航磁化极异常值 25～500nT，剩余重力异常值(－2～1)×$10^{-5}$ m/$s^2$；Ag 化探异常值为(58～273)×$10^{-9}$ |
| B1512401005 | 潮中 | 该最小预测区出露的地质体主要为中侏罗统塔木兰沟组火山岩类建造，少量上侏罗统满克头鄂博组火山岩类建造、晚侏罗世正长花岗岩，没有已知银矿点。区内没有航磁化极数据资料，剩余重力异常值(－5～1)×$10^{-5}$ m/$s^2$；Ag 化探异常值为(58～124)×$10^{-9}$ |
| B1512401006 | 石灰窑 | 该最小预测区出露的地质体主要为中侏罗世碱长花岗岩、上石炭统红水泉组砂岩、泥岩类建造及第四系，没有已知银矿点。区内航磁化极异常值－250～375nT，剩余重力异常值(－1～1)×$10^{-5}$ m/$s^2$；Ag 化探异常值为(32～433)×$10^{-9}$ |
| B1512401007 | 二道河子东 | 该最小预测区位于三道桥银矿点外围，出露的地质体主要为中侏罗统塔木兰沟组火山岩类建造，没有已知银矿点。区内航磁化极异常值－75～375nT，剩余重力异常值(0～3)×$10^{-5}$ m/$s^2$；Ag 化探异常值为(83～10 900)×$10^{-9}$ |
| B1512401008 | 上护林北 | 该最小预测区出露的地质体主要为中侏罗统万宝组砂岩类建造及第四系，没有已知银矿点。区内航磁化极异常值－75～25nT，剩余重力异常值(－3～－1)×$10^{-5}$ m/$s^2$；Ag 化探异常值为(83～182)×$10^{-9}$ |

**续表 10－4**

| 最小预测区编号 | 最小预测区名称 | 综合信息特征 |
| --- | --- | --- |
| B1512401009 | 苏沁回民乡北西840高地北东 | 该最小预测区出露的地质体主要为中侏罗世碱长花岗岩，其余为第四系覆盖，没有已知银矿点。区内航磁化极异常值－250～625nT，剩余重力异常值（－1～5）$\times10^{-5}$ m/s$^2$；Ag化探异常值为（42～100）$\times10^{-9}$ |
| B1512401010 | 黑山头镇南东南715高地北东 | 该最小预测区出露的地质体主要为中侏罗统塔木兰沟组火山岩类建造，少量上侏罗统满克头鄂博组火山岩类建造及第四系，没有已知银矿点。区内航磁化极异常值－1250～1250nT，剩余重力异常值（2～6）$\times10^{-5}$ m/s$^2$；Ag化探异常值为（50～273）$\times10^{-9}$ |
| C1512401001 | 金林南东1151高地 | 该最小预测区出露的地质体主要为上侏罗统满克头鄂博组火山岩类建造及中侏罗统塔木兰沟组火山岩类建造，少量上侏罗统白音高老组火山岩类建造，其余为第四系覆盖，没有已知银矿点。区内航磁化极异常值－500～500nT，剩余重力异常值（－1～2）$\times10^{-5}$ m/s$^2$；Ag化探异常值为（83～273）$\times10^{-9}$ |
| C1512401002 | 丁字河北东930高地 | 该最小预测区出露的地质体主要为上侏罗统满克头鄂博组火山岩类建造及中侏罗统塔木兰沟组火山岩类建造，少量晚侏罗世黑云母二长花岗岩及古元古界兴华渡口岩群变质岩类建造，大面积第四系覆盖，没有已知银矿点。区内航磁化极异常值－100～625nT，剩余重力异常值（－2～3）$\times10^{-5}$ m/s$^2$；Ag化探异常值为（37～10 900）$\times10^{-9}$ |
| C1512401003 | 三道桥北 | 该最小预测区位于比利亚谷银铅锌矿典型矿床附近，出露的地质体主要为中侏罗统塔木兰沟组及上侏罗统玛尼吐组火山岩类建造，少量上侏罗统白音高老组火山岩类建造，其余为第四系覆盖，没有已知银矿点。区内航磁化极异常值－1250～500nT，剩余重力异常值（－3～3）$\times10^{-5}$ m/s$^2$；Ag化探异常值为（37～273）$\times10^{-9}$ |
| C1512401004 | 得尔布尔镇西 | 该最小预测区位于比利亚谷银铅锌矿典型矿床所在模型区的外围，出露的地质体主要为上侏罗统满克头鄂博组火山岩类建造，少量中侏罗统塔木兰沟组火山岩类建造，没有已知银矿点。区内航磁化极异常值－25～375nT，剩余重力异常值（－1～3）$\times10^{-5}$ m/s$^2$；Ag化探异常值为（32～273）$\times10^{-9}$ |
| C1512401005 | 潮查北 | 该最小预测区出露的地质体主要为上侏罗统满克头鄂博组火山岩类建造，少量晚侏罗世正长花岗岩，其余为第四系覆盖，没有已知银矿点。区内没有航磁化极数据资料，剩余重力异常值（－6～－2）$\times10^{-5}$ m/s$^2$；Ag化探异常值为（58～182）$\times10^{-9}$ |
| C1512401006 | 石灰窑东1145高地北东 | 该最小预测区出露的地质体主要为中侏罗统塔木兰沟组火山岩类建造及上侏罗统白音高老组火山岩类建造，没有已知银矿点。区内航磁化极异常值－1875～1250nT，剩余重力异常值（－1～0）$\times10^{-5}$ m/s$^2$；Ag化探异常值为（70～155）$\times10^{-9}$ |
| C1512401007 | 三道桥南东 | 该最小预测区出露的地质体主要为上侏罗统玛尼吐组火山岩类建造及中侏罗统塔木兰沟组火山岩类建造，没有已知银矿点。区内航磁化极异常值25～250nT，剩余重力异常值（－3～0）$\times10^{-5}$ m/s$^2$；Ag化探异常值为（70～273）$\times10^{-9}$ |
| C1512401008 | 十八里桥西 | 该最小预测区出露的地质体主要为中侏罗统万宝组砂岩类建造及中侏罗统塔木兰沟组火山岩类建造，其余为第四系覆盖，没有已知银矿点。区内航磁化极异常值－250～625nT，剩余重力异常值（－4～－1）$\times10^{-5}$ m/s$^2$；Ag化探异常值为（31～182）$\times10^{-9}$ |

**续表 10 - 4**

| 最小预测区编号 | 最小预测区名称 | 综合信息特征 |
| --- | --- | --- |
| C1512401009 | 俄罗斯民族乡南西 949 高地南 | 该最小预测区出露的地质体主要为新元古代黑云母二长花岗岩，少量中下奥陶统乌宾敖包组砂岩、板岩类建造及中二叠世黑云母二长花岗岩，没有已知银矿点。区内航磁化极异常值－250～250nT，剩余重力异常值（－2～1）$\times10^{-5}$ m/s$^2$；Ag 化探异常值为（23～100）$\times10^{-9}$ |
| C1512401010 | 俄罗斯民族乡南西 814 高地南 | 该最小预测区出露的地质体主要为中下奥陶统乌宾敖包组砂岩、板岩类建造，少量上侏罗统满克头鄂博组火山岩类建造，没有已知银矿点。区内没有航磁化极数据资料，剩余重力异常值（1～4）$\times10^{-5}$ m/s$^2$；Ag 化探异常值为（37～10 900）$\times10^{-9}$ |
| C1512401011 | 下护林西 972 高地北 | 该最小预测区出露的地质体主要为上侏罗统满克头鄂博组火山岩类建造，其余为第四系覆盖，没有已知银矿点。区内航磁化极异常值－100～1250nT，剩余重力异常值（1～3）$\times10^{-5}$ m/s$^2$；Ag 化探异常值为（27～83）$\times10^{-9}$ |
| C1512401012 | 大其拉哈南 | 该最小预测区出露的地质体主要为中侏罗统塔木兰沟组火山岩类建造，少量上侏罗统满克头鄂博组火山岩类建造，其余为第四系覆盖，没有已知银矿点。区内没有航磁化极数据资料，剩余重力异常值（－1～1）$\times10^{-5}$ m/s$^2$；Ag 化探异常值为（50～124）$\times10^{-9}$ |
| C1512401013 | 苏沁回民乡北西西 860 高地北 | 该最小预测区出露的地质体主要为南华系佳疙瘩组碎屑岩夹火山岩类建造，其余为第四系覆盖，没有已知银矿点。区内没有航磁化极数据资料，剩余重力异常值（－2～1）$\times10^{-5}$ m/s$^2$；Ag 化探异常值为（42～10 900）$\times10^{-9}$ |
| C1512401014 | 古城北西 | 该最小预测区出露的地质体主要为南华系佳疙疸组碎屑岩夹火山岩类建造，少量震旦系额尔古纳河组陆源碎屑-碳酸盐岩-酸性熔岩建造及上志留统卧都河组石英砂岩、板岩，其余为第四系覆盖，没有已知银矿点。区内没有航磁化极数据资料，剩余重力异常值（－1～3）$\times10^{-5}$ m/s$^2$；Ag 化探异常值为（70～10 900）$\times10^{-9}$ |
| C1512401015 | 小库力北 | 该最小预测区出露的地质体主要为中侏罗统塔木兰沟组火山岩类建造，其余为第四系覆盖，没有已知银矿点。区内航磁化极异常值－125～625nT，剩余重力异常值（3～5）$\times10^{-5}$ m/s$^2$；Ag 化探异常值为（100～10 900）$\times10^{-9}$ |
| C1512401016 | 上库力乡南西 | 该最小预测区出露的地质体主要为晚石炭世花岗闪长岩、上侏罗统满克头鄂博组火山岩类建造及上侏罗统白音高老组火山岩类建造，少量中侏罗统塔木兰沟组火山岩类建造，没有已知银矿点。区内航磁化极异常值－125～250nT，剩余重力异常值（1～6）$\times10^{-5}$ m/s$^2$；Ag 化探异常值为（83～155）$\times10^{-9}$ |
| C1512401017 | 上库力乡南东 998 高地 | 该最小预测区出露的地质体主要为上侏罗统白音高老组火山岩类建造及上侏罗统满克头鄂博组火山岩类建造，少量上侏罗统玛尼吐组火山岩类建造、震旦系额尔古纳河组陆源碎屑-碳酸盐岩-酸性熔岩建造及早白垩世闪长岩，其余为第四系，没有已知银矿点。区内航磁化极异常值－250～625nT，剩余重力异常值（－3～2）$\times10^{-5}$ m/s$^2$；Ag 化探异常值为（83～273）$\times10^{-9}$ |
| C1512401018 | 上库力乡南东 1007 高地北 | 该最小预测区出露的地质体主要为上侏罗统满克头鄂博组火山岩类建造，少量上侏罗统玛尼吐组火山岩类建造、中侏罗统塔木兰沟组火山岩类建造及第四系，没有已知银矿点。区内航磁化极异常值－625～250nT，剩余重力异常值（－1～1）$\times10^{-5}$ m/s$^2$；Ag 化探异常值为（58～155）$\times10^{-9}$ |

## 二、综合信息地质体积法估算资源量

### (一)典型矿床深部及外围资源量估算

本次工作采用地质体积参数法进行资源量估算。

#### 1. 模型区的确定、资源量及估算参数

比利亚谷典型矿床位于比利亚谷银铅锌矿模型区内,查明资源量(金属量)Ag 544.241 5t,按本次预测技术要求计算模型区资源总量 Ag 640.533t,模型区延深与典型矿床一致;模型区含矿地质体面积与模型区面积一致,含矿地质体面积参数为 1.00。模型区面积等详见表 10-5。

**表 10-5　比利亚谷银铅锌矿模型区预测资源量及其估算参数表**

| 模型区编号 | 模型区名称 | 经度 | 纬度 | 模型区预测资源量(t) | 模型区面积($km^2$) | 延深(m) | 含矿地质体面积($km^2$) | 含矿地质体面积参数 |
|---|---|---|---|---|---|---|---|---|
| A1512606001 | 比利亚谷银铅锌矿 | E120°58′18″ | N50°59′17″ | 640.533 | 1 856 500 | 100 | 43.037 137 19 | 1.00 |

#### 2. 模型区含矿地质体含矿系数确定

模型区含矿地质体总体积=模型区面积×模型区延深×含矿地质体面积参数;模型区含矿地质体含矿系数($K$)=资源总量/含矿地质体总体积,计算结果详见表 10-6。

**表 10-6　比利亚谷银铅锌矿模型区含矿地质体含矿系数表**

| 模型区编号 | 模型区名称 | 经度 | 纬度 | 含矿地质体含矿系数($t/m^3$) | 资源总量(t) | 含矿地质体总体积($m^3$) |
|---|---|---|---|---|---|---|
| A1512606001 | 比利亚谷银铅锌矿 | E120°58′18″ | N50°59′17″ | 0.000 000 02 | 640.533 | 28 628 303 659 |

#### 3. 最小预测区预测资源量及估算参数

1)估算方法的选择

比利亚谷式复合内生型银铅锌矿预测工作区各最小预测区的资源量定量估算采用地质参数体积法。

2)估算参数的确定

(1)最小预测区面积圈定方法及圈定结果。预测区的圈定与优选采用数学地质方法之特征分析法。

比利亚谷预测工作区预测底图精度为 1∶10 万,并根据成矿有利度(含矿地质体、控矿构造、矿(化)点、找矿线索及物探、化探异常)、地理交通及开发条件和其他相关条件,将工作区内最小预测区级别分为 A 级、B 级、C 级 3 个等级。圈定最小预测区 34 个,其中,A 级区 6 个,B 级区 10 个,C 级区 18 个。最小预测区面积在 2.655～47.753$km^2$之间,平均为 19.806$km^2$。圈定结果如表 10-7 所示。各级别面积分布合理,且已知矿床(点)均分布在 A 级区内,说明最小预测区优选分级原则较为合理;最小预测区圈定总体与区域成矿地质背景和物探、化探异常等吻合程度较好。

(2)延深参数的确定及结果。延深的确定是在研究最小预测区含矿地质体地质特征、含矿地质体的延深、矿化蚀变、矿化类型的基础上,并对比典型矿床特征的基础上综合确定的,主要由成矿带模型类比估计给出。

(3)品位和体重的确定。由于矿产预测方法类型为复合内生型银铅锌矿，面积圈定时主要依据了含矿地质体的分布情况及物探、化探异常情况，因此，预测工作区内所有最小预测区含矿地质体面积均采用最小预测区面积，即面积参数为 1.00。预测工作区内所有最小预测区的品位和体重均采用典型矿床的品位和体重。

**表 10-7　比利亚谷式复合内生型银铅锌矿比利亚谷预测工作区各最小预测区的面积圈定大小及其方法依据**

| 最小预测区编号 | 最小预测区名称 | 经度 | 纬度 | 面积(km²) | 参数确定依据 |
|---|---|---|---|---|---|
| A1512606001 | 比利亚谷银铅锌矿 | E120°56′35″ | N50°59′25″ | 43.04 | 在 MRAS 中用网格单元法、特征分析法圈定色块图，然后根据地质、物探、化探、遥感等信息人工校正圈定最小预测区范围 |
| A1512606002 | 尔布尔北西 1228 高地 | E120°49′37″ | N50°57′00″ | 41.97 | |
| A1512606003 | 二道河子 | E120°45′17″ | N50°47′51″ | 35.89 | |
| A1512606004 | 上护林北西 | E120°09′55″ | N50°41′55″ | 6.99 | |
| A1512606005 | 苏沁回民乡北西西 817 高地北西 | E119°22′09″ | N50°30′20″ | 17.49 | |
| A1512606006 | 黑山头镇东 | E119°30′49″ | N50°12′37″ | 8.51 | |
| B1512606001 | 达赖沟北 | E121°16′38″ | N51°25′27″ | 21.26 | |
| B1512606002 | 上央格气北 | E121°37′20″ | N51°07′46″ | 17.27 | |
| B1512606003 | 尔布尔北西 | E120°52′18″ | N50°58′26″ | 43.89 | |
| B1512606004 | 潮源 | E121°17′27″ | N50°59′15″ | 31.88 | |
| B1512606005 | 潮中 | E121°20′56″ | N50°55′23″ | 18.56 | |
| B1512606006 | 石灰窑 | E120°21′42″ | N50°49′45″ | 14.84 | |
| B1512606007 | 二道河子东 | E120°48′52″ | N50°46′28″ | 16.39 | |
| B1512606008 | 上护林北 | E120°13′53″ | N50°43′08″ | 2.66 | |
| B1512606009 | 苏沁回民乡北西 840 高地北东 | E119°43′35″ | N50°3214 | 17.18 | |
| B1512606010 | 黑山头镇南东南 715 高地北东 | E119°35′01″ | N50°0639 | 9.91 | |
| C1512606001 | 金林南东 1151 高地 | E121°24′07″ | N51°07′4″6 | 31.52 | |
| C1512606002 | 丁字河北东 930 高地 | E120°35′43″ | N51°05′34″ | 18.14 | |
| C1512606003 | 三道桥北 | E120°46′04″ | N50°57′41″ | 47.75 | |
| C1512606004 | 得尔布尔镇西 | E121°00′21″ | N50°59′56″ | 24.66 | |
| C1512606005 | 潮查北 | E121°27′55″ | N50°52′34″ | 18.94 | |
| C1512606006 | 石灰窑东 1145 高地北东 | E120°34′22″ | N50°49′59″ | 2.94 | |
| C1512606007 | 三道桥南东 | E120°56′11″ | N50°48′15″ | 6.74 | |
| C1512606008 | 十八里桥西 | E120°13′05″ | N50°43′43″ | 11.36 | |
| C1512606009 | 俄罗斯民族乡南西 949 高地南 | E119°40′24″ | N50°41′51″ | 14.63 | |
| C1512606010 | 俄罗斯民族乡南西 814 高地南 | E119°29′16″ | N50°38′34″ | 12.91 | |
| C1512606011 | 下护林西 972 高地北 | E119°5944 | N50°38′56″ | 6.56 | |
| C1512606012 | 大其拉哈南 | E121°44′52″ | N50°39′25″ | 18.81 | |
| C1512606013 | 苏沁回民乡北西西 860 高地北 | E119°18′33″ | N50°33′32″ | 12.50 | |
| C1512606014 | 古城北西 | E119°17′12″ | N50°26′38″ | 27.85 | |
| C1512606015 | 小库力北 | E120°20′09″ | N50°21′42″ | 19.30 | |
| C1512606016 | 上库力乡南西 | E120°23′48″ | N50°10′45″ | 7.10 | |
| C1512606017 | 上库力乡南东 998 高地 | E120°36′01″ | N50°08′23″ | 26.24 | |
| C1512606018 | 上库力乡南东 1007 高地北 | E120°53′07″ | N50°08′22″ | 17.73 | |

(4)相似系数的确定。比利亚谷银铅锌矿预测工作区各最小预测区的相似系数的确定，主要依据最小预测区含矿地质体出露情况、物探与化探异常规模及分布、遥感蚀变及断裂分布等进行修正，以模型区为1.00，各最小预测区相似系数如表10-8所示。

**表10-8　比利亚谷式复合内生型银铅锌矿比利亚谷预测工作区各最小预测区的相似系数**

| 最小预测区编号 | 最小预测区名称 | 经度 | 纬度 | 相似系数 |
|---|---|---|---|---|
| A1512606001 | 比利亚谷银铅锌矿 | E120°56′35″ | N50°59′25″ | 1.00 |
| A1512606002 | 尔布尔北西1228高地 | E120°49′37″ | N50°57′00″ | 0.95 |
| A1512606003 | 二道河子 | E120°45′17″ | N50°47′51″ | 0.90 |
| A1512606004 | 上护林北西 | E120°09′55″ | N50°41′55″ | 0.85 |
| A1512606005 | 苏沁回民乡北西西817高地北西 | E119°22′09″ | N50°30′20″ | 0.80 |
| A1512606006 | 黑山头镇东 | E119°30′49″ | N50°12′37″ | 0.80 |
| B1512606001 | 达赖沟北 | E121°16′38″ | N51°25′27″ | 0.75 |
| B1512606002 | 上央格气北 | E121°37′20″ | N51°07′46″ | 0.75 |
| B1512606003 | 尔布尔北西 | E120°52′18″ | N50°58′26″ | 0.75 |
| B1512606004 | 潮源 | E121°17′27″ | N50°59′15″ | 0.75 |
| B1512606005 | 潮中 | E121°20′56″ | N50°55′23″ | 0.70 |
| B1512606006 | 石灰窑 | E120°21′42″ | N50°49′45″ | 0.65 |
| B1512606007 | 二道河子东 | E120°48′52″ | N50°46′28″ | 0.75 |
| B1512606008 | 上护林北 | E120°13′53″ | N50°43′08″ | 0.70 |
| B1512606009 | 苏沁回民乡北西840高地北东 | E119°43′35″ | N50°32′14″ | 0.60 |
| B1512606010 | 黑山头镇南东南715高地北东 | E119°35′01″ | N50°06′39″ | 0.65 |
| C1512606001 | 金林南东1151高地 | E121°24′07″ | N51°07′46″ | 0.55 |
| C1512606002 | 丁字河北东930高地 | E120°35′43″ | N51°05′34″ | 0.45 |
| C1512606003 | 三道桥北 | E120°46′04″ | N50°57′41″ | 0.55 |
| C1512606004 | 得尔布尔镇西 | E121°00′21″ | N50°59′56″ | 0.50 |
| C1512606005 | 潮查北 | E121°27′55″ | N50°52′34″ | 0.40 |
| C1512606006 | 石灰窑东1145高地北东 | E120°34′22″ | N50°49′59″ | 0.45 |
| C1512606007 | 三道桥南东 | E120°56′11″ | N50°48′15″ | 0.55 |
| C1512606008 | 十八里桥西 | E120°13′05″ | N50°43′43″ | 0.45 |
| C1512606009 | 俄罗斯民族乡南西949高地南 | E119°40′24″ | N50°41′51″ | 0.40 |
| C1512606010 | 俄罗斯民族乡南西814高地南 | E119°29′16″ | N50°38′34″ | 0.35 |
| C1512606011 | 下护林西972高地北 | E119°59′44″ | N50°38′56″ | 0.40 |
| C1512606012 | 大其拉哈南 | E121°44′52″ | N50°39′25″ | 0.35 |
| C1512606013 | 苏沁回民乡北西西860高地北 | E119°18′33″ | N50°3332 | 0.40 |
| C1512606014 | 古城北西 | E119°17′12″ | N50°26′38″ | 0.40 |
| C1512606015 | 小库力北 | E120°20′09″ | N50°21′42″ | 0.50 |
| C1512606016 | 上库力乡南西 | E120°23′48″ | N50°10′45″ | 0.45 |
| C1512606017 | 上库力乡南东998高地 | E120°36′01″ | N50°08′23″ | 0.40 |
| C1512606018 | 上库力乡南东1007高地北 | E120°53′07″ | N50°08′22″ | 0.45 |

## （二）最小预测区预测资源量

根据前述公式，求得最小预测区资源量。本次预测资源总量为Ag 3 035.84t，其中不包括预测工作区已查明资源总量Ag 666.241 5t，最小预测区预测资源量估算结果详见表10－9。

**表10－9　比利亚谷式复合内生型银铅锌矿预测工作区各最小预测区的估算成果表**

| 最小预测区编号 | 最小预测区名称 | $S_{预}$(km²) | $H_{预}$(m) | $K_S$ | $K$(t/m³) | $\alpha$ | $Z_{预}$(t) | 资源量精度级别 |
|---|---|---|---|---|---|---|---|---|
| A1512606001 | 比利亚谷银铅锌矿 | 43.037 | 665 | 1.00 | 0.000 000 02 | 1.00 | 96.29 | 334－1 |
| A1512606002 | 尔布尔北西1228高地 | 41.975 | 100 | 1.00 | 0.000 000 02 | 0.95 | 390.74 | 334－1 |
| A1512606003 | 二道河子 | 35.894 | 400 | 1.00 | 0.000 000 02 | 0.90 | 190.09 | 334－1 |
| A1512606004 | 上护林北西 | 6.987 | 220 | 1.00 | 0.000 000 02 | 0.85 | 55.85 | 334－1 |
| A1512606005 | 苏沁回民乡北西西817高地北西 | 17.494 | 450 | 1.00 | 0.000 000 02 | 0.80 | 134.32 | 334－3 |
| A1512606006 | 黑山头镇东 | 8.505 | 400 | 1.00 | 0.000 000 02 | 0.80 | 62.63 | 334－3 |
| B1512606001 | 达赖沟北 | 21.262 | 350 | 1.00 | 0.000 000 02 | 0.75 | 143.51 | 334－3 |
| B1512606002 | 上央格气北 | 17.272 | 330 | 1.00 | 0.000 000 02 | 0.75 | 111.39 | 334－3 |
| B1512606003 | 尔布尔北西 | 43.889 | 300 | 1.00 | 0.000 000 02 | 0.75 | 276.51 | 334－3 |
| B1512606004 | 潮源 | 31.882 | 340 | 1.00 | 0.000 000 02 | 0.75 | 210.41 | 334－3 |
| B1512606005 | 潮中 | 18.561 | 300 | 1.00 | 0.000 000 02 | 0.70 | 109.13 | 334－3 |
| B1512606006 | 石灰窑 | 14.836 | 280 | 1.00 | 0.000 000 02 | 0.65 | 73.31 | 334－2 |
| B1512606007 | 二道河子东 | 16.390 | 320 | 1.00 | 0.000 000 02 | 0.75 | 108.17 | 334－3 |
| B1512606008 | 上护林北 | 2.655 | 300 | 1.00 | 0.000 000 02 | 0.70 | 15.64 | 334－3 |
| B1512606009 | 苏沁回民乡北西840高地北东 | 17.182 | 220 | 1.00 | 0.000 000 02 | 0.60 | 84.53 | 334－2 |
| B1512606010 | 黑山头镇南东南715高地北东 | 9.907 | 280 | 1.00 | 0.000 000 02 | 0.65 | 55.40 | 334－3 |
| C1512606001 | 金林南东1151高地 | 31.518 | 200 | 1.00 | 0.000 000 02 | 0.55 | 128.29 | 334－3 |
| C1512606002 | 丁字河北东930高地 | 18.135 | 150 | 1.00 | 0.000 000 02 | 0.45 | 48.98 | 334－3 |
| C1512606003 | 三道桥北 | 47.753 | 100 | 1.00 | 0.000 000 02 | 0.55 | 152.32 | 334－3 |
| C1512606004 | 得尔布尔镇西 | 24.663 | 100 | 1.00 | 0.000 000 02 | 0.50 | 71.51 | 334－3 |
| C1512606005 | 潮查北 | 18.943 | 120 | 1.00 | 0.000 000 02 | 0.40 | 46.97 | 334－3 |
| C1512606006 | 石灰窑东1145高地北东 | 2.942 | 120 | 1.00 | 0.000 000 02 | 0.45 | 8.20 | 334－2 |
| C1512606007 | 三道桥南东 | 6.735 | 220 | 1.00 | 0.000 000 02 | 0.55 | 27.43 | 334－3 |
| C1512606008 | 十八里桥西 | 11.361 | 200 | 1.00 | 0.000 000 02 | 0.45 | 35.78 | 334－3 |
| C1512606009 | 俄罗斯民族乡南西949高地南 | 14.634 | 100 | 1.00 | 0.000 000 02 | 0.40 | 31.60 | 334－3 |
| C1512606010 | 俄罗斯民族乡南西814高地南 | 12.914 | 100 | 1.00 | 0.000 000 02 | 0.35 | 23.50 | 334－2 |
| C1512606011 | 下护林西972高地北 | 6.564 | 100 | 1.00 | 0.000 000 02 | 0.40 | 14.69 | 334－3 |
| C1512606012 | 大其拉哈南 | 18.814 | 120 | 1.00 | 0.000 000 02 | 0.35 | 40.82 | 334－3 |
| C1512606013 | 苏沁回民乡北西西860高地北 | 12.498 | 150 | 1.00 | 0.000 000 02 | 0.40 | 31.00 | 334－2 |
| C1512606014 | 古城北西 | 27.847 | 120 | 1.00 | 0.000 000 02 | 0.40 | 66.84 | 334－2 |
| C1512606015 | 小库力北 | 19.297 | 130 | 1.00 | 0.000 000 02 | 0.50 | 59.83 | 334－2 |
| C1512606016 | 上库力乡南西 | 7.096 | 120 | 1.00 | 0.000 000 02 | 0.45 | 19.81 | 334－3 |
| C1512606017 | 上库力乡南东998高地 | 26.239 | 100 | 1.00 | 0.000 000 02 | 0.40 | 60.88 | 334－3 |
| C1512606018 | 上库力乡南东1007高地北 | 17.730 | 120 | 1.00 | 0.000 000 02 | 0.45 | 49.47 | 334－3 |

### 4. 最小预测区预测资源量可信度估计

根据《预测资源量估算技术要求》(2010 年补充)可信度划分标准,针对每个最小预测区评价其可信度。比利亚谷预测工作区各最小预测区的预测资源量可信度统计结果如表 10－10 所示。

**表 10－10　比利亚谷预测工作区各最小预测区的预测资源量可信度统计表**

| 最小预测区编号 | 最小预测区名称 | 经度 | 纬度 | 面积 | | 延深 | | 含矿系数 | | 资源量综合 | |
|---|---|---|---|---|---|---|---|---|---|---|---|
| | | | | 可信度 | 依据 | 可信度 | 依据 | 可信度 | 依据 | 可信度 | 依据 |
| A1512606001 | 比利亚谷银铅锌矿 | E120°56′35″ | N50°59′25″ | 0.95 | 地质建造、物探与化探异常 | 0.90 | 典型矿床工程控制程度、物探与化探异常、专家综合分析 | 0.95 | 预测区资料工作精度、典型矿床工程控制程度 | 0.70 | 典型矿床工程控制程度、相似系数、延深参数 |
| A1512606002 | 尔布尔北西 1228 高地 | E120°49′37″ | N50°57′00″ | 0.85 | | 0.85 | | 0.90 | | 0.70 | |
| A1512606003 | 二道河子 | E120°45′17″ | N50°47′51″ | 0.80 | | 0.80 | | 0.90 | | 0.75 | |
| A1512606004 | 上护林北西 | E120°09′55″ | N50°41′55″ | 0.80 | | 0.80 | | 0.85 | | 0.75 | |
| A1512606005 | 苏沁回民乡北西西 817 高地北西 | E119°22′09″ | N50°30′20″ | 0.75 | | 0.75 | | 0.80 | | 0.65 | |
| A1512606006 | 黑山头镇东 | E119°30′49″ | N50°12′37″ | 0.75 | | 0.70 | | 0.80 | | 0.60 | |
| B1512606001 | 达赖沟北 | E121°16′38″ | N51°25′27″ | 0.65 | | 0.70 | | 0.70 | | 0.55 | |
| B1512606002 | 上央格气北 | E121°37′20″ | N51°07′46″ | 0.65 | | 0.60 | | 0.70 | | 0.55 | |
| B1512606003 | 尔布尔北西 | E120°52′18″ | N50°58′26″ | 0.65 | | 0.60 | | 0.70 | | 0.60 | |
| B1512606004 | 潮源 | E121°17′27″ | N50°59′15″ | 0.60 | | 0.65 | | 0.65 | | 0.50 | |
| B1512606005 | 潮中 | E121°20′56″ | N50°55′23″ | 0.65 | | 0.55 | | 0.60 | | 0.55 | |
| B1512606006 | 石灰窑 | E120°21′42″ | N50°49′45″ | 0.70 | | 0.60 | | 0.75 | | 0.60 | |
| B1512606007 | 二道河子东 | E120°48′52″ | N50°46′28″ | 0.55 | | 0.50 | | 0.55 | | 0.50 | |
| B1512606008 | 上护林北 | E120°13′53″ | N50°43′08″ | 0.50 | | 0.55 | | 0.60 | | 0.50 | |
| B1512606009 | 苏沁回民乡北西 840 高地北东 | E119°43′35″ | N50°32′14″ | 0.70 | | 0.70 | | 0.75 | | 0.60 | |
| B1512606010 | 黑山头镇南东南 715 高地北东 | E119°35′01″ | N50°06′39″ | 0.55 | | 0.60 | | 0.60 | | 0.55 | |
| C1512606001 | 金林南东 1151 高地 | E121°24′07″ | N51°07′46″ | 0.45 | | 0.45 | | 0.55 | | 0.40 | |
| C1512606002 | 丁字河北东 930 高地 | E120°35′43″ | N51°05′34″ | 0.45 | | 0.40 | | 0.50 | | 0.40 | |
| C1512606003 | 三道桥北 | E120°46′04″ | N50°57′41″ | 0.50 | | 0.35 | | 0.45 | | 0.50 | |
| C1512606004 | 得尔布尔镇西 | E121°00′21″ | N50°59′56″ | 0.50 | | 0.35 | | 0.40 | | 0.50 | |
| C1512606005 | 潮查北 | E121°27′55″ | N50°52′34″ | 0.40 | | 0.40 | | 0.45 | | 0.35 | |
| C1512606006 | 石灰窑东 1145 高地北东 | E120°34′22″ | N50°49′59″ | 0.45 | | 0.40 | | 0.45 | | 0.40 | |
| C1512606007 | 三道桥南东 | E120°56′11″ | N50°48′15″ | 0.45 | | 0.45 | | 0.40 | | 0.45 | |
| C1512606008 | 十八里桥西 | E120°13′05″ | N50°43′43″ | 0.35 | | 0.40 | | 0.40 | | 0.40 | |
| C1512606009 | 俄罗斯民族乡南西 949 高地南 | E119°40′24″ | N50°41′51″ | 0.35 | | 0.35 | | 0.40 | | 0.30 | |
| C1512606010 | 俄罗斯民族乡南西 814 高地南 | E119°29′16″ | N50°38′34″ | 0.30 | | 0.35 | | 0.25 | | 0.30 | |
| C1512606011 | 下护林西 972 高地北 | E119°59′44″ | N50°38′56″ | 0.40 | | 0.25 | | 0.35 | | 0.35 | |
| C1512606012 | 大其拉哈南 | E121°44′52″ | N50°39′25″ | 0.30 | | 0.35 | | 0.25 | | 0.30 | |
| C1512606013 | 苏沁回民乡北西西 860 高地北 | E119°18′33″ | N50°33′32″ | 0.30 | | 0.40 | | 0.40 | | 0.30 | |
| C1512606014 | 古城北西 | E119°17′12″ | N50°26′38″ | 0.30 | | 0.30 | | 0.30 | | 0.30 | |
| C1512606015 | 小库力北 | E120°20′09″ | N50°21′42″ | 0.40 | | 0.30 | | 0.40 | | 0.35 | |
| C1512606016 | 上库力乡南西 | E120°23′48″ | N50°10′45″ | 0.35 | | 0.25 | | 0.35 | | 0.30 | |
| C1512606017 | 上库力乡南东 998 高地 | E120°36′01″ | N50°08′23″ | 0.30 | | 0.30 | | 0.35 | | 0.30 | |
| C1512606018 | 上库力乡南东 1007 高地北 | E120°53′07″ | N50°08′22″ | 0.30 | | 0.35 | | 0.30 | | 0.35 | |

## （三）预测工作区资源总量成果汇总

### 1. 按地质体积法

比利亚谷预测工作区采用地质体积法，其预测资源量如表 10－11 所示。

**表 10－11 比利亚谷预测工作区预测资源量方法统计表**（Ag 金属量：t）

| 预测工作区编号 | 预测工作区名称 | 地质参数体积法 |
|---|---|---|
| 1512606001 | 比利亚谷式复合内生型银铅锌矿<br>比利亚谷预测工作区 | 3 035.84 |

### 2. 按资源量精度级别

比利亚谷预测工作区地质体积法预测资源量，依据资源量精度级别划分标准，根据现有资料的精度，可划分为 334－1、334－2、334－3 三个资源量精度级别，各级别预测资源量如表 10－12 所示。

**表 10－12 比利亚谷预测工作区预测资源量精度级别统计表**（Ag 金属量：t）

| 预测工作区编号 | 预测工作区名称 | 资源量精度级别 | | |
|---|---|---|---|---|
| | | 334－1 | 334－2 | 334－3 |
| 1512606001 | 比利亚谷式复合内生型银铅锌矿<br>比利亚谷预测工作区 | 732.97 | 347.21 | 1 955.66 |

### 3. 按延深

根据各最小预测区内含矿地质体、物探与化探异常及相似系数等特征，比利亚谷预测工作区的预测延深在 100～450m 之间。其预测资源量按预测延深，统计的结果如表 10－13 所示。

**表 10－13 比利亚谷预测工作区预测资源量延深统计表**（Ag 金属量：t）

| 预测工区编号 | 500m 以浅 | | | 1000m 以浅 | | | 2000m 以浅 | | |
|---|---|---|---|---|---|---|---|---|---|
| | 334－1 | 334－2 | 334－3 | 334－1 | 334－2 | 334－3 | 334－1 | 334－2 | 334－3 |
| 1512606001 | 732.97 | 347.21 | 1 955.66 | 732.97 | 347.21 | 1 955.66 | 732.97 | 347.21 | 1 955.66 |

### 4. 按矿产预测方法类型

比利亚谷预测工作区的矿产预测方法类型为复合内生型，其预测资源量统计结果如表 10－14 所示。

**表 10－14 比利亚谷预测工作区预测资源量矿产预测方法类型精度统计表**（Ag 金属量：t）

| 预测工作区编号 | 预测工作区名称 | 复合内生型 | | |
|---|---|---|---|---|
| | | 334－1 | 334－2 | 334－3 |
| 1512606001 | 比利亚谷式复合内生型银铅锌矿<br>比利亚谷预测工作区 | 732.97 | 347.21 | 1 955.66 |

**5. 按可利用性类别**

根据2010年9月内蒙古自治区大兴安岭森工矿业有限责任公司、长春黄金设计院编写的《内蒙古自治区根河市比利亚谷矿区银铅锌矿矿产资源开发利用方案》，其采矿损失率9.4%，采矿贫化率10%，主要金属选矿回收率为76.54%，则其可利用部分估算公式为：预测资源总量×(1－采矿损失率)×选矿回收率×(1－采矿贫化率)，其余部分为不可利用部分。预测工作区资源量可利用性统计结果如表10-15所示。

**表10-15 比利亚谷预测工作区预测资源量可利用性统计表**(Ag金属量:t)

| 预测工作区编号 | 预测工作区名称 | 可利用 | | | | 暂不可利用 | | | |
|---|---|---|---|---|---|---|---|---|---|
| | | 334-1 | 334-2 | 334-3 | **总计** | 334-1 | 334-2 | 334-3 | **总计** |
| 1512606001 | 比利亚谷式复合内生型银铅锌矿比利亚谷预测工作区 | 457.46 | 216.71 | 1 220.55 | **1 894.72** | 275.51 | 130.50 | 735.11 | **1 141.12** |

**6. 按可信度统计分析**

比利亚谷预测工作区预测资源量可信度≥0.75的银矿为0.00t，可信度≥0.50的银矿为1 783.70t，可信度≥0.25的银矿为3 035.84t，统计结果如表10-16所示。

**表10-16 比利亚谷预测工作区预测资源量可信度统计表**(Ag金属量:t)

| 预测工作区编号 | 预测工作区名称 | ≥0.75 | ≥0.50 | ≥0.25 |
|---|---|---|---|---|
| 1512606001 | 比利亚谷式复合内生型银铅锌矿比利亚谷预测工作区 | 0.00 | 1 783.70 | 3 035.84 |

**7. 按最小预测区级别**

最小预测区划分为A级、B级和C级3个等级，其预测资源量分别为929.92t、1 188.00t和917.92t。各级别预测资源量统计详见表10-17。

**表10-17 比利亚谷预测工作区各最小预测区的预测资源量分级统计表**(Ag金属量:t)

| 最小预测区编号 | 最小预测区名称 | 最小预测区级别 | 预测资源量 |
|---|---|---|---|
| A1512606001 | 比利亚谷银铅锌矿 | A级 | 96.29 |
| A1512606002 | 尔布尔北西1228高地 | | 390.74 |
| A1512606003 | 二道河子 | | 190.09 |
| A1512606004 | 上护林北西 | | 55.85 |
| A1512606005 | 苏沁回民乡北西西817高地北西 | | 134.32 |
| A1512606006 | 黑山头镇东 | | 62.63 |
| **A级区预测资源量总计** | | | **929.92** |

**续表 10-17**

| 最小预测区编号 | 最小预测区名称 | 最小预测区级别 | 预测资源量 |
|---|---|---|---|
| B1512606001 | 达赖沟北 | B级 | 143.51 |
| B1512606002 | 上央格气北 | | 111.39 |
| B1512606003 | 尔布尔北西 | | 276.51 |
| B1512606004 | 潮源 | | 210.41 |
| B1512606005 | 潮中 | | 109.13 |
| B1512606006 | 石灰窑 | | 73.31 |
| B1512606007 | 二道河子东 | | 108.17 |
| B1512606008 | 上护林北 | | 15.64 |
| B1512606009 | 苏沁回民乡北西 840 高地北东 | | 84.53 |
| B1512606010 | 黑山头镇南东南 715 高地北东 | | 55.40 |
| **B 级区预测资源量总计** | | | **1 188.00** |
| C1512606001 | 金林南东 1151 高地 | C级 | 128.29 |
| C1512606002 | 丁字河北东 930 高地 | | 48.98 |
| C1512606003 | 三道桥北 | | 152.32 |
| C1512606004 | 得尔布尔镇西 | | 71.51 |
| C1512606005 | 潮查北 | | 46.97 |
| C1512606006 | 石灰窑东 1145 高地北东 | | 8.20 |
| C1512606007 | 三道桥南东 | | 27.43 |
| C1512606008 | 十八里桥西 | | 35.78 |
| C1512606009 | 俄罗斯民族乡南西 949 高地南 | | 31.60 |
| C1512606010 | 俄罗斯民族乡南西 814 高地南 | | 23.50 |
| C1512606011 | 下护林西 972 高地北 | | 14.69 |
| C1512606012 | 大其拉哈南 | | 40.82 |
| C1512606013 | 苏沁回民乡北西西 860 高地北 | | 31.00 |
| C1512606014 | 古城北西 | | 66.84 |
| C1512606015 | 小库力北 | | 59.83 |
| C1512606016 | 上库力乡南西 | | 19.81 |
| C1512606017 | 上库力乡南东 998 高地 | | 60.88 |
| C1512606018 | 上库力乡南东 1007 高地北 | | 49.47 |
| **C 级区预测资源量总计** | | | **917.92** |

# 第十一章　伴生银矿预测资源量估算

## 第一节　霍各乞式沉积型铜矿伴生银矿预测工作区预测资源量

### 一、典型矿床共伴生矿种资源量

据截至2009年底的《内蒙古自治区矿产资源储量表》，霍各乞式沉积型铜矿已查明Cu金属量为1 158 039t，伴生Ag已查明资源量为331t，伴生矿种资源量系数＝伴生矿种已查明资源量/主矿种已查明资源量＝331t/1 158 039t＝0.000 286。

霍各乞模型区预测资源量为501 788t，则伴生银矿资源量＝伴生银矿种已查明资源量×（铜矿种预测资源量/铜矿种已查明资源量）＝331t×（501 788/1 158 039）＝143.43t。

### 二、最小预测区共伴生矿预测资源量估算参数

最小预测区伴生Ag预测资源量＝最小预测区Cu预测资源量×伴生Ag预测含矿率。在本次工作中，伴生Ag预测资源量为1 016.11t，不含已查明资源量331.00t。依据最小预测区地质矿产、物探及遥感异常等综合特征，并结合资源量估算和预测区优选结果，将最小预测区划分为A级、B级和C级3个等级，其伴生Ag预测资源量分别为485.76t、251.16t和279.19t。各最小预测区伴生Ag预测资源量如表11-1所示。

**表11-1　各最小预测区伴生Ag预测资源量**

| 最小预测区编号 | 最小预测区名称 | 最小预测区面积（$km^2$） | 预测延深（m） | Cu预测资源量（t） | 伴生Ag预测含矿率 | 伴生Ag预测资源量（t） | 资源量精度级别 |
|---|---|---|---|---|---|---|---|
| A1504101001 | 霍各乞 | 24.21 | 1235 | 501 788.00 | 0.000 286 | 143.51 | 334-1 |
| A1504101002 | 乌布其力 | 16.48 | 1000 | 664 473.60 | 0.000 286 | 190.04 | 334-1 |
| A1504101003 | 炭窑口 | 17.7 | 800 | 428 198.40 | 0.000 286 | 122.46 | 334-1 |
| A1504101004 | 东升庙 | 9.56 | 600 | 43 364.16 | 0.000 286 | 12.40 | 334-1 |
| A1504101005 | 乌兰霍勒托南 | 9.63 | 500 | 60 669.00 | 0.000 286 | 17.35 | 334-2 |
| **A级区伴生Ag预测资源量总计** | | | | | | **485.76** | |
| B1504101001 | 嘎顺 | 32.73 | 900 | 556 737.30 | 0.000 286 | 159.23 | 334-2 |
| B1504101002 | 巴音乌兰南 | 5.89 | 200 | 2 968.56 | 0.000 286 | 0.85 | 334-2 |
| B1504101003 | 拉格沙尔 | 13.55 | 400 | 20 487.60 | 0.000 286 | 5.86 | 334-2 |

续表 11－1

| 最小预测区编号 | 最小预测区名称 | 最小预测区面积(km²) | 预测延深(m) | Cu 预测资源量(t) | 伴生 Ag 预测含矿率 | 伴生 Ag 预测资源量(t) | 资源量精度级别 |
|---|---|---|---|---|---|---|---|
| B1504101004 | 台路沟 | 14.94 | 600 | 67 767.84 | 0.000 286 | 19.38 | 334－2 |
| B1504101005 | 脑自更 | 14.98 | 500 | 94 374.00 | 0.000 286 | 26.99 | 334－2 |
| B1504101006 | 大南沟 | 15.97 | 900 | 135 824.90 | 0.000 286 | 38.85 | 334－2 |
| **B 级区伴生 Ag 预测资源量总计** | | | | | | **251.16** | |
| C1504101001 | 宗恩哈尔陶勒盖东 | 25.81 | 800 | 390 247.20 | 0.000 286 | 111.61 | 334－3 |
| C1504101002 | 乌苏台南 | 13.52 | 300 | 15 331.68 | 0.000 286 | 4.38 | 334－3 |
| C1504101003 | 哈善牙台音高勒 | 13.67 | 700 | 72 341.64 | 0.000 286 | 20.69 | 334－3 |
| C1504101004 | 乌兰呼都格 | 8.49 | 600 | 80 230.50 | 0.000 286 | 22.95 | 334－3 |
| C1504101005 | 罕乌拉道班 | 9.63 | 300 | 18 200.70 | 0.000 286 | 5.21 | 334－3 |
| C1504101006 | 巴音乌兰 | 10.94 | 400 | 14 473.62 | 0.000 286 | 4.14 | 334－3 |
| C1504101007 | 阿拉坦呼硕东 | 5.31 | 300 | 2 007.18 | 0.000 286 | 0.57 | 334－3 |
| C1504101008 | 小崩浑 | 6.89 | 400 | 9 115.47 | 0.000 286 | 2.61 | 334－3 |
| C1504101009 | 倒拉胡图 | 17.74 | 600 | 258 170.20 | 0.000 286 | 73.84 | 334－3 |
| C1504101010 | 伊和敖包村 | 4.41 | 300 | 2 083.73 | 0.000 286 | 0.60 | 334－3 |
| C1504101011 | 煤窑沟 | 11.45 | 700 | 10 098.90 | 0.000 286 | 2.89 | 334－3 |
| C1504101012 | 永吉成村 | 2.36 | 500 | 4 460.40 | 0.000 286 | 1.28 | 334－3 |
| C1504101013 | 黑土坡村 | 18.85 | 500 | 51 955.31 | 0.000 286 | 14.86 | 334－3 |
| C1504101014 | 前康图沟 | 15.68 | 800 | 47 416.32 | 0.000 286 | 13.56 | 334－3 |
| **C 级区伴生 Ag 预测资源量总计** | | | | | | **279.19** | |

## 三、最小预测区共伴生矿种预测资源量估算结果

### 1. 按地质体积法

预测工作区预测方法为地质体积法，预测资源量为 1 016.11t。

### 2. 按资源量精度级别

依据资源量精度级别划分标准，霍各乞式沉积型铜矿伴生银矿预测工作区可划分为 334－1、334－2、334－3 三个资源量精度级别，各级别资源量如表 11－2 所示。

**表 11－2　霍各乞式沉积型铜矿伴生银矿预测工作区资源量精度级别统计表**

| 预测工作区编号 | 预测工作区名称 | 资源量精度级别(t) | | |
|---|---|---|---|---|
| | | 334－1 | 334－2 | 334－3 |
| 1504101001 | 霍各乞式沉积型铜矿伴生银矿预测工作区 | 468.41 | 268.51 | 279.19 |

#### 3. 按延深

根据各最小预测区内含矿地质体的特征，预测延深在 300～1235m 之间，其预测资源量按预测延深统计的结果如表 11－3 所示。

**表 11－3　霍各乞式沉积型铜矿伴生银矿预测工作区预测资源量延深统计表**

| 预测工作区编号 | 500m 以浅(t) | | | 1000m 以浅(t) | | | 2000m 以浅(t) | | |
|---|---|---|---|---|---|---|---|---|---|
| | 334－1 | 334－2 | 334－3 | 334－1 | 334－2 | 334－3 | 334－1 | 334－2 | 334－3 |
| 1504101001 | 240.00 | 177.24 | 207.52 | 441.11 | 268.51 | 279.19 | 468.41 | 268.51 | 279.19 |
| **总计** | **624.76** | | | **988.79** | | | **1 016.11** | | |

#### 4. 按矿产预测方法类型

本预测工作区的矿产预测类型为霍各乞式，矿产预测方法类型为沉积型，其预测资源量统计结果如表 11－4 所示。

**表 11－4　霍各乞式沉积型铜矿伴生银矿预测工作区预测资源量矿产预测方法类型精度统计表**

| 预测工作区编号 | 预测工作区名称 | 沉积型(t) | | |
|---|---|---|---|---|
| | | 334－1 | 334－2 | 334－3 |
| 1504101001 | 霍各乞式沉积型铜矿伴生银矿产预测工作区 | 468.41 | 268.51 | 279.19 |

#### 5. 按可利用性类别

根据该预测工作区目前的矿床开采延深、矿石可选性、交通等情况，认为其预测资源量均可利用。如表 11－5 所示。

**表 11－5　霍各乞式沉积型铜矿伴生银矿预测工作区预测资源量可利用性统计表**

| 预测工作区编号 | 可利用(t) | | | 暂不可利用(t) | | |
|---|---|---|---|---|---|---|
| | 334－1 | 334－2 | 334－3 | 334－1 | 334－2 | 334－3 |
| 1504101001 | 468.41 | 268.51 | 279.19 | — | — | — |
| **总计** | **1 016.11** | | | **—** | | |

## 第二节　金厂沟梁式复合内生型金矿预测工作区伴生银矿预测资源量

### 一、典型矿床共伴生矿种资源量

据截至 2009 年底的《内蒙古自治区矿产资源储量表》，金厂沟梁金矿已查明 Au 金属量为 24.421t，伴生 Ag 已查明资源量为 12t，伴生矿种资源量系数＝伴生矿种已查明资源量/主矿种已查明资源量＝

12t/24.421t=0.491 38。

金厂沟梁模型区金矿预测资源量为4.224t，则伴生银矿资源量=伴生银矿种已查明资源量×（金矿种预测资源量/金矿种已查明资源量）=12t×（4.224/24.421）=2.076t。

## 二、最小预测区共伴生矿预测资源量估算参数

最小预测区伴生Ag预测资源量=最小预测区Au预测资源量×伴生Ag含矿率。在本次工作中，伴生Ag预测资源量为47.46t，不含已查明资源量24.42t。依据最小预测区地质矿产、物探及遥感异常等综合特征，并结合资源量估算和预测区优选结果，将最小预测区划分为A级、B级和C级3个等级，其伴生Ag预测资源量分别为17.07t、11.02t和19.37t（表11-6）。

**表11-6　各最小预测区伴生Ag预测资源量**

| 最小预测区编号 | 最小预测区名称 | 最小预测区面积($km^2$) | 预测延深(m) | Au预测资源量(t) | 伴生Ag含矿率 | 伴生Ag预测资源量(t) | 资源量精度级别 |
|---|---|---|---|---|---|---|---|
| A1511604001 | 金厂沟梁 | 25.17 | 470 | 4.224 | 0.491 38 | 2.08 | 334-1 |
| A1511604002 | 芦家地村 | 40.40 | 250 | 3.772 | 0.491 38 | 1.86 | 334-3 |
| A1511604003 | 柴胡栏子北沟 | 6.67 | 700 | 0.762 | 0.491 38 | 0.37 | 334-3 |
| A1511604004 | 莲花山 | 36.08 | 600 | 2.992 | 0.491 38 | 1.47 | 334-3 |
| A1511604005 | 红花沟镇 | 53.40 | 400 | 3.592 | 0.491 38 | 1.78 | 334-3 |
| A1511604006 | 梨树沟 | 23.02 | 600 | 3.809 | 0.491 38 | 1.87 | 334-3 |
| A1511604007 | 鸡冠山 | 65.47 | 500 | 12.871 | 0.491 38 | 6.32 | 334-3 |
| A1511604008 | 热水 | 65.32 | 200 | 2.724 | 0.491 38 | 1.34 | 334-3 |
| **A级区伴生Ag预测资源量总计** | | | | | | **17.07** | |
| B1511604001 | 大黑山北沟 | 13.27 | 350 | 1.344 | 0.491 38 | 0.66 | 334-3 |
| B1511604002 | 贝子府镇南 | 32.62 | 300 | 2.621 | 0.491 38 | 1.29 | 334-3 |
| B1511604003 | 贝子府镇南西 | 19.31 | 400 | 1.953 | 0.491 38 | 0.96 | 334-3 |
| B1511604004 | 克力代乡西 | 30.54 | 500 | 1.519 | 0.491 38 | 0.75 | 334-3 |
| B1511604005 | 卧牛沟 | 34.56 | 200 | 1.699 | 0.491 38 | 0.83 | 334-3 |
| B1511604006 | 撰山子 | 30.04 | 600 | 1.593 | 0.491 38 | 0.78 | 334-3 |
| B1511604007 | 柴达木 | 8.95 | 400 | 0.703 | 0.491 38 | 0.35 | 334-3 |
| B1511604008 | 胡彩沟北 | 17.13 | 600 | 1.675 | 0.491 38 | 0.82 | 334-3 |
| B1511604009 | 白音波萝村 | 16.13 | 200 | 0.895 | 0.491 38 | 0.44 | 334-3 |
| B1511604010 | 祁家营子 | 39.70 | 200 | 1.659 | 0.491 38 | 0.82 | 334-3 |
| B1511604011 | 索虎沟 | 29.61 | 300 | 1.714 | 0.491 38 | 0.84 | 334-3 |
| B1511604012 | 大水清 | 67.09 | 200 | 1.989 | 0.491 38 | 0.98 | 334-3 |
| B1511604013 | 南沟 | 10.43 | 400 | 1.039 | 0.491 38 | 0.51 | 334-3 |
| B1511604014 | 宁城县 | 7.42 | 600 | 0.554 | 0.491 38 | 0.27 | 334-3 |
| B1511604015 | 七家 | 20.10 | 600 | 1.463 | 0.491 38 | 0.72 | 334-3 |
| **B级区伴生Ag预测资源量总计** | | | | | | **11.02** | |

续表 11-6

| 最小预测区编号 | 最小预测区名称 | 最小预测区面积($km^2$) | 预测延深(m) | Au预测资源量(t) | 伴生Ag含矿率 | 伴生Ag预测资源量(t) | 资源量精度级别 |
|---|---|---|---|---|---|---|---|
| C1511604001 | 小官家地 | 22.69 | 300 | 0.922 | 0.491 38 | 0.45 | 334-3 |
| C1511604002 | 西沟北 | 3.10 | 300 | 0.126 | 0.491 38 | 0.06 | 334-3 |
| C1511604003 | 三道沟东 | 4.64 | 300 | 0.189 | 0.491 38 | 0.09 | 334-3 |
| C1511604004 | 东来店 | 9.80 | 300 | 0.398 | 0.491 38 | 0.20 | 334-3 |
| C1511604005 | 二台营子村 | 3.23 | 300 | 0.131 | 0.491 38 | 0.06 | 334-3 |
| C1511604006 | 敖音勿苏乡 | 33.25 | 300 | 1.350 | 0.491 38 | 0.66 | 334-3 |
| C1511604007 | 黄岗沟 | 35.99 | 300 | 1.462 | 0.491 38 | 0.72 | 334-3 |
| C1511604008 | 小乌梁苏 | 19.71 | 300 | 0.801 | 0.491 38 | 0.39 | 334-3 |
| C1511604009 | 东沟 | 42.22 | 300 | 1.715 | 0.491 38 | 0.84 | 334-3 |
| C1511604010 | 水泉村 | 18.98 | 300 | 0.771 | 0.491 38 | 0.38 | 334-3 |
| C1511604011 | 康家营子西 | 6.82 | 300 | 0.277 | 0.491 38 | 0.14 | 334-3 |
| C1511604012 | 赵成窑子 | 8.21 | 300 | 0.333 | 0.491 38 | 0.16 | 334-3 |
| C1511604013 | 朝阳沟 | 46.58 | 300 | 1.892 | 0.491 38 | 0.93 | 334-3 |
| C1511604014 | 小山东 | 2.16 | 300 | 0.088 | 0.491 38 | 0.04 | 334-3 |
| C1511604015 | 丰收乡 | 51.82 | 300 | 2.105 | 0.491 38 | 1.03 | 334-3 |
| C1511604016 | 下官地村 | 54.57 | 300 | 2.217 | 0.491 38 | 1.09 | 334-3 |
| C1511604017 | 毛代沟村 | 15.06 | 300 | 0.612 | 0.491 38 | 0.30 | 334-3 |
| C1511604018 | 大三家村 | 2.68 | 300 | 0.109 | 0.491 38 | 0.05 | 334-3 |
| C1511604019 | 老府镇 | 32.92 | 300 | 1.337 | 0.491 38 | 0.66 | 334-3 |
| C1511604020 | 唐房营子 | 24.56 | 300 | 0.998 | 0.491 38 | 0.49 | 334-3 |
| C1511604021 | 刘家店 | 78.21 | 300 | 3.177 | 0.491 38 | 1.56 | 334-3 |
| C1511604022 | 小克力代 | 3.91 | 300 | 0.159 | 0.491 38 | 0.08 | 334-3 |
| C1511604023 | 南营子北 | 17.37 | 300 | 0.705 | 0.491 38 | 0.35 | 334-3 |
| C1511604024 | 罗卜起沟脑 | 13.99 | 300 | 0.568 | 0.491 38 | 0.28 | 334-3 |
| C1511604025 | 小窑沟 | 5.77 | 300 | 0.234 | 0.491 38 | 0.11 | 334-3 |
| C1511604026 | 窑子沟 | 23.05 | 300 | 0.936 | 0.491 38 | 0.46 | 334-3 |
| C1511604027 | 花山沟 | 7.09 | 300 | 0.288 | 0.491 38 | 0.14 | 334-3 |
| C1511604028 | 西府村 | 11.77 | 300 | 0.478 | 0.491 38 | 0.23 | 334-3 |
| C1511604029 | 小柳灌沟 | 4.69 | 300 | 0.191 | 0.491 38 | 0.09 | 334-3 |
| C1511604030 | 榆树底下 | 16.58 | 300 | 0.673 | 0.491 38 | 0.33 | 334-3 |
| C1511604031 | 下铺子 | 12.25 | 300 | 0.498 | 0.491 38 | 0.24 | 334-3 |
| C1511604032 | 当铺地南 | 2.28 | 300 | 0.093 | 0.491 38 | 0.05 | 334-3 |
| C1511604033 | 雷家营子村 | 18.83 | 300 | 0.765 | 0.491 38 | 0.38 | 334-3 |
| C1511604034 | 于家弯子 | 4.01 | 300 | 0.163 | 0.491 38 | 0.08 | 334-3 |

续表 11－6

| 最小预测区编号 | 最小预测区名称 | 最小预测区面积($km^2$) | 预测延深(m) | Au 预测资源量(t) | 伴生 Ag 含矿率 | 伴生 Ag 预测资源量(t) | 资源量精度级别 |
|---|---|---|---|---|---|---|---|
| C1511604035 | 高桥村东 | 4.58 | 300 | 0.186 | 0.491 38 | 0.09 | 334－3 |
| C1511604036 | 布日嘎苏台乡 | 22.23 | 300 | 0.903 | 0.491 38 | 0.44 | 334－3 |
| C1511604037 | 富裕沟村 | 12.83 | 300 | 0.521 | 0.491 38 | 0.26 | 334－3 |
| C1511604038 | 上荒 | 4.44 | 300 | 0.181 | 0.491 38 | 0.09 | 334－3 |
| C1511604039 | 郭家营子 | 3.90 | 300 | 0.158 | 0.491 38 | 0.08 | 334－3 |
| C1511604040 | 龙头庄北西 | 3.62 | 300 | 0.147 | 0.491 38 | 0.07 | 334－3 |
| C1511604041 | 纪家店村 | 8.38 | 300 | 0.340 | 0.491 38 | 0.17 | 334－3 |
| C1511604042 | 舒板窝铺 | 26.67 | 300 | 1.084 | 0.491 38 | 0.53 | 334－3 |
| C1511604043 | 马站城子村 | 26.21 | 300 | 1.065 | 0.491 38 | 0.52 | 334－3 |
| C1511604044 | 窑沟 | 3.74 | 300 | 0.152 | 0.491 38 | 0.07 | 334－3 |
| C1511604045 | 忙农镇 | 9.85 | 300 | 0.400 | 0.491 38 | 0.20 | 334－3 |
| C1511604046 | 北窑沟 | 14.29 | 300 | 0.580 | 0.491 38 | 0.29 | 334－3 |
| C1511604047 | 驿马吐村 | 12.20 | 300 | 0.496 | 0.491 38 | 0.24 | 334－3 |
| C1511604048 | 范杖子村 | 36.11 | 300 | 1.467 | 0.491 38 | 0.72 | 334－3 |
| C1511604049 | 温家地 | 58.88 | 300 | 2.392 | 0.491 38 | 1.18 | 334－3 |
| C1511604050 | 长皋沟门 | 8.43 | 300 | 0.342 | 0.491 38 | 0.17 | 334－3 |
| C1511604051 | 北沟 | 5.45 | 300 | 0.221 | 0.491 38 | 0.11 | 334－3 |
| C1511604052 | 贵宝沟 | 10.51 | 300 | 0.427 | 0.491 38 | 0.21 | 334－3 |
| C1511604053 | 三道沟前营子 | 1.91 | 300 | 0.078 | 0.491 38 | 0.04 | 334－3 |
| C1511604054 | 五马沟村 | 26.74 | 300 | 1.086 | 0.491 38 | 0.53 | 334－3 |
| C1511604055 | 大黑山林鹿场西 | 10.80 | 300 | 0.439 | 0.491 38 | 0.22 | 334－3 |
| **C 级区伴生 Ag 预测资源量总计** | | | | | | **19.37** | |

## 三、最小预测区共伴生矿种预测资源量估算结果

### 1. 按地质体积法

预测工作区预测方法为地质体积法，详见表 11－7。

**表 11－7　金厂沟梁式复合内生型金矿伴生银矿预测工作区预测资源量按地质体积法分类统计表**

| 预测工作区编号 | 预测工作区名称 | 地质体积法 |
|---|---|---|
| 1511604001 | 金厂沟梁式复合内生型金矿伴生银矿 | 47.46t |

### 2. 按资源量精度级别

依据资源量精度级别划分标准，金厂沟梁式复合内生型金矿伴生银矿预测工作区可划分为334－1、334－2、334－3三个资源量精度级别，各级别预测资源量如表11－8所示。

表11－8 金厂沟梁式复合内生型金矿伴生银矿预测工作区资源量精度级别统计表

| 预测工作区编号 | 预测工作区名称 | 资源量精度级别(t) | | |
|---|---|---|---|---|
| | | 334－1 | 334－2 | 334－3 |
| 1511604001 | 金厂沟梁式复合内生型金矿伴生银矿预测工作区 | 2.08 | — | 45.38 |

### 3. 按延深

根据各最小预测区内含矿地质体的特征，预测延深在200～600m之间，其预测资源量按预测延深统计的结果如表11－9所示。

表11－9 金厂沟梁式复合内生型金矿伴生银矿预测工作区预测资源量延深统计表

| 预测工作区编号 | 预测工作区名称 | 500m以浅(t) | | | 1000m以浅(t) | | | 2000m以浅(t) | | |
|---|---|---|---|---|---|---|---|---|---|---|
| | | 334－1 | 334－2 | 334－3 | 334－1 | 334－2 | 334－3 | 334－1 | 334－2 | 334－3 |
| 1511604001 | 金厂沟梁式复合内生型金矿伴生银矿 | 2.08 | — | 44.43 | 2.08 | — | 45.38 | 2.08 | — | 45.38 |
| **总计** | | **46.51** | | | **47.46** | | | **47.46** | | |

### 4. 按矿产预测类型

本预测工作区的预测类型为金厂沟梁式，预测方法类型为复合内生型，其预测资源量统计结果如表11－10所示。

表11－10 金厂沟梁式复合内生型金矿伴生银矿预测工作区预测资源量矿产类型精度统计表

| 预测工作区编号 | 预测工作区名称 | 复合内生型(t) | | |
|---|---|---|---|---|
| | | 334－1 | 334－2 | 334－3 |
| 1511604001 | 金厂沟梁式复合内生型金矿伴生银矿预测工作区 | 2.08 | — | 45.38 |

### 5. 按可利用性类别

根据该预测工作区目前的矿床开采延深、矿石可选性、交通等情况，认为其预测资源量均可利用，如表11－11所示。

**表 11-11　金厂沟梁式复合内生型金矿伴生银矿预测工作区预测资源量可利用性统计表**

| 预测工作区编号 | 预测工作区名称 | 可利用(t) | | | 暂不可利用(t) | | |
|---|---|---|---|---|---|---|---|
| | | 334-1 | 334-2 | 334-3 | 334-1 | 334-2 | 334-3 |
| 1511604001 | 金厂沟梁式复合内生型金矿伴生银矿预测工作区 | 2.08 | — | 44.43 | — | — | 0.95 |
| **总计** | | **46.51** | | | **0.95** | | |

# 第三节　余家窝铺式侵入岩体型铅锌矿伴生银矿预测工作区预测资源量

## 一、典型矿床共伴生矿种资源量

据截至2009年底的《内蒙古自治区矿产资源储量表》,余家窝铺铅锌矿已查明铅锌矿金属量Pb 56 787t、Zn 108 943t、Pb+Zn 165 730t,伴生Ag已查明资源量为11t,伴生矿种资源量系数=伴生矿种已查明资源量/主矿种已查明资源量=11t/165 730t=0.000 066 4。

余家窝铺模型区铅锌矿预测资源量为114 874.96t,则伴生银矿资源量=伴生银矿种已查明资源量×(铅锌矿种预测资源量/铅锌矿种已查明资源量)=11t×(114 874.96/165 730)=7.625t。

## 二、各最小预测区伴生矿预测资源量估算参数

最小预测区伴生Ag预测资源量=最小预测区Pb+Zn预测资源量×伴生Ag含矿率。在本次工作中,伴生Ag预测资源量为87.75t,不含已查明资源量11.00t。依据最小预测区地质矿产、物探及遥感异常等综合特征,并结合资源量估算和预测区优选结果,将最小预测区划分为A级、B级和C级3个等级,其伴生Ag预测资源量分别为41.09t、26.87t和19.79t。各最小预测区伴生Ag预测资源量如表11-12所示。

**表 11-12　各最小预测区伴生Ag预测资源量**

| 最小预测区编号 | 最小预测区名称 | 最小预测区面积($km^2$) | 预测延深(m) | Pb+Zn预测资源量(t) | 伴生Ag含矿率 | 伴生Ag预测资源量(t) | 资源量精度级别 |
|---|---|---|---|---|---|---|---|
| A1506208001 | 巴嘎塔拉 | 3.67 | 600 | 84 637.61 | 0.000 066 4 | 5.62 | 334-3 |
| A1506208002 | 余家窝铺 | 5.31 | 550 | 114 874.96 | 0.000 066 4 | 7.63 | 334-1 |
| A1506208003 | 余家窝铺南 | 2.36 | 500 | 56 595.20 | 0.000 066 4 | 3.76 | 334-3 |
| A1506208004 | 五分地西南 | 3.39 | 600 | 97 638.81 | 0.000 066 4 | 6.48 | 334-2 |
| A1506208005 | 西拐棒沟 | 8.67 | 600 | 36 678.57 | 0.000 066 4 | 2.43 | 334-1 |
| A1506208006 | 白音花苏木北 | 5.23 | 600 | 120 593.91 | 0.000 066 4 | 8.01 | 334-2 |
| A1506208007 | 白音花苏木北东 | 4.68 | 600 | 107 898.83 | 0.000 066 4 | 7.16 | 334-2 |
| **A级区伴生Ag预测资源量总计** | | | | | | **41.09** | |
| B1506208001 | 巴嘎塔拉东 | 4.83 | 600 | 55 649.71 | 0.000 066 4 | 3.7 | 334-3 |

**续表 11-12**

| 最小预测区编号 | 最小预测区名称 | 最小预测区面积(km²) | 预测延深(m) | Pb+Zn 预测资源量(t) | 伴生 Ag 含矿率 | 伴生 Ag 预测资源量(t) | 资源量精度级别 |
|---|---|---|---|---|---|---|---|
| B1506208002 | 板石房子西 | 4.34 | 600 | 49 946.69 | 0.000 066 4 | 3.32 | 334-3 |
| B1506208003 | 余家窝铺东南 | 2.63 | 500 | 37 901.82 | 0.000 066 4 | 2.52 | 334-3 |
| B1506208004 | 853 高地西 | 1.02 | 500 | 14 623.47 | 0.000 066 4 | 0.97 | 334-3 |
| B1506208005 | 梧桐花旗北西 | 3.88 | 600 | 67 076.64 | 0.000 066 4 | 4.45 | 334-3 |
| B1506208006 | 乌兰岗嘎查西 | 1.19 | 600 | 20 566.70 | 0.000 066 4 | 1.37 | 334-2 |
| B1506208007 | 奈木哈尔北 | 2.52 | 600 | 29 011.59 | 0.000 066 4 | 1.93 | 334-2 |
| B1506208008 | 青龙山镇北西 | 1.38 | 600 | 15 881.61 | 0.000 066 4 | 1.05 | 334-3 |
| B1506208009 | 敖音勿苏西 | 4.29 | 600 | 49 448.49 | 0.000 066 4 | 3.28 | 334-3 |
| B1506208010 | 敖吉乡北西 | 5.60 | 600 | 64 510.27 | 0.000 066 4 | 4.28 | 334-3 |
| **B 级区伴生 Ag 预测资源量总计** | | | | | | **26.87** | |
| C1506208001 | 山咀子南 | 2.02 | 500 | 9 680.69 | 0.000 066 4 | 0.64 | 334-3 |
| C1506208002 | 梧桐花旗北 | 1.72 | 500 | 8 238.32 | 0.000 066 4 | 0.55 | 334-3 |
| C1506208003 | 东庄头营子东南 | 12.59 | 700 | 84 591.79 | 0.000 066 4 | 5.62 | 334-3 |
| C1506208004 | 黄家沟南西 | 1.98 | 500 | 9 527.28 | 0.000 066 4 | 0.63 | 334-3 |
| C1506208005 | 风水沟村 | 1.09 | 400 | 4 201.44 | 0.000 066 4 | 0.28 | 334-3 |
| C1506208006 | 489 高地西 | 1.37 | 400 | 5 242.41 | 0.000 066 4 | 0.35 | 334-3 |
| C1506208007 | 水泉镇北西 | 2.30 | 500 | 11 051.56 | 0.000 066 4 | 0.73 | 334-3 |
| C1506208008 | 水泉镇北 | 1.78 | 500 | 8 544.96 | 0.000 066 4 | 0.57 | 334-3 |
| C1506208009 | 先进苏木西 | 4.43 | 600 | 51 034.10 | 0.000 066 4 | 3.39 | 334-3 |
| C1506208010 | 下洼镇南东 | 1.97 | 500 | 9 452.22 | 0.000 066 4 | 0.62 | 334-3 |
| C1506208011 | 敖音勿苏北西 | 9.81 | 700 | 65 890.93 | 0.000 066 4 | 4.38 | 334-3 |
| C1506208012 | 敖音勿苏北东 | 4.58 | 600 | 26 364.44 | 0.000 066 4 | 1.75 | 334-3 |
| C1506208013 | 沙日浩来南东 | 1.08 | 400 | 4 162.30 | 0.000 066 4 | 0.28 | 334-3 |
| **C 级区伴生 Ag 预测资源量总计** | | | | | | **19.79** | |

## 三、最小预测区共伴生矿种预测资源量估算结果

### 1. 按地质体积法

预测工作区预测方法为地质体积法，详见表 11-13。

**表 11-13　余家窝铺式侵入岩体型铅锌矿伴生银矿预测工作区预测资源量按地质体积法分类统计表**

| 预测工作区编号 | 预测工作区名称 | 地质体积法(t) |
|---|---|---|
| 1506208001 | 余家窝铺式侵入岩体型铅锌矿伴生银矿预测工作区 | 87.75 |

### 2. 按资源量精度级别

依据资源量精度级别划分标准，余家窝铺式侵入岩体型铅锌矿伴生银矿预测工作区可划分为334－1、334－2、334－3三个资源量精度级别，各级别资源量如表11－14所示。

表11－14　余家窝铺式侵入岩体型铅锌矿伴生银矿预测工作区预测资源量精度级别统计表

| 预测工作区编号 | 预测工作区名称 | 资源量精度级别(t) | | |
|---|---|---|---|---|
| | | 334－1 | 334－2 | 334－3 |
| 1506208001 | 余家窝铺式侵入岩体型铅锌矿伴生银矿预测工作区 | 10.06 | 24.95 | 52.74 |

### 3. 按延深

根据各最小预测区内含矿地质体的特征，预测延深在400～700m之间，其预测资源量按预测延深统计的结果如表11－15所示。

表11－15　余家窝铺式侵入岩体型铅锌矿伴生银矿预测工作区预测资源量延深统计表

| 预测工作区编号 | 预测工作区名称 | 500m以浅(t) | | | 1000m以浅(t) | | | 2000m以浅(t) | | |
|---|---|---|---|---|---|---|---|---|---|---|
| | | 334－1 | 334－2 | 334－3 | 334－1 | 334－2 | 334－3 | 334－1 | 334－2 | 334－3 |
| 1506208001 | 余家窝铺式侵入岩体型铅锌矿伴生银矿预测工作区 | 7.95 | 20.79 | 44.74 | 10.06 | 20.95 | 52.74 | 10.06 | 20.95 | 52.74 |
| **总计** | | **73.48** | | | **87.75** | | | **87.75** | | |

### 4. 按矿产预测方法类型

本预测工作区的矿产预测类型为余家窝铺式，矿产预测方法类型为侵入岩体型，其预测资源量统计结果如表11－16所示。

表11－16　余家窝铺式侵入岩体型铅锌矿伴生银矿预测工作区预测资源量矿产类型精度统计表

| 预测工作区编号 | 预测工作区名称 | 侵入岩体型(t) | | |
|---|---|---|---|---|
| | | 334－1 | 334－2 | 334－3 |
| 1506208001 | 余家窝铺式侵入岩体型铅锌矿伴生银矿预测工作区 | 10.06 | 24.95 | 52.74 |

### 5. 按可利用性类别

根据该预测工作区目前的矿床开采延深、矿石可选性、交通等情况，认为其预测资源量均可利用，如表11－17所示。

**表 11-17 余家窝铺式侵入岩体型铅锌矿伴生银矿预测工作区预测资源量可利用性统计表**

| 预测工作区编号 | 预测工作区名称 | 可利用(t) | | | 暂不可利用(t) | | |
|---|---|---|---|---|---|---|---|
| | | 334-1 | 334-2 | 334-3 | 334-1 | 334-2 | 334-3 |
| 1506208001 | 余家窝铺式侵入岩体型铅锌矿伴生银矿预测工作区 | 2.44 | 15.17 | 14.80 | 7.63 | 9.77 | 37.94 |
| **总计** | | **32.41** | | | **55.34** | | |

# 第四节 朝不楞式侵入岩体型铁矿伴生银矿预测工作区预测资源量

## 一、典型矿床共伴生矿种资源量

据截至2009年底的《内蒙古自治区矿产资源储量表》,朝不楞铁矿已查明铁矿矿石量22 763 000t,伴生Ag已查明资源量为289t,伴生矿种资源量系数=伴生矿种已查明资源量/主矿种已查明资源量=289t/22 763 000t=0.000 001 27。

朝不楞模型区铁矿预测资源量为148 951 800t,则伴生银矿资源量=伴生银矿种已查明资源量×(铁矿种预测资源量/铁矿种已查明资源量)=289t×(148 951 800/22 763 000)=189.17t。

## 二、最小预测区共伴生矿预测资源量估算参数

最小预测区伴生Ag预测资源量=最小预测区Fe预测资源量×伴生Ag含矿率。在本次工作中,伴生Ag预测资源量为946.74t,不含已查明资源量289.00t。依据最小预测区地质矿产、物探及遥感异常等综合特征,并结合资源量估算和预测区优选结果,将最小预测区划分为A级、B级和C级3个等级,其伴生Ag预测资源量分别为824.67t、117.81t和4.26t。各最小预测区伴生Ag预测资源量如表11-18所示。

**表 11-18 朝不楞最小预测区伴生Ag预测资源量**

| 最小预测区编号 | 最小预测区名称 | 面积($km^2$) | 预测延深(m) | Fe预测资源量(t) | 伴生Ag含矿率 | 伴生Ag预测资源量(t) | 资源量精度级别 |
|---|---|---|---|---|---|---|---|
| A1501202001 | 朝不楞 | 52.03 | 1000 | 148 951 800 | 0.000 001 27 | 189.17 | 334-1 |
| A1501202002 | 朝不楞南 | 66.60 | 1000 | 197 795 500 | 0.000 001 27 | 251.20 | 334-2 |
| A1501202003 | 哈丹陶勒盖东-1 | 29.84 | 1000 | 63 015 300 | 0.000 001 27 | 80.03 | 334-2 |
| A1501202004 | 哈丹陶勒盖东-2 | 32.33 | 1000 | 68 281 900 | 0.000 001 27 | 86.72 | 334-2 |
| A1501202005 | 努仁查干敖包 | 61.27 | 1000 | 171 302 800 | 0.000 001 27 | 217.55 | 334-1 |
| **A级区伴生Ag预测资源量总计** | | | | | | **17.73** | |
| B1501202001 | 朝不楞 | 88.15 | 600 | 13 963 200 | 0.000 001 27 | 17.73 | 334-3 |
| B1501202002 | 朝不楞南 | 91.49 | 600 | 14 491 600 | 0.000 001 27 | 18.40 | 334-3 |
| B1501202003 | 乌义图音查干 | 68.05 | 600 | 2 694 600 | 0.000 001 27 | 3.42 | 334-3 |
| B1501202004 | 梅勒音高吉格日 | 56.32 | 600 | 2 230 300 | 0.000 001 27 | 2.83 | 334-3 |

**续表 11 - 18**

| 最小预测区编号 | 最小预测区名称 | 面积（$km^2$） | 预测延深（m） | Fe 预测资源量（t） | 伴生 Ag 含矿率 | 伴生 Ag 预测资源量（t） | 资源量精度级别 |
|---|---|---|---|---|---|---|---|
| B1501202005 | 沙巴尔台高勒北 | 57.91 | 600 | 2 293 200 | 0.000 001 27 | 2.91 | 334 - 3 |
| B1501202006 | 雅日盖图 | 32.98 | 600 | 1 306 100 | 0.000 001 27 | 1.66 | 334 - 3 |
| B1501202007 | 巴彦乌拉 | 83.59 | 600 | 3 310 200 | 0.000 001 27 | 4.20 | 334 - 3 |
| B1501202008 | 宝音南 | 89.43 | 600 | 3 541 500 | 0.000 001 27 | 4.50 | 334 - 3 |
| B1501202009 | 巴勒格尔 | 51.01 | 600 | 8 080 400 | 0.000 001 27 | 10.26 | 334 - 3 |
| B1501202010 | 巴勒格尔南 | 51.55 | 600 | 8 164 800 | 0.000 001 27 | 10.37 | 334 - 3 |
| B1501202011 | 沃尔格斯特南 | 89.35 | 600 | 14 153 500 | 0.000 001 27 | 17.97 | 334 - 3 |
| B1501202012 | 哈丹陶勒盖东 | 41.86 | 600 | 6 630 700 | 0.000 001 27 | 8.42 | 334 - 3 |
| B1501202013 | 查干诺尔北 | 80.02 | 600 | 3 168 600 | 0.000 001 27 | 4.02 | 334 - 3 |
| B1501202014 | 乌拉盖河 | 81.75 | 600 | 3 237 300 | 0.000 001 27 | 4.11 | 334 - 3 |
| B1501202015 | 沃尔格斯特东 | 34.86 | 600 | 5 521 200 | 0.000 001 27 | 7.01 | 334 - 3 |
| **B 级区伴生 Ag 预测资源量总计** | | | | | | **117.81** | |
| C1501202001 | 陶申陶勒盖东(北) | 82.20 | 600 | 162 800 | 0.000 001 27 | 0.21 | 334 - 3 |
| C1501202002 | 陶申陶勒盖东(中) | 54.49 | 600 | 107 900 | 0.000 001 27 | 0.14 | 334 - 3 |
| C1501202003 | 陶申陶勒盖东(南) | 71.45 | 600 | 141 500 | 0.000 001 27 | 0.18 | 334 - 3 |
| C1501202004 | 沙巴尔台高勒北 | 13.47 | 600 | 26 700 | 0.000 001 27 | 0.03 | 334 - 3 |
| C1501202005 | 敖根恩陶勒盖 | 31.40 | 600 | 62 200 | 0.000 001 27 | 0.08 | 334 - 3 |
| C1501202006 | 敖根恩陶勒盖东 | 77.15 | 600 | 152 800 | 0.000 001 27 | 0.19 | 334 - 3 |
| C1501202007 | 花那格特 | 46.94 | 600 | 92 900 | 0.000 001 27 | 0.12 | 334 - 3 |
| C1501202008 | 伊和阿给特 | 94.26 | 600 | 186 600 | 0.000 001 27 | 0.24 | 334 - 3 |
| C1501202009 | 苏布日牙温多日 | 95.28 | 600 | 188 700 | 0.000 001 27 | 0.24 | 334 - 3 |
| C1501202010 | 都勒格敖包 | 92.75 | 600 | 183 700 | 0.000 001 27 | 0.23 | 334 - 3 |
| C1501202011 | 都勒格敖包南 | 71.06 | 600 | 140 700 | 0.000 001 27 | 0.18 | 334 - 3 |
| C1501202012 | 哈日达勒其 | 79.08 | 600 | 156 600 | 0.000 001 27 | 0.2 | 334 - 3 |
| C1501202013 | 马尼图音陶勒盖 | 76.08 | 600 | 150 600 | 0.000 001 27 | 0.19 | 334 - 3 |
| C1501202014 | 额门昂格日 | 64.10 | 600 | 126 900 | 0.000 001 27 | 0.16 | 334 - 3 |
| C1501202015 | 巴彦乌拉北 | 74.69 | 600 | 147 900 | 0.000 001 27 | 0.19 | 334 - 3 |
| C1501202016 | 都兰呼都格音布敦 | 84.56 | 600 | 167 400 | 0.000 001 27 | 0.21 | 334 - 3 |
| C1501202017 | 毛日达坂 | 85.74 | 600 | 169 800 | 0.000 001 27 | 0.22 | 334 - 3 |
| C1501202018 | 宝塔音敖包 | 48.90 | 600 | 96 800 | 0.000 001 27 | 0.13 | 334 - 3 |
| C1501202019 | 乌拉德扎很 | 42.25 | 600 | 83 700 | 0.000 001 27 | 0.11 | 334 - 3 |
| C1501202020 | 沃尔格斯特东 | 47.30 | 600 | 93 700 | 0.000 001 27 | 0.12 | 334 - 3 |
| C1501202021 | 哈丹陶勒盖东 | 76.85 | 600 | 152 200 | 0.000 001 27 | 0.19 | 334 - 3 |
| C1501202022 | 格都尔格诺尔 | 96.14 | 600 | 190 400 | 0.000 001 27 | 0.24 | 334 - 3 |
| C1501202023 | 乌尔浑河东 | 68.64 | 600 | 135 900 | 0.000 001 27 | 0.17 | 334 - 3 |
| C1501202024 | 乌拉河东 | 67.45 | 600 | 133 500 | 0.000 001 27 | 0.18 | 334 - 3 |
| C1501202025 | 乌科河 | 42.13 | 600 | 83 400 | 0.000 001 27 | 0.11 | 334 - 3 |
| **C 级区伴生 Ag 预测资源量总计** | | | | | | **4.26** | |

## 三、最小预测区共伴生矿种预测资源量估算结果

### 1. 按地质体积法

预测工作区预测方法为地质体积法，详见表11-19。

表11-19　朝不楞式侵入岩体型铁矿伴生银矿预测工作区预测资源量按地质体积法分类统计表

| 预测工作区编号 | 预测工作区名称 | 地质体积法 |
|---|---|---|
| 1501202001 | 朝不楞式侵入岩体型铁矿伴生银矿预测工作区 | 946.74t |

### 2. 按资源量精度级别

依据资源量精度级别划分标准，朝不楞式侵入岩体型铁矿伴生银矿预测工作区可划分为334-1、334-2、334-3三个资源量精度级别，各级别资源量如表11-20所示。

表11-20　朝不楞式侵入岩体型铁矿伴生银矿预测工作区资源量精度级别统计表

| 预测工作区编号 | 预测工作区名称 | 资源量精度级别(t) | | |
|---|---|---|---|---|
| | | 334-1 | 334-2 | 334-3 |
| 1501202001 | 朝不楞式侵入岩体型铁矿伴生银矿预测工作区 | 406.72 | 417.95 | 122.07 |

### 3. 按延深

根据各最小预测区内含矿地质体的特征，预测延深在500～600m之间，其预测资源量按延深统计的结果如表11-21所示。

表11-21　朝不楞式侵入岩体型铁矿伴生银矿预测工作区预测资源量延深统计表

| 预测工作区编号 | 预测工作区名称 | 500m以浅(t) | | | 1000m以浅(t) | | | 2000m以浅(t) | | |
|---|---|---|---|---|---|---|---|---|---|---|
| | | 334-1 | 334-2 | 334-3 | 334-1 | 334-2 | 334-3 | 334-1 | 334-2 | 334-3 |
| 1501202001 | 朝不楞式侵入岩体型铁矿伴生银矿预测工作区 | 203.37 | 208.97 | 101.73 | 406.72 | 417.95 | 122.07 | 406.72 | 417.95 | 122.07 |
| **总计** | | **514.07** | | | **946.74** | | | **946.74** | | |

### 4. 按矿产预测类型

该预测工作区的矿产预测类型为朝不楞式，矿产预测方法类型为侵入岩体型，其预测资源量统计结果如表11-22所示。

表 11-22　朝不楞式侵入岩体型铁矿伴生银矿预测工作区预测资源量矿产类型精度统计表

| 预测工作区编号 | 预测工作区名称 | 侵入岩体型(t) | | |
|---|---|---|---|---|
| | | 334-1 | 334-2 | 334-3 |
| 1501202001 | 朝不楞式侵入岩体型铁矿伴生银矿预测工作区 | 406.72 | 417.95 | 122.07 |

**5. 按可利用性类别**

根据该预测工作区目前的矿床开采延深、矿石可选性、交通等情况，认为其预测资源量均可利用（表 11-23）。

表 11-23　朝不楞式侵入岩体型铁矿伴生银矿预测工作区预测资源量可利用性统计表

| 预测工作区编号 | 预测工作区名称 | 可利用(t) | | | 暂不可利用(t) | | |
|---|---|---|---|---|---|---|---|
| | | 334-1 | 334-2 | 334-3 | 334-1 | 334-2 | 334-3 |
| 1501202001 | 朝不楞式侵入岩体型铁矿伴生银矿预测工作区 | 406.72 | 417.95 | 112.52 | — | — | 9.55 |
| **总计** | | **937.19** | | | **9.55** | | |

# 第五节　扎木钦式火山岩型铅锌矿伴生银矿预测工作区预测资源量

## 一、典型矿床共伴生矿种资源量

据截至 2009 年底的《内蒙古自治区矿产资源储量表》，扎木钦铅锌矿已查明铅锌(Pb+Zn)矿金属量为 356 769t，伴生 Ag 已查明资源量为 999t，伴生矿种资源量系数＝伴生矿种已查明资源量/主矿种已查明资源量＝999t/356 769t＝0.002 8。

扎木钦模型区铅锌矿预测资源量为 450 953.9t，则伴生银矿资源量＝伴生银矿种已查明资源量×(铅锌矿种预测资源量/铅锌矿种已查明资源量)＝999t×(450 953.9/356 769)＝1 262.73t。

## 二、最小预测区共伴生矿预测资源量估算参数

最小预测区伴生 Ag 预测资源量＝最小预测区 Pb＋Zn 预测资源量×伴生 Ag 含矿率。在本次工作中，伴生 Ag 预测资源量为 4 507.18t，不含已查明资源量 999.00t。依据最小预测区地质矿产、物探及遥感异常等综合特征，并结合资源量估算和预测区优选结果，将最小预测区划分为 A 级、B 级和 C 级 3 个等级，其伴生 Ag 预测资源量分别为 2 847.53t、1 313.31t 和 346.34t。各最小预测区伴生 Ag 预测资源量如表 11-24所示。

**表 11-24　扎木钦最小预测区伴生 Ag 预测资源量**

| 最小预测区编号 | 最小预测区名称 | 最小预测区面积($km^2$) | 预测延深(m) | Pb+Zn 预测资源量(t) | 伴生 Ag 含矿率 | 伴生 Ag 预测资源量(t) | 资源量精度级别 |
|---|---|---|---|---|---|---|---|
| A1506402001 | 西巴彦珠日和嘎查 | 41.68 | 600 | 450 953.90 | 0.002 8 | 1262.67 | 334-1 |
| A1506402002 | 宝家店 | 57.47 | 600 | 275 856.00 | 0.002 8 | 772.40 | 334-3 |
| A1506402003 | 霍林河矿区农牧场八连西 | 46.04 | 600 | 141434.88 | 0.002 8 | 396.02 | 334-2 |
| A1506402004 | 破马场 | 39.59 | 600 | 68 411.52 | 0.002 8 | 191.55 | 334-3 |
| A1506402005 | 胜利村 | 46.48 | 600 | 80 317.44 | 0.002 8 | 224.89 | 334-3 |
| **A 级区伴生 Ag 预测资源量总计** | | | | | | **2 847.53** | |
| B1506402001 | 和日木扎拉西 | 36.52 | 500 | 52 588.80 | 0.002 8 | 147.25 | 334-3 |
| B1506402002 | 阿其郎图嘎查 | 71.46 | 600 | 123 482.88 | 0.002 8 | 345.75 | 334-3 |
| B1506402003 | 三合屯北 | 62.38 | 600 | 71 861.76 | 0.002 8 | 201.21 | 334-3 |
| B1506402004 | 张旅窑 | 52.35 | 600 | 60 307.20 | 0.002 8 | 168.86 | 334-3 |
| B1506402005 | 宝日根嘎查 | 42.98 | 600 | 49 512.96 | 0.002 8 | 138.64 | 334-3 |
| B1506402006 | 呼和哈达嘎查 | 93.38 | 600 | 35 857.92 | 0.002 8 | 100.40 | 334-3 |
| B1506402007 | 太平川村 | 33.69 | 500 | 21 561.60 | 0.002 8 | 60.37 | 334-3 |
| B1506402008 | 华杰大队牛铺 | 46.76 | 600 | 53 867.52 | 0.002 8 | 150.83 | 334-3 |
| **B 级区伴生 Ag 预测资源量总计** | | | | | | **1 313.31** | |
| C1506402001 | 格日哈达嘎查北东 | 30.80 | 500 | 4 928.00 | 0.002 8 | 13.80 | 334-3 |
| C1506402002 | 孙麻子沟地铺北 | 53.32 | 600 | 20 474.88 | 0.002 8 | 57.33 | 334-3 |
| C1506402003 | 上马场北 | 50.35 | 600 | 9 667.20 | 0.002 8 | 27.07 | 334-3 |
| C1506402004 | 霍林河矿区农牧场八连 | 30.99 | 500 | 4 958.40 | 0.002 8 | 13.88 | 334-3 |
| C1506402005 | 巴彦乌拉嘎查 | 52.68 | 600 | 20 229.12 | 0.002 8 | 56.64 | 334-3 |
| C1506402006 | 北兴隆山屯 | 49.60 | 600 | 19 046.40 | 0.002 8 | 53.33 | 334-3 |
| C1506402007 | 查干哈达嘎查 | 76.47 | 600 | 14 682.24 | 0.002 8 | 41.11 | 334-3 |
| C1506402008 | 后堡村 | 36.14 | 500 | 5 782.40 | 0.002 8 | 16.19 | 334-3 |
| C1506402009 | 扎鲁特原种场第二农业大队 | 45.74 | 600 | 17 564.16 | 0.002 8 | 49.18 | 334-3 |
| C1506402010 | 三益庄村 | 39.76 | 500 | 6 361.60 | 0.002 8 | 17.81 | 334-3 |
| **C 级区伴生 Ag 预测资源量总计** | | | | | | **346.34** | |

## 三、最小预测区共伴生矿种预测资源量估算结果

### 1. 按地质体积法

预测工作区预测方法为地质体积法，详见表 11-25。

表 11-25 扎木钦式火山岩型铅锌矿伴生银矿预测工作区预测资源量按地质体积法分类统计表

| 预测工作区编号 | 预测工作区名称 | 地质体积法 |
|---|---|---|
| 1506402001 | 扎木钦式火山岩型铅锌矿伴生银矿预测工作区 | 4 507.18t |

## 2. 按资源量精度级别

依据资源量精度级别划分标准，扎木钦式火山岩型铅锌矿伴生银矿预测工作区可划分为 334-1、334-2、334-3 三个资源量精度级别，各级别资源量如表 11-26 所示。

表 11-26 扎木钦式火山岩型铅锌矿伴生银矿预测工作区资源量精度级别统计表

| 预测工作区编号 | 预测工作区名称 | 资源量精度级别(t) | | |
|---|---|---|---|---|
| | | 334-1 | 334-2 | 334-3 |
| 1506402001 | 扎木钦式火山岩型铅锌矿伴生银矿预测工作区 | 1 262.67 | 396.02 | 2 848.49 |

## 3. 按延深

根据各最小预测区内含矿地质体的特征，预测延深在 500～600m 之间，其预测资源量按延深统计的结果如表 11-27 所示。

表 11-27 扎木钦式火山岩型铅锌矿伴生银矿预测工作区预测资源量延深统计表

| 预测工作区编号 | 预测工作区名称 | 500m 以浅(t) | | | 1000m 以浅(t) | | | 2000m 以浅(t) | | |
|---|---|---|---|---|---|---|---|---|---|---|
| | | 334-1 | 334-2 | 334-3 | 334-1 | 334-2 | 334-3 | 334-1 | 334-2 | 334-3 |
| 1506402001 | 扎木钦式火山岩型铅锌矿伴生银矿预测工作区 | 1 052.23 | 330.01 | 2 418.63 | 1 262.67 | 396.02 | 2 848.49 | 1 262.67 | 396.02 | 2 848.49 |
| **总计** | | **3 800.87** | | | **4 507.18** | | | **4 507.18** | | |

## 4. 按矿产预测方法类型

本预测工作区的矿产预测类型为扎木钦式，矿产预测方法类型为火山岩型，其预测资源量统计结果如表 11-28 所示。

表 11-28 扎木钦式火山岩型铅锌矿伴生银矿预测工作区预测资源量矿产类型精度统计表

| 预测工作区编号 | 预测工作区名称 | 火山岩型(t) | | |
|---|---|---|---|---|
| | | 334-1 | 334-2 | 334-3 |
| 1506402001 | 扎木钦式火山岩型铅锌矿伴生银矿预测工作区 | 1 262.67 | 396.02 | 2 848.49 |

**5. 按可利用性类别**

根据该预测工作区目前的矿床开采延深、矿石可选性、交通等情况，认为其预测资源量均可利用，如表 11－29 所示。

**表 11－29　扎木钦式火山岩型铅锌矿伴生银矿预测工作区预测资源量可利用性统计表**

| 预测工作区编号 | 预测工作区名称 | 可利用(t) | | | 暂不可利用(t) | | |
|---|---|---|---|---|---|---|---|
| | | 334－1 | 334－2 | 334－3 | 334－1 | 334－2 | 334－3 |
| 1506402001 | 扎木钦式火山岩型铅锌矿伴生银矿预测工作区 | 1 262.67 | 396.02 | 1 188.84 | — | — | 1 659.65 |
| **总计** | | **2 847.53** | | | **1 659.65** | | |

# 第六节　白音诺尔式侵入岩体型铅锌矿伴生银矿预测工作区预测资源量

## 一、典型矿床共伴生矿种资源量

据截至 2009 年底的《内蒙古自治区矿产资源储量表》，白音诺尔铅锌矿已查明铅锌矿(Pb+Zn)矿金属量为 824 127.62t，伴生 Ag 已查明资源量为 653t，伴生矿种资源量系数＝伴生矿种已查明资源量/主矿种已查明资源量＝653t/824 127.62t＝0.000 792。

白音诺尔模型区铅锌矿预测资源量为 1 321 152.90t，则伴生银矿资源量＝伴生银矿种已查明资源量×(铅锌矿种预测资源量/铅锌矿种已查明资源量)＝653t×(1 321 152.90/824 127.62)＝1 046.35t。

## 二、最小预测区共伴生矿预测资源量估算参数

最小预测区伴生 Ag 预测资源量＝最小预测区 Pb＋Zn 预测资源量×伴生 Ag 含矿率。在本次工作中，伴生 Ag 预测资源量为 4 280.48t，不含已查明资源量 653.00t。依据最小预测区地质矿产、物探及遥感异常等综合特征，并结合资源量估算和预测区优选结果，将最小预测区划分为 A 级、B 级和 C 级 3 个等级，其伴生 Ag 预测资源量分别为 3 388.93t、571.15t 和 320.40t。各最小预测区伴生 Ag 预测资源量如表 11－30 所示。

**表 11－30　白音诺尔最小预测区伴生 Ag 预测资源量**

| 最小预测区编号 | 最小预测区名称 | 面积($km^2$) | 预测延深(m) | Pb+Zn 预测资源量(t) | 伴生 Ag 含矿率 | 伴生 Ag 预测资源量(t) | 资源量精度级别 |
|---|---|---|---|---|---|---|---|
| A1506207001 | 白音诺尔镇 | 26.57 | 668 | 1 321 152.90 | 0.000 792 | 1 046.35 | 334－1 |
| A1506207002 | 哈达吐沟门 | 57.10 | 668 | 795 803.50 | 0.000 792 | 630.28 | 334－1 |
| A1506207003 | 胡都格绍荣村西 | 33.27 | 500 | 481 131.10 | 0.000 792 | 381.06 | 334－1 |
| A1506207004 | 浩布高嘎查 | 56.50 | 500 | 93 552.45 | 0.000 792 | 74.09 | 334－1 |
| A1506207005 | 白音昌沟门北东 | 22.89 | 500 | 351 931.52 | 0.000 792 | 278.73 | 334－1 |

**续表 11 - 30**

| 最小预测区编号 | 最小预测区名称 | 面积(km²) | 预测延深(m) | Pb+Zn 预测资源量(t) | 伴生 Ag 含矿率 | 伴生 Ag 预测资源量(t) | 资源量精度级别 |
|---|---|---|---|---|---|---|---|
| A1506207006 | 海力苏嘎查 | 45.22 | 500 | 694 529.38 | 0.000 792 | 550.07 | 334 - 1 |
| A1506207007 | 乃林坝嘎查 | 41.84 | 400 | 339 656.05 | 0.000 792 | 269.01 | 334 - 1 |
| A1506207008 | 床金嘎查北东 5.5km | 16.22 | 300 | 139 811.04 | 0.000 792 | 110.73 | 334 - 1 |
| A1506207009 | 大卧牛沟沟里西 9.7km | 8.13 | 300 | 26 999.22 | 0.000 792 | 21.38 | 334 - 1 |
| A1506207010 | 毛宝力格村南东 3.5km | 10.35 | 300 | 34 382.06 | 0.000 792 | 27.23 | 334 - 1 |
| **A 级区伴生 Ag 预测资源量总计** | | | | | | **3 388.93** | |
| B1506207001 | 毛宝力格村 | 26.32 | 500 | 64 737.87 | 0.000 792 | 51.27 | 334 - 3 |
| B1506207002 | 小东沟东 | 38.30 | 500 | 211 968.51 | 0.000 792 | 167.88 | 334 - 3 |
| B1506207003 | 白音昌沟门东 2.5km | 43.09 | 400 | 63 607.59 | 0.000 792 | 50.38 | 334 - 3 |
| B1506207004 | 东沟营子 | 44.37 | 400 | 196 481.86 | 0.000 792 | 155.61 | 334 - 3 |
| B1506207005 | 二零四东 3km | 25.38 | 300 | 28 091.24 | 0.000 792 | 22.25 | 334 - 3 |
| B1506207006 | 敖包梁 | 20.44 | 300 | 67 875.12 | 0.000 792 | 53.76 | 334 - 3 |
| B1506207007 | 宝日里格南西 | 4.82 | 300 | 5 339.73 | 0.000 792 | 4.23 | 334 - 3 |
| B1506207008 | 王爷坟北西 2.5km | 2.79 | 300 | 15 449.25 | 0.000 792 | 12.24 | 334 - 3 |
| B1506207009 | 查干勿苏嘎查北东 5.5km | 1.73 | 300 | 9 557.37 | 0.000 792 | 7.57 | 334 - 3 |
| B1506207010 | 永丰泉东 2.3km | 5.41 | 300 | 29 950.06 | 0.000 792 | 23.72 | 334 - 3 |
| B1506207011 | 巴彦诺尔嘎查南东 3.7km | 1.04 | 300 | 1 146.11 | 0.000 792 | 0.91 | 334 - 3 |
| B1506207012 | 半截子沟门北东 12.4km | 16.19 | 300 | 17 920.87 | 0.000 792 | 14.19 | 334 - 3 |
| B1506207013 | 太日牙花嘎查东 17km | 8.15 | 300 | 9 019.73 | 0.000 792 | 7.14 | 334 - 3 |
| **B 级区伴生 Ag 预测资源量总计** | | | | | | **571.15** | |
| C1506207001 | 当中营子东 | 32.18 | 400 | 158 349.47 | 0.000 792 | 125.41 | 334 - 3 |
| C1506207002 | 白音镐 | 48.06 | 500 | 29 556.58 | 0.000 792 | 23.41 | 334 - 3 |
| C1506207003 | 敖包吐沟门 | 53.15 | 500 | 32 685.33 | 0.000 792 | 25.89 | 334 - 3 |
| C1506207004 | 王营子 | 38.91 | 400 | 19 142.67 | 0.000 792 | 15.16 | 334 - 3 |
| C1506207005 | 塔拉图如嘎查东 3.1km | 35.38 | 400 | 17 408.65 | 0.000 792 | 13.79 | 334 - 3 |
| C1506207006 | 新浩特嘎查西 | 7.05 | 300 | 2 602.39 | 0.000 792 | 2.06 | 334 - 3 |
| C1506207007 | 双井村 | 43.14 | 400 | 21 225.91 | 0.000 792 | 16.81 | 334 - 3 |
| C1506207008 | 猪家营子北西 | 8.53 | 200 | 2 098.74 | 0.000 792 | 1.66 | 334 - 3 |
| C1506207009 | 墨家沟西 3 公里 | 7.13 | 200 | 1 753.72 | 0.000 792 | 1.39 | 334 - 3 |
| C1506207010 | 哈布其拉嘎查北东 15km | 8.06 | 200 | 1 982.95 | 0.000 792 | 1.57 | 334 - 3 |
| C1506207011 | 敖拉根吐南西 12.3km | 15.00 | 200 | 3 690.07 | 0.000 792 | 2.92 | 334 - 3 |
| C1506207012 | 萨如拉宝拉格嘎查南东 14km | 4.51 | 200 | 1 109.18 | 0.000 792 | 0.88 | 334 - 3 |
| C1506207013 | 宝尔巨日合嘎查 | 49.57 | 300 | 18 291.54 | 0.000 792 | 14.49 | 334 - 3 |
| C1506207014 | 巴彦温都尔苏木东 2km | 22.41 | 300 | 8 268.03 | 0.000 792 | 6.55 | 334 - 3 |
| C1506207015 | 敖劳木嘎查 | 47.03 | 300 | 17 352.66 | 0.000 792 | 13.74 | 334 - 3 |
| C1506207016 | 包木绍绕嘎查南东 1.7km | 29.77 | 300 | 65 918.49 | 0.000 792 | 52.21 | 334 - 3 |
| C1506207017 | 西包特艾勒北西 1.8km | 6.33 | 200 | 3 112.80 | 0.000 792 | 2.47 | 334 - 3 |
| **C 级区伴生 Ag 预测资源量总计** | | | | | | **320.40** | |

## 三、最小预测区共伴生矿种预测资源量估算结果

### 1. 按地质体积法

预测工作区预测方法为地质体积法，详见表 11-31。

表 11-31　白音诺尔式侵入岩体型铅锌矿伴生银矿预测工作区预测资源量按地质体积法分类统计表

| 预测工作区编号 | 预测工作区名称 | 地质体积法 |
|---|---|---|
| 1506207001 | 白音诺尔式侵入岩体型铅锌矿伴生银矿预测工作区 | 4 280.48t |

### 2. 按资源量精度级别

依据资源量精度级别划分标准，白音诺尔式侵入岩体型铅锌矿伴生银矿预测工作区可划分为 334-1、334-2、334-3 三个资源量精度级别，各级别资源量如表 11-32 所示。

表 11-32　白音诺尔式侵入岩体型铅锌矿伴生银矿预测工作区资源量精度级别统计表

| 预测工作区编号 | 资源量精度级别(t) | | |
|---|---|---|---|
| | 334-1 | 334-2 | 334-3 |
| 1506207001 | 3 388.93 | — | 891.56 |

### 3. 按延深

根据各最小预测区内含矿地质体的特征，预测延深在 200～700m 之间，其预测资源量按预测延深统计的结果如表 11-33 所示。

表 11-33　白音诺尔式侵入岩体型铅锌矿伴生银矿预测工作区预测资源量延深统计表

| 预测工作区编号 | 500m 以浅(t) | | 2000m 以浅(t) | |
|---|---|---|---|---|
| | 334-1 | 334-3 | 334-1 | 334-3 |
| 1506207001 | 2 967.26 | 891.56 | 3 388.93 | 891.56 |

### 4. 按矿产预测方法类型

本预测工作区的矿产预测类型为白音诺尔式，矿产预测方法类型侵入岩体型，其预测资源量统计结果如表 11-34 所示。

表 11-34　白音诺尔式侵入岩体型铅锌矿伴生银矿预测工作区预测资源量矿产类型精度统计表

| 预测工作区编号 | 侵入岩体型(t) | | |
|---|---|---|---|
| | 334-1 | 334-2 | 334-3 |
| 1506207001 | 3 388.93 | — | 891.56 |

### 5. 按可利用性类别

根据该预测工作区目前的矿床开采延深、矿石可选性、交通等情况，认为其预测资源量均可利用，如表11－35所示。

**表11－35　白音诺尔式侵入岩体型铅锌矿伴生银矿预测工作区预测资源量可利用性统计表**

| 预测工作区编号 | 可利用(t) | | | 暂不可利用(t) | | |
|---|---|---|---|---|---|---|
| | 334－1 | 334－2 | 334－3 | 334－1 | 334－2 | 334－3 |
| 1506207001 | 3 388.93 | — | — | — | — | 891.56 |

# 第十二章　内蒙古自治区银单矿种资源总量潜力分析

## 第一节　银单矿种估算资源量与资源现状对比

根据对全区的银矿床(点)进行综合研究,分为8种矿产预测类型,共有2种矿产预测方法类型(复合内生型和侵入岩体型)。各类型的找矿前景、预测资源量、已查明资源量及可利用性如表12-1所示。

表12-1　内蒙古自治区银矿种资源现状及预测统计表

| 银矿类型 | | 矿区 | 找矿前景 | | | | 资源量精度级别 | | | | 区内已查明资源量(t) | 可利用预测资源量(t) |
|---|---|---|---|---|---|---|---|---|---|---|---|---|
| | | | A级区 | B级区 | C级区 | **总计** | 334-1 | 334-2 | 334-3 | **总计** | | |
| 原生银矿 | 复合内生型 | 个数(个) | 34 | 60 | 71 | **165** | 29 | 29 | 107 | **165** | 14 870.20 | 32 564.69 |
| | | 面积(km²) | 513.75 | 794.65 | 955.00 | **2 263.40** | 475.91 | 384.14 | 1 403.35 | **2 263.40** | | |
| | | 预测资源量(t) | 20 784.85 | 11 699.93 | 9 824.35 | **42 309.13** | 19 966.06 | 7 790.55 | 14 552.52 | **42 309.13** | | |
| | 侵入岩体型 | 个数(个) | 16 | 16 | 12 | **44** | 3 | 33 | 8 | **44** | 7 653.25 | 20 970.43 |
| | | 面积(km²) | 204.77 | 184.42 | 191.75 | **580.94** | 136.24 | 367.85 | 76.85 | **580.94** | | |
| | | 预测资源量(t) | 15 240.07 | 3 425.33 | 2 305.03 | **20 970.43** | 12 837.69 | 6 588.86 | 1 543.87 | **20 970.43** | | |
| 伴生银矿 | | 个数(处) | 40 | 67 | 134 | **241** | 20 | 16 | 195 | **241** | 6 298.42 | 8 268.67 |
| | | 面积(km²) | 899.75 | 1 944.48 | 3 332.24 | **6 176.47** | 262.08 | 299.51 | 5 614.88 | **6 176.47** | | |
| | | 预测资源量(t) | 7 605.05 | 2 291.32 | 989.36 | **10 885.73** | 5 538.87 | 1 107.43 | 4 239.43 | **10 885.73** | | |
| 总计 | | 全区原生+伴生银矿预测资源总量74 165.29t,全区原生银矿已查明资源量23 383.00t,伴生银矿9 938.00t,原生银矿可利用预测资源量53 535.12t,伴生银矿可利用预测资源量8 268.67t | | | | | | | | | | |

## 第二节　预测资源量潜力分析

### 一、按地质体积法

本次按地质体积法预测出原生银矿预测资源量共获得63 279.56t,伴生银矿预测资源量为10 885.73t。原生+伴生预测资源总量为74 165.29t(表12-2)。

表 12-2　内蒙古自治区按地质体积法预测银矿预测资源量汇总表

| 银矿类型 | 预测工作区编号 | 预测工作区名称 | 地质体积法(t) |
|---|---|---|---|
| 原生银矿 | 1512201001 | 拜仁达坝式侵入岩体型银铅锌矿拜仁达坝预测工作区 | 16 473.26 |
| | 1512202001 | 孟恩陶勒盖式侵入岩体型银铅锌矿孟恩陶勒盖预测工作区 | 4 497.17 |
| | 1512601001 | 李清地式复合内生型银铅锌矿察右前旗预测工作区 | 742.18 |
| | 1512602001 | 吉林宝力格式复合内生型银矿东乌珠穆沁旗预测工作区 | 4 606.33 |
| | 1512603001 | 额仁陶勒盖式复合内生型银矿新巴尔虎右旗预测工作区 | 14 025.09 |
| | 1512604001 | 官地式复合内生型银金矿赤峰预测工作区 | 2 137.32 |
| | 1512605001 | 花敖包特式复合内生型银铅锌矿花敖包特预测工作区 | 17 762.37 |
| | 1512606001 | 比利亚谷式复合内生型银铅锌矿比利亚谷预测工作区 | 3 035.84 |
| | **总计** | | **63 279.56** |
| 伴生银矿 | 1504101001 | 霍各乞式沉积型铜矿伴生银矿预测工作区 | 1 016.11 |
| | 1511604001 | 金厂沟梁式复合内生型金矿伴生银矿预测工作区 | 47.46 |
| | 1506208001 | 余家窝铺式侵入岩体型铅锌矿伴生银矿预测工作区 | 87.75 |
| | 1501202001 | 朝不楞式侵入岩体型铁矿伴生银矿预测工作区 | 946.74 |
| | 1506402001 | 扎木钦式火山岩型铅锌矿伴生银矿预测工作区 | 4 507.18 |
| | 1506207001 | 白音诺尔式侵入岩体型铅锌矿伴生银矿预测工作区 | 4 280.49 |
| | **总计** | | **10 885.73** |

## 二、按资源量精度级别

按资源量精度级别划分，预测工作区原生银矿共获得 334-1 级、334-2 级、334-3 级预测资源量分别为 32 803.75t、14 379.41t、16 096.39t；伴生银矿共获得 334-1 级、334-2 级、334-3 级预测资源量分别为 5 538.87t、1 107.43t、4 239.43t(表 12-3，图 12-1、图 12-2)。

表 12-3　内蒙古自治区银矿预测资源量精度级别统计表

| 银矿类型 | 预测工作区编号 | 预测工作区名称 | 资源量精度级别(t) | | | 总计(t) |
|---|---|---|---|---|---|---|
| | | | 334-1 | 334-2 | 334-3 | |
| 原生银矿 | 1512201001 | 拜仁达坝式侵入岩体型银铅锌矿拜仁达坝预测工作区 | 12 083.78 | 2 911.32 | 1 478.16 | **16 473.26** |
| | 1512202001 | 孟恩陶勒盖式侵入岩体型银铅锌矿孟恩陶勒盖预测工作区 | 753.91 | 3 677.54 | 65.71 | **4 497.16** |
| | 1512601001 | 李清地式复合内生型银铅锌矿察右前旗预测工作区 | 114.72 | 172.55 | 454.91 | **742.18** |
| | 1512602001 | 吉林宝力格式复合内生型银矿东乌珠穆沁旗预测工作区 | 400.71 | 1 318.51 | 2 887.11 | **4 606.33** |
| | 1512603001 | 额仁陶勒盖式复合内生型银矿新巴尔虎右旗预测工作区 | 3 079.86 | 4 931.36 | 6 013.87 | **14 025.09** |
| | 1512604001 | 官地式复合内生型银金矿赤峰预测工作区 | 635.57 | 582.63 | 919.12 | **2 137.32** |
| | 1512605001 | 花敖包特式复合内生型银铅锌矿花敖包特预测工作区 | 15 002.23 | 438.29 | 2 321.85 | **17 762.37** |
| | 1512606001 | 比利亚谷式复合内生型银铅锌矿比利亚谷预测工作区 | 732.97 | 347.21 | 1 955.66 | **3 035.84** |
| | **总计** | | **32 803.75** | **14 379.41** | **16 096.39** | **63 279.55** |

续表 12-3

| 银矿类型 | 预测工作区编号 | 预测工作区名称 | 资源量精度级别(t) | | | 总计(t) |
|---|---|---|---|---|---|---|
| | | | 334-1 | 334-2 | 334-3 | |
| 伴生银矿 | 1504101001 | 霍各乞式沉积型铜矿伴生银矿预测工作区 | 468.41 | 268.51 | 279.19 | **1 016.11** |
| | 1511604001 | 金厂沟梁式复合内生型金矿伴生银矿预测工作区 | 2.08 | 0.00 | 45.38 | **47.46** |
| | 1506208001 | 余家窝铺式侵入岩体型铅锌矿伴生银矿预测工作区 | 10.06 | 24.95 | 52.74 | **87.75** |
| | 1501202001 | 朝不楞式侵入岩体型铁矿伴生银矿预测工作区 | 406.72 | 417.95 | 122.07 | **946.74** |
| | 1506402001 | 扎木钦式火山岩型铅锌矿伴生银矿预测工作区 | 1 262.67 | 396.02 | 2 848.49 | **4 507.18** |
| | 1506207001 | 白音诺尔式侵入岩体型铅锌矿伴生银矿预测工作区 | 3 388.93 | — | 891.56 | **4 280.49** |
| | **总计** | | **5 538.87** | **1 107.43** | **4 239.43** | **10 885.73** |

注:表中数据不含已查明资源量。

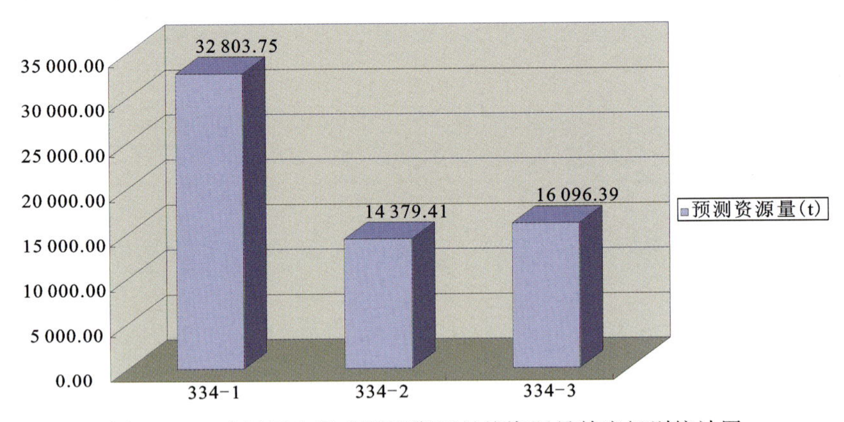


图 12-1　全区原生银矿预测资源量按资源量精度级别统计图

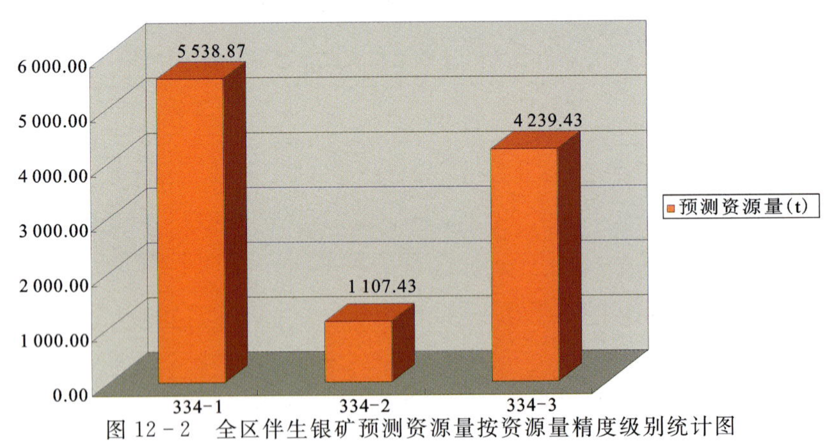


图 12-2　全区伴生银矿预测资源量按资源量精度级别统计图

## 三、按延深

按预测工作区不同延深进行统计,500m 以浅原生银矿预测资源量为 62 421.26t,1000m 以浅、2000m 以浅预测资源量均为 63 279.56t,预测工作区范围内已查明原生银矿资源量为 22 523.45t,总量为 2000m 以浅,总计资源量和已查明资源量的和为 85 803.01t;伴生银矿 500m 以浅预测资源量为 8 918.51t,1000m 以浅预测资源量为 10 858.43t,2000m 以浅预测资源量为 10 885.73t,预测工作区范围内已查明伴生银矿资源量为 6 298.42t,全区伴生银矿资源总量(包括已查明资源量)为 17 184.15t(表 12-4、表 12-5,图 12-3、图 12-4)。

**表 12-4 内蒙古自治区原生银矿预测资源量按延深统计表**

| 预测工作区编号 | 预测工作区名称 | 500m 以浅(t) | | | | 1000m 以浅(t) | | | | 2000m 以浅(t) | | | | 已查明资源量*(t) | 总计(t) |
|---|---|---|---|---|---|---|---|---|---|---|---|---|---|---|---|
| | | 334-1 | 334-2 | 334-3 | 总计 | 334-1 | 334-2 | 334-3 | 总计 | 334-1 | 334-2 | 334-3 | 总计 | | |
| 1512201001 | 拜仁达坝式侵入岩体型银铅锌矿拜仁达坝预测工作区 | 12 083.78 | 2 911.32 | 1 478.16 | 16 473.26 | 12 083.78 | 2 911.32 | 1 478.16 | 16 473.26 | 12 083.78 | 2 911.32 | 1 478.16 | 16 473.26 | 5 881.25 | **22 354.51** |
| 1512202001 | 孟恩陶勒盖式侵入岩体型银铅锌矿孟恩陶勒盖预测工作区 | 628.26 | 3 052.36 | 54.54 | 3 735.16 | 753.91 | 3 677.54 | 65.71 | 4 497.17 | 753.91 | 3 677.54 | 65.71 | 4 497.17 | 1 772.00 | **6 269.17** |
| 1512601001 | 李清地式复合内生型银铅锌矿察右前旗预测工作区 | 114.72 | 172.55 | 454.91 | 742.18 | 114.72 | 172.55 | 454.91 | 742.18 | 114.72 | 172.55 | 454.91 | 742.18 | 256.22 | **998.4** |
| 1512602001 | 吉林宝力格式复合内生型银矿东乌珠穆沁旗预测工作区 | 400.71 | 1 318.51 | 2 887.11 | 4 606.33 | 400.71 | 1 318.51 | 2 887.11 | 4 606.33 | 400.71 | 1 318.51 | 2 887.11 | 4 606.33 | 1 128.00 | **5 734.33** |
| 1512603001 | 额仁陶勒盖式复合内生型银矿新巴尔虎右旗预测工作区 | 3 079.86 | 4 931.36 | 6 013.87 | 14 025.09 | 3 079.86 | 4 931.36 | 6 013.87 | 14 025.09 | 3 079.86 | 4 931.36 | 6 013.87 | 14 025.09 | 6 773.00 | **20 799.09** |
| 1512604001 | 官地式复合内生型银金矿赤峰预测工作区 | 635.57 | 582.63 | 919.12 | 2 137.32 | 635.57 | 582.63 | 919.12 | 2 137.32 | 635.57 | 582.63 | 919.12 | 2 137.32 | 465.74 | **2 603.06** |
| 1512605001 | 花敖包特式复合内生型银铅锌矿花敖包特预测工作区 | 15 002.23 | 438.29 | 2 321.85 | 17 762.37 | 15 002.23 | 438.29 | 2 321.85 | 17 762.37 | 15 002.23 | 438.29 | 2 321.85 | 17 762.37 | 5 583.00 | **23 345.37** |
| 1512606001 | 比利亚谷式复合内生型银铅锌矿比利亚谷预测工作区 | 636.68 | 347.21 | 1 955.66 | 2 939.55 | 732.97 | 347.21 | 1 955.66 | 3 035.84 | 732.97 | 347.21 | 1 955.66 | 3 035.84 | 664.24 | **3 700.08** |

注:* 为区内与典型矿床相同类型的已查明资源量,下同。

**表 12-5　内蒙古自治区伴生银矿预测资源量按延深统计表**

| 预测工作区编号 | 预测工作区名称 | 500m 以浅(t) | | | | 1000m 以浅(t) | | | | 2000m 以浅(t) | | | | 已查明资源量*(t) | 总计(t) |
|---|---|---|---|---|---|---|---|---|---|---|---|---|---|---|---|
| | | 334-1 | 334-2 | 334-3 | 总计 | 334-1 | 334-2 | 334-3 | 总计 | 334-1 | 334-2 | 334-3 | 总计 | | |
| 1504101001 | 霍各乞式沉积型铜矿伴生银矿预测工作区 | 240.00 | 177.24 | 207.52 | 624.76 | 441.11 | 268.51 | 279.19 | 988.81 | 468.41 | 268.51 | 279.19 | 1 016.11 | 761.00 | **1 777.11** |
| 1511604001 | 金厂沟梁式复合内生型金矿伴生银矿预测工作区 | 2.08 | 0.00 | 44.43 | 46.51 | 2.08 | 0.00 | 45.38 | 47.46 | 2.08 | 0.00 | 45.38 | 47.46 | 2 743.00 | **2 790.46** |
| 1506208001 | 余家窝铺式侵入岩体型铅锌矿伴生银矿预测工作区 | 7.95 | 20.79 | 44.74 | 73.48 | 10.06 | 24.95 | 52.74 | 87.75 | 10.06 | 24.95 | 52.74 | 87.75 | 1 201.00 | **1 288.75** |
| 1501202001 | 朝不楞式侵入岩体型铁矿伴生银矿预测工作区 | 203.37 | 208.97 | 101.73 | 514.07 | 406.72 | 417.95 | 122.07 | 946.74 | 406.72 | 417.95 | 122.07 | 946.74 | 11.00 | **957.74** |
| 1506402001 | 扎木钦式火山岩型铅锌矿伴生银矿预测工作区 | 1 052.23 | 330.01 | 2 418.63 | 3 800.87 | 1 262.67 | 396.02 | 2 848.49 | 4 507.18 | 1 262.67 | 396.02 | 2 848.49 | 4 507.18 | 1 007.00 | **5 514.18** |
| 1506207001 | 白音诺尔式侵入岩体型铅锌矿伴生银矿预测工作区 | 2 967.26 | — | 891.56 | 3 858.82 | 3 388.93 | — | 891.56 | 4 280.49 | 3 388.93 | — | 891.56 | 4 280.49 | 575.42 | **4 855.91** |
| 总计 | | 4 472.89 | 737.01 | 3 708.61 | 8 918.51 | 5 511.57 | 1 107.43 | 4 239.43 | 10 858.43 | 5 538.87 | 1 107.43 | 4 239.43 | 10 885.73 | 6 298.42 | **17 184.15** |

注:1000m 以浅预测资源量含 500m 以浅预测资源量;2000m 以浅预测资源量含 1000m 以浅预测资源量,* 号为区内与典型矿床相同类型已查明资源量。

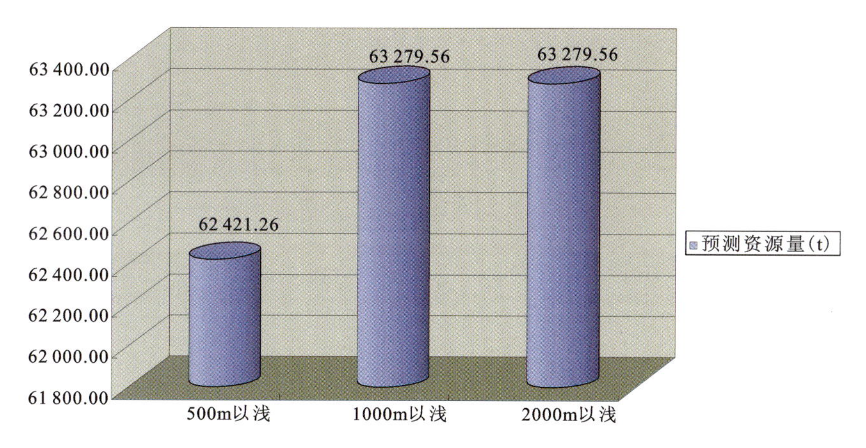


图 12-3　全区原生银矿预测资源量按延深统计图

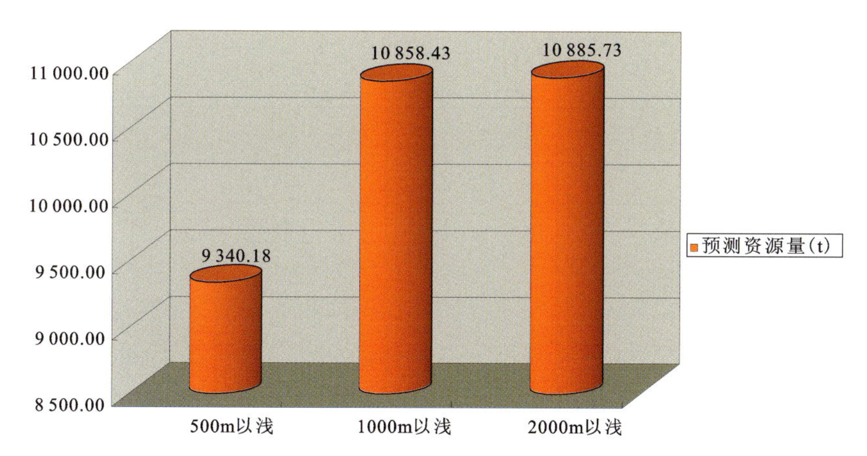


图 12-4　全区伴生银矿预测资源量按延深统计图

## 四、按矿产预测方法类型

按照矿产预测方法类型进行统计，全区原生银矿按侵入岩体型预测方法进行预测的预测资源量为 20 970.43t，按复合内生型预测方法进行预测的预测资源量为 42 309.13t；全区伴生银矿按侵入岩体型预测方法进行预测的预测资源量为 5 314.98t，按复合内生型预测方法进行预测的预测资源量为 47.46t，按沉积型预测方法进行预测的预测资源量为 1 016.11t，按火山岩型预测方法进行预测的预测资源量为 4 507.18t（表 12-6、表 12-7，图 12-5、图 12-6）。

## 五、按可利用性类别

根据延深、当前开采经济条件、矿石可选性、外部交通水电环境等条件的可利用性，内蒙古自治区原生银矿预测资源量中可利用资源量约 53 535.12t，暂不可利用资源量约 9 744.44t；伴生银矿可利用资源量约 8 268.67t，暂不可利用预测资源量为 2 617.06t（表 12-8、表 12-9，图 12-7、图 12-8）。

**表 12-6　内蒙古自治区原生银矿预测资源量按矿产预测方法类型统计表**

| 预测工作区编号 | 预测工作区名称 | 侵入岩体型(t) | | | | 复合内生型(t) | | | | 沉积型(t) | | | | 火山岩型(t) | | | |
|---|---|---|---|---|---|---|---|---|---|---|---|---|---|---|---|---|---|
| | | 334-1 | 334-2 | 334-3 | 总计 | 334-1 | 334-2 | 334-3 | 总计 | 334-1 | 334-2 | 334-3 | 总计 | 334-1 | 334-2 | 334-3 | 总计 |
| 1512201001 | 拜仁达坝式侵入岩体型银铅锌矿拜仁达坝预测工作区 | 12 083.78 | 2 911.32 | 1 478.16 | **16 473.26** | | | | | | | | | | | | |
| 1512202001 | 孟恩陶勒盖式侵入岩体型银铅锌矿孟恩陶勒盖预测工作区 | 753.91 | 3 677.54 | 65.71 | **4 497.17** | | | | | | | | | | | | |
| 1512601001 | 李清地式复合内生型银铅锌矿察右前旗预测工作区 | | | | | 114.72 | 172.55 | 454.91 | 742.18 | | | | | | | | |
| 1512602001 | 吉林宝力格式复合内生型银矿东乌珠穆沁旗预测工作区 | | | | | 400.71 | 1 318.51 | 2 887.11 | 4 606.33 | | | | | | | | |
| 1512603001 | 额仁陶勒盖式复合内生型银矿新巴尔虎右旗预测工作区 | | | | | 3 079.86 | 4 931.36 | 6 013.87 | 14 025.09 | | | | | | | | |
| 1512604001 | 官地式复合内生型银金矿赤峰预测工作区 | | | | | 635.57 | 582.63 | 919.12 | 2 137.32 | | | | | | | | |
| 1512605001 | 花敖包特式复合内生型银铅锌矿花敖包特预测工作区 | | | | | 15 002.23 | 438.29 | 2 321.85 | 17 762.37 | | | | | | | | |
| 1512606001 | 比利亚谷式复合内生型银铅锌矿比利亚谷预测工作区 | | | | | 732.97 | 347.21 | 1 955.66 | 3 035.84 | | | | | | | | |
| **总计** | | **12 837.69** | **6 588.86** | **1 543.87** | **20 970.43** | **19 966.06** | **7 790.55** | **14 552.52** | **42 309.13** | | | | | | | | |

注:表中数据不含已查明资源量。

**表 12-7 内蒙古自治区伴生银矿预测资源量按矿产预测方法类型统计表**

| 预测工作区编号 | 预测工作区名称 | 侵入岩体型(t) | | | | 复合内生型(t) | | | | 沉积型(t) | | | | 火山岩型(t) | | | |
|---|---|---|---|---|---|---|---|---|---|---|---|---|---|---|---|---|---|
| | | 334-1 | 334-2 | 334-3 | **总计** | 334-1 | 334-2 | 334-3 | **总计** | 334-1 | 334-2 | 334-3 | **总计** | 334-1 | 334-2 | 334-3 | **总计** |
| 1504101001 | 霍各乞式沉积型铜矿伴生银矿预测工作区 | | | | | | | | | 468.41 | 268.51 | 279.19 | **1016.11** | | | | |
| 1511604001 | 金厂沟梁式复合内生型金矿伴生银矿预测工作区 | | | | | 2.08 | 0.00 | 45.38 | 47.46 | | | | | | | | |
| 1506208001 | 余家窝铺式侵入岩体型铅锌矿伴生银矿预测工作区 | 10.06 | 24.95 | 52.74 | **87.75** | | | | | | | | | | | | |
| 1501202001 | 朝不楞式侵入岩体型铁矿伴生银矿预测工作区 | 406.72 | 417.95 | 122.07 | **946.74** | | | | | | | | | | | | |
| 1506402001 | 扎木钦式火山岩型铅锌矿伴生银矿预测工作区 | | | | | | | | | | | | | 1 262.67 | 396.02 | 2 848.49 | **4 507.18** |
| 1506207001 | 白音诺尔式侵入岩体型铅锌矿伴生银矿预测工作区 | 3 388.93 | — | 891.56 | **4 280.49** | | | | | | | | | | | | |
| **总计** | | **3 805.71** | **442.90** | **1 066.37** | **5 314.98** | **2.08** | **0.00** | **45.38** | **47.46** | **468.41** | **268.51** | **279.19** | **1 016.11** | **1 262.67** | **396.02** | **2 848.49** | **4 507.18** |

注:表中数据不含已查明资源量。

**表 12-8 内蒙古自治区原生银矿资源量按可利用性分类统计表**

| 预测工作区编号 | 预测工作区名称 | 可利用(t) | | | | 暂不可利用(t) | | | | 总计(t) |
|---|---|---|---|---|---|---|---|---|---|---|
| | | 334-1 | 334-2 | 334-3 | 总计 | 334-1 | 334-2 | 334-3 | 总计 | |
| 1512201001 | 拜仁达坝式侵入岩体型银多金属矿拜仁达坝预测工作区 | 12 083.78 | 2 911.32 | 1 478.16 | **16 473.26** | 0.00 | 0.00 | 0.00 | **0.00** | **16 473.26** |
| 1512202001 | 孟恩陶勒盖式侵入岩体型银铅锌矿孟恩陶勒盖预测工作区 | 753.91 | 3 677.54 | 65.71 | **4 497.17** | 0.00 | 0.00 | 0.00 | **0.00** | **4 497.17** |
| 1512601001 | 李清地式复合内生型银铅锌矿察右前旗预测工作区 | 114.72 | 172.55 | 187.31 | **474.58** | 0.00 | 0.00 | 267.60 | **267.60** | **742.18** |
| 1512602001 | 吉林宝力格式复合内生型银矿东乌珠穆沁旗预测工作区 | 400.71 | 1 318.51 | 2 887.11 | **4 606.33** | 0.00 | 0.00 | 0.00 | **0.00** | **4 606.33** |
| 1512603001 | 额仁陶勒盖式复合内生型银矿新巴尔虎右旗预测工作区 | 3 079.86 | 4 931.36 | 0.00 | **8 011.22** | 0.00 | 0.00 | 6 013.87 | **6 013.87** | **14 025.09** |
| 1512604001 | 官地式复合内生型银金矿赤峰预测工作区 | 635.57 | 582.63 | 919.12 | **2 137.32** | 0.00 | 0.00 | 0.00 | **0.00** | **2 137.32** |
| 1512605001 | 花敖包特式复合内生型银铅锌矿花敖包特预测工作区 | 15 002.23 | 438.29 | 0.00 | **15 440.52** | 0.00 | 0.00 | 2321.85 | **2 321.85** | **17 762.37** |
| 1512606001 | 比利亚谷式复合内生型银铅锌矿比利亚谷预测工作区 | 457.46 | 216.71 | 1 220.55 | **1 894.72** | 275.51 | 130.50 | 735.11 | **1 141.12** | **3 035.84** |
| **总计** | | **32 528.24** | **14 248.91** | **6 757.96** | **53 535.12** | **275.51** | **130.50** | **9 338.43** | **9 744.44** | **63 279.56** |

注:表中数据不包含已查明资源量。

**表 12-9 内蒙古自治区伴生银矿资源量按可利用性分类统计表**

| 预测工作区编号 | 预测工作区名称 | 可利用(t) | | | | 暂不可利用(t) | | | | 总计(t) |
|---|---|---|---|---|---|---|---|---|---|---|
| | | 334-1 | 334-2 | 334-3 | 总计 | 334-1 | 334-2 | 334-3 | 总计 | |
| 1504101001 | 霍各乞式沉积型铜矿伴生银矿预测工作区 | 468.41 | 268.51 | 279.19 | **1 016.11** | 0.00 | 0.00 | 0.00 | **0.00** | **1 016.11** |
| 1511604001 | 金厂沟梁式复合内生型金矿伴生银矿预测工作区 | 2.08 | 0.00 | 44.42 | **46.50** | 0.00 | 0.00 | 0.96 | **0.96** | **47.46** |
| 1506208001 | 余家窝铺式侵入岩体型铅锌矿伴生银矿预测工作区 | 2.44 | 15.17 | 14.80 | **32.41** | 7.63 | 9.77 | 37.94 | **55.34** | **87.75** |
| 1501202001 | 朝不楞式侵入岩体型铁矿伴生银矿预测工作区 | 406.72 | 417.95 | 112.52 | **937.19** | 0.00 | 0.00 | 9.55 | **9.55** | **946.74** |
| 1506402001 | 扎木钦式火山岩型铅锌矿伴生银矿预测工作区 | 1 262.67 | 396.02 | 1 188.84 | **2 847.53** | 0.00 | 0.00 | 1 659.65 | **1 659.65** | **4 507.18** |
| 1506207001 | 白音诺尔式侵入岩体型铅锌矿伴生银矿预测工作区 | 3 388.93 | 0.00 | 0.00 | **3 388.93** | 0.00 | 0.00 | 891.56 | **891.56** | **4 280.49** |
| **总计** | | **5 531.25** | **1 097.65** | **1 639.77** | **8 268.67** | **7.63** | **9.77** | **2 599.66** | **2 617.06** | **10 885.73** |

注:表中数据不含已查明资源量。

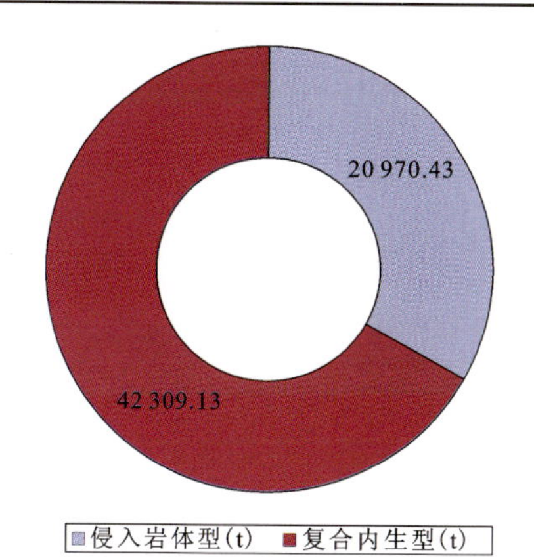


图 12-5　全区原生银矿预测资源量按矿产预测方法类型统计图

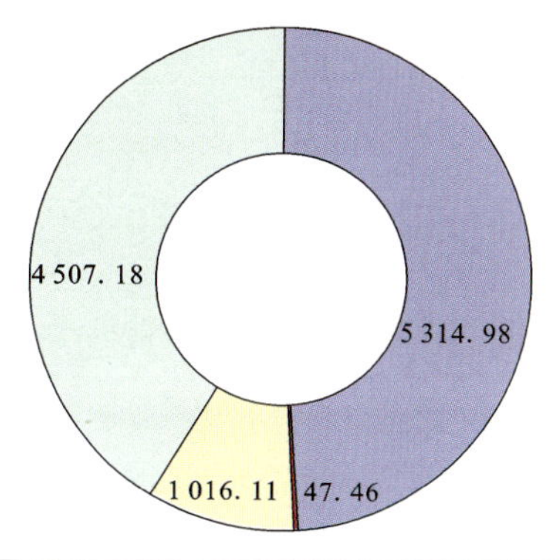


图 12-6　全区伴生银矿预测资源量按矿产预测方法类型统计图

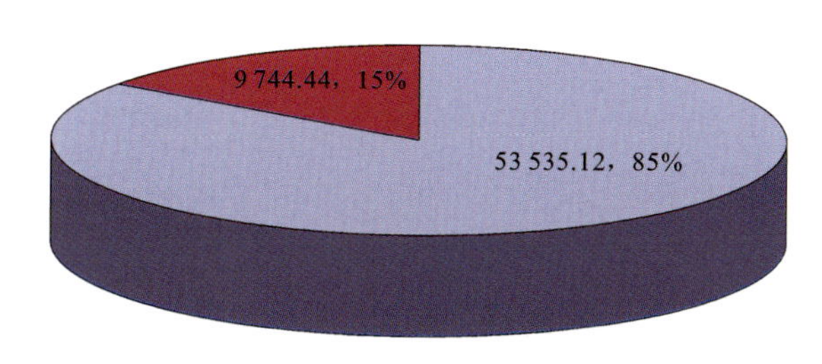


图 12-7　全区原生银矿预测资源量按可利用性分类统计图

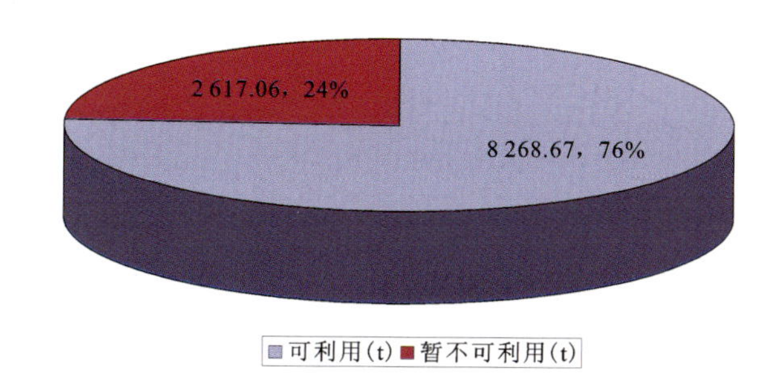


图 12-8　全区伴生银矿预测资源量按可利用性分类统计图

## 六、按最小预测区级别

原生银矿共圈定最小预测区 209 个，预测资源量 63 279.56t，其中，A 级区 50 个，预测资源量 36 024.92t；B 级区 76 个，预测资源量 15 125.26t；C 级区 83 个，预测资源量 12 129.38t。伴生银矿共圈定最小预测区 241 个，预测资源量 10 885.73t，其中，A 级区 40 个，预测资源量 7 605.05t；B 级区 67 个，预测资源量 2 291.32t；C 级区 134 个，预测资源量 989.36t(表 12-10，图 12-9、图 12-10)。

## 七、按可信度统计分析

对内蒙古自治区各原生银矿预测工作区进行统计分析(表 12-11，图 12-11～图 12-17)，预测资源总量(不含已查明资源量)为 63 279.56t，预测资源量可信度≥0.75 的银矿为 28 104.25t，预测资源量可信度≥0.50 的银矿为 42 306.47t，预测资源量可信度≥0.25 的银矿为 63 279.56t。

表 12-10 内蒙古自治区银矿预测资源量按最小预测区级别分类统计一览表

| 银矿类型 | 预测工作区编号 | 预测工作区名称 | 级别 | 500m 以浅预测资源量(t) | 1000m 以浅预测资源量(t) | 2000m 以浅预测资源量(t) |
|---|---|---|---|---|---|---|
| 原生银矿 | 1512201001 | 拜仁达坝式侵入岩体型银铅锌矿拜仁达坝预测工作区 | A 级 | 13 403.11 | 13 403.11 | 13 403.11 |
| | 1512202001 | 孟恩陶勒盖式侵入岩体型银铅锌矿孟恩陶勒盖预测工作区 | | 1 527.19 | 1 836.96 | 1 836.96 |
| | 1512601001 | 李清地式复合内生型银铅锌矿察右前旗预测工作区 | | 114.72 | 114.72 | 114.72 |
| | 1512602001 | 吉林宝力格式复合内生型银矿东乌珠穆沁旗预测工作区 | | 984.93 | 984.93 | 984.93 |
| | 1512603001 | 额仁陶勒盖式复合内生型银矿新巴尔虎右旗预测工作区 | | 3 079.86 | 3 079.86 | 3 079.86 |
| | 1512604001 | 官地式复合内生型银金矿赤峰预测工作区 | | 673.19 | 673.19 | 673.19 |
| | 1512605001 | 花敖包特式复合内生型银铅锌矿花敖包特预测工作区 | | 15 002.23 | 15 002.23 | 15 002.23 |
| | 1512606001 | 比利亚谷式复合内生型银铅锌矿比利亚谷预测工作区 | | 833.63 | 929.92 | 929.92 |
| | **A 级区预测资源量总计** | | | **35 618.86** | **36 024.92** | **36 024.92** |
| | 1512201001 | 拜仁达坝式侵入岩体型银铅锌矿拜仁达坝预测工作区 | B 级 | 2 006.40 | 2 006.40 | 2 006.40 |
| | 1512202001 | 孟恩陶勒盖式侵入岩体型银铅锌矿孟恩陶勒盖预测工作区 | | 1 177.71 | 1 418.93 | 1 418.93 |
| | 1512601001 | 李清地式复合内生型银铅锌矿察右前旗预测工作区 | | 410.26 | 410.26 | 410.26 |
| | 1512602001 | 吉林宝力格式复合内生型银矿东乌珠穆沁旗预测工作区 | | 2 699.93 | 2 699.93 | 2 699.93 |
| | 1512603001 | 额仁陶勒盖式复合内生型银矿新巴尔虎右旗预测工作区 | | 4 931.36 | 4 931.36 | 4 931.36 |
| | 1512604001 | 官地式复合内生型银金矿赤峰预测工作区 | | 980.63 | 980.63 | 980.63 |
| | 1512605001 | 花敖包特式复合内生型银铅锌矿花敖包特预测工作区 | | 1 489.75 | 1 489.75 | 1 489.75 |
| | 1512606001 | 比利亚谷式复合内生型银铅锌矿比利亚谷预测工作区 | | 1 188.00 | 1 188.00 | 1 188.00 |
| | **B 级区预测资源量总计** | | | **14 884.04** | **15 125.26** | **15 125.26** |
| | 1512201001 | 拜仁达坝式侵入岩体型银多金属矿拜仁达坝预测工作区 | C 级 | 1 063.75 | 1 063.75 | 1 063.75 |
| | 1512202001 | 孟恩陶勒盖式侵入岩体型银铅锌矿孟恩陶勒盖预测工作区 | | 1 030.26 | 1 241.28 | 1 241.28 |
| | 1512601001 | 李清地式复合内生型银铅锌矿察右前旗预测工作区 | | 217.20 | 217.20 | 217.20 |
| | 1512602001 | 吉林宝力格式复合内生型银矿东乌珠穆沁旗预测工作区 | | 921.47 | 921.47 | 921.47 |
| | 1512603001 | 额仁陶勒盖式复合内生型银矿新巴尔虎右旗预测工作区 | | 6 013.87 | 6 013.87 | 6 013.87 |
| | 1512604001 | 官地式复合内生型银金矿赤峰预测工作区 | | 483.50 | 483.50 | 483.50 |
| | 1512605001 | 花敖包特式复合内生型银铅锌矿花敖包特预测工作区 | | 1 270.39 | 1 270.39 | 1 270.39 |
| | 1512606001 | 比利亚谷式复合内生型银铅锌矿比利亚谷预测工作区 | | 917.92 | 917.92 | 917.92 |
| | **C 级区预测资源量总计** | | | **11 918.36** | **12 129.38** | **12 129.38** |
| **原生银矿预测资源量总计** | | | | **62 421.26** | **63 279.56** | **63 279.56** |

**续表 12-10**

| 银矿类型 | 预测工作区编号 | 预测工作区名称 | 级别 | 500m 以浅预测资源量(t) | 1000m 以浅预测资源量(t) | 2000m 以浅预测资源量(t) |
|---|---|---|---|---|---|---|
| 伴生银矿 | 1504101001 | 霍各乞式沉积型铜矿伴生银矿预测工作区 | A 级 | 257.35 | 485.76 | 485.76 |
| | 1511604001 | 金厂沟梁式复合内生型金矿伴生银矿预测工作区 | | 16.41 | 17.07 | 17.07 |
| | 1506208001 | 余家窝铺式侵入岩体型铅锌矿伴生银矿预测工作区 | | 34.43 | 41.09 | 41.09 |
| | 1501202001 | 朝不楞式侵入岩体型铁矿伴生银矿预测工作区 | | 412.34 | 824.67 | 824.67 |
| | 1506402001 | 扎木钦式火山岩型铅锌矿伴生银矿预测工作区 | | 2 372.94 | 2 847.53 | 2 847.53 |
| | 1506207001 | 白音诺尔式侵入岩体型铅锌矿伴生银矿预测工作区 | | 2 967.26 | 3 388.93 | 3 388.93 |
| | **A 级区预测资源量总计** | | | **6 060.73** | **7 605.05** | **7 605.05** |
| | 1504101001 | 霍各乞式沉积型铜矿伴生银矿预测工作区 | B 级 | 159.89 | 251.16 | 251.16 |
| | 1511604001 | 金厂沟梁式复合内生型金矿伴生银矿预测工作区 | | 10.72 | 11.02 | 11.02 |
| | 1506208001 | 余家窝铺式侵入岩体型铅锌矿伴生银矿预测工作区 | | 22.98 | 26.87 | 26.87 |
| | 1501202001 | 朝不楞式侵入岩体型铁矿伴生银矿预测工作区 | | 98.20 | 117.81 | 117.81 |
| | 1506402001 | 扎木钦式火山岩型铅锌矿伴生银矿预测工作区 | | 1 129.04 | 1 313.31 | 1 313.31 |
| | 1506207001 | 白音诺尔式侵入岩体型铅锌矿伴生银矿预测工作区 | | 571.15 | 571.15 | 571.15 |
| | **B 级区预测资源量总计** | | | **1 991.98** | **2 291.32** | **2 291.32** |
| | 1504101001 | 霍各乞式沉积型铜矿伴生银矿预测工作区 | C 级 | 207.52 | 279.19 | 279.19 |
| | 1511604001 | 金厂沟梁式复合内生型金矿伴生银矿预测工作区 | | 19.37 | 19.37 | 19.37 |
| | 1506208001 | 余家窝铺式侵入岩体型铅锌矿伴生银矿预测工作区 | | 16.07 | 19.79 | 19.79 |
| | 1501202001 | 朝不楞式侵入岩体型铁矿伴生银矿预测工作区 | | 3.53 | 4.26 | 4.26 |
| | 1506402001 | 扎木钦式火山岩型铅锌矿伴生银矿预测工作区 | | 298.89 | 346.34 | 346.34 |
| | 1506207001 | 白音诺尔式侵入岩体型铅锌矿伴生银矿预测工作区 | | 320.41 | 320.41 | 320.41 |
| | **C 级区预测资源量总计** | | | **865.79** | **989.36** | **989.36** |
| **伴生银矿预测资源量总计** | | | | **8 918.50** | **10 885.73** | **10 885.73** |

注：表中数据不含已查明资源量。1000m 以浅预测资源量含 500m 以浅预测资源量；2000m 以浅预测资源量含 1000m 以浅预测资源量。

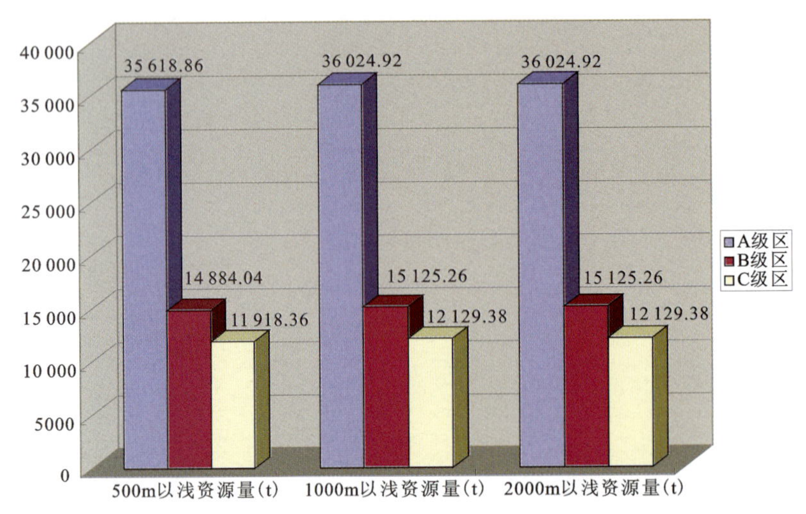


图 12-9　内蒙古自治区原生银矿预测资源量按级别分类统计图

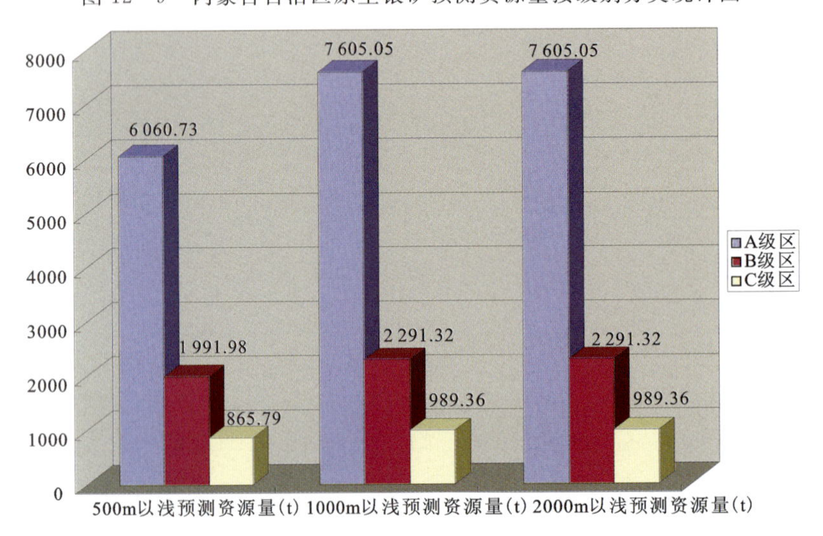


图 12-10　内蒙古自治区伴生银矿预测资源量按级别分类统计图

**表 12-11　全区原生银矿预测资源量按可信度统计结果**

| 预测工作区编号 | 预测工作区名称 | 预测资源量可信度(t) | | |
|---|---|---|---|---|
| | | ≥0.75 | ≥0.50 | ≥0.25 |
| 1512201001 | 拜仁达坝式侵入岩体型银铅锌矿拜仁达坝预测工作区 | 12 083.78 | 12 717.16 | 16 473.26 |
| 1512202001 | 孟恩陶勒盖式侵入岩体型银铅锌矿孟恩陶勒盖预测工作区 | 785.35 | 1 945.65 | 4 497.17 |
| 1512601001 | 李清地式复合内生型银铅锌矿察右前旗预测工作区 | 114.72 | 282.82 | 742.18 |
| 1512602001 | 吉林宝力格式复合内生型银矿东乌珠穆沁旗预测工作区 | 338.58 | 400.71 | 4 606.33 |
| 1512603001 | 额仁陶勒盖式复合内生型银矿新巴尔虎右旗预测工作区 | 1 725.04 | 8 011.22 | 14 025.09 |
| 1512604001 | 官地式复合内生型银金矿赤峰预测工作区 | 635.57 | 673.19 | 2 137.32 |
| 1512605001 | 花敖包特式复合内生型银铅锌矿花敖包特预测工作区 | 12 421.21 | 16 491.98 | 17 762.37 |
| 1512606001 | 比利亚谷式复合内生型银铅锌矿比利亚谷预测工作区 | 0.00 | 1 783.70 | 3 038.54 |
| **总计** | | **28 104.25** | **42 306.43** | **63 282.26** |

# 第三节　全区已查明资源量统计

内蒙古自治区已查明银矿床(点)资源量如表12-12所示。

表12-12　全区银矿床(点)已查明资源量统计一览表

| 银矿类型 | 矿产地编号 | 矿产地名 | 地理经度 | 地理纬度 | 矿床规模 | 已查明资源量(t) |
|---|---|---|---|---|---|---|
| 原生银矿 | 150425016 | 拜仁达坝 | E117°33′01″ | N44°07′01″ | 大型矿床 | 4 783.00 |
| | 152526002 | 花敖包特 | E118°57′15″ | N45°15′30″ | 大型矿床 | 3 029.00 |
| | 150727014 | 额仁陶勒盖 | E116°35′56″ | N48°23′16″ | 大型矿床 | 2 354.00 |
| | 150727012 | 查干布拉根 | E116°19′00″ | N48°45′00″ | 大型矿床 | 2 254.00 |
| | 152525006 | 吉林宝力格 | E117°58′11″ | N46°05′12″ | 大型矿床 | 1 128.00 |
| | 150727005 | 甲乌拉 | E116°16′26″ | N48°47′14″ | 中型矿床 | 922.00 |
| | 150424003 | 大井 | E118°19′01″ | N43°41′22″ | 中型矿床 | 742.00 |
| | 150422002 | 白音诺尔 | E118°52′55″ | N44°27′01″ | 中型矿床 | 653.00 |
| | 152222010 | 孟恩套力盖 | E121°22′02″ | N45°12′18″ | 中型矿床 | 637.00 |
| | 150425041 | 黄岗梁 | E117°46′15″ | N43°44′45″ | 中型矿床 | 552.00 |
| | 150785001 | 比利亚谷 | E120°58′45″ | N51°00′00″ | 中型矿床 | 544.24 |
| | 152224001 | 莲花山 | E121°50′34″ | N45°36′36″ | 中型矿床 | 461.00 |
| | 150404014 | 官地 | E118°32′31″ | N42°35′22″ | 中型矿床 | 423.73 |
| | 152222012 | 扎木钦 | E120°04′30″ | N45°59′00″ | 中型矿床 | 355.00 |
| | 150926010 | 李清地 | E113°01′31″ | N40°57′31″ | 中型矿床 | 293.00 |
| | 150426037 | 炮手营子 | E118°41′00″ | N42°46′50″ | 中型矿床 | 287.00 |
| | 152222020 | 毛呼都格 | E121°18′00″ | N45°08′00″ | 中型矿床 | 256.00 |
| | 150426004 | 小营子 | E118°54′58″ | N42°46′01″ | 中型矿床 | 249.00 |
| | 150425031 | 下地 | E117°47′01″ | N43°45′01″ | 中型矿床 | 247.00 |
| | 150422007 | 浩布高 | E119°16′31″ | N44°37′31″ | 中型矿床 | 221.00 |
| | 150426027 | 张家沟 | E118°42′30″ | N44°44′30″ | 中型矿床 | 201.00 |
| | 150425021 | 双山 | E117°32′05″ | N44°05′15″ | 小型矿床 | 198.00 |
| | 150426017 | 七分地 | E118°42′24″ | N43°01′11″ | 小型矿床 | 195.00 |
| | 150825010 | 炭窑口 | E106°47′01″ | N40°58′01″ | 小型矿床 | 194.00 |
| | 150425015 | 永隆 | E117°44′21″ | N43°36′41″ | 小型矿床 | 188.00 |
| | 150425010 | 哈达吐 | E117°49′01″ | N43°42′01″ | 小型矿床 | 180.00 |
| | 150426021 | 温德沟 | E118°36′31″ | N42°37′59″ | 小型矿床 | 147.00 |
| | 152224010 | 长春岭 | E121°56′35″ | N45°34′48″ | 小型矿床 | 140.00 |
| | 150125013 | 潘家沟 | E111°15′31″ | N41°01′31″ | 小型矿床 | 134.00 |
| | 150422004 | 坤泰 | E118°51′58″ | N44°26′11″ | 小型矿床 | 128.00 |
| | 150929006 | 白乃庙 | E110°59′30″ | N42°13′00″ | 小型矿床 | 123.00 |
| | 150404062 | 四棱子山 | E119°14′00″ | N42°28′00″ | 小型矿床 | 98.00 |
| | 150428016 | 长皋 | E118°55′45″ | N41°57′15″ | 小型矿床 | 96.00 |
| | 150421011 | 龙头山 | E119°43′00″ | N43°40′30″ | 小型矿床 | 80.00 |

**续表 12-12**

| 银矿类型 | 矿产地编号 | 矿产地名 | 地理经度 | 地理纬度 | 矿床规模 | 已查明资源量(t) |
|---|---|---|---|---|---|---|
| 原生银矿 | 150423002 | 雅马吐 | E119°21′29″ | N43°45′01″ | 小型矿床 | 74.00 |
| | 152524010 | 别鲁乌图 | E113°01′04″ | N42°17′14″ | 小型矿床 | 72.00 |
| | 150526010 | 敖林达 | E120°21′31″ | N45°11′47″ | 小型矿床 | 68.00 |
| | 150404002 | 白羊沟 | E118°18′01″ | N42°11′01″ | 小型矿床 | 55.00 |
| | 150981001 | 九龙湾 | E113°12′24″ | N40°37′03″ | 小型矿床 | 44.00 |
| | 152923020 | 老硐沟 | E99°57′31″ | N41°04′01″ | 小型矿床 | 44.00 |
| | 150125025 | 营公山 | E111°16′15″ | N41°01′30″ | 小型矿床 | 41.00 |
| | 150404061 | 敖包山 | E119°11′45″ | N42°27′45″ | 小型矿床 | 41.00 |
| | 150425029 | 贾营子 | E117°44′00″ | N43°45′15″ | 小型矿床 | 34.00 |
| | 150825021 | 欧布拉格 | E106°19′04″ | N41°13′15″ | 小型矿床 | 32.00 |
| | 150425017 | 巴彦乌拉 | E117°26′00″ | N44°03′30″ | 小型矿床 | 30.00 |
| | 150784005 | 下护林 | E120°11′01″ | N50°42′01″ | 小型矿床 | 27.00 |
| | 150425012 | 油房西 | E118°20′54″ | N42°56′01″ | 小型矿床 | 23.00 |
| | 150928001 | 排楼山 | E112°49′07″ | N41°13′41″ | 小型矿床 | 21.00 |
| | 152522031 | 哈达特陶勒盖 | E114°22′01″ | N45°05′15″ | 小型矿床 | 20.00 |
| | 150125010 | 东伙房 | E111°09′16″ | N41°01′51″ | 小型矿床 | 19.00 |
| | 152522020 | 沙木尔吉 | E114°48′54″ | N45°09′32″ | 小型矿床 | 19.00 |
| | 150526011 | 石长温都尔 | E120°24′27″ | N45°13′15″ | 小型矿床 | 19.00 |
| | 152525001 | 朝不楞 | E118°30′01″ | N46°27′31″ | 小型矿床 | 17.00 |
| | 150421036 | 呼赉浑迪 | E119°36′30″ | N44°31′30″ | 小型矿床 | 16.00 |
| | 150425019 | 同兴 | E117°26′00″ | N43°42′45″ | 小型矿床 | 16.00 |
| | 150782002 | 巴林 | E122°13′16″ | N48°17′09″ | 小型矿床 | 16.00 |
| | 152224005 | 闹牛山 | E121°42′31″ | N45°45′21″ | 小型矿床 | 14.00 |
| | 150526013 | 敖林达 | E120°20′30″ | N45°11′30″ | 小型矿床 | 13.00 |
| | 150430019 | 金厂沟梁 | E120°16′41″ | N41°58′35″ | 小型矿床 | 12.00 |
| | 150923030 | 谢家村 | E113°33′31″ | N41°41′15″ | 小型矿床 | 11.00 |
| | 150422003 | 双井沟 | E120°31′45″ | N44°16′59″ | 小型矿床 | 11.00 |
| | 150422006 | 哈拉白旗 | E118°56′01″ | N44°22′01″ | 小型矿床 | 11.00 |
| | 150425013 | 敖包山 | E117°00′53″ | N43°49′23″ | 小型矿床 | 10.00 |
| | 150426006 | 二台营子 | E120°30′49″ | N42°37′44″ | 小型矿床 | 10.00 |
| | 152524011 | 谷那乌苏 | E112°50′26″ | N42°10′36″ | 小型矿床 | 10.00 |
| | 150426007 | 天桥沟 | E118°44′38″ | N42°47′45″ | 小型矿床 | 9.00 |
| | 150426020 | 青山 | E119°05′45″ | N42°37′31″ | 小型矿床 | 7.00 |
| | 150430115 | 下弯子 | E120°17′00″ | N41°57′00″ | 小型矿床 | 6.00 |
| | 150526007 | 香山 | E120°33′30″ | N44°27′30″ | 小型矿床 | 4.00 |
| | 152502010 | 毛登 | E116°34′23″ | N44°10′32″ | 小型矿床 | 4.00 |
| | 150929002 | 小南山 | E111°22′01″ | N41°45′01″ | 小型矿床 | 3.00 |
| | 150302002 | 代兰塔拉 | E106°52′01″ | N39°34′01″ | 小型矿床 | 2.00 |
| | 150426005 | 毕家营子 | E118°53′05″ | N42°47′11″ | 小型矿床 | 2.00 |

**续表 12-12**

| 银矿类型 | 矿产地编号 | 矿产地名 | 地理经度 | 地理纬度 | 矿床规模 | 已查明资源量(t) |
|---|---|---|---|---|---|---|
| 原生银矿 | 152222001 | 孔雀山 | E121°25′45″ | N44°54′48″ | 小型矿床 | 2.00 |
| | 150981007 | 满洲窑 | E113°32′36″ | N40°29′18″ | 小型矿床 | 1.00 |
| | 150223533 | 什拉哈达 | E111°14′50″ | N41°26′50″ | 矿点 | 0.00 |
| | 150404501 | 郎郡哈拉 | E119°36′37″ | N42°34′40″ | 矿点 | 0.00 |
| | 150421502 | 乌兰哈达山 | E119°36′25″ | N44°36′08″ | 矿点 | 0.00 |
| | 150421503 | 夏落包托 | E119°36′33″ | N44°42′16″ | 矿点 | 0.00 |
| | 150421513 | 双山子 | E120°12′00″ | N43°51′31″ | 矿点 | 0.00 |
| | 150421514 | 孤山子 | E120°14′00″ | N43°50′14″ | 矿点 | 0.00 |
| | 150422501 | 小井子 | E119°00′27″ | N44°17′20″ | 矿点 | 0.00 |
| | 150422503 | 收发地 | E119°03′57″ | N44°22′23″ | 矿点 | 0.00 |
| | 150422504 | 骆驼场 | E119°05′20″ | N44°14′09″ | 矿点 | 0.00 |
| | 150422507 | 福山屯 | E119°06′20″ | N44°30′06″ | 矿点 | 0.00 |
| | 150422509 | 富山屯 | E119°09′21″ | N44°21′30″ | 矿点 | 0.00 |
| | 150422510 | 中心地 | E119°13′27″ | N44°18′49″ | 矿点 | 0.00 |
| | 150422514 | 杨家营子镇炮手营子 | E119°18′20″ | N44°16′41″ | 矿点 | 0.00 |
| | 150422515 | 德胜屯 | E119°19′58″ | N44°20′46″ | 矿点 | 0.00 |
| | 150422517 | 新浩特 | E119°22′38″ | N44°37′52″ | 矿点 | 0.00 |
| | 150422518 | 萤里沟 | E119°24′14″ | N44°19′25″ | 矿点 | 0.00 |
| | 150422522 | 中莫户沟 | E119°30′17″ | N43°48′24″ | 矿点 | 0.00 |
| | 150422528 | 刘家湾 | E119°18′40″ | N44°22′01″ | 矿点 | 0.00 |
| | 150422537 | 四方城 | E119°04′56″ | N44°21′26″ | 矿点 | 0.00 |
| | 150423001 | 后卜河 | E118°40′43″ | N44°05′52″ | 矿点 | 0.00 |
| | 150423501 | 新开坝 | E118°33′45″ | N43°58′50″ | 矿点 | 0.00 |
| | 150423502 | 巴彦琥硕镇 | E118°38′57″ | N43°52′00″ | 矿点 | 0.00 |
| | 150423518 | 白塔子 | E118°27′12″ | N44°10′48″ | 矿点 | 0.00 |
| | 150424503 | 前地 | E118°03′52″ | N43°40′47″ | 矿点 | 0.00 |
| | 150424504 | 水泉沟 | E118°13′20″ | N43°22′20″ | 矿点 | 0.00 |
| | 150425520 | 红山军 | E117°21′40″ | N42°31′41″ | 矿点 | 0.00 |
| | 150426505 | 北井子 | E118°40′37″ | N42°59′32″ | 矿点 | 0.00 |
| | 150426511 | 双井 | E119°47′34″ | N42°16′30″ | 矿点 | 0.00 |
| | 150426514 | 砚音堂 | E118°43′51″ | N42°45′40″ | 矿点 | 0.00 |
| | 150428509 | 西沟沿 | E118°55′08″ | N41°53′26″ | 矿点 | 0.00 |
| | 150428511 | 鸡冠山 | E118°54′52″ | N41°57′33″ | 矿点 | 0.00 |
| | 150428514 | 林家营子 | E118°52′41″ | N41°54′46″ | 矿点 | 0.00 |
| | 150428515 | 十家子 | E118°56′04″ | N41°58′45″ | 矿点 | 0.00 |
| | 150428516 | 棒棰山 | E118°23′42″ | N41°34′14″ | 矿点 | 0.00 |
| | 150428803 | 旺业店 | E118°21′28″ | N41°39′30″ | 矿点 | 0.00 |
| | 150429503 | 胡才沟 | E118°38′13″ | N41°34′08″ | 矿点 | 0.00 |
| | 150429504 | 米家营子 | E118°38′54″ | N41°29′31″ | 矿点 | 0.00 |

**续表 12 - 12**

| 银矿类型 | 矿产地编号 | 矿产地名 | 地理经度 | 地理纬度 | 矿床规模 | 已查明资源量(t) |
|---|---|---|---|---|---|---|
| 原生银矿 | 150430502 | 小莫力沟 | E120°04′06″ | N42°11′11″ | 矿点 | 0.00 |
| | 150430503 | 杜力营子 | E120°12′00″ | N42°14′07″ | 矿点 | 0.00 |
| | 150430514 | 胡头沟 | E120°30′45″ | N42°08′48″ | 矿点 | 0.00 |
| | 152104446 | 巴升河 | E121°13′00″ | N47°48′10″ | 矿点 | 0.00 |
| | 152104483 | 敖尼尔河 | E121°06′19″ | N47°43′30″ | 矿点 | 0.00 |
| | 152127455 | 乌鲁布铁镇 | E124°08′20″ | N49°57′40″ | 矿点 | 0.00 |
| | 152128454 | 煤窑沟 | E120°53′00″ | N48°52′30″ | 矿点 | 0.00 |
| | 152128484 | 柴河源 | E120°39′43″ | N47°37′00″ | 矿点 | 0.00 |
| | 152129456 | 高吉高尔 | E115°52′40″ | N48°03′35″ | 矿点 | 0.00 |
| | 152129457 | 查干楚鲁 | E116°07′28″ | N48°34′22″ | 矿点 | 0.00 |
| | 152129458 | 杭乌拉 | E116°34′50″ | N48°24′50″ | 矿点 | 0.00 |
| | 152129459 | 霍得林呼都格 | E116°36′22″ | N48°21′57″ | 矿点 | 0.00 |
| | 152129460 | 克尔伦 | E115°45′00″ | N47°59′17″ | 矿点 | 0.00 |
| | 152129478 | 查干敖包 | E116°33′05″ | N48°41′57″ | 矿点 | 0.00 |
| | 152129506 | 海力敏呼都格 | E115°54′00″ | N48°21′50″ | 矿点 | 0.00 |
| | 152129507 | 查干楚鲁 | E116°12′50″ | N48°21′00″ | 矿点 | 0.00 |
| | 152129508 | 顺宾浩雷 | E116°09′50″ | N48°48′05″ | 矿点 | 0.00 |
| | 152129509 | 萨音呼都 | E116°30′30″ | N48°39′05″ | 矿点 | 0.00 |
| | 152221511 | 察尔森 | E122°01′50″ | N46°22′50″ | 矿点 | 0.00 |
| | 152222504 | 巴彦花 | E121°03′45″ | N45°22′00″ | 矿点 | 0.00 |
| | 152222507 | 代钦塔拉 | E121°18′20″ | N45°08′40″ | 矿点 | 0.00 |
| | 152222514 | 白音花村 | E121°03′58″ | N45°21′58″ | 矿点 | 0.00 |
| | 152222515 | 乌兰中 | E121°21′23″ | N45°18′00″ | 矿点 | 0.00 |
| | 152327501 | 巴雅尔图胡硕镇 | E120°17′18″ | N45°13′33″ | 矿点 | 0.00 |
| | 152327502 | 红光 | E120°23′52″ | N44°26′32″ | 矿点 | 0.00 |
| | 152327505 | 马拉嘎浑楚鲁 | E120°48′30″ | N44°46′25″ | 矿点 | 0.00 |
| | 152327509 | 老道沟 | E120°18′25″ | N44°50′00″ | 矿点 | 0.00 |
| | 152327514 | 陶庭达坂 | E120°00′10″ | N44°57′40″ | 矿点 | 0.00 |
| | 152525508 | 查干敖包 | E118°18′35″ | N45°57′38″ | 矿点 | 0.00 |
| | 152526515 | 白银乌拉 | E116°33′13″ | N44°32′27″ | 矿点 | 0.00 |
| | 152527502 | 钱家营子 | E115°47′22″ | N42°05′13″ | 矿点 | 0.00 |
| | 152531501 | 姚家营子 | E116°10′40″ | N41°54′42″ | 矿点 | 0.00 |
| | 152531503 | 于家营子 | E116°06′50″ | N42°06′00″ | 矿点 | 0.00 |
| | 152626801 | 头股地 | E113°19′28″ | N41°38′55″ | 矿点 | 0.00 |
| | 152923502 | 七一山 | E99°31′44″ | N41°22′08″ | 矿点 | 0.00 |
| | 150421525 | 沙尔包吐 | E119°34′49″ | N44°41′54″ | 矿点 | 0.00 |
| **原生银矿已查明资源量总计** | | | | | | **23 382.98** |

续表 12－12

| 银矿类型 | 矿产地编号 | 矿产地名 | 地理经度 | 地理纬度 | 矿床规模 | 已查明资源量(t) |
|---|---|---|---|---|---|---|
| 伴生银矿 | 150825018 | 东升庙 | E107°04′44″ | N41°07′15″ | 大型矿床 | 2 412.00 |
| | 150727006 | 甲乌拉外围 | E116°20′31″ | N48°44′41″ | 大型矿床 | 1 102.00 |
| | 152222013 | 扎木钦 | E120°05′31″ | N45°59′29″ | 中型矿床 | 644.00 |
| | 152525004 | 阿尔哈达 | E118°59′45″ | N46°25′45″ | 中型矿床 | 636.00 |
| | 152526020 | 二道沟 | E117°57′37″ | N44°13′46″ | 中型矿床 | 582.00 |
| | 150425034 | 二八地 | E117°51′45″ | N43°39′05″ | 中型矿床 | 536.00 |
| | 150428008 | 鸡冠子山 | E118°54′45″ | N41°57′31″ | 中型矿床 | 362.00 |
| | 150727005 | 甲乌拉 | E116°16′26″ | N48°47′14″ | 中型矿床 | 362.00 |
| | 152826001 | 霍各乞 | E106°40′10″ | N41°16′12″ | 中型矿床 | 331.00 |
| | 150425027 | 维拉斯托 | E117°29′30″ | N44°04′53″ | 中型矿床 | 297.00 |
| | 152525002 | 朝不楞 | E118°37′01″ | N46°32′01″ | 中型矿床 | 272.00 |
| | 152525003 | 查干敖包 | E118°18′31″ | N45°59′31″ | 中型矿床 | 200.00 |
| | 150424021 | 五十家子 | E118°14′45″ | N44°11′35″ | 小型矿床 | 185.00 |
| | 152222025 | 金鸡岭 | E121°23′00″ | N44°55′00″ | 小型矿床 | 154.00 |
| | 150425022 | 二道沟 | E117°57′30″ | N43°04′15″ | 小型矿床 | 150.00 |
| | 150426036 | 大座子山 | E118°23′15″ | N42°55′30″ | 小型矿床 | 143.00 |
| | 150785005 | 三道桥 | E120°43′45″ | N50°47′31″ | 小型矿床 | 120.00 |
| | 152222030 | 牧场 | E121°17′00″ | N45°14′30″ | 小型矿床 | 101.00 |
| | 150425025 | 白音查 | E117°10′45″ | N43°52′29″ | 小型矿床 | 92.00 |
| | 150426026 | 西水泉 | E118°46′37″ | N42°48′15″ | 小型矿床 | 90.00 |
| | 152526010 | 查宾敖包 | E118°56′45″ | N44°48′00″ | 小型矿床 | 89.00 |
| | 152522031 | 哈达特陶勒盖 | E114°22′01″ | N45°05′15″ | 小型矿床 | 86.00 |
| | 150423022 | 幸福之路 | E118°54′01″ | N43°47′01″ | 小型矿床 | 51.00 |
| | 150404001 | 车户沟 | E118°30′27″ | N42°25′07″ | 小型矿床 | 47.00 |
| | 150424015 | 曹家屯 | E117°55′30″ | N43°51′26″ | 小型矿床 | 43.00 |
| | 150424016 | 徐家营子 | E118°15′00″ | N43°43′30″ | 小型矿床 | 43.00 |
| | 150422020 | 榆树林 | E119°24′01″ | N44°21′01″ | 小型矿床 | 40.00 |
| | 150423020 | 羊场 | E119°03′45″ | N43°32′29″ | 小型矿床 | 35.00 |
| | 150423001 | 后卜河 | E118°40′43″ | N44°05′52″ | 小型矿床 | 35.00 |
| | 150426023 | 架子山 | E117°55′30″ | N43°51′26″ | 小型矿床 | 34.00 |
| | 150426024 | 炮手营子 | E118°40′37″ | N42°46′23″ | 小型矿床 | 31.00 |
| | 150426038 | 香房地 | E118°44′30″ | N42°44′26″ | 小型矿床 | 31.00 |
| | 150426025 | 兴隆地 | E118°54′56″ | N42°55′12″ | 小型矿床 | 30.00 |
| | 152202001 | 苏呼和 | E120°20′31″ | N47°28′45″ | 小型矿床 | 30.00 |
| | 150426030 | 九分地 | E118°46′31″ | N42°47′45″ | 小型矿床 | 29.00 |
| | 150423017 | 小西沟 | E118°39′26″ | N44°03′58″ | 小型矿床 | 27.00 |
| | 152502011 | 小孤山北 | E116°31′50″ | N44°12′13″ | 小型矿床 | 26.00 |
| | 150425013 | 敖包山Ⅷ号 | E117°01′15″ | N43°50′10″ | 小型矿床 | 25.00 |
| | 150430202 | 七家 | E120°13′02″ | N42°23′35″ | 小型矿床 | 22.00 |

**续表 12 - 12**

| 银矿类型 | 矿产地编号 | 矿产地名 | 地理经度 | 地理纬度 | 矿床规模 | 已查明资源量(t) |
|---|---|---|---|---|---|---|
| 伴生银矿 | 150823210 | 大白山 | E109°34′30″ | N41°13′23″ | 小型矿床 | 22.00 |
| | 150428018 | 饮马处 | E118°55′43″ | N41°56′35″ | 小型矿床 | 21.00 |
| | 150421021 | 哈布特盖 | E119°52′15″ | N44°18′00″ | 小型矿床 | 17.00 |
| | 150929024 | 阳坡 | E112°06′00″ | N41°35′00″ | 小型矿床 | 17.00 |
| | 150422013 | 乃林坝 | E118°59′00″ | N44°31′30″ | 小型矿床 | 16.00 |
| | 150423010 | 马场 | E118°40′45″ | N44°05′19″ | 小型矿床 | 16.00 |
| | 150425014 | 顺元昌 | E117°56′31″ | N46°03′31″ | 小型矿床 | 15.00 |
| | 150426014 | 黄花沟 | E118°53′59″ | N42°52′47″ | 小型矿床 | 15.00 |
| | 150426022 | 观音堂 | E118°43′45″ | N42°46′45″ | 小型矿床 | 15.00 |
| | 152525025 | 巴彦都兰 | E116°19′20″ | N45°25′30″ | 小型矿床 | 15.00 |
| | 150825041 | 那伦布拉格 | E106°56′31″ | N39°32′01″ | 小型矿床 | 14.00 |
| | 150927108 | 公忽洞 | E112°10′22″ | N41°27′15″ | 小型矿床 | 14.00 |
| | 150430057 | 大黑山 | E120°27′09″ | N42°02′47″ | 小型矿床 | 12.00 |
| | 150426010 | 余家窝铺 | E118°51′44″ | N42°51′29″ | 小型矿床 | 11.00 |
| | 150421020 | 特尼格尔图 | E119°37′15″ | N44°39′05″ | 小型矿床 | 11.00 |
| | 152224002 | 莲花山 | E121°52′01″ | N45°37′41″ | 小型矿床 | 11.00 |
| | 150428007 | 梨树沟 | E118°21′30″ | N42°06′30″ | 小型矿床 | 10.00 |
| | 150428014 | 官村沟 | E118°22′31″ | N42°04′31″ | 小型矿床 | 10.00 |
| | 150426015 | 四棱子山 | E118°44′15″ | N42°47′45″ | 小型矿床 | 8.00 |
| | 152923015 | 海尔罕 | E102°38′00″ | N41°39′30″ | 小型矿床 | 8.00 |
| | 150421011 | 龙头山 | E119°43′00″ | N43°40′30″ | 小型矿床 | 8.00 |
| | 150404041 | 徐家窑子 | E118°37′31″ | N42°13′29″ | 小型矿床 | 7.00 |
| | 150425007 | 同兴 | E117°27′31″ | N43°43′45″ | 小型矿床 | 7.00 |
| | 150428009 | 雁池沟-七分二 | E118°55′41″ | N41°54′05″ | 小型矿床 | 7.00 |
| | 150430204 | 中井 | E120°35′15″ | N42°23′23″ | 小型矿床 | 7.00 |
| | 150404040 | 莲花山 | E118°30′34″ | N42°15′55″ | 小型矿床 | 6.00 |
| | 150404042 | 朱家沟 | E118°36′46″ | N42°12′58″ | 小型矿床 | 6.00 |
| | 150428016 | 长皋 | E118°55′45″ | N41°57′15″ | 小型矿床 | 6.00 |
| | 152529020 | 红光 | E114°46′45″ | N42°21′31″ | 小型矿床 | 6.00 |
| | 150422030 | 骆驼场 | E119°05′01″ | N44°15′45″ | 小型矿床 | 5.00 |
| | 150426035 | 硐子 | E118°39′33″ | N42°48′48″ | 小型矿床 | 5.00 |
| | 150428012 | 安家营子-曹营子 | E118°56′57″ | N41°55′59″ | 小型矿床 | 5.00 |
| | 150430049 | 撰山子 | E119°33′31″ | N42°18′31″ | 小型矿床 | 5.00 |
| | 150430201 | 东对面沟 | E120°19′00″ | N41°58′00″ | 小型矿床 | 5.00 |
| | 150404011 | 红花沟 | E118°31′31″ | N42°16′01″ | 小型矿床 | 4.00 |
| | 150421022 | 三楞子山 | E119°44′01″ | N43°39′29″ | 小型矿床 | 4.00 |
| | 150422021 | 继兴 | E119°16′05″ | N44°37′43″ | 小型矿床 | 4.00 |
| | 150430062 | 白音沟 | E119°45′31″ | N42°43′31″ | 小型矿床 | 4.00 |
| | 150430203 | 六道沟 | E120°12′30″ | N42°07′23″ | 小型矿床 | 4.00 |

续表 12－12

| 银矿类型 | 矿产地编号 | 矿产地名 | 地理经度 | 地理纬度 | 矿床规模 | 已查明资源量(t) |
|---|---|---|---|---|---|---|
| 伴生银矿 | 150526020 | 老道沟(普查) | E120°19′15″ | N44°49′00″ | 小型矿床 | 4.00 |
| | 150526021 | 老道沟(详查) | E120°19′45″ | N44°49′31″ | 小型矿床 | 4.00 |
| | 152223001 | 神山 | E122°19′36″ | N46°59′32″ | 小型矿床 | 4.00 |
| | 150428006 | 鸽子洞 | E118°53′37″ | N41°54′30″ | 小型矿床 | 3.00 |
| | 150430059 | 金兴 | E120°12′15″ | N42°22′01″ | 小型矿床 | 3.00 |
| | 150430077 | 五马沟 | E120°08′20″ | N41°48′13″ | 小型矿床 | 3.00 |
| | 150782003 | 梨子山 | E121°08′47″ | N48°22′24″ | 小型矿床 | 3.00 |
| | 150125007 | 南泉子 | E111°35′24″ | N41°02′12″ | 小型矿床 | 2.00 |
| | 150223027 | 西皮 | E110°06′38″ | N41°59′32″ | 小型矿床 | 2.00 |
| | 150430060 | 白马石沟 | E119°48′21″ | N42°23′15″ | 小型矿床 | 2.00 |
| | 150105010 | 后达赖沟 | E111°50′00″ | N41°04′30″ | 小型矿床 | 1.00 |
| | 150404043 | 红花沟 86 号 | E118°35′55″ | N42°13′05″ | 小型矿床 | 1.00 |
| | 150429004 | 樱桃沟 | E118°55′13″ | N41°45′52″ | 小型矿床 | 1.00 |
| | 152222009 | 查干楚鲁 | E121°17′47″ | N45°14′25″ | 小型矿床 | 1.00 |
| | 150125015 | 奎素 | E110°58′00″ | N41°09′30″ | 矿点 | 0.00 |
| | 150824051 | 罕乌拉 | E117°55′59″ | N41°18′00″ | 矿点 | 0.00 |
| **伴生银矿已查明资源量总计** | | | | | | **9 942.00** |
| **原生银矿＋伴生银矿已查明资源量总计** | | | | | | **33 324.98** |

# 第四节　内蒙古自治区银矿勘查工作部署建议

## 一、已有勘查程度

截至 2009 年底，全区已完成金属和非金属矿产勘查项目 2484 个，其中，铁矿 769 个，铬铁矿 86 个，锰矿 16 个，镍矿 12 个，钛矿 2 个，铜矿 411 个，金矿 250 个，钼矿 9 个，铅矿 165 个，锌矿 12 个，银矿 57 个，钨矿 31 个，锡矿 14 个，砂金矿 43 个，铂矿 6 个，铝土矿 3 个，铌矿 17 个，铀矿 13 个，锗矿 4 个，锶矿 2 个，铈矿 4 个，铍矿 9 个，硫铁矿 13 个，非金属矿 536 个。全区已完成的银矿勘查分布情况见图 12－11。

## 二、矿业权设置情况

经矿权设置的勘查项目共计 3167 个，其中铁矿勘查项目 548 个，锰矿 34 个，铬、钛、钒矿 18 个，铜矿 531 个，铅矿、锌矿 550 个，铝土矿 5 个，镍矿 33 个，钨矿 3 个，锡矿 8 个，钼矿 51 个，锑矿、汞矿 4 个，多金属矿 516 个，铂矿、钯矿 1 个，金矿 443 个，银矿 170 个，稀有稀土矿 9 个，非金属矿 243 个。除煤炭资源外共涉及矿种 69 个(图 12－12)。

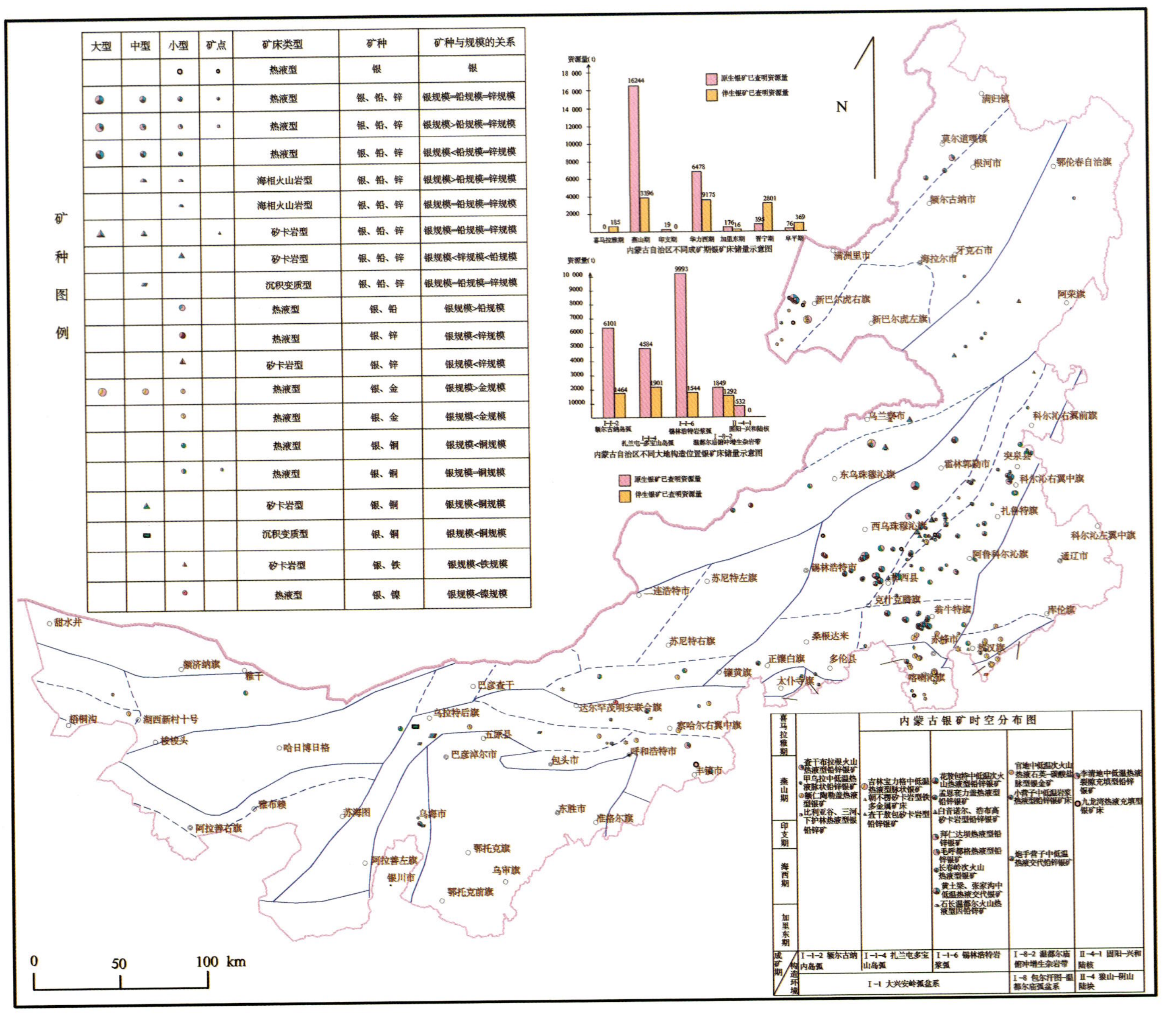


图 12 - 11　内蒙古自治区银矿资源分布图

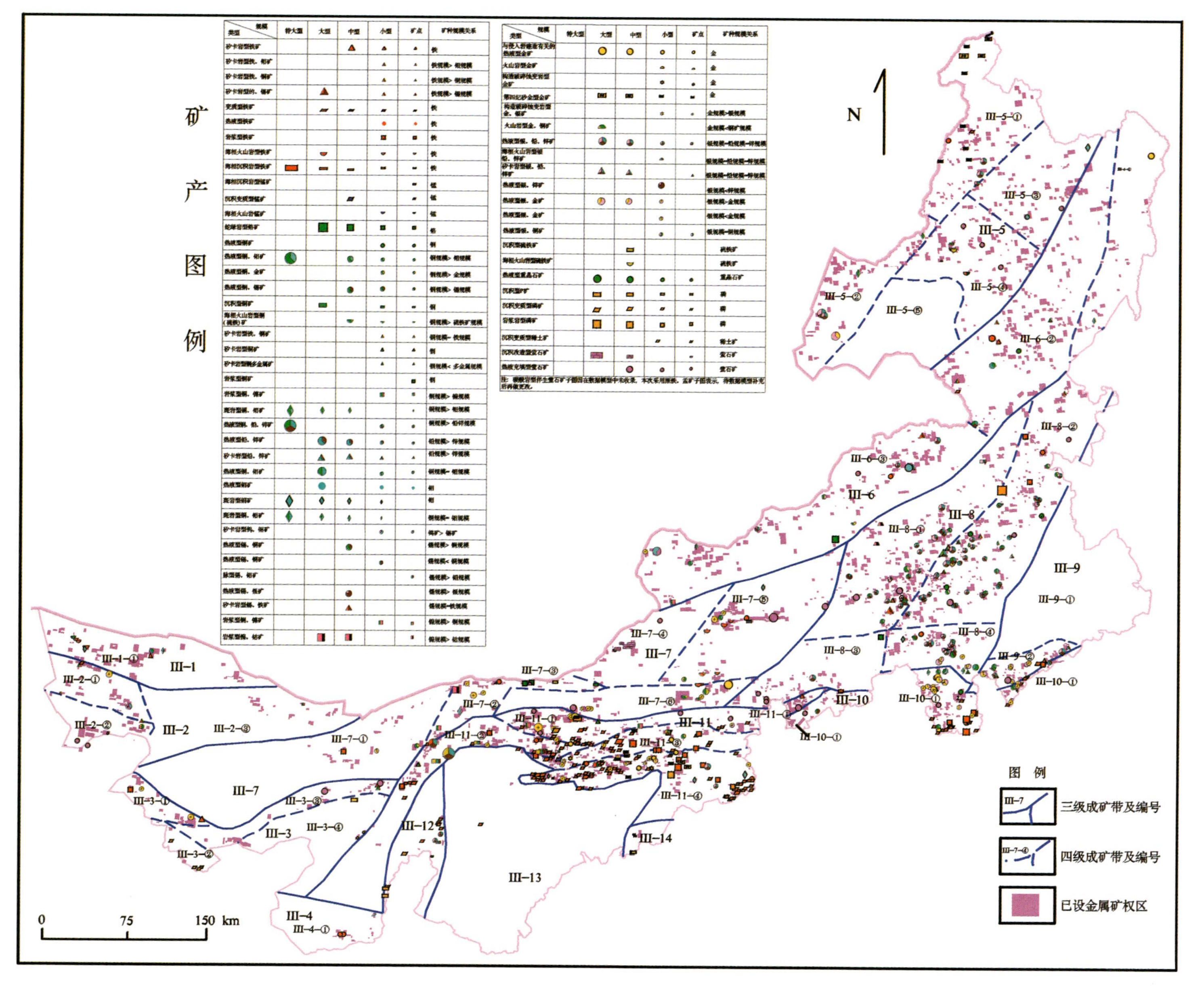


图 12-12 内蒙古自治区金属矿业权设置简图

# 第五节 勘查部署建议

## 一、部署原则

以 Ag 为主，兼顾与它共伴生金属，以探求新的矿产地及新增资源量为目标，开展区域矿产资源预测综合研究、重要找矿远景区矿产普查工作。

(1)开展矿产预测综合研究。以铁、铜、铅锌矿预测成果为基础，进一步综合区域地球化学、区域地球物理和区域遥感资料，应用成矿系列理论，进行成矿规律、矿产预测等综合研究，圈定一批找矿远景区，为矿产勘查部署提供依据。

(2)开展矿产勘查工作。依据本次 Ag 预测结果，结合已发现银矿床，进行矿产勘查工作部署。在已知矿区的外围及深部部署矿产勘探工作，在矿点和本次预测成果中的 A 级、B 级优选区相对集中的地区部署矿产详查工作，在找矿远景区内部署矿产普查工作。

## 二、主攻矿床类型

不同成矿区带有不同的成矿环境和不同主要矿床。

(1)额尔古纳铜、钼、铅、锌、银、金、萤石成矿亚带主攻矿床类型为燕山期火山热液型(比利亚谷式、额仁陶勒盖式)银矿。

(2)朝不楞-博克图钨、铁、锌、铅成矿亚带主攻矿床类型为燕山期中低温热液型脉状矿床(吉林宝力格式)银矿，海西期接触交代型伴生银矿(朝不楞式)。

(3)林西-孙吴铅、锌、铜、钼、金成矿带主攻燕山期、海西期热液型(花敖包特式、拜仁达坝式、孟恩陶勒盖式)银矿，燕山期接触交代型伴生银矿(余家窝铺式、白音诺尔式)，火山热液型伴生银矿(扎木钦式)。

(4)华北地台北缘东段铁、铜、钼、铅、锌、金、银、锰、磷、煤炭、膨润土成矿带主攻矿床类型为燕山期岩浆热液型(金厂沟梁式)伴生银矿。

(5)华北地台北缘西段金、铁、铌、稀土、铜、铅、锌、银、镍、铂、钨、石墨、白云母成矿带主攻燕山期中低温火山热液型(官地式、李清地式)银矿及沉积变质型伴生银矿(霍各乞式)。

## 三、找矿远景区工作部署建议

银矿找矿远景区分布如图 12 - 13 所示。

### 1. 比利亚谷银矿找矿远景区

该远景区属额尔古纳市、根河市管辖，位于得尔布干断裂的西北侧，由中生代次级火山断陷盆地和前中生代半隆起带组成，区内断裂构造十分发育，主要是北东—北东东向断裂构造，常同北西向断裂构造联合控制该成矿带中的火山断陷盆地，这些断陷盆地是火山岩型有色、贵金属矿床成矿的有利地段，区内中低温火山热液型银多金属的找矿潜力很大。由于地质勘查程度较低，根据工作程度建议进行工作部署(表 12 - 13)。

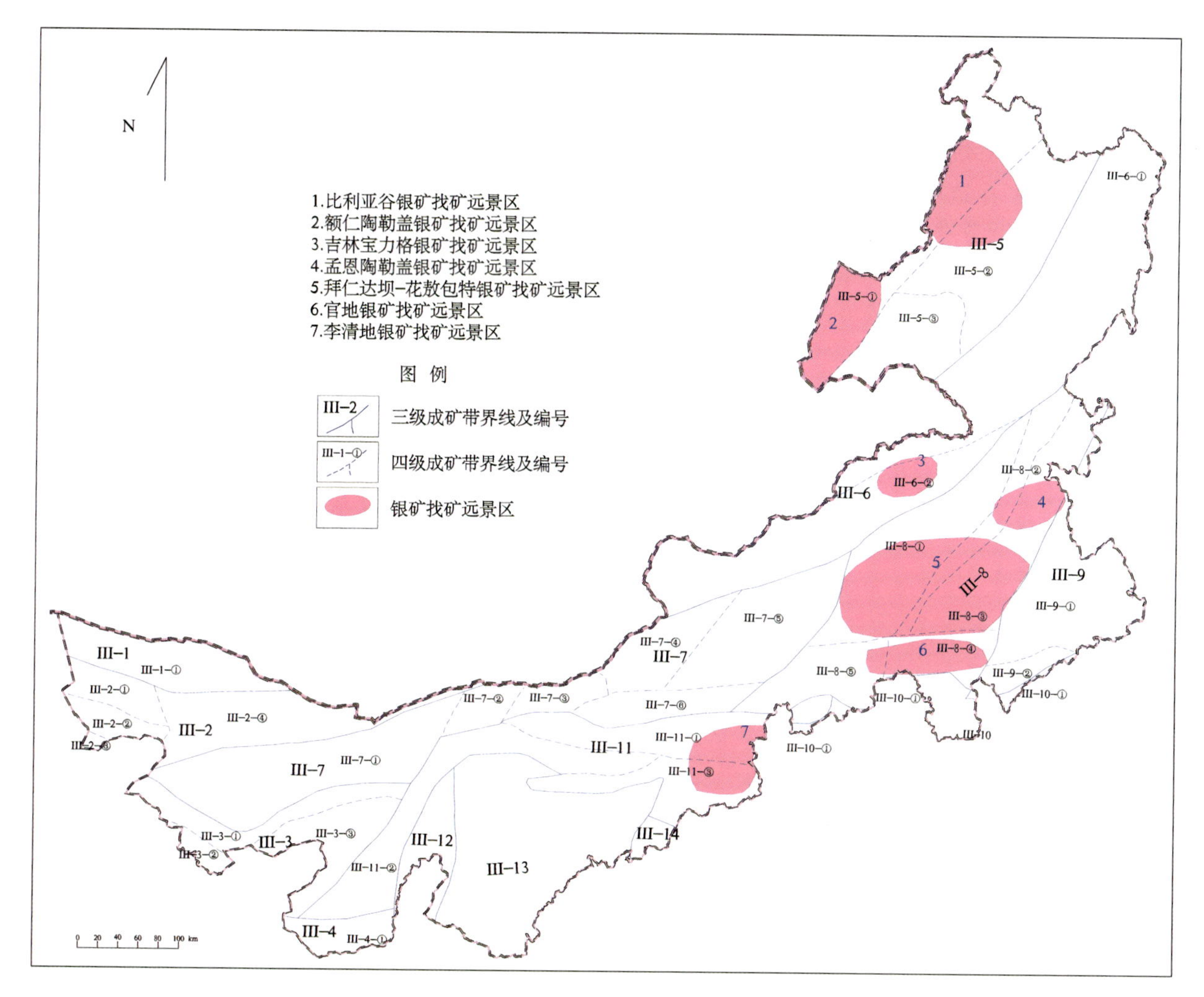


图 12－13　内蒙古自治区银矿找矿远景区分布图

**表 12－13　比利亚谷银矿找矿远景区工作部署建议表**

| 部署区等级 | 部署区名称 | 部署建议区编号 | 面积 (km²) | 主攻矿床类型 | 描述 |
|---|---|---|---|---|---|
| 勘探 | 比利亚谷 | 150001 | 273.36 | 燕山期中低温火山热液型银矿（比利亚谷式） | 包含 2 个 A 级区、1 个 B 级区、2 个 C 级区 |
| 详查 | 二道河子 | 150022 | 209.09 | | 包含 1 个 A 级区、3 个 B 级区、2 个 C 级区 |
| 详查 | 上护林北 | 150023 | 37.89 | | 包含 1 个 A 级区、1 个 B 级区、1 个 C 级区 |
| 详查 | 苏沁回民乡 | 150024 | 179.88 | | 包含 1 个 A 级区、2 个 C 级区 |
| 详查 | 得尔布尔镇 | 150054 | 380.59 | | 包含 1 个 A 级区、1 个 B 级区、1 个 C 级区 |
| 普查 | 达赖沟北 | 150041 | 28.27 | | 包含 1 个 B 级区 |
| 普查 | 额尔古纳市 | 150042 | 368.86 | | 包含 4 个 C 级区 |
| 普查 | 黑山头镇 | 150043 | 116.9 | | 包含 1 个 A 级区、1 个 B 级区 |
| 普查 | 万年青林场 | 150052 | 5 376.64 | | 包含 3 个 B 级区、7 个 C 级区 |

### 2. 额仁陶勒盖银矿找矿远景区

该远景区位于新巴尔虎右旗境内，得尔布干深断裂南端北西侧的满洲里-克鲁伦断陷火山盆地内。中—晚侏罗世火山-沉积建造的 Ag、Pb、Zn、Cu 等元素丰度值很高，远景区的所有矿床、矿点都分布在这一类火山-沉积建造层位中，得尔布干深断裂带对本区地质构造发展起重要的作用，它控制了矿床和矿点的北东向带状分布。该区银矿成矿条件较好，工作部署建议如表 12－14 所示。

表 12－14　额仁陶勒盖银矿找矿远景区工作部署建议表

| 部署区等级 | 部署区名称 | 部署建议区编号 | 面积（$km^2$） | 主攻矿床类型 | 描述 |
|---|---|---|---|---|---|
| 勘探 | 额仁陶勒盖 | 150002 | 26.03 | 燕山期中低温热液型银矿（额仁陶勒盖式） | 包含 1 个 A 级区 |
| 勘探 | 查干布拉根 | 150006 | 43.30 | | 包含 1 个 A 级区 |
| 详查 | 查干楚鲁 | 150025 | 166.75 | | 包含 2 个 B 级区 |
| 普查 | 新巴尔虎右旗 | 150044 | 13 729.57 | | 包含 1 个 B 级区、5 个 C 级区 |

### 3. 吉林宝力格银矿找矿远景区

该远景区位于东乌珠穆沁旗境内，处在东乌旗钨、铜、铅、锌、金、银多金属成矿带上，已发现的与银有关的矿床有吉林宝力格金银矿、朝不楞银铁矿、查干敖包银铅锌矿等。该区内的银多金属矿床形成于晚古生代东乌-呼玛裂谷带三级盆地内，在盆地下部发育着一系列同生断裂，含矿流体沿同生断裂上升，是形成大型—超大型银矿床的基本条件。区内 Pb、Ag、Zn、Cu 分异极强，形成较多的东西向 Pb、Ag、Zn、Cu 组合异常，构成一极强的以吉林宝力格银矿为中心的 Ag、Pb、Zn、Cu 叠加组合异常。工作部署建议如表 12－15 所示。

表 12－15　吉林宝力格银矿找矿远景区工作部署建议表

| 部署区等级 | 部署区名称 | 部署建议区编号 | 面积（$km^2$） | 主攻矿床类型 | 描述 |
|---|---|---|---|---|---|
| 勘探 | 杰仁宝拉格 | 150003 | 87.71 | 燕山期热液型银矿（吉林宝力格式） | 包含 3 个 A 级区、1 个 B 级区 |
| 详查 | 巴音霍布日 | 150026 | 41.63 | | 包含 2 个 B 级区、2 个 C 级区 |
| 详查 | 其布其日音 | 150039 | 93.43 | | 包含 4 个 B 级区、1 个 C 级区 |
| 普查 | 新庙北 | 150045 | 869.94 | | 包含 1 个 A 级区、3 个 C 级区 |

### 4. 孟恩陶勒盖银矿找矿远景区

该远景区内分布有大井、中莫户沟、双山子铜银矿、水泉沟、龙头山、双井沟银铅锌矿等矿床（点），但规模不大。远景区位于大兴安岭褶皱带南端、黄岗-甘珠尔庙中生代构造成矿带中段、林西中生代断块隆起与大板火山沉积盆地的过渡带中，区内岩浆活动频繁。侵入岩主要由海西中晚期和燕山期的岩体组成，燕山期构造岩浆活动强烈，具有多旋回火山喷发和侵入的特点，与银矿成矿关系密切，是成矿的有利地段。工作部署建议如表 12－16 所示。

表 12-16 孟恩陶勒盖银矿找矿远景区工作部署建议表

| 部署区等级 | 部署区名称 | 部署建议区编号 | 面积(km²) | 主攻矿床类型 | 描述 |
| --- | --- | --- | --- | --- | --- |
| 勘探 | 孟恩陶勒盖 | 150004 | 305.83 | 燕山期热液型银矿(孟恩陶勒盖式) | 包含6个A级区、3个B级区、6个C级区 |
| 勘探 | 巴彦乌拉嘎 | 150005 | 11.58 | | 包含1个A级区、2个B级区 |
| 详查 | 查干淖尔嘎 | 150027 | 30.32 | | 包含1个B级区 |
| 普查 | 科尔沁右翼中旗 | 150046 | 6 808.06 | | 包含2个A级区、2个B级区、3个C级区 |

## 5. 拜仁达坝-花敖包特银矿找矿远景区

该远景区属于西乌珠穆沁旗、达来诺尔镇管辖。位于大兴安岭南段晚古生代造山增生带,拜仁达坝、花敖包特、黄岗梁等大中型银铅矿分布于本区内。该区位于大兴安岭构造-岩浆岩带西坡,也是东西向古生代古亚洲构造成矿域与北北东向中新生代滨太平洋构造成矿域强烈叠加、复合、转换的部位。1:20万区域化探综合异常密集区,异常元素组合以Ag、Pb、Zn、Cu、Au等为主,伴生元素有W、Mo、Bi、Cd、F、Ni、Cr、Co、Mn等;1:5万化探异常元素组合为Ag、Pb、Zn、W、Sn、As、Sb,显示热液矿床的元素组合,是土壤地球化学测量找矿评价指标。地球物理异常区为高极化、低电阻、高磁特点。该区银矿成矿条件极好,工作部署建议如表12-17所示。

表 12-17 拜仁达坝—花敖包特银矿找矿远景区工作部署建议表

| 部署区等级 | 部署区名称 | 部署建议区编号 | 面积(km²) | 主攻矿床类型 | 描述 |
| --- | --- | --- | --- | --- | --- |
| 勘探 | 收发地 | 150007 | 23.86 | 燕山期热液型银矿(花敖包特式),海西期热液型银矿(拜仁达坝式) | 包含1个A级区 |
| 勘探 | 希热努塔嘎 | 150008 | 21.05 | | 包含2个A级区 |
| 勘探 | 碧流台 | 150009 | 115.79 | | 包含1个A级区、1个B级区 |
| 勘探 | 后卜河 | 150010 | 39.71 | | 包含1个A级区 |
| 勘探 | 拜仁达坝 | 150011 | 119.32 | | 包含3个A级区 |
| 勘探 | 沙胡同 | 150012 | 44.56 | | 包含6个A级区 |
| 勘探 | 大井子 | 150013 | 15.39 | | 包含1个A级区 |
| 勘探 | 黄岗 | 150014 | 18.67 | | 包含1个A级区 |
| 勘探 | 同兴 | 150015 | 31.04 | | 包含1个A级区 |
| 勘探 | 那斯台 | 150016 | 35.16 | | 包含1个A级区 |
| 勘探 | 巴彦塔拉 | 150017 | 5.08 | | 包含1个A级区 |
| 勘探 | 双井店乡北 | 150018 | 33.67 | | 包含1个A级区、2个B级区 |
| 勘探 | 沙布楞山 | 150020 | 48.56 | | 包含1个A级区 |
| 详查 | 呼日林敖包 | 150028 | 708.28 | | 包含1个A级区、4个B级区 |
| 详查 | 银硐子 | 150029 | 522.11 | | 包含1个B级区 |
| 详查 | 太平沟 | 150030 | 301.66 | | 包含3个B级区 |
| 详查 | 潘家段 | 150035 | 200.14 | | 包含2个B级区 |
| 详查 | 哈登胡硕 | 150036 | 251.50 | | 包含1个B级区 |
| 详查 | 宝日洪绍日 | 150055 | 893.25 | | 包含1个A级区、3个B级区 |
| 详查 | 杨家营子镇 | 150056 | 501.76 | | 包含1个B级区 |
| 详查 | 五十家营子西北 | 150057 | 175.23 | | 包含1个A级区、1个C级区 |
| 普查 | 巴林左旗 | 150050 | 27 392.15 | | 包含2个A级区、6个B级区、17个C级区 |

### 6. 官地银矿找矿远景区

远景区内出露主要成矿地层为二叠系额里图组。断裂构造控制着燕山期花岗岩体和与岩体有关的矿体，属控矿构造。最主要的断裂为少朗河大断裂及其北侧的次级断裂和派生的配套断裂。该区域内为火山构造控矿，柴达木火山机构控制了整个矿区，次级的复合火山-侵入穹隆构造控制了官地矿床，火山机构边部的放射断裂控制了矿脉及矿体。岩浆岩主要为燕山早期多期次中酸性次火山活动，将矿源层中的金银带入浅部，特别是流纹斑岩及其随后的隐爆活动，进一步促使银金的活动、迁移和富集。工作部署建议如表 12-18。

表 12-18　官地银矿找矿远景区工作部署建议表

| 部署区等级 | 部署区名称 | 部署建议区编号 | 面积($km^2$) | 主攻矿床类型 | 描述 |
| --- | --- | --- | --- | --- | --- |
| 勘探 | 官地 | 150021 | 54.00 | 燕山期中低温热液型矿床(官地式) | 包含 2 个 A 级区 |
| 详查 | 广兴源乡 | 150031 | 149.01 | | 包含 3 个 B 级区、1 个 C 级区 |
| 详查 | 岗子乡南 | 150037 | 14.19 | | 包含 1 个 B 级区 |
| 普查 | 浩来呼热东 | 150047 | 604.91 | | 包含 2 个 C 级区 |
| 普查 | 土城子镇南 | 150051 | 907.25 | | 包含 2 个 A 级区、1 个 B 级区、2 个 C 级区 |

### 7. 李清地银矿找矿远景区

该远景区位于华北地台北缘大青山金银多金属成矿带东段，基底主要出露太古宙集宁岩群中深变质岩系，中生代叠加强烈的火山-岩浆作用，为多期叠加复合成矿作用地区，成矿条件有利。与铅锌银成矿活动关系密切的岩浆岩主要是燕山期花岗岩及其火山-次火山岩，远景区矿床类型为与中生代陆相火山作用有关的浅成低温热液型。工作部署建议如表 12-19 所示。

表 12-19　李清地银矿找矿远景区工作部署建议表

| 部署区等级 | 部署区名称 | 部署建议区编号 | 面积($km^2$) | 主攻矿床类型 | 描述 |
| --- | --- | --- | --- | --- | --- |
| 勘探 | 李清地 | 150019 | 85.31 | 燕山期热液充填交代银矿(李清地式) | 包含 1 个 A 级区、1 个 B 级区 |
| 详查 | 二道洼村 | 150032 | 55.07 | | 包含 1 个 B 级区 |
| 详查 | 大西沟 | 150033 | 264.65 | | 包含 4 个 B 级区 |
| 详查 | 转经召村 | 150034 | 103.86 | | 包含 3 个 B 级区 |
| 详查 | 石壕村 | 150038 | 36.11 | | 包含 1 个 B 级区 |
| 详查 | 大五号村 | 150040 | 78.42 | | 包含 3 个 B 级区 |
| 普查 | 隆圣庄镇 | 150048 | 2 824.96 | | 包含 9 个 C 级区 |
| 普查 | 卓资县南 | 150049 | 634.43 | | 包含 7 个 C 级区 |
| 普查 | 察哈尔右翼中旗 | 150053 | 611.23 | | 包含 5 个 C 级区 |

## 第六节 勘查机制建议

地质找矿要取得重大突破，必须充分发挥政府、地质勘查单位和企业的联动作用，从各方面做好充分的准备。

### 一、建立和完善地质找矿的新机制

当前，地质勘查单位改革工作正在不断推进，要积极争取有利于地质勘查单位大发展、快发展的政策，地质勘查单位的定位要有利于地质找矿工作的需要。国家要加大对国有地质勘查单位的地质找矿的投入力度，并把其劳动成果——矿业权的所有权、经营权、处分权、收益权全部放给地质勘查单位，这样就能极大地调动地质勘查单位的找矿积极性，促进地质找矿的大突破，国家的投资才能得到最大的保值增值。

在计划经济下，地质勘查独立于矿业开发，只探矿不采矿。在市场经济下，就其主体而言，矿产地质勘查是依附于矿业开发的。因此，在地质勘查单位改革进程中，政府应在法律、政策、资金等方面实质性支持地质勘查单位向矿业延深，实施勘查开发一体化，让有条件的地质勘查单位实现企业化经营，从而调动地质勘查单位探矿主体性和积极性。

### 二、地方政府与地勘部门战略合作，共同推进矿产勘查工作

地方政府要本着互惠互利、共同发展的原则，与地质勘查单位建立探矿、采矿、加工贸易一体化的全面合作关系。凭借地勘部门的信息、技术、人才、地质资料等优势，加大找矿工作的基础研究，优选找矿靶区，推进矿产资源勘查工作，以尽快找到一批后备资源基地，提高矿产资源量，为矿业可持续开发利用提供可靠的资源保障。

### 三、拓宽投入渠道，多方筹措资金，加大战略性、基础性矿产勘查投入

基础性地质工作投入大，风险大，社会资金承担风险的能力有限，因此要不断拓宽融资渠道，积极筹措资金，加大对战略性、基础性矿产资源的勘查投入。一是加强与地质勘查单位或者科研院所的联合，通过筛选找矿前景乐观的靶区，对基础性矿产勘查项目进行综合研究论证，多部门联合申报立项，争取申请国家和省地勘基金，开展公益性地质勘查工作发现新的矿点，为商业性矿产勘查提供线索，降低社会资金投入风险。二是在市级采矿权价款收益中安排一定资金作为地勘基金，用于基础矿产勘查，滚动使用，形成良性循环的“以矿找矿”机制。三是完善矿业权权益分配制度，保障投资者和地质勘查单位在矿产勘查中的合法利益。

### 四、加大勘查项目的指导和管理力度，推进商业性矿产勘查项目的健康发展

建立和健全商业性矿产勘查机制，以财政资金为引导，政策调控、改善市场环境等为手段，鼓励民营企业或省内企业联合地质勘查单位勘探开发矿产资源，形成多元化的投入机制。政府推出一定数量的项目作为重点项目，鼓励和引导社会资金投入，并给予政策支持，在勘查过程中出现矿农关系紧张时政府应主动出面协调处理，为商业勘查者打造良好的勘查环境。

## 五、创新找矿方法，利用现代化手段加大勘查速度

传统找矿方法已不适应新时期地质工作的需要，当前矿产资源勘查应遵循“找新区、挖老点、上专项”原则，引进深穿透地球化学技术、裸露区高精度遥感找矿技术、深部隐伏矿的定位技术、地球化学急变带预测大型矿集区方法、电阻率中梯方法、高精度定位仪等先进的技术、设备和经验，加强地质科研工作，利用核幔成矿物质与幔枝构造成矿控矿理论、区域成矿理论等先进的找矿理论，正确分析大型、特大型矿床的成矿条件和现有矿床的深部找矿规律，加大攻深找盲、探边摸底力度，加快优势矿产资源勘查速度。

## 六、整装勘查是实现地质找矿重大突破的重要途径

要克服矿业权设置障碍、找矿手段简单和综合研究肤浅等现象，重视技术创新、技术手段的科学规划与运用，扩大找矿思路，不断研究地质成矿、预测找矿理论，运用好地质研究、物探与化探手段、钻探施工等主要勘查手段，在重要成矿区带（块）展开会战，实施大投入、多兵种、齐工艺的整装勘查，争取地质找矿实现新突破。

# 第十三章 未来勘查开发工作预测

## 一、开发基地划分原则

按照国家、自治区相关产业政策的要求，依据全区矿产资源特点、地质工作程度及环境承载能力，统筹考虑全区经济、技术、安全、环境等因素，结合本次矿产资源预测结果，在综合考虑当前矿产资源分布和预测成果等因素的基础上，进行银矿未来开发基地划分，以促进矿产资源勘查工作的科学安排和合理布局。

## 二、未来开发基地的划分及预测资源量

根据上述原则，在内蒙古自治区内共划分了5个银矿资源未来开发基地(图12-13)。

### 1. 比利亚谷银矿未来开发基地

该未来开发基地位于呼伦贝尔市的西北部，属流水侵蚀不明显的浅切割中山区，海拔高度在800～1200m之间，水系十分发育，由于地处边境，以往地质矿产勘查工作程度相对较低，东南部有得尔布干断裂。大地构造位置属天山-兴蒙造山系，大兴安岭弧盆系，额尔古纳岛弧，成矿区带属滨太平洋成矿域大兴安岭成矿省新巴尔虎右旗成矿带。该区银矿的成因类型为岩浆热液型，代表矿床有比利亚谷铅锌银矿、下护林铅锌矿床。

区内发现银矿床(点)3处，已查明资源量691.24t。本次工作预测资源量：A级区929.92t，B级区1 188.00t，C级区917.92t，共计3 035.84t(表13-1)。所有预测资源量均在1000m以浅，可利用资源量为1 894.72t。

表13-1 比利亚谷银矿未来开发基地最小预测区及预测资源量一览表

| 最小预测区编号 | 最小预测区名称 | 预测资源量(t) |
|---|---|---|
| A1512606001 | 比利亚谷铅锌矿 | 96.29 |
| A1512606002 | 尔布尔北西1228高地 | 390.74 |
| A1512606003 | 二道河子 | 190.09 |
| A1512606004 | 上护林北西 | 55.85 |
| A1512606005 | 苏沁回民乡北西西817高地北西 | 134.32 |
| A1512606006 | 黑山头镇东 | 62.63 |
| **A级区预测资源量总计** | | **929.92** |
| B1512606001 | 达赖沟北 | 143.51 |
| B1512606002 | 上央格气北 | 111.39 |

续表 13-1

| 最小预测区编号 | 最小预测区名称 | 预测资源量(t) |
|---|---|---|
| B1512606003 | 尔布尔北西 | 276.51 |
| B1512606004 | 潮源 | 210.41 |
| B1512606005 | 潮中 | 109.13 |
| B1512606006 | 石灰窑 | 73.31 |
| B1512606007 | 二道河子东 | 108.17 |
| B1512606008 | 上护林北 | 15.64 |
| B1512606009 | 苏沁回民乡北西 840 高地北东 | 84.53 |
| B1512606010 | 黑山头镇南东南 715 高地北东 | 55.40 |
| **B 级区预测资源量总计** | | **1 188.00** |
| C1512606001 | 金林南东 1151 高地 | 128.29 |
| C1512606002 | 丁字河北东 930 高地 | 48.98 |
| C1512606003 | 三道桥北 | 152.32 |
| C1512606004 | 得尔布尔镇西 | 71.51 |
| C1512606005 | 潮查北 | 46.97 |
| C1512606006 | 石灰窑东 1145 高地北东 | 8.20 |
| C1512606007 | 三道桥南东 | 27.43 |
| C1512606008 | 十八里桥西 | 35.78 |
| C1512606009 | 俄罗斯民族乡南西 949 高地南 | 31.60 |
| C1512606010 | 俄罗斯民族乡南西 814 高地南 | 23.50 |
| C1512606011 | 下护林西 972 高地北 | 14.69 |
| C1512606012 | 大其拉哈南 | 40.82 |
| C1512606013 | 苏沁回民乡北西西 860 高地北 | 31.00 |
| C1512606014 | 古城北西 | 66.84 |
| C1512606015 | 小库力北 | 59.83 |
| C1512606016 | 上库力乡南西 | 19.81 |
| C1512606017 | 上库力乡南东 998 高地 | 60.88 |
| C1512606018 | 上库力乡南东 1007 高地北 | 49.47 |
| **C 级区预测资源量总计** | | **917.92** |

### 2. 额仁陶勒盖银矿未来开发基地

该未来开发基地属新巴尔虎右旗管辖,位于得尔布干深断裂南端北西侧的满洲里-克鲁伦浅火山盆地内。得尔布干深断裂带对本区地质构造发展起重要的作用,它控制了矿床和矿点的北东向带状分布,已知的额仁陶勒盖矿床成矿物质主要来自燕山晚期石英斑岩同源的深源岩浆,部分来自围岩。

区内发现银矿床(点)15 处,已查明资源量 6 994.00t。本次工作预测资源量:A 级区 3 079.86t,B 级区 4 931.36t,C 级区 6 013.18t,共计 14 024.40t(表 13-2)。所有预测资源量均在 1000m 以浅,可利用资源量为 8 011.22t。

表 13-2　额仁陶勒盖银矿未来开发基地最小预测区及预测资源量一览表

| 最小预测区编号 | 最小预测区名称 | 预测资源量(t) |
| --- | --- | --- |
| A1512603001 | 额仁陶勒盖 | 1 725.04 |
| A1512603002 | 查干布拉根 | 1 354.82 |
| **A 级区预测资源量总计** | | **3 079.86** |
| B1512603001 | 查干楚鲁 | 1 565.6 |
| B1512603002 | 海力敏呼都格 | 1 565.6 |
| B1512603003 | 克尔伦 | 1 800.16 |
| **B 级区预测资源量总计** | | **4 931.36** |
| C1512603001 | 达钦呼都格 | 890.06 |
| C1512603002 | 都乌拉呼都格 | 1 107.16 |
| C1512603003 | 塔日根嘎查 | 1 366.07 |
| C1512603004 | 乌力吉图嘎查 | 1 373.16 |
| C1512603005 | 克尔伦东 | 1 277.42 |
| **C 级区预测资源量总计** | | **6 013.87** |

### 3. 吉林宝力格-朝不楞银矿未来开发基地

该未来开发基地属于东乌珠穆沁旗管辖，已发现的与银有关的矿床有吉林宝力格金银矿、朝不楞银铁矿、查干敖包银铅锌矿等。区内包括银与铁及铅、锌等矿产共伴生在一起的多金属接触交代型矿床。

区内发现银矿床 4 处，已查明资源量 1 343.00t。本次工作预测资源量：A 级区 984.93t，B 级区 2 699.94t，C 级区 921.47t，共计 4 606.34t，可利用资源量为 4 606.33t(表 13-3)。

表 13-3　吉林宝力格-朝不楞银矿未来开发基地最小预测区及预测资源量一览表

| 最小预测区编号 | 最小预测区名称 | 预测资源量(t) |
| --- | --- | --- |
| A1512602001 | 杰仁宝拉格嘎查北 | 338.58 |
| A1512602002 | 杰仁宝拉格嘎查东南 | 202.87 |
| A1512602003 | 1241 高地 | 62.13 |
| A1512602004 | 1057 高地 | 381.35 |
| **A 级区预测资源量总计** | | **984.93** |
| B1512602001 | 1037 高地北西 | 259.53 |
| B1512602002 | 1067 高地南 | 737.18 |
| B1512602003 | 其布其日音其格北 | 529.17 |
| B1512602004 | 杰仁宝拉格嘎查 | 378.46 |
| B1512602005 | 其布其日音其格西 | 195.41 |
| B1512602006 | 巴音霍布日北 | 298.05 |
| B1512602007 | 1065 高地 | 302.14 |
| **B 级区预测资源量总计** | | **2 699.94** |

续表 13－3

| 最小预测区编号 | 最小预测区名称 | 预测资源量(t) |
|---|---|---|
| C1512602001 | 1039 高地 | 199.82 |
| C1512602002 | 1067 高地东南 | 95.90 |
| C1512602003 | 1186 高地北西 | 157.89 |
| C1512602004 | 巴彦霍布尔苏木北东 | 77.04 |
| C1512602005 | 汗敖包嘎查西南 | 204.04 |
| C1512602006 | 1026 高地 | 186.78 |
| **C 级区预测资源量总计** | | **921.47** |

#### 4. 孟恩陶勒盖-花敖包特-官地银矿未来开发基地

该未来开发基地跨越科尔沁右翼中旗、扎鲁特旗、巴林左旗、巴林右旗、克什克腾旗，该区发现多处大型、中型银矿床，如拜仁达坝、花敖包特、孟恩陶勒盖、官地等。区域地层主要出露二叠系、侏罗系，矿床成因主要与燕山期、海西期岩浆侵入有关，同时还分布有多处伴生银矿，如白音诺尔铅锌银矿、扎木钦铅锌银矿等。

区内发现银矿床点 114 处，已查明资源量 17 761.74t。本次工作预测资源量：A 级区 30 915.49t，B 级区 5 875.45t，C 级区 3 825.71t，共计 40 616.65t，可利用资源量为 38 315.06t(表 13－4)。

表 13－4　孟恩陶勒盖-花敖包特-官地银矿未来开发基地最小预测区及预测资源量一览表

| 最小预测区编号 | 最小预测区名称 | 预测资源量(t) |
|---|---|---|
| A1512201001 | 拜仁达坝 | 7 345.40 |
| A1512201002 | 维拉斯托 | 4 738.38 |
| A1512201003 | 巴彦乌拉嘎查 | 271.54 |
| A1512201004 | 呼和锡勒嘎查东 | 633.38 |
| A1512201005 | 双井店乡北 | 414.41 |
| A1512202001 | 敖很达巴嘎查西 | 71.90 |
| A1512202002 | 巴彦乌拉嘎查北东 | 27.22 |
| A1512202003 | 1258 高地南西 | 8.40 |
| A1512202004 | 布拉格呼都格北 | 117.94 |
| A1512202005 | 白音哈嘎南东 | 239.57 |
| A1512202006 | 孟恩套力盖银铅矿 | 753.91 |
| A1512202007 | 靠山嘎查 | 430.58 |
| A1512202008 | 石场 | 75.36 |
| A1512202009 | 果尔本巴拉南 | 24.24 |
| A1512202010 | 机械连西南 | 80.64 |
| A1512202011 | 乌日根塔拉嘎查东 | 7.20 |
| A1512604001 | 官地 | 396.72 |

续表 13-4

| 最小预测区编号 | 最小预测区名称 | 预测资源量(t) |
|---|---|---|
| A1512604002 | 头段地乡东 | 153.02 |
| A1512604003 | 苍林坝西 | 85.83 |
| A1512604004 | 西沟里东 | 37.62 |
| A1512605001 | 花敖包特 | 6 995.00 |
| A1512605002 | 沙布楞山 | 971.29 |
| A1512605003 | 希热努塔嘎 | 59.10 |
| A1512605004 | 疏图嘎查 | 90.82 |
| A1512605005 | 五十家子镇 | 107.98 |
| A1512605006 | 沙胡同 | 59.10 |
| A1512605007 | 三七地 | 721.85 |
| A1512605008 | 黄岗 | 461.79 |
| A1512605009 | 同兴 | 271.96 |
| A1512605010 | 那斯台 | 169.33 |
| A1512605011 | 后卜河 | 763.27 |
| A1512605012 | 收发地 | 222.85 |
| A1512605013 | 碧流台 | 317.60 |
| A1512605014 | 顺元 | 157.60 |
| A1512605015 | 敖脑达巴 | 1 051.67 |
| A1512605016 | 巴彦塔拉 | 541.82 |
| A1512605017 | 大井子 | 2 039.20 |
| **A 级区预测资源量总计** | | **30 915.49** |
| B1512201001 | 巴彦宝拉格嘎查 | 294.12 |
| B1512201002 | 古尔班沟 | 441.45 |
| B1512201003 | 萨仁图嘎查北 | 270.43 |
| B1512201004 | 巴彦布拉格嘎查 | 870.21 |
| B1512201005 | 井沟子南 | 130.19 |
| B1512202001 | 1283 高地 | 25.03 |
| B1512202002 | 额布根乌拉嘎查北 | 10.08 |
| B1512202003 | 老头山护林站 | 43.68 |
| B1512202004 | 巴彦乌拉嘎查北东 | 73.58 |
| B1512202005 | 巴彦乌拉嘎查北东 | 10.42 |
| B1512202006 | 巴仁杜尔基苏木东 | 119.62 |
| B1512202007 | 靠山嘎查南 | 256.03 |
| B1512202008 | 新鲜光 | 438.65 |

续表 13－4

| 最小预测区编号 | 最小预测区名称 | 预测资源量(t) |
|---|---|---|
| B1512202009 | 查干淖尔嘎查 | 404.54 |
| B1512202010 | 乌日根塔拉嘎查东 | 1.34 |
| B1512202011 | 乌日根塔拉嘎查东 | 35.95 |
| B1512604001 | 岗子乡南 | 195.22 |
| B1512604002 | 五分地南 | 349.79 |
| B1512604003 | 上唐家地东 | 77.98 |
| B1512604004 | 广兴源乡西 | 161.77 |
| B1512604005 | 红山子乡北 | 195.87 |
| B1512605001 | 脑都木 | 52.53 |
| B1512605002 | 呼吉尔郭勒 | 52.53 |
| B1512605003 | 达尔罕 | 160.48 |
| B1512605004 | 上井子 | 113.98 |
| B1512605006 | 乌兰拜其 | 15.76 |
| B1512605007 | 福山屯 | 121.80 |
| B1512605008 | 萤里沟 | 78.80 |
| B1512605009 | 哈拉白其 | 78.80 |
| B1512605010 | 东新井 | 132.37 |
| B1512605011 | 银硐子 | 322.22 |
| B1512605012 | 前毡铺 | 15.76 |
| B1512605013 | 潘家段 | 101.73 |
| B1512605014 | 中莫户沟 | 15.76 |
| B1512605015 | 家沟 | 15.76 |
| B1512605016 | 东升 | 10.51 |
| B1512605017 | 前地 | 15.76 |
| B1512605018 | 红眼沟 | 15.76 |
| B1512605019 | 水泉沟 | 98.94 |
| B1512605020 | 霍托勒 | 15.76 |
| B1512605021 | 太平沟 | 34.48 |
| **B级区预测资源量总计** | | **5 875.45** |
| C1512201001 | 乌兰和布日嘎查西 | 211.71 |
| C1512201002 | 乌兰和布日嘎查 | 618.83 |
| C1512202001 | 道仑毛都南 | 24.77 |
| C1512202002 | 冈干营子地铺 | 266.50 |
| C1512202003 | 查干楚鲁 | 239.33 |

续表 13-4

| 最小预测区编号 | 最小预测区名称 | 预测资源量(t) |
| --- | --- | --- |
| C1512202004 | 332 高地 | 25.63 |
| C1512202005 | 海拉苏 | 107.42 |
| C1512202006 | 双龙岗 | 390.34 |
| C1512202007 | 931 高地北 | 53.28 |
| C1512202008 | 南萨拉嘎查 | 21.22 |
| C1512202009 | 哈达艾里嘎查南西 | 112.80 |
| C1512604001 | 黄家沟北东 | 64.03 |
| C1512604002 | 高家梁乡北东 | 64.53 |
| C1512604003 | 萨仁沟村东 | 18.13 |
| C1512604004 | 广兴源乡北东 | 218.1 |
| C1512604005 | 英图山咀北西 | 118.71 |
| C1512605001 | 赛罕温都日 | 1.46 |
| C1512605002 | 赛罕温都日西 | 2.58 |
| C1512605003 | 希勃图音锡热格北西 | 2.36 |
| C1512605004 | 希勃图音锡热格 | 6.85 |
| C1512605005 | 哈日根台苏木 | 16.53 |
| C1512605006 | 太本苏木 | 542.89 |
| C1512605007 | 哈日根台嘎查东 | 16.55 |
| C1512605008 | 哈日根台嘎查 | 71.27 |
| C1512605009 | 乌兰拜其南 | 32.26 |
| C1512605010 | 哈布其拉嘎查 | 51.42 |
| C1512605011 | 巴彦宝拉格嘎查 | 5.18 |
| C1512605012 | 古尔班沟 | 74.46 |
| C1512605013 | 下营子 | 15.42 |
| C1512605014 | 萨仁图嘎查 | 194.7 |
| C1512605015 | 洁雅日达巴 | 25.06 |
| C1512605016 | 河南营子村 | 211.4 |
| **C 级区预测资源量总计** | | **3 825.71** |

**5. 李清地银矿未来开发基地**

该未来开发基地属察哈尔右翼前旗、察哈尔右翼中旗管辖，位于华北地台北缘大青山金银多金属成矿带东段，基底主要出露太古宇集宁岩群中深变质岩系，中生代叠加强烈的火山-岩浆作用，为多期叠加复合成矿作用地区，成矿条件有利。

区内已发现的银矿床(点)3处,已查明资源量358t。本次工作预测资源量:A级区114.72t,B级区410.25t,C级区217.20t,共计742.17t,可利用资源量为474.58t(表13-5),预测资源量均位于1000m以浅。

**表13-5 李清地银矿未来开发基地最小预测区及预测资源量一览表**

| 最小预测区编号 | 最小预测区名称 | 预测资源量(t) |
|---|---|---|
| A1512601001 | 李清地 | 114.72 |
| **A级区预测资源量总计** | | **114.72** |
| B1512601001 | 西壕堑沟村 | 1.79 |
| B1512601002 | 南壕堑 | 38.53 |
| B1512601003 | 石壕村 | 56.24 |
| B1512601004 | 二道洼村 | 14.46 |
| B1512601005 | 二啦嘛营子 | 25.73 |
| B1512601006 | 大五号村 | 16.19 |
| B1512601007 | 大梁村 | 34.37 |
| B1512601008 | 胜利乡 | 28.74 |
| B1512601009 | 大西沟 | 39.32 |
| B1512601010 | 永丰村 | 23.56 |
| B1512601011 | 白音不浪村 | 39.48 |
| B1512601012 | 转经召村 | 10.49 |
| B1512601013 | 羊场沟村 | 20.47 |
| B1512601014 | 益元兴村 | 60.88 |
| **B级区预测资源量总计** | | **410.25** |
| C1512601001 | 西海子村 | 4.10 |
| C1512601002 | 东马家沟村 | 6.05 |
| C1512601003 | 常四房 | 30.15 |
| C1512601004 | 西房子村 | 5.65 |
| C1512601005 | 快乐村 | 3.34 |
| C1512601006 | 王喇嘛村 | 2.44 |
| C1512601007 | 梁二虎沟 | 14.28 |
| C1512601008 | 合井村 | 4.29 |
| C1512601009 | 北夭村 | 8.13 |
| C1512601010 | 鄂卜坪乡 | 8.25 |

**续表 13 - 5**

| 最小预测区编号 | 最小预测区名称 | 预测资源量(t) |
|---|---|---|
| C1512601011 | 羊圈沟 | 29.37 |
| C1512601012 | 长胜夭 | 4.54 |
| C1512601013 | 柏宝庄乡 | 9.98 |
| C1512601014 | 察汗贲贲村 | 36.42 |
| C1512601015 | 大泉村 | 3.88 |
| C1512601016 | 小东沟 | 5.82 |
| C1512601017 | 脑包洼村 | 8.88 |
| C1512601018 | 厂汉梁村 | 4.45 |
| C1512601019 | 忽力进图村 | 16.51 |
| C1512601020 | 驼盘村 | 7.87 |
| C1512601021 | 张家村 | 2.80 |
| **C 级区预测资源量总计** | | **217.20** |

# 结　论

## 一、主要成果

(1)开展了成矿地质背景的综合研究,编制了预测工作区的地质构造专题底图。

(2)开展了银单矿种成矿规律研究工作,并进行了矿产预测类型、矿产预测方法类型的划分,圈定了预测工作区的范围。填写了典型矿床卡片,编制了典型矿床成矿要素图、成矿模式图,预测要素图和预测模型图。进行了预测工作区的成矿规律研究,编制了预测工作区的区域成矿要素图、区域成矿模式图、区域预测要素图和区域预测模型图。

(3)对全区的重力、航磁、化探、遥感、重砂资料进行了全面系统的收集整理,并在前人资料的基础上通过重新分析和地质、物探、化探、遥感综合研究,进行了较细致的解释推断工作。

(4)对8个银矿预测工作区进行了最小预测区的圈定和优选工作,并对每个最小预测区银矿的资源量进行了估算。

(5)对全区的单矿种银及其他矿伴生银的资源量进行了估算,并按延深、矿产预测方法类型、可信度、资源量精度级别分别进行汇总,共获得银矿预测资源量74 165.29t。

(6)物探重力、磁力专题完成了8个银矿预测工作区各类成果图件的编制,包括磁法工作程度图、航磁$\Delta T$剖面平面图、$\Delta T$等值线平面图、$\Delta T$化极等值线平面图、推断地质构造图、磁异常点分布图、地磁剖面平面图、地磁等值线平面图、推断磁性矿体预测类型预测成果图,布格重力异常平面等值线图、剩余重力异常平面等值线图、重力推断地质构造图;并完成了以上各类成果图件的数据库建设。

(7)物探重力、磁力专题完成了8个银矿典型矿床所在位置地磁剖面平面图、等值线平面图,典型矿床所在地区航磁$\Delta T$化极等值线平面图,$\Delta T$化极垂向一阶导数等值线平面图,典型矿床所在区域地质矿产及物探剖析图,典型矿床概念模型图。

(8)总结了预测工作区重磁场分布特征,推断了预测区地质构造,包括断裂、地层、岩体、岩浆岩带、盆地等地质体,并指出了找矿靶区或成矿有利地区。

(9)遥感专题组对银矿预测工作区进行了遥感影像图制作,遥感矿产地质特征与近矿找矿标志解译,遥感羟基异常、遥感铁染异常提取,并圈定了成矿预测区。

(10)遥感专题完成了8个预测工作区的各类基础图件编制和数据库建设,包括遥感影像图、遥感地质特征及近矿找矿标志解译图、遥感羟基异常分布图,遥感铁染异常分布图;并完成了相应区域1∶25万标准分幅的影像图、解译图、羟基铁染异常图4类图件。

(11)开展了基础数据库维护工作和成果数据库建库工作。

## 二、质量评述

(1)所有的研究工作都基本遵循相应的技术要求和技术流程,满足全国矿产资源潜力评价项目总体要求。

(2)项目组、课题组均设立了质量检查体系,所有的图件等均经过自检、互检和抽检,并有记录,保证了项目的整体质量。

## 三、存在的问题及工作建议

### 1. 存在的问题

(1)内蒙古自治区地域广、面积大,成矿地质背景复杂,地质工作程度低,编图难度大,工作量巨大。

(2)该综合研究项目开拓性、探索性极强,涉及的专业多、资料广,参加的单位多,且时间紧,因此在资料的研究程度和使用上存在很多问题。

(3)工作过程中所使用的截至2009年底的《内蒙古自治区矿产资源储量表》(内蒙古自治区国土资源厅)存在一些不准确的坐标、资源量、勘查报告名称及时间数据,给汇总工作带来一定的困难。

(4)建库用GEOMAG软件还不尽完善,字典库与专业内容存在不对应现象,给填写人员增加了很多工作量;一些字段的长度不够,使得填写的内容不完整。建议增加图内各类标注图层,放置与成矿无关的各类整饰要素,并规定各要素所应放置的逻辑层。

(5)全区部分地区缺少化探数据,可能导致预测的准确性下降。

### 2. 工作建议

(1)全国项目组、大区项目组和省级项目组要加强联系,对省级项目组中出现的技术问题能及时解决,并能亲临现场指导工作。

(2)建议自治区项目办能够定期组织各课题针对各典型矿床、预测工作区进行成矿要素、预测要素的综合研究,对提供给预测课题的各类图件进行把关,以保证项目下一步汇总工作的顺利进行。

# 参考文献


黑龙江省地质局.大兴安岭区域地层[M].北京:地质出版社,1959.

黑龙江省地质矿产局.黑龙江省区域地质志[M].北京:地质出版社,1993.

吉林省地质矿产局.吉林省区域地质志[M].北京:地质出版社,1990.

内蒙古自治区地质矿产局.内蒙古自治区区域地质志[M].北京:地质出版社,1991.

宁奇生,唐克东,曹从周,等.大兴安岭及其邻区区域地质与成矿规律[M]//黑龙江省地质局.大兴安岭区域地层.北京:地质出版社,1959:16-22.

邵济安,唐克东.蛇绿岩与古蒙古洋的演化[M]//张旗.蛇绿岩与地球动力学研究:蛇绿岩与地球动力学研讨会论文集.北京:地质出版社,1990:117-120.

邵济安,张履桥,牟保磊.大兴安岭中南段中生代的构造热演化[J].中国科学(D辑),1998,28(3):193-200.

邵济安,张履桥,牟保磊.大兴安岭中生代伸展造山过程中的岩浆作用[J].地学前缘,1999,6(4):339-346.

邵济安,张履桥,肖庆辉,等.中生代大兴安岭的隆起——一种可能的陆内造山机制[J].岩石学报,2005,21(3):789-794.

邵济安,赵国龙,王忠,等.大兴安岭中生代火山活动构造背景[J].地质论评,1999,45(S1):422-430.

陶奎元.火山岩相构造学[M].南京:江苏科学技术出版社,1994.

王鸿祯,刘本培,李思田.中国及邻区大地构造划分和构造发展阶段[M]//王鸿祯,杨森楠,刘本培,等.中国及邻区构造古地理和生物古地理.武汉:中国地质大学出版社,1990:3-34.

王荃,刘雪亚,李锦轶.中国华夏与安加拉古陆间的板块构造[M].北京:北京大学出版社,1991.

王荃.内蒙古中部中朝与西伯利亚古板块间缝合线的确定[J].地质学报,1986(1):33-45.

王莹.大兴安岭侏罗、白垩系研究新进展[J].地层学杂志,1985,9(3):46-52.

王忠,朱洪森.大兴安岭中南段中生代火山岩特征及演化[J].中国区域地质,1999,18(4):351-358.

魏家庸,卢重明,徐怀艾,等.沉积岩区1∶5万区域地质填图方法指南[M].武汉:中国地质大学出版社,1991.

吴福元,孙德有,林强.东北地区显生宙花岗岩的成因与地壳增生[J].岩石学报,1999,15(2):181-189.

张振法.内蒙古东部区地壳结构及大兴安岭和松辽大型移置板块中生代构造演化的地球动力学环境[J].内蒙古地质,1993(2):54-71.


**内部资料**


内蒙古自治区第十地质矿产勘查开发院.内蒙古自治区西乌珠穆沁旗花敖包特矿区银铅锌矿勘探报告[R].赤峰:内蒙古自治区第十地质矿产勘查开发院,2003.

内蒙古自治区地质研究队.内蒙古大兴安岭中南段遥感地质构造特征及找矿预测研究[R].呼和浩特:内蒙古自治区地质研究队,1991.

内蒙古自治区赤峰银海金业有限责任公司.内蒙古自治区赤峰市松山区官地矿区Ⅳ号矿体银金矿资源储量核实报告[R].赤峰:赤峰银海金业有限责任公司,2003.

内蒙古自治区第九地质矿产勘查开发院.内蒙古自治区克什克腾旗拜仁达坝矿区银多金属矿详查报告[R].锡林浩特:内蒙古自治区第九地质矿产勘查开发院,2004.

内蒙古自治区第六地质矿产勘查开发院.内蒙古自治区新巴尔虎右旗额仁陶勒盖银矿普查报告[R].呼伦贝尔:内蒙古自治区第六地质勘查开发院,1994.

内蒙古自治区东乌珠穆沁旗天贺矿业有限责任公司.内蒙古自治区东乌珠穆沁旗吉林宝力格矿区银矿详查报告[R].锡林郭勒盟:东乌珠穆沁旗天贺矿业有限责任公司,2005.

内蒙古自治区国土资源勘查开发院.内蒙古自治区 1∶50 万航空磁力异常图和 1∶100 万布格重力异常图综合研究报告[R].呼和浩特:内蒙古自治区国土资源勘查开发院,1990.

严连生,等.内蒙古大兴安岭中段中生代岩浆作用与内生金属矿产关系的研究报告[R].1990.

中联资产评估有限公司.内蒙古自治区玉龙矿业股份有限公司内蒙古自治区西乌珠穆沁旗花敖包特矿区花敖包特山矿段、选厂东山北矿段铅锌银矿详查报告[R].北京:中联资产评估有限公司,2012.